전차 메카니즘 도감

우에다 신

길찾기

전차메카니즘도감

2011년 8월 15일 초판 1쇄 발행
2023년 11월 15일 초판 4쇄 발행

저 자		우에다 신(上田 信)
번 역		강천신
편 집		박관형, 윤현정, 홍성완
표 지		원종혁
감 수		윤민혁
마 케 팅		이수빈
발 행 인		원종우
발 행		㈜블루픽
		주소 경기도 과천시 뒷골로 26, 2층
		전화 02-6447-9000 팩스 02-6447-9009
		메일 edit@bluepic.kr 웹 bluepic.kr

책 값 26,000원
ISBN 978-89-6052-178-0 06920

戦車メカニズム図鑑 (전차메카니즘)
Sensya mechanism zukan
© Shin Ueda / Grand Prix Book Publishing 1997
through Orange Agency.
Korean translation rights arranged with Grand Prix Book Publishing
All Rights Reserved.
Korean Translation Copyright © 2011 by Bluepic Inc.

'전차메카니즘도감' 한국어판 판권은 ㈜블루픽에 있습니다. 이 책에 실린 글과 도판의 무단전재와 복제를 금지합니다.

책머리에

어찌 되었든 전장에서 처음으로 전차를 접한 병사들은 대단히 놀랐을 것이다. 1차 대전의 참호전에서 일반적인 전투 방식은 적을 상대로 보병 돌격하여 참호를 돌파하는 전법이었다. 그리고 대부분 그런 돌격은 철조망이나 기관총에 의해 저지되는 것이 당연하다고 생각하던 참에 괴물 같은 쇳덩어리가 참호를 타 넘고 전진해 와서 공격을 가해오는 일이 벌어지면, 공격을 받는 측이 충격을 받고 공포에 질리는 장면은 쉽게 상상할 수 있다. 그러나 이것이 신병기라는 것을 알고, 여기에 대항하여 아군도 같은 것을 만들게 되자 전투 방식도 바뀌기 시작했는데, 최초에 느꼈던 공포와는 다른 자세로 전투에 임하게 되었을 것이다. 곧이어 전차의 성능향상을 꾀하는 기술 경쟁이 시작되고 전차는 완성도를 높여가게 된다. 그 이후 각국은 여러 형식의 전차를 개발하여 실전에 투입하게 되고 경험을 바탕으로 더 개량했다. 그리고 그렇게 개발된 전차가 전쟁의 양상에도 큰 변화를 끼친 것은 다들 아시는 대로이다.

중후한 메카니즘의 정수인 전차에 매력을 느껴 지금까지 많은 일러스트를 그려왔으나 1차 대전 부터 현재 최신예의 전차까지 그 많은 전차를 하나로 엮은 책은 본서가 처음이다. 이제까지 해왔던 작업을 집대성한다는 의미로 가능한 한 많은 전차를 보여주고자 시간을 걸려 꾸준히 그려왔다. 전차의 세부까지 그려, 사진보다 쉽게 보고 편하게 즐길 수 있도록 신경을 썼다. 한정된 공간에 제작된 년도나 각각의 데이터 등이 최대한 들어가도록 배려했다. 시대가 흐름에 따라 전차 보유국 수도 늘고 이에 따라 다양성 역시 풍부해지게 되는데 그런 전차들도 가능한 한 다루었다. 또한, 전차뿐 아니고 자주포나 장갑차량 등의 관련 차량도 다루어 기갑부대의 편성을 이해하는 데 도움을 받을 수 있도록 구성했다. 저자로서는 독자들이 기분 좋게 즐겨주기를 바랄 뿐이다.

마지막으로 이 책을 완성하는데 많은 분의 도움을 받았고 여러 책을 참고로 했다. 지금까지 발표했던 일러스트도 이 책에 사용했으며 여기에 관해서는 타미야(田宮)모형, 컴뱃 코믹스, 나마키(幷木)서방, 모델 아트, 모델 그래픽스, 컴뱃 매거진, 드래곤 모형의 각 사에 다시 한번 이 자리에서 감사의 뜻을 표하고 싶다.

우에다 신(上田信)

■ 저자소개

우에다 신(上田信)

1949년 일본 아오모리현 출생. 모델 건으로 유명한 MGC사의 선전부에 근무한 후 일러스트레이터로 독립, 고마쓰 사키시게(小松崎茂)에 사사, 이후 프리랜서로 활약. 전차를 비롯, 밀리터리 관계가 중심이며 「컴뱃 매거진」, 「컴뱃 코믹」, 「아머 모델링」등에서 연재했다. 저서로는 「대전차」(월드 포드 프레스), 「컴뱃 바이블」(일본출판사), 「US Marine, the Leather Neck」(대일본 회화), 「대도해 세계의 무기」(그린 애로출판), 「독일 육군 전사」(이미지프레임) 등이 있다.

목 차

근대 전차 탄생 이전의 전차 ·· 12
고대에서 중세까지 ·· 12
중세 유럽의 전차 ·· 14
동력기관 등장 ·· 15
캐터필러 발명 ·· 16

움직이는 토치카 · 1차 세계대전(W.W.I) ·· 17
영국의 전차 - 근대 전차의 등장 ·· 18
마크 A~D와 VIII 형 ·· 20
W.W.I 의 프랑스-독일 전차 ·· 22
영국의 특수 전차 ·· 24
미국, 이탈리아 전차 ·· 25
여러 나라의 르노-FT 파생형 ·· 26

군축과 전차개발 · 전간기의 전차 ·· 27
빅커스 전차 ·· 28
중(重)전차와 크리스티의 아이디어 ·· 30
양차 대전 사이의 유행 - 꼬마 전차와 경전차 ·· 32
2차 대전 직전의 각국의 전차 ·· 34

기갑부대의 등장 · 2차 세계대전 ·· 35
독일 전차 (W.W.II) I 호 · II 호 전차 ·· 36
III호 전차 시리즈 ·· 38
IV호 전차 시리즈 ·· 40
V호 전차 판터 시리즈 ·· 42
판터- G 형(SdKfz171) ·· 44
티거- I 중(重)전차(SdKfz181) 시리즈 ·· 46
VI호 전차E형 티거- I의 구조 ·· 50
티거- II형 중(重)전차(SdKfz182 킹 타이거) ·· 52
VI호 전차B형 티거- II의 구조 ·· 54
III호 돌격포(StuG III)의 상세도 ·· 56
III호 돌격포와 IV호 돌격포 ·· 58
독일의 자주포 ·· 60
구축전차의 종류 ·· 62
중(重)구축전차와 초중(超重)전차 ·· 64
영국 전차 (W.W.II) 캐리어와 경전차 ·· 66
보병전차 마틸다와 발렌타인 ·· 68

처칠 보병전차 ···································· 70
순항전차 ① ···································· 72
순항전차 ② ···································· 74
중(重)전차와 자주포 ························ 76
미국 전차 (W.W.II) 경전차의 발달 ···· 78
M24와 T95 ···································· 80
M3 중형전차 ·································· 82
M4 셔먼 중형전차 시리즈 ················ 84
구조로 본 M4 중형전차의 변천 ········ 90
M4 A3의 구조 ································ 92
M4 A3 개조 특수전차 ····················· 94
미국의 구축전차와 중(重)전차 M26 ·· 96
미국의 자주포 ································ 98
소련 전차 (W.W.II) 경전차 ············ 100
소련의 중형전차와 중(重)전차 ········ 102
T-34 중형전차 시리즈 ··················· 104
T-34 내부 구조 ····························· 108
KV 중(重)전차 시리즈 ···················· 110
JS-II 스탈린 중(重)전차 ·················· 114
JS-III 중(重)전차 (JS-II와의 구조 비교) ···· 116
소련의 자주포 (W.W.II) ················ 118
JS 자주포 시리즈 ·························· 120
일본 전차 일본전차의 발달 ············ 122
95식 경전차 Ha호 ························· 124
97식, 1식 중형전차의 구조 ············ 126
일본의 중형전차와 경전차 ············· 128
일본의 자주포와 내화정 ················ 130
프랑스 전차 (W.W.II) ···················· 132
이탈리아 전차 (W.W.II) ················· 134
다른 여러나라의 전차(W.W.II) ① ···· 136
다른 여러나라의 전차(W.W.II) ② ···· 138

현대의 전차 · 2차 대전 ~ 현재 ···· 139

미국의 전차(제2차 대전 후 ~) 전후의 신개발 전차 ···· 140
M48 패튼 중형전차 시리즈 ① ········ 142
M48 중형전차 시리즈 ② ················ 144
M60 주력 전차 시리즈 ·················· 146
M1에이브럼스 주력전차 ················ 148
소련의 전차(제2차 대전 후 ~) T-62까지의 주력전차 ···· 150
T-72 주력 전차 시리즈 ·················· 152
T-80까지의 과정 ··························· 154

T-72와 T-90	156
소련의 특수 전차	157
독일의 전차 레오파르트 전차	158
레오파르트1 주력 전차의 구조	160
레오파르트2의 구조	162
영국의 현대 전차 ① 센추리언 외	164
영국의 현대 전차 ② 치프틴과 챌린저	166
프랑스의 현대 전차	168
일본 육상자위대의 전차 61식 전차	170
74식 전차	171
90식 전차	172
90식 전차의 메카니즘	174
각국의 현대 전차 ①	176
각국의 현대 전차 ②	178

다양한 장갑차량 · 2차 대전 ~ 현재 179

현대의 자주포 ① 미국과 소련	180
현대의 자주포 ② 영국과 독일	182
현대의 자주포 ③ 기타 국가	184
M2/M3 전투차(미국)	186
장갑 병력수송차 M113(미국)	188
미국의 상륙 궤도차량	190
소련의 장갑차량	192
독일의 보병 전투차량	194
영국의 장갑 전투차 스콜피온	196
일본의 장갑차량	198
각국의 보병 전투차와 장갑 병력수송차	200
대공 전차(W.W.II)	202
현대의 대공 전차	204
게파르트 자주 대공포(독일)	206
서유럽의 자주 대공 미사일 시스템	208
러시아의 대공병기	210
제2차 대전의 대전차병기	212
대전차 차량 ① 독일	214
대전차 차량 ②	216
대전차 병기의 종류	218
최신예 대전차공격 시스템	222
W.W.II의 각국 전차의 장갑과 전차포 비교	224
현대 전차 포탄의 종류	226
중동전쟁에서 전차대의 전법	228

다른 특수전차들 · 2차 대전 ~ 현재 229
공병용 전차 230
처칠 AVRE 232
전차 회수차 234
가교 전차 236
미군의 지뢰처리법 238
화염방사 전차 240

전쟁과 전차 · 만화로 보는 전차 발달사 241
제1차 세계대전의 전차 242
양차 대전 사이의 전차 244
제 2차 세계대전 W.W.II-① 246
W.W.II ② 아프리카 전선 248
W.W.II ③ 바르바로사 작전 250
W.W.II ④ 쿠르스크 전차전 252
W.W.II ⑤ 노르망디 상륙작전 254
W.W.II ⑥ 유럽 전선 256
W.W.II ⑦ 연합군 전차 vs 독일군 전차 258
W.W.II ⑧ 태평양전쟁의 전차들 260
W.W.II ⑨ 대전 중의 No.1. 전차 262
전후 전차의 발달 ① 한국 전쟁 264
전후 전차의 발달 ② 미-소 전차 경쟁의 시작 266
전후 전차의 발달 ③ 1960년대의 주력전차 268
전후 전차의 발달 ④ 베트남 전쟁 270
전후 전차의 발달 ⑤ 사막의 최강 전차 272
전후 전차의 발달 ⑥ 중동전쟁 274
전후 전차의 발달 ⑦ Strv103 vs MBT70 276
전후 전차의 발달 ⑧ 대결 M1 vs T80 278
1990년대를 전후한 각국의 전차 280
1990년대의 최강 전차는? 282
미래 전차의 전망 284
전차병 복장 286

전차 메카니즘 도감

우에다 신(上田 信)

고대에서 중세까지

BC 3500년경 메소포타미아에서 바퀴가 발명되고 BC 2500년경 중앙아시아에서 말이 가축화되었다 한다. 농경이나 유목의 발달과 함께 거대한 전제국가가 출현하자 전쟁의 규모도 커졌고, 무장한 수레를 소나 말 또는 인력으로 끄는 전차 비슷한 것이 출현했다. 이를 고대 전차(Chariot)라 부르며 근대 전차(탱크)와 구별한다.

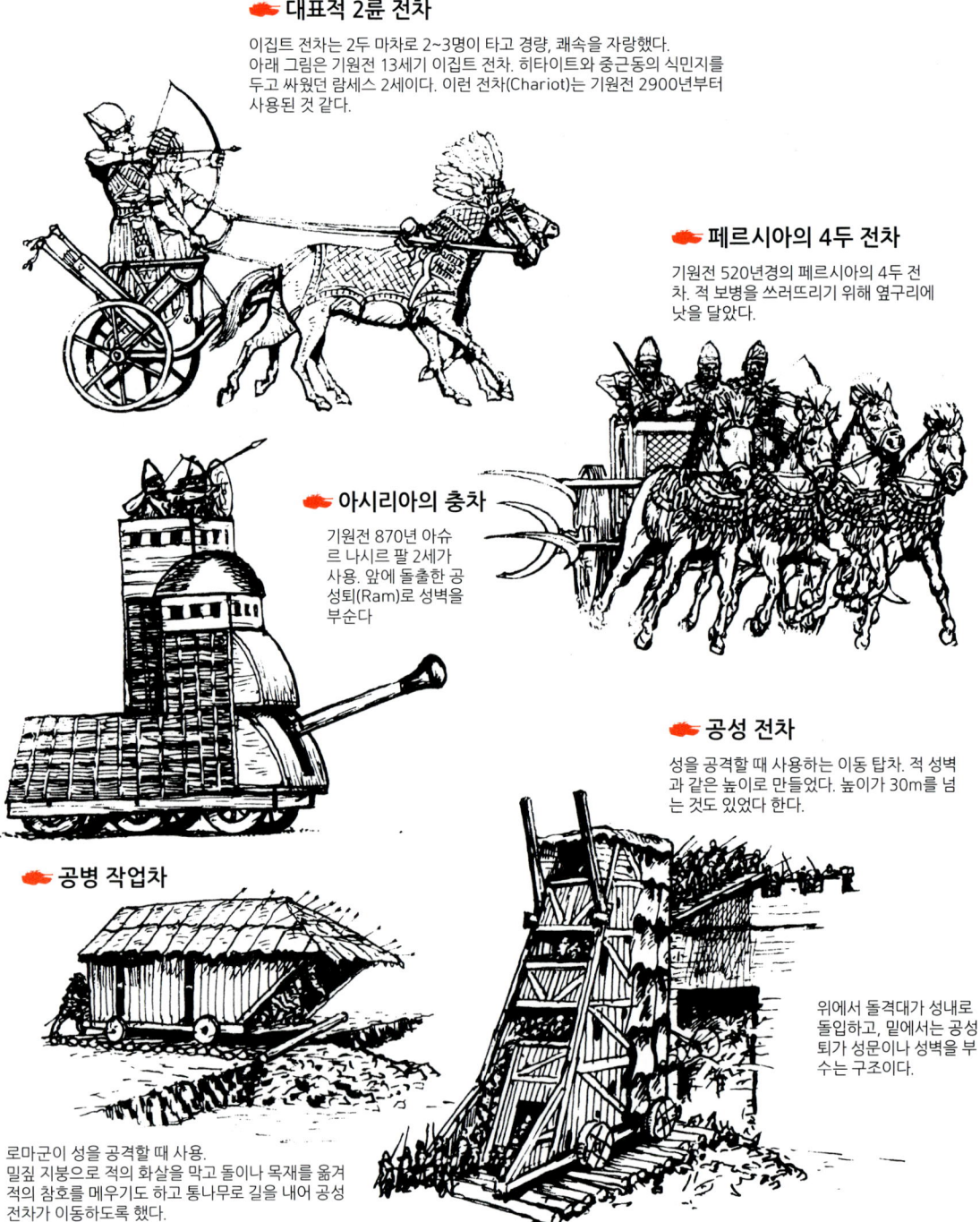

대표적 2륜 전차
이집트 전차는 2두 마차로 2~3명이 타고 경량, 쾌속을 자랑했다. 아래 그림은 기원전 13세기 이집트 전차. 히타이트와 중근동의 식민지를 두고 싸웠던 람세스 2세이다. 이런 전차(Chariot)는 기원전 2900년부터 사용된 것 같다.

페르시아의 4두 전차
기원전 520년경의 페르시아의 4두 전차. 적 보병을 쓰러뜨리기 위해 옆구리에 낫을 달았다.

아시리아의 충차
기원전 870년 아슈르 나시르 팔 2세가 사용. 앞에 돌출한 공성퇴(Ram)로 성벽을 부순다

공성 전차
성을 공격할 때 사용하는 이동 탑차. 적 성벽과 같은 높이로 만들었다. 높이가 30m를 넘는 것도 있었다 한다.

공병 작업차
로마군이 성을 공격할 때 사용. 밀짚 지붕으로 적의 화살을 막고 돌이나 목재를 옮겨 적의 참호를 메우기도 하고 통나무로 길을 내어 공성 전차가 이동하도록 했다.

위에서 돌격대가 성내로 돌입하고, 밑에서는 공성퇴가 성문이나 성벽을 부수는 구조이다.

근대전차 탄생 이전의 전차

🐘 코끼리 전차

코끼리 덩치를 이용한 돌격법은 예로부터 사용되었으며 18세기까지 존재했다.

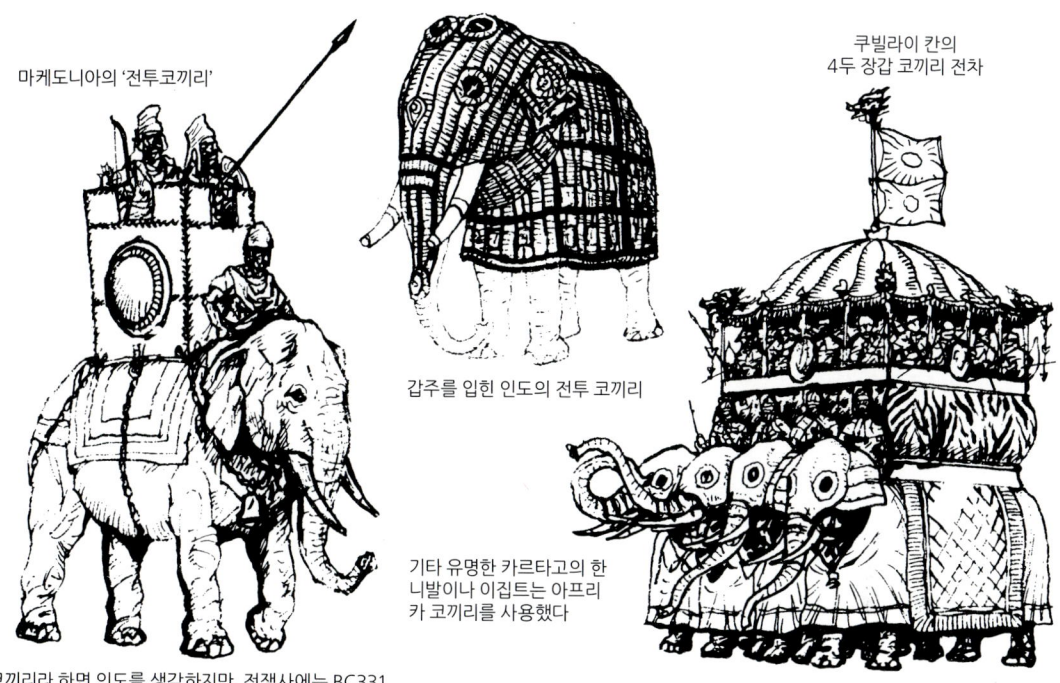

마케도니아의 '전투코끼리'

갑주를 입힌 인도의 전투 코끼리

쿠빌라이 칸의 4두 장갑 코끼리 전차

기타 유명한 카르타고의 한니발이나 이집트는 아프리카 코끼리를 사용했다

코끼리라 하면 인도를 생각하지만, 전쟁사에는 BC331년 알렉산더 대왕의 공격을 받은 페르시아군이 코끼리를 사용했다는 기록이 먼저이다. 위의 그림은 인도코끼리를 사용한 마케도니아의 전투 코끼리.

🐘 고대의 대표적 목제 전차

목재 가옥 밑에 바퀴를 달고 인력으로 이동. 창에서 화살을 쏘면서 전진했다. 시대는 알 수 없으나 로마 시대 이전인 듯.

🐘 헨리 8세의 말 전차 (영국)

1513년에 출현했다. 2층에 총구가 나 있는 방이 있고 병사가 탄다. 말과 병사를 모두 보호하므로 효과가 크다.

🐘 아우구스티노 라멜리이 고안한 말 전차

위의 헨리 8세의 말 전차의 유용성을 보고 이탈리아인 아우구스티노 라멜리이 만들어 프랑스왕에게 팔았다. 장갑판으로 말과 병사를 보호한다.

🐘 일본의 귀갑[거북]차

도요토미의 조선침공(임진왜란) 때 사용된 공병용 작업차. 인력으로 앞으로 나가고 후퇴할 때는 후방의 병사가 밧줄로 끌었다.

13

중세유럽의 전차

중세 후반에 들어서자 활과 화살 대신 총이나 대포가 등장하고 전쟁 형태도 바뀌었으나 아직 동력기관은 발명되지 않았다. 르네상스 시기에는 사람이나 물류의 유통이 활발해지고 기술에 대한 관심도 높아져 다빈치의 발명으로 대표되는 여러 가지 기계 장치들이 고안되었다.

🔥 마차요새

위의 진형처럼 마차와 마차 사이를 두꺼운 판으로 막아 방어하는 전법으로 적을 도발하여 싸운다. 또 마차를 사슬로 연결하여 집단으로 적진에 돌진하여 정지, 사격을 반복하는 적극적 전법을 취할 때도 있다.

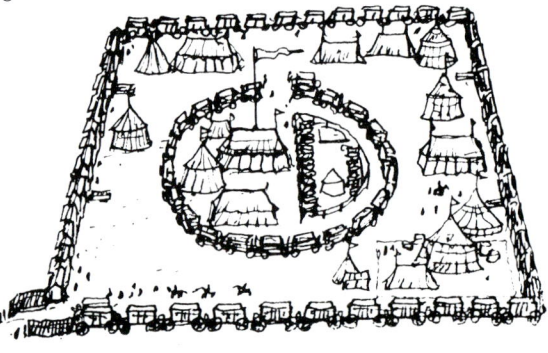

1419년 남부 독일 보헤미아의 애국자 얀 지슈카가 만든「바겐부르크」(마차요새). 4륜차로 이동이 쉽다. 전투 시에 대포를 장비하면 전차가 된다.

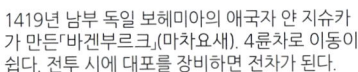

🔥 스페인의 말 전차

1512년에 활약한 2두 전차. 화승총으로 무장한 병사 4명 탑승.

🔥 사상 최초의 수륙양용 전차

1588년경 이탈리아의 라멜리가 고안한 것. 지상에서는 말로 끌고 물에서는 인력으로 물을 젓는 바퀴를 돌려 움직였다. 물의 저항이 커서 실용화되지 않았다.

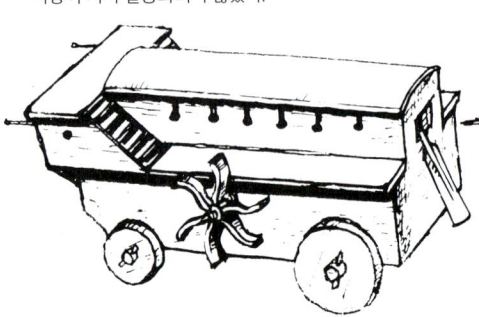

🔥 다빈치의 전차 (1500년경)

천재 레오나르도 다빈치가 고안한 무적의 전차. 인력으로 움직이는데, 설계만으로 끝났다.

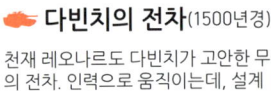

🔥 풍력 전차

1335년경 이탈리아인 비게반의 아이디어. 풍차가 돌면 톱니바퀴를 통해서 동륜을 돌려 시속 7~8km로 달릴 것으로 예상했으나 실현되지 않았다.

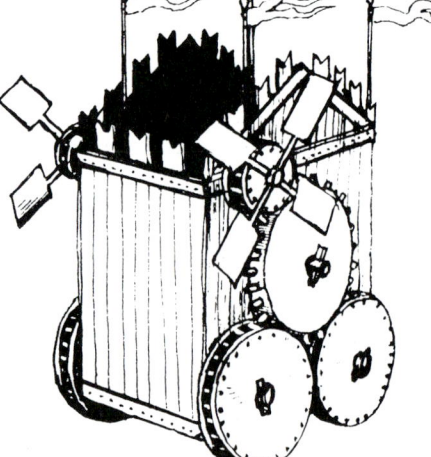

동력기관 등장

증기기관의 발명은 산업혁명의 기술적 기원이라 할 수 있는데, 1825년 스티븐슨의 로켓호(증기기관차)가 성공하면서 전차에도 그 응용이 고려됐다. 그러나 전차의 동력기관으로는 역시 가솔린 엔진이 알맞으며 그 의미에서 1886년 다임러(독일)의 가솔린 엔진부착 자동차의 완성은 전차에도 그 심장을 주었다고 할 수 있다.

🚂 육상 전함

1897년 독일황제 빌헬름 2세가 고안한 증기 전차. 대포 24문, 총 50정을 장비할 수 있었으나 너무 커서 계획만으로 끝났다.

🚂 헬멧(철모) 전차(1855)

철모형 장갑으로 총탄을 튕겨내고 대포로 공격하며, 접근하는 적은 회전하는 큰 낫으로 베어 쓰러뜨린다는 기막힌 착상을 한 사람은 영국인 제임스 코원. 증기 전차다.

🚂 심스의 전면 장갑차(1902)

기관총차와 마찬가지로 심스가 고안한 세계 최초의 전 철강 전차. 16HP 가솔린 엔진으로 시속 15㎞로 달린다.

🚂 심스의 기관총차(1902)

영국인 발명가 심스가 만든 4륜 자전거. 영국 육군에 팔아먹는데 성공했으나, 결국 채용되지는 않았다.

🚂 벤츠의 장갑차

1903년 독일의 벤츠사가 만든 근대적 장갑차. 정찰용으로 설계되었으므로 비교적 경무장.

🚂 유선형 전차 1호(1900)

미국의 베니튼이 고안한 3륜 전차. 3문의 포탑과 좌우 6개의 총좌가 있다. 가솔린 엔진으로 달린다.

캐터필러 발명

근대 전차의 등장에서 빼놓을 수 없는 캐터필러(무한궤도)는 먼저 농업용 트랙터를 위해 개발되었다. 1770년 영국의 리처드 에지워스가 고안한 포터블 레일웨이(이동식 철로)가 기원이라 하는데, 미국인 홀트가 이것을 개량하여 트랙터에 장착했다. 이 성공을 통해 캐터필러는 거친 땅을 주파할 수 있는 무기로 주목받게 된다.

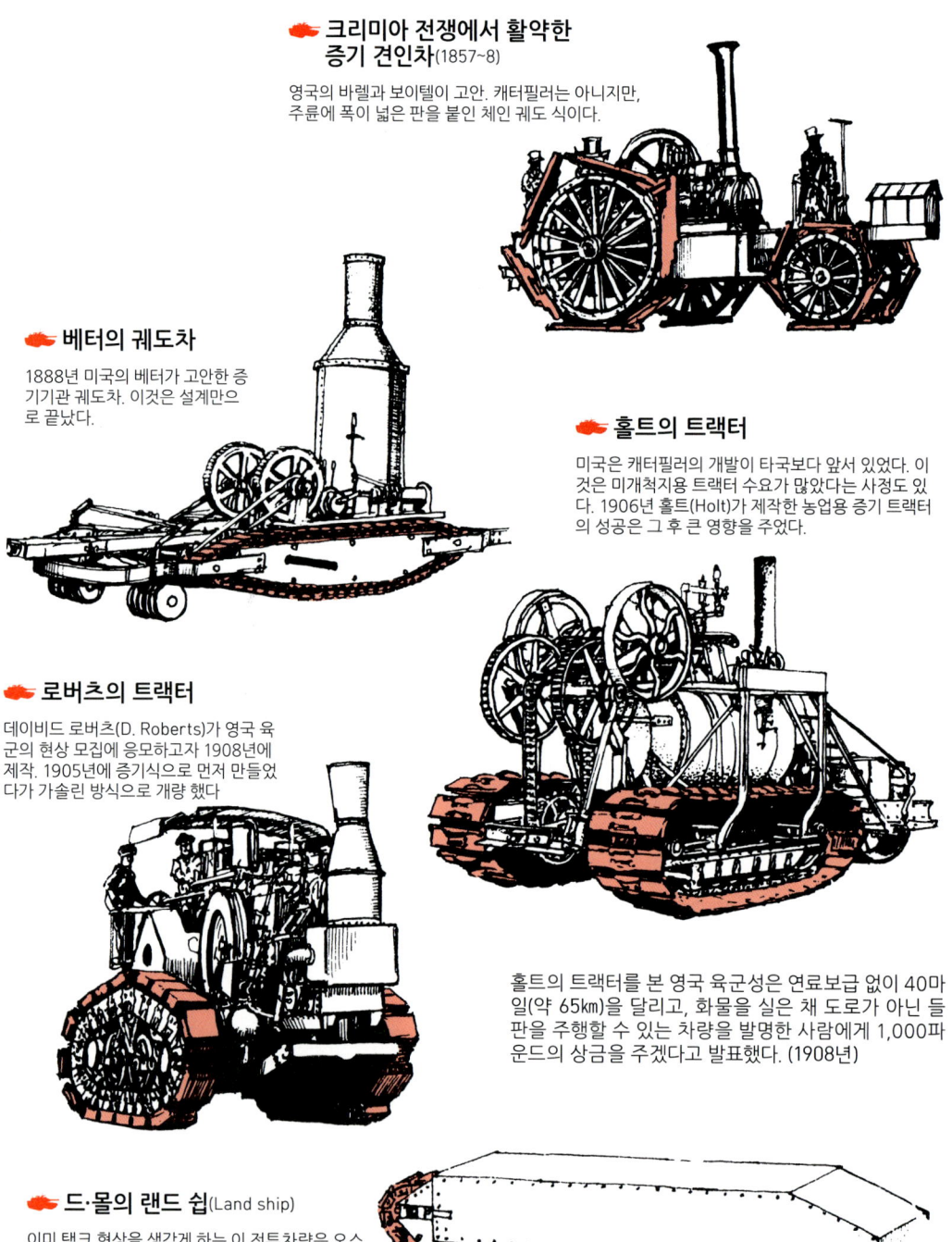

🔺 크리미아 전쟁에서 활약한 증기 견인차(1857~8)
영국의 바렐과 보이텔이 고안. 캐터필러는 아니지만, 주륜에 폭이 넓은 판을 붙인 체인 궤도 식이다.

🔺 베터의 궤도차
1888년 미국의 베터가 고안한 증기기관 궤도차. 이것은 설계만으로 끝났다.

🔺 홀트의 트랙터
미국은 캐터필러의 개발이 타국보다 앞서 있었다. 이것은 미개척지용 트랙터 수요가 많았다는 사정도 있다. 1906년 홀트(Holt)가 제작한 농업용 증기 트랙터의 성공은 그 후 큰 영향을 주었다.

🔺 로버츠의 트랙터
데이비드 로버츠(D. Roberts)가 영국 육군의 현상 모집에 응모하고자 1908년에 제작. 1905년에 증기식으로 먼저 만들었다가 가솔린 방식으로 개량 했다

홀트의 트랙터를 본 영국 육군성은 연료보급 없이 40마일(약 65km)을 달리고, 화물을 실은 채 도로가 아닌 들판을 주행할 수 있는 차량을 발명한 사람에게 1,000파운드의 상금을 주겠다고 발표했다. (1908년)

🔺 드·몰의 랜드 쉽(Land ship)
이미 탱크 형상을 생각게 하는 이 전투차량은 오스트리아인 드·몰이 설계한 것. 이것도 현상모집에 응모한 것인데 영국 육군성은 제대로 검토하지 못하고 기각해버렸다.

움직이는 토치카
제1차 세계대전(W.W.I)

이 시대의 육상 전투는 보병중심의 진지 쟁탈전 이었으며, 공수 양측 모두 참호를 파고 기관총 진지를 설치해 선과 선에서 대치했다. 또한, 참호를 나와 진격하는 보병을 후방에서 대포로 지원하는 형태를 취했다. 전쟁의 이러한 형태가 근대 전차의 출현을 재촉한 면도 있다.

영화 「서부전선 이상 없다」가 잘 묘사하듯 전선이 교착되자 소모성 참호전이 수개월간 계속되는 일도 드물지 않았다. (농담이 아니라 그 당시 병사들의 최대 적은 저격병이 아니라 무좀이라는 말도 있었다.) 전차는 (그리고 독가스도) 이러한 상황을 타파하는 데 이상적인 무기였다.

처음으로 실전에 등장한 영국 마크 I 전차의 주 임무는 보병지원이었으며 진격하는 보병 사이에 분산 배치됐다. 전차는 참호를 돌파했고, 움직이는 대포이자 기관총좌이기도 하여 놀라움을 주었다. 그러나 이 시기에 전차는 보병의 종속물이라는 인식밖에 없었다. 따라서 속력이 느렸고 전차끼리의 전투 따위는 전혀 상상하지 못했다. 장갑도 그 후의 전차들에 비하면 매우 얇았다. 대전 말기에 등장한 르노-FT는 이후 전차 설계의 원형이 된 경전차였으나, 전술 운용이나 기술적인 면의 깊은 연구는 대전 후를 기다려야 했다.

영국 전차
근대전차의 등장

제1차 대전은 근대 전차뿐만 아니라 비행기나 독가스 등 대량 살상무기가 등장했던 전쟁이다. 이것은 근대 과학의 성과가 군사 기술에 구현된 것이라 할 수 있으며 전차가 당시 선진 자본주의국가인 영국에서 최초로 만들어진 것도 우연은 아니다. 또한, 전화의 중심은 유럽이었으나 배경은 세계에 걸친 식민지 이해를 둘러싼 제국주의 전쟁이었으며, 극동의 일본까지 말려 들어간 문자 그대로 최초의 세계 전쟁이었다.

이러한 세계정세를 배경으로 등장한 전차는 순식간에 보급되었으며, 전차는 화력과 장갑과 기동력을 합친 존재로서 근대 전쟁에서 필수불가결한 요소가 되었다.

🔥 리틀 윌리 (Little Willie) (1915)

영국의 전차 개발은 묘하게도 해군성 주관으로 이루어졌다. 이 무렵 전차를 '육상군함(Landship)'이라 불렀을 만큼, 강판을 리벳으로 접합한 모습은 당시의 군함 건조법과 유사했다. 오른쪽의 리틀 윌리는 실제 전투에 참가하지는 않았으나 캐터필러로 달리는 커다란 장갑 상자라는 느낌의 기념비적 존재이다. 1915년 첫 주행시험은 실패로 끝났다. 10㎜ 두께의 장갑과 다임러 105HP 엔진을 갖췄고, 걷는 속도인 시속 3㎞로 움직였다.

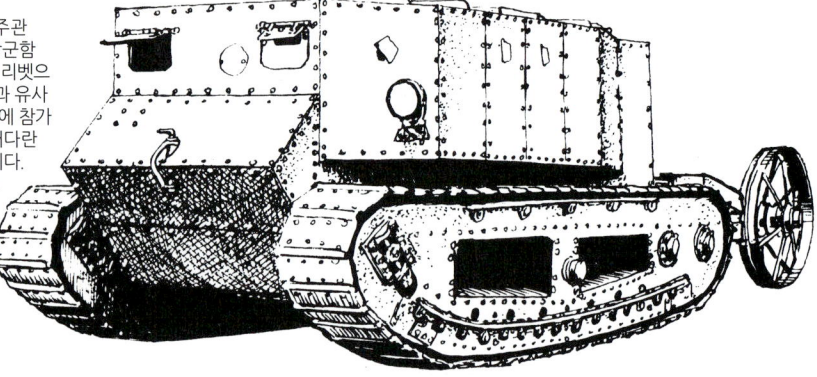

🔥 마크 I (1916)

너무나도 유명한, 세계 최초로 실전에 투입된 전차. 사양을 보면 알 수 있듯, 마름모 모양의 차체는 거대했고 6~12㎜의 장갑은 구조재 역할도 했다. 이 마름모 형 차체의 외곽부를 캐터필러가 회전하는 독특한 방식이었다. 서스펜션도 없고 속보 정도인 시속 6㎞로 덜컹덜컹 달렸다. 측면에 돌출부를 설치해 화포를 탑재했다. 마크 I에서 V까지의 마름모형 전차에는 무장에 따라 수컷(Male)과 암컷(Female)의 두 종류가 있었다. 뒤쪽에 부착한 바퀴는 참호통과 능력을 강화하기 위한 것이다.

▸ 승무원 8명
▸ 전장 8.05m (공통)
▸ 전폭 4.26m (수컷) 4.37m (암컷)
▸ 중량 28 t(수컷) 27t(암컷)
▸ 전고 2.45m (공통)
▸ 엔진 105HP 속도 6km/h
▸ 무장 57㎜ 포×2 (수컷) 기관총×4 (암컷)

🔥 마크 IV 암컷 (1917)

마크 I~III 다음에 출현한 본격적 전차. 종전까지의 강판은 강심 철갑탄(K탄)을 사용하면 7.92㎜ 소총으로도 관통할 수 있다는 것을 독일군이 알아버렸으므로 방탄 강판을 사용해 대처했다. 1917년 11월 유명한 캉브레 전투에서 주력으로 참가, 대승리의 원동력이 되었다.

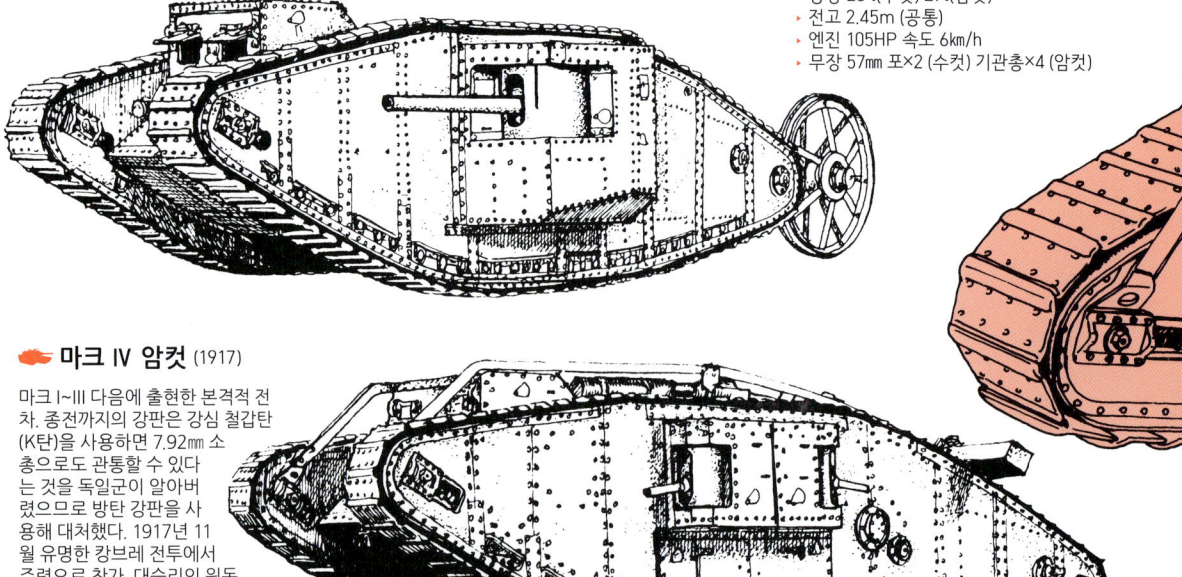

움직이는 토치카 · 제1차 세계대전

🛡 마크 V (1918)

여전히 마름모 형이지만 여러 가지가 개량되었다. 구동부에는 전차용으로 개발된 엔진을 탑재하고 윌슨이 고안한 유성(遊星) 기어를 채용하여 한 명이 조종할 수 있게 되었다. 또한, 공랭식 호치키스 기관총을 구상 총가에 설치하여 사격범위가 넓어졌다. 기타 감시장비의 개량, 150HP 리카르도(Ricardo) 엔진 채용으로 기동성이 향상되고 배기 연도 감소했다.

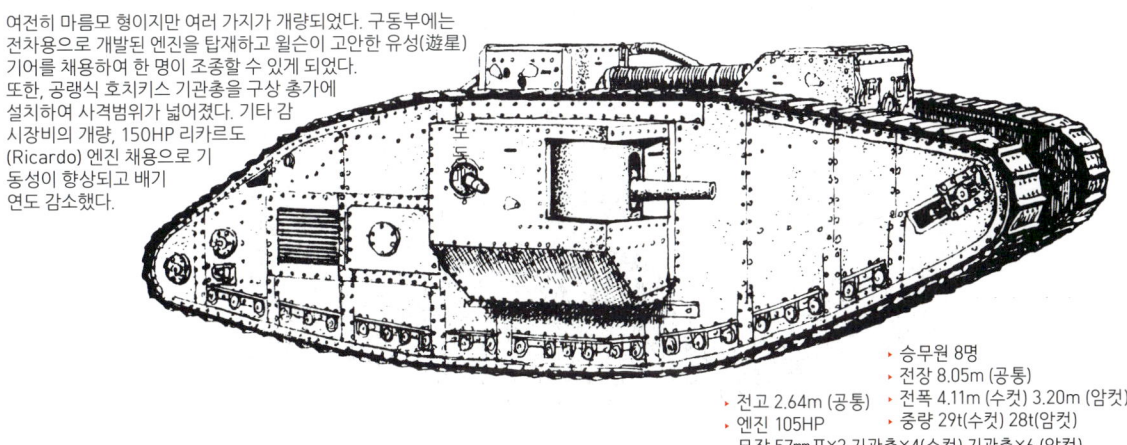

- 승무원 8명
- 전장 8.05m (공통)
- 전고 2.64m (공통)
- 전폭 4.11m (수컷) 3.20m (암컷)
- 엔진 105HP
- 중량 29t(수컷) 28t(암컷)
- 무장 57mm포×2 기관총×4(수컷) 기관총×6 (암컷)
- 최고속도 7.4km/h
- 장갑 14mm

❶ 탈출용 침목
❷ 승하차 해치
❸ 관형 라디에이터
❹ 보조 기어 변속 레버
❺ 6파운드 포
❻ 6파운드 포 탄약고
❼ 다임러 105HP 엔진
❽ 조종수석
❾ 차장석
❿ 보조 변속 브레이크레버
⓫ 벨트 조임장치
⓬ 테일 샤프트 브레이크
⓭ 클러치 페달
⓮ 변속 레버
⓯ 전방 투시창
⓰ 루이스 기관총
⓱ 침목용 레일
⓲ 전부 전망탑
⓳ 소음기
⓴ 시동 핸들
㉑ 감속기
㉒ 후부 전망탑

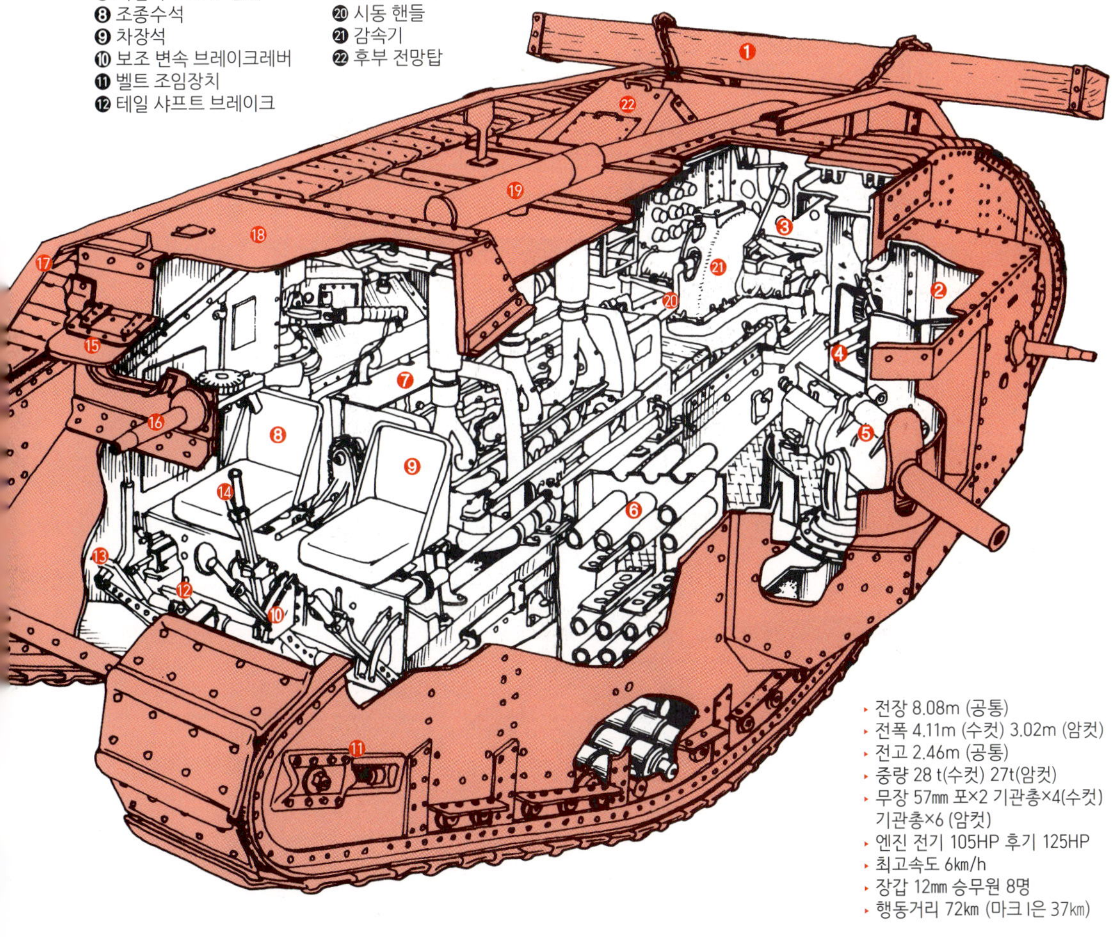

🛡 마크 VI 수컷의 내부 (1917)

수컷형에 탑재되었던 40구경 57㎜ 포는 차체가 구덩이에 빠질 때 손상을 입기 때문에 23구경으로 변경했다. 당시는 아직 변속, 조향장치가 없어 조종에 3명이 붙었다. 선회할 때는 부조종사 두 명이 좌우의 캐터필러에 브레이크를 거는 역할을 했다. 강판 접합은 리벳이었고, 후기형은 엔진 출력이 늘어나 125마력이 되었다.

- 전장 8.08m (공통)
- 전폭 4.11m (수컷) 3.02m (암컷)
- 전고 2.46m (공통)
- 중량 28t(수컷) 27t(암컷)
- 무장 57mm 포×2 기관총×4(수컷) 기관총×6 (암컷)
- 엔진 전기 105HP 후기 125HP
- 최고속도 6km/h
- 장갑 12mm 승무원 8명
- 행동거리 72km (마크 I은 37km)

마크 A~D와 Ⅷ형

🔴 마크 A 휘펫 (1917)

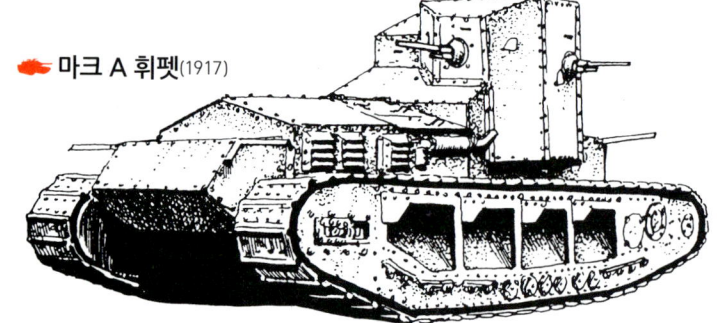

마크 I로 시작된 전차의 전투 참가는 각국에 충격을 주어 전차의 개발이 활발히 이뤄졌다. 당사국 영국은 실전 경험을 바탕으로 전차의 결점을 메우는 작업을 시작했다. 마크 I 등 마름모 형 전차는 덩치가 크고 중량도 30t 가까이 되어 당시의 빈약한 엔진으로는 기동력이 떨어지게 마련이어서 속도는 보행 속도, 행동거리는 10여㎞ 정도였다. 따라서 가볍고 빠른 전차를 만들었는데 이것이 휘펫이었다.

🔴 마크 A 휘펫 단면도

휘펫이라는 별명은 사냥개의 한 품종 이름이다. 마크 A는 이름에 어울리는 기동성을 보여주었다. 중량은 마름모 형의 반 정도에, 속력은 두 배였다. 이 경쾌한 전차는 언뜻 보면 앞뒤 구별이 어렵다. 그림의 왼쪽이 앞이며 전투실이 뒤에 있다. 조종실 앞에 격벽이 없이 엔진실과 연결되어 있어 상당한 소음이 전투실로 전달되었을 것이다. 기동륜이 뒤에 있어서, 전투실 밑을 프로펠러 샤프트가 지나고 있다.

- 전장 6.10m
- 전폭 2.62m
- 전고 2.74m
- 장갑 5~14mm
- 무장 기관총×4
- 중량 14t
- 엔진 45HP×2
- 최고속도 13km/h
- 승무원 3명
- 행동거리 100km

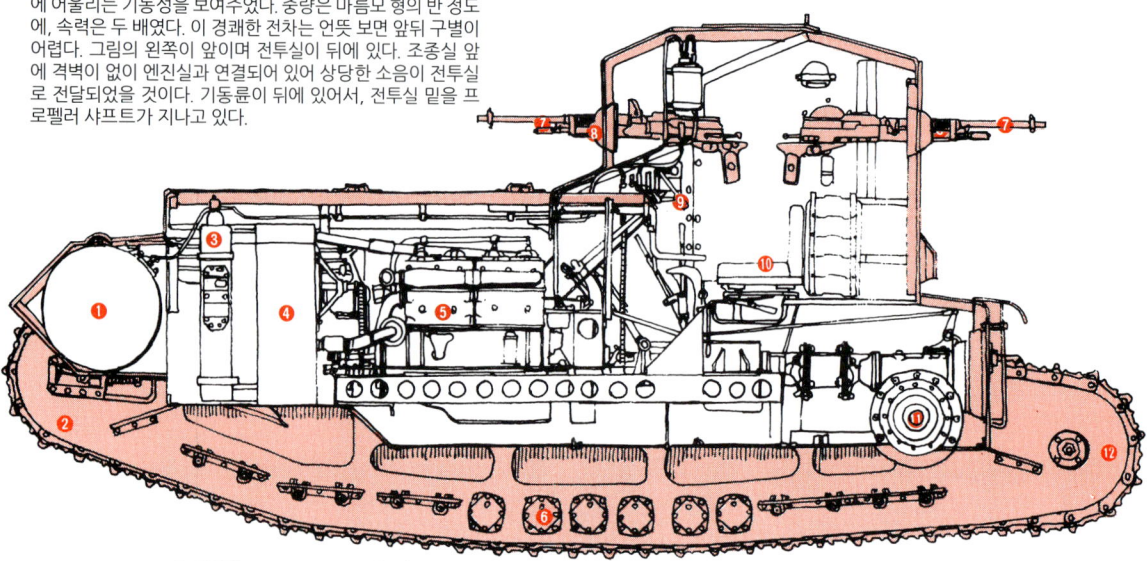

① 연료탱크
② 유도륜
③ 라디에이터
④ 팬
⑤ 엔진 (2기)
⑥ 전륜
⑦ 기관총
⑧ 총안
⑨ 조향핸들
⑩ 조종석
⑪ 변속기
⑫ 기동륜

🔴 마크 B (1918)

휘펫과는 모습이 상당히 다른 B형은 100HP 엔진 1기로 줄고 전투실과 엔진실 사이에 격벽이 설치되어 소음을 줄였다. 중량증가로 속력은 약간 저하되었다. 총 45 대가 생산되었는데 결국 전투에는 참가하지 않았다.

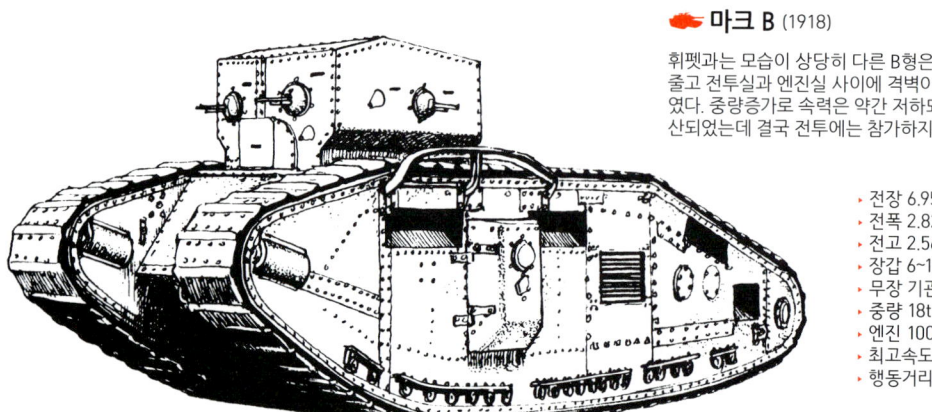

- 전장 6.95m
- 전폭 2.82m
- 전고 2.56m
- 장갑 6~14mm
- 무장 기관총×4
- 중량 18t
- 엔진 100HP
- 최고속도 9.8km/h
- 행동거리 100km

움직이는 토치카 · 제1차 세계대전

🔥 마크 C 호넷(Hornet)(1918)

전투실 상부에 큐폴라가 장착되고 배기용 대형 팬 2기가 있는 등 마크 B보다 중량이 증가했으나 엔진 출력이 늘어나서 속력은 빨랐다. 또한 비행기에 대응할 수 있도록 대공기관총을 설치하였다.

- 전장 7.87m 전폭 2.7m
- 전고 2.92m 장갑 6~14mm
- 무장 기관총×5
- 중량 19.5t
- 엔진 150HP
- 최고속도 12.6km/h
- 승무원 4명
- 행동거리 120km

🔥 마크 Ⅷ 인터내셔널 (1919)

마크 Ⅷ형은 최후의 대형 마름모 전차로 영국과 미국이 합동으로 개발했다. 영국에서 제작된 것은 엔진이 롤스로이스 300마력이었으나, 미군 것은 리버티 엔진으로 변경되었으며, 미국제는 수랭식 V12로 338HP의 출력이었다. 생산이 본격적으로 되기 전에 전쟁이 끝나 미국에서 1대, 영국에서 7대 제작되었을 뿐 전투에 참가하지는 못했다.

- 전장 10.4m
- 전폭 3.8m
- 전고 3.1m
- 장갑 16mm
- 중량 37t
- 무장 57mm포×2 기관총×7
- 엔진 300HP(영국제) 338HP(미제)
- 최고속도 9.6km/h
- 승무원 8명

🔥 마크 Ⅷ 내부

🔥 마크 D (1920)

물 위에서도 주행할 수 있는 당시로서는 혁명적인 전차였다. 160km의 최대 항속거리, 최고 속도 36km를 내며 수상에서도 2.5km/h로 물 위를 달릴 수 있다. 또 오른쪽 그림처럼 캐터필러가 곡선주행을 보조하는 등 획기적이었다. 그러나 실용화하기에는 세부적으로 결점이 많아 결국 시제차량 제작만으로 끝났다.

케이블식 스네이크 캐터필러

캐터필러가 구부러진 방향으로 가게끔 도와주므로 브레이크에 의한 힘의 손실이 없다.

프랑스, 독일 전차

주요 참전국이던 프랑스와 독일도 영국에 자극받아 차례로 전차를 만들었다. 프랑스 육군은 완전히 독자적으로 전차를 개발했는데 이를 주도한 인물이 에스티엥 대령이었다. 처음의 고안은 미국의 홀트 트랙터에 75㎜ 포를 탑재한 것이었다고 한다.

독일은 노획한 영국의 전차를 연구하여 전차 개발을 시작했으나, 때가 늦어서 전장에서 활약하는 데는 이르지는 못했다. 제조 기술 면에서는 영국과 닮은 것이 많았는데, 그중에서도 르노 FT는 획기적이어서 이후 전차 개발에 큰 영향을 주었다.

■ 프랑스 전차

🔴 슈나이더(Schneider) M16C (1917)

프랑스 육군 최초의 전차로 코일 스프링을 사용한 현가장치를 갖추는 등 영국전차보다 진보한 부분이 있었으나, 장갑에 문제가 있어서 전투 중 파괴되기 쉬웠다고 한다.

- 전장 6.01m
- 전폭 2.12m
- 전고 2.38m
- 장갑 24mm
- 무장 57mm 포×1
  기관총×2
- 중량 13.5t
- 엔진 70HP
- 최고속도 8.5km/h
- 승무원 7명
- 행동거리 75km

🔴 생샤몽(Saint Chamond) (1917)

위의 슈나이더 전차보다 조금 늦게 등장. 이 전차는 가솔린 엔진으로 발전하여 전기 모터로 구동하는 세계 최초의 전동 전차였다. 커다란 장갑상자에 비해 캐터필러가 작았으므로 참호통과 능력은 낮았으나 슈나이더보다는 많은 활약을 했다.

- 전장 7.91m
- 전폭 2.67m
- 전고 2.36m
- 장갑 5~17mm
- 무장 75mm 포×1
  기관총×4
- 중량 26t
- 엔진 85HP
- 최고속도 8km/h
- 승무원 9명
- 행동거리 60km

🔴 르노-FT (1918)

1차 세계대전 중 가장 성공적이었던 전차. 앞쪽에 조종석, 중앙에 360도 선회포탑, 뒤에 동력장치를 놓는 기본 구조는 이후 전차의 표준이 되었다. 소형, 경량으로 트랙터에 실어서 빠르게 전장으로 수송할 수 있었다. 전후에도 여러 나라에서 장비했으며 총 5,000대가 생산되었다.

- 전장 4.88m
- 전폭 1.74m
- 전고 2.14m
- 장갑 22mm
- 중량 6.7t
- 엔진 39HP
- 최고속도 8km/h
- 승무원 2명
- 행동거리 35km

🔴 르노-FT의 구조

❶ 조종수용 장갑 가리개
❷ 변속 레버
❸ 클러치 페달
❹ 스티어링(조향) 레버
❺ 조종수 석
❻ 콘트롤 케이블 덕트
❼ 전투실
❽ 실내 시동 핸들
❾ 기어 박스
❿ 스티어링 기어
⓫ 후부 액셀
⓬ 오일 탱크
⓭ 카뷰레터
⓮ 시동 핸들
⓯ 마그네트
⓰ 엔진
⓱ 연료 펌프
⓲ 라디에이터
⓳ 배기 팬
⓴ 연료 탱크

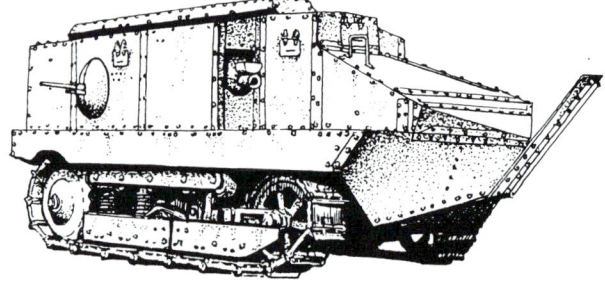

움직이는 토치카 · 제1차 세계대전

■ 독일 전차

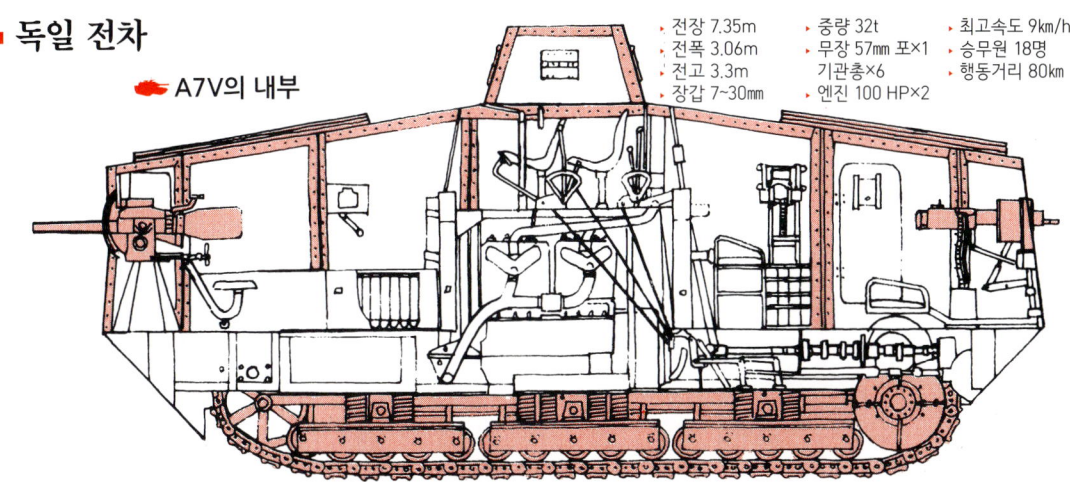

🔥 A7V의 내부

- 전장 7.35m
- 전폭 3.06m
- 전고 3.3m
- 장갑 7~30mm
- 중량 32t
- 무장 57mm 포×1 기관총×6
- 엔진 100 HP×2
- 최고속도 9km/h
- 승무원 18명
- 행동거리 80km

전차라는 신병기에 대해서는 후진국이었던 독일은 전장에서 노획한 영국 전차를 연구하여 이를 능가하는 것을 만들었다. 그것이 A7V로 장갑이 캐터필러까지 보호하여 훨씬 위압적인 모양을 하고 있었으며 장갑이 두꺼워지자 스프링을 사용한 현가장치를 하는 등 영국 전차보다 우수하였다. 그러나 이미 패색은 짙어가고 자재부족으로 대량 생산을 하지 못해 겨우 20대를 만들고 종전이 되었다. 승무원은 병력 수송을 포함 18명.

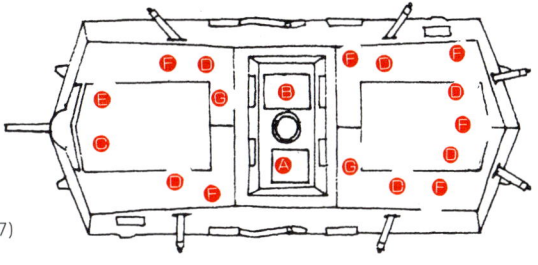

🔥 A7V (1917)

Ⓐ 조종수 Ⓑ 전차장 Ⓒ 포수 Ⓓ 기관총사수
Ⓔ 포 장전수 Ⓕ 기관총 장전수 겸 기관 조수 Ⓖ 기관수

🔥 A7V-U (1918)

외관은 마치 영국 전차의 복제품처럼 보이지만 A7V에서 야지 돌파 능력을 개선하는 것을 목표로 했다. 시험제작만으로 끝났다.

- 전장 8.4m
- 전폭 4.7m
- 전고 3.2m
- 장갑 20~30mm
- 무장 57mm포×2 기관총×4
- 중량 40t
- 엔진 105HP×2
- 최고속도 10km/h
- 승무원 18명

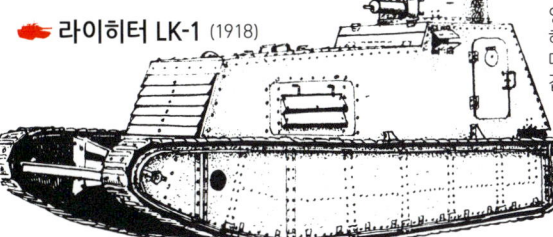

🔥 라이히터 LK-1 (1918)

영국의 휘펫 전차를 연상시키는 외관인데 군용 자동차 섀시를 전용해 만들었다. 이외에도 생산되지는 않았으나 LK-II라는 모델도 있는데 이는 휘펫에 대항하고자 기획한 것이다. 휘펫급의 소형이지만 장갑이 두껍고 출력이 세며 조종성도 좋았다.

- 전장 5.5m
- 전폭 1.9m
- 전고 2.3m
- 장갑 8mm
- 무장 기관총×1
- 중량 7t
- 최고속도 16km/h
- 승무원 3명

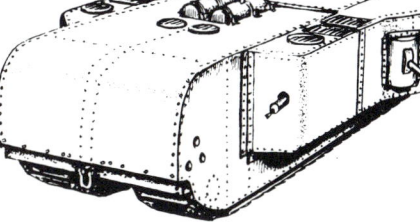

🔥 K 전차 (1918)

극비로 제작된 독일의 중(重)전차. 거대한 차체 사방을 장갑으로 덮어 중량이 무려 150톤이었다. 이 때문에 전장까지 스스로 갈 수 없어 분해하여 운반할 예정이었다. 2대 완성 직전에 전쟁이 끝나 파괴됐다.

- 전장 12.7m
- 전폭 6.0m
- 전고 3.0m
- 장갑 30mm
- 무장 77mm 포×4 기관총×7
- 중량 150t
- 엔진 650 HP×2
- 최고속도 7.5km/h
- 승무원 22명

영국의 특수 전차

마크 I부터 시작된 영국의 전차는 다양하게 개조되어 특수 전차가 되었다. 전장에서의 수송작업, 지뢰 처리 등에는 장갑인 전차가 단연 유리하여 이후 각국에서 다양한 특수전차가 제작되었다. 영국은 특수 전차 제조의 원조라 할 수 있다.

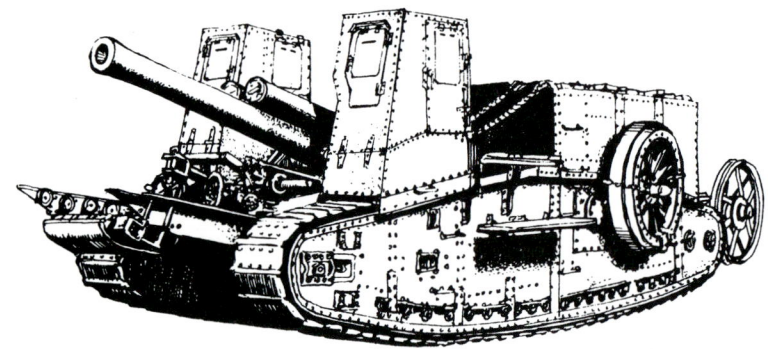

🔥 자주포 마크 I (1917)

자주포라고는 하지만 실제는 마크 I를 화포운반차로 개조한 것이다. 최전선에 대포를 운반하는 용도로 만들었으며, 그런 특성을 살려 탄약이나 물자 수송에 사용됐다. 왼쪽 그림 끝의 바퀴는 참호 통과용이며 측면에 붙은 바퀴는 분해한 대포의 바퀴이다. 총 48대 생산.

🔥 병력물자 수송차 마크 IX (1918)

훗날 장갑병력수송차(APC)의 원조라 할 수 있는 차량. 병력 30명 또는 물자 10톤까지 운반할 수 있었다.

- 전장 9.73m
- 전폭 2.44m
- 전고 2.64m
- 장갑 6~12mm
- 무장 기관총×1
- 중량 27.4t
- 엔진 150HP
- 최고속도 6.9km/h
- 승무원 4명

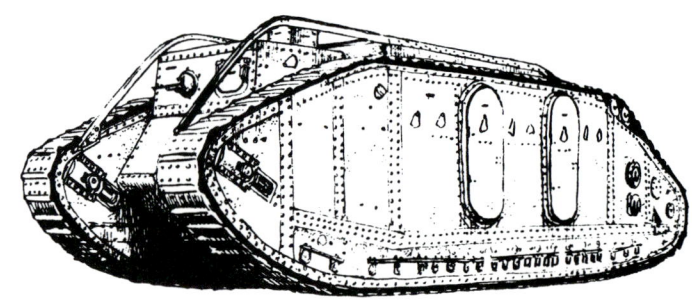

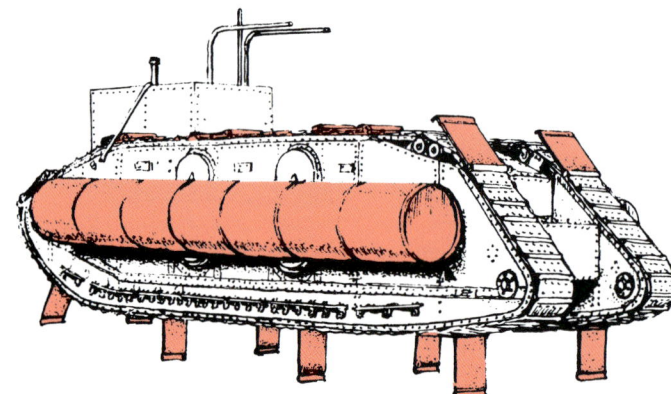

🔥 수륙 양용차 덕(Duck) (1919)

마크 IX 전차의 차체를 개조하여 만든 수륙양용 실험차. 양옆의 원통형 탱크는 부력을 만들기 위한 것으로 이것으로 수면에 뜨고 캐터필러에 붙은 추진용 물갈퀴로 나아간다. 문자 그대로 오리(덕)란 느낌이 온다. 실험은 성공했다.

🔥 마크 V 지뢰처리/ 가교 전차 (1918)

마크 V 전차 차체를 이용했다. 전차의 등장으로 참호를 넘을 수 있게 되자, 이제 교량이 없으면 건널 수 없는 하천이나 강 그리고 지뢰가 문제가 되었다. 이 두 전차는 그 대책으로 고안되었다. 앞의 지뢰처리차는 롤러로 지뢰를 폭파시킨다. 뒤의 가교 전차는 12m의 다리를 놓을 수 있다. 대전차병기와 전차기술개발의 물고 물리는 게임이었다.

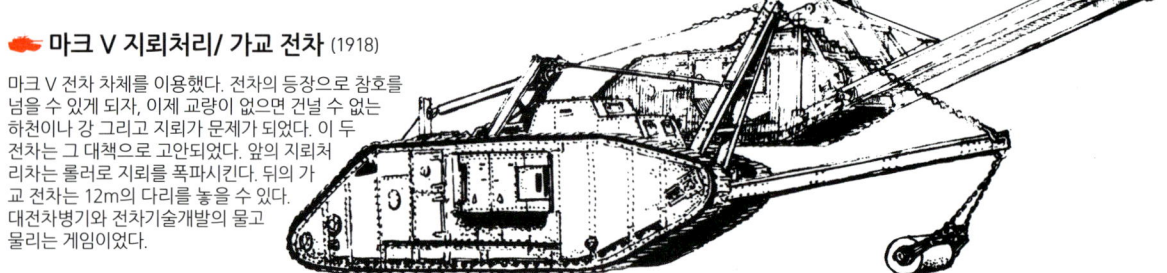

미국, 이탈리아 전차

1차 대전에서 처음에는 먼로주의를 고수했 던 미국도 전차에는 무관심하지 않아 여러 가지 방식을 시도하고 있었다. 단 이 때는 대량생산은 아니고 실험적인 요소가 강했다. 동력기관도 여러 가지가 채용된 것이 흥미롭다. 이탈리아의 것은 독일의 A7V와 닮았지만, 완전히 독자 개발했으며 소량 제작으로 끝났다.

🛡 포드 M1918 경전차 (미국 1918)

포드 T형 자동차 부품을 많이 채용한 2인승 경전차. 계획으로는 양산하여 15,000대를 만들 예정이었으나 15대만 제작했다. 무장 차이로 수컷 형과 암컷 형이 있다.

- 전장 4.2m
- 전폭 1.68m
- 전고 1.62m
- 장갑 12.7mm
- 무장 57mm포×1(수컷)
- 기관총×1 (암컷)
- 중량 3.4t
- 엔진 22.5 HP×2
- 최고속도 12.8km/h
- 승무원 2명

🛡 증기 전차 (미국 1918)

공병용으로 만들어진 화염방사 전차. 영국의 마크 IV를 기본으로 했는데 동력을 2기통 증기 엔진 2기로 바꾼다. 거기서 얻은 증기 압력을 화염방사에 이용한다.

- 전장 10.59m
- 전폭 3.81m
- 전고 3.16m
- 장갑 13mm
- 무장 화염방사기×1 기관총×4
- 중량 45.36t
- 엔진 230 HP 증기×2
- 최고속도 6.4km/h
- 승무원 8명

🛡 스켈레톤(Skeleton) 전차 (미국 1918)

문자 그대로 골격(스켈레톤)만으로 된 전차. 신속한 참호돌파를 추구한 결과, 전투실 이외의 장갑은 모두 생략. 강관 프레임만의 구조이며, 마크 II를 모델로 파이오니어 트랙터사가 제작했다.

- 전장 7.62m
- 전폭 2.57m
- 전고 2.9m
- 장갑 13mm
- 무장 기관총×1
- 중량 7.26t
- 엔진 50 HP×2
- 최고속도 8km/h
- 승무원 2명

🛡 홀트 가스-일렉트릭 전차 (미국 1917)

당시 미국에서 연구되고 있던 철도기관차용 가스-일렉트릭 엔진(가솔린 엔진으로 발전기를 돌리고 전기모터로 달림)을 탑재한 것. 미국 홀트사가 GE와 공동개발했으나 실험차량만으로 끝났다.

- 전장 5.03m
- 전폭 2.77m
- 전고 2.37m
- 무장 75mm포×1 기관총×2
- 중량 25t
- 엔진 90HP
- 승무원 6명

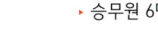

🛡 피아트 2000 전차 (이탈리아 1918)

이탈리아가 독자개발한 중(重)전차로 1916년 8월에 설계가 시작됐다. 독일의 A7V 처럼 상체가 크고 무겁다. 모두 6대가 제작됐다.

- 전장 7.4m
- 전폭 3.1m
- 전고 3.8m
- 장갑 15~20mm
- 무장 65mm포×1
- 기관총×7
- 중량 40t
- 엔진 240HP
- 최고속도 7.2km/h
- 승무원 10명

여러 나라의 르노-FT 파생형

🛡 M1917 6t 전차 (미국 1917)

당초 1차 대전에 참가하지 않았던 미국은 자국 상선이 독일의 잠수함에 격침된 것을 계기로 1917년 4월에 참전을 결정했다. 그러나 미국은 전차가 없었으며, 대전 말기에 개발된 전차도 앞에서 언급한 대로 실험적인 것들 뿐이었다. 전쟁 끝 무렵, 미국 육군이 가장 주목한 전차는 르노-FT 전차로, 이를 거의 그대로 미국에서 면허 생산했다. 이는 '아메리카 르노'라 불렸다.

종전까지 유럽에 파견된 미군에 장비된 것은 겨우 6대였다. 이 M1917은 1919년까지 총 952대가 제작되어 육군 경전차 부대의 표준 장비품이 되었다. 그 후 1929년에 엔진을 100HP 공랭식 프랭클린 엔진으로 파워 업 한 M1917A도 제작됐다.

- 전장 5m
- 전폭 1.79m
- 전고 2.3m
- 장갑 최대 15mm
- 무장 37mm포×1
  7.6mm기관총×1
- 중량 6.6t
- 엔진 43HP
- 최고속도 9km/h
- 승무원 2명

🛡 피아트 3000 돌파 전차 M1930 (이탈리아 1923)

르노-FT의 이탈리아 판이다. 대전 후반, 프랑스에서 부품을 수입하여 녹다운(현지 조립) 생산 예정이었으나 겨우 몇 대 분이 도착했을 때 전쟁이 끝났으므로 그 후에는 자체 개발했다.

1923년부터 만들어진 M1921 형은 6.5mm 기관총을 연장으로 장비했으나 너무 빈약해, 1930년부터는 37mm 포를 탑재한 M1930 형으로 대체되었다. 이들 중 일부는 2차 대전에도 참가했다.

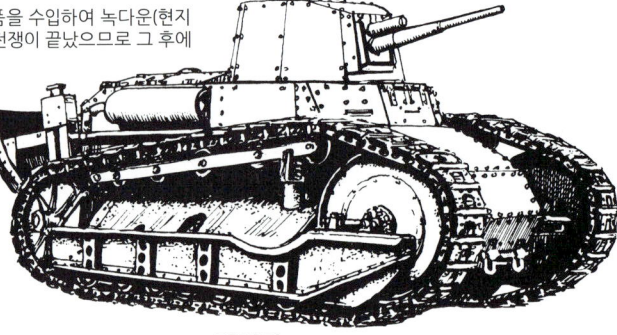

- 전장 3.73m
- 전폭 1.67m
- 전고 2.2m
- 장갑 6mm
- 무장 37mm포×1 또는
  6.5mm기관총×2
- 중량 5.9t
- 엔진 50HP (가솔린)
- 최고속도 21km/h
- 승무원 2명

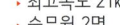

🛡 T18 (MS II) 경전차 (소련 1927)

혁명으로 성립한 소련 붉은군대의 기계화 과정에서도 르노-FT는 주목을 받았다. 처음으로 만들어진 FT '클론'은 KS로 통칭하는 타입으로 미국의 기어 박스와 피아트의 엔진을 채용한 것이었는데 당시 소련의 공업력으로는 대량생산은 무리였다. 다음에 등장하는 MS 시리즈가 이 T18이 된다. 엔진은 MS II 까지가 35 HP이며 MS III부터는 40HP 정도였으나, KS 형의 7톤에서 5톤으로 중량이 줄고 현가장치도 개량되어 빈약하지만 속력은 개선되고 있다.

- 전장 4.38m
- 전폭 1.76m
- 전고 2.12m
- 장갑 최대 16mm
- 무장 37mm포×1
- 기관총×1
- 중량 5.5t
- 엔진 35HP
- 최고속도 16km
- 승무원 2명

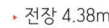

🛡 르노-NC 27 (프랑스 1926)

르노-FT의 후속으로 개발되었지만, 프랑스군은 채용하지 않은 이색적인 경전차. 르노의 NC 시리즈는 외국에서 발주를 받았는데, 여기에는 마지노 요새를 믿었던 프랑스 방위전략의 영향이 있었을 것으로 생각할 수 있다. 일본도 전차대 장비용으로 10대를 수입했다. 구조 면에서는 한쪽 3조의 수직 코일 스프링에 3조의 보기(Bogie)를 장착한 현가장치가 있으며 FT 형과 같은 속도를 낸다. 이 NC 전차는 50대 정도 제작되어 모두 수출되었다.

- 전장 4.41m
- 전폭 1.71m
- 전고 2.14m
- 장갑 최대 30mm
- 무장 37mm포×1
- 중량 8.5t
- 엔진 60HP
- 최고속도 18.5km
- 승무원 2명
- 항속거리 100km
- 승무원 2명

군축과 전차개발
전간기(戰間期)의 전차

1차 세계대전 후 세계적인 염전 사상이나 군축 경향 속에 각국은 전시 때처럼 전차의 대량 생산이나 개발을 서두르지는 않았다. 그러나 자동차나 항공기 생산이 크게 성장함에 따라 전차나 군용기의 기술적 진화나 운용전술 연구가 진척되고 생산 면에서도 군수산업의 일익을 담당하게 된다.

아직 전차의 분류는 종래의 보병, 기병 구분에 따른 차종 구분이 일반적이었다. 보병 전차는 보병 직접 지원을 전제했기 때문에 중장갑이 특징이었으며, 속도는 중요시되지 않았다. 전쟁 형태에 대한 예상이 구태의연했기 때문이기도 했다. 한편, 기병용 전차는 정찰연락용의 경쾌한 것으로 기동성을 중시하여 그 결과 경장갑에 기관총이나 소구경 포를 장비했다.

이것과는 완전 별개로 크리스티로 대표되는 다기능 전차가 이 시기에 개발되고 있다. 또 차량 기술면에서 동력은 가솔린이나 디젤 엔진으로 낙착되고 조향 장치나 변속기도 크게 개선됐다. 360도 선회포탑도 일반화되었다. (인력으로 선회하는 것도 있었다.) 기계적 신뢰성이 높아진 만큼 병기로서 전차의 평가도 높아졌다.

아직 현실화하진 않았지만 기계화된 장갑차량만으로 편성된 기갑부대라는 개념도 이 시대 연구의 산물이다.

빅커스 전차

제1차 대전 후의 군축기간에는 전차의 개발에도 제한이 가해졌다. 그 좋은 예가 다음 항목의 꼬마 전차로, 그 간의 사정은 뒤에 이야기하겠지만 모자라는 예산 속에서도 군의 근대화·기계화에 대한 노력은 계속됐다. 전차는 1차 대전에서 일약 최고의 병기로 올라섰으나, 사용 시기가 짧았기에 하드웨어로서 구조 성능이나 운용방식 면에서 획기적으로 발전하지는 못했다. 평화 시대에 신형 전차의 시작, 시험이 계속되고 운용 면의 군사이론 연구도 깊어졌다. 빅커스사의 전차들은 이러한 시대에 등장했다.

🛡 빅커스 No. 1 (1921)

각국의 전차개발이나 제작이 축소일로이던 시기에 영국만은 빅커스사를 중심으로 신 전차를 제작하고 있었으며, 이 때문에 세계 각국에 전차를 판매할 수 있었다. 이 시기를 빅커스 독점 시기라 한다. 이 시기에 육상 전투의 왕자로서 전차의 기본 틀이 정해지고, 근대 전차의 모델이 확립되었다. 왼쪽 NO.1 전차는 360도 선회포탑을 장비한 시작차이다. 치수는 불명.

- 장갑 12.7mm
- 무장 기관총×3
- 중량 8.5t
- 엔진 86HP
- 최고속도 24km/h
- 승무원 5명

🛡 빅커스 - 마크 I (1923)

쾌속 중형 전차로 영국의 제식 채용 1호 전차. 외관도 마름모형 전차 이미지를 일신, 상당히 근대적인 전차 모양이 되었다. 주행계통도 개량되어 속도 향상도 뚜렷.

- 전장 5.33m
- 전폭 2.78m
- 전고 2.82m
- 장갑 6.5mm
- 무장 47mm 포×1 기관총×6
- 중량 11.7t
- 엔진 90HP
- 최고속도 29km/h
- 승무원 5명

🛡 빅커스 - 마크 II 개량형 (1924)

마크 II는 마크 I의 발전형인데 이 모델은 다음 페이지 위 그림의 포탑 후부에 무전기 박스를 장비하였다. 빅커스사는 30년대까지 리벳 접합 방식을 했으나, 프랑스에서는 주조 포탑이 출현했고, 독일은 압연 강판의 용접접합 방식을 취했다. 미국의 크리스티나 소련은 리벳 접합이었다.

🛡 빅커스 - 마크 II 박스 카 (1928)

마크 II의 차체에서 포탑을 제거하고 큰 상자형 차체를 실은 무전 지휘차량. 전차대대 수준의 지휘용으로 개발되었다. 무장은 기관총 1정뿐. 또한, 마크 II는 기본적으로 마크 I의 개조형이며 외형적으로 캐터필러 하부의 전륜에 장갑 보호판이 부착된 정도로 그다지 큰 차이는 없으나 그림처럼 여러 개조물도 상당 수 제작되었다.

군축과 전차개발

🛡 빅커스 - 마크 II 중형전차

마크 I의 개조형이지만 신뢰성이 높아 2차 대전 개전 직전까지 현역으로 활약했다.

- 장갑 8mm
- 중량 13.5t
- 엔진 90HP
- 최고속도 29km/h
- 승무원 5명
- 무장47mm×1
  기관총×6

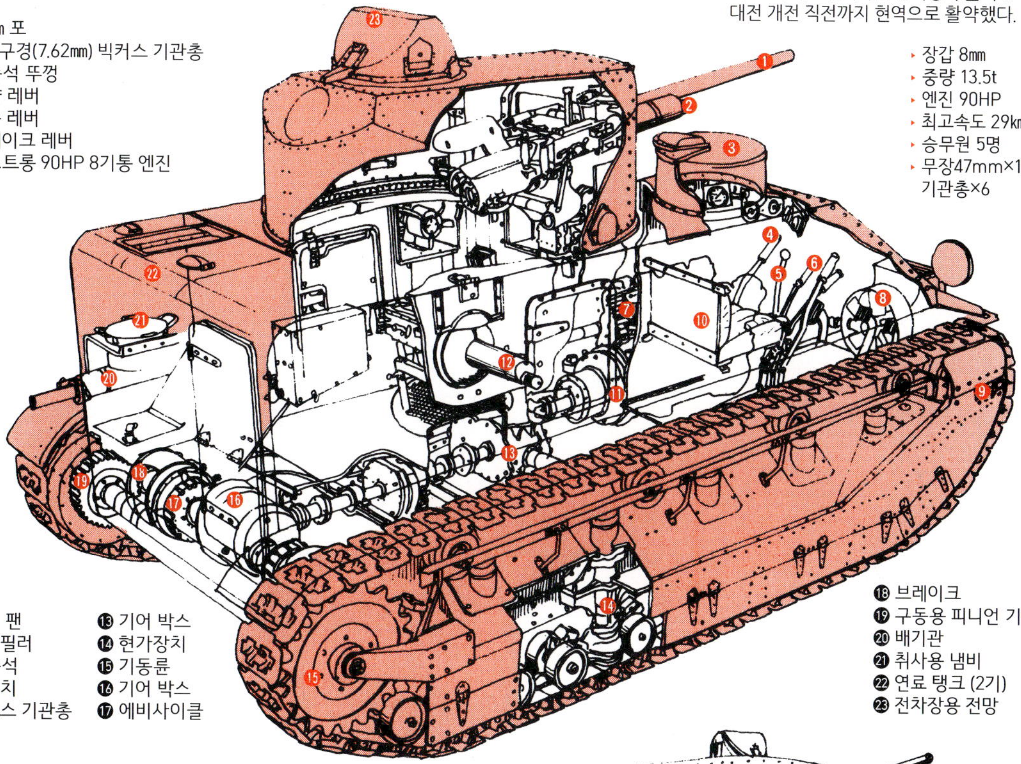

❶ 47mm 포
❷ 303구경(7.62mm) 빅커스 기관총
❸ 조종석 뚜껑
❹ 조향 레버
❺ 변속 레버
❻ 브레이크 레버
❼ 암스트롱 90HP 8기통 엔진

❽ 환기 팬
❾ 캐터필러
❿ 조종석
⓫ 클러치
⓬ 빅커스 기관총
⓭ 기어 박스
⓮ 현가장치
⓯ 기동륜
⓰ 기어 박스
⓱ 에비사이클
⓲ 브레이크
⓳ 구동용 피니언 기어
⓴ 배기관
㉑ 취사용 냄비
㉒ 연료 탱크 (2기)
㉓ 전차장용 전망

🛡 빅커스 - 마크 III (1931)

빅커스 16t전차라고 부르기도 하는 중형 전차. 소형화한 포탑에 기관총용 작은 포탑을 양쪽에 배치, 무장은 모두 전방으로 배치했다. 수많은 신기술이 도입되었으나 차체 접합은 역시 리벳 접합 그대로였다. 제작비가 비싸 소수 배치되는데 그쳤다.

- 전장 6.55m
- 전폭 2.69m
- 전고 2.95m
- 장갑 9~14mm
- 무장 47mm 포×1
- 기관총×3
- 중량 16t
- 승무원 7명

🛡 빅커스 - 마크 C 중형전차 (1926)

빅커스 사는 초기부터 자사 개발 전투 차량을 활발히 제작하여 세계에 팔았다. 또 각국의 요청에 응하여 주문자 제작 전차도 만들었다. 이 C형 전차는 일본이 발주한 것으로 빅커스 사는 일본의 전차 산업 육성기에 깊게 관여한 셈이 됐다.

- 장갑 6.5mm
- 무장 57mm 포×1
  기관총×4
- 중량 11.6t
- 엔진 165HP
- 승무원 5명
- 최고속도 32km/h

중(重)전차와 크리스티의 아이디어

1차 대전에서 전차는 보병을 화력으로 지원하고 그 방패도 되며, 또 그대로 참호를 돌파하는 등 대활약을 했다. 후에 영국에서 보병 전차라는 개념이 생길 정도로 보병 지원은 전차의 중요 목적 중의 하나였다. 이 때문에 중장갑에, 적 전차에 대항할 주포와 적병을 쫓아낼 다수의 기관총을 장비한 중(重)전차를 생각하게 되었다. 초기의 중전차에는 이 목적 때문에 두 개 이상의 포탑을 가진 것이 많았다. 따라서 보면 볼수록 괴물처럼 보였다. 중무장, 중장갑이므로 일반적으로는 속도가 희생됐지만 빅커스의 전차처럼 빠른 것도 있었다.

■ 중(重)전차의 탄생

🚜 빅커스 - 인디펜던트 (영국 1925)

1925년 1대만 제작됐다. 주포 외에 주위의 적에 대해 여러 방향으로 기관총을 배치한 다포탑 중전차. 장갑을 얇게 하고 그만큼 속력을 높였다.

- 전장 7.75m
- 전폭 3.2m
- 전고 2.66m
- 장갑 29mm
- 무장 47mm 포×1
- 기관총×5
- 중량 31.5t
- 최고속도 32km/h
- 엔진 398HP
- 승무원 8명

🚜 2C 중(重)전차 (프랑스 1923)

걸작 전차 르노-FT로 시작되는 경전차 시리즈를 지원하고자 프랑스군이 개발했다. 르노-FT 자체는 보병지원용 전차였다. 2C는 당시로써는 강력한 75mm포와 두꺼운 장갑을 갖췄다. 10대를 만든 후 1대에 155mm와 75mm 포 각 1문을 설치하여 2Cbis라 호칭했다.

- 전장 10.27m
- 전폭 3.0m
- 전고 3.8m
- 장갑 45mm
- 무장 75mm 포×1 기관총×4
- 중량 70t
- 엔진 250HP
- 최고속도 13km/h
- 승무원 13명

■ 크리스티 (Christie)

🚜 M1931 T3 중형전차

미국인 존 W. 크리스티는 고속 전차 개발에 온 정열을 쏟은 천재였다. 그는 다양한 아이디어로 자비를 들여 몇 대의 전차를 만들었으나 조국인 미국에서는 인정받지 못했다. 그러나 그의 전차에 주목한 영국과 소련이 재빨리 이를 수입하여 연구, 후에 영국의 순항 전차나 소련의 BT 전차, T34 중전차 등 걸작 전차로 발전시켜 나간다. 왼쪽의 M1931은 크리스티 전차의 결정판이라 할 수 있는데 미군은 T3 중전차로서 제식 채용은 아니고 7대를 발주하여 그 중 4대를 기병대에 배치했을 뿐이었다. 이를 T1 전투차라 명명했다.

- 전장 5.49m
- 전폭 2.23m
- 전고 2.29m
- 장갑 16mm
- 무장 37mm 포×1 기관총×1
- 중량 10t
- 엔진 338HP
- 최고속도 43km/h (궤도장착 시) 76km/h(바퀴장착 시)
- 승무원 3명
- 항속거리 241km

군축과 전차개발

🔴 크리스티 현가(懸架)장치

크리스티의 아이디어 중 후대에 많은 영향을 준 것 중 하나가 서스펜션 시스템이다. 이것은 M1928에 장착된 주행 장치인데 코일 스프링을 장착한 독립 현가 방식으로 되어 있다. 이것으로 도로면 이외의 대지를 고속으로 안정적으로 달릴 수 있게 되었다.

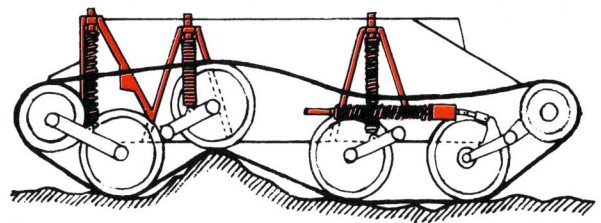

🔴 크리스티 전차의 친척들

크리스티의 아이디어로 제작된 각양각색의 전차는 당시에는 정말 독특하고 선진적이었다. 각 전차들의 공통적 특징은 무엇보다도 고속으로 주행하며, 궤도식(캐터필러식), 차륜식(바퀴식) 등 어떤 식으로도 달릴 수 있는 데 있었다. 이것은 독창적인 현가장치를 가지고 있기 때문인데 수륙 양용에서부터 비행기로 공수할 수도 있게 했다. 이 아이디어는 그 후 각국에서 실현되었으며, 전차 발전에서 크리스티의 역할은 정말로 컸다.

▶ 전투차(Combat Car) 시리즈

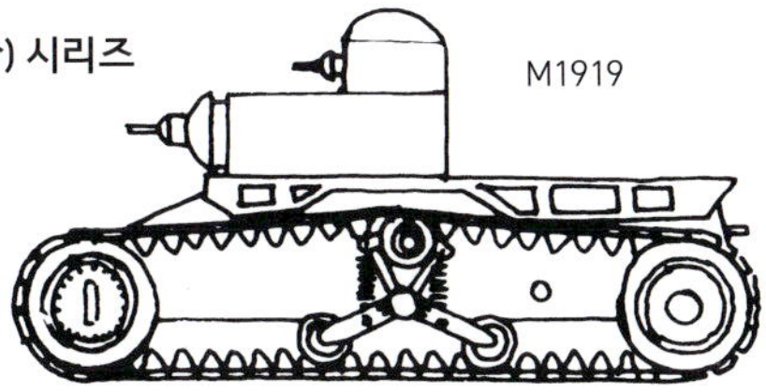

M1919 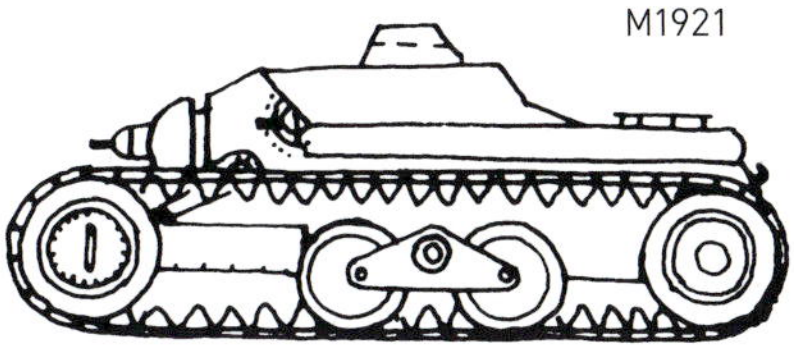   M1921

▶ 수륙 양용차 시리즈

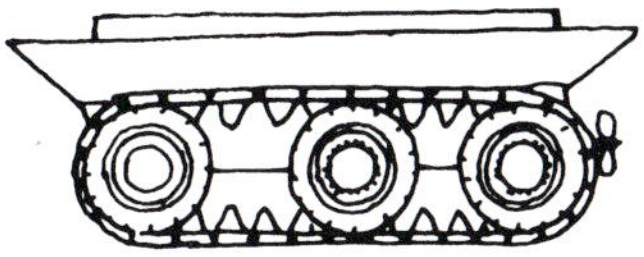

M1921 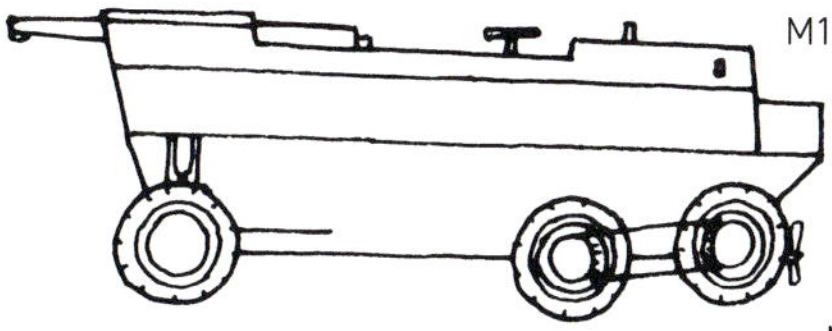   M1922
M1923    M1924 

▶ 전차 시리즈

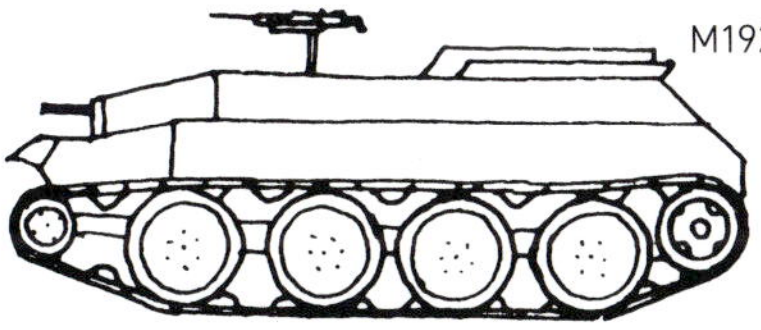

M1928 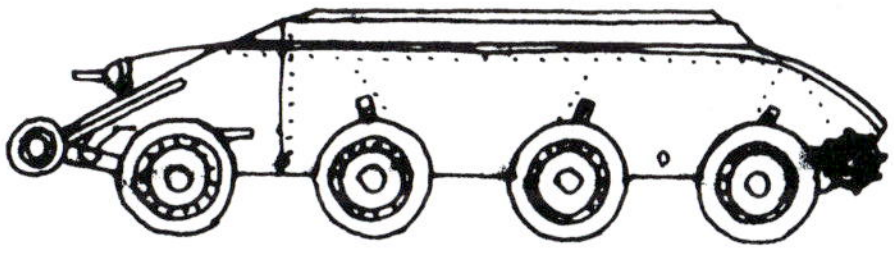   M1932
T2 (1931)    T4 (1935) 

▶ 공정 전차 시리즈

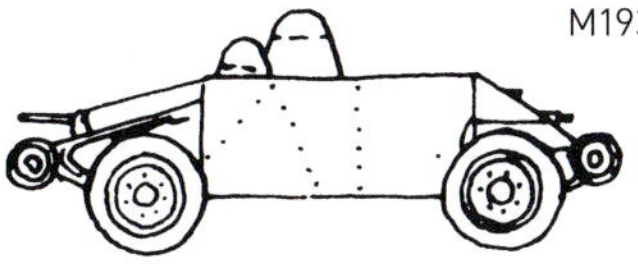

M1933    M1935
M1936    M1937

양차 대전 사이의 유행 - 꼬마 전차와 경전차

대전 후의 한동안은 평화기로 군축 분위기가 높아졌다. 강대국 주도로 군비제한이 이루어져 해군에서는 군함의 총톤수를 규제하는 조약이 체결되기도 했다. 또 각국마다 예산을 확보하기가 어려워져 군비는 차츰 삭감되어갔다. 이런 가운데 가격이 싼 소형 전차를 대량으로 장비하려는 발상이 생겨났다. 탱켓(Tankette - 꼬마 전차, 콩 전차)은 이래서 탄생했다.

카든·로이드(Carden Loyd) 사가 제작한 꼬마 전차가 성공하여 양산에 들어간 것을 본 각국은 경쟁적으로 꼬마 전차를 개발했다. 크기는 현재의 경자동차와 비슷

■ 꼬마 전차(Tankette)

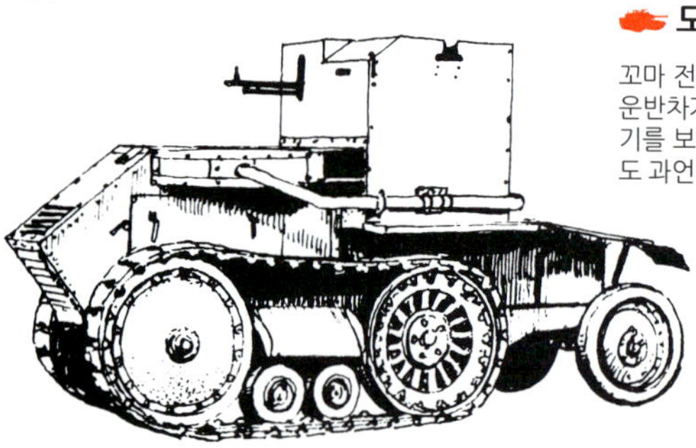

🔸 모리스 마텔 2인승 전차 (영국 1926)

꼬마 전차의 원조라 할 수 있다. 시작은 영국군 지파드 마텔 소령이 자비로 제작한 기관총 운반차가 원형이다. 1인승을 2인승으로 개조, 군이 모리스 사에 발주, 9대가 제작됐다. 크기를 보면 알듯이 완전히 일본 농촌의 경운기에 캐터필러를 부치고 장갑을 두른 것이라 해도 과언이 아니다.

- 전장 2.77m
- 전폭 1.43m
- 전고 1.7m
- 장갑 9mm
- 무장 기관총×1
- 중량 2.75t
- 엔진 16HP
- 최고속도 24km/h
- 승무원 2명

🔸 카든·로이드(Carden Loyd) 마크 VI (영국 1928)

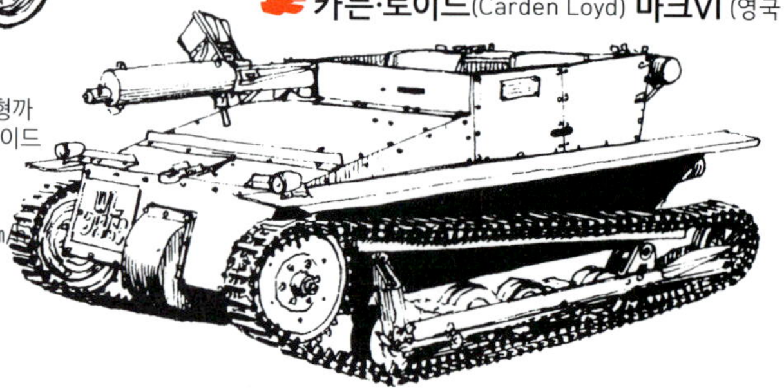

카든·로이드가 제작한 궤도식 화기 운반차로 마크 I에서 V형까지는 시제차였지만, 이 VI형은 양산되었다. 이 무렵 카든·로이드 사는 빅커스·암스트롱 사에 흡수되었다.

- 전장 2.46m
- 전폭 1.7m
- 전고 1.22m
- 장갑 9mm
- 무장 기관총×1
- 중량 1.4t
- 엔진 22.5HP
- 최고속도 45km
- 승무원 2명

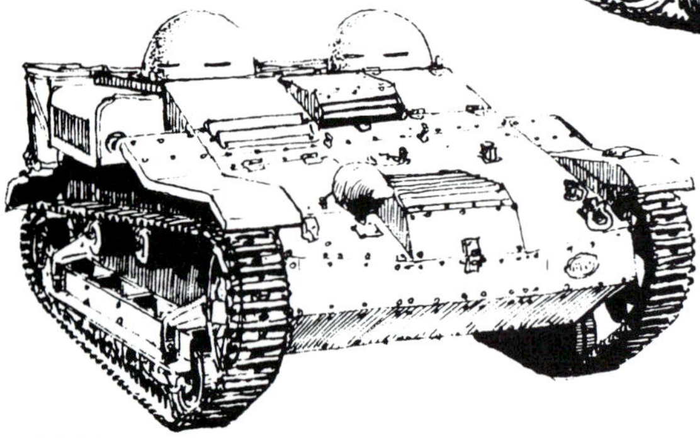

🔸 르노-UE (프랑스 1929)

프랑스에서 제작된 꼬마 전차라 할 만하지만, 실은 자체 무장도 없는 모델로, 원래부터 화포 운반차로 사용되었다. 다만, 프랑스는 주조 기술에 뛰어나 이미 르노-FT의 포탑 일부에 주조품이 들어가 있었다. 주조공법은 그림처럼 구면이나 곡면을 만들기 쉽다.

🔸 CV33/35 (이탈리아 1933)

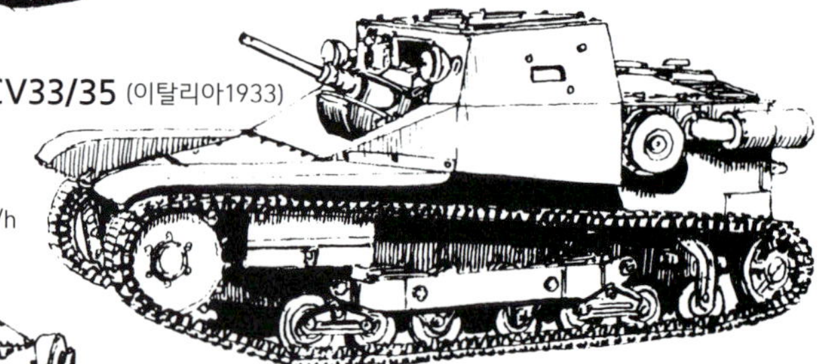

이탈리아는 카든 로이드의 꼬마 전차에 특히 주목, 1929년에 마크 VI를 CV29라는 이름으로 면허 생산하고 있었다. CV33은 그 개량발전형이다.

- 전장 3.03m
- 전폭 1.4m
- 전고 1.2m
- 장갑 12mm
- 무장 기관총×1
- 중량 2.7t
- 엔진 40HP
- 최고속도 42km/h
- 승무원 2명

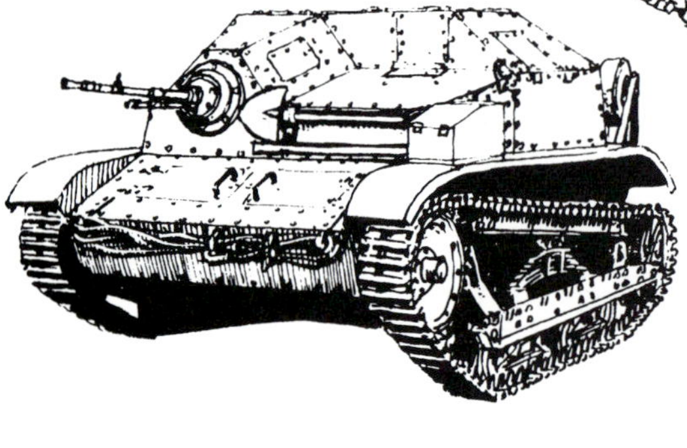

🔸 TK3 (폴란드 1930)

폴란드제 꼬마 전차. 20㎜ 기관포라는 본격적 무장을 한 개량형이다.

- 전장 2.58m
- 전폭 1.78m
- 전고 1.32m
- 장갑 3~8mm
- 무장 기관총×1
- 중량 2.43t
- 엔진 40HP
- 최고속도 43km/h
- 승무원 2명

하고 무장은 공통으로 기관총 1정이었다. 한 때는 유행처럼 개발했으나 실전에서는 그 위력이 의문시되어 정찰 임무 정도로나 사용할 수 있을 것으로 평가되었다. 한편, 경전차 쪽은 기동이 경쾌함을 살려 각국이 장비하게 되었다. 여기서 각국의 모델이 된 경전차가 빅커스 6톤 전차였다. 아래 그림에 보듯 전체 구성은 엇비슷할 수밖에 없다. 경전차는 2차 대전에서 활약하게 된다.

■ 경전차

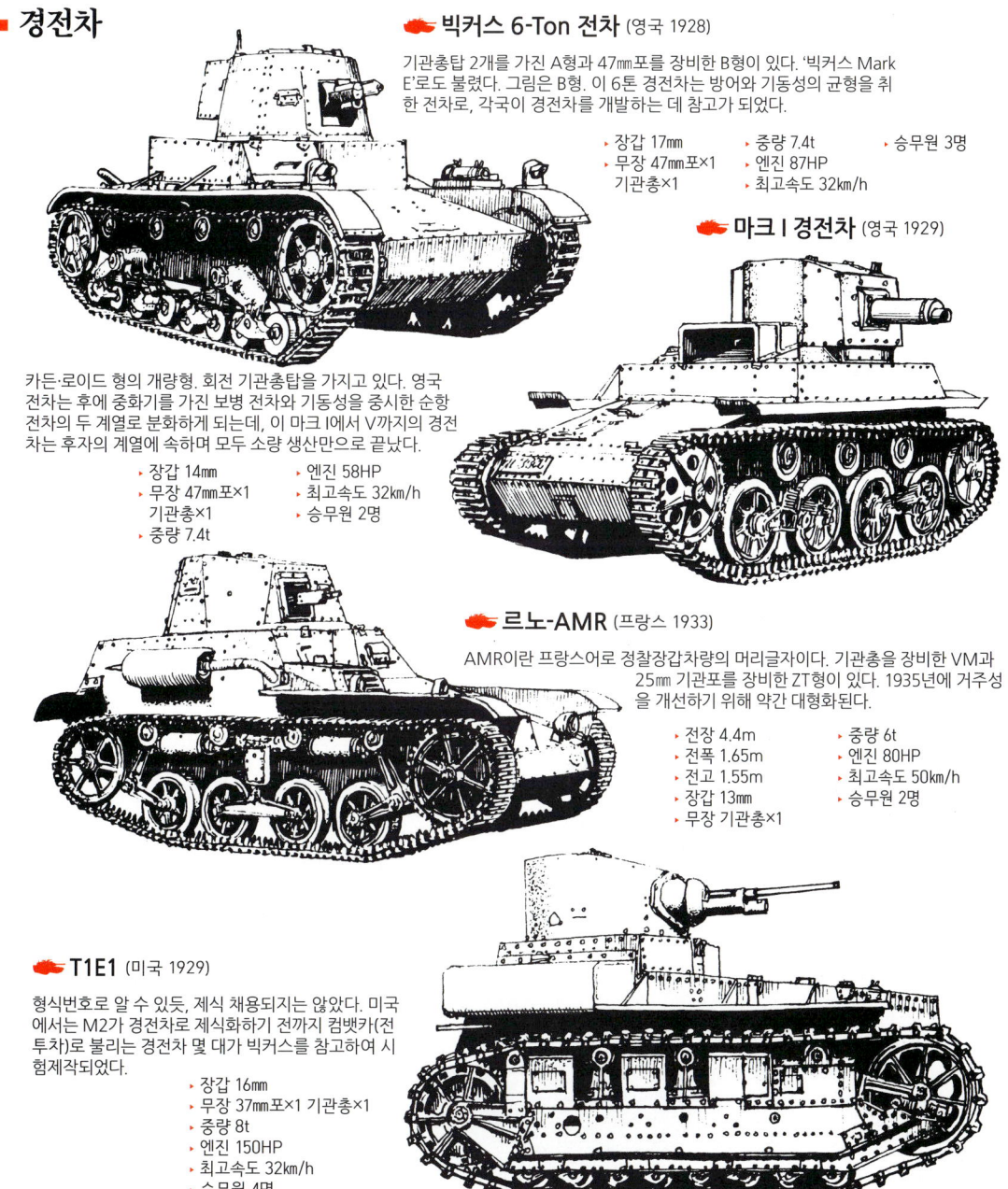

🔥 빅커스 6-Ton 전차 (영국 1928)

기관총탑 2개를 가진 A형과 47mm포를 장비한 B형이 있다. '빅커스 Mark E'로도 불렸다. 그림은 B형. 이 6톤 경전차는 방어와 기동성의 균형을 취한 전차로, 각국이 경전차를 개발하는 데 참고가 되었다.

- 장갑 17mm
- 무장 47mm포×1 기관총×1
- 중량 7.4t
- 엔진 87HP
- 최고속도 32km/h
- 승무원 3명

🔥 마크 I 경전차 (영국 1929)

카든·로이드 형의 개량형. 회전 기관총탑을 가지고 있다. 영국 전차는 후에 중화기를 가진 보병 전차와 기동성을 중시한 순항 전차의 두 계열로 분화하게 되는데, 이 마크 I에서 V까지의 경전차는 후자의 계열에 속하며 모두 소량 생산만으로 끝났다.

- 장갑 14mm
- 무장 47mm포×1 기관총×1
- 중량 7.4t
- 엔진 58HP
- 최고속도 32km/h
- 승무원 2명

🔥 르노-AMR (프랑스 1933)

AMR이란 프랑스어로 정찰장갑차량의 머리글자이다. 기관총을 장비한 VM과 25mm 기관포를 장비한 ZT형이 있다. 1935년에 거주성을 개선하기 위해 약간 대형화된다.

- 전장 4.4m
- 전폭 1.65m
- 전고 1.55m
- 장갑 13mm
- 무장 기관총×1
- 중량 6t
- 엔진 80HP
- 최고속도 50km/h
- 승무원 2명

🔥 T1E1 (미국 1929)

형식번호로 알 수 있듯, 제식 채용되지는 않았다. 미국에서는 M2가 경전차로 제식화하기 전까지 컴뱃카(전투차)로 불리는 경전차 몇 대가 빅커스를 참고하여 시험제작되었다.

- 장갑 16mm
- 무장 37mm포×1 기관총×1
- 중량 8t
- 엔진 150HP
- 최고속도 32km/h
- 승무원 4명

2차 대전 직전의 각국 전차

🔴 MU-4 (체코슬로바키아 1931)

체코슬로바키아는 1차 세계대전으로 오스트리아-헝가리 제국의 압제에서 벗어나 독립국이 되어 전차를 만들기 시작했다. 대표적 메이커로 CKD(자동차 회사 Praga를 포함)와 스코다의 2개 사가 있었다. MU-4는 카든·로이드의 꼬마 전차에 주목했던 체코 정부가 이 두 회사에 제작시킨 P-1과 S-1의 두 가지 중 하나이다. 그림은 스코다의 S-1이며 전용접접합의 전투실을 갖고 45km/h로 달리는 꼬마 전차였다. 7.92mm 기관총을 장비했으나 장갑은 5.5mm로 얇았다. 후에 15mm로 장갑 두께를 올려 60HP의 엔진을 탑재한 모델도 제작했다.

- 장갑 최대 5.5mm
- 무장 7.92mm 기관총×2
- 중량 2.3t
- 엔진 40HP 가솔린
- 최고속도 45km/h
- 승무원 2명

🔴 AH IV (체코슬로바키아 1933)

CKD/Praga사가 제작한 수출용 꼬마 전차. 수출국에 따라 다소 사양이 다르고 파생형도 있으나 기본적으로 일본의 97식 경 장갑차 수준의 차량이었다. 수출 모델 LT-34의 크기를 줄인 것이라고 봐도 무방하며 중량 4t 전후, 엔진은 50~80HP이며 대체로 45~50km/h로 달렸다. 체코는 히틀러 등장 후의 긴박한 유럽 각 나라로의 전차 수출국이 되었다. 이 모델만 해도 스웨덴에 48대, 루마니아에 35대, 이란에 50대를 수출했다. 부품을 수출하여 현지 조립한 것도 있었다.

- 전장 3.4m
- 전폭 1.5m
- 전고 1.88m
- 장갑 최대 15mm
- 무장 8mm 기관총×2
- 중량 4t
- 엔진 50HP
- 최고속도 40km/h
- 승무원 2명

🔴 르노-AMR35 (프랑스 1935)

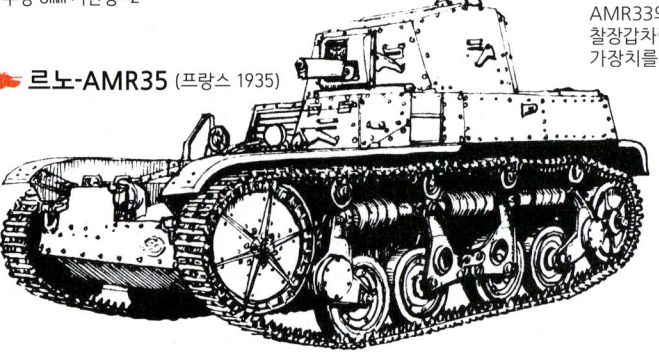

AMR33의 개량형으로 기병부대에 배치한 경전차. AMR이란 정찰장갑차량이란 의미로, 기동성 확보를 위해 독특한 프랑스식 현가장치를 갖추고 있다. 앞의 형과 다른 것은 옆의 코일스프링이 한쪽에 3개로 되어 있는 점이다. 엔진은 뒤에 배치했고 60km/h 가까운 속도를 냈다. 무장은 원래 7.5mm 기관총이었으나 13.2mm 기관총이나 25mm 포를 탑재한 것도 있었다. 이 경우 포탑이 다른 AMR33 보다는 다소 대형화되어 거주성이 개선되었다. 차체와 포탑은 리벳 접합이며 생산량은 200대.

- 전장 3.8m
- 전폭 1.64m
- 전고 1.9m
- 장갑 최대 13mm
- 무장 7.5mm기관총×1
- 중량 6.5t
- 엔진 82HP
- 최고속도 60km/h
- 항속거리 200km
- 승무원 2명

🔴 PzKpFw NbFz (독일 1934)

베르사유 조약으로 금지된 전차를 독일은 트랙터라는 명목으로 몰래 개발했다. 본 차는 대형 트랙터로 개발된 중형 전차로 다임러-벤츠사가 개발한 것이 트랙터-I, 라인메탈사의 것이 트랙터-II, 크루프사의 것이 트랙터-III로 불렸으며, 이 중 라인메탈사가 개발한 것의 발전형이다. 여기서 PzKpFw란 장갑전투차량, 즉 전차의 약자이며 이 NbFz에는 A형과 B형이 있었다. 1935년에 만들어진 실용 시제차는 노르웨이 침공 시에 선전목적으로 투입됐다.

- 전장 6.6m
- 전폭 2.19m
- 전고 2.98m
- 장갑 13~20mm
- 무장 75mm포×1 37mm포×1
- 엔진 360HP
- 최고속도 30km/h
- 항속거리 120km
- 승무원 6명

기갑부대의 등장
제2차 세계대전(W.W.II)

1차 대전이 20세기의 시작을 상징하는 전쟁이라 한다면 2차 대전과 그 후의 체제는 금세기의 문명을 상징하는 것이었다.

전차도 자동차의 한 변종이라 한다면 이 전쟁의 귀추는 금세기가 만들어낸 최대의 문명의 이기인 자동차와 항공기가 승패를 결정하고 마지막 마무리는 원자력이 했다.

전쟁은 군사 기술을 비약적으로 진보시키기 때문에 전차도 대전 발발 때와 종결 때의 것은 화력, 장갑, 기동력 모두 격이 달랐다. 또한 긴박한 정세 속에 전차의 대량 생산도 주목할 만하며 특히 미국에서는 항공기나 트럭의 엔진 등 이용할 수 있는 것은 무엇이라도 사용하고 자동차 기관차 메이커들을 총동원, 수 만대 단위로 생산하여 연합국에 공급했다.

2차 대전의 시작은 독일 기갑부대에 의한 전격전이었다. 전차는 단독으로는 행동할 수 없으나 관련 병과를 모두 기계화하여 종래의 보병부대와 별개로 선두에 나서 적의 약한 곳을 돌파하는 것이었다. 이것은 하인츠 구데리안(Heinz Guderian)이라는 전술가가 전전부터 연구한 것으로 독일 육군의 기계화도 그의 제안에 따른 것이다.

독일처럼 육군의 기계화에 힘을 쏟은 것은 소련이었다. 그러나 개전 때까지는 다른 나라들은 아직 보병·기병 중심의 군사 개념이 뿌리 깊게 남아 있어 기동전이라는 개념을 이해하지 못했다. 독일 기갑사단의 성공은 커다란 영향을 미쳐 이에 대항하는 영미와 소련 모두 기갑사단을 편성, 거기에 따라 각국의 주력 전차의 개발경쟁은 전차의 성능을 비약적으로 향상시켜갔다.

그러나 대전 후반, 연합군이 대규모 공습과 철저한 화력제어라는 물량 작전 후 진격하자 독일 기갑사단도 마침내 패배의 길을 걸어갔다.

독일의 전차 (W.W.II)
I호 · II호 전차

■ I 호 전차

🔴 I호 전차 A(1934)

Las(농업용 트랙터)라는 이름으로 개발된 꼬마 전차. 제작사 기술 습득과 승무원 훈련에 사용되었는데 2차 대전 초기에도 실전에 참가했다. I호 전차는 화력, 장갑 모두 빈약해 실전에 맞지 않았다. 이후의 전차 제조의 대부분은 헨셸, MAN, 다임러-벤츠, 크루프 등에서 이루어졌다.

- 전장 4.02m
- 전폭 2.06m
- 전고 1.72m
- 장갑 13mm
- 무장 7.92mm 기관총×2
- 중량 5.4t
- 엔진 크루프 M305(60HP)
- 최고속도 37km/h
- 승무원 2명
- 항속거리 145km

🔴 I호 전차 B(1935)

A형의 엔진 개량형으로 차체가 약간 길어졌고, 그만큼 전륜 1개가 늘어났다. 덕분에 엔진과열 문제가 해결되어 기동성은 향상되었으나 빈약한 화력과 장갑은 그대로였기 때문에 격전의 와중에 후방해 퇴출됐다. 또 I호 전차를 바탕으로 한 지휘용 전차도 제작됐다.

- 전장 4.42m
- 전폭 2.06m
- 전고 1.72m
- 장갑 13mm
- 무장 7.92mm 기관총×2
- 중량 5.8t
- 엔진 마이바흐 100HP
- 최고속도 40km/h
- 승무원 2명
- 항속거리 170km

■ II 호 전차

🔴 II호 전차 C형의 구조

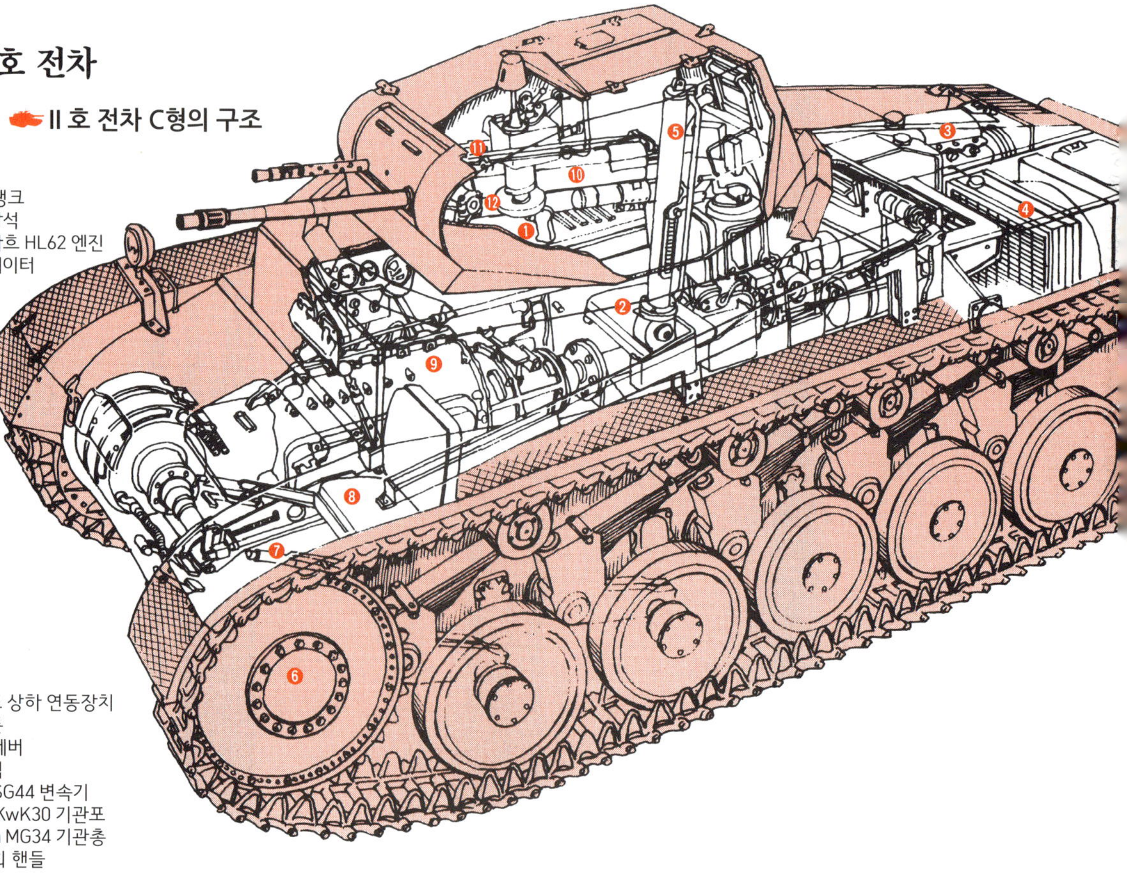

1. 연료 탱크
2. 전차장석
3. 마이바흐 HL62 엔진
4. 라디에이터
5. 기관포 상하 연동장치
6. 기동륜
7. 조향 레버
8. 조종석
9. ZF-SSG44 변속기
10. 20mm KwK30 기관포
11. 7.92mm MG34 기관총
12. 포 선회 핸들

독일전차(W.W.II)

패전국 독일은 베르사유 조약(1919년 파리강화조약)으로 군비제한을 받아 전차를 보유 할 수 없었다. 그러나 독일의 인구와 공업력은 중부 유럽 제일로 잠재적 위협임은 변함없었다. 1926년 국제연맹에 가입한 독일은 동시에 소련과 우호 불가침조약을 체결했는데 사실 그 이면에서는 독일 군부가 소련과 비밀리에 전차의 기술정보를 주고 연구 개발을 추진하고 있었다. 국내에서는 트랙터 생산으로 차량 제작기술을 축적하고 있었다.
1920년대 내내 군축경향이 있었으나 유럽의 분쟁의 불씨는 끊이지 않았고 국제연맹은 사실상 무력했다. 그리고 대공황 이후의 심각한 세계적 경제 대혼란 속에 독일에서는 나치스(국가사회주의운동)와 공산당의 직접행동이 두드러지고 또한 거국일치의 내각도 출현하지 않는 혼란에 빠졌다.
1933년 독일 수상에 취임한 히틀러는 일방적으로 베르사유 조약을 파기하고 군비확장에 착수했다. 그 결과 탄생한 것이 I호 전차다.

🔥 II호 전차 C (1937)

I호 전차에 이어 제작된 경전차. 이것도 농업용 트랙터란 이름으로 개발되었다. 20mm기관포는 고폭탄과 철갑탄을 발사할 수 있다. 그러나 폴란드 전격 침공 시 대전차포로서의 능력부족이 드러났다. 또한 후술하는 대형 전차와 관계있지만 독일군은 기갑부대라는 개념을 확립한 선구적 군대로, 종전의 군대와 같이 보병 지원에 전차를 분산시키는 전술이 아니었기에 전차설계의 개념부터 달랐다. 이것이 전격전 작전을 가능하게 했다.

- 전장 4.81m
- 전폭 2.22m
- 전고 1.92m
- 장갑 14.5mm
- 무장 20mm 기관포×1
  7.92mm 기관총×1
- 중량 8.9t
- 엔진 마이바흐 140HP
- 최고속도 40km/h
- 승무원 3명
- 항속거리 200km

🔥 II호 전차 F (1941)

양산된 II호 전차의 최종형. 전훈에 따라 전면 장갑을 30mm 강판 1매로 했다. 독일의 전차는 일찍부터 용접 접합을 채택한 것이 특징이다. 기갑부대에서의 II호 전차의 주 임무는 정찰연락용이었으나 후에 차체를 개조하여 대전차 자주포로 전용하게 된다. 이 F형 다음의 G형은 소량 생산으로 끝났다.

- 전장 4.81m
- 전폭 2.28m
- 전고 2.15m
- 장갑 35mm
- 무장 20mm 기관포×1
  7.92mm 기관총×1
- 중량 9.5t
- 기타는 C형과 동일.

🔥 II호 전차 L 룩스(Luchs) (1943)

같은 II호로 되어 있으나 전혀 다른 차종. 실제로는 정찰용 전차로 1939년 개발되었으나 공교롭게 소련 침공에서 T-34에 독일전차로는 적수가 되지 못하자 보다 강력한 전차가 급히 필요하게 되어 양산이 뒤로 밀려졌다. 1943년부터 생산하여 100대를 생산했다. 겹치기(Over-lap)방식의 대형 전륜으로 되어 있다.

- 전장 4.63m
- 전폭 2.48m
- 전고 2.21m
- 장갑 30mm
- 무장 20mm 기관포×1
  7.92mm 기관총×1
- 중량 13t
- 엔진 마이바흐 180HP
- 최고속도 60km/h
- 항속거리 290 km
- 승무원 4명

III호 전차 시리즈

1935년에 개발명령이 떨어져 기갑부대창설 시의 주력 전력으로서의 요구 사양은 중량 15톤 급, 승무원 5명으로 250HP로 시속 40km를 달리는 전차였다. 주포는 당초 보병이 사용하는 37mm 포를 탑재토록 되어있었으나 기갑병과 쪽이 50mm 포를 요구했으므로 마운트는 50mm 포 탑재가 가능토록 했는데, 후에 많은 차량이 50mm 포로 변경 탑재했다.

A~D 형은 양산 전의 시작(試作)형이라 할 수 있는데, 소량 생산하면서 각종 변형이 시도되었다. 토션 바 서스펜션과 6개의 전륜이 기본 사양으로 된 것은 E 형부터이며 그로부터 양산에 들어갔다.

독일 기갑사단의 지휘전차는 당초 I호 전차를 개조한 것을 사용했는데 그 보다 차내 용적이 넓은 차량이 필요하게 되어 III호 전차를 개조하여 지휘전차를 생산했다. 포는 더미(가짜 포)이며 포탑은 고정되어 있다. 차체 뒤에는 통신용 대형 프레임 안테나가 설치되어 있다. 또한 III호 전차의 개발은 여러 회사가 참여했는데 다임러-벤츠가 선정되고 제조도 맡았다.

🔥 III 호 지휘 전차 E (1939)

- 전장 5.38m
- 전폭 2.91m
- 전고 2.44m
- 장갑 최대30mm
- 무장 7.92mm 기관총×1
- 중량 19.5t
- 엔진 300HP
- 항속거리 165 km
- 승무원 5명

🔥 III 호 전차 F (1939)

E형이 96 대 생산된 것에 비해 F형은 435 대로 본격적 양산체제를 갖추었다. 후기 생산 분의 100 대는 42 구경 50mm포가 탑재되었는데 나머지 F형도 50mm포로 환장했고, 병행하여 30mm 장갑판도 증설되었다. 본 모델은 대 프랑스 전투의 주력으로 활약했다.

- 전장 5.38m
- 전폭 2.91m
- 전고 2.44m
- 장갑 최대30mm
- 무장 37mm 46.5구경 포×1
  7.92mm 동축기관총×2 차체×1
- 중량 19.8t
- 엔진 마이바흐. 300HP 가솔린
- 최고속도 40km/h
- 항속거리 165 km
- 승무원 5명

F형의 장갑이나 차체 각 부분을 개량한 형식. 차체 후면의 장갑을 21mm에서 30mm로 강화하여 후방으로부터의 공격에 대처했다. 이것도 초기 생산분 50대는 37mm포였다. 이후는 50mm 포로 변경되고 생산 중반부터 큐폴라도 신형으로 되었다. 후기 생산 형이 되면 캐터필러 폭도 36cm에서 40cm로 넓어졌다. 1940년부터 1941년에 걸쳐 600 대가 생산됐다.

🔥 III 호 전차 G (1940)

- 전장 5.41m
- 전폭 2.95m
- 전고 2.44m
- 장갑 최대 37mm
- 무장 50mm 42 구경포×1
  7.92mm 동축기관총×1 차체×1
- 중량 20.3t
- 엔진 마이바흐 300HP 가솔린
- 최고속도 40km/h
- 항속거리 165 km
- 승무원 5명

독일전차(W.W.II)

🔥 III호 전차 J (1941)

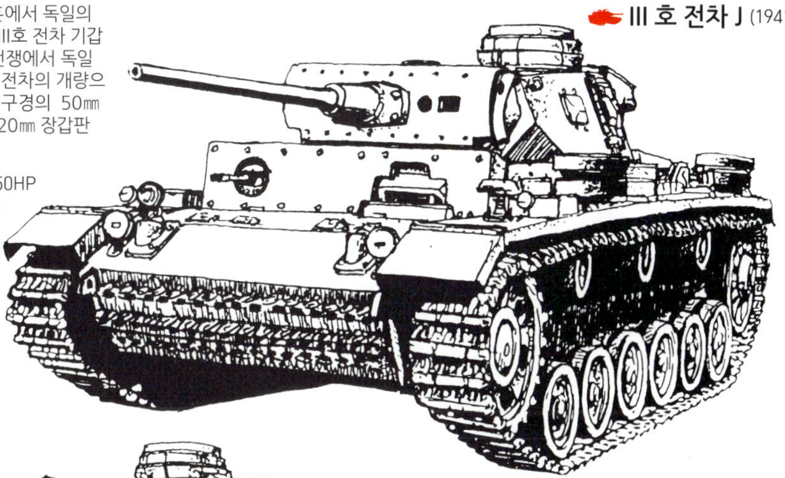

러시아 전선이나 북아프리카 전선의 전훈에서 독일의 전차는 더욱 고성능을 요구받게 되었다. III호 전차 기갑사단의 역할은 돌파 추격이었는데 독소전쟁에서 독일 전차의 화력과 장갑의 열세를 III호, IV호 전차의 개량으로 해결하기로 했다. J형은 이 때문에 60 구경의 50mm 포를 장비한 차체포탑 전면에 틈을 벌려 20mm 장갑판을 장착, 공간장갑으로 삼았다.

- 전장 5.52m
- 전폭 2.95m
- 전고 2.5m
- 장갑 최대 50mm
- 무장 60구경 50mm 포×1
  7.92mm 동축기관총×1
  차체×1
- 중량 21.5t
- 엔진 마이바흐 150HP
- 최고속도 40km/h
- 승무원 5명
- 항속거리 155 km

🔥 III호 전차 N (1942)

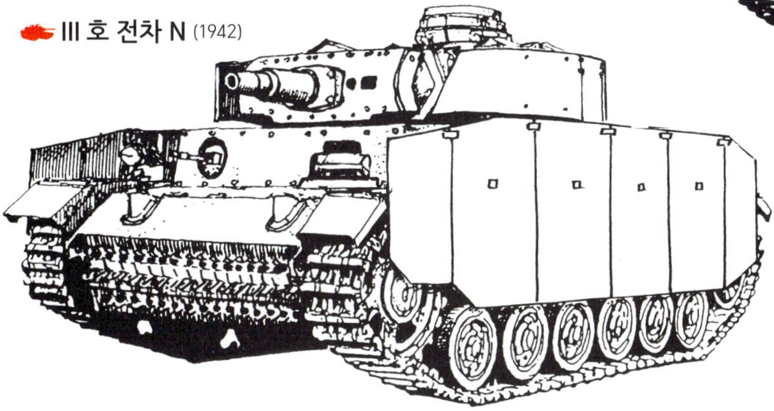

III호 전차의 화력 증강을 생각한 독일군은 IV호 전차의 탑재포를 장포신포로 바꿀 때 떼어낸 단포신 75mm 포가 III호 전차의 마운트에 장착 가능하다는 것을 발견, 이를 장착시킨 것이 바로 이 III호 N형인데 지원 전차로 사용됐다. 기타 III호 전차에는 파생형이 많이 있다.

- 전장 5.52m
- 전폭 2.95m
- 전고 2.5m
- 장갑 최대 50mm
- 무장 24구경 75mm 포×1
  7.92mm 동축기관총×1, 차체×1
- 중량 23t 기타는 J형과 같음

🔥 III호 전차 L

L 형은 처음부터 공간장갑을 장착, 주로 방어력 향상에 주안점을 두었다. 포탑 전면 장갑이 57mm이며 기관실 해치가 신형으로 바뀌었다.

- 전장 6.28m
- 전폭 2.95m
- 전고 2.5m
- 장갑 최대 57mm
- 무장 60구경 50mm 포×1
- 7.92mm 동축기관총×1
  차체×1
- 중량 21.5t
- 기타는 G형과 같음

❶ 50mm 60 구경 포
❷ 조종수용 방탄창
❸ 직접 조준기
❹ 환기장치(팬)
❺ 전차장용 큐폴라
❻ 전차장석
❼ 공구 박스
❽ 엔진
❾ 소음기
❿ 배기관
⓫ 발전기
⓬ 탄약고
⓭ 포수석
⓮ 프로펠러 샤프트
⓯ 조종수석
⓰ 전환(변속) 레버
⓱ 조향 레버
⓲ 변속기
⓳ 브레이크 페달

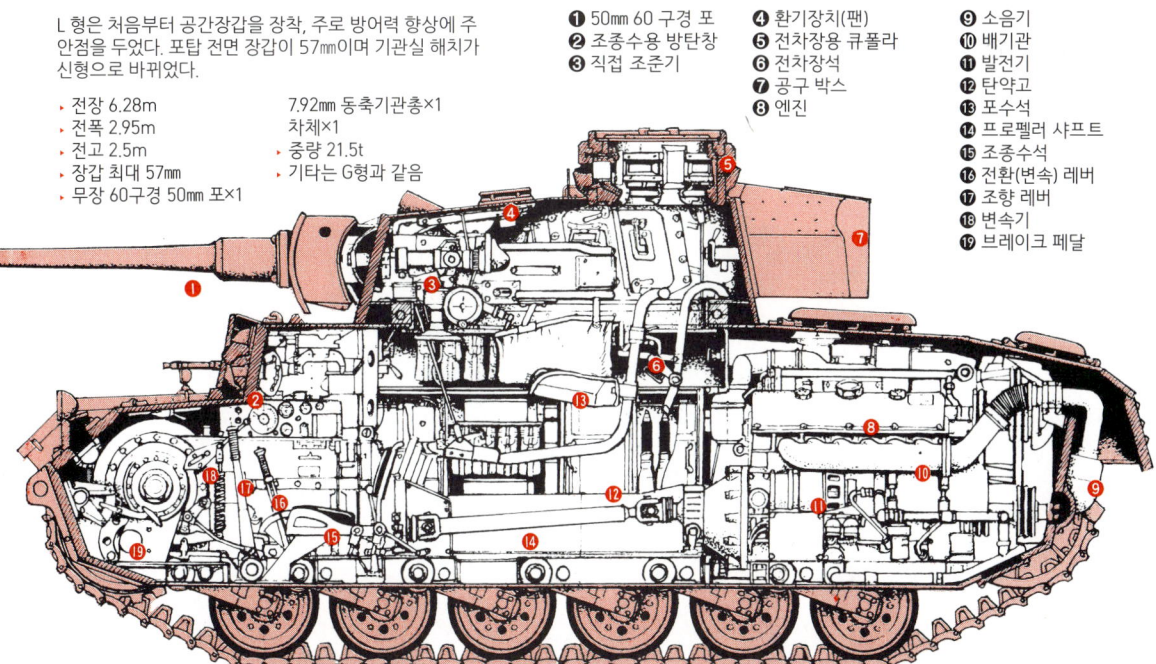

IV호 전차 시리즈

III호 전차와 같은 시기에 크루프사에 의해 개발이 진행된 중전차. 1937년에 A형 생산이 시작되고 J형까지 세부의 변경은 많았으나 기본적 레이아웃은 변하지않고 생산이 계속됐다. 75mm 포는 단포신포가 탑재되었으나 F2 형부터 대전차전투를 고려해 43구경으로 변경했다. 정통적이고 구식인 구성이었으나 독소전쟁 이래 장갑과 화력을 크게 증강시켜 패전 때까지 활약했다. 포탑선회용 전용 보조 모터가 있는 것이 특징.

● IV 호 전차 C (1938)

주력전차의 화력지원 목적으로 III호 전차보다 빠른 1934년에 기획이 시작되었다. IV호는 또 리프 스프링으로 전륜 2개를 한 세트로 하여 지지하는 형식이었는데 이는 구식이기는 하나 아래 단면도처럼 차체내의 유효 공간이 넓다는 이점이 있다. B형은 A형의 조종실 전면 장갑 개량형이며 C형은 B형에 포방패 등의 세부 변경을 한 것이다.

- 전장 5.92m
- 전폭 2.83m
- 전고 2.68m
- 장갑 최대 30mm
- 무장 24구경 75mm 포×1, 7.92mm 차체 기관총×1
- 중량 19t
- 엔진 마이바흐 300HP 가솔린
- 최고속도 40km/h
- 승무원 5명
- 항속거리 200km

● IV 호 전차 D (1939)

IV호 전차 최초의 양산형이 D형으로 229 대 제작됐다. 차체 전면 장갑판이 A형과 같은 다단식 타입으로 돌아왔다. 차체 기관총은 신형의 볼 마운트로 개조되어 있다. 주포의 포방패도 종전의 내장형에서 내탄성이 좋은 외장형으로 변경했다. 측면과 후면의 장갑도 15mm에서 20mm로 강화되었다.

- 전장 5.92m
- 전폭 2.84m
- 전고 2.68m
- 장갑 최대 30mm
- 무장 24구경 5mm 포×1, 7.92mm 기관총 동축×2
- 차체×1
- 중량 20t
- 기타는 C형과 같음.

① 75mm 포 포미
② 직접 조준기
③ 75mm 24구경 전차포
④ 7.92mm 차체 기관총
⑤ 계기판
⑥ 디스크 브레이크
⑦ 조종 레버
⑧ 조종석
⑨ 탄약고
⑩ 연료 탱크
⑪ 포탑선회용 모터
⑫ 프로펠러 샤프트
⑬ 발전기
⑭ 배기관
⑮ 소음기
⑯ 마이바흐 HL120 TRM 엔진
⑰ 냉각 팬
⑱ 포수석
⑲ 전차장석
⑳ 포탑 옆면 해치
㉑ 전차장용 큐폴라
㉒ 신호탑

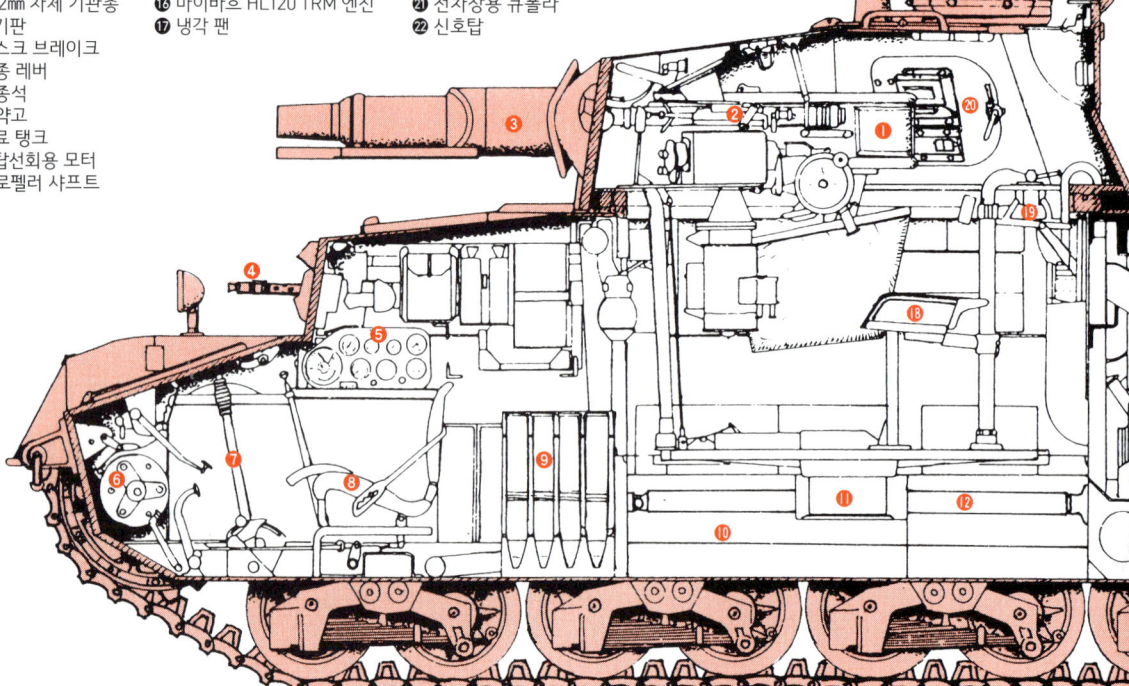

독일전차(W.W.II)

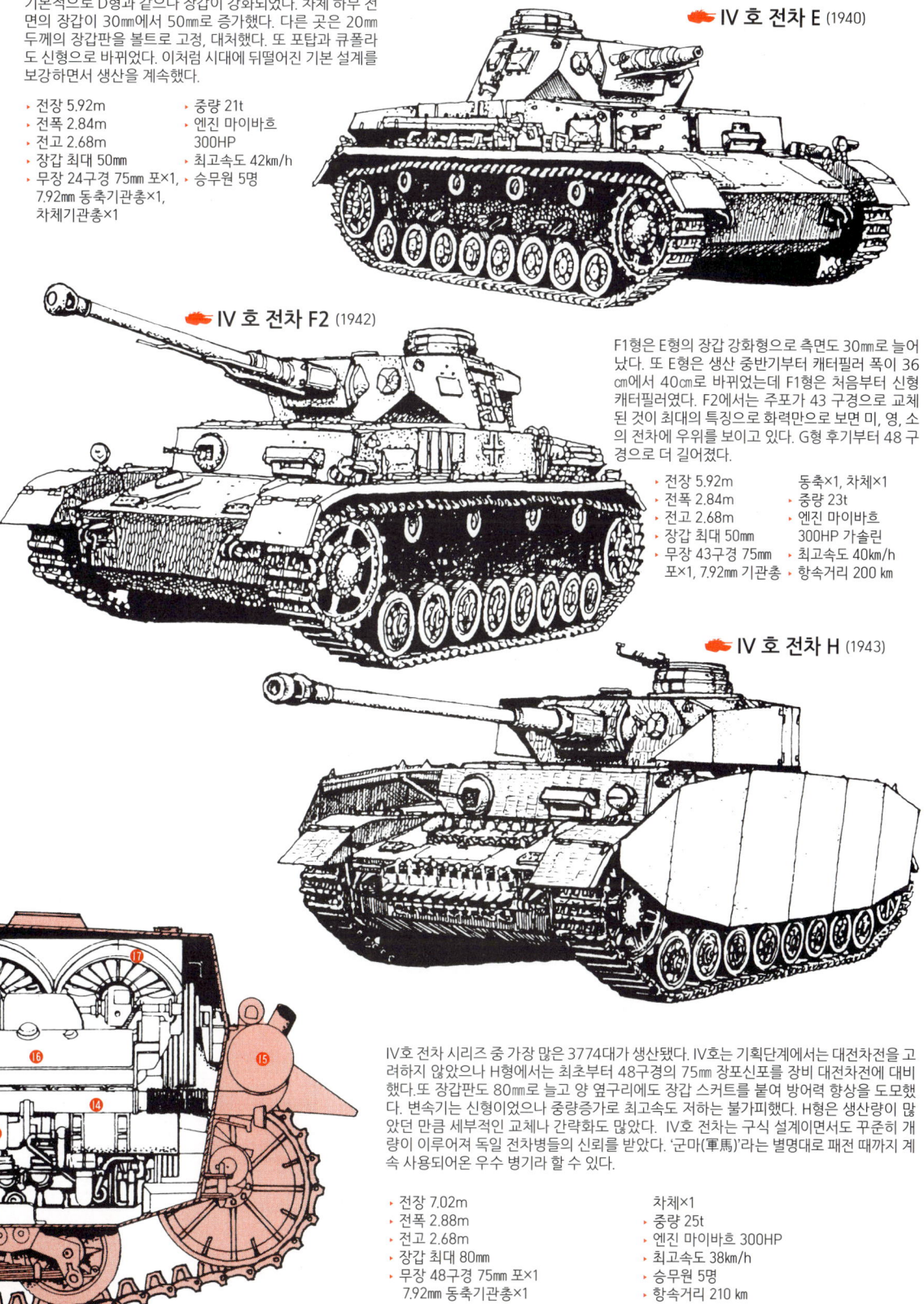

IV 호 전차 E (1940)

기본적으로 D형과 같으나 장갑이 강화되었다. 차체 하부 전면의 장갑이 30㎜에서 50㎜로 증가했다. 다른 곳은 20㎜ 두께의 장갑판을 볼트로 고정, 대처했다. 또 포탑과 큐폴라도 신형으로 바뀌었다. 이처럼 시대에 뒤떨어진 기본 설계를 보강하면서 생산을 계속했다.

- 전장 5.92m
- 전폭 2.84m
- 전고 2.68m
- 장갑 최대 50㎜
- 무장 24구경 75㎜ 포×1, 7.92㎜ 동축기관총×1, 차체기관총×1
- 중량 21t
- 엔진 마이바흐 300HP
- 최고속도 42km/h
- 승무원 5명

IV 호 전차 F2 (1942)

F1형은 E형의 장갑 강화형으로 측면도 30㎜로 늘어났다. 또 E형은 생산 중반기부터 캐터필러 폭이 36㎝에서 40㎝로 바뀌었는데 F1형은 처음부터 신형 캐터필러였다. F2에서는 주포가 43 구경으로 교체된 것이 최대의 특징으로 화력만으로 보면 미, 영, 소의 전차에 우위를 보이고 있다. G형 후기부터 48 구경으로 더 길어졌다.

- 전장 5.92m
- 전폭 2.84m
- 전고 2.68m
- 장갑 최대 50㎜
- 무장 43구경 75㎜ 포×1, 7.92㎜ 기관총
- 동축×1, 차체×1
- 중량 23t
- 엔진 마이바흐 300HP 가솔린
- 최고속도 40km/h
- 항속거리 200 km

IV 호 전차 H (1943)

IV호 전차 시리즈 중 가장 많은 3774대가 생산됐다. IV호는 기획단계에서는 대전차전을 고려하지 않았으나 H형에서는 최초부터 48구경의 75㎜ 장포신포를 장비 대전차전에 대비했다. 또 장갑판도 80㎜로 늘고 양 옆구리에도 장갑 스커트를 붙여 방어력 향상을 도모했다. 변속기는 신형이었으나 중량증가로 최고속도 저하는 불가피했다. H형은 생산량이 많았던 만큼 세부적인 교체나 간략화도 많았다. IV호 전차는 구식 설계이면서도 꾸준히 개량이 이루어져 독일 전차병들의 신뢰를 받았다. '군마(軍馬)'라는 별명대로 패전 때까지 계속 사용되어온 우수 병기라 할 수 있다.

- 전장 7.02m
- 전폭 2.88m
- 전고 2.68m
- 장갑 최대 80㎜
- 무장 48구경 75㎜ 포×1, 7.92㎜ 동축기관총×1
- 차체×1
- 중량 25t
- 엔진 마이바흐 300HP
- 최고속도 38km/h
- 승무원 5명
- 항속거리 210 km

V호 전차 판터(Panther) 시리즈

III, IV호 전차의 후계로써 1938년부터 개발이 시작됐다. 처음엔 20t 급의 중형 전차로 예정했는데 독소전쟁이 시작되자 'T-34 충격'(티거-II에서 설명)에 의해 소련 전차에 대항할 장갑 강화를 도모하게 되었다. 따라서 30t 급으로 계획변경 되어 1942년 MAN사 개발 차량이 판터로 제식 채용되었다. 일반적인 경우와 달리 최초 생산형은 D형이라고 불렸다. 지금까지의 독일전차와 확연히 다른 것은 각 부의 장갑판에 경사를 준 것으로 T-34를 연구한 결과로 생각된다. 또 주포도 75mm 긴 하지만 70구경 장포신포로 강력한 소련 전차 격파를 목표로 했다. 또 하나 외관상의 특징은 큰 지름의 오버랩식 전륜이며 이로 인해 접지의 안정성이 개선됐다. 급히 계획을 변경한 탓인지 장갑은 앞면 80mm로 약간 얇아진 채 생산에 들어갔다. 당시의 최신 기술을 집대성하여 생산되었으나 초기형에는 고장이 많았다. 또 F형은 패전 직전이어서 실제로 제작되었는지는 불명이다.

V호 전차 판터-A (1943)

최초의 생산형 판터-D에서 발생된 많은 트러블을 개선한 형식이라 할 수 있다. 외관상의 차이점은 볼 마운트 식의 기관총이 증설된 것과 큐폴라에 잠망경이 장착된 점이다. 또 주행장치도 강화되어 신뢰성을 높였다. 판터는 토션 바 식 서스펜션을 채용하고 있으며 차체는 라이벌인 T-34보다 한층 커서 높이는 3m 가깝다. 개발생산을 서둘렀던 D형의 결점을 개선했다고는 하나 신기술의 성급한 도입 때문인지 사고가 많아 이러한 결점을 완전히 극복한 것은 G형부터라고 한다. 2000 대 이상 생산된 독일의 대표적 전차가 되었다.

V호 전차 판터-A의 구조

① 42식 75mm 70 구경포
② 포방패
③ 포탑 환기장치
④ 대공 기관총 총가용 레일
⑤ 전차장용 전망탑
⑥ 송기관
⑦ 포신 고정장치 (Traveling Lock)
⑧ 75mm 포미
⑨ 포수용 보호판
⑩ 포탑 뒷문
⑪ 전차장석
⑫ 차체 해치
⑬ 포탑선회용 베어링
⑭ 포탑선회용 가압장치
⑮ 포 조정용 핸들
⑯ 탄피받이
⑰ 전차장용 접기식 발판
⑱ 탄피 수납고
⑲ 7.92mm 차체탑재 기관총
⑳ 계기판
㉑ 해치 개폐용 가압장치
㉒ 무전기
㉓ 배전판
㉔ 40식 75mm 철갑탄
㉕ 장전수석
㉖ 포수석
㉗ 차동장치
㉘ 변속기
㉙ 변속 레버
㉚ 조종수석
㉛ 클러치 하우징
㉜ 기동륜 치차
㉝ 토션 바 Arm
㉞ 전륜
㉟ 전도축
㊱ 토션 바 스프링
㊲ 포 발사용 발판
㊳ 포탑선회용 주 모터
㊴ 자동 소화기
㊵ 축전지
㊶ 마이바흐 HL230P30형 엔진
㊷ 배기관
㊸ 연료 펌프
㊹ 오일 냉각기
㊺ 냉각수통
㊻ 발전용 보조엔진
㊼ 공구 통

독일전차(W.W.II)

🔶 V호 전차 판터-D (1943)

판터의 최초의 양산형이 D형이었다. 70구경 75㎜포는 T-34 앞면 장갑을 관통할 것으로 판단되고 탑재됐다. 또 끼어넣기식 전륜과 폭이 넓은 캐터필러로 노면 외 대지의 주행능력이 향상됐다. 그러나 본래의 30t 급을 40t 급으로 키웠기 때문에 엔진출력이 부족하고 도입된 신기술이 성숙되지 않아 고장이 많은 등 문제점이 드러났다. 독소 전선에의 투입은 1943년 여름인데 현장에서 행동불능이 된 차량들이 속출했다. 842대가 생산됐다.

- 전장 8.86m
- 전폭 3.4m
- 전고 2.95m
- 장갑 최대 100㎜
- 무장 70구경 75㎜ 포×1
  7.92㎜ 기관총 동축×1
  차체×1
- 중량 43t
- 엔진 마이바흐 700HP 가솔린
- 최고속도 46km/h
- 승무원 5명
- 항속거리 200 km

🔶 V호 전차 판터-F (1945)

G형에 이어 개량형으로 기획되었다. 포탑을 소형화하고 포방패는 티거-II와 같은 것이 사용될 예정이었다. 또 주포의 명중률을 높이기 위해 스테레오 식 거리측정기가 도입되었다(그림의 포탑 옆면의 혹). 이 F형은 공장에서의 차체 사진은 남아있으나 완성차의 유무는 불명이다. 또 독소전쟁 개시 후 판터-II의 개발이 시작되었으나 이것도 완성되지 않고 끝났다.

- 전장 8.86m
- 전폭 3.44m
- 전고 2.92m
- 장갑 최대 120㎜
- 중량 45t
- 최고속도 55km/h
- 기타는 동일

🔶 V호 전차 판터-G의 내부 (1944)

D, A형의 개량형이며 실질적 판터의 최종 생산형. 독소전쟁의 전훈을 반영한 판터 시리즈의 결정판이다. 개량의 특징은 장갑의 합리적 강화와 생산성의 향상이다. 동시에 개발된 티거-II의 차체 설계 사상이 상당히 반영됐다. 측면 상부장갑이 50㎜로 증가하면서 발생한 중량 증가는 하부장갑을 감량해 상쇄했다.

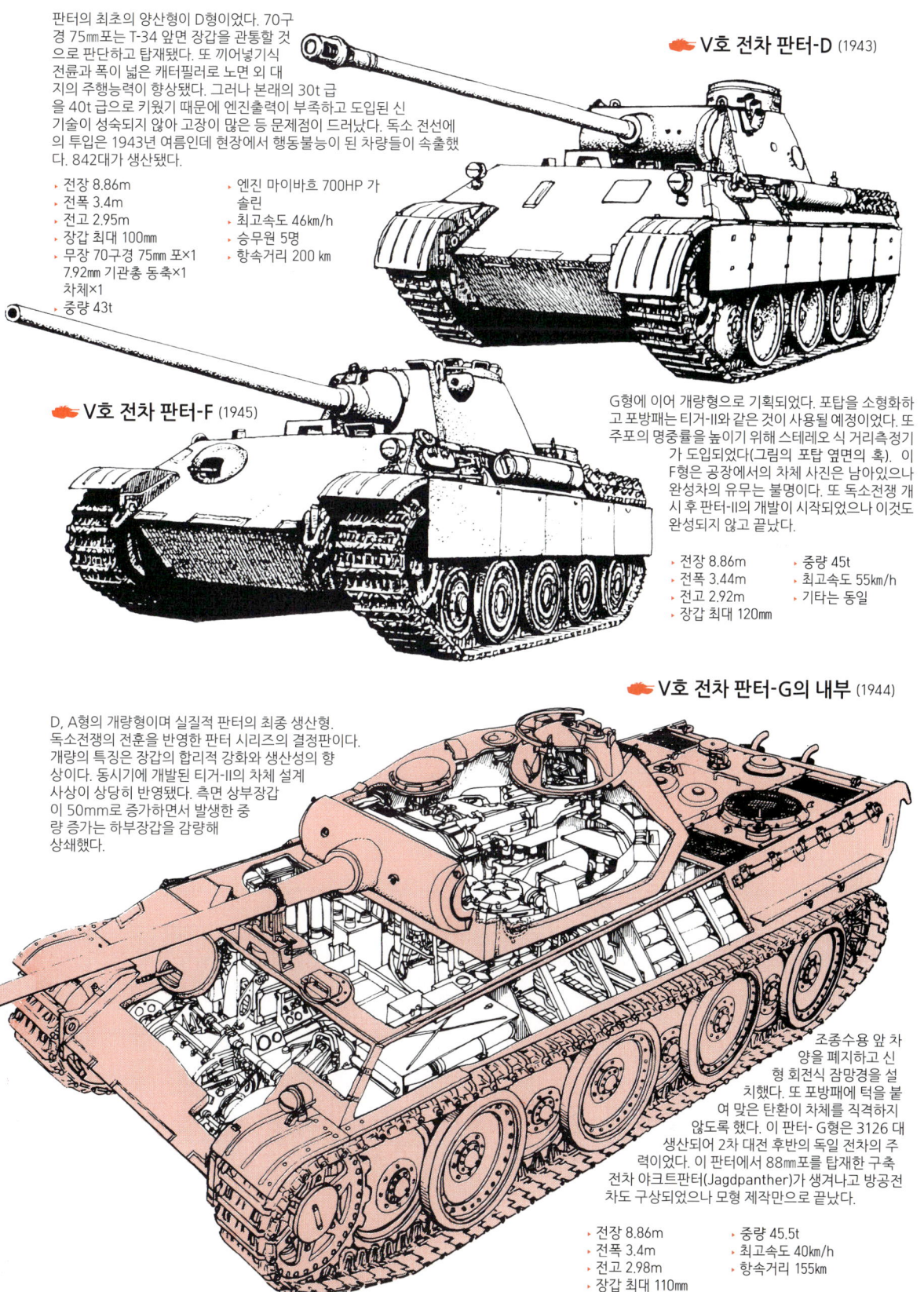

조종수용 앞 차양을 폐지하고 신형 회전식 잠망경을 설치했다. 또 포방패에 턱을 붙여 맞은 탄환이 차체를 직격하지 않도록 했다. 이 판터-G형은 3126 대 생산되어 2차 대전 후반의 독일 전차의 주력이었다. 이 판터에서 88㎜포를 탑재한 구축전차 야크트판터(Jagdpanther)가 생겨나고 방공전차도 구상되었으나 모형 제작만으로 끝났다.

- 전장 8.86m
- 전폭 3.4m
- 전고 2.98m
- 장갑 최대 110㎜
- 중량 45.5t
- 최고속도 40km/h
- 항속거리 155km

판터-G 형(SdKfz171)

판터의 개발과정에는 몇 가지 기술적 결함이 지적되었다. 기어 박스나 냉각 시스템은 개량이 필요했고 특히 전륜에 볼트로 고정되는 고무 타이어가 분리되는 문제가 있었다. 1943년에는 D형, A형으로 차례로 개발되었으나 동부전선에서는 소련의 T-34에 압도되고 있었다. G형은 판터의 최종 양산형으로 1944년 2월에 히틀러로부터 생산명령이 떨어진다. 75mm 포에 3정의 기관총을 장비, 그 중 1정은 동축(同軸)이다. 기타 92mm 근접 방어무기(Nahverteidigungswaffe)를 장비하는 등 화력은 강력했다. 승무원 5명에, 전투 중량 45톤을 넘어 중형 전차치고는 무겁지만 장갑을 효과적으로 배분하여 최대는 120mm이지만 얇은 곳은 겨우 13mm이다.

대전 중 미군의 증언으로는 1대의 판터에 5대의 M4로 싸워야 했다는 이야기가 있을 정도로 그 우수함에서 2차 대전 중 최고의 중형 전차라 해도 무방하다.

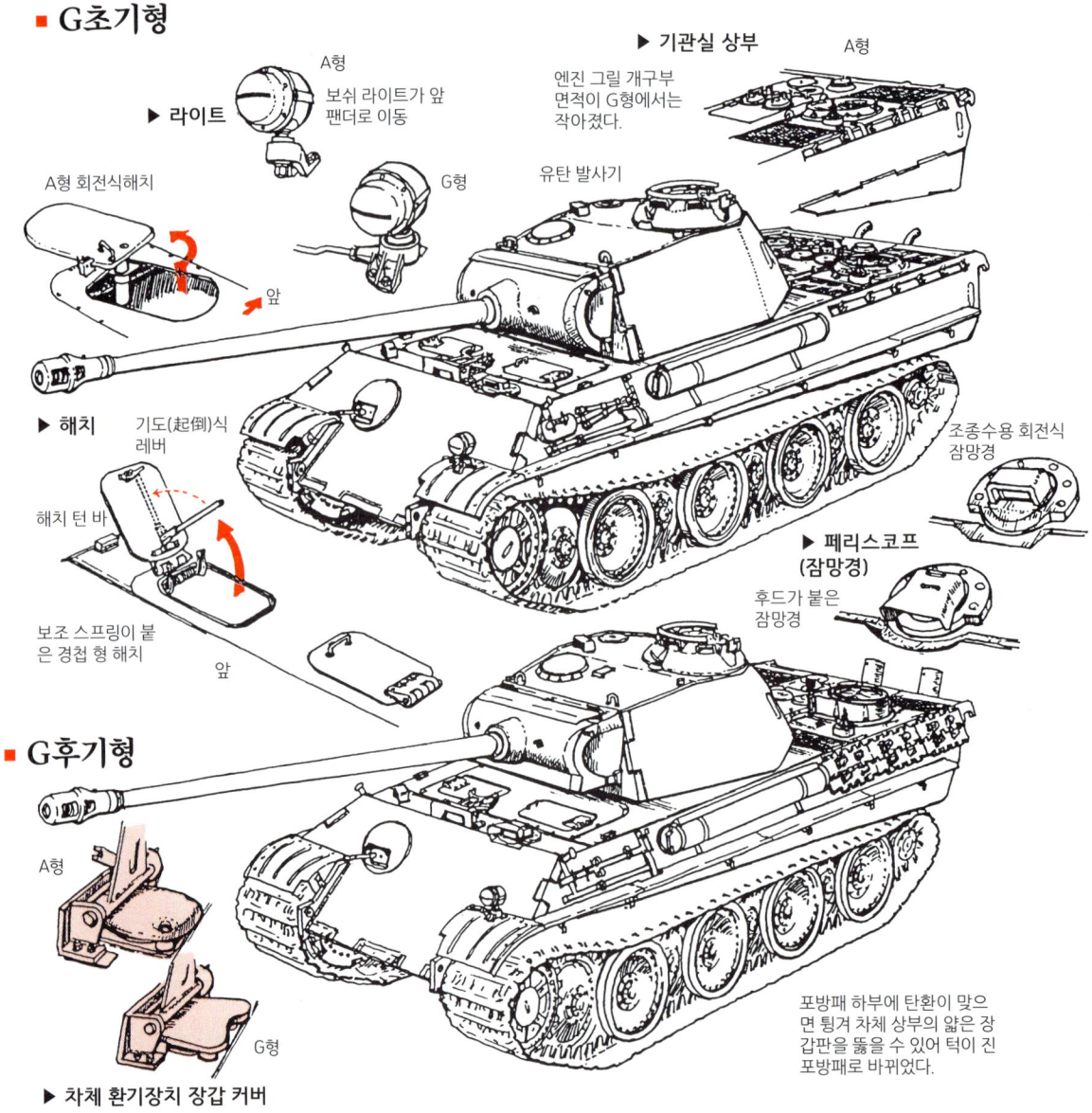

독일전차(W.W.II)

포탑의 구조

❶ 75mm KwK42
❷ 포신 고정기
❸ 동축기관총
❹ TZF12 쌍안경
❺ 요가
❻ 흡기관
❼ 피스톨 포트(port)
❽ 뒷좌석 가드
❾ 장전수석
❿ 전차장석
⓫ 포수석
⓬ 탄피 받이
⓭ 포탑 선회핸들
⓮ 포 조정 핸들
⓯ 포탑 선회기구
⓰ 포탑 밑판
⓱ 유압 기어
⓲ 포탄 걸이(랙)
⓳ 포탑 구동장치
⓴ 유압 펌프
㉑ 축전지
㉒ 프로펠러 샤프트
㉓ 유압유 탱크
㉔ 토션 바

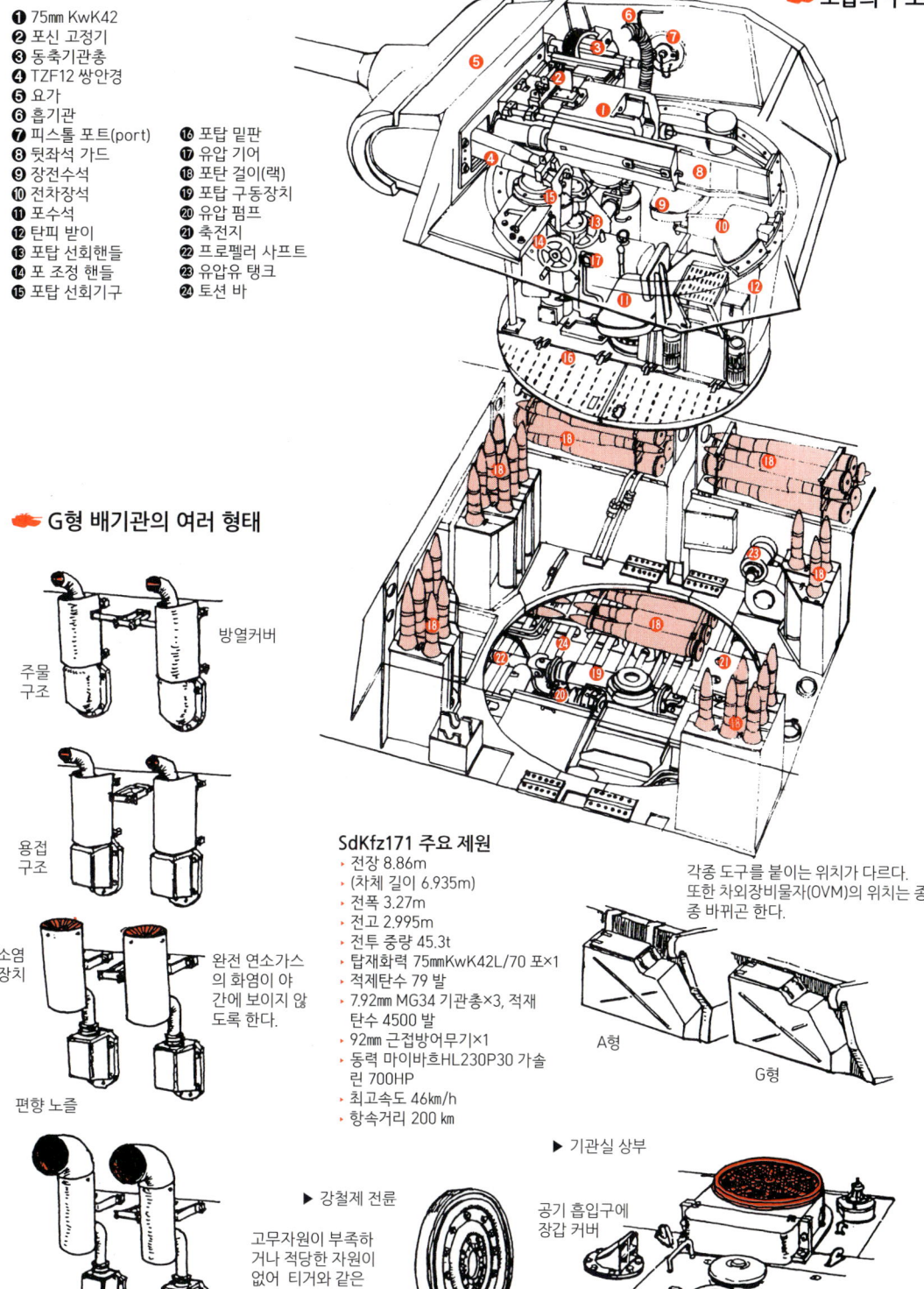

G형 배기관의 여러 형태

주물 구조 — 방열커버

용접 구조

소염 장치 — 완전 연소가스의 화염이 야간에 보이지 않도록 한다.

편향 노즐

SdKfz171 주요 제원
- 전장 8.86m
- (차체 길이 6.935m)
- 전폭 3.27m
- 전고 2.995m
- 전투 중량 45.3t
- 탑재화력 75mmKwK42L/70 포×1
- 적재탄수 79 발
- 7.92mm MG34 기관총×3, 적재 탄수 4500 발
- 92mm 근접방어무기×1
- 동력 마이바흐HL230P30 가솔린 700HP
- 최고속도 46km/h
- 항속거리 200 km

각종 도구를 붙이는 위치가 다르다. 또한 차외장비물자(OVM)의 위치는 종종 바뀌곤 한다.

A형 G형

▶ 강철제 전륜

고무자원이 부족하거나 적당한 자원이 없어 티거와 같은 강철제 전륜으로 대체했다

▶ 기관실 상부

공기 흡입구에 장갑 커버

난방 히터가 장착

티거(Tiger)-I 중(重)전차(SdKfz181) 시리즈

티거-I 중(重)전차는 2차 대전 중 가장 대표적 중전차로 설계도 독일전차의 고전적인 것을 집대성한 느낌이 있다. 독소전쟁 이후 소련의 T-34의 고성능에 대항하기 위해 4호 전차의 후계로 생각됐던 전차다. 같은 시기의 전차에로는 최강의 88mm 포를 장비하고 전면 장갑100mm, 전투중량 56.9t, 전장 8.46m(차체 길이 6.32m) 전고 2.9m라는 당당한 위용을 자랑했다.

호랑이(티거)의 탄생

헨셀사는 4호 전차의 후계로 VK3001형 중(重)전차를 개발했으나 4대만 완성하고 개발을 중단했다. 그 후 1941년 7월, 36t 급의 주력 전차로 VK3601형을 시험 제작했으나, 병기국이 88mm포 탑재 45t 전차 계획을 제시하면서 이 또한 개발 중지되었다. 헨셀은 새로운 계획에 따라 VK4501(H)를 1942년에 완성했고, 이 전차는 포르셰의 VK4501(P)과의 실용 실험에 승리하여 정식으로 채용되었다. 이것이 SdKfz 티거(Tiger) 중(重)전차로 1942년 8월부터 생산을 개시했다.

극초기형

1942년 중에 생산된 극초기형은 83대로 몇 가지 재미있는 특징이 있다. 9월에 제작된 8대가 제502 중(重)전차대대에 배속되어 레닌그라드 공방전에 투입되었는데 이것이 티거의 첫 출격이었다.

VK3001(H)

VK3601(H)

VK4501(H)

극초기형의 예비 캐터필러용 랙. 6매씩 12개가 들어간다. 차체 앞면 하부에 장비.

티거는 크고 무거운 전차였으나, 설계 당시 주포가 센터 라인에서 살짝 어긋나게 배치되어, 사격 반동으로 차체가 뒤틀리지 않도록 차체 강성을 고려해야 했다.

엔진 후부 극초기형

후부 펜더에는 3개의 리브(Rib)가 있다.

캐터필러 정비용 공구상자

배기관 커버에는 3개의 홈이 있으며 초기형처럼 둥글지 않고 각이 져 있다.

바깥 펜더는 옆으로 고정시키게 되어있다.

초기형

독일전차(W.W.II)

■ 초기형

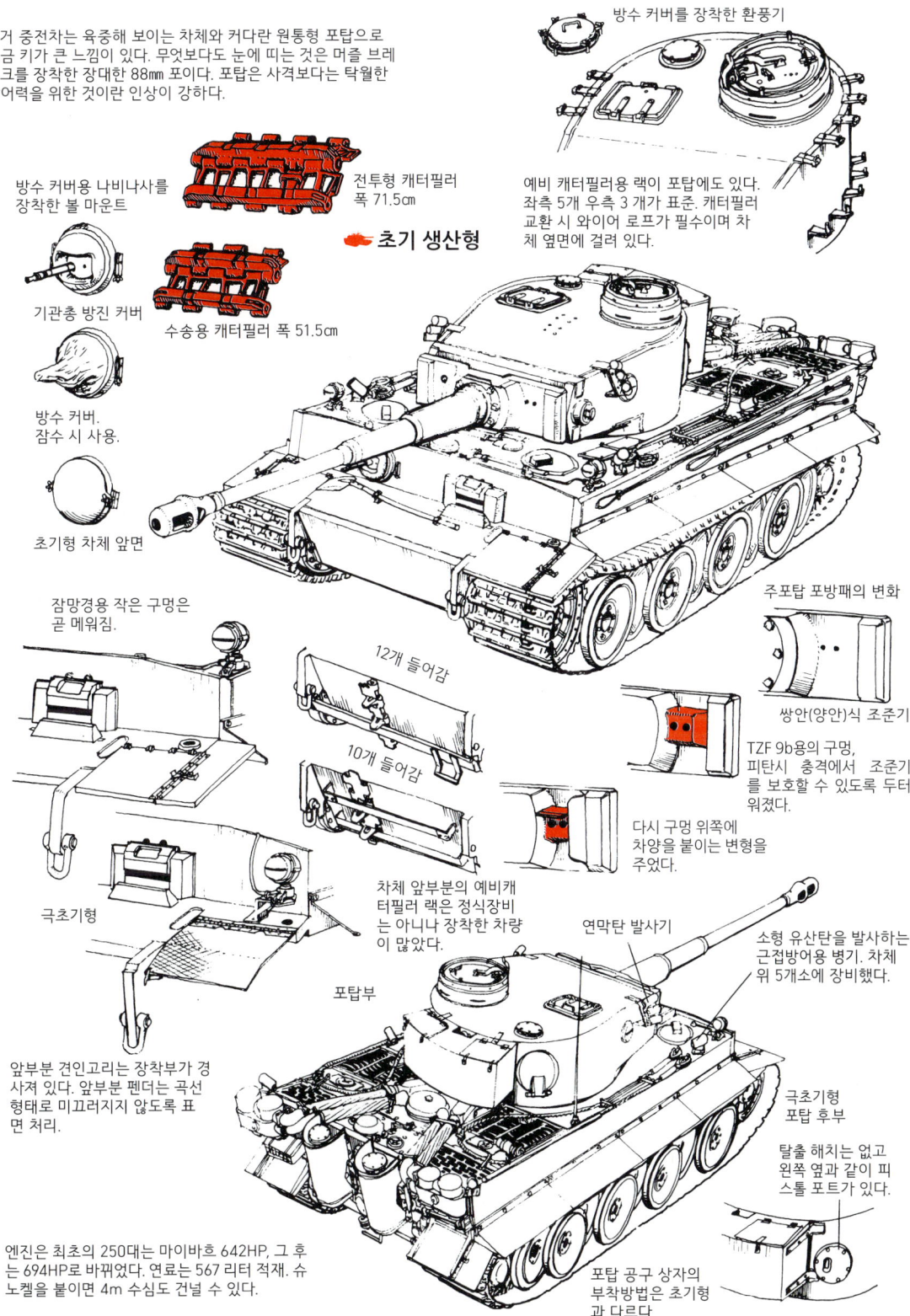

티거 중전차는 육중해 보이는 차체와 커다란 원통형 포탑으로 조금 키가 큰 느낌이 있다. 무엇보다도 눈에 띠는 것은 머즐 브레이크를 장착한 장대한 88mm 포이다. 포탑은 사격보다는 탁월한 방어력을 위한 것이란 인상이 강하다.

- 방수 커버용 나비나사를 장착한 볼 마운트
- 기관총 방진 커버
- 방수 커버. 잠수 시 사용.
- 초기형 차체 앞면
- 전투형 캐터필러 폭 71.5cm
- 초기 생산형
- 수송용 캐터필러 폭 51.5cm
- 방수 커버를 장착한 환풍기
- 예비 캐터필러용 랙이 포탑에도 있다. 좌측 5개 우측 3개가 표준. 캐터필러 교환 시 와이어 로프가 필수이며 차체 옆면에 걸려 있다.
- 잠망경용 작은 구멍은 곧 메워짐.
- 12개 들어감
- 10개 들어감
- 극초기형
- 앞부분 견인고리는 장착부가 경사져 있다. 앞부분 펜더는 곡선 형태로 미끄러지지 않도록 표면 처리.
- 주포탑 포방패의 변화
- 쌍안(양안)식 조준기
- TZF 9b용의 구멍, 피탄시 충격에서 조준기를 보호할 수 있도록 두터워졌다.
- 다시 구멍 위쪽에 차양을 붙이는 변형을 주었다.
- 차체 앞부분의 예비캐터필러 랙은 정식장비는 아니나 장착한 차량이 많았다.
- 포탑부
- 연막탄 발사기
- 소형 유산탄을 발사하는 근접방어용 병기. 차체 위 5개소에 장비했다.
- 극초기형 포탑 후부
- 탈출 해치는 없고 왼쪽 옆과 같이 피스톨 포트가 있다.
- 포탑 공구 상자의 부착방법은 초기형과 다르다
- 엔진은 최초의 250대는 마이바흐 642HP, 그 후는 694HP로 바뀌었다. 연료는 567 리터 적재. 슈노켈을 붙이면 4m 수심도 건널 수 있다.

■ 중기형 ~ 후기생산형

중기형부터의 뚜렷한 변화는 포탑부의 전차장용 큐폴라다. 또한 양쪽 8개씩의 큰 전륜(轉輪)은 안쪽에 고무가 들어간 강철제로 바뀌었는데 이것은 소련 전선의 전훈으로, 전륜 사이에 눈이나 진흙이 들어가면 밤에 얼어붙어 버린다. 승무원 배치는 앞에 기관총사수 겸 무전수, 조종수가 앉고 전투실에는 전차장과 탄약수, 포수가 들어간다. 포탑은 엔진 동력을 전달받아 유압으로 회전한다. 이 티거-I형은 1944년 8월까지 시험제작 5대를 포함 총 1335대가 생산됐다.

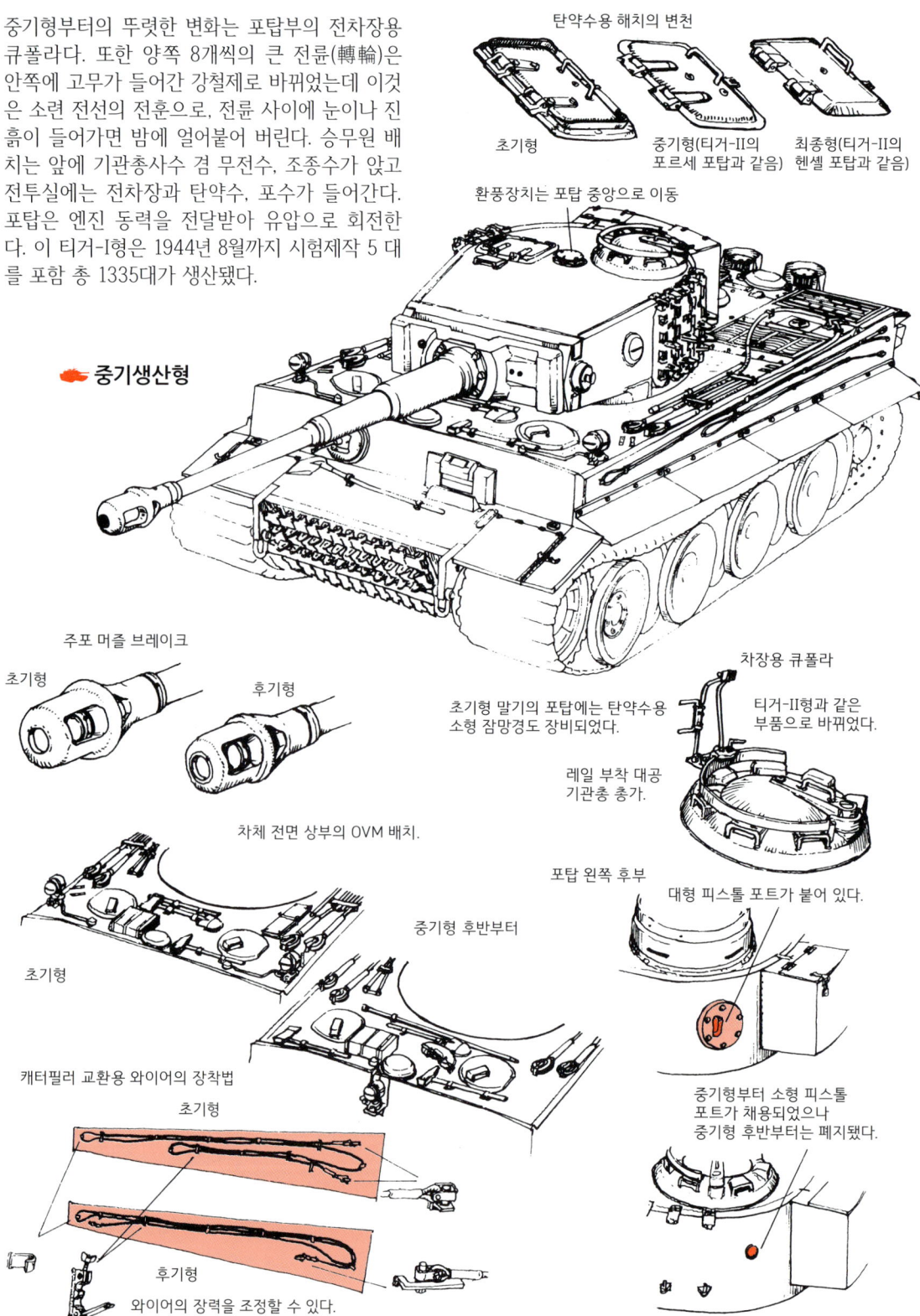

중기생산형

탄약수용 해치의 변천
- 초기형
- 중기형(티거-II의 포르셰 포탑과 같음)
- 최종형(티거-II의 헨셀 포탑과 같음)

환풍장치는 포탑 중앙으로 이동

주포 머즐 브레이크
- 초기형
- 후기형

초기형 말기의 포탑에는 탄약수용 소형 잠망경도 장비되었다.

차장용 큐폴라
티거-II형과 같은 부품으로 바뀌었다.

레일 부착 대공 기관총 총가.

차체 전면 상부의 OVM 배치.
- 초기형
- 중기형 후반부터

포탑 왼쪽 후부
대형 피스톨 포트가 붙어 있다.

캐터필러 교환용 와이어의 장착법
- 초기형
- 후기형
와이어의 장력을 조정할 수 있다.

중기형부터 소형 피스톨 포트가 채용되었으나 중기형 후반부터는 폐지됐다.

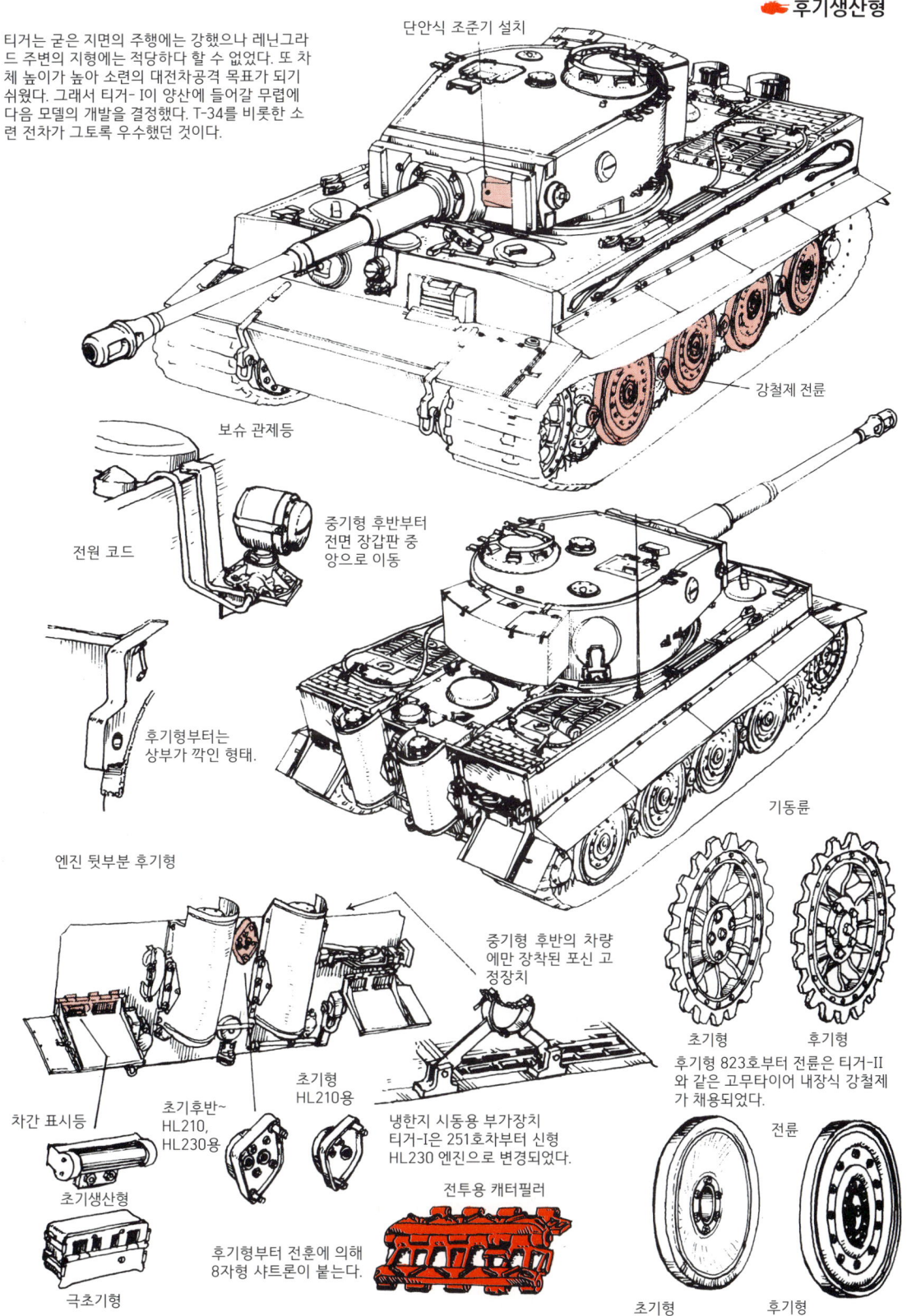

VI호 전차 E형 티거-I 의 구조

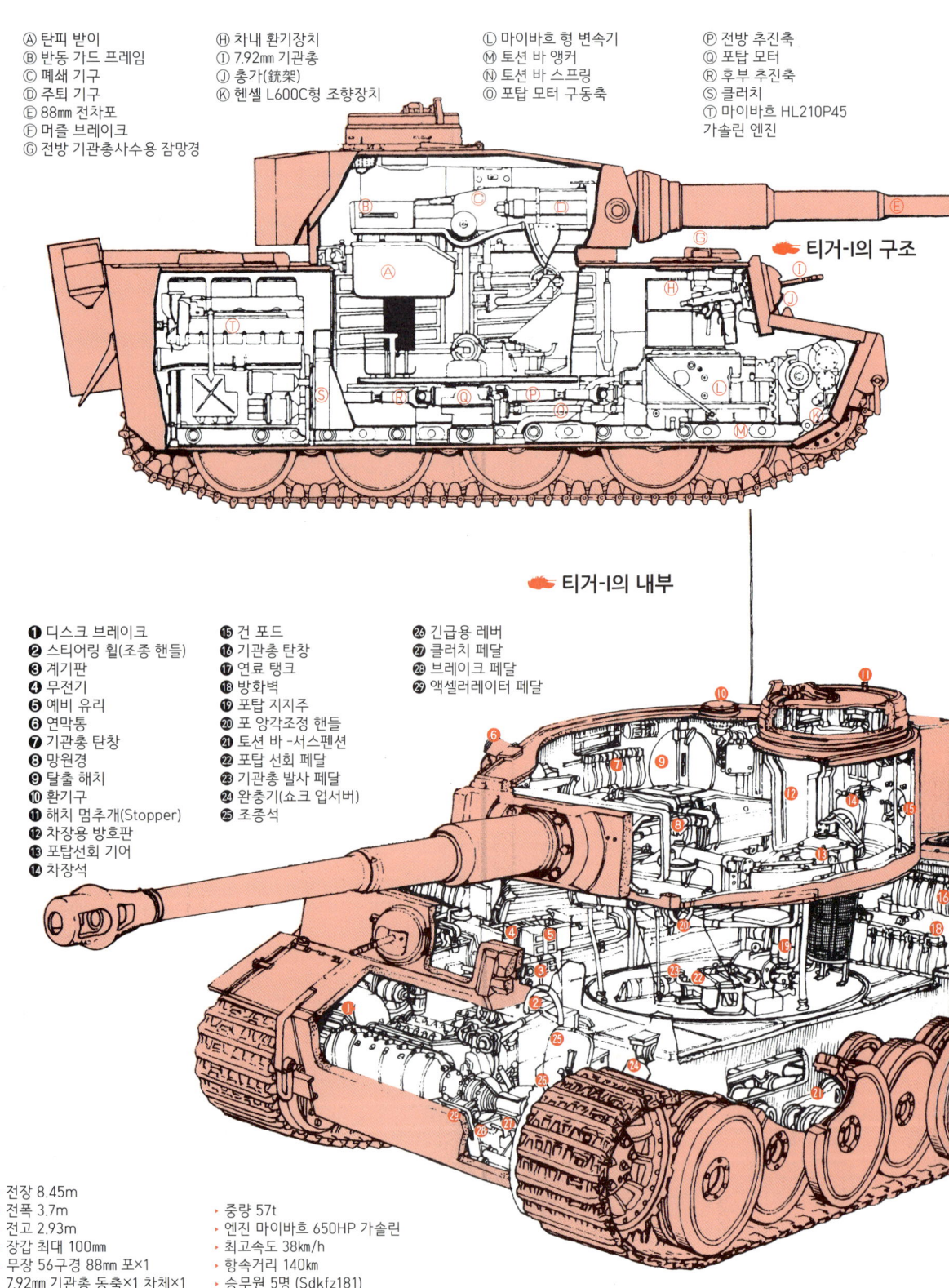

- Ⓐ 탄피 받이
- Ⓑ 반동 가드 프레임
- Ⓒ 폐쇄 기구
- Ⓓ 주퇴 기구
- Ⓔ 88mm 전차포
- Ⓕ 머즐 브레이크
- Ⓖ 전방 기관총사수용 잠망경
- Ⓗ 차내 환기장치
- Ⓘ 7.92mm 기관총
- Ⓙ 총가(銃架)
- Ⓚ 헨셸 L600C형 조향장치
- Ⓛ 마이바흐 형 변속기
- Ⓜ 토션 바 앵커
- Ⓝ 토션 바 스프링
- Ⓞ 포탑 모터 구동축
- Ⓟ 전방 추진축
- Ⓠ 포탑 모터
- Ⓡ 후부 추진축
- Ⓢ 클러치
- Ⓣ 마이바흐 HL210P45 가솔린 엔진

🔴 티거-I의 구조

🔴 티거-I의 내부

1. 디스크 브레이크
2. 스티어링 휠(조종 핸들)
3. 계기판
4. 무전기
5. 예비 유리
6. 연막통
7. 기관총 탄창
8. 망원경
9. 탈출 해치
10. 환기구
11. 해치 멈추개(Stopper)
12. 차장용 방호판
13. 포탑선회 기어
14. 차장석
15. 건 포드
16. 기관총 탄창
17. 연료 탱크
18. 방화벽
19. 포탑 지지주
20. 포 앙각조정 핸들
21. 토션 바 -서스펜션
22. 포탑 선회 페달
23. 기관총 발사 페달
24. 완충기(쇼크 업서버)
25. 조종석
26. 긴급용 레버
27. 클러치 페달
28. 브레이크 페달
29. 액셀러레이터 페달

- 전장 8.45m
- 전폭 3.7m
- 전고 2.93m
- 장갑 최대 100mm
- 무장 56구경 88mm 포×1
  7.92mm 기관총 동축×1 차체×1
- 중량 57t
- 엔진 마이바흐 650HP 가솔린
- 최고속도 38km/h
- 항속거리 140km
- 승무원 5명 (Sdkfz181)

독일전차(W.W.II)

2차 대전에서 가장 유명한 전차. 미군 병사사이에는 독일전차라면 티거(호랑이)전차라는 이미지가 있을 정도였다. 프랑스 침공 때 중장갑의 프랑스나 영국 전차에 고전했던 경험에서 그 당시 활약했던 고사포를 전차포로 탑재하는 방안이 검토되었다. IV호 전차의 후계는 전쟁 전부터 개발되고 있었으나 차기 중(重)전차로써 더욱 장갑을 강화해야한다는 요구에 따라 개발되었다. 나중의 티거-II(쾨니히스티거)와 달리 T-34의 영향을 그다지 받지 않았기 때문에 순수 독일적 전차로는 마지막 전차이다.

티거는 처음에 45t 급으로 기획되었지만, 소련 전차의 위협 앞에 점점 장갑을 강화하다보니 전면 장갑 100㎜, 중량 56t을 넘어 버렸다. 그 때문에 기동력이 희생되고 교량 통과도 제한되는 등의 단점이 생겼다.

탑재된 88㎜ 포는 원래 고사포였으며 T-34 주포의 탄착거리 밖에서 T-34를 격파할 수 있는 고성능이었다. 특히 방어전투에서는 위력을 발휘, 연합군에게 공포의 대상이 되었다. 생산 중에 엔진이 강화되기도 하고 강철제 전륜이 채용되는 등 변경도 많았다. 1942년 여름부터 2년여 동안에 1,346 대가 생산되었다.

🔥 **VI호 전차 티거-I E형** (1942)

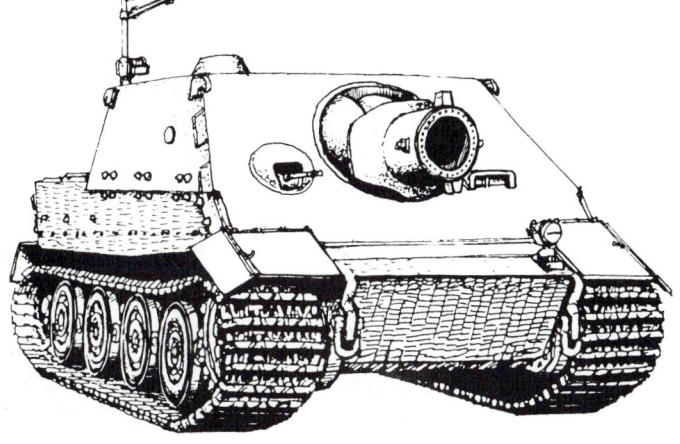

🔥 **돌격 구포**(臼砲) **슈투름티거**(Sturmtiger) (1944)

티거-I의 차체에 로켓 추진탄을 발사하는 38㎝(380㎜) 특수 구포를 탑재한 것. 기획 당시에는 절망적인 스탈린그라드 전투가 벌어지고 있었으며 히틀러의 명령으로 생산이 개시됐다. 전선에서 차출된 티거의 차체를 개조, 10대(여러가지 설이 있다)가 제작된 것으로 끝났다.

- 전장 6.28m
- 전폭 3.57m
- 전고 2.85m
- 장갑 최대 150㎜
- 무장 380㎜ 로켓 발사기×1
- 7.92㎜ 차체 기관총 ×1
- 중량 65t
- 엔진 마이바흐 700HP 가솔린
- 최고속도 40km/h
- 승무원 5명

티거-II형 중(重)전차
(SdKfz182 쾨니히스 티거)

■ 포르셰(Porsche) 포탑형(P)

- 전장 10.43m (차체 길이 7.25m)
- 전폭 3.72m 전고 3.27m
- 전투중량 69.75t
- 마이바흐HL230P30 엔진 700HP
- 최고속도 38km/h 항속거리 170km
- 88mm 포×1 탑재탄수 84발
- 7.92mm 기관총 탑재탄수 4800발
- 장갑 최대 40~185mm

독일전차(W.W.II)

쾨니히스 티거의 개발도 다시 포르셰와 헨셀의 싸움이 되었다. 주포 KwK43 88mm 포는 KwK36에 비하면 상당히 무겁고 길었다. 이것을 탑재한 포탑은 포르셰의 경우, VK4501(P)를 기본으로 한 우아하고 둥그런 형상을 하고 있으며, 처음엔 105mm 혹은 150mm 포를 생각했던 것 같다. 이 VK4502(P)도 전과 마찬가지로 공랭식 가솔린 엔진에 의한 발전으로 전기 모터를 구동하는 독특한 것이었는데 여기에 필요한 구리의 공급이 전황이 불리해짐에 따라 순조롭지 못한 것도 포르셰가 불리한 점이었다. 결국 채택된 것은 헨셀 디자인으로, 되어 최초의 50대만이 포르셰 포탑이 장착됐다. 포르셰 포탑은 스마트 하기는 했으나 생산성이 나쁘고 앞 부분이 포와 포탑 사이에 탄을 맞으면 극히 위험한 형상이기 때문에 헨셀의 직선적인 설계가 표준이 되었다. 엔진은 후에 694HP로 강화되었으나 여전히 파워/중량비는 빈약했다. 쾨니히스 티거는 2차 대전 중 최고의 공격, 방어력을 갖춘 중(重)전차로써의 평가는 높다.

■ **헨셀**(Henschel) **포탑형**(H)

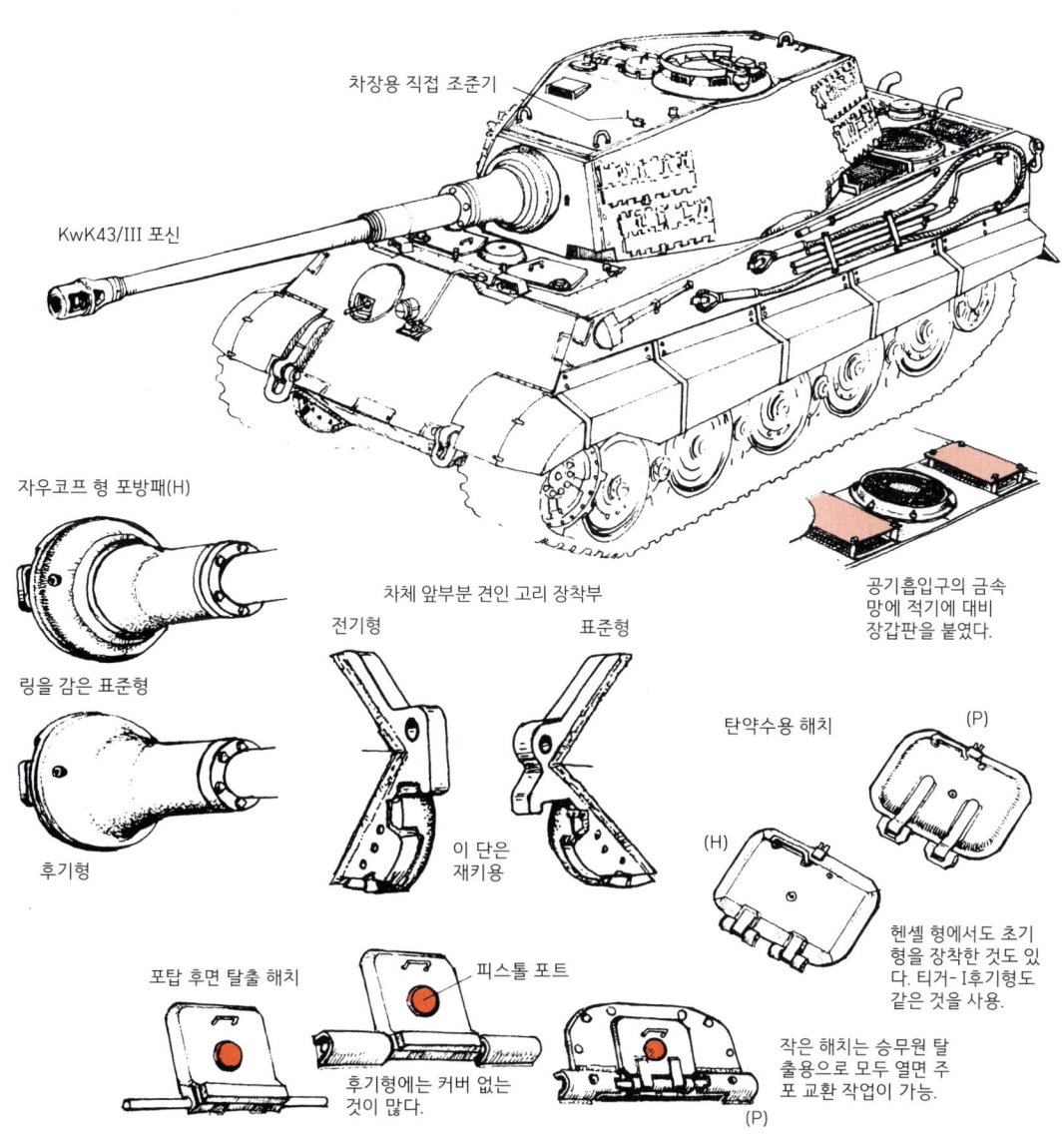

VI호 전차 B형 티거-II의 구조

1941년 6월, 히틀러는 돌연 독소 불가침조약을 파기하고 소련을 침공했다. 나폴레옹의 전철을 밟은 것이다. 러시아는 광대하여 전선과 보급선이 길어지고 전쟁은 장기화 되었다. 그 때문에 기갑부대에 의한 전격전 개념이 통하지 않았다. 장기간의 전투 중 소련이 완성하여 전선에 투입한 것이 T-34나 KV-1 이라는 강력한 화포와 장갑을 갖춘 명전차였다. 특히 T-34는 지금까지의 전차의 개념에 새로운 한 페이지를 더한 전차로,(104쪽 참조) 그 디자인과 강력한 화력, 방어력은 독일군에게 'T-34 쇼크'를 주었다.

트랙터 공장을 풀 가동하여 생산해 전선으로 투입해 오는 T-34의 공격 앞에 독일군 전차도 강화 개량되고 판터와 티거-I의 제조를 서둘렀다. 그러나 독일 전차 대부분의 기본 설계는 T-34 출현 전에 이뤄졌고 티거-I도 1930년대 독일전차의 흔적이 설계에 남아 있었다. 그러나 판터는 T-34의 영향을 강하게 받았으며, 티거II는 판터의 화력과 장갑을 강화한다는 발상으로 시작됐다.

1943년에 들어서자 히틀러의 독촉으로 본격 개발이 시작됐다. 개발은 헨셀사가 맡았으나 티거-I과 마찬가지로 포르셰 포탑도 시도되었다. 1944년 최초의 50대가 포르셰사 제조 포탑이었으며 이후 각이 진 헨셀사 제 포탑을 탑재하여 완성한 전차가 쾨니히스 티거 이다. 그 이름에 걸맞게 2차 대전 중 가장 강력한 사양을 보여준 전차였다. 장포신 88mm 포와 전면 150mm의 장갑은 강력했으나 반면 중량은 68t으로 상대적으로 엔진 출력이 부족해졌고, 연비가 리터 당 162m라는 놀랍도록 기동력이 결핍된 것이 되고 말았다. 이미 패색이 짙고 연료 부족 속에 연료가 떨어져 오도 가도 못해 멀쩡한데도 버려진 전차도 많았다. 달릴 수 없는 전차는 그저 대포에 불과했던 것이다.

🛡 쾨니히스 티거(Königs Tiger) 내부

🛡 티거-II 포르셰 포탑형

티거-II는 당초 포르셰 포탑을 채용할 예정으로 생산을 개시했으나 포탑의 곡면부에 포탄이 맞아 미끄러져 차체 상면을 직격(Shot Trap)하는 문제가 생기고, 생산성도 나빠 헨셀 포탑으로 변경됐다. 그러나 50대 분량의 포탑이 이미 완성되었기 때문에 그 만큼의 포르셰 포탑형 티거-II이 제작되었다.

독일전차(W.W.II)

🔻 티거-II 양산형(1944)

차체 앞면 150mm, 옆면 100mm의 경사 장갑은 피탄 경사를 충분히 고려한 설계로 T-34의 영향이 컸다. 자재 부족이나 연합군의 공습으로 패전 때까지 489 대만 생산됐을 뿐이다.

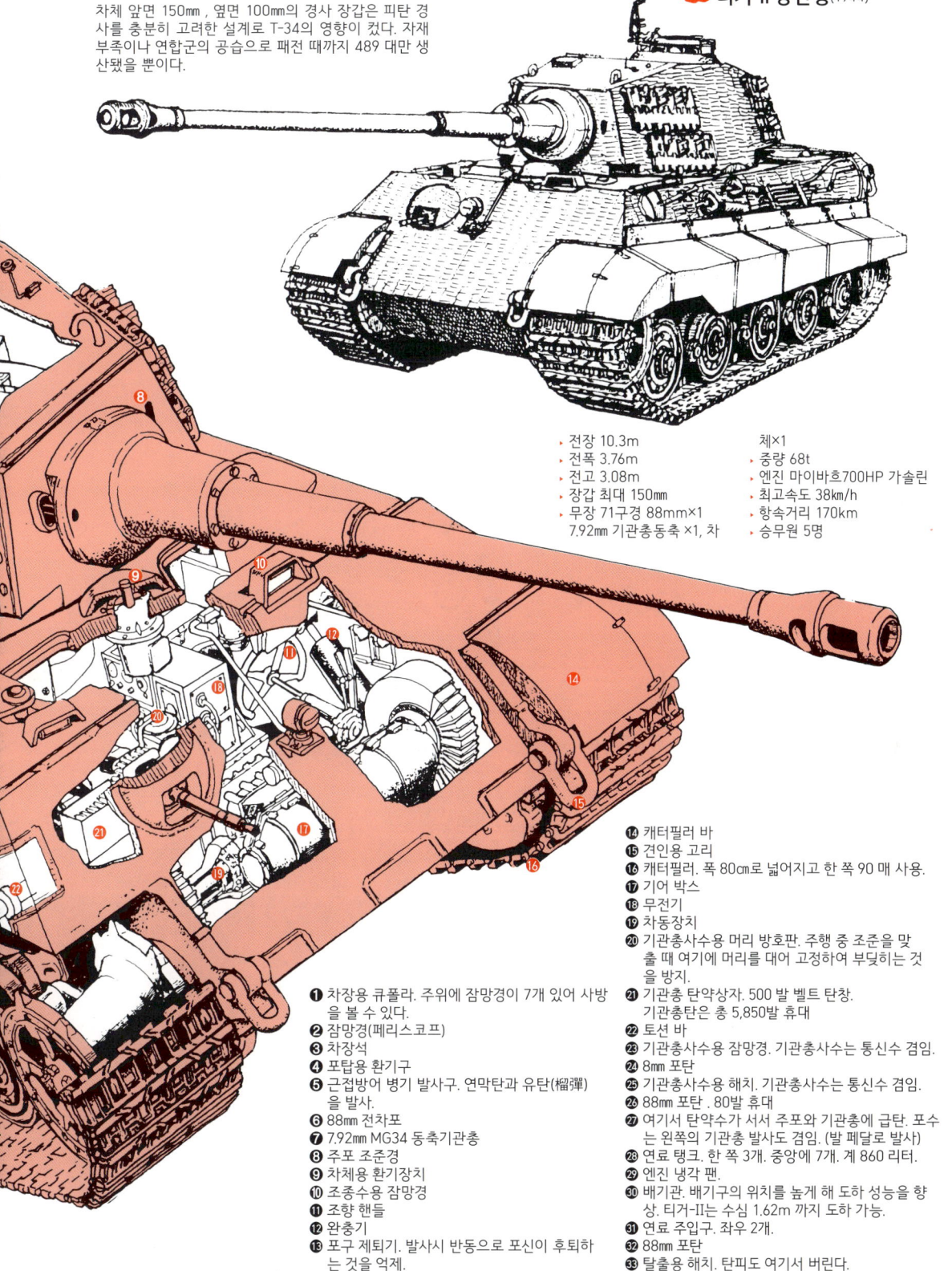

- 전장 10.3m
- 전폭 3.76m
- 전고 3.08m
- 장갑 최대 150mm
- 무장 71구경 88mm×1 7.92mm 기관총동축 ×1, 차체×1
- 중량 68t
- 엔진 마이바흐700HP 가솔린
- 최고속도 38km/h
- 항속거리 170km
- 승무원 5명

1. 차장용 큐폴라. 주위에 잠망경이 7개 있어 사방을 볼 수 있다.
2. 잠망경(페리스코프)
3. 차장석
4. 포탑용 환기구
5. 근접방어 병기 발사구. 연막탄과 유탄(榴彈)을 발사.
6. 88mm 전차포
7. 7.92mm MG34 동축기관총
8. 주포 조준경
9. 차체용 환기장치
10. 조종수용 잠망경
11. 조향 핸들
12. 완충기
13. 포구 제퇴기. 발사시 반동으로 포신이 후퇴하는 것을 억제.
14. 캐터필러 바
15. 견인용 고리
16. 캐터필러. 폭 80cm로 넓어지고 한 쪽 90 매 사용.
17. 기어 박스
18. 무전기
19. 차동장치
20. 기관총사수용 머리 방호판. 주행 중 조준을 맞출 때 여기에 머리를 대어 고정하여 부딪히는 것을 방지.
21. 기관총 탄약상자. 500 발 벨트 탄창. 기관총탄은 총 5,850발 휴대
22. 토션 바
23. 기관총사수용 잠망경. 기관총사수는 통신수 겸임.
24. 8mm 포탄
25. 기관총사수용 해치. 기관총사수는 통신수 겸임.
26. 88mm 포탄 . 80발 휴대
27. 여기서 탄약수가 서서 주포와 기관총에 급탄. 포수는 왼쪽의 기관총 발사도 겸임. (발 페달로 발사)
28. 연료 탱크. 한 쪽 3개. 중앙에 7개. 계 860 리터.
29. 엔진 냉각 팬.
30. 배기관. 배기구의 위치를 높게 해 도하 성능을 향상. 티거-II는 수심 1.62m 까지 도하 가능.
31. 연료 주입구. 좌우 2개.
32. 88mm 포탄
33. 탈출용 해치. 탄피도 여기서 버린다.

III호 돌격포(StuG III)의 상세도

III호 돌격포는 III호 전차의 차체를 이용, 낮은 고정 포탑에 24구경 7.5㎝ 포를 탑재한 것이다. 폴란드에의 전격작전 때부터 그 포의 위력과 낮은 차체 형상으로 큰 성공을 거두었다. 유럽의 단단하고 돌이 많은 지형에서 보병연대와 함께 행동하는 것을 상정하고 개발된 것이라 한다. 동부(러시아)전선에서도 보병이 T-34나 KV1의 강력한 포의 공격을 받을 때에도 충분히 대항할 성능을 가지고 있었다.

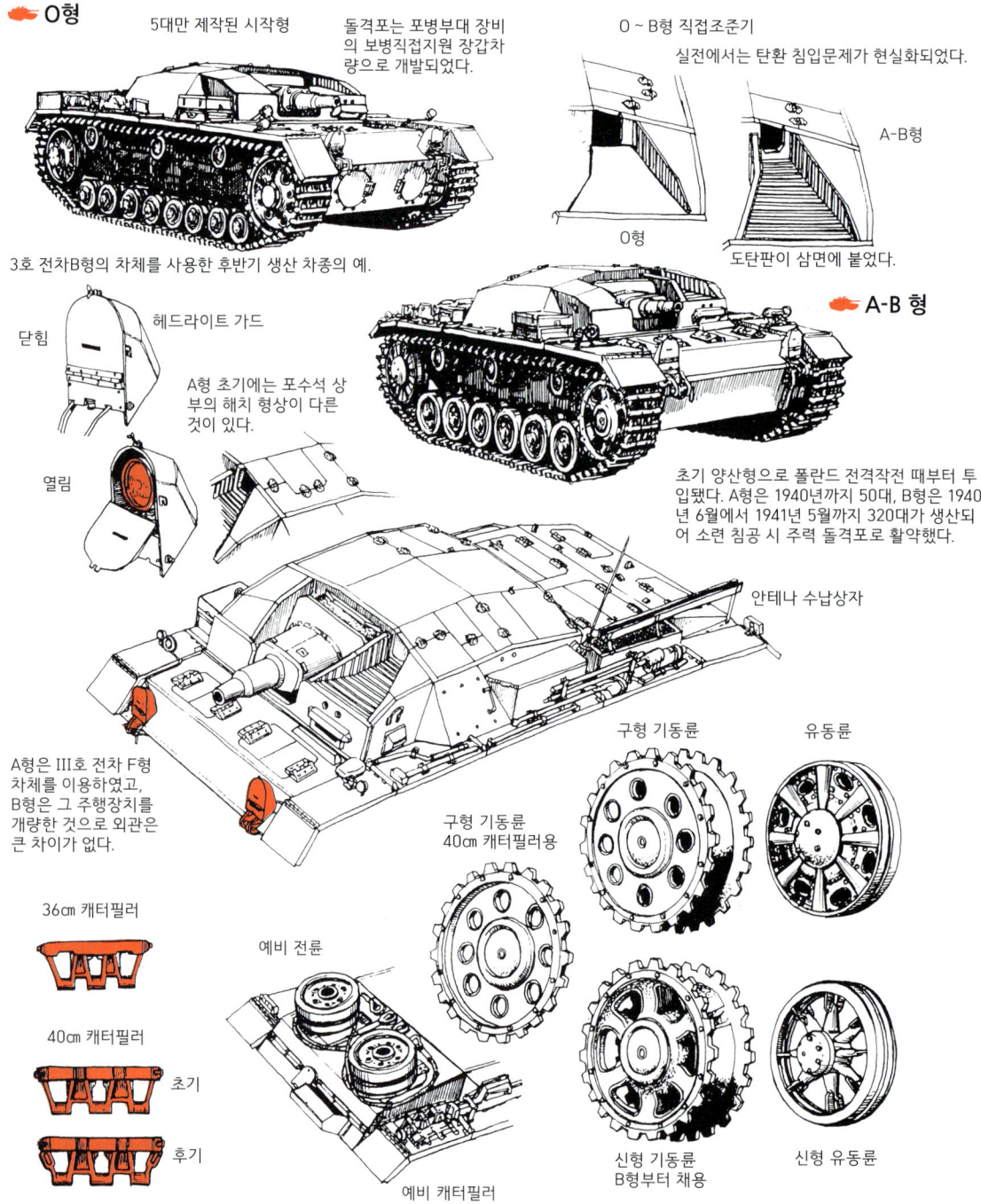

독일전차(W.W.II)

돌격포의 제조비용은 전차보다 저렴했다. 외형은 StuG II와 흡사하나 III 형은 그 우수함이 차츰 확실해진다. StuG III에는 시험제작형인 O형을 제외한 A~E까지의 형식이 있는데 III호 전차의 A~H와 직접 대응하지는 않는다. 엔진은 마이바흐 제 가솔린 엔진, 출력은 기종에 따라 다르나 대략 300~500 마력(HP)이다.

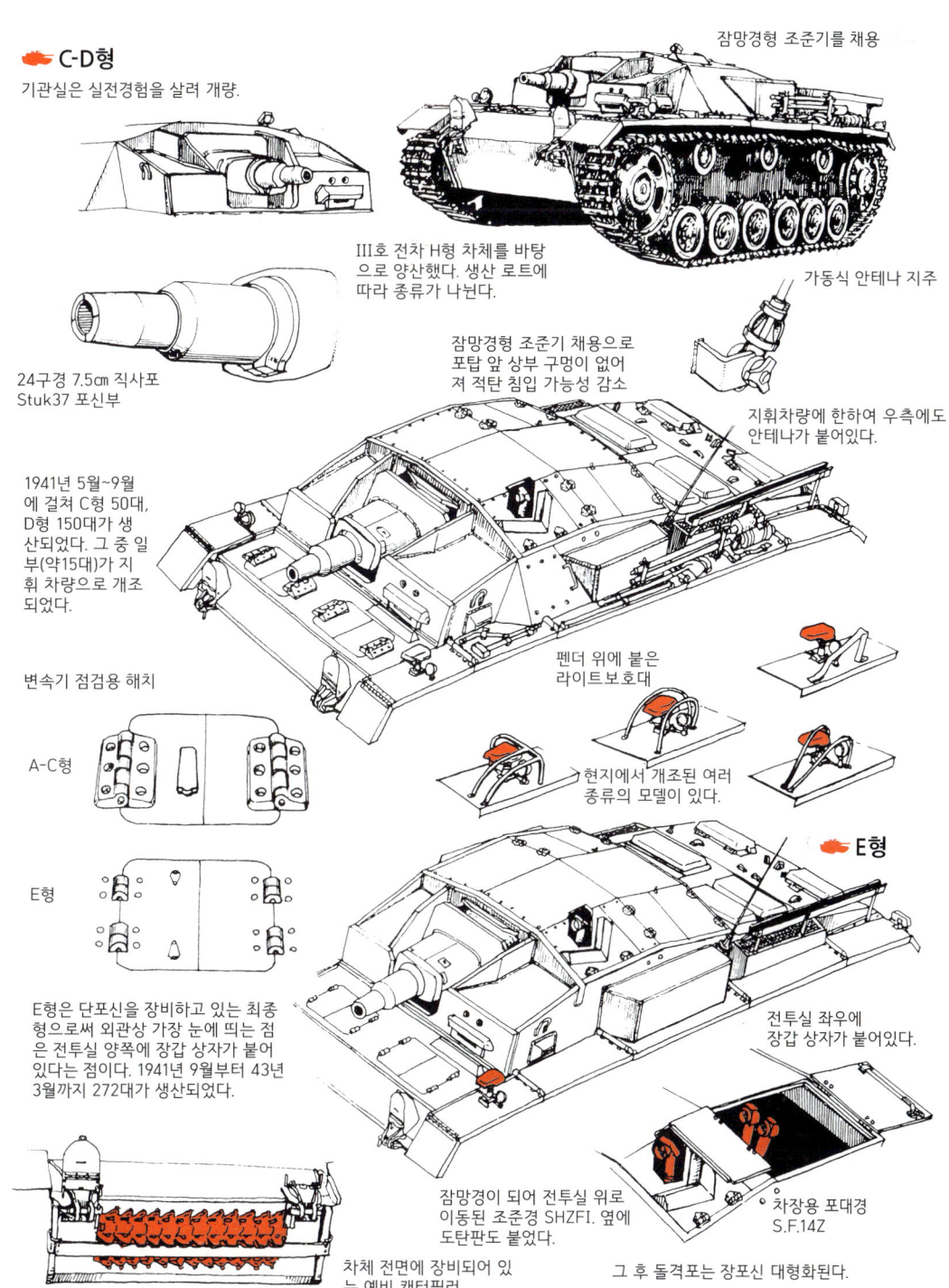

🛡 C-D형

기관실은 실전경험을 살려 개량.

잠망경형 조준기를 채용

III호 전차 H형 차체를 바탕으로 양산했다. 생산 로트에 따라 종류가 나뉜다.

24구경 7.5cm 직사포 Stuk37 포신부

잠망경형 조준기 채용으로 포탑 앞 상부 구멍이 없어져 적탄 침입 가능성 감소

가동식 안테나 지주

지휘차량에 한하여 우측에도 안테나가 붙어있다.

1941년 5월~9월에 걸쳐 C형 50대, D형 150대가 생산되었다. 그 중 일부(약15대)가 지휘 차량으로 개조되었다.

변속기 점검용 해치

A-C형

E형

펜더 위에 붙은 라이트보호대

현지에서 개조된 여러 종류의 모델이 있다.

🛡 E형

E형은 단포신을 장비하고 있는 최종형으로써 외관상 가장 눈에 띄는 점은 전투실 양쪽에 장갑 상자가 붙어 있다는 점이다. 1941년 9월부터 43년 3월까지 272대가 생산되었다.

전투실 좌우에 장갑 상자가 붙어있다.

잠망경이 되어 전투실 위로 이동된 조준경 SHZFl. 옆에 도탄판도 붙었다.

차장용 포대경 S.F.14Z

차체 전면에 장비되어 있는 예비 캐터필러

그 후 돌격포는 장포신 대형화된다.

III호 돌격포와 IV호 돌격포

돌격포는 당초 보병의 돌격을 지원하고 근접거리에서 토치카나 진지를 격파할 목적으로 만들어졌다. 종래의 견인식 보병포를 기계화한 것이라 할 수 있다. 그러나 근대화된 전쟁에서는 전차를 비롯한 장갑차량을 상대하는 경우가 많아 강력한 장포신포를 탑재하게 되었다. 이것은 당초 배치 목적은 달라도 자주포도 마찬가지이다.

■ III호 돌격포 시리즈

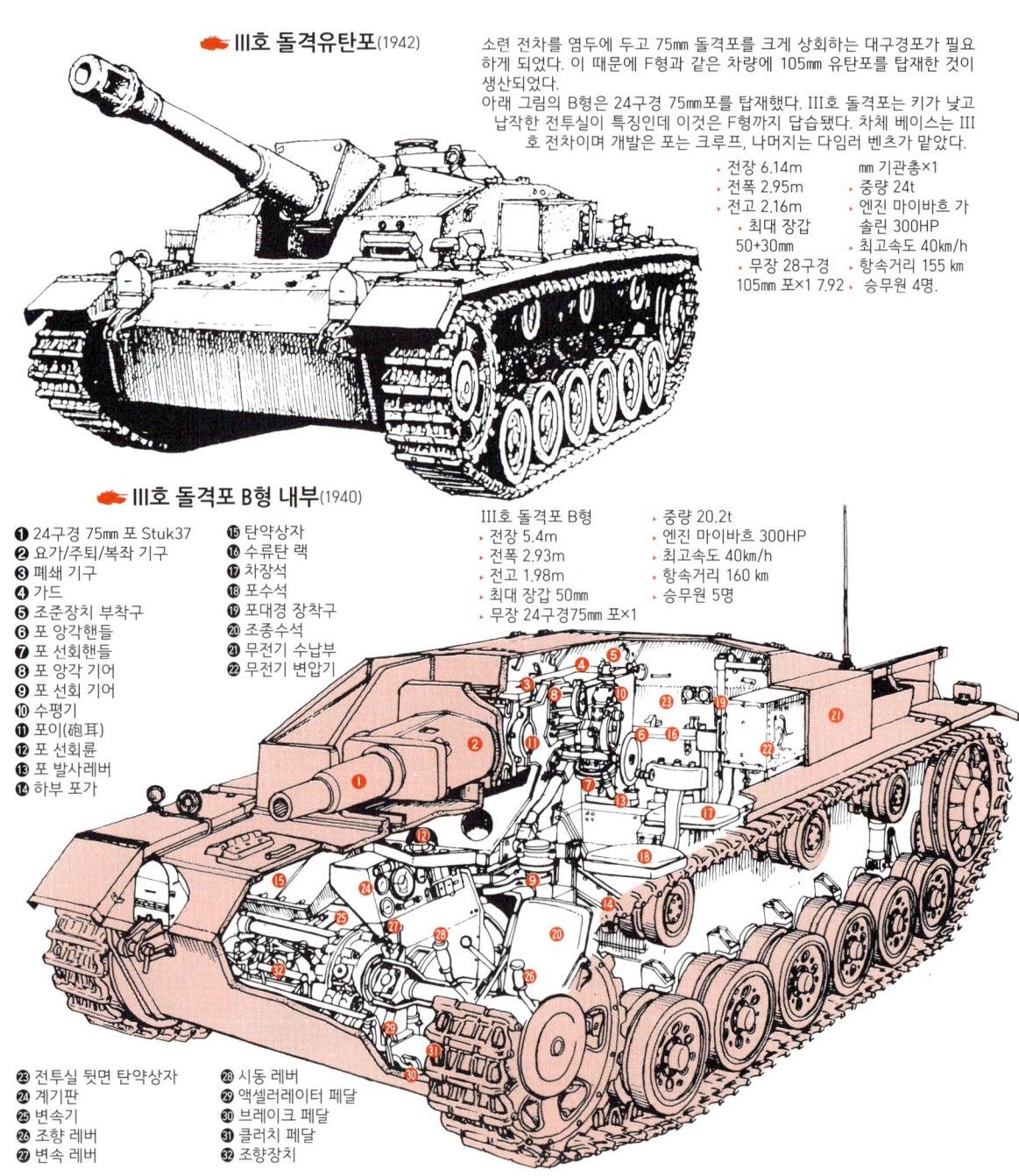

🔸 III호 돌격유탄포 (1942)

소련 전차를 염두에 두고 75mm 돌격포를 크게 상회하는 대구경포가 필요하게 되었다. 이 때문에 F형과 같은 차량에 105mm 유탄포를 탑재한 것이 생산되었다.
아래 그림의 B형은 24구경 75mm포를 탑재했다. III호 돌격포는 키가 낮고 납작한 전투실이 특징인데 이것은 F형까지 답습됐다. 차체 베이스는 III호 전차이며 개발은 포는 크루프, 나머지는 다임러 벤츠가 맡았다.

- ▸ 전장 6.14m
- ▸ 전폭 2.95m
- ▸ 전고 2.16m
- ▸ 최대 장갑 50+30mm
- ▸ 무장 28구경 105mm 포×1 7.92mm 기관총×1
- ▸ 중량 24t
- ▸ 엔진 마이바흐 가솔린 300HP
- ▸ 최고속도 40km/h
- ▸ 항속거리 155 km
- ▸ 승무원 4명.

🔸 III호 돌격포 B형 내부 (1940)

① 24구경 75mm 포 Stuk37
② 요가/주퇴/복좌 기구
③ 폐쇄 기구
④ 가드
⑤ 조준장치 부착구
⑥ 포 앙각핸들
⑦ 포 선회핸들
⑧ 포 앙각 기어
⑨ 포 선회 기어
⑩ 수평기
⑪ 포이(砲耳)
⑫ 포 선회륜
⑬ 포 발사레버
⑭ 하부 포가
⑮ 탄약상자
⑯ 수류탄 랙
⑰ 차장석
⑱ 포수석
⑲ 포대경 장착구
⑳ 조종수석
㉑ 무전기 수납부
㉒ 무전기 변압기

III호 돌격포 B형
- ▸ 전장 5.4m
- ▸ 전폭 2.93m
- ▸ 전고 1.98m
- ▸ 최대 장갑 50mm
- ▸ 무장 24구경75mm 포×1
- ▸ 중량 20.2t
- ▸ 엔진 마이바흐 300HP
- ▸ 최고속도 40km/h
- ▸ 항속거리 160 km
- ▸ 승무원 5명

㉓ 전투실 뒷면 탄약상자
㉔ 계기판
㉕ 변속기
㉖ 조향 레버
㉗ 변속 레버
㉘ 시동 레버
㉙ 액셀러레이터 페달
㉚ 브레이크 페달
㉛ 클러치 페달
㉜ 조향장치

독일전차(W.W.II)

2차 대전 중반이후 III호 돌격포는 대전차전투에 널리 쓰였다. 특히 T-34에 대항하기 위해 장포신의 75mm포를 장비하게 되었다. 대형 주퇴 복좌 기구를 수납해야 했으므로 포방패가 새로 설치됐다.

🔶 III호 돌격포 F형 (1942)

- 전장 6.31m
- 전폭 2.92m
- 전고 2.15m
- 최대 장갑 50+30mm
- 무장 43 또는 48 구경 75mm 포×1
- 중량 21.6t
- 엔진 마이바흐 300HP 가솔린
- 최고속도 40km/h
- 항속거리 140 km
- 승무원 4명

🔶 III호 돌격포 G형 (1942)

III호 돌격포 시리즈의 최종형. 대전차전에 중점을 둔 형식이다. 전투실 형상이 변하고 차장용 큐폴라가 장착됐다. 7720 대나 제조되었으므로 사소한 변경은 많았으나 공통적인 것은 차장용 해치를 폐지하고 잠망경이 붙은 큐폴라를 장착한 것이다. 그림의 차체 측면 방탄판은 없는 것도 있으며 기관총은 원격조작식도 있었다. 이 돌격포는 전차의 대역으로 전차부대에서 사용하기도 했다.

- 전장 6.77m
- 전폭 2.95m
- 전고 2.16m
- 최대 장갑 50+50mm
- 무장 48구경 75mm 포 ×1 7.92mm 기관총×2
- 중량 23.9t
- 항속거리 155 km
- 기타는 동일.

■ IV호 돌격포 시리즈

3호 돌격포 생산공장이 공습으로 생산을 중단하게 되면서 돌격포 생산을 유지하기 위해 임시방편으로 4호전차의 차체를 이용한 것이다. 돌격포를 대전차전에 투입한 실적은 기대이상이었다. 이 IV호 돌격포는 1945년 봄까지 1108대가 제작되어 각 전선에 투입됐다.

🔶 IV호 돌격포 (1943)

- 전장 6.7m
- 전폭 2.95m
- 전고 2.2m
- 최대 장갑 80mm
- 무장 48 구경 75mm 포×1 7.92mm 기관총×1
- 중량 23t
- 엔진 마이바흐 300HP
- 최고속도 38km/h
- 항속거리 210 km
- 승무원 4명

🔶 IV호 돌격전차 (Brummbär) (1943)

1942~43년의 스탈린그라드 시가전에서 독일은 패했으나 강화 진지의 격파에 대구경 화포를 장비한 장갑차량의 필요성이 대두됐다. 돌격전차라는 브름베어는 150mm 유탄포를 IV호 전차의 차체에 탑재한 것으로 치타델 작전에 참가할 수 있도록 급히 제작됐다. 대형 전투실은 앞면 100mm 옆면 50mm의 장갑판을 둘렀다. 총 298대가 제조되었다.

- 전장 5.93m
- 전폭 2.88m
- 전고 2.52m
- 최대 장갑 100mm
- 무장 12구경 150mm 돌격 유탄포×1
- 7.92mm 기관총×1
- 중량 28.2t
- 엔진 마이바흐 300HP 가솔린
- 최고속도 40km/h
- 승무원 5명

독일의 자주포(自走砲)

독일이 개발한 자주포는 다른 나라에서는 유례를 찾을 수 없을 정도로 종류가 많았다. 자주식 화포는 원래 보병에 대한 화력 지원이 목적이며 스스로 달릴 수 있어 필요한 때와 장소에 전투 태세로 들어갈 수가 있다. 차체는 구식 전차를 많이 사용했는데 이는 이미 전차로써 사용하기는 너무 빈약했기 때문이다. 자주포라도 전차를 상대할 때가 많으므로 T-34나 KV-1이 출현하자 포신이 긴 대전차포를 탑재한 것이 전투에 투입됐다. 급히 티거나 판터가 완성될 때까지 공백을 매우는 의미가 강했다.

15㎝ 33형 중(重) 보병포 (1940)

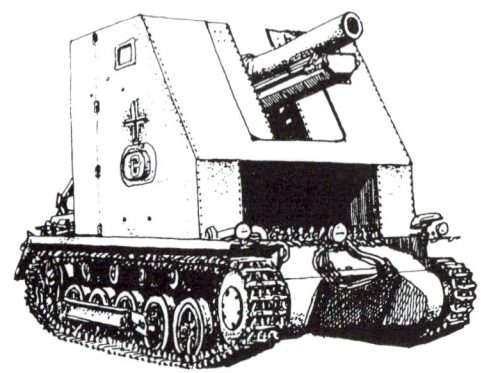

1940년 프랑스 침공 때부터 사용한 것으로 장갑 병력수송차 등에 탑승한 보병을 지원하는 것이 목적이었다. 당시 수적으로는 풍부했던 I호 전차 차체에 15㎝ 중보병포를 포방패나 포각을 그대로 앉혀 고정시킨 것이었다. 포의 위치가 너무 높아서는 안 되었으므로 오픈 톱도 불가피하게 커져 I호 전차 차체에 비해 극단적으로 불균형하게 되었다. 전투실의 장갑은 앞면이 13㎜ 밖에 안 되었는데도 중량은 I호 전차보다 50% 증가했기 때문에 주행 계통의 고장이 많았다.

- 전장 4.67m
- 전폭 2.06m
- 전고 2.9m
- 최대 장갑 13㎜
- 무장 11구경 150㎜ 포×1
- 중량 8.5t
- 엔진 마이바흐 100HP
- 최고속도 40km/h
- 승무원 4명
- 항속거리 140 km

47㎜ 대전차 자주포 (1940)

독일군의 구식 전차의 차체를 이용한 자주포 중 최초의 것. I호 전차 B형 차체에 체코제 47㎜ 포를 탑재했다. I호 전차 차체 상면의 구조는 거의 그대로로 체코제(체코를 병합하여 입수했다) 대전차포를 포방패 째 탑재했다. 15㎝포 탑재보다는 훨씬 가벼워 기동성 문제는 없었다.

- 전장 4.42m
- 전폭 2.06m
- 전고 2.55m
- 최대 장갑 13㎜
- 무장 47㎜ 대전차포×1
- 중량 6.4t
- 엔진 마이바흐 100HP
- 최고속도 40km/h
- 승무원 3명

76.2㎜ 대전차 자주포 (1942)

이 차량의 포는 독소전쟁 초기에 소련군에게서 노획한 것으로 T-34가 출현할 당시 독일군은 당장 유효한 대전차포를 가지고 있지 못했으므로 이것은 귀중한 것이 되었다. II호 전차 D형 차체에 소련제 76.2㎜ 대전차포를 탑재했다. 201대가 생산되었으나 본격적 대전차포가 완성될 때까지의 임시방편으로 활약했다.

- 전장 5.65m
- 전폭 2.3m
- 전고 2.6m
- 최대 장갑 35㎜
- 무장 76.2㎜ 대전차포×1
- 7.92㎜ 기관총×1
- 중량 11.5t
- 엔진 마이바흐 140HP
- 최고속도 55km/h
- 항속거리 220 km
- 승무원 4명

75㎜ 40형 대전차 자주포 마르더(Marder)-II (1942)

상기의 자주포와 같은 발상인데 포는 독일제 75㎜를 탑재했다. 당시 II호 전차는 생산이 계속되고 있었는데 20㎜ 기관포보다 훨씬 화력이 좋았기 때문에 제작된 차체의 반은 이 대전차 자주포로 쓰였다. 구식화 된 전차의 차량을 이용하여 성공한 사례의 하나였다. 대전차대대, 구축전차대대 등에 배치되어 패전 때까지 일선에서 사용됐다.

- 전장 6.36m
- 전폭 2.28m
- 전고 2.2m
- 무장 75㎜ 대전차포×1
- 7.92㎜ 기관총×1
- 중량 10.8t
- 엔진 마이바흐 140HP
- 최고속도 40km/h
- 항속거리 190 km
- 승무원 3명

15cm 중(重)유탄포 III/IV호 포차 훔멜(Hummel) (1943)

기갑부대의 원거리 화력지원용으로 개발됐다. 1942년 검토가 시작될 때에는 105mm 야전 유탄포를 탑재할 예정이었으나 15cm 중 보병포 탑재 자주포의 소모가 심하고 또 사정거리가 야전 유탄포 쪽이 훨씬 길었으므로 15cm 야전 유탄포가 탑재됐다. III호와 IV호 전차 차체를 이용한 자주포에는 기타 88mm 대전차포를 탑재한 나스호른(호르니세; 아래 참조)가 대표적이다. 이것은 포 이외의 기본 설계는 같고 외관도 비슷하다. 1941년부터 III, IV호 전차를 공통화 하는 연구가 되고 있는데 이것이 III/IV 호 차체로, 실제로 이 차체를 사용해 생산된 차량은 이 훔멜과 나스호른 뿐이었다.

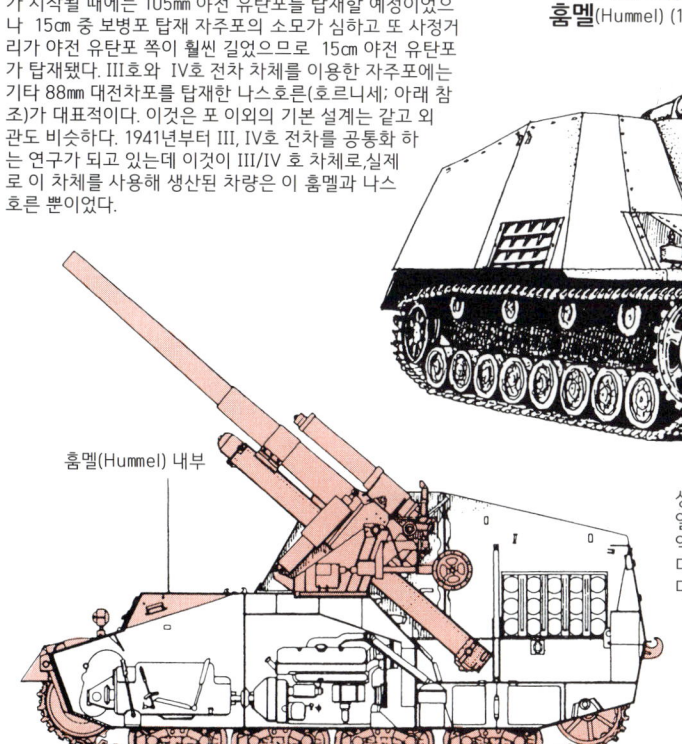

훔멜(Hummel) 내부

상부개방식(Open Top) 자주포 설계는 그후 일정한 스타일이 된다. 이 훔멜의 포를 떼어 내고 장갑판을 덮은 탄약 운반차도 제작되어 이들 2대와 훔멜 6대로 중화포 중대를 편성했다. 훔멜에 대한 전선의 요구가 강해 총 724대가 제작되고 전용 탄약 운반차도 157대 제작됐다.

- 전장 7.17m
- 전폭 2.97m
- 전고 2.81m
- 최대장갑 80mm
- 무장 150mm 유탄포×1
- 7.92mm 기관총×1
- 중량 24t
- 엔진 마이바흐 300HP
- 최고속도 42km/h
- 항속거리 215 km
- 승무원 6명

경(輕)자주 야전 유탄포 베스페(Wespe) (1943)

마르더-II와 마찬가지로 II호 전차 차체를 이용한 자주포. 105mm 경야전 유탄포는 II호 전차 차체와 밸런스가 좋아 성공한 케이스이다. 기본 설계는 훔멜을 소형화 한 것으로, 미니 훔멜이라 할 수 있다. II호 전차와 다른 점은 상부 전륜이 3개로 준 것인데 중량 증가에 대응하여 각 스프링에 댐퍼가 장착됐다. 678대가 생산되어 1943년 쿠르스크 전투에 대량으로 투입되었으며 이후 전 전선에서 사용되었다.

- 전장 4.81m
- 전폭 2.28m
- 전고 2.3m
- 최대장갑 30mm
- 무장 105mm 야전유탄포×1
  7.92mm 기관총×1
- 중량 11t
- 엔진 마이바흐 140HP
- 최고속도 40km/h
- 항속거리 220 km
- 승무원 5명

88mm 43식 I형 대전차자주포 호르니세 나스호른(Hornisse Nashorn) (1943)

훔멜과 같은 III/IV 호 차체에 88mm 전차포를 탑재한 것. 이 대전차포는 70구경이라는 긴 포신으로 그 위력은 발군. 명중하면 일격으로 적 전차를 파괴할 수 있다. 호르니세란 '숫벌'을 의미. 후에 나스호른(코뿔소)라 개칭되었다.

- 전장 8.44m
- 전폭 2.86m
- 전고 2.65m
- 최대장갑 80mm
- 무장70구경 88mm 대전차포×1
- 7.92mm 기관총×1
- 엔진 마이바흐 300HP
- 최고속도 42km/h
- 항속거리 215 km
- 승무원 5명

구축(驅逐)전차의 종류

구축이란 적을 쫓아낸다는 뜻이다. 장갑이 얇은 대전차 자주포는 손실이 많았으므로 1943년 부터 방어력이 충분한 차량을 개발하기 시작했다. 이들 구축 전차의 공통된 특징은 아주 낮은 프로필이며 강력한 대전차포를 장비한 것이다. 경사 장갑판으로 전투실을 완전히 덮고 후부 기관실 상부까지 연장된 독특하고 표한한 스타일이었다. 모두 대전 말기에 등장했다. 구축 전차에는 64 페이지처럼 대형화된 고정포탑의 중(重)구축 전차도 개발되었다.

38(t) 구축전차 헤처(Hetzer) (1944)

헤처의 베이스가 된 38(t) 전차는 독일이 병합한 체코 개발의 경전차로, 생산되기 전에 자재와 생산설비가 독일에 인도되었다. 신뢰성은 정평이 있고 소형 경량이므로 IV호 구축전차와 마찬가지로 75mm포를 탑재했다. 전투실 위의 기관총은 원격 조작식이며 피탄 경사가 좋은 경사식 장갑이 앞면을 덮고 있다. 기동성이나 생산성이 뛰어난 초우수 차량의 하나로 1년도 안되어 2584대가 생산됐다. 실전에서의 문제점은 전투실이 좁다는 것과 포의 사격 각도가 한정되어 있다는 점이지만 사용하기 쉬운 전차로써 전후에도 체코 자국군용으로 생산을 계속했다. 1946년에는 스위스 육군이 G13이란 이름으로 채용했다. 대전 후반에 제조된 차량 중 가장 성공적인 것의 하나이며 또 38(t) 전차의 차체는 회수전차로도 쓰였다.

- 전장 5.85m
- 전폭 2.16m
- 전고 2.5m
- 최대장갑 60mm
- 무장 48구경 75mm 포×1, 7.92mm 기관총×1
- 중량 16t
- 엔진 프라가 160HP
- 최고속도 42km/h
- 항속거리 185 km
- 승무원 4명

헤처의 내부

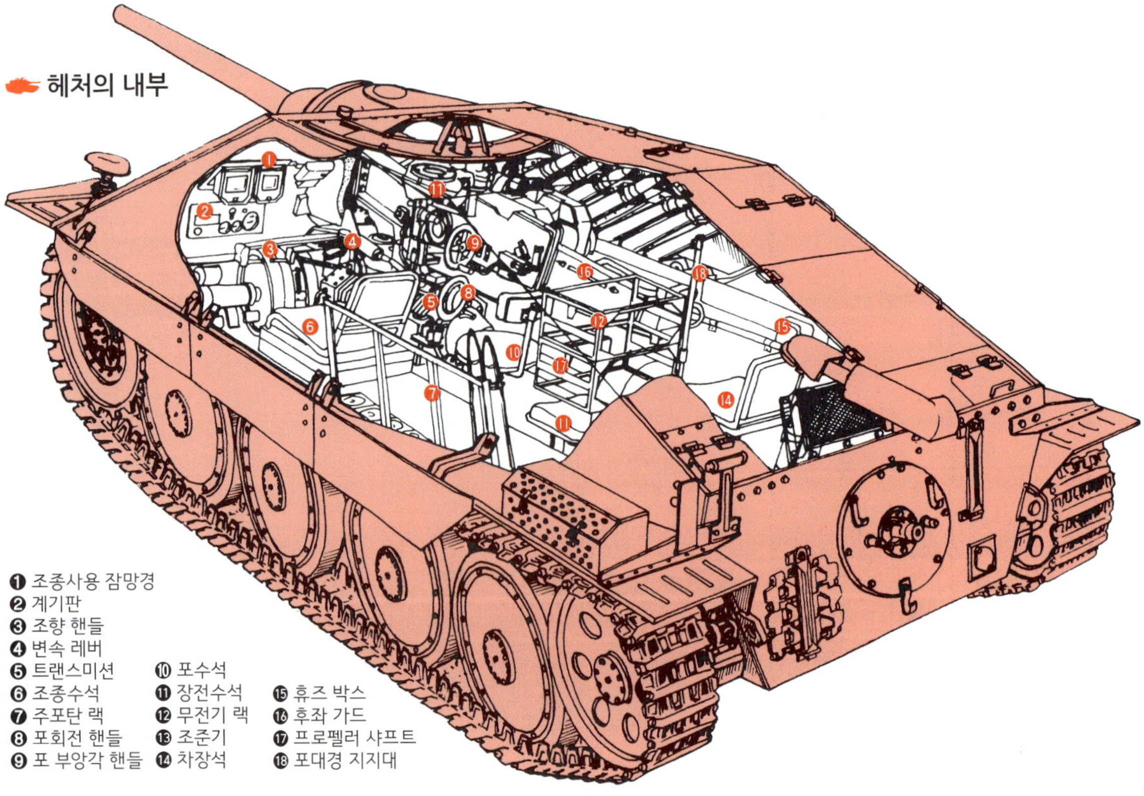

① 조종사용 잠망경
② 계기판
③ 조향 핸들
④ 변속 레버
⑤ 트랜스미션
⑥ 조종수석
⑦ 주포탄 랙
⑧ 포회전 핸들
⑨ 포 부앙각 핸들
⑩ 포수석
⑪ 장전수석
⑫ 무전기 랙
⑬ 조준기
⑭ 차장석
⑮ 휴즈 박스
⑯ 후좌 가드
⑰ 프로펠러 샤프트
⑱ 포대경 지지대

독일전차(W.W.II)

🔴 IV호 구축전차 F (1944)

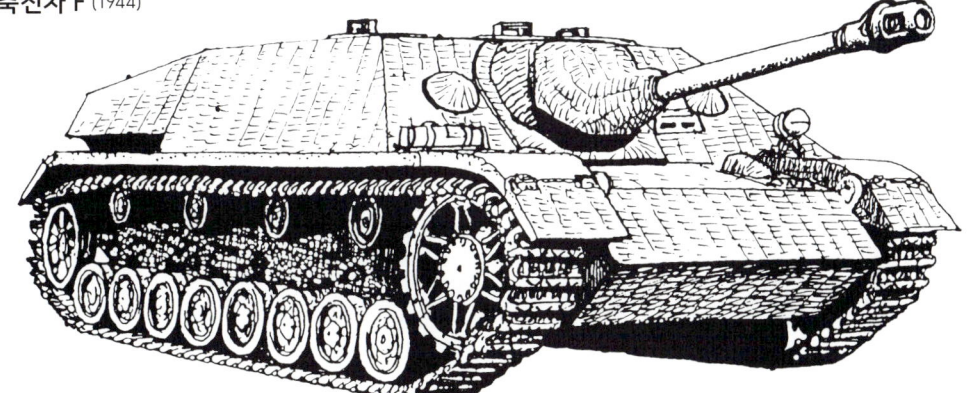

IV호 전차 H형 차체를 바탕으로 개발이 추진되어 극도로 낮은 전투실을 탑재하여 완성했다. 차체 전면장갑을 경사장갑화하여 방어력 향상을 꾀하고 있다. 1944년 초부터 11월까지 804대가 생산되어 아래 그림과 같이 긴 포신으로 변경되었다. 또 독일군에서는 돌격포나 자주포는 포병 병과에 속하나, 전차는 기갑병과(전차병)이 타며 이 구축전차도 전차 취급을 받아 전차병이 탑승했다.

- 전장 6.85m
- 전폭 3.17m
- 전고 1.85m
- 최대장갑 80mm
- 무장 48구경 75mm 대전차 포×1, 7.92mm 기관총×1
- 중량 24.25t
- 엔진 마이바흐 300HP 가솔린
- 최고속도 40km/h
- 항속거리 210 km
- 승무원 4명

🔴 IV호 구축전차 /70 (V) (1944)

판터와 같은 장포신포를 탑재한 IV호 전차 랑(V)이란 이름이 있다. 장포신포이기 때문에 차체 앞면과 하중에 대한 대책으로 앞의 두 바퀴가 강철제 림으로 바뀌고 후기형에서는 상부 전륜이 4개에서 3개로 되었다. 1944년 8월부터 930대가 생산됐다. 전장 8.5m 중량 25.8t 이외는 F형과 동일

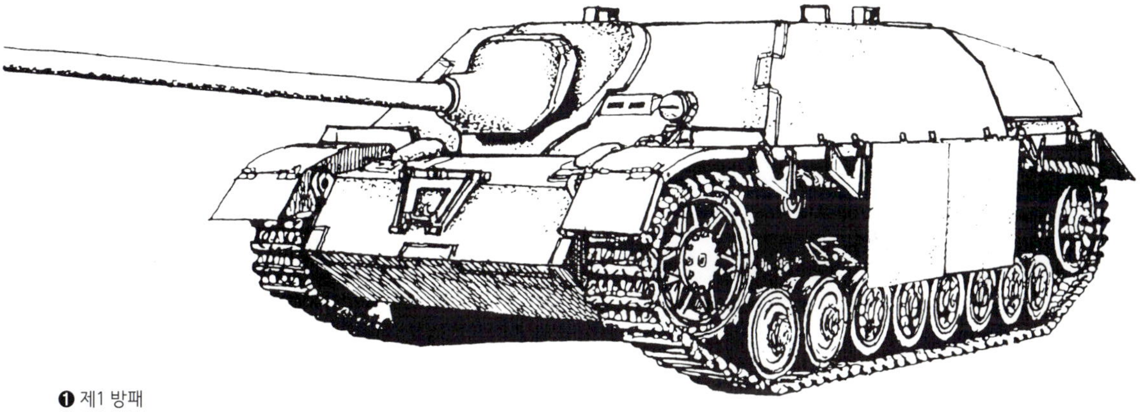

❶ 제1 방패
❷ 제2 방패
❸ 포미
❹ 포탄 수납 랙(75mm탄×20)
❺ 차장용 잠망경
❻ 주조 카운터웨이트(균형추)
❼ 무전기
❽ 흡기관
❾ 냉각 팬
❿ 배기관
⓫ 엔진
⓬ 캐터필러 장력 조정기
⓭ 오일 냉각기
⓮ 고무 타이어 전륜
⓯ 포수석
⓰ 클러치
⓱ 강철제 전륜
⓲ 조종수석
⓳ 조향 레버
⓴ 변속 레버
㉑ 기어 박스
㉒ 스티어링 브레이크

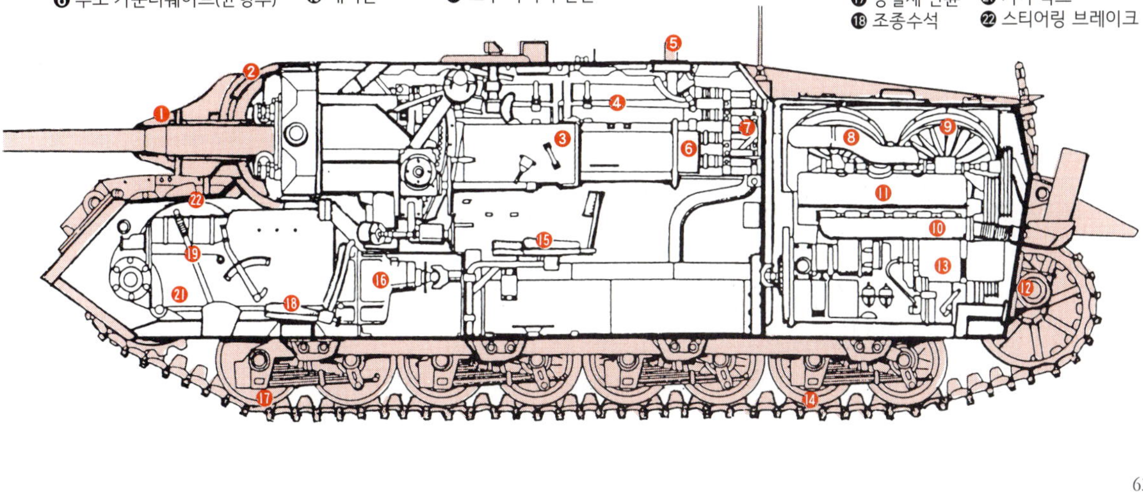

중(重)구축 전차와 초중(超重)전차

중(重)전차 베이스의 구축전차를 중구축전차로 정리했다. 초중전차란 전차의 '대함거포주의'라 할 수 있는 것으로 전쟁말기의 결실 없는 꽃과 같은 존재였다. 모두 100 톤을 넘는 초대형이었으나 시험제작만으로 끝났다. 1944년 중반, 히틀러 스스로도 초중전차는 소용없다고 판단, 개발을 중지시켰다.

■ 중(重)구축 전차

중 돌격포/구축전차 페르디난트 (Ferdinant) (1943)

제작 경쟁에 패해 자재가 쓸모없게 된 포르셰 티거의 차체에 200mm 중장갑을 씌우고 71구경88mm포를 탑재했다. 엔진은 마이바흐로 되어 있었으나 전기모터에 의한 구동방식은 그대로였다. 차체 앞에 조종수가 배치되었는데 그 앞에 볼트로 고정한 100mm의 장갑판이 추가되었다. 후기형에는 무전수석 앞에 기관총이 설치되었다. 중량에 비해 엔진 출력이 낮아 기동성에 문제가 있었다.

- 전장 8.14m
- 전폭 3.38m
- 전고 2.97m
- 최대장갑 200mm
- 무장 71구경 88mm포×1
  7.92mm 기관총×1
- 중량 65t
- 엔진 마이바흐 300HP×2
- 최고속도 30km/h
- 승무원 6명
- 항속거리 150 km

❶ 88mm Pak43
❷ 조종석
❸ 유도륜
❹ 발전기
❺ 엔진
❻ 전투실
❼ 포수석
❽ 포가
❾ 포탄
❿ 전기 모터

V호 중 구축전차 야크트판터 (Jagdpanther) (1944)

판터 차체에 티거-II와 같은 71구경 88mm포를 탑재한 대전차 자주포. 성능 면에서는 공격력, 방어력, 기동력을 겸비한 대전 중 최우수 구축전차로 생각되었으나 등장 시기가 너무 늦어 큰 전력이 되지는 못했다. 이 88mm포(Pak43)는 대전차포 중 최고라 평가되었으므로 이것을 판터 차체에 탑재하는 계획은 일찍부터 있었다. 장갑이 특별히 두껍지는 않았으나, 경사장갑으로 피탄 경시는 좋았다.

- 전장 9.9m
- 전폭 3.42m
- 전고 2.72m
- 최대장갑 100mm
- 무장 71구경 88mm포×1
- 7.92mm 기관총×1
- 중량 46t
- 엔진 마이바흐 700HP가솔린
- 최고속도 46km/h
- 승무원 5명
- 항속거리 160 km
- 생산량 392대

V호 구축전차 야크트티거 (Jagdtiger) (1944)

티거-II 차체에 12.8㎝의 강력한 대전차포를 탑재했다. 측면이 일체화된 고정포탑이었으나 형상도 티거-II의 전투실을 대형화한 듯한 감이 있다. 개발명령은 1943년 초에 나왔으나 생산이 늦어져 결국 77대만 생산하는 것으로 끝났다. 주포는 당시의 전차의 장갑이라면 일격에 파괴할 수 있었다.

- 전장 10.65m
- 전폭 3.63m
- 전고 2.95m
- 최대장갑 250mm
- 무장 128mm포×1
  7.92mm 기관총×1
- 중량 70t
- 엔진 마이바흐 700HP
- 최고속도 38km/h
- 승무원 6명
- 항속거리 170 km

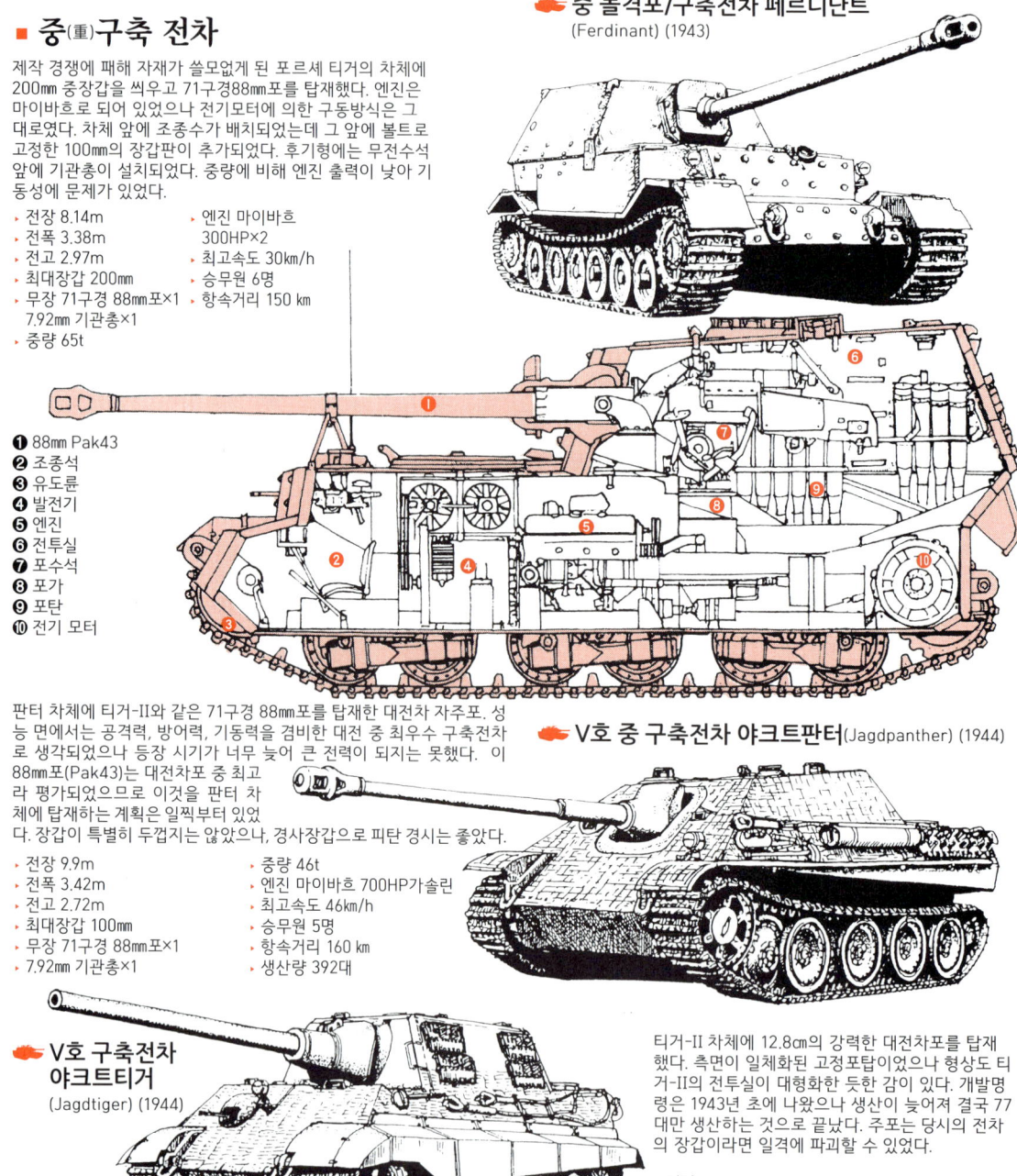

독일전차(W.W.II)

■ 초중(超重)전차

▼ 마우스의 구조

Ⓐ 128mm 포
Ⓑ 조종실
Ⓒ 엔진
Ⓓ 발전기
Ⓔ 전기 모터
Ⓕ 구동장치

▼ 마우스의 포탑

❶ 잠망경(조준용)
❷ 방패
❸ 128mm 포
❹ 7.92㎜ 기관총
❺ 수동 핸들
❻ 포 양각 장치
❼ 포탑선회 기어
❽ 베어링
❾ 슬립 링
❿ 탄약보급구
⓫ 포탄
⓬ 환기 팬
⓭ 건 포트
⓮ 해치
⓯ 잠망경

오늘날까지 최대이자 가장 무거운 전차이다. 이런 것을 좋아하는 히틀러가 마음에 들어 하는 포르셰 사에 개발시켰다. 엔진으로 전동 모터를 돌려 구동하는 방식이었으므로 트러블이 속출, 시험제작 2대만으로 끝났다.

- 전장 10.09m
- 전폭 3.67m
- 전고 3.66m
- 최대장갑 240mm
- 무장 128㎜포×1
  75㎜포×1
- 7.92㎜ 기관총×1
- 승무원 5명
- 중량 188t
- 최고속도 35km/h
- 항속거리 186 km

🔸 마우스(Maus) (1944)

🔸 E-100 (1944)

마우스의 개발명령은 1942년 6월에 내려졌는데 꼭 1년 후에 개발이 시작된 것이 E-100이다. 병행해서 진행되었으나 E-100 쪽이 실용성이 높다고 평가되었다. 포탑은 마우스와 동형으로 여기에 17㎝포를 탑재할 예정이었으나 15㎝ 포로 낙착됐다. 그 중량 때문에 현가장치에 심혈을 기울였고, 캐터필러 폭도 1m나 되었다. 시험제작 한 대만으로 끝났다.

🔸 E-100의 구조

❶ 150mm 포
❷ 변속기
❸ 조종석
❹ 엔진
❺ 탄약고

- 전장 10.27m
- 전폭 4.48m
- 전고 3.29m
- 최대장갑 240mm
- 무장 150㎜포×1
  75㎜포×1
- 7.92㎜ 기관총×1
- 중량 140t
- 엔진 마이바흐 800HP
- 최고속도 40km/h
- 항속거리 120 km

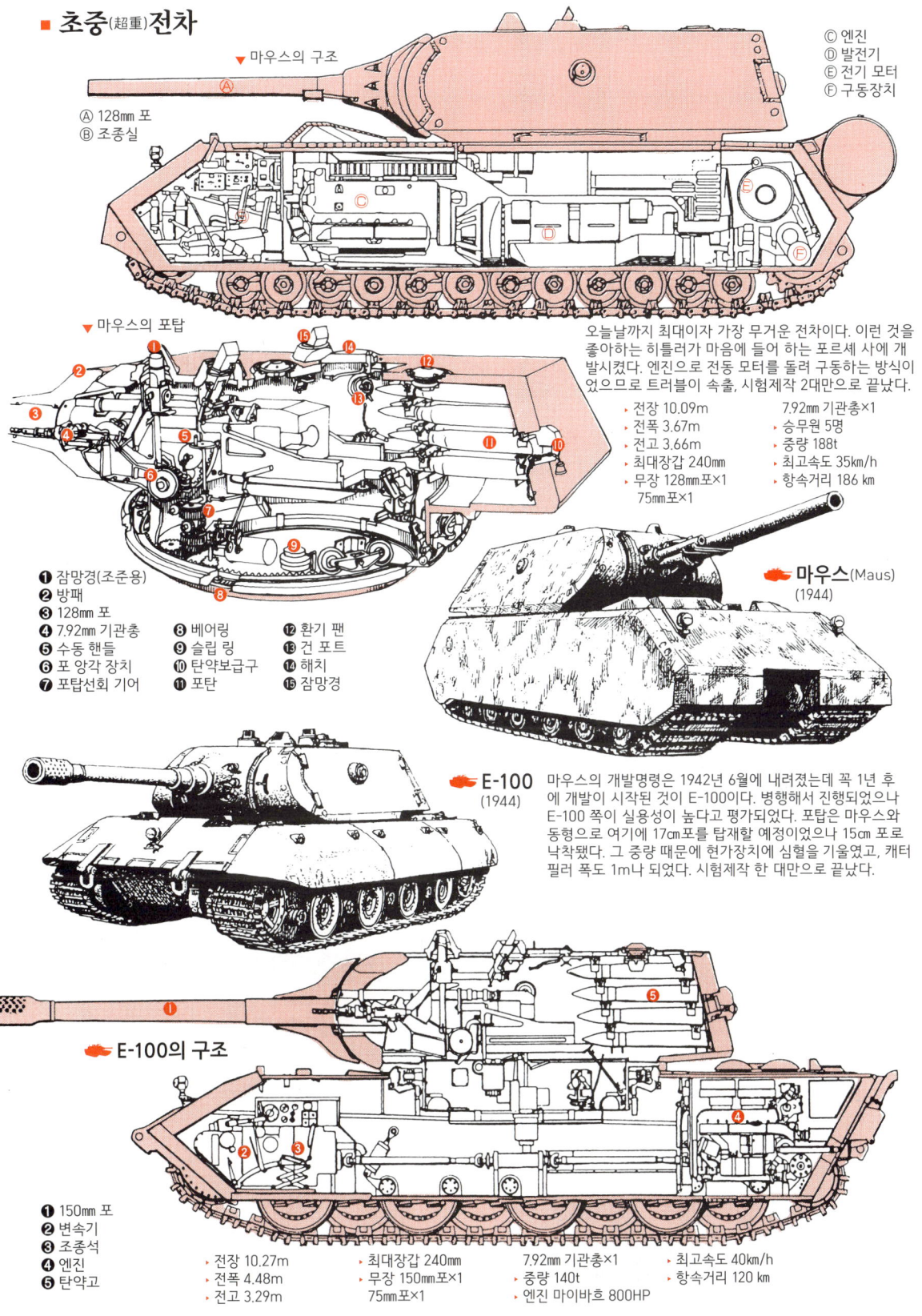

영국의 전차 (W.W.II)
캐리어(Carrier)와 경전차

영국 전차의 발달은 보병 직접지원용 보병전차와 정찰용 순항 전차의 2극화 경향이 있었다. 캐리어와 경전차는 원래 꼬마 전차 (Tankette) 의 발전형이라 해도 무방한데 물론 후자 계열에 속한다. 캐리어는 궤도식 무기운반차라 할 수 있는 것으로 대전이 발발하자 대량으로 생산됐다. 범용이라고 해도 좋을, 특별히 용도가 한정되지 않은 편리한 궤도차량으로 활약했다.

경전차는 꼬마 전차가 약간 커진 것으로 정찰이 주 임무였다. 옛날 기병과 같은 역할로 기동성이 요구되고 있는데 후에 보다 빠르고 강력한 차륜식 장갑차로 변천한다.

🛡 캐리어(Carrier)

🛡 유니버셜 캐리어 (1939)

유니버셜 캐리어에는 Mk I ~III까지의 형이 있는데 기본 구조는 같다.

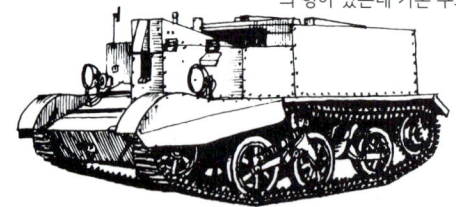

🛡 브렌 건 캐리어 (1936)

빅커스 사가 야포와 기관총 운반용으로 개발한 것으로 카든·로이드 MK IV의 후계차였다. 기관총 운반차 Mk1로 제식 채용됐는데 1938년 브렌 경기관총이 보병에 장비되자 브렌 건 캐리어가 되었다.

- 전장 3.65m
- 전폭 2.87m
- 전고 2.05m
- 장갑 12mm
- 무장 브렌 경기관총×1
- 중량 3.81t
- 엔진 85HP 최고속도 48km/h
- 항속거리 260 km

브렌건 캐리어의 발전형. 같은 기본 차체에 장비나 세부를개수하여 다용도로 사용할 수 있는 범용 장갑 수송차. 궤도차량으로써는 2차 대전 최대인 65,100대라는 생산량을 자랑했다. 또한 왼쪽 그림은 상면도인데 옆의 두 그림은 장비의 배치를 용도별로 본 것이다.

- 전장 3.66m
- 전폭 2.06m
- 전고 1.59m
- 장갑 7~10mm
- 중량 3.9t
- 엔진 65HP가솔린
- 최고속도 48km/h

상면도

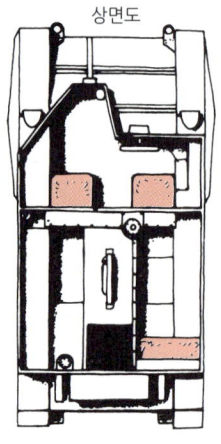

표준장비

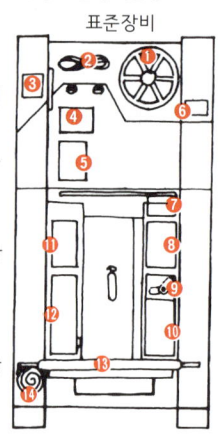

정찰형

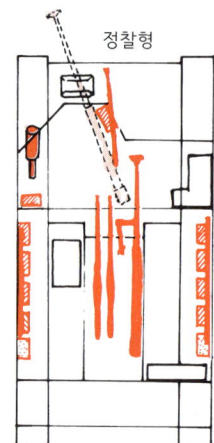

바로 오른쪽은 무기 탄약 이외의 배치. ❶ 스페어 바퀴 ❷ 견인 로프 ❸ 오일 ❹ 공구함 ❺ 식량 ❻ 물 ❼ 축전지 ❽ 공구함 ❾ 신호탄·피스톨 ❿ 일반 함 ⓫ 일반함 ⓬ 일반함 ⓭ 방수커버 ⓮ 예비 방수커버. 우측 끝 그림은 정찰용 적재물 배치. 붉은 막대는 총기류

🛡 로이드 캐리어 (1940)

카든·로이드의 한 쪽의 개발자인 로이드 대위가 육군의 의뢰로 제작한 캐리어. 싸고 시간도 그리 걸리지 않고 제작하는 것이 목표로 소형 자동차 부품을 이용, 궤도, 현가장치는 브렌 건 캐리어 것을 사용했다. 오로지 병력 운반용으로만 사용.

- 전장 4.14m
- 전폭 2.07m
- 전고 1.42m
- 중량 3.8t
- 엔진 포드V8 가솔린 85HP
- 최고속도 48km/h
- 승무원 2명(+ 병사 8명)

🛡 윈저 캐리어 (1944)

유니버셜 캐리어의 전훈을 반영한 개량형. 차체를 폭, 길이 모두 크게 했다. 실제 유니버셜 캐리어를 기본으로 하여 파생된 차량은 많이 있다. 그 중에 화염방사기를 적재하거나 박격포를 탑재한 것도 있었다. 이 윈저 캐리어는 본격적으로 생산에 들어가기 전에 종전이 되었다.

- 전장 4.37m
- 전폭 2.1m
- 전고 1.45m
- 중량 4.2t
- 엔진 포드V8 가솔린 95HP
- 최고속도 56km/h
- 승무원 2명
- 장갑 앞면 10mm

영국전차(W.W.II)

■ 경전차

🔥 경전차 Mk. II B (1929)

카든 로이드형의 발전형. 경전차는 정찰용이기도 하므로 기관총 1정에 장갑도 얇다. II B형은 수는 많지 않으나 최초의 양산형 경전차로 해외에도 사양을 바꿔 공급했다. 그림은 인도(당시 영국의 식민지) 사양으로 21대 생산했는데 인디언 버튼이라 불리는 차량이다.

- 전장 3.58m
- 전폭 1.83m
- 전고 2.02m
- 장갑 4~10mm
- 무장 기관총×1
- 중량 4.25t
- 엔진 66HP
- 최고속도 48km/h
- 승무원 2명

🔥 경전차 Mk. VI B (1936)

- 전장 3.95m
- 전폭 2.06m
- 전고 2.22m
- 장갑 4~14mm
- 무장 12.7mm기관총×1, 7.7mm기관총×1
- 중량 5.2t
- 엔진 88HP 가솔린
- 최고속도 56.3km/h
- 승무원 3명
- 항속거리 200 km

영국 경전차는 Mk I~V형 까지 캐리어형 현가장치를 이용했고 모두 소량 생산했다. 이 Mk VI는 히틀러 등장 때문에 대량생산됐다. 대전 발발 시에는 수가 불충분한 순항전차 대신 기갑사단에 배치됐다. 원래 정찰용으로 1400대 생산.

🔥 경전차 Mk. VII 테트라크 (1940)

빅커스사가 독자적으로 개발한 것. 경 순항전차로 군에 판매했다. 다양한 신기구가 채용되었는데 그중에 조향장치에 특징이 있다. 자동차처럼 핸들로 조작하고 전륜의 방향을 바꿔 캐터필러에 융통성을 주었다. 군에서는 경전차로써 120 대 발주했으나 실전부대에는 배치하지 않고 글라이더 적재 공정 전차로써 공수부대에 배치했다. 전용 글라이더로 노르망디 상륙작전에 참가했다.

- 전장 4.11m
- 전폭 2.31m
- 전고 2.12m
- 장갑 4~14mm
- 무장 2파운드 포×1, 7.92mm 기관총×1
- 중량 7.6t
- 엔진 160HP
- 수평대향 12기통
- 최고속도 64km/h
- 승무원 2명
- 항속거리 225 km

🔥 해리 홉킨스 내부

🔥 경전차 Mk. VIII 해리 홉킨스 (Harry Hopkins) (1944)

테트라크의 개량형인데 설계를 바꿔 경사 장갑을 채택했다. 2파운드(40mm)포는 변함없으나 장갑관통능력은 향상됐다. 유압이용 조종계통에서는 조향장치가 개선되었다. 92대 제조되었는데 이 차량이 영국 최후의 경전차가 되었다.

- 전장 4.27m
- 전폭 2.71m
- 전고 2.11m
- 장갑 6~38mm
- 무장 2파운드 포×1, 7.92mm 기관총×1
- 중량 8.6t
- 엔진 148HP 가솔린
- 최고속도 48km/h
- 승무원 3명
- 항속거리 200 km

보병전차 마틸다(Matilda)와 발렌타인(Valentine)

영국 육군은 전차를 두 개 카테고리, 보병전차와 순항전차로 구분하여 개발했는데 마틸다와 발렌타인은 보병전차이다.

보병을 직접 지원하는 보병전차는 당초 적 기관총진지를 육박공격한다는 발상으로 제작했으며, 장갑은 강력했으나 스피드는 느린 것이 많았다. 무장은 기관총 2정만이나 2파운드포 1문을 탑재했는데 프랑스나 북아프리카 전선에 투입해보니 그 빈약함이 드러났다. 마틸다 I은 개발 당시에도 실전에 맞지 않았고 그 후의 형식도 방어력은 있었으나 독일군 화포에 대항할 수가 없었으며 75㎜포는 일선에서는 큰 활약을 하지 못했다.

■ 마틸다(Matilda)

🔰 보병전차 Mk.I 마틸다 I형 (1937)

보병전차로서 최초로 제식화 된 차량. 장갑은 그 당시에는 탁월한 것이었으나 개발과 생산의 수고를 덜기 위해 구동부는 포드사의 기존 양산품을 채택하고 섀시나 브레이크를 기존 차량의 것을 이용하는 등 코스트다운하려 했다. 무장은 기관총만 갖췄으며 속도는 느리고 포탑에는 만족스런 환기장치도 없었다. 개발은 1934년에 시작되었는데 그 후의 국제 정세는 갈수록 긴박해졌다. 총 139대 생산.

- 전장 4.85m
- 전폭 2.28m
- 전고 1.86m
- 장갑 10~65mm
- 무장 7.7mm 기관총×1
- 중량 11.2t
- 엔진 70HP
- 최고속도 13km/h
- 승무원 2명
- 항속거리 125km

🔰 마틸다 II형의 내부

이름은 같은 마틸다 지만 전혀 다른 차종. 중량, 승무원도 증가하고 장갑도 더 두꺼워지고 2파운드 포를 탑재했다. 대전 초기에는 방어력이 좋다는 평판을 받았으나 독일군의 88mm 고사포의 직사에는 견뎌낼 재간이 없었다. 총 생산수 2,987대.

- 전장 5.61m
- 전폭 2.59m
- 전고 2.51m
- 장갑 13~78mm
- 무장 2파운드 포×1, 7.92mm 기관총×1
- 중량 26.9t
- 엔진 95HP
- 최고속도 24km/h
- 승무원 4명
- 항속거리 200 km

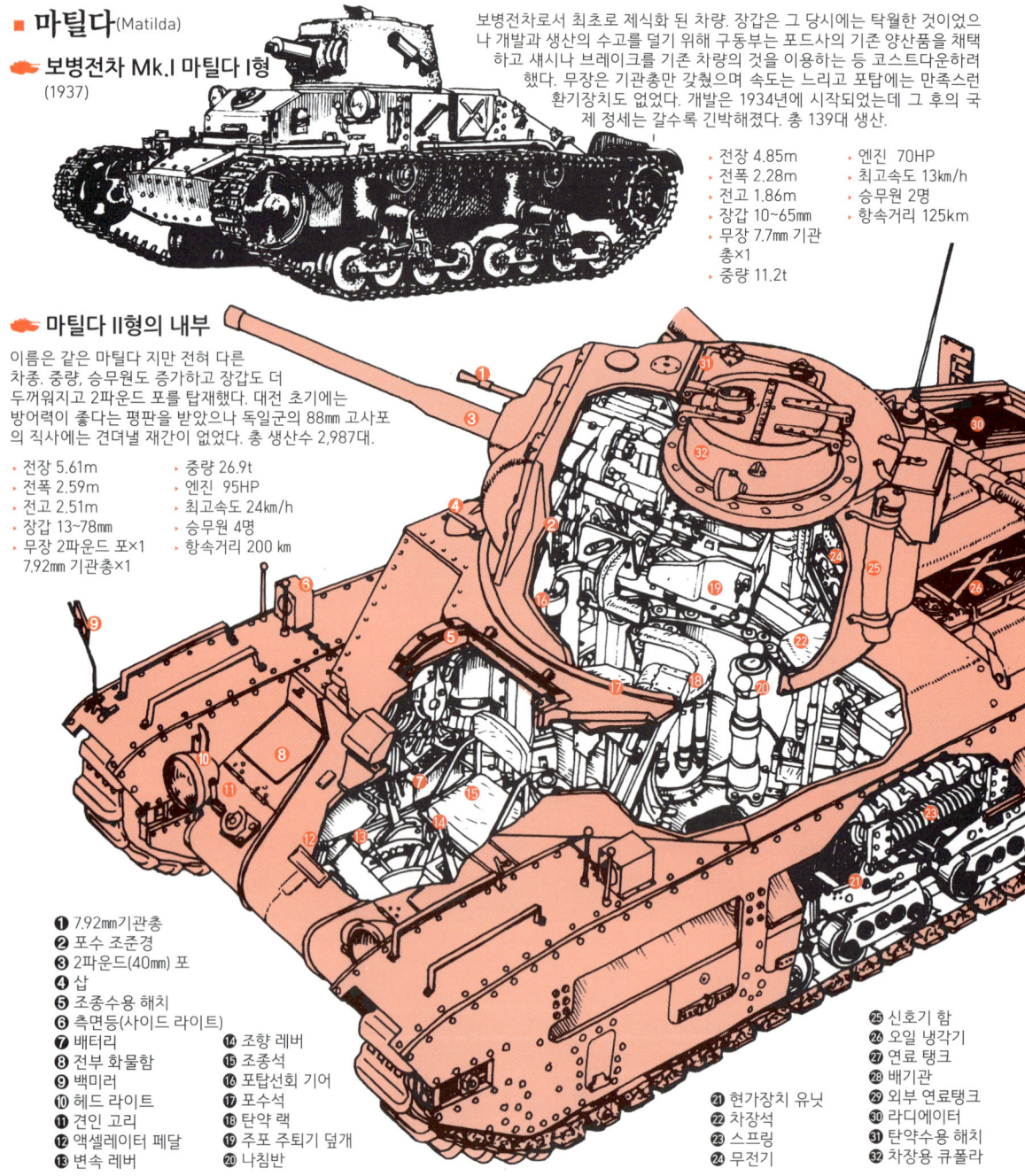

❶ 7.92mm기관총
❷ 포수 조준경
❸ 2파운드(40mm) 포
❹ 삽
❺ 조종수용 해치
❻ 측면등(사이드 라이트)
❼ 배터리
❽ 전부 화물함
❾ 백미러
❿ 헤드 라이트
⓫ 견인 고리
⓬ 액셀레이터 페달
⓭ 변속 레버
⓮ 조향 레버
⓯ 조종석
⓰ 포탑선회 기어
⓱ 포수석
⓲ 탄약 랙
⓳ 주포 주퇴기 덮개
⓴ 나침반
㉑ 현가장치 유닛
㉒ 차장석
㉓ 스프링
㉔ 무전기
㉕ 신호기 함
㉖ 오일 냉각기
㉗ 연료 탱크
㉘ 배기관
㉙ 외부 연료탱크
㉚ 라디에이터
㉛ 탄약수용 해치
㉜ 차장용 큐폴라

영국전차(W.W.II)

보병전차 Mk.II 마틸다 II (1938)

마틸다 I의 느린 속도와 빈약한 무장에 고민한 군은 대대적인 속도 향상과 화포 탑재를 요구했다. 이 때문에 마틸다 II는 이름은 같아도 마틸다 I과는 근본적으로 설계가 달랐다. 개전 전해인 1938년부터 1943년까지 생산되었다. 그러나 마틸다 I의 대를 이어받은 장갑은 강력했으나 40mm포는 역시 빈약했고 속도를 대폭 높였다고는 하나 당시 수준에서도 기동성은 낮았다. 그래서 큰 활약은 하지 못했으나 북아프리카 전선에서는 미군 공급 차량이 도착하는 1942년 여름까지는 영국군의 주력 전차였다. 파생형도 많고 3인치 포를 장비한 차량도 있었다.

■ 발렌타인 (Valentine)

빅커스사가 1937년에 제작한 순항 전차 A10 (Mk II)의 엔진, 서스펜션 등의 부품을 이용하고 장갑을 강화하여 이듬 해부터 보병전차로 개발한 전차가 발렌타인이다. I형부터 XI형까지 있으며 오른쪽은 X형. 57mm 6 파운드 포를 장비했기 때문에 아래의 I형과는 포방패 형상이 다르다. 포의 대구경화를 위해 III형에서 3인용이었던 포탑을 다시 2인용으로 줄였다. 1943년 생산분 부터는 75mm포를 탑재했다.

보병전차 Mk.III 발렌타인 X (1940)

구동, 현가장치가 A10과 공통이었으므로 장갑강화로 인한 중량증가를 소형화로 해결할 수밖에 없고 그 중에서도 2인용 포탑은 불평이 많았으나 신뢰성은 높아 1941년에 북아프리카 전선에 투입됐다. 그후 화력증강 위주로 개량을 거듭하고 또 III형 부터는 3인용 포탑으로 바뀌었다. I형부터 XI형까지 총 8,275대가 생산됐다. 이중 2,394대가 동부전선의 소련군에 제공되었다. 연합군이 소련군에 제공한 전차 중 가장 우수한 전차였다고 한다.

보병전차 Mk.III 발렌타인 I (1943)

- 전장 5.41m
- 전폭 2.63m
- 전고 2.27m
- 장갑 8~65mm
- 무장 40mm 포×1 7.92mm 기관총×1
- 중량 16t
- 엔진 131HP 디젤
- 최고속도 24km/h
- 항속거리 145 km

발렌타인 I의 구조

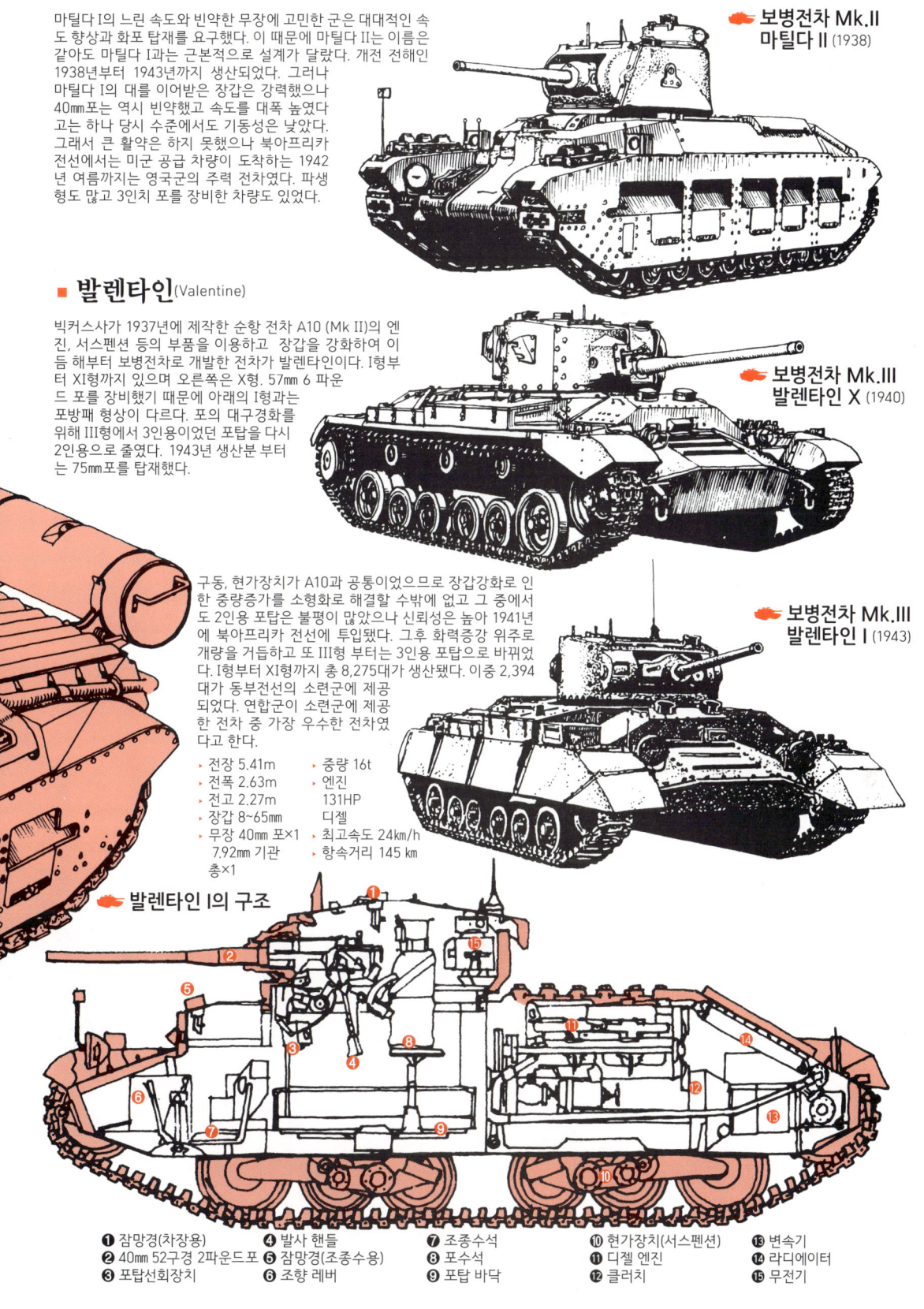

❶ 잠망경(차장용)
❷ 40mm 52구경 2파운드포
❸ 포탑선회장치
❹ 발사 핸들
❺ 잠망경(조종수용)
❻ 조향 레버
❼ 조종수석
❽ 포수석
❾ 포탑 바닥
❿ 현가장치(서스펜션)
⓫ 디젤 엔진
⓬ 클러치
⓭ 변속기
⓮ 라디에이터
⓯ 무전기

처칠(Churchill) 보병 전차

중장갑에 기동성 낮은 보병전차로 최후에 제식화 된 것이 처칠 전차다. 1940년에 들어서자 영·불 연합군은 드디어 독일군과 본격적 전투에 들어갔다. 그러나 베네룩스 3국은 순식간에 독일군 수중에 떨어지고 5월 20일에 됭케르크에서 포위된 영·불군은 모든 장비를 버리고 바다를 통해 영국으로 철수하는 처지가 되었다. 이를 본 윈스턴 처칠 수상이 개발중인 이 전차를 최우선적으로 생산하라고 지시했기 때문에 처칠이란 명칭이 붙었다. 원래 마틸다의 후계로 개발된 구닥다리 A20을 긴박한 정세 때문에 서둘러 개량해서 쓸만한 전차로 만든 것이다. 초기 불량으로 골치를 썩기도 했으나 II형까지는 2 파운드 포, III형부터는 6 파운드 포, 그리고 IV부터는 75㎜포로 화력을 강화하여 총 5,600대가 생산됐다.

종래의 주조 포탑에는 6 파운드 포를 탑재할 수 없어 용접식 대형 포탑을 탑재했다. 또한 다음의 IV형은 6 파운드 포 탑재지만 주조식 포탑이었다. 앞 뒤 캐터필러 모두 펜더로 덮혀 있어서 더욱 위압감을 준다. 이 차체를 바탕으로 대형화하고 17 파운드 포를 탑재한 슈퍼 처칠이라 불리는 것도 개발되었으나 제식화 되지는 않았다.

보병 전차 Mk.IV 처칠 III (1942)

- 전장 7.44m
- 전폭 3.25m
- 전고 2.74m
- 장갑 최대 102mm
- 무장 57mm 포×1
  7.92mm 기관총×2
- 중량 39.6t
- 엔진 350HP 가솔린 12기통
- 최고속도 24.9km/h
- 항속거리 145 km
- 승무원 5명

처칠 III의 내부

1. 잠망경
2. 2인치 유탄발사기
3. 포수 조준기
4. 포탑선회 모터
5. 동축기관총
6. 6파운드 포
7. 조종수용 잠망경
8. 나침판
9. 변속 레버
10. 조종수석
11. 조향 레버
12. 액셀러레이터 페달
13. 브레이크 페달
14. 클러치 페달
15. 핸드 브레이크
16. 물탱크
17. 기관총탄
18. 기관총사수
19. 왼쪽 탈출 해치
20. 기관총 탄약
21. 경기관총 수납고
22. 경기관총 탄약
23. 물탱크

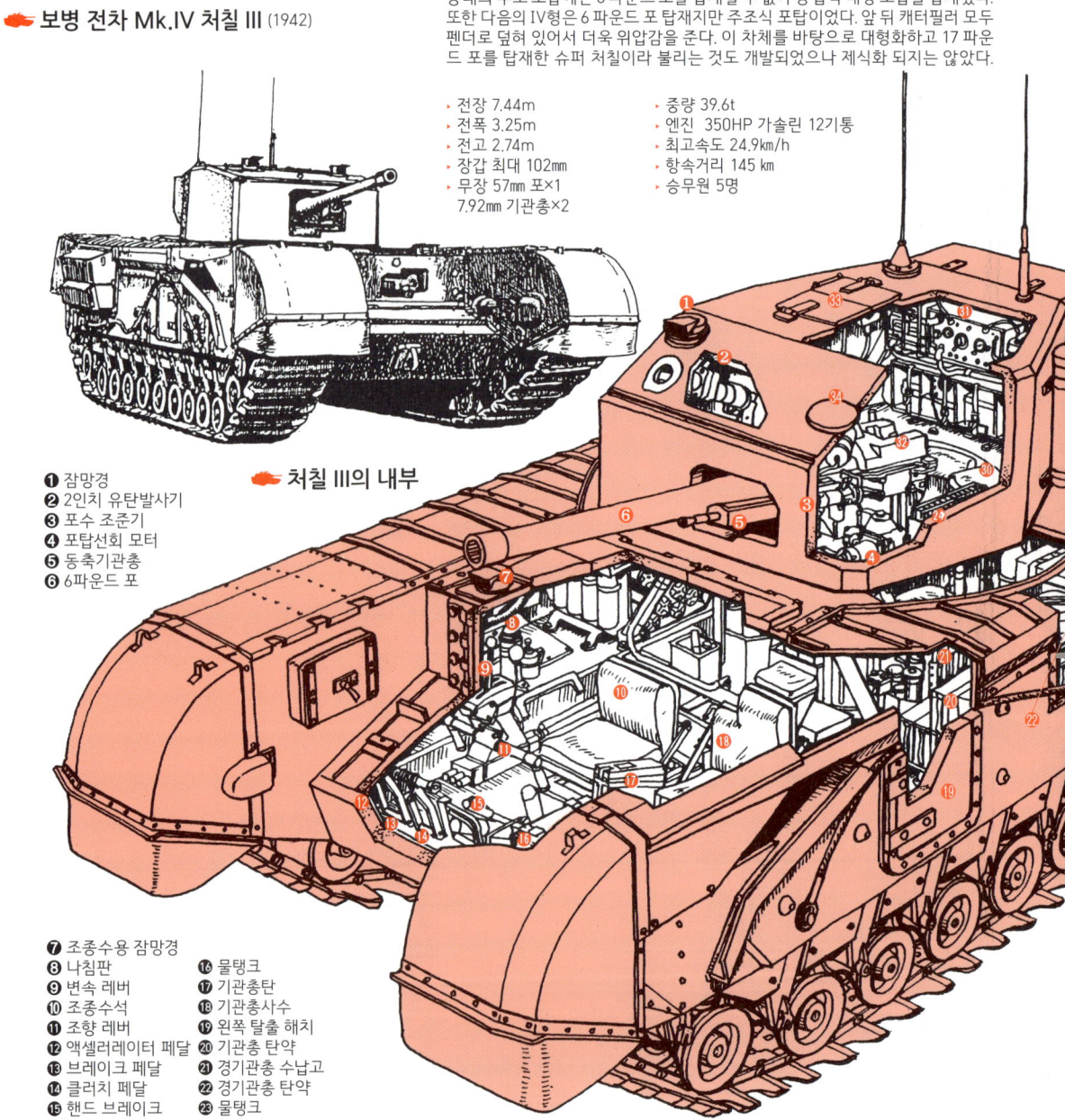

영국전차(W.W.II)

🔥 보병전차Mk.IV 처칠 I형 (1941)

A20은 낡은 설계여서 채용이 보류되었는데 됭케르크 철수 후 전차가 부족한 나머지 양산 가능한 신형 전차가 필요했기 때문에 이를 대폭 개량하여 A22로 했다. 이 해 12월에 시작차를 완성, 반년 후 양산형이 군에 인도됐다. 그러나 개발을 맡았던 회사는 전차 개발은 처음이라 초기 트러블이 속출했다.

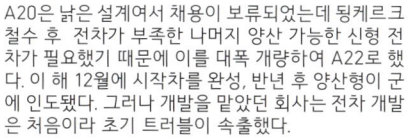

- 전장 7.35m
- 전폭 3.25m
- 전고 2.48m
- 장갑 최대 11~101mm
- 무장 40mm 포×1, 7.92mm 기관총×1
- 중량 38.5t
- 엔진 350HP 가솔린
- 최고속도 27km/h
- 승무원 5명

㉔ 톰슨 기관단총용 20발 탄창
㉕ 좌측 연료 탱크
㉖ 베드포드 350HP 12기통 엔진
㉗ 좌측 메인 브레이크
㉘ 기어 박스
㉙ 신호기
㉚ 차장석
㉛ 무전기
㉜ 6파운드 포 포미
㉝ 탄약수용 해치
㉞ 환기구

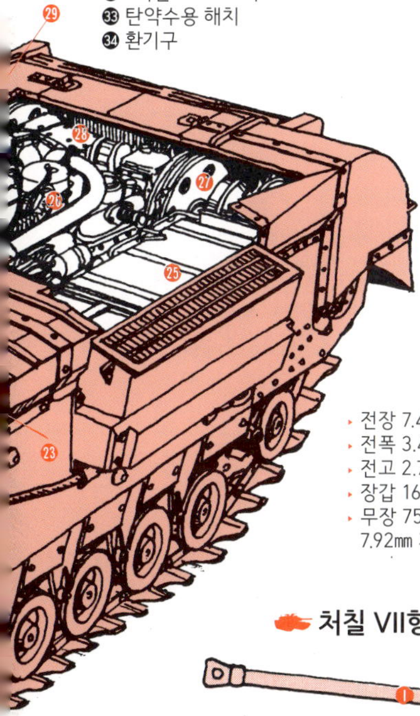

🔥 보병전차Mk.IV 처칠 VII형 (1943)

VII형은 신형 포탑을 탑재하고 75mm 포를 장비한 처칠 전차의 결정판이라 할 수 있다. 포탑에는 신형 큐폴라를 장착, 주위에 잠망경을 설치했다. 조종수용 잠망경도 1기가 추가되었다. 최대 장갑도 152mm로 크게 증가, 방어력도 강화되었으나 반면에 중량이 증가, 속도는 더욱 느려졌다. 또한 VI형도 75mm포를 탑재했으나 포탑은 IV형의 주조식이어서 VII형은 포탑, 차체 모두를 개량하게 되었다. 처칠 전차에는 많은 파생형이 있으며 특수 차량도 많다.

- 전장 7.44m
- 전폭 3.48m
- 전고 2.74m
- 장갑 16~152mm
- 무장 75mm 포×1, 7.92mm 기관총×2
- 중량 41t
- 엔진 수평대향 수랭식 12기통 350HP
- 최고속도 20.4km/h
- 항속거리 161 km
- 승무원 5명

화염방사 전차, 95mm 유탄포를 탑재한 긴접지원 전차, 가교 전차, 전차 회수차, AVRE(공병용 장갑차량) 등 여러 종류의 차량들이 처칠을 바탕으로 만들어졌다.

🔥 처칠 VII형의 구조

❶ 75mm포
❷ 동축기관총
❸ 조준경
❹ 무전기
❺ 차체 기관총
❻ 조종수석
❼ 탈출 해치
❽ 포탑선회장치
❾ 차장석
❿ 엔진
⓫ 기어 박스

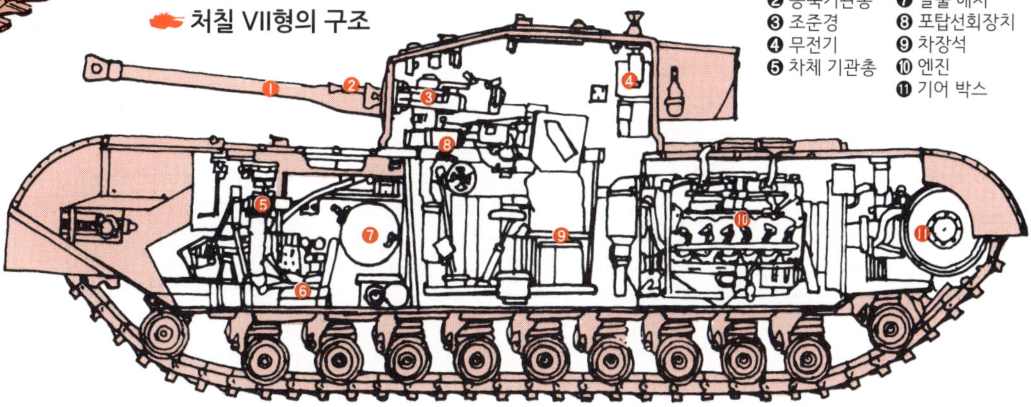

순항 전차 ①

🛡 순항 전차 Mk.I (1936)

영국 최초의 순항 전차인데 당초에는 Mk.IV 중형 전차로 개발됐다. 설계는 존 카든으로 현가장치는 발렌타인 전차와 같은 슬로 모션 서스펜션이라 불리는 것으로 고속주행에는 아무래도 맞지 않는 것이었다. 게다가 예정됐던 롤스 로이스 엔진을 사용할 수 없어 시판되는 버스 엔진을 이용했으므로 순항 전차 치고는 너무나 기동성이 떨어졌다. 이 Mk.I의 장갑 강화형(최대 장갑 30mm)이 MK.II이며 이것은 오히려 보병 전차와 비슷한 것이 되어버렸다.

- 전장 5.79m
- 전폭 2.5m
- 전고 2.64m
- 최대장갑 14mm
- 무장 2파운드 포×1
  7.7mm 기관총×3
- 중량 13t
- 엔진 150HP 가솔린
- 최고속도 40km/h
- 항속거리 240km
- 승무원 6명

🛡 순항 전차 Mk.III (1938)

I·II형의 서스펜션(현가장치)은 고속주행을 하는 순항전차에는 불충분했으나 이 III형 이후부터는 크리스티가 고안한 현가장치가 채용되었다. 생산을 맡은 모리스가 면허를 취득, 대형 전륜과 조합시켰다. 시작차는 실제 주행에서 56.3km/h를 기록, 드디어 순항 전차다운 전차를 완성했다.

- 전장 6.02m
- 전폭 2.59m
- 전고 2.54m
- 장갑 6~14mm
- 무장 2파운드 포×1
  7.7mm 기관총×1
- 중량 14.2t
- 엔진 340HP
- 최고속도 64km/h
- 항속거리 145km
- 승무원 4명

🛡 순항 전차 Mk.IV (1939)

Mk.III의 장갑 강화형으로 최대장갑 30mm로 늘어났다 포탑이〈 모양처럼 된 것은 공간장갑이기 때문이다. 기타 사양은 III형과 차가 없으나 후기 생산형에서는 빅커스제 동축기관총이 7.92mm의 베사 기관총으로 바뀌었다. 이 때문에 포방패 형상이 바뀌었다.

- 전장 6.02m
- 전폭 2.59m
- 전고 2.54m
- 장갑 6~30mm
- 무장 2파운드 포×1
  7.7mm 기관총×1
- 중량 15t
- 엔진 340HP 가솔린
- 최고속도 48km/h
- 항속거리 145 km
- 승무원 4명
- 생산량 655대

🛡 순항 전차 Mk.V 커버넌터 (1939)

포탑이나 차체 외관은 크게 변했으나 베이스는 III형으로 이를 발전시킨 것이다. 목표는 차체 높이를 가능한 낮추려 했다. 이 때문에 엔진을 수평 대향(對向)의 신형을 채택하고 스페이스 관계상 라디에이터를 차체 전방 조종수 왼쪽 옆으로 배치하는 변칙 배치를 했다. 이것이 냉각부족을 가져와 트러블의 원인이 되었다. 제식화되어 1771대나 생산되었는데도 훈련용 전차로만 사용됐다.

- 전장 5.8m
- 전폭 2.61m
- 전고 2.23m
- 장갑 7~40mm
- 무장 2파운드 포×1
  7.7mm 기관총×1
- 중량 18.3t
- 엔진 280HP
- 최고속도 50km/h
- 항속거리 160 km

영국전차(W.W.II)

🛡 순항 전차 Mk.VI 크루세이더-I (1939)

크루세이더는 대전 전반의 영국군 주력 전차로 보병전차인 마틸다 II와 함께 북아프리카 전선에서 활약했다. Mk.III 까지가 경 순양전차라면 크루세이더는 중(重) 순양전차라 할 정도로 자리 매김을 했으며 커버넌터의 확대 발전형이라 할 수 있다. 전륜을 1개 늘려 접지성을 개선했고 2파운드 포 탑재외에 아래 소개한 6파운드 포 탑재 III형도 있다.

1936년 영국 육군의 2대 전차 구분, 즉 보병 전차와 순항 전차 중 순항 전차는 원래 기병(騎兵)의 임무를 상정한 것으로 추격이나 장거리 정찰을 임무로 하고 스피드에 중점을 둔 것이었다. 경 장갑에다 무장도 오랫동안 2파운드 포 그대로였다. 그러나 2차 대전이 시작되자 독일 전차에 도무지 대적할 수가 없게 되어 원래의 중형 전차라는 발상은 없어졌으나 일선의 요청에 의해 대전 후반에는 미국이 제공한 M4에 17파운드 포를 탑재하고 챌린저를 개발하는 등 화력, 장갑, 스피드를 갖춘 전차를 제작하게 되었다.

- 전장 5.99m
- 전폭 2.64m
- 전고 2.24m
- 장갑 7~40mm
- 무장 2파운드 포×1, 7.92mm 기관총×2
- 중량 19.3t
- 엔진 340HP 가솔린
- 최고속도 44km/h
- 승무원 5명
- 항속거리 160 km

🛡 순항 전차 Mk.VI 크루세이더-III (1942)

크루세이더의 최종 생산형. 주포를 6파운드 포로 교환했다. 차체, 포탑에도 장갑을 강화했으나 콤팩트한 설계의 포탑은 그대로인 채 6파운드 포를 탑재했으므로 포탑에는 차장과 포수 2명이 탔다. 여기에 조종수 1명, 따라서 승무원 3명이었다.
크루세이더는 1943년까지 전부 5,300대가 생산되어 튀니지 전투 종료 후에는 특수차량의 차체 등으로 전용됐다. 이 때문에 파생형이 많다. 또 약점은 엔진이 과열되기 쉽고 변속기 등 기계적 트러블이 많았다.

- 전장 6.04m
- 전폭 2.68m
- 전고 2.26m
- 장갑 7~51mm
- 무장 6파운드(57mm) 포×1, 7.92mm 기관총×1
- 중량 20.1t
- 엔진 340HP 가솔린
- 최고속도 43.4km/h
- 승무원 3명
- 항속거리 161 km

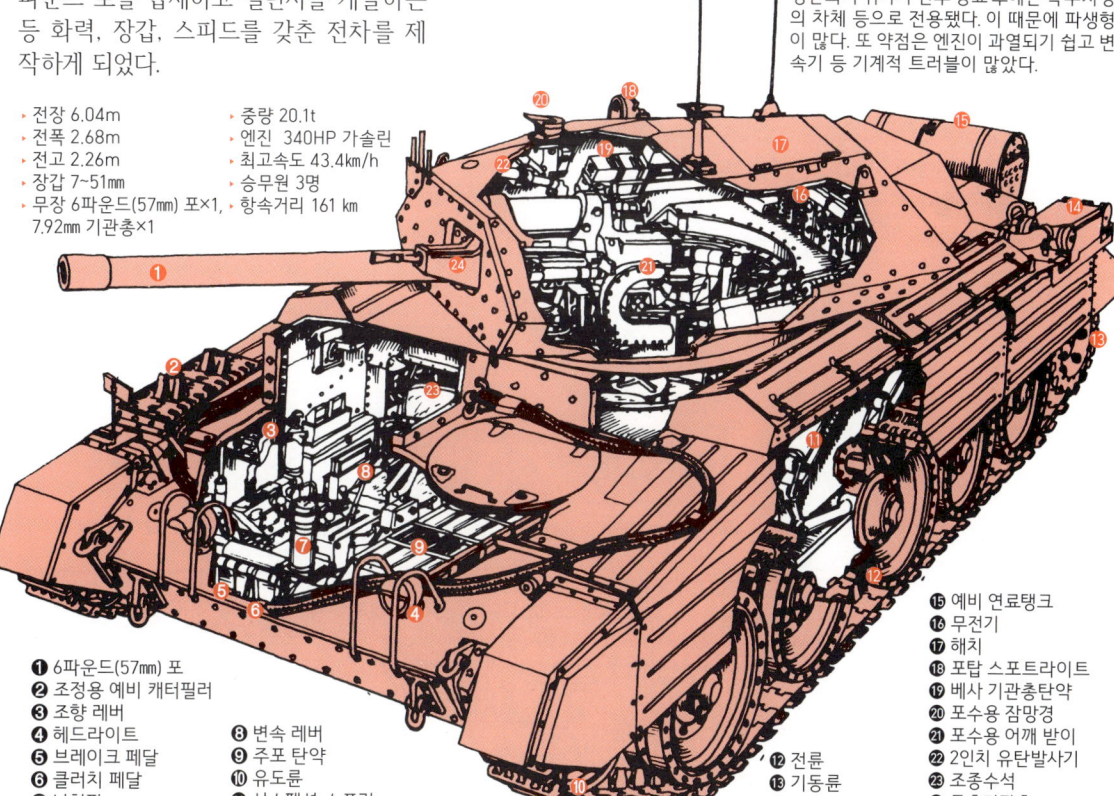

① 6파운드(57mm) 포
② 조정용 예비 캐터필러
③ 조향 레버
④ 헤드라이트
⑤ 브레이크 페달
⑥ 클러치 페달
⑦ 나침판
⑧ 변속 레버
⑨ 주포 탄약
⑩ 유도륜
⑪ 서스펜션 스프링
⑫ 전륜
⑬ 기동륜
⑭ 에어 클리너
⑮ 예비 연료탱크
⑯ 무전기
⑰ 해치
⑱ 포탑 스포트라이트
⑲ 베사 기관총탄약
⑳ 포수용 잠망경
㉑ 포수용 어깨 받이
㉒ 2인치 유탄발사기
㉓ 조종수석
㉔ 동축기관총

순항 전차 ②

🔻 순항 전차 Mk.VII 캐벌리어(Cavalier) (1942)

제식 채용은 되었으나 실전에 투입되지 않고 훈련용으로만 사용. A20이란 이름으로 1940년부터 크루세이더 후계로써 개발되었고 1942년 1월에 완성했다. 탑재 엔진개발에 실패하여 예정 성능이 나오지 않아 결과적으로는 실패작이 되었다. 이 교훈에 따라 미티어 엔진탑재를 전제로 개량하여 A27L센토어(Centaur)를 만들었다.

- 전장 6.35m
- 전폭 2.88m
- 전고 2.44m
- 장갑 20~76mm
- 무장 6파운드포×1 7.92mm 기관총×2
- 중량 26.9t
- 엔진 V12 가솔린 410HP
- 최고속도 39km/h
- 승무원 5명
- 항속거리 261 km

🔻 순항 전차 챌린저 (Challenger) (1944)

독일 중(重)전차에 대항하기 위해 크롬웰에 17파운드 포를 탑재하려했으나 차체가 작아 무리였다. 일선의 요구로 전륜 1세트를 늘려 차체를 연장하여 급조한 것이 이 챌린저이다. 엔진이나 현가장치는 그대로였기 때문에 기동력이 부족하고 같은 시기에 개발된 M4 셔먼에 17파운드 포를 탑재한 것보다 성능이 떨어졌다. 이 때문에 챌린저는 크롬웰의 보조로 정찰연대에 배속되어 본래의 활약할 곳을 잃어버렸다.

- 전장 8.15m
- 전폭 2.91m
- 전고 2.78m
- 장갑 10~101mm
- 무장 17파운드 포×1 7.92mm 기관총×1
- 중량 32.97t
- 엔진 600HP
- 최고속도 51.5km/h
- 항속거리 170 km

🔻 순항 전차 크롬웰(Cromwell) (1943)

A27L 센토어의 엔진을 롤스로이스제 멀린(Merlin) 전투기 엔진으로 바꾼것이 A27M 크롬웰이다. 크롬웰에는 I~VIII까지 있으며 III~IV와 VI형이 센토어를 개조한 것이다. 또 주포는 I~III형까지 6파운드(57mm) 포이고 이후는 75mm 포 탑재차, 95mm 유탄포 탑재차 등이 제조되었다. 그러나 차체 제약으로 강력한 대구경포 탑재는 무리였기 때문에 주력 전차로 되지는 못했다. 엔진은 강력해 스피드도 빠르고 고장율도 적어 파생형을 포함 총 3000대가 생산되었다.

- 전장 6.35m
- 전폭 2.91m
- 전고 2.49m
- 장갑 10~101mm
- 중량 27.9t
- 엔진 600HP 수냉식 V-12 가솔린
- 최고속도 52km/h
- 항속거리 265 km
- 승무원 5명

🔻 크롬웰 구조

❶ 75mm 포
❷ 동축기관총
❸ 환기 장치
❹ 무전기
❺ 잠망경
❻ 변속 레버
❼ 조종석
❽ 주포 탄약
❾ 차장석
❿ 엔진
⓫ 기어 박스

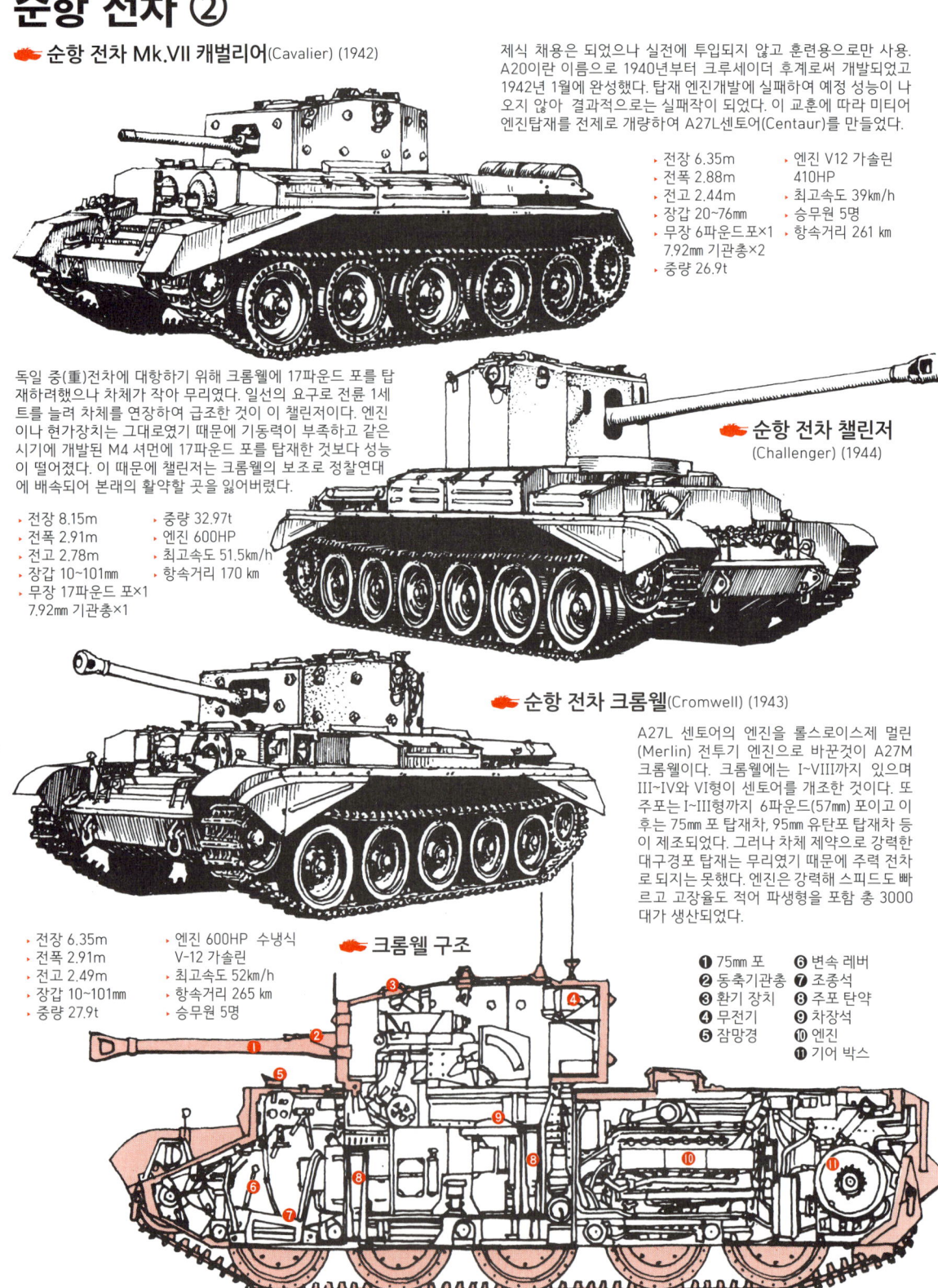

영국전차(W.W.II)

순항 전차 코밋(Comet) (1944)

탑재된 77mm 전차포는 위력 있는 17파운드 포를 콤팩트 화한 것으로 차체가 작은 영국 전차용으로 개발된 것이다. 빅커스 사에서 포신을 짧게 하고 포미를 소형화하여 제조하고 차체는 크롬웰 전차의 부품을 최대한 이용하도록 설계되었다. 이 전차가 영국군으로써는 독일전차에 대항할 수 있는 밸런스 잡힌 첫 전차였으나 실전에 투입된 것은 1945년이 되어서였으므로 그다지 활약하지는 못했다. 영국의 순항 전차로써는 최후의 것이었다. 생산은 전후에도 계속, 총 900 대를 제작했다.

- 전장 7.66m
- 전폭 3.05m
- 전고 2.68m
- 장갑 14~101mm
- 무장 77mm 포×1 7.92mm 기관총×2
- 중량 35.7t
- 엔진 600HP 롤스로이스 미티어
- 최고속도 47km/h
- 승무원 5명
- 항속거리 198 km

코밋의 구조

1. 77mm 포
2. 동축기관총
3. 차장용 큐폴라
4. 무전기
5. 조종수용 잠망경
6. 변속 레버
7. 주포 부앙장치
8. 포탄
9. 엔진
10. 기어 박스

셔먼 파이어플라이 (Sherman Firefly) (1944)

챌린저와 병행하여 개발된 것. M4 중형 전차는 1943년 여름에는 영국 기갑부대의 주력이 되었다. 이 M4는 큰 개조 없이 17파운드 포를 탑재할 수가 있었다. 베이스는 M4A와 M4A4로 약 600 대가 파이어플라이로 거듭 난 것이다. 노르망디 상륙 때 기갑사단에 배치되었다.

- 전장 7.42m
- 전폭 2.67m
- 전고 2.74m
- 장갑 13~89mm
- 무장 17파운드 포×1
- 7.62mm 동축기관총×1
- 중량 32.7t
- 최고속도 40km/h
- 항속거리 160 km
- 승무원 4명

순항 전차 센추리언 (Centurion) (1945)

센추리언은 순항전차로 분류되지만 오히려 보병-순항 이라는 구분을 뛰어넘는 다목적(범용) 전차이다. 개발 시작은 1942년인데 양산형의 완성은 종전 직전이 되어 대전에는 활약하지 못했고 전후 영국군의 주력전차가 된 명 전차이다. 계획보다 약간 중량이 초과하여 속도는 느리지만 고속성은 그다지 문제되지 않았다.

- 전장 7.67m
- 전폭 3.35m
- 전고 2.94m
- 장갑 17~152mm
- 무장 17파운드 포×1, 20mm 기관포×1
- 중량 48.7t
- 엔진 롤스로이스 미티어 600HP 가솔린
- 최고속도 34km/h
- 항속거리 200km
- 승무원 4명

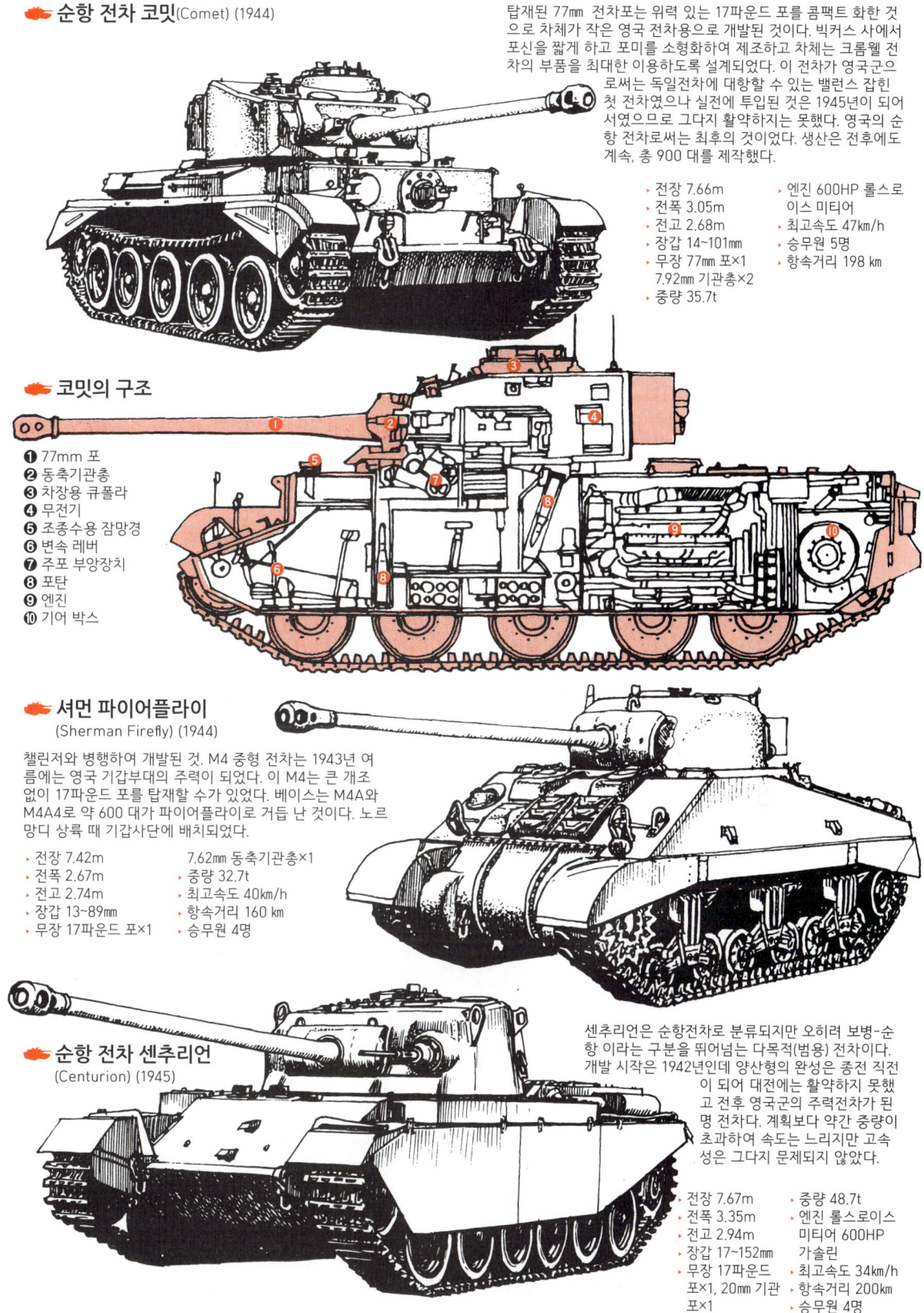

중(重)전차와 자주포

영국의 중전차는 두 종류가 있는데 모두 시험제작만으로 끝났다. 개전 전에 기획된 것은 구세대의 개념이었으며, 종전 직전에 시험제작된 것은 차량 탑재용으로써 는 영국군 최대의 포를 장비했다. 그러나 둘 다 모두 기동력이 부족해 양산한다 해도 운용상에 문제가 많았을 것이라는 점은 쉽게 예상할 수 있다.

■ 중(重)전차

TOG란 The Old Gang(늙다리들)이란 의미로, 2차 대전 발발직전 기획된 낡은 설계였다. 참호돌파용 중전차라는 명목이었는데 스타일 그대로 구태의연한 냄새를 풍기고 있다.당연히 시험 제작만으로 끝났으나 치수, 중량 모두 초대형이며 그에 비해 엔진은 빈약해 기동력은 형편없었다. 따라서 2차 대전에서 활약하는 기갑부대 전차의 이미지와는 거리가 있다.

- 전장 10.13m
- 전폭 3.12m
- 전고 3.05m
- 장갑 12~62mm
- 무장 77mm 포×1
- 중량 80t
- 엔진 600HP 디젤
- 최고속도 14km/h
- 승무원 6명

중전차 TOG III (1941)

중 돌격전차 토터스 (Tortoise) (1945)

기동성을 무시하고 200mm를 넘는 중장갑을 두른 돌격포로 1944년 말부터 개발된 것. 독일군의 88mm 포에 대항한다는 조건으로 탑재한 32파운드(94mm) 포는 모든 적 전차를 파괴할 수 있었겠지만 한 대도 완성 못하고 전쟁이 끝났다. 그러나 당시엔 이 전차를 운반할 수단이 없어 생산했어도 전선에 보낼 수 없었을 것이다.

- 전장 10.6m
- 전폭 3.91m
- 전고 3.05m
- 장갑 35~225mm
- 무장 32파운드포×1
- 7.92mm기관총×3
- 중량 79.3t
- 엔진 600HP 가솔린
- 최고속도 20km/h
- 승무원 7명

■ 자주포

25 파운드 자주포 비숍 (Bishop) (1941)

제2차 대전 중 영국군이 제식 채용한 최초의 자주포. 자주(自走)할 수 있는 강력한 화포를 일선에서 강력히 요구하여 발렌타인 전차의 포탑을 제거하고 주력 야포인 88mm 유탄포를 탑재했다. 포가 그대로 탑재하는 식이었으므로 포의 조작성이 나쁘고 사각이 제한되며 사격할 때는 좁은 전투실 뒷문을 열어 두어야 했다. 북아프리카 전선에 투입되었으나 평판이 나빴고 미군에게서 M7 자주포를 공여받은 후부터는 훈련용으로 돌려졌다. 생산 수 100 대.

비숍 내부

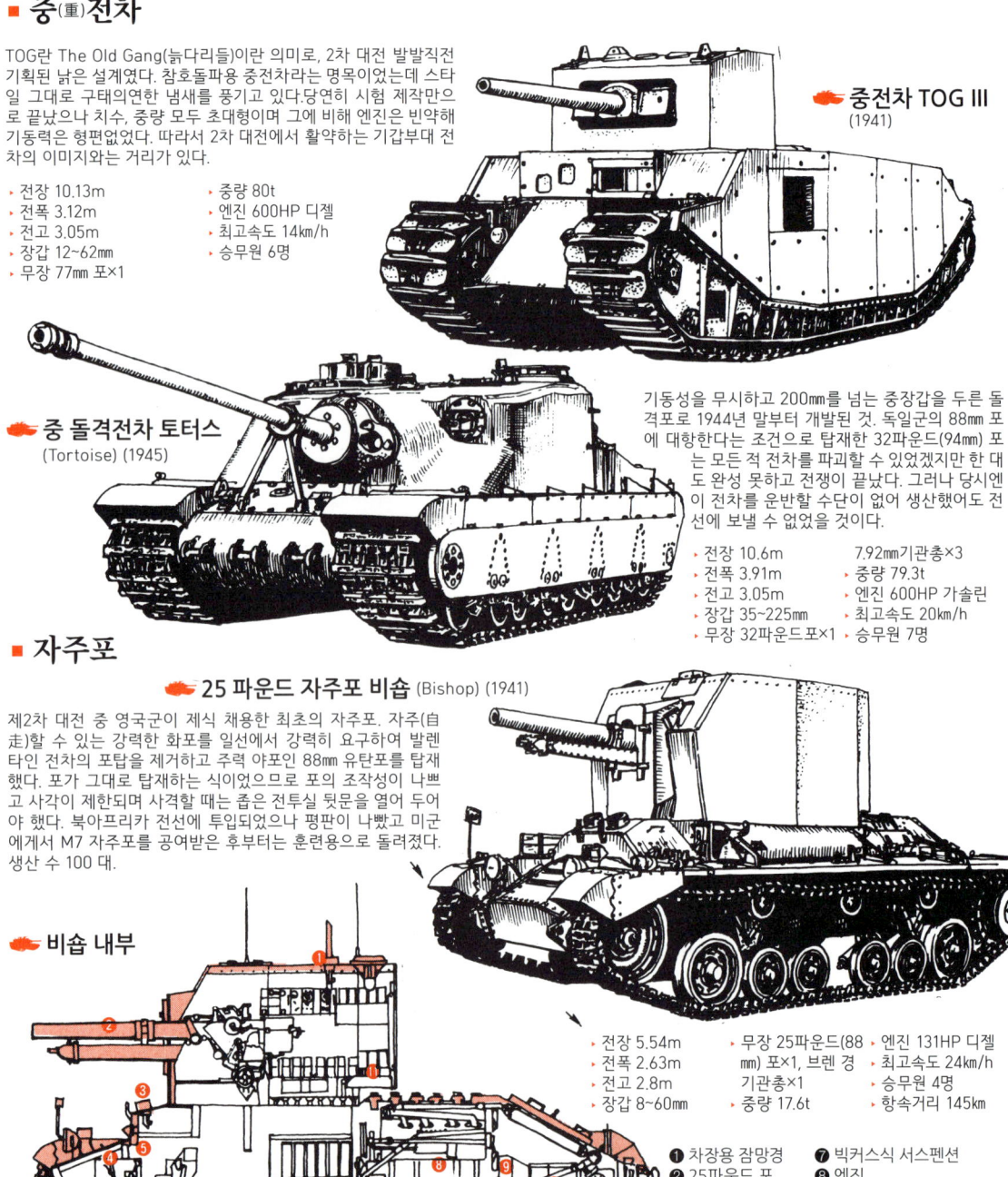

- 전장 5.54m
- 전폭 2.63m
- 전고 2.8m
- 장갑 8~60mm
- 무장 25파운드(88mm) 포×1, 브렌 경기관총×1
- 중량 17.6t
- 엔진 131HP 디젤
- 최고속도 24km/h
- 승무원 4명
- 항속거리 145km

1. 차장용 잠망경
2. 25파운드 포
3. 조종수용 잠망경
4. 조향레버
5. 변속레버
6. 조종석
7. 빅커스식 서스펜션
8. 엔진
9. 클러치
10. 변속기
11. 차장석

영국전차(W.W.II)

한편, 순항 전차 계열은 화력, 방어력 모두 강력해지고 있는데 무장을 보면 17파운드(76mm) 포를 탑재하기도 하여 어느 정도는 중(重)전차 성능도 가지고 있었다. 자주포 계열은 25파운드(88mm) 포 탑재가 2 종류, 17파운드 포 탑재가 한 종류 있다. 그러나 유럽전선에서는 미국으로부터 M7 프리스트(Priest) 자주포가 대량으로부터 공급되고 있으며 여기에 탑재하는 105mm포 쪽이 성능이 더 우수했다. 그 때문에 영국군의 자주포는 빛을 잃었으나 역시 같은 값이면 국산이 좋았는지, 노르망디 전투 이후에는 M7 대신 섹스턴을 포병의 주 장비로 하고 있다. 섹스턴은 캐나다 제 차체를 바탕으로 한 것이며 다른 2개 차종은 발렌타인 전차 차체가 베이스이다. 후자는 치수, 중량 모두 한참 작았다.

25 파운드 자주포 섹스턴 (Sexton) (1942)

비숍과 같은 25파운드 포를 탑재했는데 전투실은 대형으로 전체 분위기는 미국의 M7 프리스트와 닮았다. 바탕이 된 차체는 캐나다 제 램 중 전차인데 개발이 시작되었을 때는 이미 M7이 제공되기 시작했으나 자국의 25파운드 포를 탑재한 자주포가 보급이나 운용면에서 편리하다는 점에서 개발을 계속 추진했다. 개발 실제 작업은 몬트리올의 회사에서 이루어졌는데 노르망디 상륙작전 후 영국 포병대는 이 자주포를 주장비로 했으며 1942년말부터 종전까지 2150대가 생산됐다. 자주포의 보병지원은 독일군에게 배웠기 때문에 일찍 개발된 비숍은 100대만 생산했는데 섹스턴은 이탈리아 전선에 투입된 이래 종전 때까지 활약했다.

섹스턴 내부

왼쪽 측면도에서 보듯 상부 개방식 대형 전투실은 비숍보다 훨씬 작업이 쉽다. 후부의 성형(星型) 엔진은 조금 앞으로 기울여 장착했음을 알 수 있다.

- 전장 6.12m
- 전폭 2.72m
- 전고 2.44m
- 장갑 12.7~50mm
- 무장 25파운드(88mm) 포×1
- 브렌 경기관총×2
- 중량 25.9t
- 엔진 400HP 디젤
- 최고속도 24km/h
- 승무원 6명
- 항속거리 290km

17 파운드 자주포 아처 (Archer) (1944)

탑재된 17파운드 포는 포신이 긴 강력한 대전차포로 당시 독일군의 중전차를 격파할 수 있는 연합군 차량은 이 차량이 유일했다고 한다. 차체는 구형이지만 신뢰성이 높은 발렌타인 전차의 그것이다. 아래 단면도에서는 왼쪽이 원래의 앞 부분이며 포는 뒤로 향하게 장착한 것이 된다. 이는 원 발렌타인 전투실 구획에 17파운드 포를 설치했기 때문으로(69쪽 단면도 참조) 조종석은 원래 위치 그대로이다. 사격 중에는 조종석이 포미 바로 뒤에 위치하게되므로 조종사가 좌석에서 나와야 했다. 생산량 665대.

아처 내부

- 전장 6.69m
- 전폭 2.63m
- 전고 2.25m
- 장갑 8~60mm
- 무장 17파운드(76mm) 포×1
- 브렌 경기관총×1
- 중량 16.7t
- 엔진 165HP 디젤
- 최고속도 24km/h
- 승무원 4명
- 항속거리 160km

미국 전차 (W.W.II)
경전차의 발달

미국은 1차 대전에는 적극적으로 참가한 셈이 아니어서 전차의 개발도 출발이 늦은 감이 있다. 그러나 자동차 대량생산기술이 탄탄한데다가 원래 공업력도 막강했으므로 전차 생산력도 뛰어났다. 2차 대전에서는 자국 군용만이 아니라 연합국에 전차를 대량으로 공급할 수 있었던 것도 그 때문이다.

미국의 전차는 그 제작법의 합리성에 특징이 있는데, 1930년대에 개발된 몇 대의 궤도식 전투차(컴뱃카)가 미국적 장갑 차량(전차)의 시작이다.

🔶 M2A4 경전차 (1939)

1933년에 만들어진 시작 경전차 T2를 바탕으로 개발된 것. 원래의 T2는 중량 2t의 기관총 장비인데 M2는 A1~A3까지는 포탑식 기관총 장비이며 A4가 되어 비로소 37mm 포가 장비된다. A2와 A4는 대량생산 되었다.

🔶 M1 컴뱃 카 (Combat Car) (1936)

1940년에 M1A2 경전차로 이름을 변경했다.

🔶 M1 컴뱃 카의 내부

1930년대에는 컴뱃 카라 불리는 궤도식 전투차가 몇 대인가 개발되었다. 이 M1 컴뱃 카는 앞에 출현한 T2의 기병용이란 자리 매김이며 한 마디로 경전차 M2는 보병용이라는 것이다. 포탑에 12.7mm와 7.62mm의 기관총 2정, 차체에 7.62mm 기관총 1정을 탑재했다.

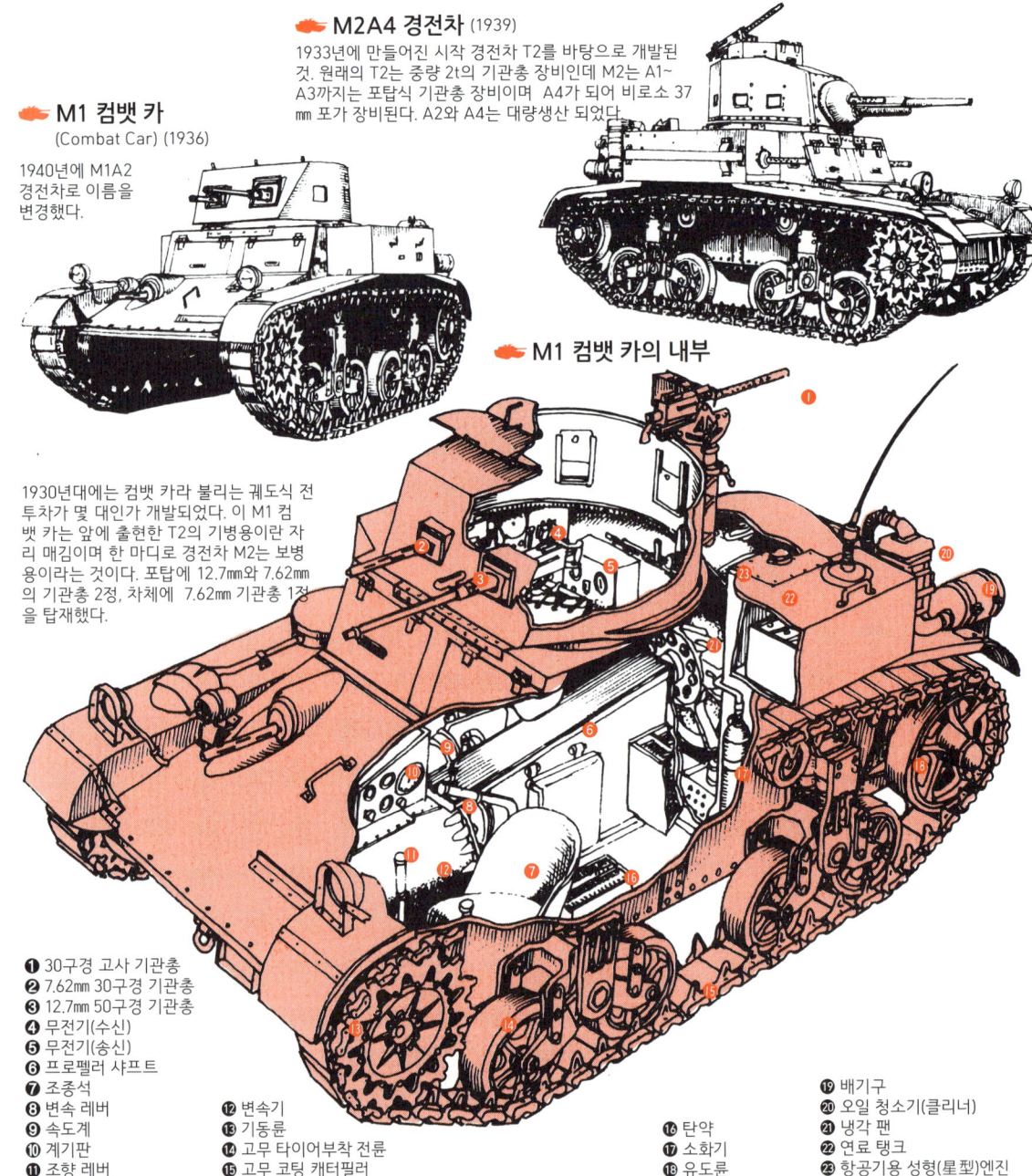

❶ 30구경 고사 기관총
❷ 7.62mm 30구경 기관총
❸ 12.7mm 50구경 기관총
❹ 무전기(수신)
❺ 무전기(송신)
❻ 프로펠러 샤프트
❼ 조종석
❽ 변속 레버
❾ 속도계
❿ 계기판
⓫ 조향 레버
⓬ 변속기
⓭ 기동륜
⓮ 고무 타이어부착 전륜
⓯ 고무 코팅 캐터필러
⓰ 탄약
⓱ 소화기
⓲ 유도륜
⓳ 배기구
⓴ 오일 청소기(클리너)
㉑ 냉각 팬
㉒ 연료 탱크
㉓ 항공기용 성형(星型)엔진

미국전차(W.W.II)

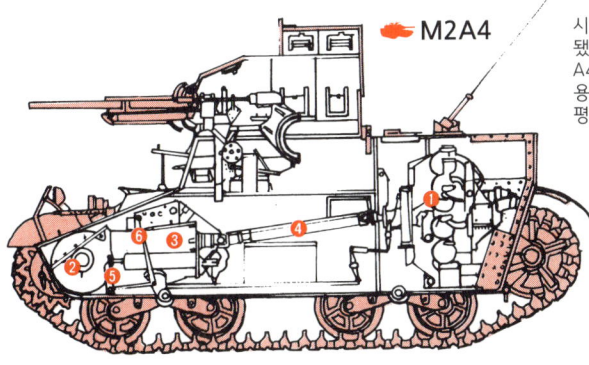

M2A4

시작형 T2에서 제식 채용된 M2 경전차는 M2A1, A2는 소량만 제작됐다. 1938년에 M2A3, 1939년에 M2A4로 개발이 이어졌는데 최종형 A4의 설계는 대량생산을 의식한 것이었다. 거의 모두 훈련용으로 사용되었으나 일부는 영국에 공급됐다. 실전에서는 일본군을 상대로 태평양 전선에 투입되었으나 장갑이 얇은 것이 결점이다.

- 전장 4.42m
- 전폭 2.47m
- 전고 2.49m
- 장갑 6~25mm
- 무장 37mm 포×1 7.62mm기관총×5
- 중량 10.4t
- 엔진 250HP
- 최고속도 48km/h
- 승무원 4명
- 항속거리 201km

❶ 엔진
❷ 차동장치
❸ 트랜스미션
❹ 프로펠러 샤프트
❺ 클러치 페달
❻ 조향 레버
❼ 소음기
❽ 포수석
❾ 포탑 바스켓 (이하 구조 표시 M2A4, M3A3, M5 공통)

M3 경전차 (1942)

1940년에 제식 채용된 M2의 개량형. 장갑 두께를 늘려 일부 64mm의 것도 있으며 중량증가에 대응해 후부 유도륜을 접지형으로 하여 접지 길이를 늘렸다. 기본적으로 M2A4의 개량형이므로 포탑이나 차체는 리벳 접합으로 조립되었다. 영국, 소련, 기타 프랑스, 중국 등에 제공되었으며 M3 전체로는 총 13,859대가 생산되고 영국에서는 '스튜어트'라 불렀다.

- 전장 4.46m
- 전폭 2.3m
- 전고 2.47m
- 중량 12.3t
- 엔진 성형 9기통 가솔린 250HP
- 무장 37mm 포×1 7.62mm기관총×5
- 장갑 43mm

용접 차체로 계획된 M3A2가 생산 라인에 타지 못한 대신 M3A3가 시리즈 최종형으로 생산되었다. 전 용접 차체로 미끄럼 라인으로 하여 피탄 경사를 향상시키고 차내 공간을 넓혀 37mm 포 적재 탄수를 103발에서 147발로 했다. M3는 경쾌하기는 하나 차고가 높고 캐터필러 폭이 좁아 접지압은 높은 결점이 있었다. 1942년 중반에 등장한 M5와 임무를 교대했다.

M3A3의 구조 (1942)

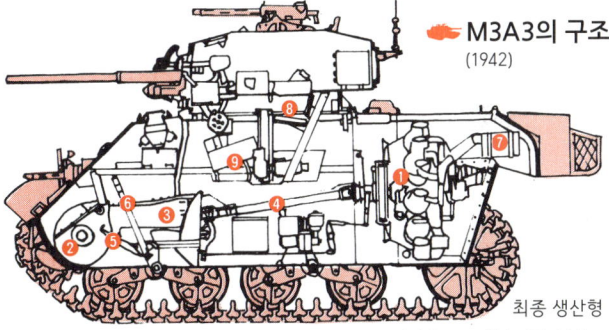

최종 생산형

- 전장 4.52m
- 전폭 2.5m
- 전고 2.6m
- 장갑 12~43mm
- 중량 14.4t
- 무장 37mm 포×1
- 7.62mm기관총×4
- 엔진 250HP
- 최고속도 50km/h
- 항속거리 201km
- 승무원 4명

차체 앞면의 장갑을 64mm로 용접 차체에 M3A3 포탑을 탑재한 것. M5형은 1942년 9월부터 1944년 10월까지 8,884대가 생산됐다. 영국에서는 '제너럴 스튜어트 VI'라 호칭했다. M5의 개조형에는 75mm 곡사포에 12.7mm 대공기관총을 탑재한 M8 자주포가 있으며 전차대대의 화력지원에 쓰였다. M5A1형이 M3/M5 경전차 시리즈의 최종형이다.

M5A1 경전차 (1942)

M5 경전차의 구조

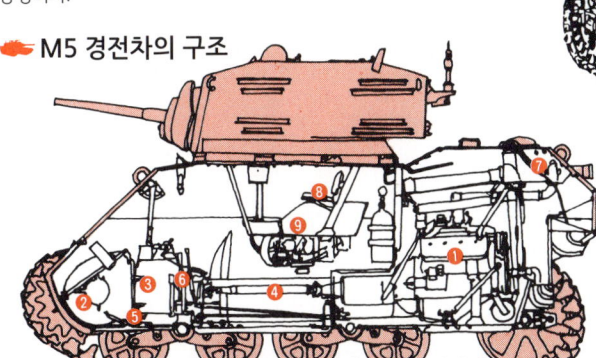

- 전장 4.85m
- 전폭 2.29m
- 전고 2.29m
- 장갑 10~15mm
- 중량 15.3t
- 37mm 포×1
- 7.62mm기관총×1
- 엔진 250HP
- 최고속도 58km/h
- 항속거리 160km
- 승무원 4명
- 수랭V8×2

구조적으로는 전차용 성형 엔진이 부족하여 캐딜락의 하이드로머틱 트랜드미션이 붙은 V8 수냉식 가솔린 엔진 2기를 탑재했으므로 기관실 밑을 통과하는 프로펠러 샤프트의 위치를 낮출 수 있었다. 그 결과 포탑 바스켓을 아래로 연장할 수 있어 기관실이 넓어졌다. 외관적인 차체 특징은 새 엔진의 채용으로 차체 뒤가 불쑥 튀어 올라 있으며 생산성 향상을 위한 용접 구조와 경사 장갑을 사용했다.

M24와 T95

🜲 M22 경전차 로커스트 (Locust) (1942)

공수 가능한 공수부대용 경전차로 1941년부터 개발됐다. 따라서 중량이나 치수에 제한이 있어 시작차부터 포 안정기(Stabilizer)나 포탑의 구동장치를 제거하여 경량화 했다. 1944년 9월에 제식 채용되었으나 미국에는 이를 공수할 글라이더가 없어 실전에 투입되진 않았다. 그러나 영국군은 라인 도하작전에 하밀카 글라이더를 이용, M22 12대를 실전에 투입했다. M22는 830대가 생산되었으며 제식 명칭도 주어졌다.

- 전장 3.93m
- 전폭 2.23m
- 전고 1.75m
- 장갑 12~25mm
- 무장 37mm 포×1 7.62mm기관총×1
- 중량 7.3t
- 엔진 162HP 가솔린
- 최고속도 64km/h
- 승무원 3명

🜲 M24 경전차 제너럴 채피 (Chaffee) (1944)

M3/M5 경전차 시리즈의 후계차로 1944년 7월에 제식화된 신형 경전차. 용접 접합의 스마트한 유선형 포탑과 차체는 피탄 경사도 양호. 현가장치는 토션 바 방식으로 경전차이면서도 강력한 75mm포를 주포로 탑재했다. 장갑은 두껍지 않으나 효과적이며 전체적으로 우수한 경전차였다. 영국에 제공된 것은 '채피'라고도 불렸다. 우수한 성능의 경전차였기에 많은 나라에서 1970년대까지 사용했을 정도.(일부는 80년대에도 사용했다.)

- 전장 5.m
- 전폭 2.97m
- 전고 2.47m
- 장갑 12~40mm
- 무장 75mm 포×1,
- 7.62mm기관총×1, 12.7mm기관총×1
- 승무원 5명
- 중량 18t
- 엔진 캐딜락 44T24 수랭식 V형 8기통 가솔린 220HP×2 3400rpm

🜲 M24 경전차의 내부 구조

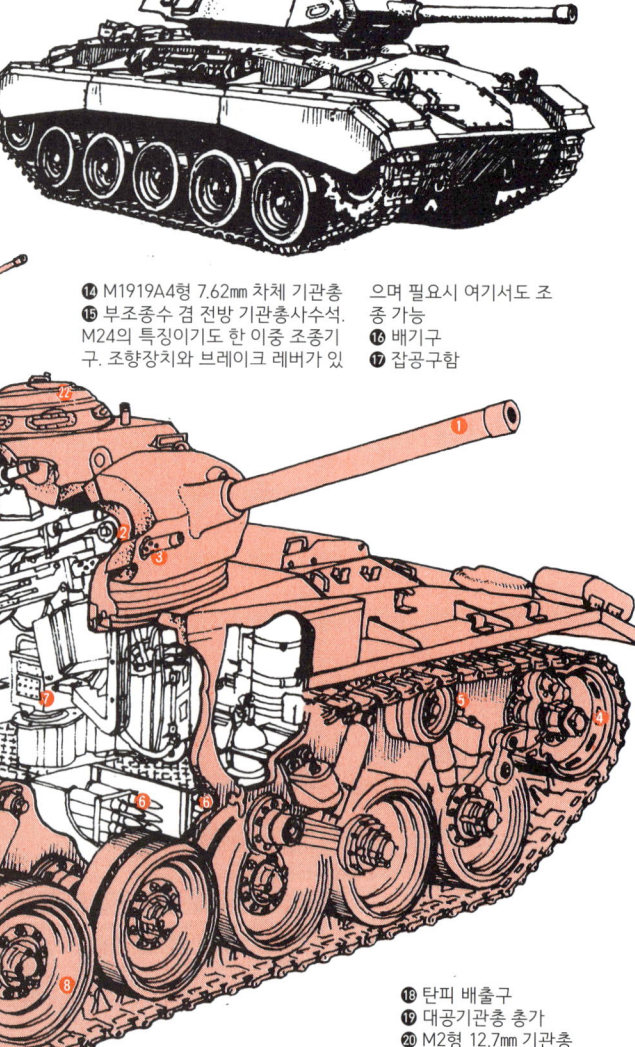

❶ M6형37.5구경 75mm 전차포(노스 아메리칸 B-25H폭격기에 탑재된 함선공격용 포를 전용하여 탑재.)
❷ M64형 연동 포가. 자이로 안정장치 장착.
❸ 동축A4형 7.62mm 기관총
❹ 유도륜
❺ 상부 지지륜
❻ 주포 탄약고
❼ 포탑 콘트롤 박스
❽ 전륜

⓮ M1919A4형 7.62mm 차체 기관총
⓯ 부조종수 겸 전방 기관총사수석. M24의 특징이기도 한 이중 조종기구, 조향장치와 브레이크 레버가 있으며 필요시 여기서도 조종 가능
⓰ 배기구
⓱ 잡공구함

❾ 조종석
❿ 기동륜
⓫ 변속 레버
⓬ 조향 레버
⓭ 콘트롤 차동장치. M5에 채용된 캐딜락 엔진과 조향 변속기를 이용.

⓲ 탄피 배출구
⓳ 대공기관총 총가
⓴ M2형 12.7mm 기관총
㉑ 연막탄 발사기(전기형)
㉒ 차장용 큐폴라

미국전차(W.W.II)

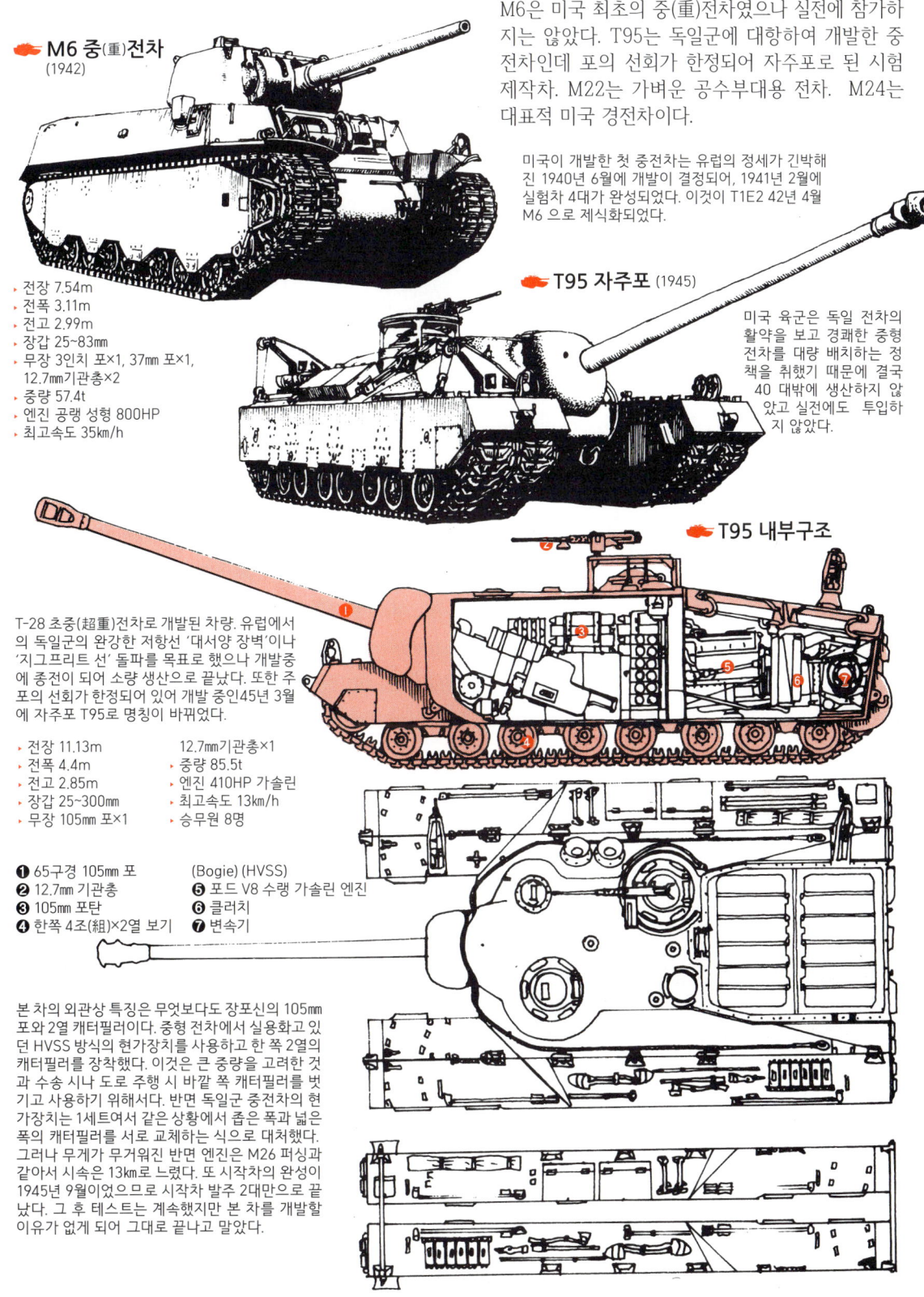

🔺 M6 중(重)전차 (1942)

M6은 미국 최초의 중(重)전차였으나 실전에 참가하지는 않았다. T95는 독일군에 대항하여 개발한 중전차인데 포의 선회가 한정되어 자주포로 된 시험제작차. M22는 가벼운 공수부대용 전차. M24는 대표적 미국 경전차이다.

미국이 개발한 첫 중전차는 유럽의 정세가 긴박해진 1940년 6월에 개발이 결정되어, 1941년 2월에 실험차 4대가 완성되었다. 이것이 T1E2 42년 4월 M6으로 제식화되었다.

- 전장 7.54m
- 전폭 3.11m
- 전고 2.99m
- 장갑 25~83mm
- 무장 3인치 포×1, 37mm 포×1, 12.7mm기관총×2
- 중량 57.4t
- 엔진 공랭 성형 800HP
- 최고속도 35km/h

🔺 T95 자주포 (1945)

미국 육군은 독일 전차의 활약을 보고 경쾌한 중형 전차를 대량 배치하는 정책을 취했기 때문에 결국 40 대밖에 생산하지 않았고 실전에도 투입하지 않았다.

🔺 T95 내부구조

T-28 초중(超重)전차로 개발된 차량. 유럽에서의 독일군의 완강한 저항선 '대서양 장벽'이나 '지그프리트 선' 돌파를 목표로 했으나 개발중에 종전이 되어 소량 생산으로 끝났다. 또한 주포의 선회가 한정되어 있어 개발 중인 45년 3월에 자주포 T95로 명칭이 바뀌었다.

- 전장 11.13m
- 전폭 4.4m
- 전고 2.85m
- 장갑 25~300mm
- 무장 105mm 포×1
- 12.7mm기관총×1
- 중량 85.5t
- 엔진 410HP 가솔린
- 최고속도 13km/h
- 승무원 8명

❶ 65구경 105mm 포
❷ 12.7mm 기관총
❸ 105mm 포탄
❹ 한쪽 4조(組)×2열 보기 (Bogie) (HVSS)
❺ 포드 V8 수랭 가솔린 엔진
❻ 클러치
❼ 변속기

본 차의 외관상 특징은 무엇보다도 장포신의 105mm 포와 2열 캐터필러이다. 중형 전차에서 실용화고 있던 HVSS 방식의 현가장치를 사용하고 한 쪽 2열의 캐터필러를 장착했다. 이것은 큰 중량을 고려한 것과 수송 시나 도로 주행 시 바깥 쪽 캐터필러를 벗기고 사용하기 위해서다. 반면 독일군 중전차의 현가장치는 1세트여서 같은 상황에서 좁은 폭과 넓은 폭의 캐터필러를 서로 교체하는 식으로 대처했다. 그러나 무게가 무거워진 반면 엔진은 M26 퍼싱과 같아서 시속은 13km로 느렸다. 또 시작차의 완성이 1945년 9월이었으므로 시작차 발주 2대만으로 끝났다. 그 후 테스트는 계속했지만 본 차를 개발할 이유가 없게 되어 그대로 끝나고 말았다.

M3 중형전차

유럽에서 독일 세력의 확대에 대항하고자 M2의 화력 강화 버전으로 급히 개발한 전차가 M3 중형 전차다. M4가 완성될 때까지의 대안으로 영국과 소련에 대량 공여되었다.

🛡 **M2 중형전차 마틸다**
(Matilda) (1939)

🛡 **M3 중형전차 리**
(1941)

2차 대전 이전 설계로, 37mm 포를 탑재한 이 전차로는 독일군에 대항할 수 없어서 제식화는 되었으나 생산이 취소되었다. 그러나 차체는 그대로 M3 중형전차에 대물림된다.

M2의 차체를 기본으로 75mm포를 장비한 것. 3단으로 된 포탑은 위에서부터 7.62mm 기관총, 37mm 포, 75mm 포로 되어 있으며 주포가 차체 오른쪽에 붙어 있는 묘한 구조를 하고 있다. 원래는 360도 회전포탑에 주포를 탑재해야 했으나 개발 시간이 촉박해서 서둘러 만들었기 때문이다. 리·그랜트란 남북 전쟁 당시의 장군 이름이며 3단 포탑이 리, 영국에서 포탑을 설계 변경한 것이 그랜트다.

🛡 **M3 내부 구조**

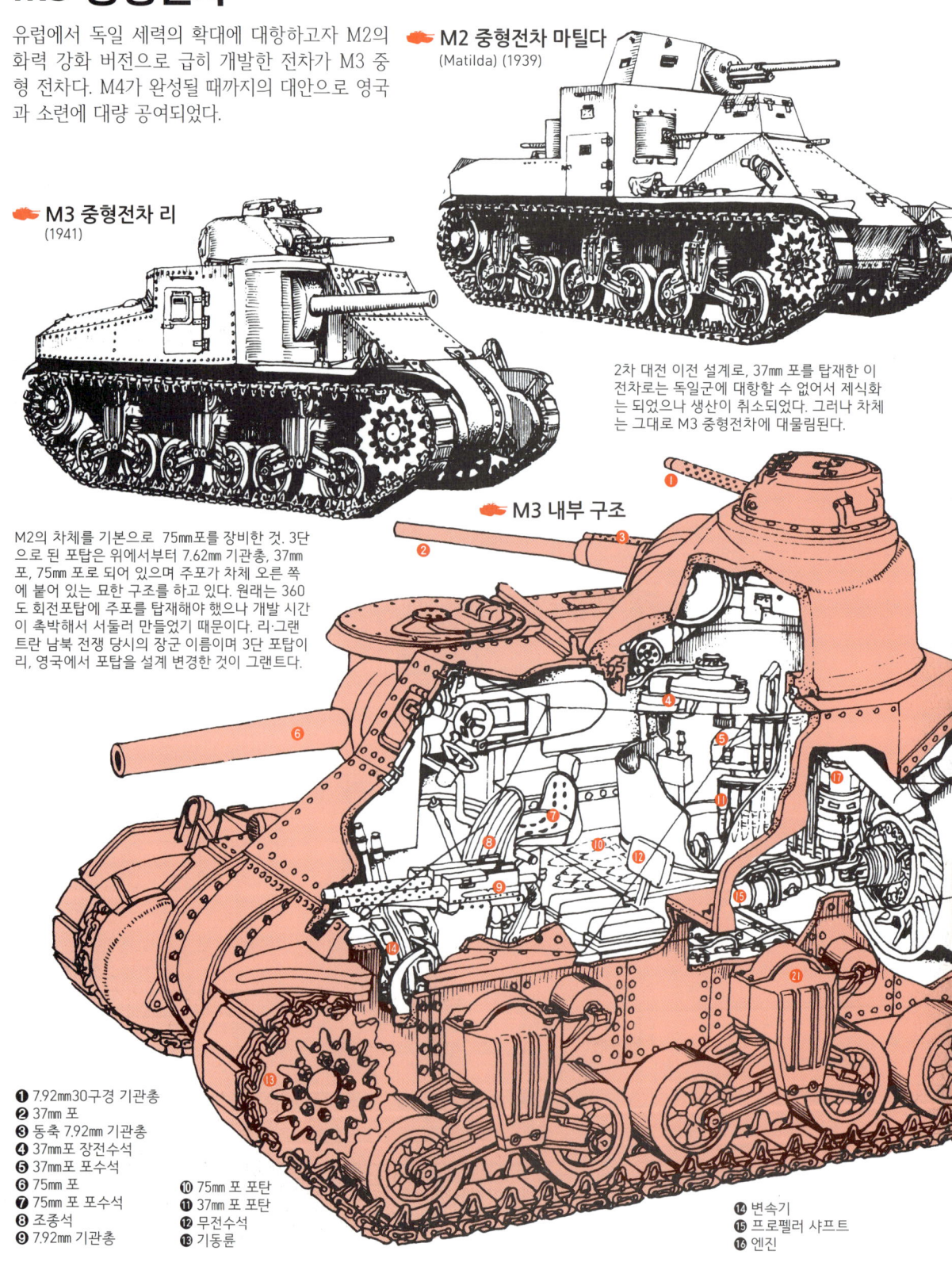

❶ 7.92mm30구경 기관총
❷ 37mm 포
❸ 동축 7.92mm 기관총
❹ 37mm포 장전수석
❺ 37mm포 포수석
❻ 75mm 포
❼ 75mm 포 포수석
❽ 조종석
❾ 7.92mm 기관총
❿ 75mm 포 포탄
⓫ 37mm 포 포탄
⓬ 무전수석
⓭ 기동륜
⓮ 변속기
⓯ 프로펠러 샤프트
⓰ 엔진

미국전차(W.W.II)

🍁 M3 중형전차 그랜트

M3 중전차는 M3, M3A1~A5의 기본 6 종류와 포탑의 구성이 다른 것으로 대략 구별한다. M3~M3A2까지는 차체가 각각 리벳 접합, 용접, 주조로 되어 간다. 엔진은 아래의 미군 교범(매뉴얼)에 있듯이 처음은 항공기용 성형 엔진, 다음은 GM의 디젤, 크라이슬러의 가솔린 엔진 등이 사용됐다. M4가 양산될 때까지 총 6,258대가 제작되고 그중 2,653대는 영국으로, 1,386대는 소련으로 공여됐다. 북 아프리카 전선 등에서는 영국군의 주력으로 활약했으나 미군에서는 거의 훈련용으로 사용했다.

- 전장 5.54m
- 전폭 2.72m
- 전고 3.12m
- 장갑 12.7~51mm
- 무장 75mm 포×1
- 37mm 포×1
- 7.92mm 기관총×3
- 중량 27.9t
- 최고속도 39km/h
- 승무원 6명

🍁 미군 교범으로 보는 M3의 변천

오른쪽 테두리 안은 위에서부터 항공기용 성형 엔진을 탑재한 M3, 디젤 엔진 2기를 탑재한 M3A3, 마틴 가솔린 엔진의 M3A4 이다. 차체 구조는 모두 같으나 형태와 크기가 다른 엔진들을 탑재하고 있다. 성형 엔진의 직경이 상당히 큼을 알 수 있고 디젤의 경우는 키가 낮은 만큼 길이가 맞지 않아 전투실이 뒤로 튀어나와 있다. 미리 제작한 강철 박스에 유니트(Unit)화 한 각 장비들을 조립해 붙여 나가 양산하기 쉽도록 하고 있다.

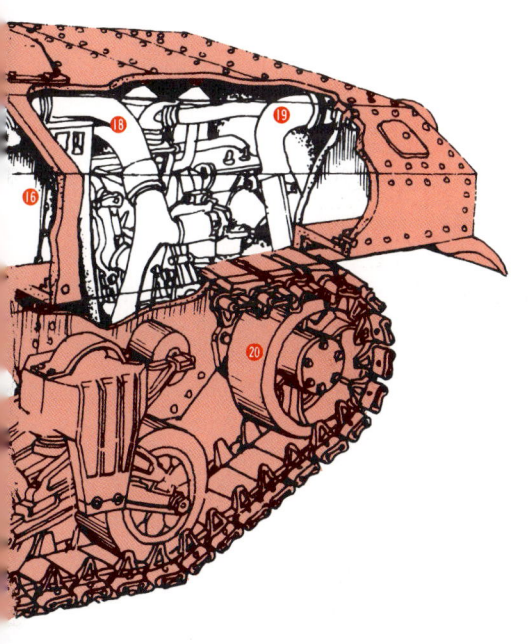

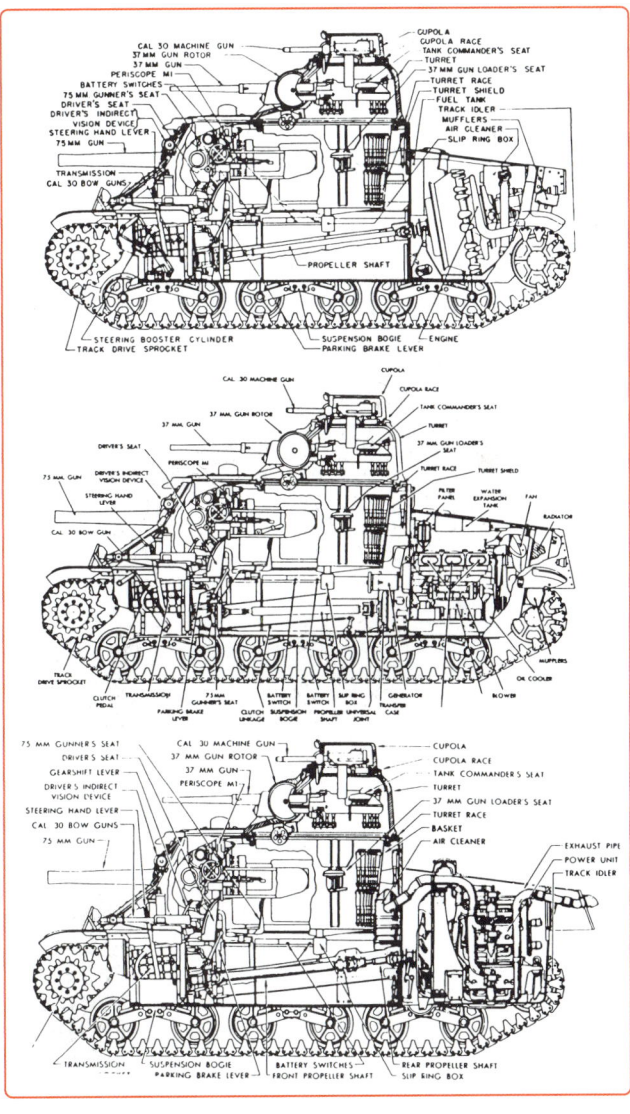

⑰ 에어 클리너
⑱ 흡기관
⑲ 배기관
⑳ 유도륜
㉑ 보기(bogie)식 현가장치

M4 셔먼(Sherman) 중형전차 시리즈

M4 중형전차의 개발은 1941년 4월부터 시작되어 단포신 M2 75mm 포와 4정의 7.62mm 기관총을 장비한 시작차 T6가 공개 테스트를 받았다. 10월에는 이 개량형이 M4 중형전차로써 제식 채용되어 M3를 대신해서 모든 중형전차 생산 라인이 M4 생산에 돌입하는 신속함을 보였다. 용접 차체의 M4와 주조 차체 M4A1가 초기형이었으나 주포는 T6의 것보다 포신이 긴 M3을 탑재했다. 그 후 M4 전차는 연합군의 주력 전차로 대활약하고 전후에도 오랫동안 사용됐다.

그 파생형도 많으며 제조 회사, 제조 장소도 다양하다.

■ **M4 셔먼 시리즈의 변천** (A3외의 다른 모델들)

시작차 T6 — 균형추를 붙인 31구경 75mm포와 4정의 브로우닝 기관총을 장비한 T6은 16대 제작되었다.

M4A1 — 시리즈 중 최초로 양산된 주조 차체 타입으로 9,677 대 생산. 그중 6,281대의 주포는 M3, 3,396대는 76.2mm M1을 장비했다. 영국에서는 전자를 셔먼 II, 후자를 셔먼 IIA라 호칭했다.

M4 — A1보다 반년 늦게 양산이 시작된 용접형 차체. 각이 진 감이 있다. 포탑은 동일. 8,389대가 생산되었는데 그 중 6,748대는 75mm 포, 1,641대는 105mm 포를 장비. 영국에서의 호칭은 셔먼I.

M4A2 — 기본적으로는 M4와 같은 용접형 차체인데 증산 요구에 대해 가솔린 엔진이 항공용 생산이 우선이어서 디젤 엔진으로 변경. 그림의 앞부분 고정 기관총은 곧 폐지되었다. 11,283대가 생산되고 그중 8,053대는 75mm 포, 나머지는 76.2mm 포.

M4A4 — 엔진이 커져서 차체 후부가 길어졌다. 크라이슬러 자동차 엔진을 탑재한 복잡한 구조로 주로 영국에 공급됐다. 생산은 7,499대.

M4A6 — A4의 파생형으로 차체 앞면이 주조식이다. 1943년말 라이트와 포드의 가솔린 엔진으로 일원화되면서 겨우 75대만 생산.

※ 기타 국내에서만 사용한 A5나 영국이 개발한 VC 파이어플라이 등 변형이 많다.

전차 후부에서 보는 M4의 각 형식 특징

M4A1 — 주조제이므로 차체가 둥글둥글해서 제일 쉽게 식별된다 / 콘티넨털 공랭 성형 가솔린엔진 R975C1또는 C4(350hp 과 400hp)

M4 용접차체 — 차체후부 커버가 아치형

M4A2 용접차체 — 凸형으로 변화 / 연료 탱크 캡이 보인다. / 그릴 폭이 좁다. / GM6046 수랭 디젤엔진 (트럭용)×2기 375 hp

미국전차(W.W.II)

수 많은 모델 중 M4A3형이 대표적이며 포드 V8 엔진을 탑재한 모델이 가장 우수했다 한다. M4는 셔먼의 호칭으로 널리 알려진 미국의 대표적 중형전차였다.

🔥 제 1호 차

투시 슬릿

차체 전면은 1호차부터 싱글 피스 형.

■ M4A3 셔먼

M4는 48,347대나 생산되고 주요 파생형도 많다. 그중에서도 이 A3형은 가장 많은 활약을 한 주요 모델이며 시리즈 중 가장 우수한 것으로, A2형보다 1개월 늦게 제식화 됐다. 11,424대가 생산되었고 5,015대는 75mm포, 3,370대는 76.2mm포, 3,039대는 105mm포를 장비했다. 75mm포 장비차 중에는 254대의 통칭 '점보'도 포함되어 있다.

주포의 포방패는 M34 (다음 페이지 참조)

🔥 초기 생산 형

개량형(아래그림)이 나올 때까지 가장 일반적 차체.

변속, 조향장치 점검, 교환 때의 차체 앞부분에 볼트로 체결된 노즈커버는 처음엔 3 분할 타입이었다.

구형 차장용 해치

장전수용 해치가 포탑 옆에 붙어있다.

일체형 차체 하부 형상도 여러 가지 있다.

신형 차장용 큐폴라

75mm포 탑재 형에서도 도중에 신형 큐폴라가 장착되기도 하고 전선에서 교환되기도 했다.

🔥 후기 생산형

차체 앞부분이 요철이 없는 일체형으로 바뀌었다. 이 차체에 75mm포를 탑재한 것은 M4A3형 뿐이다. 전차 전용 포드 GAA 500hp 엔진은 신뢰성이 높고 31t 차체를 구동했다.

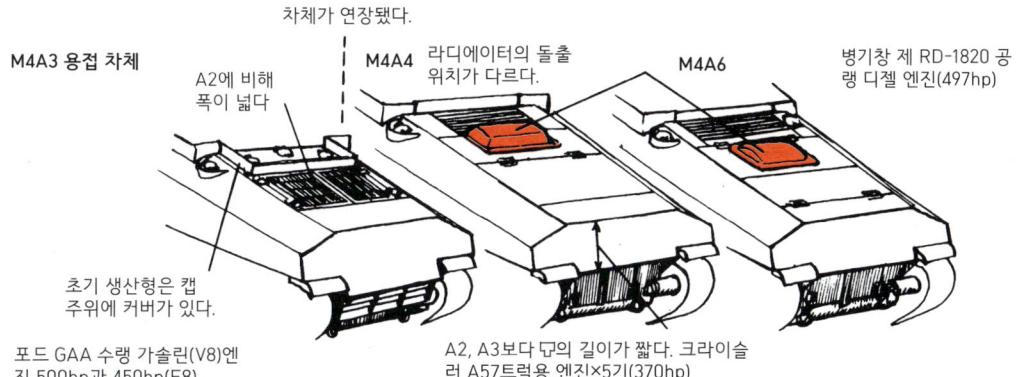

차체가 연장됐다.

M4A3 용접 차체

A2에 비해 폭이 넓다.

초기 생산형은 캡 주위에 커버가 있다.

포드 GAA 수랭 가솔린(V8)엔진 500hp과 450hp(E8)

M4A4

라디에이터의 돌출 위치가 다르다.

A2, A3보다 모의 길이가 짧다. 크라이슬러 A57트럭용 엔진×5기(370hp)

M4A6

병기창 제 RD-1820 공랭 디젤 엔진(497hp)

🔺 M4A3 포탑의 각 형식

▼ 75mm포 형

이미 76mm포는 완성되었으나 75mm포의 고폭탄 폭약량이 많아 위력이 좋다고 판단, 75mm포 형의 M4A3은 생산을 계속했다.

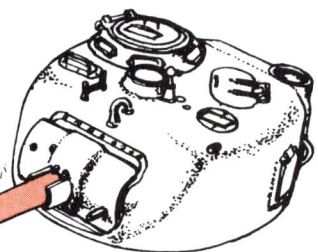

▼ 76mm포 형

중(重)전차 M6용의 3인치 포를 개조한 M1포를 장비. 75mm포로는 티거와 판터를 상대할 수 없었기 때문.

구경 2인치 유탄 발사기

M1A1 3인치 포

후기형 포탑
장전수용 해치가 신형으로 바뀌면서 유탄발사기 폐지.

105mm 유탄포 형

1943년 포가의 개발에 고전했으나 8월에 완성. 주포의 트레블 록 장착 위치가 아래 방향으로 된 것 이외는 다른 A3 차체와 동일.

잠망경용 홀이 커졌음.

🔺 주포와 장갑

M4의 75mm포로는 500m이내가 아니면 티거, 판터를 격파할 수 없으나 독일전차는 2000m에서도 M4를 격파할 수 있었다. 주포 장갑, 모두 우세한 독일전차에 대해 대전 후반에 서면의 반수가 76mm포를 장비하게 된다.

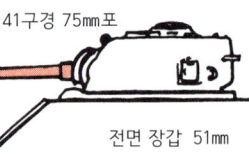

41구경 75mm포

전면 장갑 51mm

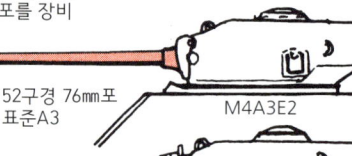

52구경 76mm포
표준 A3

M4A3E2

다음 페이지에 보듯, 보병지원용으로 개발된 E2 '점보'는 두꺼운 장갑을 갖추고 몇 대인가는 현장에서 대전차용으로 76mm포로 교환했다.

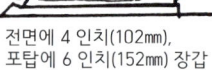

전면에 4 인치(102mm),
포탑에 6 인치(152mm) 장갑

🔺 M4 시리즈의 포방패

포구의 차이

머즐 브레이크가 장착된 개조용 76mm포 M1A1C와 M1A2의 두 타입. 폐쇄 기구가 다르다. 발사시 포구 폭풍이 극심하다는 현장의 지적에 장비.

M34 마운트 M34는 75mm포의 중앙(루트)만을 커버했다.

M4A3의 105mm포 형은 500대 까지는 VVSS형, 이후는 HVSS형으로 총 2,539대, 총 3,093대 생산됐다.

1944년경부터 차장용 큐폴라 장착

M34A1 마운트

M62 마운트
(76mm포)

상부에서 본 E2. 포방패는 압연 장갑강판.포탑은 주조. 차체는 용접접합방식의 압연 균질 장갑강판

M52 마운트
(105mm포)

T110 마운트(점보)

영국제 파이어플라이어
(17파운드 포)

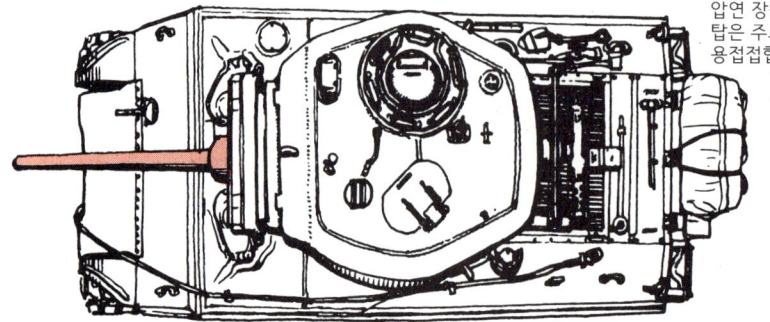

미국전차(W.W.II)

■ 보병지원 전차 M4A3E2 '점보(Jumbo)'

1944년 초 대륙 반격을 기다리던 미국의 유럽파견군 사령부는 독일군의 요새 돌파작업 시에 보병지원용 중(重)전차를 필요로 했다. 그러나 신형 전차 T26(M26)은 시기를 맞추지 못해 결국은 M4A3을 바탕으로 장갑을 강화해 대처하기로 했다. 이것이 M4A3E2(통칭 '점보')이며 1944년 3월부터 254대가 한정 생산되었다.

점보는 6월중의 프랑스침공작전을 성공시키기 위해 비교적 두꺼운 장갑을 두르고 있다. 포탑은 6인치(152mm)의 두께, 76mm포 탑재예정이었으나 75mm포로 낙착, 생산 시에는 모두 75mm포로 되었다. 차체도 전면은 합계 4인치(102mm)로 되는 장갑판을 추가로 용접, 측면에도 마찬가지로 3인치(76mm) 장갑으로 강화했다. 이 때문에 중량은 표준의 A3가 31t 이었는데 38톤을 훌쩍 넘어버렸다.

🔥 M4A3로부터의 개조

🔥 추가 장갑을 붙인 셔먼

일반 셔먼에도 유럽전선에서 다양한 장갑 방어대책이 연구되었다.

장갑판을 용접하는 것이 일반적인데 기타 위 그림처럼 전면에 콘크리트를 발라 붙인 것도 등장했다. 가장 비용이 적게 드는 인기 있는 방법은 아래처럼 모래주머니를 겹쳐 쌓는 것으로 독일군의 강력한 화력에도 효과는 있었다.

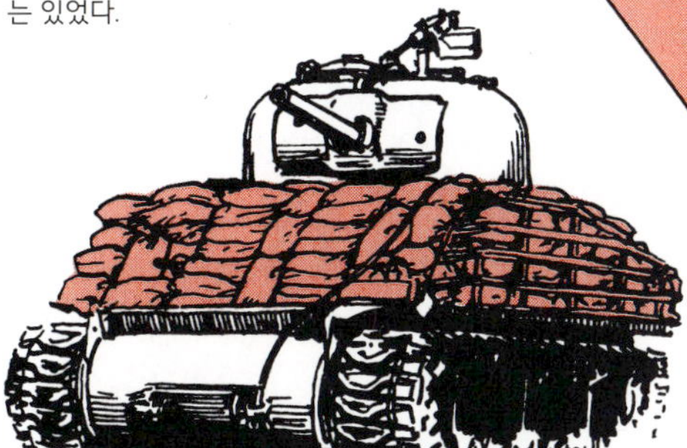

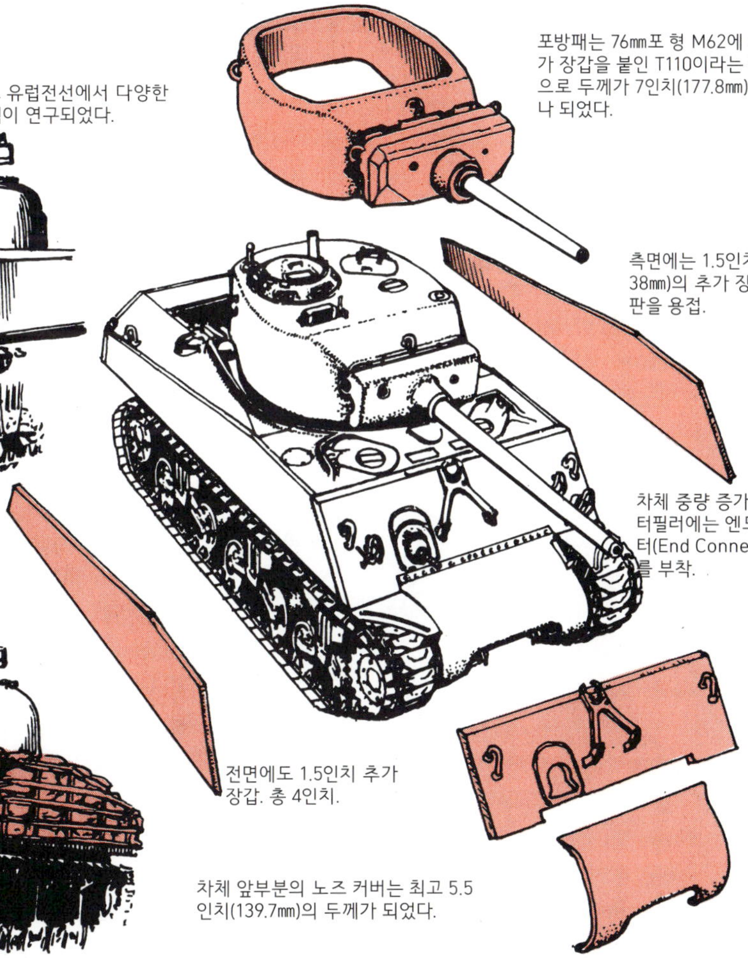

포방패는 76mm포 형 M62에 추가 장갑을 붙인 T110이라는 것으로 두께가 7인치(177.8mm)이나 되었다.

측면에는 1.5인치(약 38mm)의 추가 장갑판을 용접.

차체 중량 증가로 캐터필러에는 엔드 커넥터(End Connector)를 부착.

전면에도 1.5인치 추가 장갑. 총 4인치.

차체 앞부분의 노즈 커버는 최고 5.5인치(139.7mm)의 두께가 되었다.

87

■ M4A3E8 셔먼 '이지 에이트(Easy Eight)'

2차 대전 중 연합군의 대표적 중형 전차인 셔먼 시리즈는 생산량도 많고 파생형 타입도 많다. 전후에도 오랫동안 각국에서 사용되고 개발도상국에서는 70년대에도 사용되었으며 지금도 남아 있다. 이 M4A3E8(Easy Eight)은 1944년 8월부터 1944년 9월까지 생산된 M4 시리즈의 최종형으로 대전 후 잠시 미군의 주력 전차로 활약했다. 2,539대가 생산된 외에 1946년부터 한국전쟁(1950년) 사이에 다른 이 M4A3형 1,172대가 E8(Easy Eight)로 개조되었다.

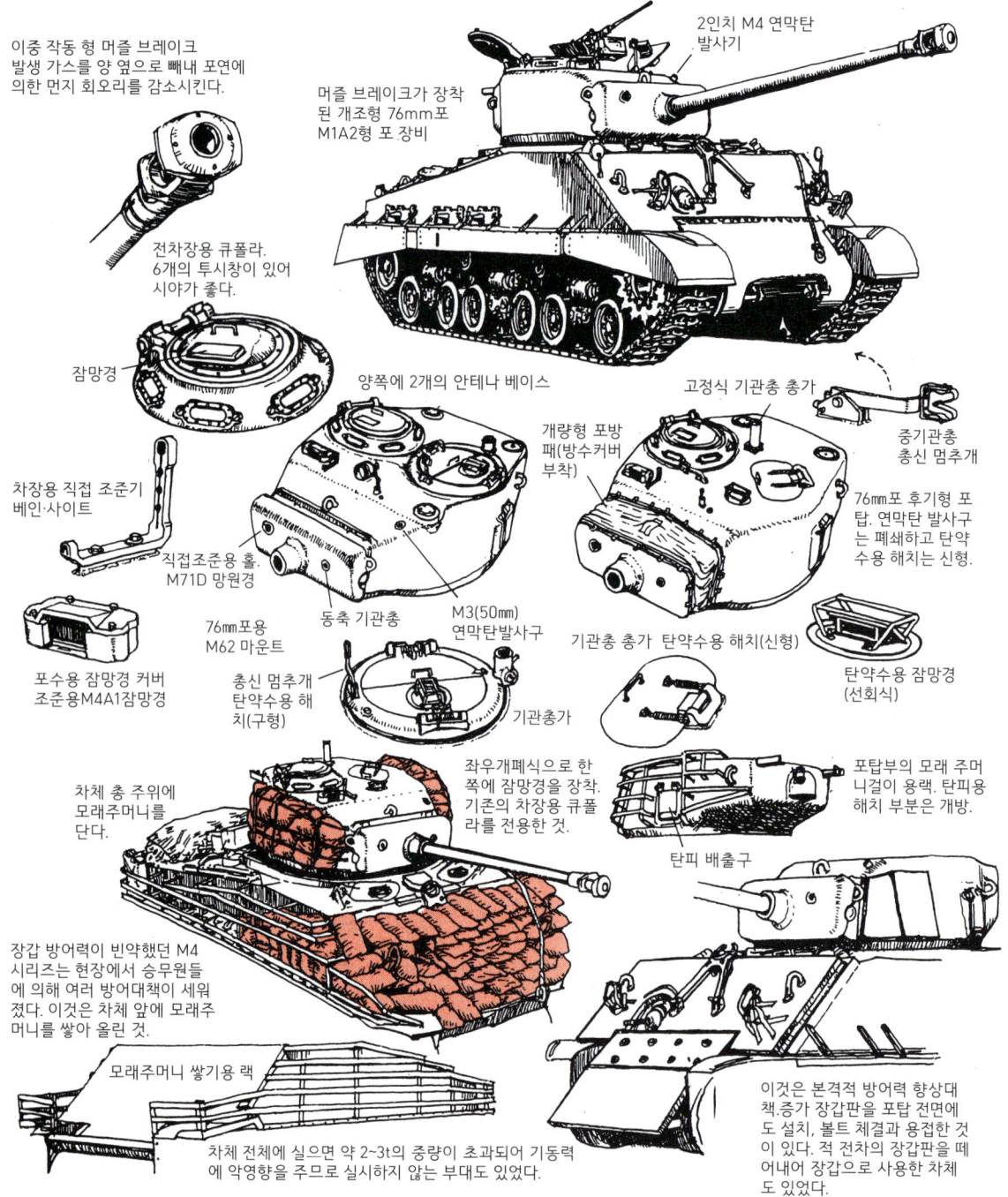

미국전차(W.W.II)

M4 시리즈 전차는 서방 진영의 재군비, 군대 재건에 다수 제공되어 해당국 독자의 파생형도 많다. 또 1950년에 발발한 한국전쟁에서는 북한의 T-34/85와 거의 호각으로 싸우는 모습을 보였다.

M4A3E8 주요 제원
- 전장 7.7m (차체 길이)6.27m
- 전폭 2.67m
- 전고 3.43m
- 장갑 38~76mm
- 전투중량 32.3t
- 엔진 포드 수랭 V형 8기통 500HP/2600 rpm
- 최고속도 48km/h
- 항속거리 161km
- 승무원 5명

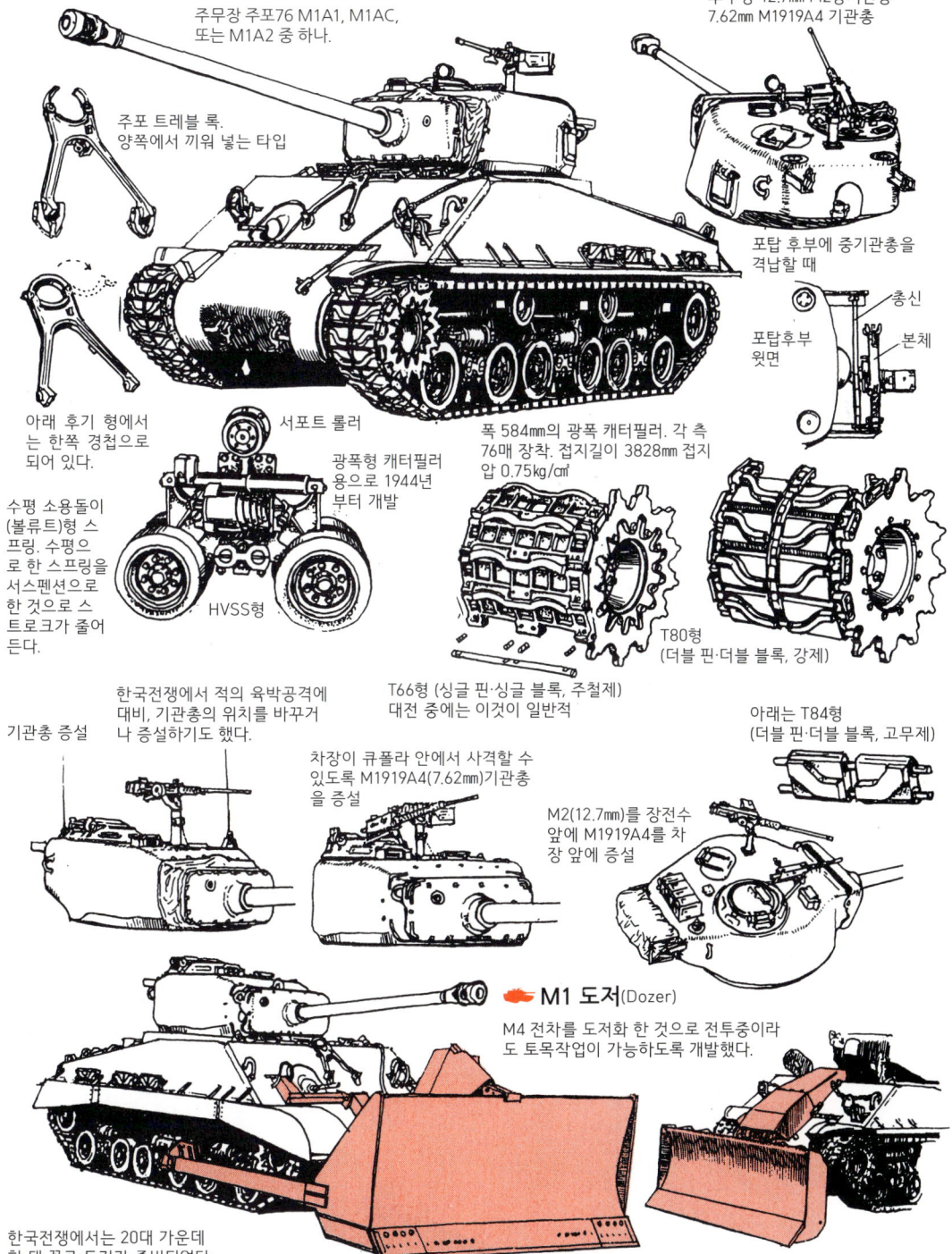

주무장 주포76 M1A1, M1AC, 또는 M1A2 중 하나.

주포 트레블 록. 양쪽에서 끼워 넣는 타입

부무장 12.7mm M2중기관총 7.62mm M1919A4 기관총

포탑 후부에 중기관총을 격납할 때

총신 / 포탑후부 윗면 / 본체

아래 후기 형에서는 한쪽 경첩으로 되어 있다.

서포트 롤러

광폭형 캐터필러용으로 1944년부터 개발

폭 584mm의 광폭 캐터필러. 각 측 76매 장착. 접지길이 3828mm 접지압 0.75kg/cm²

수평 소용돌이(볼류트)형 스프링. 수평으로 한 스프링을 서스펜션으로 한 것으로 스트로크가 줄어든다.

HVSS형

T80형 (더블 핀·더블 블록, 강제)

기관총 증설

한국전쟁에서 적의 육박공격에 대비, 기관총의 위치를 바꾸거나 증설하기도 했다.

차장이 큐폴라 안에서 사격할 수 있도록 M1919A4(7.62mm)기관총을 증설

T66형 (싱글 핀·싱글 블록, 주철제) 대전 중에는 이것이 일반적

아래는 T84형 (더블 핀·더블 블록, 고무제)

M2(12.7mm)를 장전수 앞에 M1919A4를 차장 앞에 증설

M1 도저(Dozer)
M4 전차를 도저화 한 것으로 전투중이라도 토목작업이 가능하도록 개발했다.

한국전쟁에서는 20대 가운데 한 대 꼴로 도저가 준비되었다.

M2 도저(Dozer)

구조로 본 M4 중형전차의 변천

지금까지 기술한 바와 같이 M4 중형전차는 2차 대전에서 연합군의 대표적인 전차이며 자주포 등을 제외한 시리즈의 생산수량도 42,953대나 되는 등 가장 성공한 전차이기도 했다.

 대전이 시작될 무렵, 미국의 중형 전차라면 AM2A1이며 이것은 37㎜포를 탑재한 빈약한 것이었다. 1941년 여름에 이를 대신해 75㎜포라는 당시로써는 강력한 주포를 갖춘 M3 중형 전차가 개발됐다. 그러나 이 M3은 당시의 기술적 제약에서 선회 포탑이 좌우 각각 15도밖에 선회할 수 없는 결점이 있었으며 신속한 전방위 사격을 요구하는 기동전에는 대응할 수 없었다. 그래서 등장한 것이 M4인데, 외관의 변천은 이미 기술했으므로 여기서는 구조면에서 보기로 하자.

M4의 전신인 T6은 M2, M3에서 채택된 수직 볼류트(Volute) 스프링 현가장치의 하부 차체에 일체형으로 주조된 상부 구조를 연결, 75㎜ 전차포 탑재의 대형 포탑이 전주(360도)선회가 가능한 상태로 결합하는 것이 목적이었다. M3의 부대 배치와 병행하여 개발을 시작하였다. 시험제작부터 M4 중형전차로써 제식 채용되기까지 겨우 반년이라는 초 스피드로 개발되었다.

■ M4A1

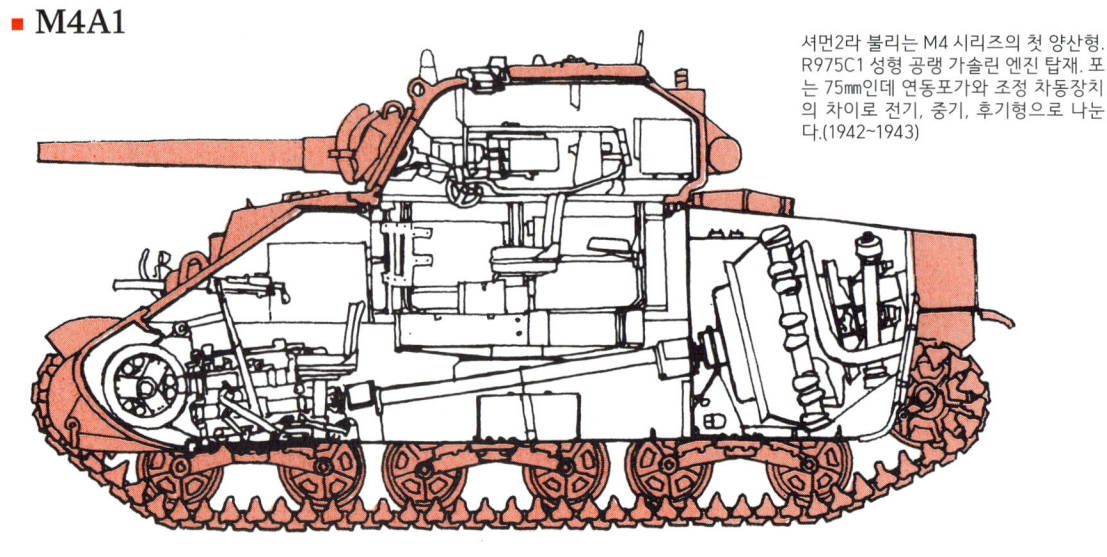

셔먼2라 불리는 M4 시리즈의 첫 양산형. R975C1 성형 공랭 가솔린 엔진 탑재. 포는 75㎜인데 연동포가와 조정 차동장치의 차이로 전기, 중기, 후기형으로 나눈다.(1942~1943)

■ M4A1 76㎜ 포

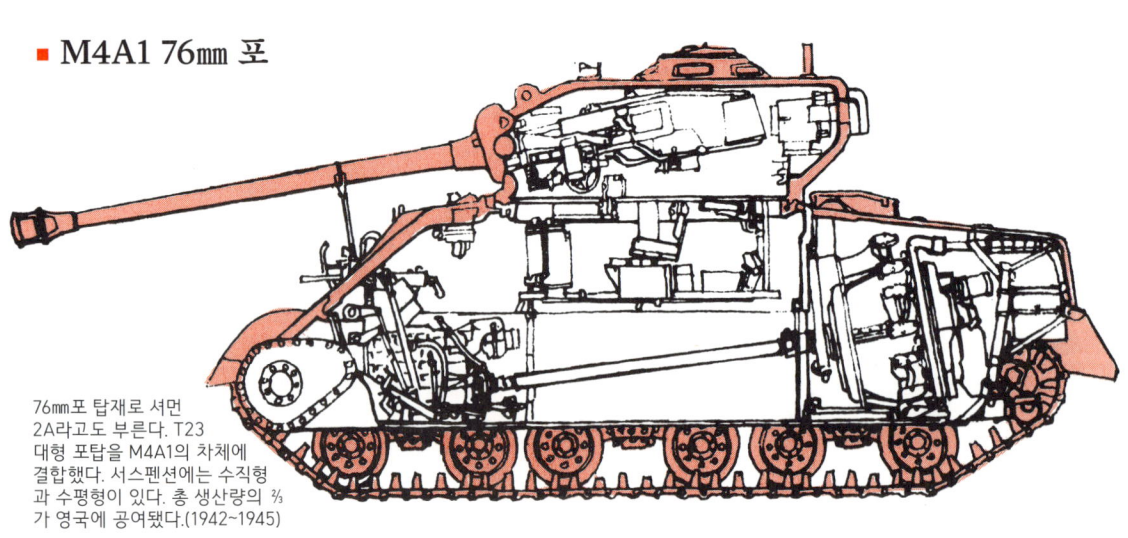

76㎜포 탑재로 셔먼 2A라고도 부른다. T23 대형 포탑을 M4A1의 차체에 결합했다. 서스펜션에는 수직형과 수평형이 있다. 총 생산량의 ⅔가 영국에 공여됐다.(1942~1945)

M4시리즈는 사소한 개조 분을 빼고 차체형식, 포탑방식, 탑재포, 탑재 엔진, 서스펜션 형식에 의해 다음과 같은 기본형식으로 나눌 수 있다. M4(셔먼), M4A1(셔먼2), M4A2(셔먼3), M4A3(셔먼4), M4A4(셔먼5), M4A5(셔먼6), M4A6(셔먼7)이다. 이 중 가장 유명한 것은 물론 M4A3 (다음 페이지 상세구조도 참조)이다.
차체에는 용접 접합방식으로 조립된 압연/주조 균질장갑판과 주조 균일 장갑강판이 있다. 포탑은 주조 균질 장갑강판이며 75㎜, 76㎜, 105㎜ 유탄포용 등이 있다. 포방패를 포함한 포탑의 외관은 각 형식 모두 다르다.

탑재포의 종류는 초기 것부터 순서대로 나열하면, M2형 28.5구경 75㎜, M3형37.5구경 75㎜, M1/M1A1C/M1A2형 52구경 76㎜, 같은 시기에 영국제 Mk4/Mk7형 55.1구경 3인치 포, 또는 HEAT탄을 발사하는 M4형 22.5구경 105㎜유탄포가 있었다.
엔진의 종류로는 350/400 HP의 성형 공랭식 엔진, 375HP수랭 디젤, 450HP 수랭 가솔린, 370HP 멀티뱅크 수랭 가솔린, 또한 450HP의 성형 공랭 디젤 엔진이 있었다.

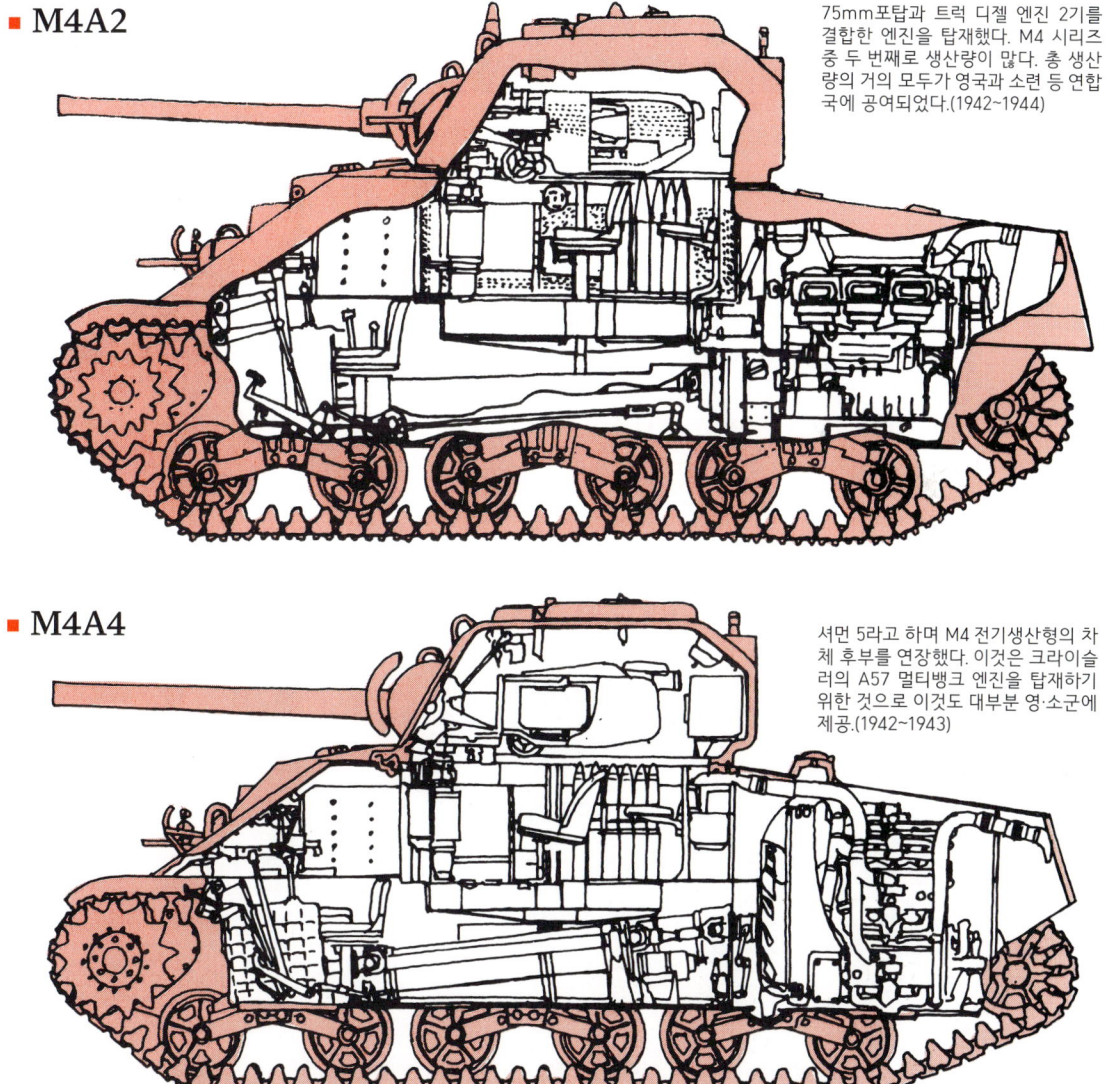

■ M4A2

75mm포탑과 트럭 디젤 엔진 2기를 결합한 엔진을 탑재했다. M4 시리즈 중 두 번째로 생산량이 많다. 총 생산량의 거의 모두가 영국과 소련 등 연합국에 공여되었다.(1942~1944)

■ M4A4

셔먼 5라고 하며 M4 전기생산형의 차체 후부를 연장했다. 이것은 크라이슬러의 A57 멀티뱅크 엔진을 탑재하기 위한 것으로 이것도 대부분 영·소군에 제공.(1942~1943)

M4A3의 구조

셔먼4라고도 불리는 M4A3는 시리즈 네 번째의 양산형이다. 미 육군 기갑사단 전차대대의 표준형 전차로써 활약했다. 다른 연합군에 제공된 것은 극소수이다.
M4 후기형에 포드 GAA 엔진을 탑재한 것이 M4A3이며 서스펜션이 수직 현가는 전기형, 여기에 전부 장갑과 해치를 개량한 것은 중기형, 서스펜션이 수평 현가로 된 것은 후기형으로 분류된다.

미국전차(W.W.II)

❶ 차장석
❷ 무전기
❸ 라디에이터 캡
❹ 엔진
❺ 무한궤도 조정장치
❻ 연료 탱크
❼ 예비 발전기
❽ 무전수 겸 탄약수 석
❾ 포탑선회용 슬립 링 (전동모터로 선회)
❿ 포탄 공급기
⓫ 조종석
⓬ 조종간
⓭ 변속 레버
⓮ 기어 박스
⓯ 조타(조향) 브레이크
⓰ 기관총사수석
⓱ 포탑선회용 베어링
⓲ 포 승강장치
⓳ 포탑 고정 장치
⓴ 선회장치
㉑ 차장용 정찰경
㉒ 잠망경(페리스코프)
㉓ 포탑용 환풍기
㉔ 포수석
㉕ 잠망경(페리스코프)

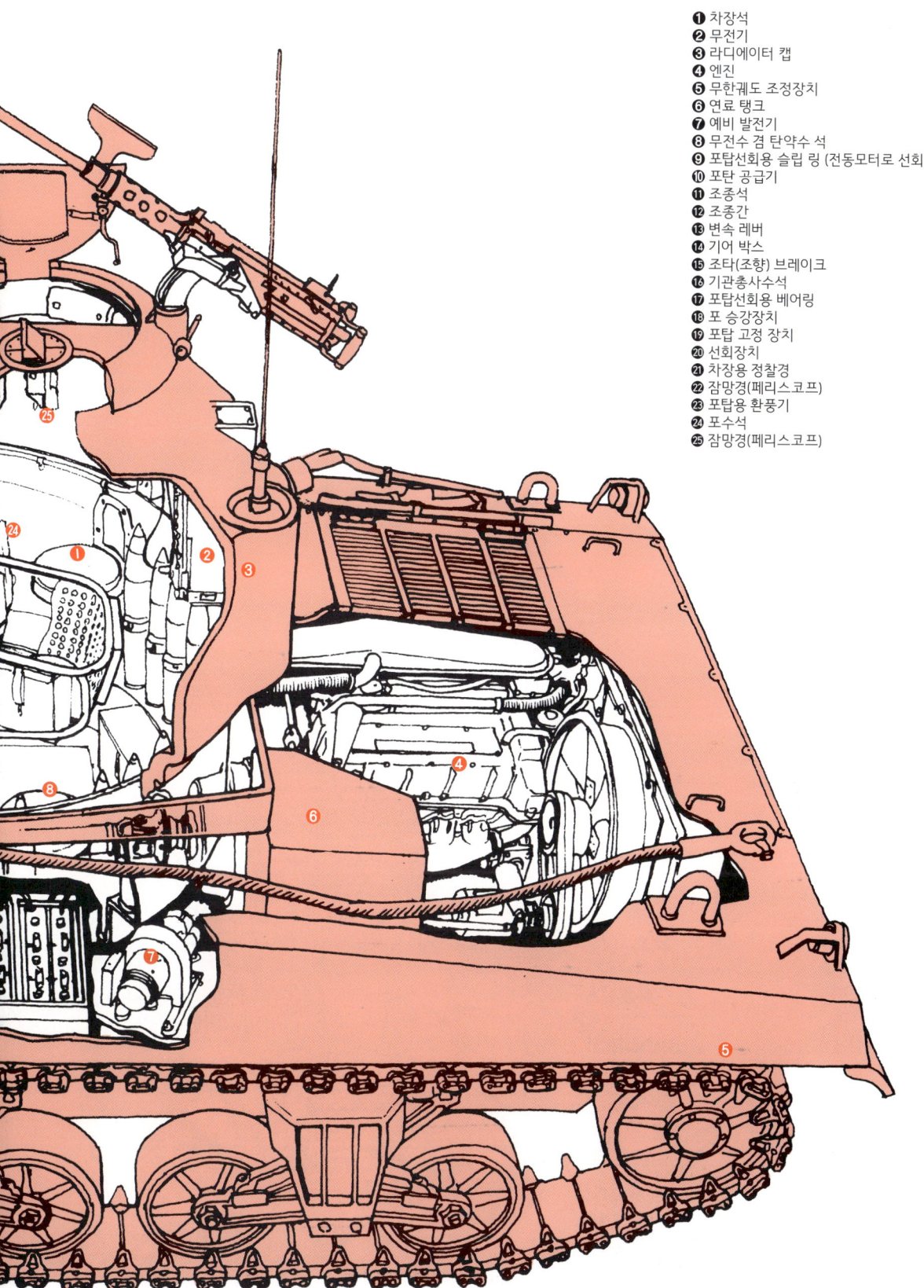

M4A3 개조 특수 전차

🔥 T34 4.6인치 다(多)연장 로켓 런처 '칼리오페(Calliope)'

M4 셔먼의 파생형 종류는 많으며, 특수용도로 개조한 예도 많다. 여기서는 주로 서유럽 진격을 위해 개발 연구된 M4A3의 개조 기종을 살펴보자. 전훈에 따라 단계적으로 개량되므로 이들 파생형도 많다.

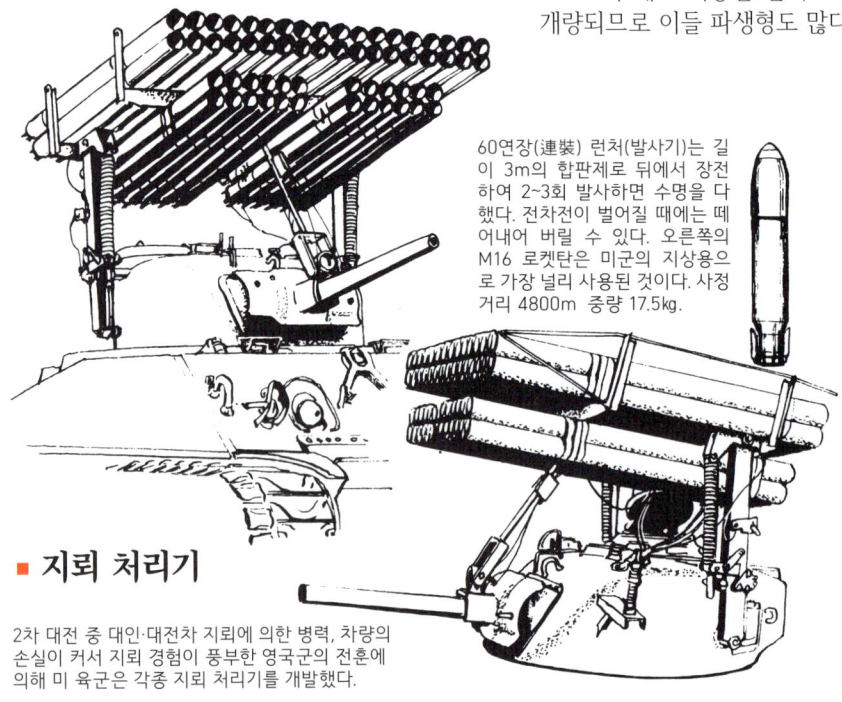

60연장(連裝) 런처(발사기)는 길이 3m의 합판제로 뒤에서 장전하여 2~3회 발사하면 수명을 다했다. 전차전이 벌어질 때에는 떼어내어 버릴 수 있다. 오른쪽의 M16 로켓탄은 미군의 지상용으로 가장 널리 사용된 것이다. 사정거리 4800m 중량 17.5kg.

이 '칼리오페'는 포탑 상에 장착하여 선회할 수 있고 상하각도 포신과 연동하게 되도록 되어 있다. 1943년에 개발되어 한시적으로 제식화했으나 전쟁이 끝날 때까지 계속 사용했다. 발사기의 중량은 834.6kg, 추진부의 발사 장약 점화는 6V 전원의 10발 동시 발화장치를 사용했다. 1944년 8월 1일 프랑스 전선 생·로 돌파의 '코브라' 작전 때 처음으로 등장했다.

■ 지뢰 처리기

2차 대전 중 대인·대전차 지뢰에 의한 병력, 차량의 손실이 커서 지뢰 경험이 풍부한 영국군의 전훈에 의해 미 육군은 각종 지뢰 처리기를 개발했다.

🔥 T1E3 앤트·제미마(Aunt Jemima)

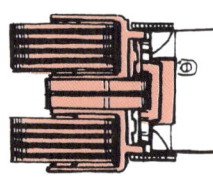

프랑스의 처리기를 참고한 롤러 디스크 형. 이 형식은 E6까지 만들었다. 금속 디스크의 높은 접지압으로 지뢰를 폭파한다.

앤트·제미마(Aunt Jemima)는 1944년 프랑스에서 현장 실험이 이루어졌다.

🔥 T1E4

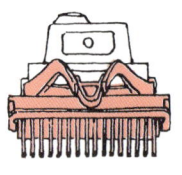

종래의 롤러 디스크 형을 시험한 결과를 보고 개량한 것. 전후에도 이 형식의 실험은 계속됐다.

🔥 T5E3

다음 페이지의 M1 도저를 바탕으로 시험 제작. 지뢰를 파내는 형식이다.

94

미국전차(W.W.II)

■ 불도저 (Bulldozer)

● M4A1 전차용 도저

공병대의 일반 도저로는 전선에서의 작업이 위험하고 비효율적이라는 전훈에서 전차에 도저를 장착하게 되었다.

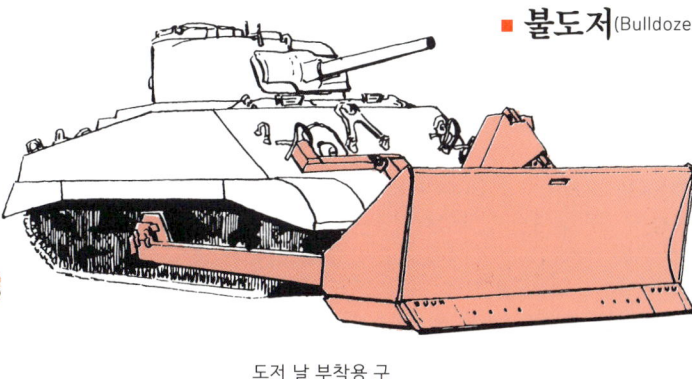

중량 3,200kg
폭 3.14m
높이 1.24m

도저 날 부착용 구조물. 전차 앞부분에 설치한다.

M4 중형전차 시리즈의 수직 현가방식에 맞추어 제작된 사이드 포트형 구조물로 도저를 상하 이동한다.

● TIE1 지뢰처리기

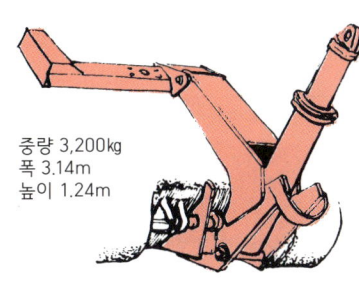

왼쪽은 6m의 기립식 크레인에 지뢰처리기를 달고 있는 것. 윈치는 차내에 있으며 견인력은 27톤.

■ M32 전차 회수차

M2 기관총
81mm박격포
A 프레임
리프트 암

전투에서 행동불능된 전차의 회수, 견인 또는 야전 수리도 하는 차량. 주 윈치 견인력은 27톤. 승무원 4명.

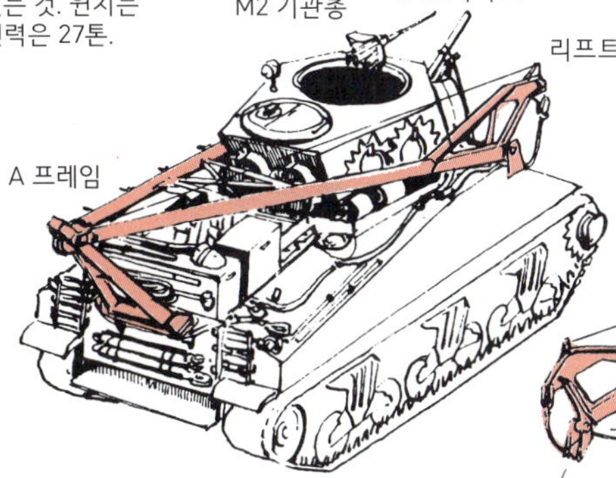

포탑부분은 고정으로 작업실이 된다. 박격포는 작업 중 연막을 치기 위해 장비.

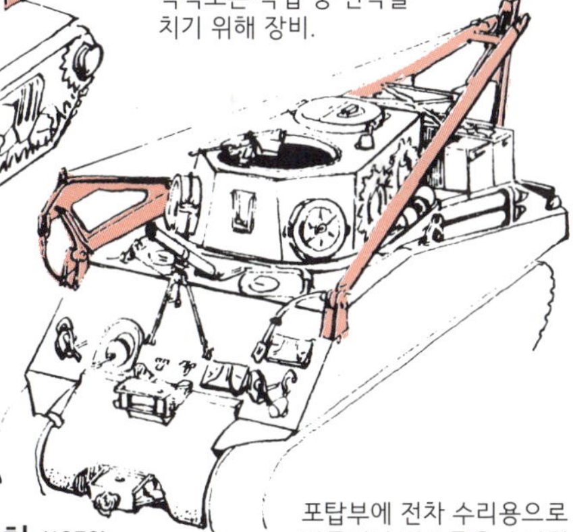

M4A3를 개조한 것은 M32B3이라 부르고 수평현가장치형은 M32A1B3라 불렀다. 생산량 1,599대

포탑부에 전차 수리용으로 전륜이나 기동륜을 수납한다.

● M74 전차 회수차 (1952)

M4A3 전차의 섀시를 이용한 M32의 개량형. 전후에 개발된 것으로 M47 중전차와 행동을 같이 하기도 한다. 회수장치의 동력 기구는 모두 유압화되어 있다. 주 윈치 견인력은 41톤. 붐 대의 드는 힘은 23톤이다.

❶ 붐 ❷ 릴리스 핸들 ❸ 차동장치
❹ 트랜스미션 ❺ 조종실 ❻ 유압 펌프
❼ 윈치 실 ❽ TOW 윈치
❾ 구동용 윈치 ❿ 유압 구동장치
⓫ 클러치 ⓬ 붐 윈치
⓭ 스포트라이트용 릴
⓮ 후부 붐용 케이블 가이드 ⓯ 엔진

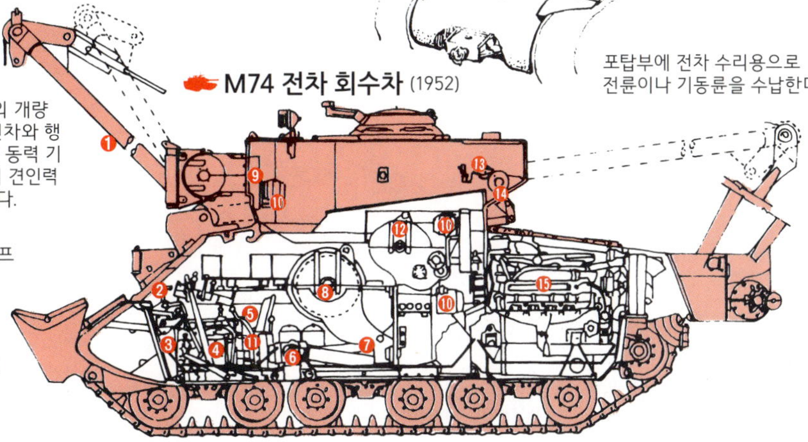

미국의 구축전차와 중(重)전차 M26

여기서 구축(驅逐)전차란 대전차 자주포를 말하며 보병부대를 적의 전차로부터 보호하는 것이 목적이다. 전차 구축을 위해 중(重)전차처럼 강력한 화포를 탑재하지만 장갑은 그렇지 않다.

미국에서는 2차 대전 돌입 후인 1942년 5월 이후 독일 중(重)전차 판터, 티거에 대항하기 위해 시작차(시험제작 차) T20, T23, T25가 차례로 개발됐다. 미국의 중전차에는 시작의 T1 계열에서부터 1942년에 제식 채용된 M6 시리즈가 있는데 이 T20~25의 계열은 사실은 중형 전차 급으로 되었다. T26도 중형 전차로 설계되었으나 90mm라는 강력한 포를 가진 독일의 티거에 대항할 수 있는 중(重)전차로 변경되었다. 하지만 1945년 1월에 제식화 되어 2차 대전에 활약하기에는 너무 늦었다.

■ 구축전차

미군의 전차구축부대는 차고가 낮고 360도 선회포탑을 가진 차량을 요구했다. 이 때문에 디젤엔진을 탑재한 M4A2 중형전차 차체에 오픈 톱의 회전식 포탑을 탑재한 T35E1을 제작했다. 이 포탑에 장비한 것은 3인치(76.2mm)고사포를 개량한 M7 전차포로, 12.7mm와 함께 화력적으로는 M4를 웃돌았다. 외관상 원래가 고사포였으므로 포신이 긴 것이 특징. 이것을 제식화 한 것이 M10 자주포이며 가솔린 엔진의 M4A3의 차체를 사용한 것은 M10A1이라 부르고 있다. 단, 독일의 중전차 장갑은 100mm 이상이며 3인치 포로는 위력이 부족했다.

🜲 M10 (1942)

🜲 M10의 구조

3인치(76.2mm) 전차포 M7

❶ 엔진
❷ 프로펠러 샤프트
❸ 포탑 버스켓
❹ 탄약고
❺ 조종석
❻ 전투실
❼ 트랜스미션

- 전장 5.97m
- 전폭 3.05m
- 전고 2.48m
- 장갑 19~64mm
- 무장 76.2mm 전차포×1 12.7mm기관총×1
- 중량 29.94t
- 엔진 400HP/2100rpm
- 최고속도 48.3km/h
- 항속거리 322km
- 승무원 5명

🜲 M36의 구조

90mm 전차포 M3

- 전장 7.47m
- 전폭 3.05m
- 전고 3.19m
- 장갑 19~76mm
- 무장 90mm M3 전차포×1 12.7mm기관총×1
- 중량 29.034t
- 엔진 450HP/2600rpm 디젤
- 최고속도 41.8km/h
- 항속거리 249km
- 승무원 5명

미국전차(W.W.II)

M18 (1943)

헬켓(Hellcat)이란 별명이 붙은 경(輕)구축전차. T10과 병행하여 전차구축부대용으로 개발됐다. 현가장치는 미국 전차 최초의 토션 바 식. M4와 같은 콘티넨털 엔진을 탑재했으며 경장갑이므로 시속 88km라는 대전 중 제식화된 전차 중 제일 빠른 전차였다.

- 전장 5.45m
- 전폭 2.83m
- 전고 2.38m
- 장갑 7~30mm
- 무장 76.2mm M1 전차포×1
  12.7mm기관총×1
- 중량 17.5t
- 엔진 400HP
- 최고속도 88km/h
- 항속거리 168km

M36 (1944)

유럽전선에서 M10을 실전에 사용해 보니 독일의 판터, 티거 등의 중장갑 전차에는 위력이 부족함을 절감, 같은 차체에 90mm포 장비의 M36이 기획되어 1944년 6월에 등장했다. 중(重)전차 M26의 등장이 늦어, 다음 해에나 나올 것으로 예상되어 이 전차가 독일군 중전차를 격파할 수 있는 유일한 전차였다.

M26 퍼싱 (Pershing)

판터, 티거에 대항하기 위해 개발된 본격적 중(重)전차. 피탄경시가 좋은 대형 주조포탑에 장포신 50구경 90mm M3 전차포를 장비했다. 현가장치는 토션 바. 엔진은 포드 V8 가솔린 500HP이다. M26은 2,432대 생산되었으나 1945년에 등장했기 때문에 2차 대전에서는 소수만이 배치되었다. 또한 1946년 5월이 되자 다시 중형전차로 분류되는 기구한 운명이 되었으나, 그 후 한국전쟁에도 투입됐다.

- 전장 7.26m
- 전폭 3.51m
- 전고 2.78m
- 장갑 51~102mm
- 무장 90mm M1 전차포×1
  12.7mm기관총×1
- 7.62mm기관총×1
- 중량 41.9t
- 최고속도 48km/h
- 항속거리 180km
- 승무원 5명

① 주포 앙각장치
② 주포 평형 스프링
③ 방위각 지시기
④ 포수석
⑤ 차장용 큐폴라
⑥ 12.7mm 기관총용 브라켓
⑦ 무전기 / 잡물함
⑧ 차장석
⑨ 에어 클리너
⑩ 엔진
⑪ 냉각장치
⑫ 트랜스미션
⑬ 차동장치
⑭ 배기관
⑮ 기동륜
⑯ 유니버설 죠인트
⑰ 차내 배수 밸브
⑱ 토션 바 스프링
⑲ 팬 구동축
⑳ 포탑 록(Lock)
㉑ 배터리 박스
㉒ 전투실 바닥
㉓ 90mm 포탄 탄약고
㉔ 포탑선회 모터
㉕ 소화기
㉖ 부 조종수석
㉗ 스로틀
㉘ 액셀러레이터 페달
㉙ 스티어링 브레이크(조향장치) 레버
㉚ 스피드 레인지 선택 레버
㉛ 브레이크 록 장치
㉜ 주 스위치 박스

미국의 자주포(自走砲)

M7 '프리스트(Priest)'는 2차 대전 중 미군 기갑사단의 자주포대대의 주력장비로써 널리 사용됐다. 미 기갑사단은 자주포 3개 대대 편성으로 M7을 54대 장비했다. M7은 승무원 7명, 차장, 조종수 외에는 포 관계자들이다. 최초로 실전에 사용했던 영국군이, 원통의 대공기관총 총가가 교회 설교대와 닮았다는 이유로 프리스트(목사)라는 이름을 붙였다. M8은 경전차 차체에 75㎜ 유탄포를 탑재했다. M12는 M3의, M40은 M4의 차체에 각각 155㎜ 포를 탑재한 것.

- 전장 6.02m
- 전폭 2.88m
- 전고 2.95m
- 장갑 전투실 전 주위 12.7㎜
- 중량 22.97t
- 최고속도 39km/h
- 항속거리 193km
- 무장 105㎜ 유탄포
- 최대 사정 11,160m
- 발사속도 매분 8발.
- 탑재 포탄수 69발 (개조형은 76발)

■ M7 '프리스트(Priest)'
M2 12.7㎜ 중기관총
차장
조준수
사수

T32 M3 중형전차 차체에 M2A1 야전 유탄포를 탑재한 2대를 시험 제작했다. 테스트 결과 M7 105㎜ 자주 유탄포로써 1942년 4월에 제식화. 4,267대 생산.

M7 초기형
초기형은 M3 중형전차의 차체로 제작되고 후기형은 M4 차체를 이용했다. 후기형 외관은 M7B1과 같게 되었다.

B1과 다른 것은 엔진실의 상부와 차체 후부.

M7 후기형

M7B1
M4A3 전차 차체를 이용하여 제작. 가솔린 엔진이므로 차체 후부의 형상이 후기형과 달라졌다.

M7B2
포좌를 높게 하고 최대 앙각을 65도가 되도록 개량했다. 122대 생산.

프리스트·캥거루
M7 또는 M7B1을 영국군이 개조하여 병력수송차로 한 것. 보병 20명을 태운다.

영국군은 M7 102대를 캥거루로 개조했다.

미국전차(W.W.II)

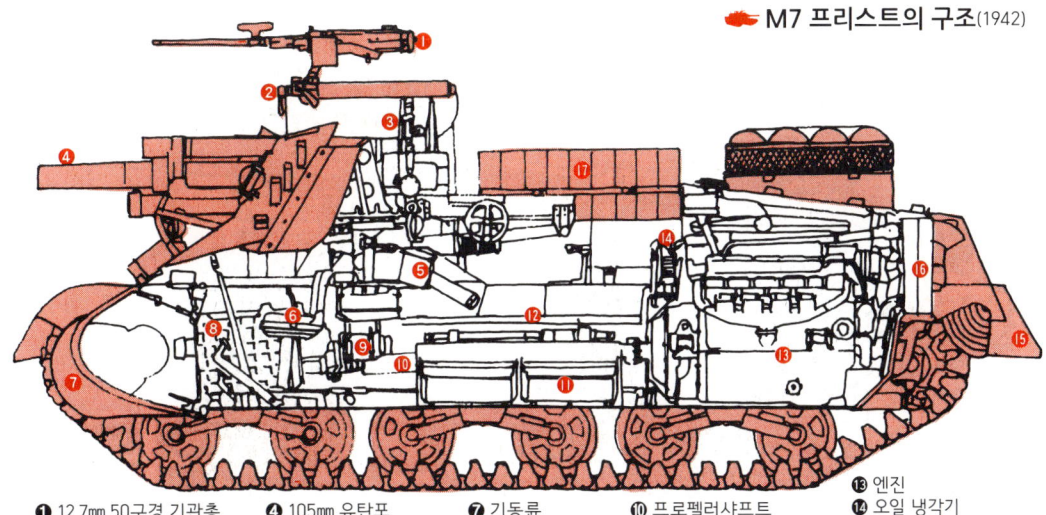

🔴 **M7 프리스트의 구조**(1942)

❶ 12.7mm 50구경 기관총
❷ 기관총 마운트
❸ 망원경 마운트
❹ 105mm 유탄포
❺ 105mm포 포가
❻ 조종석
❼ 기동륜
❽ 변속기
❾ 발전기
❿ 프로펠러샤프트
⓫ 배터리
⓬ 전투실 바닥
⓭ 엔진
⓮ 오일 냉각기
⓯ 흙 받이
⓰ 냉각 팬
⓱ 하물(짐)

🔴 **M8 자주포**(1942)

미군 최초의 완전 궤도식 자주포로, 차체는 M5 경전차의 것. 여기에 전방향 선회탑을 탑재하여 75mm M1A1유탄포를 장착한 것. 전차 포탑처럼 보이지만 오픈 톱으로 M5보다 대형이었으므로 차체 윗면의 해치가 없어지고 전면에 2개의 관측창이 설치됐다. 그림은 후기 생산형으로 초기형에는 스커트(옆면의 방호판)가 없다. 1942년 9월 ~1944년 초 까지 1,778대 생산.

- 전장 4.41m
- 전폭 2.24m
- 전고 2.32m
- 장갑 10~28mm
- 무장 75mm 유탄포×1 12.7mm 대공 기관총×1
- 중량 15.7t
- 엔진 V8 가솔린 2기 220HP
- 최고속도 56km/h
- 승무원 4명

🔴 **M12 자주포**(1942)

M7과 같이 M3 중형전차를 이용한 것. 탑재한 155mm포는 1차 대전 때 것인데 그래도 견인포에 비하면 기동성이 있어서 기갑사단과 행동을 같이 했다. 대 구경 포와 그 포가 때문에 차내 공간이 없어 포탄은 10발밖에 실을 수 없어 같은 차체로 포탄 운반차를 개발했다.

- 전장 6.77m
- 전폭 2.67m
- 전고 2.88m
- 장갑 10~50mm
- 무장 155mm 유탄포×1
- 중량 26.76t
- 엔진 공랭 성형
- 승무원 6명

🔴 **M40 자주포**(1944)

M12의 후계로써 차체는 M4A3 'Easy Eight'를 바탕으로 하여 신형 M2 155mm포를 탑재했다. M4 베이스였으므로 장갑이 두꺼워서 중량은 10t 가까이 증가했고 휴행 탄수는 20발로 늘어났다. 같은 개념에서 탑재포를 203mm 유탄포로 한 M4A3 자주 유탄포도 개발되었다. 등장이 조금 늦어 대전에서는 큰 활약은 하지 못했다.

- 전장 6.65m
- 전폭 3.14m
- 전고 2.84m
- 장갑 12~100mm
- 무장 155mm 포×1
- 중량 37.2t
- 엔진 공랭 성형 가솔린 395HP
- 최고속도 38km/h
- 항속거리 160km
- 승무원 8명

소련 전차 (W.W.II)
경전차

소련은 양차 대전 사이에 전차 개발력에서 개발 능력에서 큰 진보를 이뤘다. 혁명 직후 소련의 공업력을 생각하면 이는 놀라운 일이다.
1920년대 일찍부터 계획적으로 개발되어 특히 영국의 카든·로이드와 빅커스·암스트롱의 영향을 강하게 받았다. 또 1930년에는 독일의 BMW 엔진과 미국 크리스티 현가장치의 생산 면허를 얻었다. 1931년에는 6톤 전차의 면허를 받은 T-26경전차나 소형(꼬마)전차 T-27이 등장하고 또한 러시아 풍토에 맞는 수륙양용의 경전차 T-37이나 T-38을 카든·로이드 사의 A4E11을 참고하여 만들었다.
이러한 경전차 계열은 전쟁 개시 후에는 독일에 대항하여 강한 화력, 중장갑으로 무게중심이 이동하여 더이상 개발되지 않고 전장에서는 보조 역할을 맡았다.

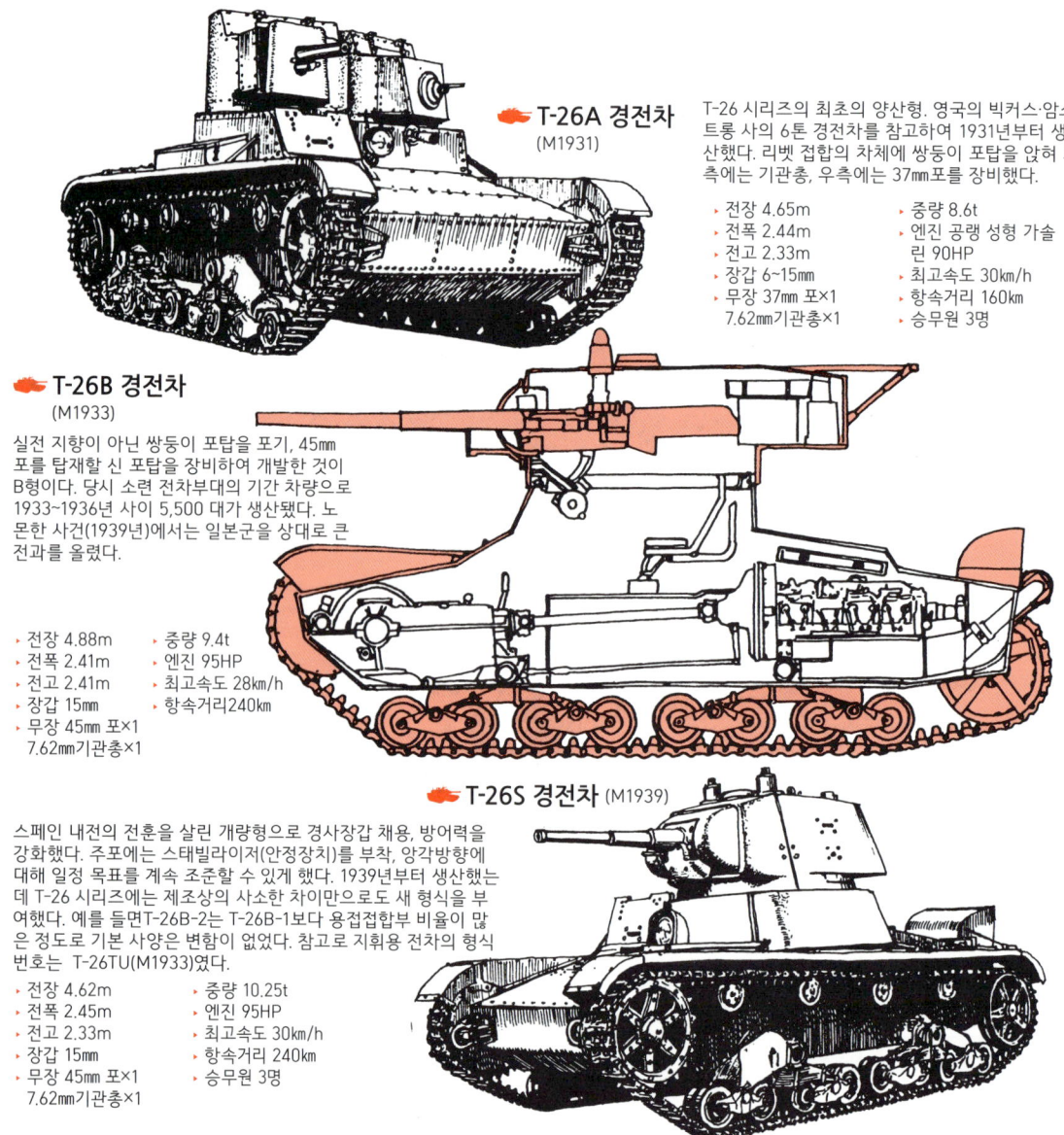

T-26A 경전차 (M1931)

T-26 시리즈의 최초의 양산형. 영국의 빅커스·암스트롱 사의 6톤 경전차를 참고하여 1931년부터 생산했다. 리벳 접합의 차체에 쌍둥이 포탑을 얹어 좌측에는 기관총, 우측에는 37mm포를 장비했다.

- 전장 4.65m
- 전폭 2.44m
- 전고 2.33m
- 장갑 6~15mm
- 무장 37mm 포×1
  7.62mm기관총×1
- 중량 8.6t
- 엔진 공랭 성형 가솔린 90HP
- 최고속도 30km/h
- 항속거리 160km
- 승무원 3명

T-26B 경전차 (M1933)

실전 지향이 아닌 쌍둥이 포탑을 포기, 45mm포를 탑재할 신 포탑을 장비하여 개발한 것이 B형이다. 당시 소련 전차부대의 기간 차량으로 1933~1936년 사이 5,500 대가 생산됐다. 노몬한 사건(1939년)에서는 일본군을 상대로 큰 전과를 올렸다.

- 전장 4.88m
- 전폭 2.41m
- 전고 2.41m
- 장갑 15mm
- 무장 45mm 포×1
  7.62mm기관총×1
- 중량 9.4t
- 엔진 95HP
- 최고속도 28km/h
- 항속거리 240km

T-26S 경전차 (M1939)

스페인 내전의 전훈을 살린 개량형으로 경사장갑 채용, 방어력을 강화했다. 주포에는 스태빌라이저(안정장치)를 부착, 앙각방향에 대해 일정 목표를 계속 조준할 수 있게 했다. 1939년부터 생산했는데 T-26 시리즈에는 제조상의 사소한 차이만으로도 새 형식을 부여했다. 예를 들면 T-26B-2는 T-26B-1보다 용접접합부 비율이 많은 정도로 기본 사양은 변함이 없었다. 참고로 지휘용 전차의 형식 번호는 T-26TU(M1933)였다.

- 전장 4.62m
- 전폭 2.45m
- 전고 2.33m
- 장갑 15mm
- 무장 45mm 포×1
  7.62mm기관총×1
- 중량 10.25t
- 엔진 95HP
- 최고속도 30km/h
- 항속거리 240km
- 승무원 3명

소련전차(W.W.II)

카든·로이드의 1931년 형 수륙양용 전차를 모델로 1932년부터 개발되어 1932~36년까지 양산됐다. 이 형에는 중량이 2톤인 T-37과 3.5톤인 T-37A가 있으며 좌우 팬더 일부의 두툼한 곳을 펄서라 하는데 물속에서 부력을 얻는 부분이다. 스크류 날개를 교체하여 전진과 후진을 할 수 있었다. 40HP의 GAZ 엔진은 미국 포드사 제품의 복제품이다.

T-37 수륙 양용 경전차 (1937)

- 전장 3.74m
- 전폭 1.98m
- 전고 1.68m
- 장갑 4~9.5mm
- 무장 7.62mm기관총×1
- 중량 3.5t
- 엔진 GAZ-AA 4기통 40HP
- 최고속도 42km/h (수상4km/h)
- 항속거리 230km
- 승무원 2명

T-38 수륙 양용 경전차 (1938)

T-37의 개량형으로 1938년에 개발. 같은 엔진을 사용했으나 캐터필러 폭을 넓히고 트랜스미션을 개량해 주행성능을 향상시켰다.

- 전장 3.76m
- 전폭 2.33m
- 전고 1.62m
- 장갑 4~9.5mm
- 무장 7.62mm기관총×1
- 중량 3.28t
- 엔진 GAZ-AA 4기통 40HP
- 최고속도 45km/h
- 승무원 2명

T-40 수륙 양용 경전차 (1940)

T-38의 후속차로 1948년부터 생산. 대폭 개량된 차체는 후부 양 측면에 부력탱크를 붙이고 차체 앞에 수상 부항(浮航)용 트림(Trim)판이 붙어 있다. 또 경전차로써의 최초로 토션 바를 채용하고 엔드 커넥터의 협궤 캐터필러였다. 이 전차는 전투 시 얇은 장갑이 문제였다.

- 전장 4.11m
- 전폭 2.33m
- 전고 1.98m
- 장갑 6~14mm
- 무장 12.7mm기관총×1, 7.62mm기관총×1
- 중량 5.5t
- 엔진 6기통 85HP
- 최고속도 노면 45km/h 수상 5km/h
- 승무원 2명

T-60 경전차 (1941)

수륙 양용이었던 T-40의 낮은 화력과 약한 장갑을 보강하기 위해 수상 부항성을 포기하고 경전차로 한 것. 저격(보병)사단, 기계화 사단, 전차사단 등의 정찰대대 장비 전차로 활약했다. 전시하인 1941년 11월부터 T-70이 등장할 때까지 6,000대 가까이 생산됐다. 전면 장갑을 35mm로 한 T-60A도 있다.

- 전장 3.99m
- 전폭 2.28m
- 전고 1.75m
- 장갑 7~20mm
- 무장 20mm기관포×1, 7.62mm기관총×1
- 중량 5.75t
- 엔진 GAZ-202 6기통 85HP
- 최고속도 45km/h
- 항속거리 350km
- 승무원 2명

동부전선에 투입된 T-60의 교훈에 따라 T-70이 탄생했다. 독일전차를 상대하는 T-34 중형 전차화 함께 행동하도록 장갑을 최대 70mm로 늘려 중량은 10톤까지 증가했다. 화력도 대폭 증강, 45mm포를 장비했는데 엔진은 T-60의 것 2기를 탑재했다. 1943년 가을까지 8,225대가 생산됐다. 기동륜은 앞, 유동륜은 뒤로 되어 있다.

T-70 수륙 양용 경전차 (1942)

- 전장 4.71m
- 전폭 2.47m
- 전고 2.02m
- 장갑 10~70mm
- 무장 45mm 46구경 전차포×1
- 7.62mm기관총×1
- 중량 10t
- 엔진 GAZ-203 6기통 85HP×2
- 최고속도 45km/h
- 항속거리 350km

소련의 중형전차와 중(重)전차 (W.W.II 직전)

제정 러시아 뒤를 이은 소련은 혁명직후인 1919년 르노- FT 탱크를 주문하는 등 육군의 기계화에 힘을 쏟았다. 1920년대에는 장기 5개년계획 중에 붉은 군대(적군)의 근대화 및 기계화가 목표로 되어 있었다. 소련 기계화 부대의 전차는 4종류로 분류되어 개발됐다. ① 정찰용 경전차 ② 보병지원용 경전차 ③ 쾌속 전차 ④ 화력지원 전차 4 계통이다. ① 의 정찰용 경전차는 큰 하천이나 습지대가 있는 소련의 풍토에 맞추어 T37/38, T-40 등의 수륙양용전차로 개발됐다. ②는 T-26 시리즈로 빅커스 6톤 전차를 면허 생산했다. ③ 이 아래 보이는 BT 시리즈의 쾌속 전차. ④ 가 T-28이나 T-35의 다(多)포탑 중(重)전차이다.

그 후 스페인 내전이나 핀란드 침공의 교훈에서 ②가 폐지되고 ③, ④ 계통에서 T-34나 KV 전차가 등장하게 된다. 소련은 제2차 대전이 개시될 때인 1939년에 전차 보유 대수가 약 24,000대였으며 이는 소련 외의 전 세계 전차보유 합계보다도 많은 세계 제일의 전차 보유국이었다.

- 전장 5.58m
- 전폭 2.23m
- 전고 2.2m
- 장갑 10~70mm
- 무장 37mm 전차포×1, 7.62mm기관총×1
- 중량 11t
- 엔진 미국 리버티 수랭 12기통 엔진을 국산화한 것.
- 최고속도 52km/h (바퀴 장착 시 70km/h)

🚒 **BT-2** (1932)

🚒 **BT-5** (1933)

- 전장 5.76m
- 전폭 2.15m
- 전고 2.31m
- 장갑 6~13mm
- 무장 45mm 45구경 전차포×1, 7.62mm기관총×1
- 중량 11t
- 엔진 V12 M-53 50HP
- 최고속도 52km/h (바퀴 장착 시 72km/h)
- 승무원 3명

■ BT(쾌속) 전차 시리즈

B는 쾌속(Bysttrochodnlj), T는 탱크(Tank)의 러시아어의 머리글자로 미국의 크리스티 M1931 중전차를 바탕으로 소련이 자국에서 개량, 발전시킨 것이다. BT-2는 1931년에 완성한 최초의 양산형으로 그림처럼 37mm 포 장비 외에 BT-1처럼 7.62mm기관총 2정을 장비한 것도 있었다. BT 전차는 문자 그대로 쾌속으로 BT-1의 경우 가볍기도 하여 도로에서는 고무 타이어를 부착한 대형 휠로 달리면 110km/h, 거친 노면에서는 63km/h의 속도 기록이 있다. BT-3은 45mm 포를 장비한 것으로 일부는 BT-4의 시제품 타입으로 제작됐다. BT-4는 T-26A와 같은 2 포탑형으로 27mm포와 기관총을 각각의 포탑에 탑재하고 있는데 소량 생산됐다. BT-5는 1933년부터 2년간 1,884대가 생산되어 소련 전차부대의 중핵이 되었다.

🚒 **BT-5의 구조**

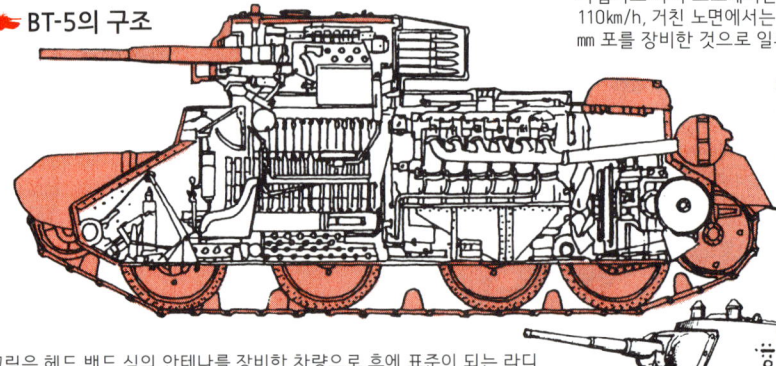

🚒 **BT-7**(1935)

그림은 헤드 밴드 식의 안테나를 장비한 차량으로 후에 표준이 되는 라디오 안테나 장비의 선구가 되었다. BT-7은 스페인 내전의 전훈으로 장갑을 크게 강화하여 중량도 14톤 가까이까지 증가했다. 피탄경시가 좋은 신형 포탑을 탑재하고 후기형에서는 76.2mm 포를 탑재한 것도 있으며 후의 T-34에의 길을 개척한 것이다. 이 시리즈는 후부에 엔진, 변속기가 있으며 최후단의 스프로켓이 기동륜이고 타이어 주행 시에는 체인으로 맨 뒤 전륜 좌우 각 1개와 결합한다.

- 전장 5.66m
- 전폭 2.29m
- 전고 2.42m
- 장갑 6~22mm
- 무장 45mm 45구경 전차포 ×1, 7.62mm기관총×1
- 중량 13.8t
- 엔진 V12M-17T 450HP
- 최고속도 50km/h (바퀴 장착 시 72km/h)
- 승무원 3명

소련전차(W.W.II)

🔥 T-28 중형전차 (1932)

1932년 프로토 타입이 완성된 이 중형전차는 주포탑 외에 2개의 총포탑이 있고 좌우 각 12개의 작은 전륜을 수직 서스펜션으로 지지하는 독특한 특징이 있다. 1933년에 T-28로 제식화 되었을 때는 포 안정장치를 장비하는 등, 당시로써는 선진적인 것이었다. 무장은 형식마다 다르지만 부(副)포탑의 기관총을 47mm 포로 바꾼 것도 있었다. 스페인 내전에서 실전 테스트를 했고 핀란드 침공 시 투입되었다.

- 전장 7.44m
- 전폭 2.81m
- 전고 2.82m
- 장갑 20~40mm
- 무장 76.2mm. L16.5 포×1
- 7.62mm기관총×4
- 중량 28t
- 최고속도 37km/h
- 승무원 6명

🔥 T-28C의 구조

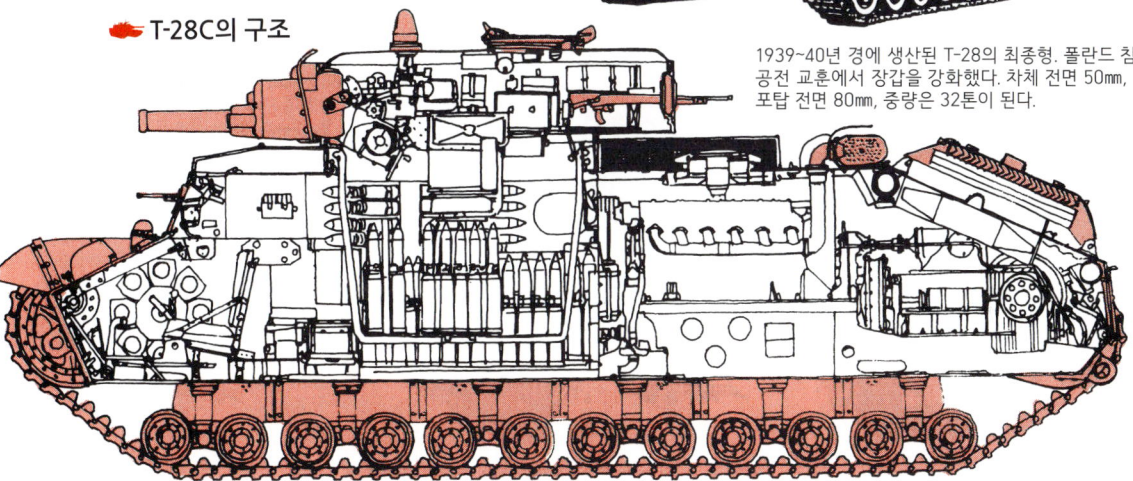

1939~40년 경에 생산된 T-28의 최종형. 폴란드 침공전 교훈에서 장갑을 강화했다. 차체 전면 50mm, 포탑 전면 80mm, 중량은 32톤이 된다.

B형부터 주포는 76.2mm 16.5구경 유탄포에서 76.2mm 24구경 전차포로 바뀌었다. 부 무장으로는 대공용 총가, 2개의 총탑 및 주포 우측 앞뒤의 기관총가에 7.62mm DT 기관총을 장비했다. 엔진은 항독일제 공기용 BMW-6형을 개량한 M17V12기통 수랭 가솔린 500HP/1450rpm.

T-28 주포탑×1 총탑×2

T-25 주포탑×1
전차포탑×2 총탑×2

🔥 T-35 중(重)전차 (1935)

T-32의 대체용으로 1935년에 개발된 중(重)전차. 프랑스의 2C 중(重)전차와 영국의 인디펜던트 중형 전차를 모델로 했다. 포탑, 총탑이 5개나 있는 다포탑형. 중무장에 비해 장갑이 얇고 속도도 느려 기동성이 나빠 독소전쟁에서는 독일 대전차 병기의 좋은 먹이가 되었다.

- 전장 9.6m
- 전폭 3.43m
- 전고 3.2m
- 장갑 20~25mm
- 무장 76.2mm L16.5 포 ×1, 47mm L46 포×2,
- 7.62mm기관총×5
- 중량 45t
- 엔진 이스파노이자 M17MV12기통 500HP/2200rpm
- 최고속도 29km/h
- 항속거리 151km
- 승무원 10~11명

🔥 SMK 중(重)전차 (1938)

T-100과 함께 T-35의 후계형으로 개발됐다. 스페인 내전의 전훈을 살려 장갑을 강화하여 1938년에 등장했다. 1939년 핀란드 침공에 실전 테스트용으로 투입되었으나 생산 대수는 적다. 이 무렵까지의 소련의 중(重)전차는 다포탑으로 전체 길이가 길고 또 폭에 비해 차고가 높아 전술적으로 불리한 점이 많았다. 이 경험에서 KV 중전차를 개발하게 된다.

- 전장 9.6m
- 전폭 3.2m
- 전고 3.2m
- 장갑 30~60mm
- 무장 76.2mm. L24 포×1
- 47mm. L46 포×1
- 7.62mm기관총×3
- 중량 45t
- 엔진 BD-2 V12기통 400HP/2000rpm.
- 최고속도 32.2km/h
- 승무원 7명

103

T-34 중형전차 시리즈

T-34는 프로토 타입이 1939년 말에 완성되어 1940년 6월에 하르코프 공장에서 양산 1호차가 완성됐다. 대표적 사양(T-34/76A)은 길이 6.1m, 폭 3m, 높이 2.45m, 전투중량 26.7t, 500 hp 디젤 엔진 탑재, 시속 51.5km/h, 항속거리 450km (노면주행 기준)이다. 2차 대전 중 오랫동안 활약한 대표적 중형 전차이며 아래와 같은 변천을 거쳤다.

■ T-34/76

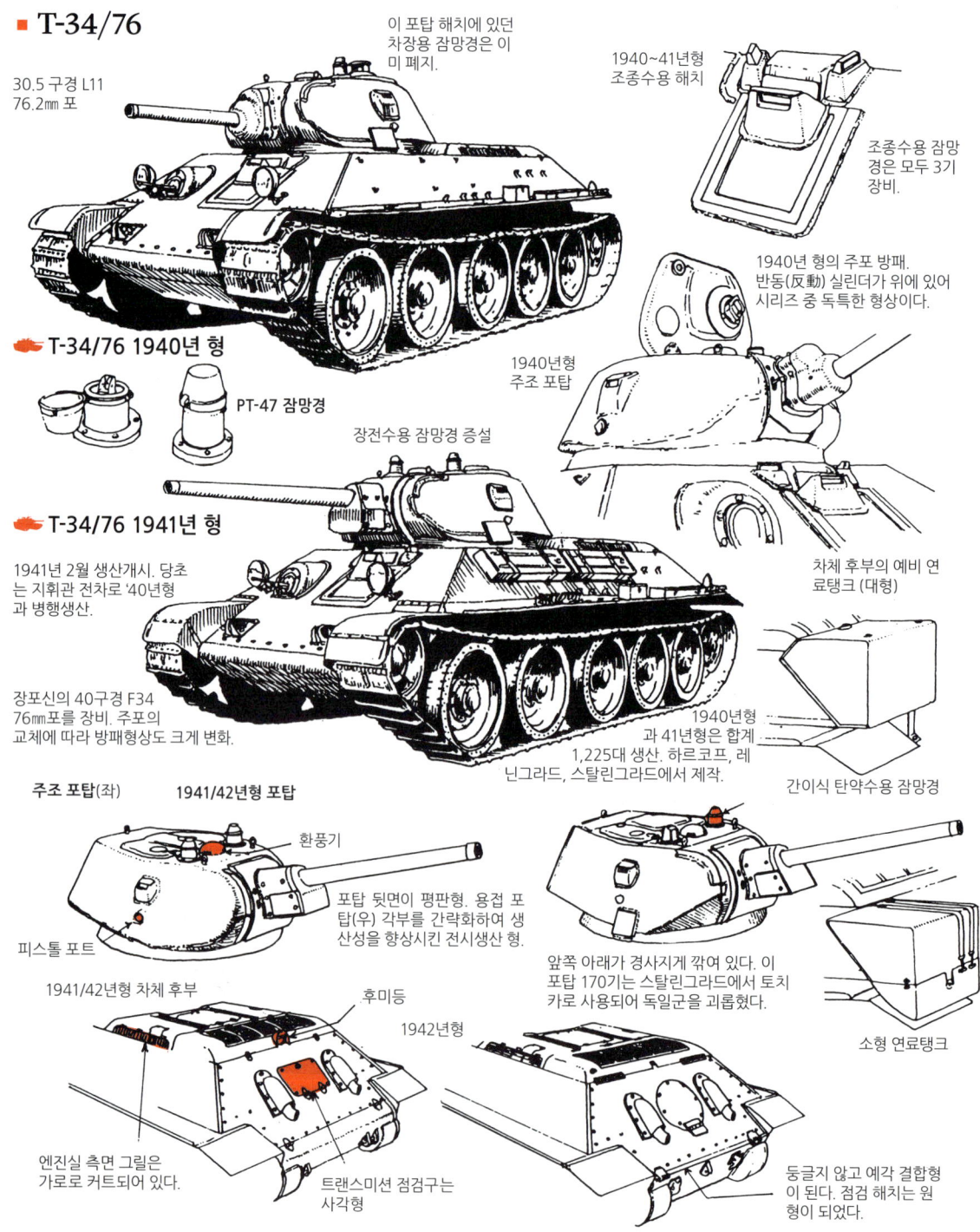

소련전차(W.W.II)

긴박한 독소전쟁의 배경에 생산성 향상을 목표로 철저한 각 부의 간략화가 추구됐다. 스탈린그라드 공장에서는 시가지가 전투장이 될 때까지 생산을 계속, 전선으로 보냈다.

T-34/76 1942년 형

독일군 침공으로 공장을 이전, 우랄산맥 동부 첼리야빈스크의 트랙터공장에서 생산했다. 그곳을 땅끄(Tank)그라드라 부르게 되었다.

차체 기관총 마운트
- 1940년형
- 1940~41년 형
- 아래는 T-34 화염방사차의 것

1942년부터 주조제 커버 부착

레닌그라드와 볼가 전선에서 볼 수 있는 20㎜ 정도의 증가 장갑판을 붙인 것. 스탈린그라드에서 제조한 것을 레닌그라드에서 개조한 차량이다.

PTK-5 잠망경

포탑 링 등을 포탄 튕김 판으로 커버

제112 공장 제조의 차체 각 부에 전차탑승병용 손잡이가 용접되어 있다.

증가 장갑의 베리에이션

1942년형의 각 공장 생산 총수는 12,553대로 비약적으로 증가했다.

T-34/76 1943년 형

1942년경부터 동부전선에 등장. 포탑이 대형화되어 승무원 거주성이 향상.

대형 6면체 주조포탑으로 바뀌었다. 피스톨 홀은 폐지.

휴행 탄수는 차내 레이아웃 변경으로 71발에서 100발로 증가.

손잡이를 차체 각부에 용접, 또한 차체 뒷 부분에 예비 연료 탱크를 장착하였다.

1943년형의 포탑 베리에이션

- 우랄 공장제
- 1943년이 되어 차장 큐폴라를 장비하고 피스톨 포트 부활.
- 환풍기의 대형화
- 탄약수용 잠망경이 부활
- 키로프스키 공장제
- 차장, 탄약수용 해치가 각각 부착되었다.
- 포탑 상면과 측면이 일체화되었다.

PTK-5 잠망경

■ T-34/85

개량된 T-34는 아래처럼 장비도 강화되었고, 승무원도 5명이 되었으며, 중량도 32t으로 증가되었다. 이 T-34/85형은 종전 후에도 생산되어 50년대 중반까지 소련 육군에서 현역으로 활동하였다. 또한 우방국까지 널리 사용되었다.

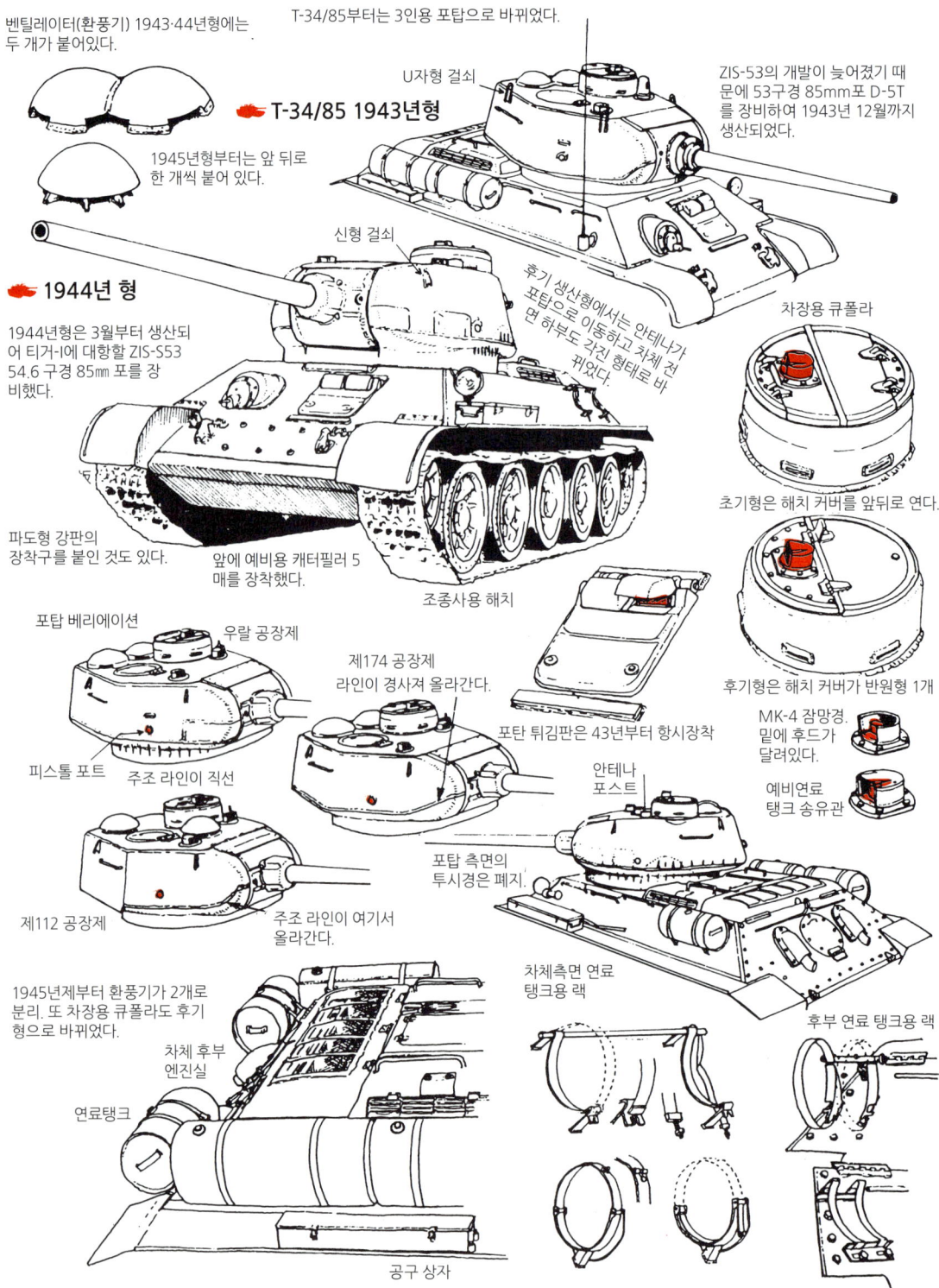

T-34 Detail up

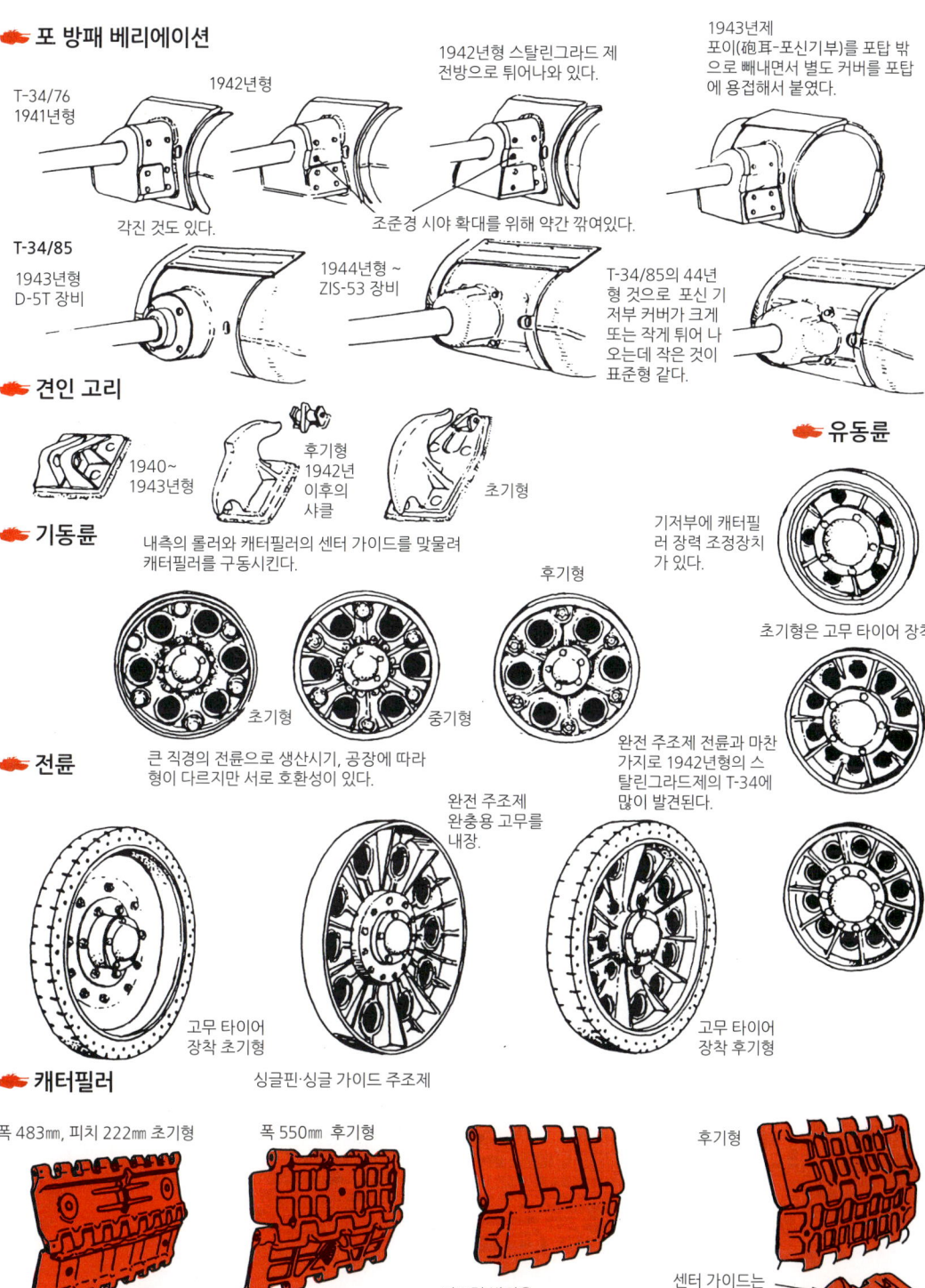

T-34의 내부 구조

T-34는 2차 대전의 가장 중요한 전차이며 그 때까지 개발된 전차 중 후대 전차에 가장 큰 영향을 끼친 전차이기도 하다. 서방측 전차에 비하면 그 메카니즘은 세련되어 있다고는 말하기 어려우나 엔진이나 서스펜션은 충분한 신뢰성을 가지고 있었다. 낮은 실루엣, 낮은 접지압, 주포의 위력, 모든 것이 당시의 전차로써는 발군이었다. 정면에서 보면 포탑에서부터 양 측면에 걸쳐 크게 경사져 있어 피탄 경사도 아주 뛰어났다. 360도 선회식 포탑은 성공한 설계였으며 1940년 등장 때는 용접식이었으나 조립이 복잡해 주조 포탑으로 변경됐다. T-34/76와 T-34/85라는 호칭은 서방측에서 주포의 크기로 구분한 것인데 독소전쟁의 경험을 바탕으로 끊임없이 개량되었다. 독일의 50㎜ 대전차포가 등장하자 1942년에는 더 포신이 긴 F-34로 변경한다. 이와 같은 변화는 서방측 호칭에서는 T-34A에서 F형까지 구별하게 된다. 1943년에 등장한 T-34/85는 중(重)전차 KV-85의 주포와 포탑을 대형화 해 탑재한 것이다. T-34 시리즈는 설계상 대량생산이 용이하여 대전 중 40,000대 가까이 생산되어 그 고성능과 함께 독소전쟁의, 더 나아가 유럽전선의 승패를 결정지었다 해도 과언이 아니다.

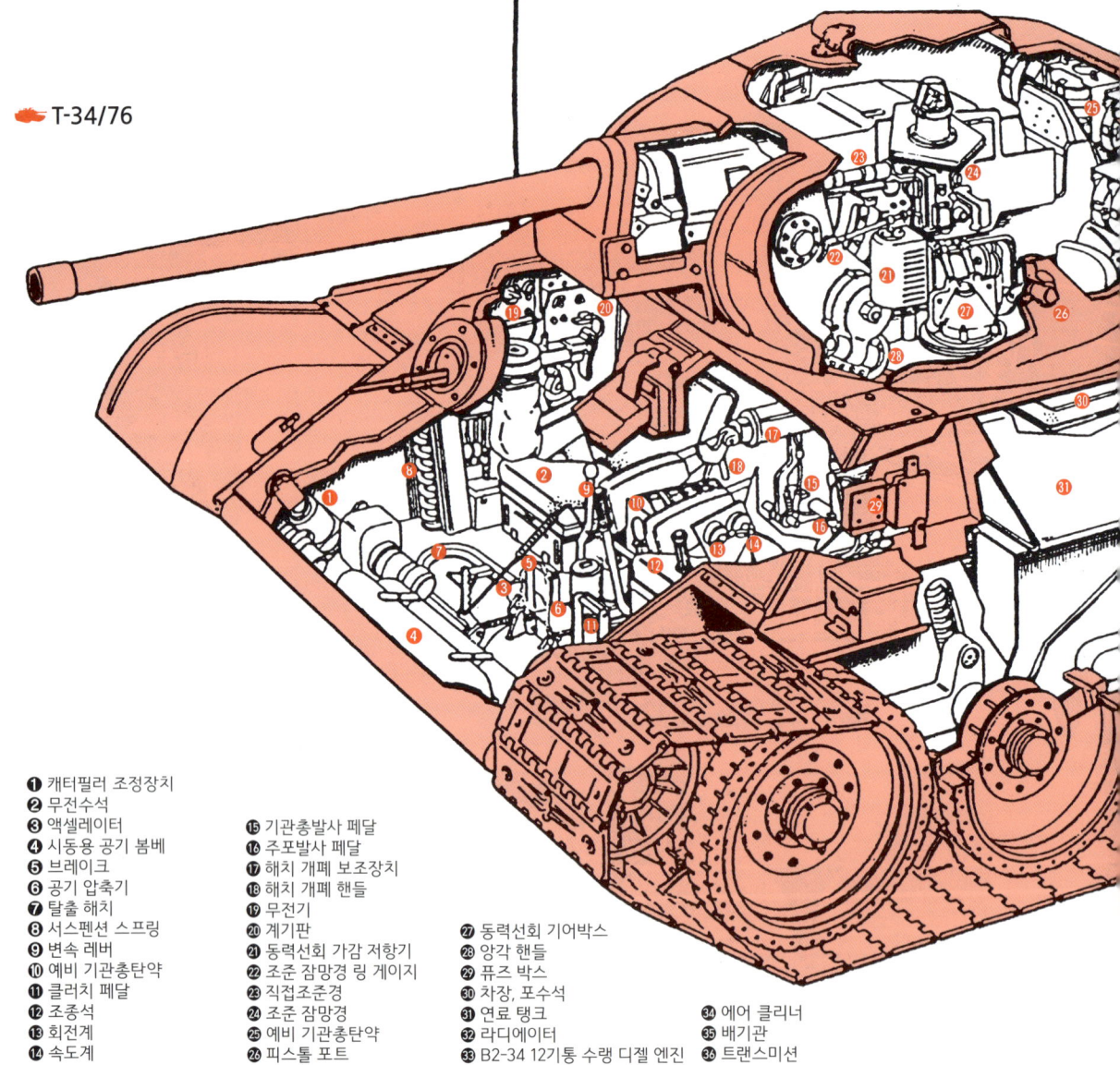

← T-34/76

① 캐터필러 조정장치
② 무전수석
③ 액셀레이터
④ 시동용 공기 봄베
⑤ 브레이크
⑥ 공기 압축기
⑦ 탈출 해치
⑧ 서스펜션 스프링
⑨ 변속 레버
⑩ 예비 기관총탄약
⑪ 클러치 페달
⑫ 조종석
⑬ 회전계
⑭ 속도계
⑮ 기관총발사 페달
⑯ 주포발사 페달
⑰ 해치 개폐 보조장치
⑱ 해치 개폐 핸들
⑲ 무전기
⑳ 계기판
㉑ 동력선회 가감 저항기
㉒ 조준 잠망경 링 게이지
㉓ 직접조준경
㉔ 조준 잠망경
㉕ 예비 기관총탄약
㉖ 피스톨 포트
㉗ 동력선회 기어박스
㉘ 앙각 핸들
㉙ 퓨즈 박스
㉚ 차장, 포수석
㉛ 연료 탱크
㉜ 라디에이터
㉝ B2-34 12기통 수랭 디젤 엔진
㉞ 에어 클리너
㉟ 배기관
㊱ 트랜스미션

소련전차(W.W.II)

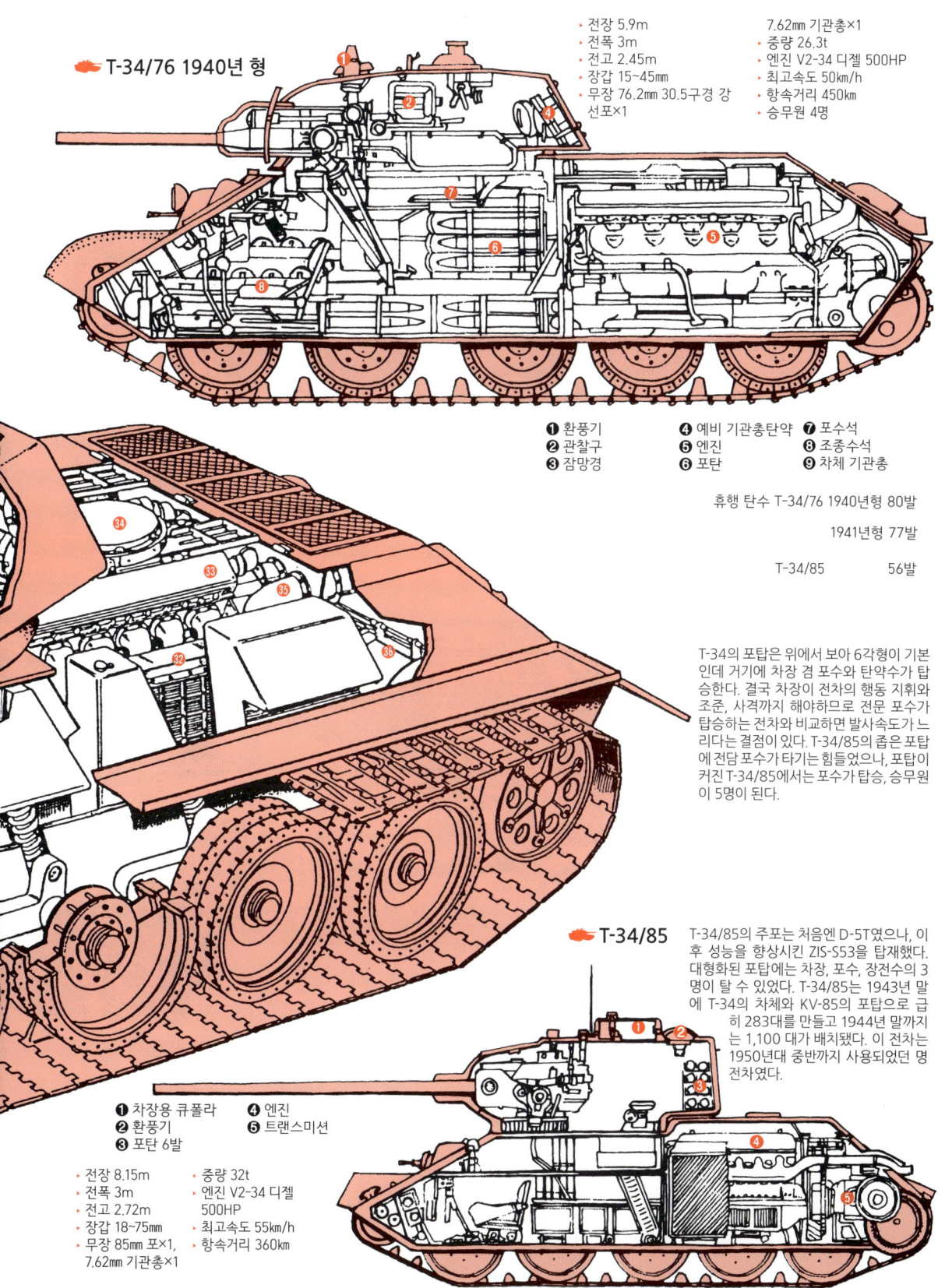

T-34/76 1940년 형

- 전장 5.9m
- 전폭 3m
- 전고 2.45m
- 장갑 15~45mm
- 무장 76.2mm 30.5구경 강선포×1
- 7.62mm 기관총×1
- 중량 26.3t
- 엔진 V2-34 디젤 500HP
- 최고속도 50km/h
- 항속거리 450km
- 승무원 4명

❶ 환풍기
❷ 관찰구
❸ 잠망경
❹ 예비 기관총탄약
❺ 엔진
❻ 포탄
❼ 포수석
❽ 조종수석
❾ 차체 기관총

휴행 탄수 T-34/76 1940년형 80발
　　　　　　　　1941년형 77발
　　　　　　T-34/85　　　56발

T-34의 포탑은 위에서 보아 6각형이 기본인데 거기에 차장 겸 포수와 탄약수가 탑승한다. 결국 차장이 전차의 행동 지휘와 조준, 사격까지 해야하므로 전문 포수가 탑승하는 전차와 비교하면 발사속도가 느리다는 결점이 있다. T-34/85의 좁은 포탑에 전담 포수가 타기는 힘들었으나, 포탑이 커진 T-34/85에서는 포수가 탑승, 승무원이 5명이 된다.

T-34/85

T-34/85의 주포는 처음엔 D-5T였으나, 이후 성능을 향상시킨 ZIS-S53을 탑재했다. 대형화된 포탑에는 차장, 포수, 장전수의 3명이 탈 수 있었다. T-34/85는 1943년 말에 T-34의 차체와 KV-85의 포탑으로 급히 283대를 만들고 1944년 말까지는 1,100 대가 배치됐다. 이 전차는 1950년대 중반까지 사용되었던 명 전차였다.

❶ 차장용 큐폴라
❷ 환풍기
❸ 포탄 6발
❹ 엔진
❺ 트랜스미션

- 전장 8.15m
- 전폭 3m
- 전고 2.72m
- 장갑 18~75mm
- 무장 85mm 포×1, 7.62mm 기관총×1
- 중량 32t
- 엔진 V2-34 디젤 500HP
- 최고속도 55km/h
- 항속거리 360km

KV 중(重)전차 시리즈

T-35와 같은 다(多)포탑형 전차를 애용했던 소련이 신형 중(重)전차로 1939년에 개발한 것이 KV형이다. 그 장갑 방어력은 대단하여 독일군의 강적이 되었다. 최대 70mm 장갑은 독소전쟁 개전 시 독일군의 37mm, 50mm로는 이빨도 먹히지 않아 88mm 고사포를 대전차포로 사용하여 대항해야 했다.

- 승무원 5명
- 전투중량 47.1t
- 전장 6.8m
- 전폭 3.32m
- 전고 2.71m

■ KV-1 (1939)

돼지코처럼 생긴 포방패가 특징인 1939년형. 동년 12월부터 양산되어 핀란드 침공(1939년)의 '겨울 전쟁'에 투입됐다. 이 KV-1은 T-100과 SMK의 발전형으로 최대 77mm 장갑을 가지고 있다.

KV-1
- 주포 30.5 구경 76.2mm L-11
- 휴행탄수 111발
- 엔진 V-2-K 수랭 디젤 550HP/2150rpm
- 최고속도 35km/h
- 전투중량 46.35t
- 항속거리 150km

피스톨 포트

초기형 차체는 볼 마운트 기관총가(아래그림참조)는 없다.

KV-1A

1940년의 1차 생산형. 전방 기관총와 주포 동축기관총(7.62mm)을 장비, 주포도 41.5 구경 76.2mm F-34 전차포로 변경. 휴행탄수 114발.

KV-1B

1940/41년형의 장갑 강화형 '아플리케' 25mm에서 35mm의 장갑판을 볼트로 고정했다. 차체 전면 110mm, 측면이 70~110mm, 또 포탑 측면이 110mm로 강화됐다. 그러나 이런 개조도 성공이라고는 할 수 없어 중량 증가에 비해서는 방어력 향상은 없고 오히려 주행능력만 나빠졌다.

소련전차(W.W.II)

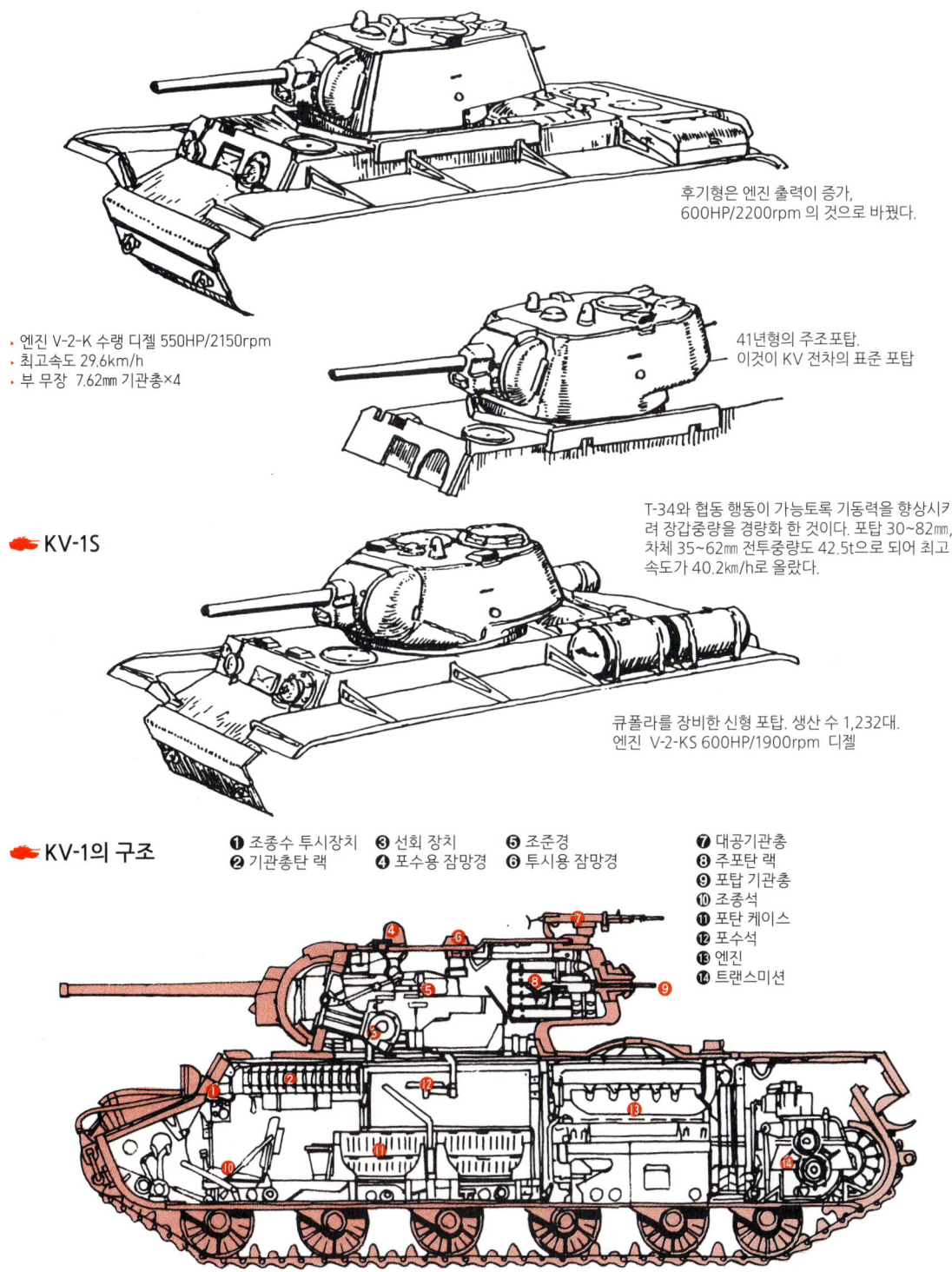

- **KV-1C** 장갑과 화력을 더욱 강화한 1942년형. 아래그림의 41년형의 용접 포탑인데 아래의 총포탑이 KV 전차의 표준 포탑이 된다. 또 최하단의 비교도처럼 넓은 캐터필러도 특징. 장갑도 KV 시리즈 중 최고인 차체 앞면 75~110mm, 측면 90~130mm 포탑 40~120mm이었다.

후기형은 엔진 출력이 증가, 600HP/2200rpm 의 것으로 바꿨다.

- 엔진 V-2-K 수랭 디젤 550HP/2150rpm
- 최고속도 29.6km/h
- 부 무장 7.62mm 기관총×4

41년형의 주조포탑. 이것이 KV 전차의 표준 포탑

- **KV-1S** T-34와 협동 행동이 가능토록 기동력을 향상시키려 장갑중량을 경량화 한 것이다. 포탑 30~82mm, 차체 35~62mm 전투중량도 42.5t으로 되어 최고속도가 40.2km/h로 올랐다.

큐폴라를 장비한 신형 포탑. 생산 수 1,232대. 엔진 V-2-KS 600HP/1900rpm 디젤

- **KV-1의 구조**
  1. 조종수 투시장치
  2. 기관총탄 랙
  3. 선회 장치
  4. 포수용 잠망경
  5. 조준경
  6. 투시용 잠망경
  7. 대공기관총
  8. 주포탄 랙
  9. 포탑 기관총
  10. 조종석
  11. 포탄 케이스
  12. 포수석
  13. 엔진
  14. 트랜스미션

■ KV-II

KV-1 섀시를 이용한 대형 포탑을 탑재한 중화력 지원 보병전차. KV-I 시리즈와 병행하여 생산했다. 20구경 152mm 유탄포 장비. KV-IIA는 KV-1A 차체를 이용했고, KV-IIB는 KV-1B를 이용했다.

🛡 KV-IIB

1941년형
KV-1B 차체를 이용

큰 상자형 포탑 선회는 수동 조작이며 포수는 죽을 맛. ― 피스톨포트

기관총 마운트가 붙는다.

투시용 잠망경이 3개

KV-IIB

🛡 KV-IIB 1940년형

▸ 전고 3.98m
▸ 전투중량 52 t
▸ 최고속도 25.7km/h
▸ 항속거리 161km
핀란드 전선에서 기동력에 문제가 있었다.

투시용 잠망경이 2개

KV-IIA

장갑 35~100mm, 중량 12t의 대형 포탑은 용접 구조.

■ KV-85

152mm M10 유탄포는 휴행탄수 36발, 부 무장은 7.62mm 기관총×3

KV 시리즈의 최종형으로 고속화를 도모한 KV-1S를 바탕으로 51.5구경 85mm M1943 전차포를 장비했다. 양산 시작이 늦어진 JS 중(重)전차의 구멍을 메우기 위한 것으로 포탑은 JS-1 용으로 개발된 것.

생산기간은 짧아 1943년 9월~10월 사이 130대만 제작했다.

전방 기관총사수를 없앴으므로 승무원은 4명이 되었다.

▸ 전장 8.8m
▸ 전폭 3.06m
▸ 전고 2.87m
▸ 전투중량 46t
▸ 휴행 탄수 70발
▸ 엔진 V-2-KS 수랭 디젤 600HP/1900rpm
▸ 최고속도 35.4km/h
▸ 항속거리 251km

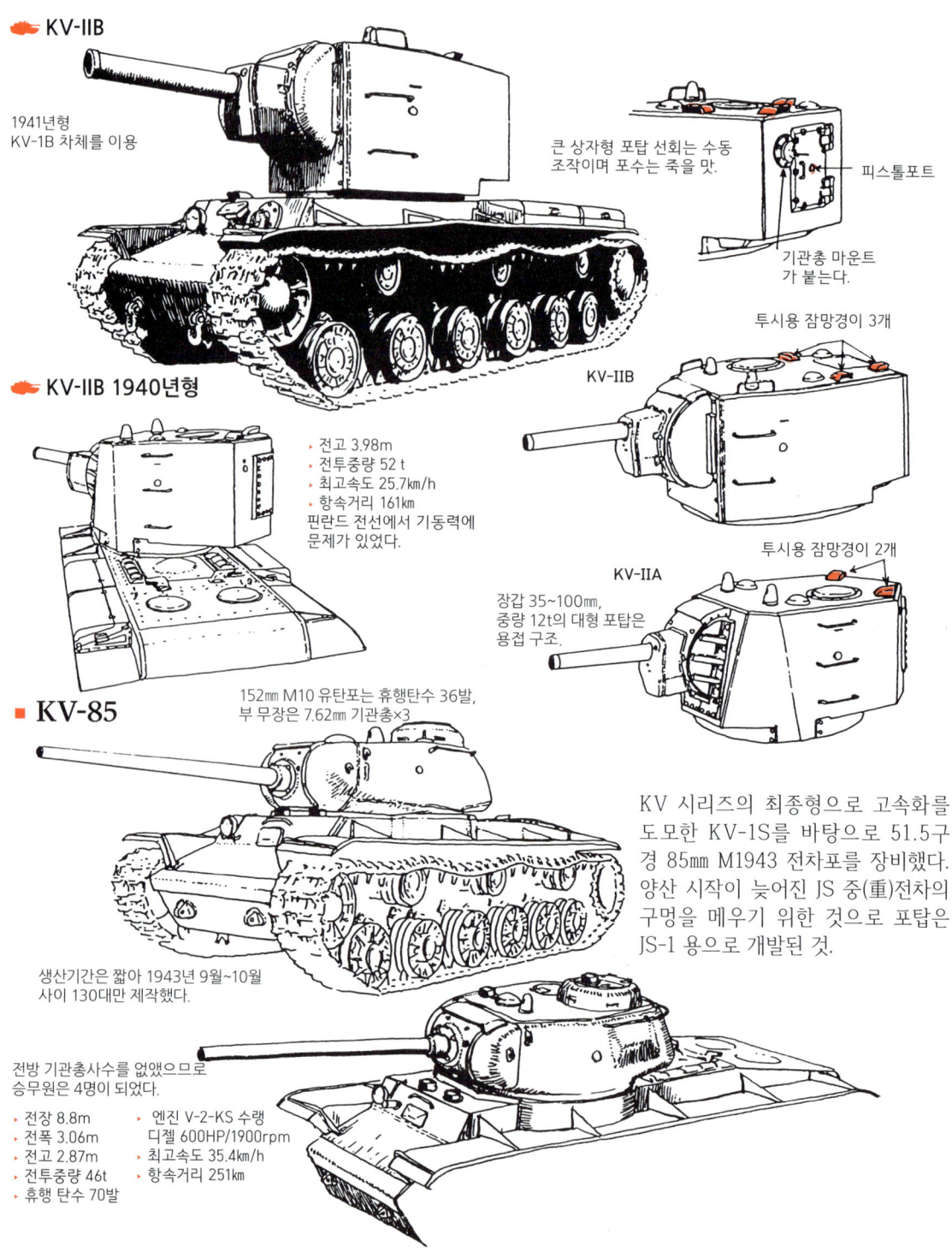

소련전차(W.W.II)

■ SU-152 (1943)

겨우 25일간의 개발기간으로 시제차를 완성시킨 자주포. 152㎜ 직사 유탄포 ML20S를 장비, 독일의 티거 중전차를 격파하기 위해 1943년 7월의 쿠르스크 전차전에 투입됐다. 전투실 왼쪽 앞에 조종석이 있기 때문에 주포가 약간 오른쪽으로 치우쳐 있고 전투실의 공간을 가능한 크게 확보할 필요 때문에 최대한 앞쪽에 장착했으므로 포방패 모양이 독특해졌다.

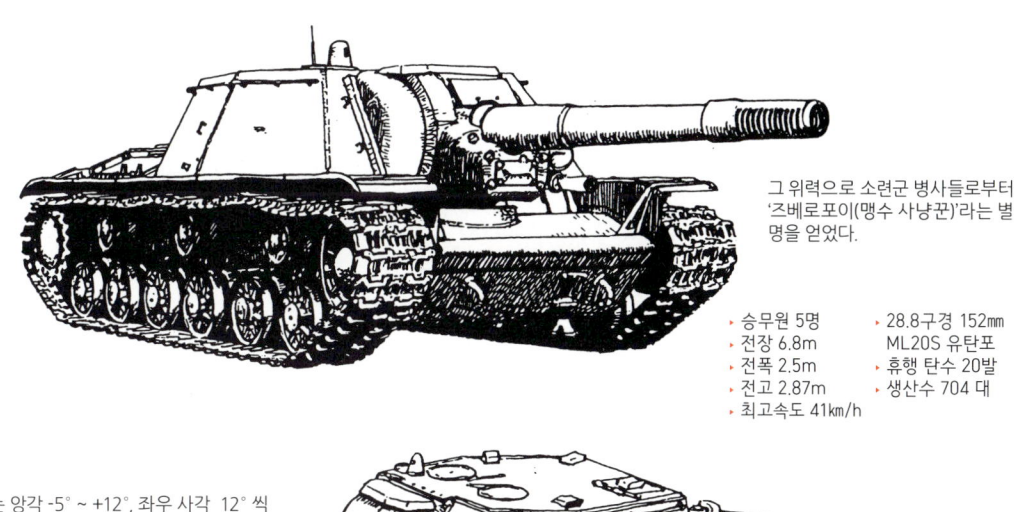

그 위력으로 소련군 병사들로부터 '즈베로포이(맹수 사냥꾼)'라는 별명을 얻었다.

- 승무원 5명
- 전장 6.8m
- 전폭 2.5m
- 전고 2.87m
- 최고속도 41km/h
- 28.8구경 152㎜ ML20S 유탄포
- 휴행 탄수 20발
- 생산수 704 대

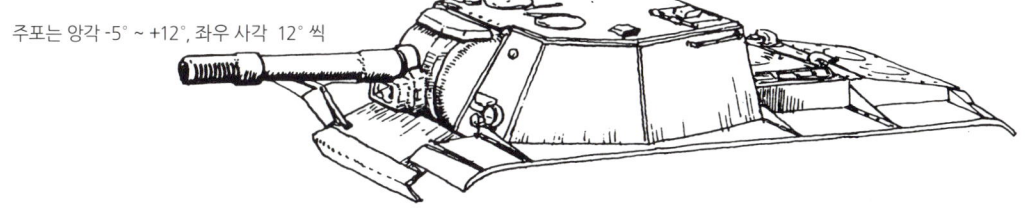

주포는 앙각 -5° ~ +12°, 좌우 사각 12° 씩

■ KV 시리즈의 바퀴 주변

캐터필러는 주조 망간 강(鋼)의 센터 가이드 부착식이며 매수는 87~90매. 드라이·핀 접속방식.

705㎜ 폭   698㎜ 폭

캐터필러 장력 조정장치
상부 전륜
댐퍼- 스톱
기동륜 안쪽에 붙인 스크래퍼. 진흙이나 눈을 긁어 떼 낸다.

유도륜
초기형 내부 완충재 충진 전륜
스틸·리브와 허브 사이에 고무 링이 들어있는 방식
기동륜 후기형
상부 전륜 (후기형)
KV-1C형의 중량증가 대책으로 스포크(바퀴살) 방식으로 되었다.
기동륜

113

JS-II 스탈린 중(重)전차

국가 원수 이오시프 스탈린의 이름을 붙인 JS(원어로는 IS) 스탈린 전차는 당초 T-34/85와 같은 85mm 포 장비의 JS-I(JS-85라고도 부른다)형으로 1943년 1월에 등장한 티거-I에 대항하기에는 위력이 부족했다. 동년 8월에 완성 후 소량 생산만으로 끝나고 그 후 모두 122mm 포 장비의 JS-II형으로 되었다.

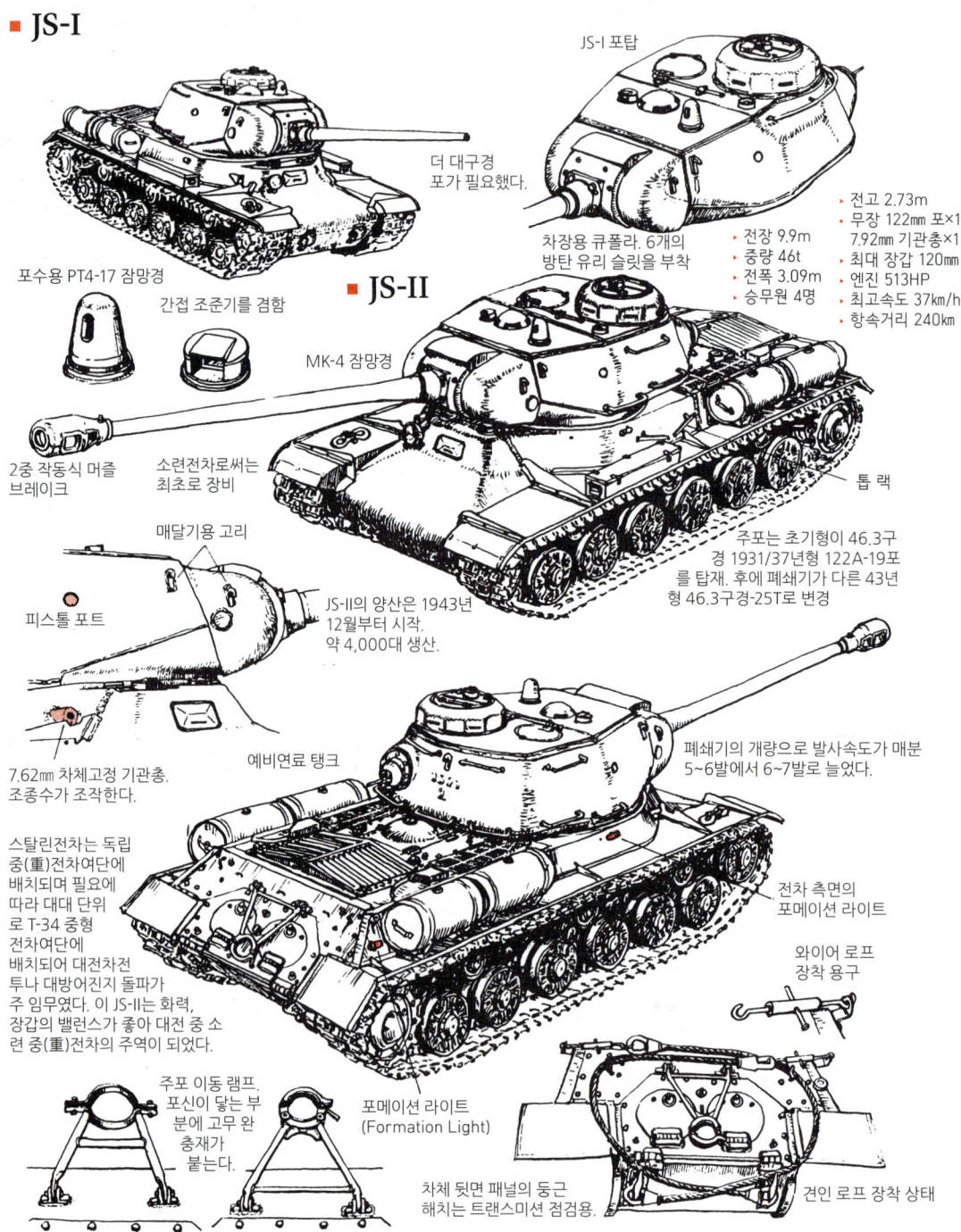

소련전차(W.W.II)

🔴 JS-II m

JS-II의 약점인 차체전면 장갑판을 재설계하고 주포를 D-25T로 변경. 불평 많았던 조준기 위치를 변경.

JS-II / 조준기 / JS-II 후기형

직접 조준기의 위치를 포미에서 떨어지게 했기 때문에 포방패를 넓혀 대응. 조준기는 10T 망원경식.

JS-II / JS-IIm

주포 동축 7.62㎜ 기관총

7.62㎜ 기관총 후부 볼(Ball) 마운트

포탑 장갑두께는 전면 100~160㎜, 후면 90㎜, 상면 30㎜

실수로 차체 위를 쏘지 않도록 붙인 스토퍼

원래 85㎜포 탑재 포탑이어서 휴행 포탄 수는 28발에 불과. 후의 JS-85에서는 59발.

조종용 잠망경. 왼쪽편이 조금 높다.

주포는 앙각 -3°~+20°, 철갑 유산탄(APHE-T)의 초속은 800m/초, 장갑관통력은 500m에서 143㎜, 1,000m에서 126㎜.

섀시는 자주포용으로 개발된 용접구조를 채용하여 생산성을 크게 향상시켰다. 1944년 후반에는 전월보다 생산량이 3.6배 증가.

JS-II의 섀시

조종수용 차양. 여기를 독일군이 노렸다.

연료 주입구 / MK-4 잠망경

JS-II m의 섀시

주조식 / 용접식

방탄유리 부착 투시구

소구경 탄의 유탄을 막는 탄 튕김 판.

조종실 전면은 경사장갑으로 피탄 경사를 향상. 또 JS-II의 취약점인 조종수용 해치를 폐지.

기동륜

정비하기 쉽도록 볼트체결이 많았다. 이빨 수 14개.

초기형

JS용 폭 650㎜ 캐터필러의 베리에이션

진흙이나 눈 등 이물질 배제용 스크레퍼 2종류.

싱글 핀/센터 가이드식의 주조제로 고무 패드 등은 붙어있지 않다.

JS-II m부터 장착된 대공용 기관총 12.7㎜ DShk1938. 장비 안 된 차량도 많았다.

JS-III 중(重)전차 (JS-II와 구조 비교)

1943년 말에 배치된 JS-II는 그 화력과 장갑 면에서 공포스런 존재가 되었으며, 전투 경험은 다음해 말에 등장하는 JS-III에 계승되었다. 포탑, 차체 모두 피탄 경사가 좋은 혁명적 디자인으로, 전차 형상의 개념을 일신하는 것이었다. 종전까지 350대가 생산되었으며, 베를린의 전승 퍼레이드에 등장했을 때 서방측 군사 전문가들에게 충격을 주었다. 전후의 전차 개발이 JS-III을 뛰어 넘는 것을 목표로 했을 정도였다. JS-III는 전후에도 생산이 계속된 대표적 중전차 였다. 제식 장비에서 제외된 것은 T-62가 주력전차가 된 1963년 이후부터이다.

그 사이 엔진을 V-2-JS에서 V-54K-JS로 바꾼 JS-III m도 생산됐다. 동유럽 여러 나라나 중동에도 공급되어 중동전쟁에서도 사용되었다.

■ JS-II 중전차 내부

❶ 장전수용 해치
❷ 장전수용 잠망경
❸ 주퇴 복좌 장치
❹ 포수용 직접 조준기
❺ 포탑선회장치
❻ 포탑 앙각 장치
❼ 장전수석
❽ 포수석
❾ 차장석(접은 상태)
❿ 후부 기관총
⓫ 포탄 랙
⓬ MK4형 잠망경
⓭ 장갑 커버가 붙은 파인더(거리 측정기)
⓮ 파인더 조정 커버
⓯ 주 전원용 마스터 스위치
⓰ 시동용 압축공기 봄베
⓱ 조종석
⓲ 캐터필러 장력 조정장치
⓳ 기관총용 탄창 랙
⓴ 장약 랙
㉑ 배터리
㉒ 포탄 상자(휴행 탄수 28발)
㉓ 시동 장치(스타터)
㉔ 에어 클리너
㉕ 오일 탱크
㉖ 오일 냉각기
㉗ 엔진
㉘ 라디에이터
㉙ 브레이크
㉚ 최종 감속기

주포는 JS-II m과 같이 43구경 122mm구 OT-25이다.

■ JS-III 중전차
(1945)

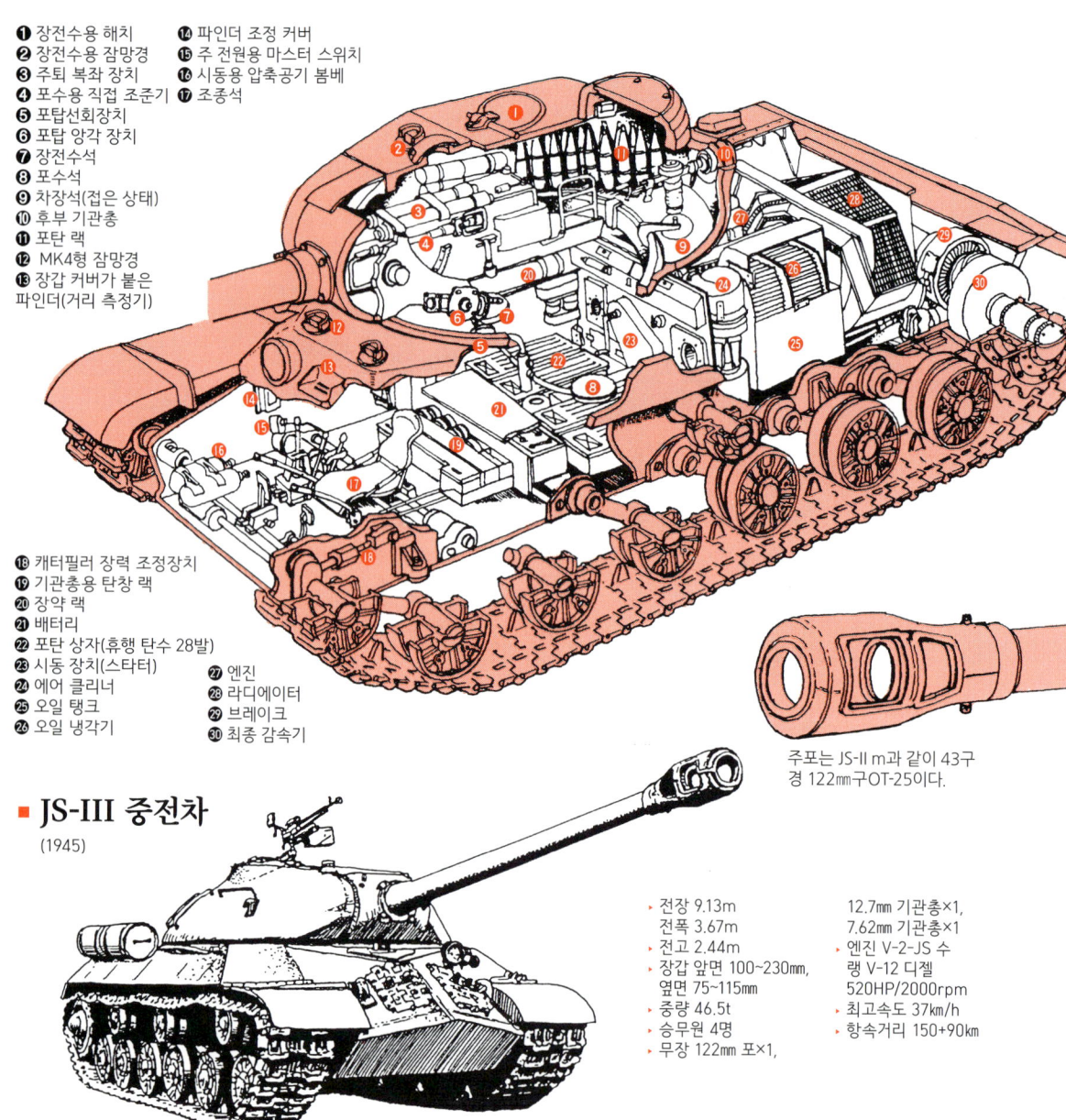

- 전장 9.13m
- 전폭 3.67m
- 전고 2.44m
- 장갑 앞면 100~230mm, 옆면 75~115mm
- 중량 46.5t
- 승무원 4명
- 무장 122mm 포×1, 12.7mm 기관총×1, 7.62mm 기관총×1
- 엔진 V-2-JS 수랭 V-12 디젤 520HP/2000rpm
- 최고속도 37km/h
- 항속거리 150+90km

소련전차(W.W.II)

JS-III의 차체

차체 앞부분은 피탄 능력 향상을 위해 역 V자 형을 한 다면체로 그 형상을 보고 병사들은 파이크(Pike:창)라는 별명을 붙였다.

JS-III의 포탑

정면에서 보면 그릇을 엎어 놓은 듯 납작한 포탑. 둥그스름한 곡면으로 되어 있다. 포탑 링 부에 포탄이 끼어들어가지 않도록 트랩도 고려되어 있다. 차장용 큐폴라를 폐지하여 차체 높이를 낮추고 있다. 버섯형 포탑이라고도 불리며 당시로써는 혁명적 디자인이었다.

❶ 대공용 12.7mm DShK 기관총
❷ 장전수용 해치
❸ 주퇴 복좌 장치
❹ 걸이용 고리
❺ 조종수용 해치
❻ 계기판
❼ 조종석
❽ 조종 레버
❾ 차장용 해치
❿ 장약분리형 포탄
  (휴행 탄수 28발)
⓫ 예비 연료탱크
⓬ 차장석
⓭ 포탑 링 방호판
⓮ 공간장갑 일부를 잡동사니 상자로 이용
⓯ 포수석
⓰ 탄약상자(발사약)

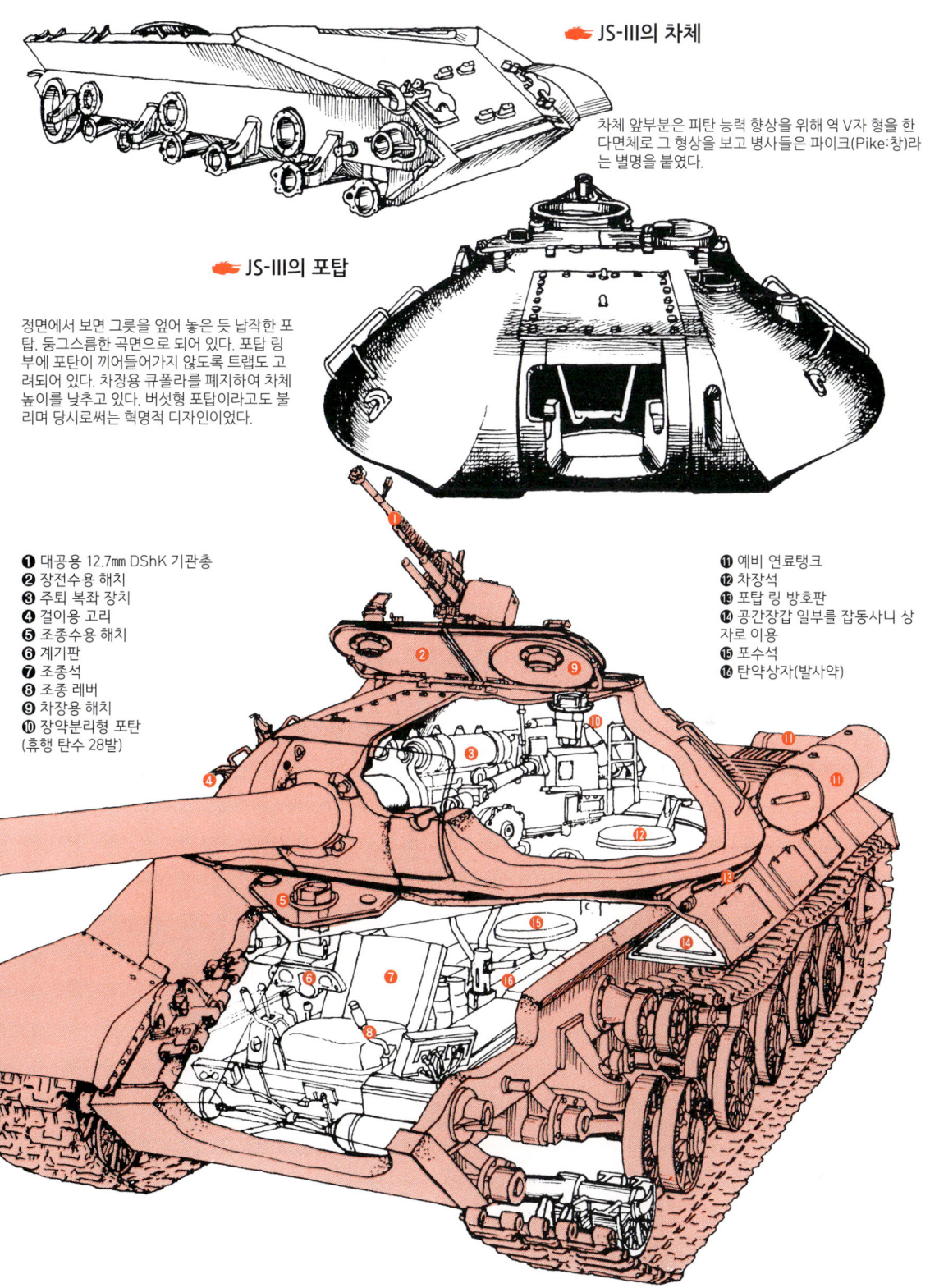

소련의 자주포(W.W.II)

독소전쟁에서 독일군의 3호 돌격포의 위력을 가까이서 본 소련군도 자주포를 만들기 시작했다. 전차 차체를 이용하여 고정포탑에 강력한 화포를 탑재한 것이 많다.

🔴 SU-76 (1942)

- 전장 5m
- 전폭 2.7m
- 전고 3.2m
- 장갑 전면 35mm 측면 16mm
- 무장 76.2mm.포×1
- 중량 10.2t
- 엔진 GAZ203 가솔린×2 85HP
- 최고속도 45km/h
- 항속거리 320km

🔴 **SU-76 측면도**

T-70 경전차 차체를 이용한 자주포. 1942년 12월부터 생산되어 다음해 초부터 실전에 투입. 독일전차에는 위력이 부족한 포였으나 보병 화력지원용으로 사용했다. 12,671대 생산.
① Zis3 76.2mm 야포
② 주퇴기
③ 포탄 휴행탄수 60발주퇴기
④ 조종수석
⑤ 엔진 2기를 동축으로 탑재해 출력 부족을 커버

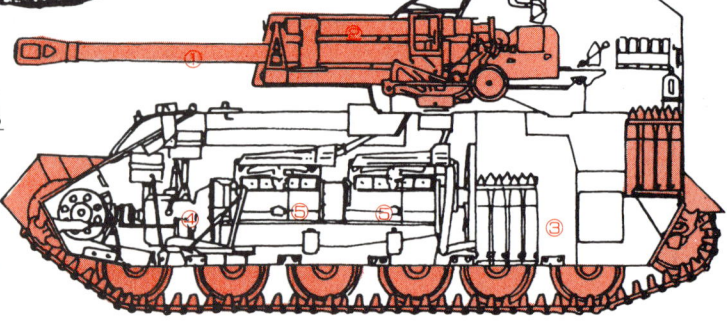

🔴 **SU-76 평면도**

주포 앙각 -3°~+25°, 좌12° 우 20°로 사계(射界)를 넓히고 T-34/75 발사속도 6~6발/분에 비해 최고 20발/분로 많게 되었다. 포탑은 오픈 톱으로 포의 조작성을 중시. 전투실은 승무원에게 불만이 많았다. 별명은 '스카(개자식)'.

❶ 조종수용 해치
❷ 차장석
❸ 포수 및 장전수석

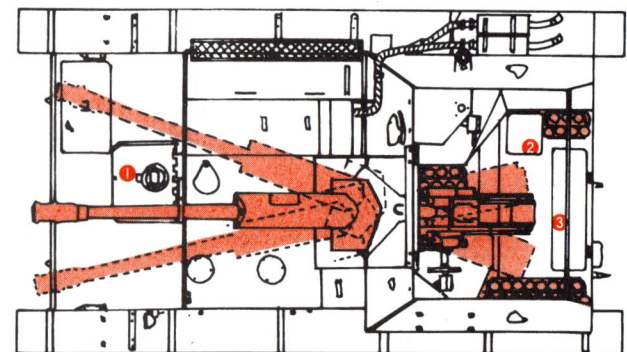

🔴 SU-76 I (1943)

이 자주포 차체는 독일군 3호 전차이다. 소련은 스탈린그라드 전투에서 수많은 3호 전차를 노획, 이를 이용해 T-34/76의 76mm 포를 탑재, 자신들의 돌격포로 이용했다.

소련전차(W.W.II)

SU-122 (1942)

T-34의 차체에 122mm 포 M30S를 장비했다. 주퇴기의 거대한 덮개 때문에 포방패 부분이 아주 투박해 보인다. 1943년 1월 SU-76와 함께 등장, 기동성이 뛰어난 근접지원 자주포가 되었다.

- 전장 6.95m
- 전폭 3m
- 전고 2.32m
- 장갑 전면/측면 모두 45mm
- 무장 122mm 유탄포×1
- 휴행탄수 40발
- 중량 30.9t
- 승무원 5명
- 엔진 VZ 디젤 500HP
- 최고속도 55km/h
- 항속거리 300km

SU-85 (1943)

SU-76과 SU-122는 대전차 전투력으로는 독일의 티거 전차에 대항할 수 없었다. 그래서 개발된 것이 본 차량으로 주포에 고사포를 차량 탑재형으로 개조한 D5S 전차포를 탑재했다. 1943년 후반부터 생산.

- 전장 8.15m
- 전폭 3m
- 전고 2.45m
- 장갑 전면/측면 모두 45mm
- 무장 85mm포×1
- 휴행탄수 48발
- 중량 29.2t
- 승무원 4명
- 엔진 V-2 디젤 500HP
- 최고속도 47km/h
- 항속거리 400km

SU-100 (1944)

대전 말기에 T-34/85가 등장했기 때문에 자주포에는 보다 대구경의 포가 요구되었다. 그래서 장신의 56구경 100mm 전차포 D-60S를 장비한 SU-100을 만들었다. 차장용 큐폴라가 붙은 것이 특징.

- 전장 9.45m
- 전폭 3m
- 전고 2.25m
- 장갑 전면/측면 모두 45mm
- 무장 100mm포×1 (휴행탄수 34발)
- 중량 31.6t
- 승무원 4명
- 엔진 V-2 디젤 500HP
- 최고속도 48km/h
- 항속거리 320km

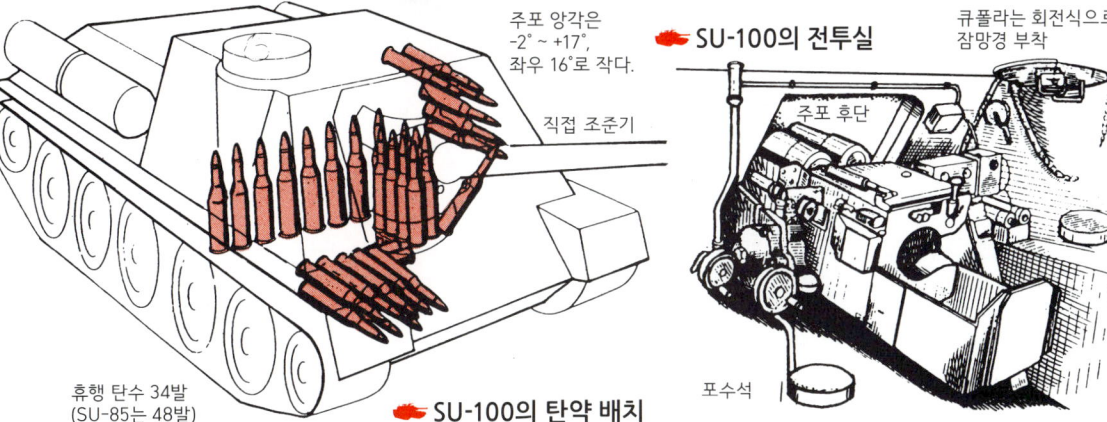

SU-100의 탄약 배치

주포 앙각은 -2°~+17°, 좌우 16°로 작다.
직접 조준기
휴행 탄수 34발 (SU-85는 48발)

SU-100의 전투실

큐폴라는 회전식으로, 잠망경 부착
주포 후단
포수석

JSU 자주포 시리즈

JS 전차의 차체를 이용. 위에서 보면 6각형의 커다란 밀폐식 전투실을 설치한 자주포.
JSU-152와 병행하여 생산되었고 대 중(重)전차전투를 주 임무로 했다. 디자인은 KV 전차를 바탕으로 한 SU-152를 이용했는데 포의 조작을 용이하게 하려고 전투실을 높게 설계했기 때문에 식별하기 쉽다. 1944년 초기부터 부대 배치되어 종전 때까지 4.075대 생산.

- 전장 9.8m(차체 길이 6.77m)
- 전폭 3.07m
- 전고 2.52m
- 장갑 전면/측면 모두 45mm
- 무장 100mm포×1
- 승무원 5명
- 엔진 V-2 JS 4 사이클 디젤 520HP/2000rpm
- 최고속도 37km/h
- 항속거리 220km

■ JSU-122 (1944)

피스톨 홀
용접구조 차체

122S로 되어서는 주포를 D-25S로 바꿨다.
아래의 머즐(포구) 브레이크는 JS-II와 동일.

JSU-122S

견인 샤클

1944년 후반부터 생산됐다.

헤드 라이트
경적(혼)
조종수용 차양

A-19S와 D-25S는 같은 것으로 46구경이며 폐쇄기 형식만 다를 뿐이다.

JSU-122BM

독일의 쾨니히스 티거와 대결하기 위해 시험 제작한 차량

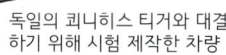
122mm BL7 포 탑재

용접구조 차체는 1944년 우랄 중기제조공장에서 이 JSU-122/152 자주포의 생산성 향상을 위해 개발되었다.
차체 앞부분의 주조 부품을 폐지하고 장갑판만을 용접하여 조립했다. 전년도에 비해 44% 생산량이 늘어났다.

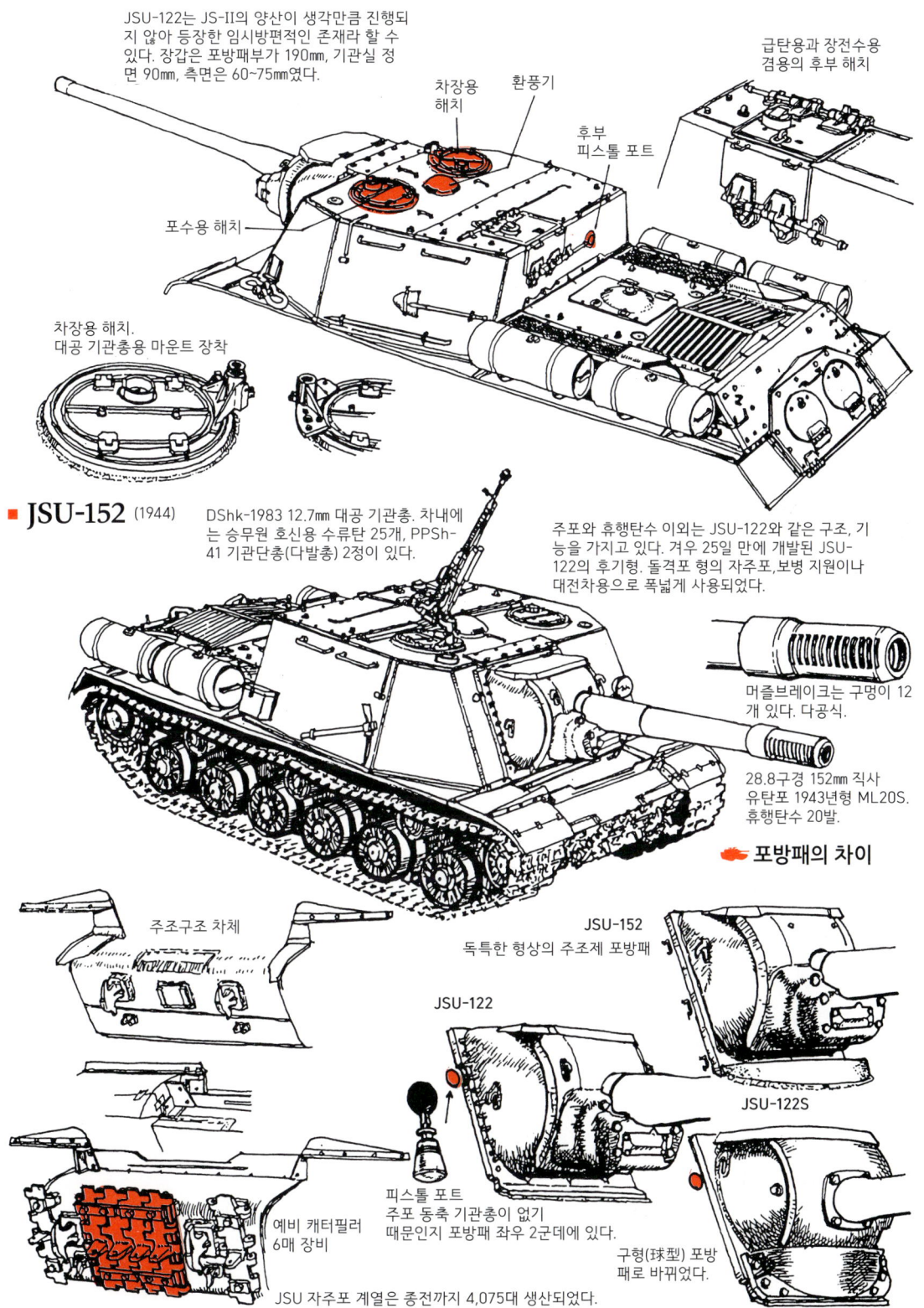

일본 전차
일본전차의 발달

일본의 전차는 참고를 위해 영국에서 A형 중형 전차, 프랑스로부터 르노-FT전차를 수입하면서 시작된다. 국내생산이냐 수입이냐 논의가 있었으나 1927년 시제차를 개발한 이후 국산화가 추진되었다. 일본의 전차에는 공통점이 없는 몇 가지 특징이 있다. 우선, 세계에서 가장 빨리 공랭식 디젤 엔진을 채용한 점이다. 이것은 연비가 좋다는 이점은 있으나 반면에 가솔린 엔진에 비해 같은 마력이라도 크기가 컸다. 또한 독특한 형의 시소식 현가장치도 특징이다. 이것은 중량이 가볍다는 이점도 있었다. 단, 육군에서는 전차의 전략적 운용에 대해 독일의 기갑부대와 같은 발상은 없었고, 또 섬나라인 만큼 수송 상의 제약도 있어 선진국보다 수년은 뒤떨어져 있는 상태였다.

시제(試製) I호 전차 (1927)

시험제작(시작)승인에서 불과 1년 9개월 만에 오사카 육군공창에서 완성한 제1호. 시험결과는 양호하여 육군은 이것부터 국산으로 장비하기로 했다. 3 포탑형으로 그 중 기관총 1정은 후방에 장착했다. 엔진은 아직 가솔린 엔진으로 항속거리는 약 10시간이란 기록이 남아 있다.

- 전장 6.03m
- 전폭 2.4m
- 전고 2.43m
- 장갑 6~15mm
- 무장 57mm포×1, 7.7mm 기관총×2
- 중량 18t
- 엔진 140HP
- 최고속도 20km/h
- 승무원 5명

89식 중형전차 갑(甲)형 (1929)

- 전장 5.75m
- 전폭 2.18m
- 전고 2.56m
- 장갑 10~17mm
- 무장 57mm포×1, 6.5mm 기관총×2
- 중량 12.7t
- 엔진 가솔린 118HP
- 최고속도 25km/h
- 승무원 4명

일본산 최초의 제식화 된 전차로 영국의 빅커스·마크C를 참고로 하여 1927년부터 개발해 1929년 봄에 완성, 9.8t의 89식 경전차로 채용했는데 만주사변 등의 교훈에서 몇 가지 개량된 결과, 중량은 11.8t으로 증가했으므로 중형전차로 호칭했다. 초기에는 다임러의 가솔린 엔진을 채택, 갑(甲)형이라 명명했다. 석유자원이 거의 없는 일본의 사정에서 석유 소비가 적은 디젤 엔진으로 변경하게 된다.

① 전망탑
② 후부 포탑총
③ 공기 흡입구
④ 조향 변속기
⑤ 기동륜
⑥ 클러치
⑦ 변속기
⑧ 엔진
⑨ 탄약고
⑩ 조종석
⑪ 조향 레버
⑫ 변속 레버
⑬ 유도륜
⑭ 차체 전방 기관총
⑮ 57mm 전차포
⑯ 전투실
⑰ 연료 탱크 (양 측)

89식 중형전차 을(乙)형 (1934)

디젤 엔진으로 바꾼 89식 중형전차를 을(乙)형이라 명명했다. 기본 제원의 변화는 없으나 각 부에 다소 개량이 가해져 약간의 형상 변화가 있다. 디젤 엔진에는 연료 소비가 적다는 점 외에도 피탄시 화재를 일으키기 어려운 이점이 있었다. 89식 스타일은 1차 대전 맛이 나는 고풍스런 것이지만 전차를 자력 개발했다는데 의의가 있다. 엔진은 공랭식 6기통 디젤 120HP. 최고속도 25km/h 항속거리 170km. 기타는 갑형과 동일.

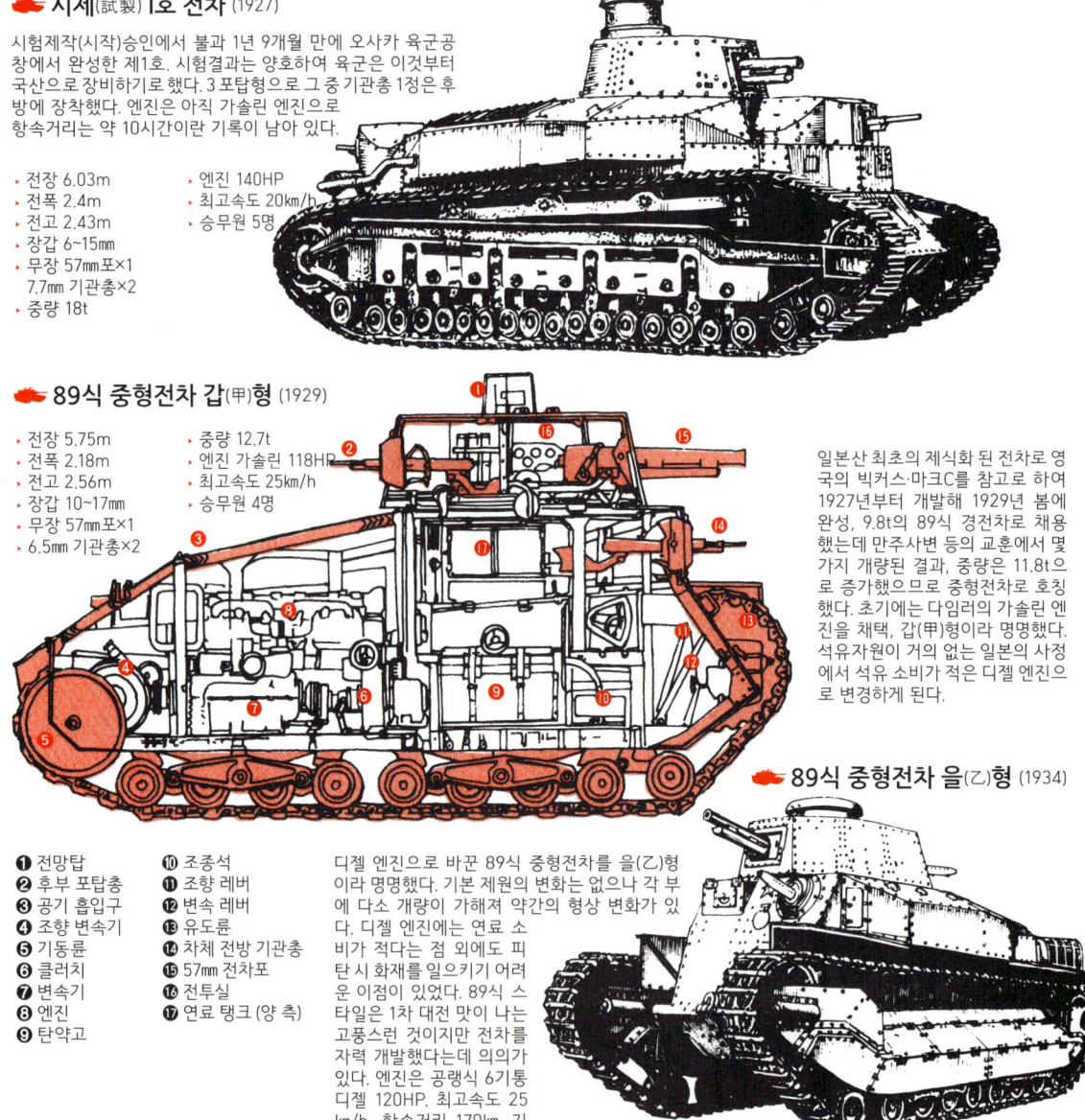

일본전차(W.W.II)

94식 경 장갑차 TK (1932)

TK란 '특수 견인'의 약칭으로 전선에 탄약을 보급하는 트레일러 견인용 장갑차량으로 개발됐다. 영국 카든·로이드 형의 일본판이라 할 수 있다. 전장에서 정찰·연락·경계용 꼬마 전차로써 대활약했다. 원래부터 전투용으로는 생각하지 않았으므로 포탑에는 차장 혼자 타고 팔힘으로 포탑을 돌렸다. 후기형에는 후부 유도륜을 크게 하여 접지를 좋게 해 노면 외 지면 주행성을 향상시켰다. 현가장치는 일본 독자의 링크식 서스펜션.

- 전장 3.08m
- 전폭 1.62m
- 전고 1.62m
- 장갑 4~12mm
- 무장 7.7mm 기관총×2
- 중량 3.45t
- 엔진 가솔린 35HP
- 최고속도 40km/h
- 항속거리 200km.
- 승무원 2명

92식 중(重) 장갑차 (1932)

기병용으로 개발되었으므로 중장갑차로 되었는데 실제론 경전차와 같은 것이다. 당시의 일본 전차는 리벳 접합이 보통이었는데 이 차는 전면 용접 접합이란 드문 제작방식이었다. 단, 강판의 두께가 6mm로 장갑이라기엔 너무 빈약했다. 한 마디로 일본에서 만들어 전력으로 활약한 전차의 장갑 두께는 최대 50mm로, 당시의 세계 수준을 봐서도 너무 빈약했다. 탑재된 92식 13mm 기관포는 대공 사격도 가능했다.

- 전장 3.94m
- 전폭 1.63m
- 전고 1.87m
- 장갑 6mm
- 무장 13mm 기관포×1 기관총×1
- 중량 3.5t
- 엔진 45HP 가솔린
- 최고속도 40km/h
- 항속거리 200km
- 승무원 3명

95식 중(重)전차 (1934)

70mm 포와 30mm 포를 탑재한 중(重)전차. 단, 장갑이 얇아서 중량은 그 후의 중형 전차 정도였다. 중(重)전차란 명칭은 시제 1호 전차 이후에 95식 중전차로 제식 채용되었으나 4대 제조만으로 끝났다. 본 차 클래스의 주포를 일본의 전차에 탑재한 것은 대전 말기의 3식 중형 전차까지는 만들어지지 않았다. 본 차에서도 일본 전차 특유의 포탑 뒷면에 기관총이 장비되어 있다. 그러나 주포는 단포신 포이며 당시는 대전차전투 따위는 전혀 생각하지 못했다는 것을 알 수 있다. 후일 일본전차의 주력이 되는 97식 중형 전차도 포신이 짧은 57mm 포로, 1939년의 노몬한 사건(전투)에서 소련군 전차에게 참패하게 되는데, 그 후에도 화력, 장갑에서 열세인 채 2차 대전에 돌입하게 되는 것이다.

- 전장 6.47m
- 전폭 2.7m
- 전고 2.9m
- 장갑 12~35mm
- 무장 70mm 포×1, 37mm 포×1 기관총×2
- 중량 26t
- 엔진 290HP
- 최고속도 22km/h
- 항속거리 110km
- 승무원 5명

97식 경 장갑차 (1936)

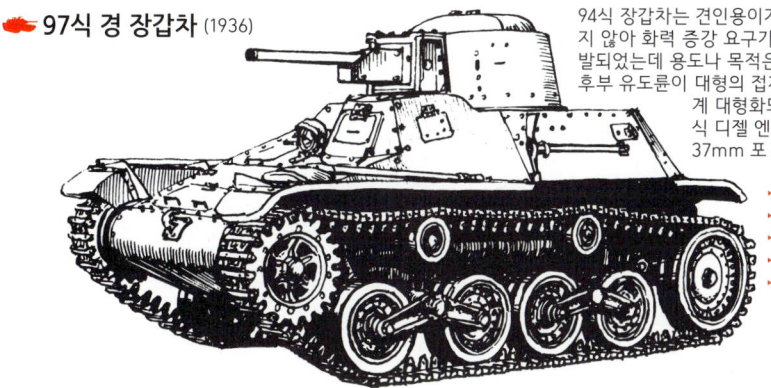

94식 장갑차는 견인용이기도 하여 기관총 한정만으로는 전투에 적합지 않아 화력 증강 요구가 나왔다. 그래서 37mm 포 탑재의 본 차가 개발되었는데 용도나 목적은 94식과 같았다. 후기형 94식과 전혀 같고 후부 유도륜이 대형의 접지식이 되었다. 전체적으로 94식보다 한 단계 대형화되고 중량도 1t 이상 늘었으나 탑재된 공랭식 디젤 엔진의 출력은 65HP으로 증대됐다. 일부는 37mm 포 대신 기관총을 탑재한 차도 있다.

- 전장 3.7m
- 전폭 1.9m
- 전고 1.79m
- 장갑 4~16mm
- 무장 37mm 포×1 또는 7.7mm 기관총
- 중량 4.75t
- 엔진 공랭65HP 디젤
- 최고속도 40km/h
- 항속거리 250km
- 승무원 2명

95식 경전차 하(ハ)호

일본육군의 전차 개발은 서구 제국에 비해서 경전차에 중점을 두었다. 이는 육군 기계화의 중심이 되는 전차가 차륜식 차량과 행동을 같이 할 수 있는 속도를 갖게 한다는 것을 말하며 속도와 기동성을 제 1 목표로 했기 때문이다. 1935년 말에 시제차를 완성하고 생산은 미쓰비시(三菱)사에 맡겼다. 1935년부터 패전까지 총 2,378대가 생산되었는데 개발 당시에는 세계에서 가장 우수한 경전차 중 하나로 인정받았었다. 리벳과 용접 접합을 병용한 차체에 360도 선회 포탑을 탑재했다. 전쟁 중 전 전선에서 사용되었다.

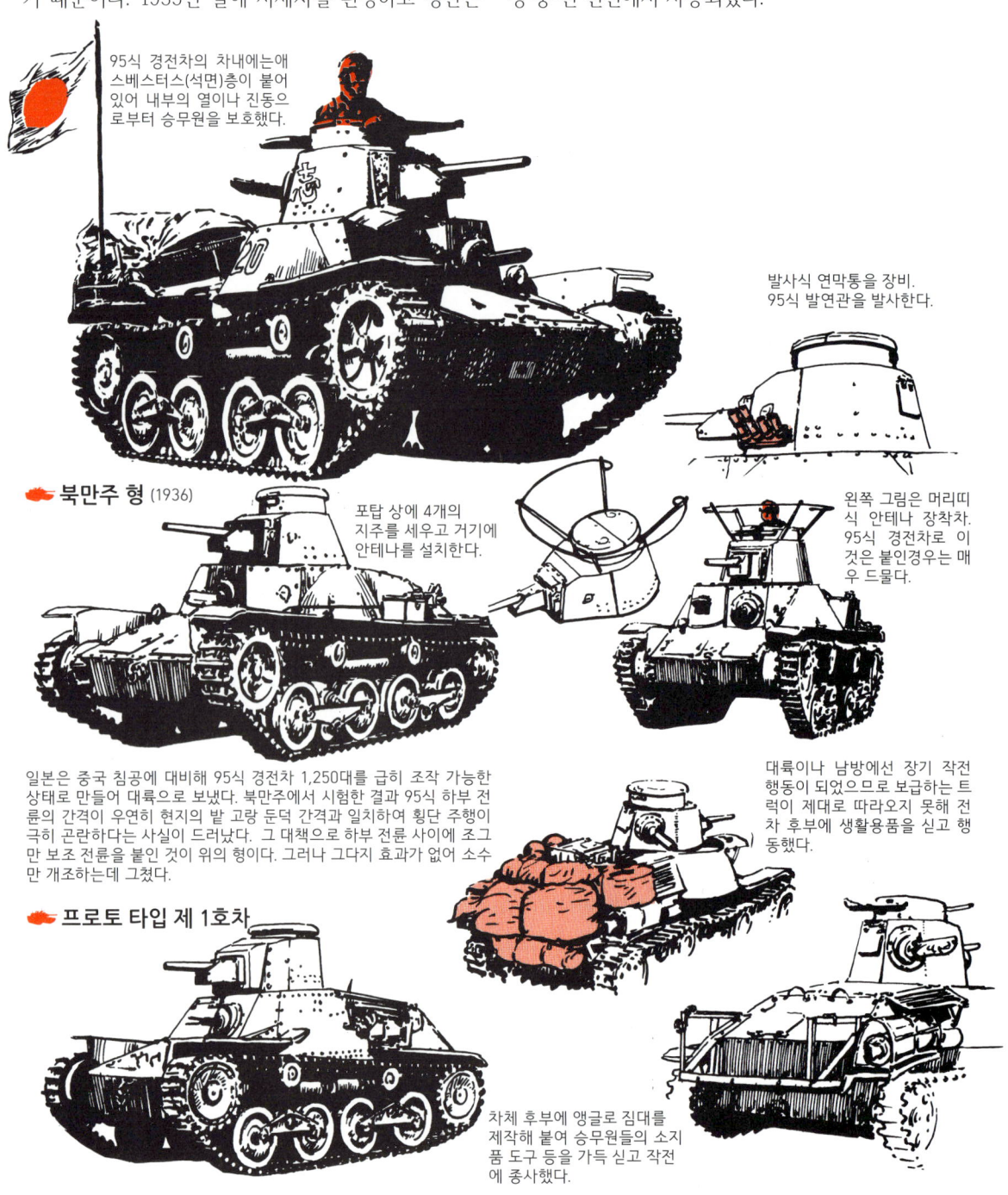

95식 경전차의 차내에는 애스베스터스(석면)층이 붙어 있어 내부의 열이나 진동으로부터 승무원을 보호했다.

발사식 연막통을 장비. 95식 발연관을 발사한다.

🔰 북만주 형 (1936)

포탑 상에 4개의 지주를 세우고 거기에 안테나를 설치한다.

왼쪽 그림은 머리띠식 안테나 장착차. 95식 경전차로 이것은 붙인경우는 매우 드물다.

일본은 중국 침공에 대비해 95식 경전차 1,250대를 급히 조작 가능한 상태로 만들어 대륙으로 보냈다. 북만주에서 시험한 결과 95식 하부 전륜의 간격이 우연히 현지의 밭 고랑 둔덕 간격과 일치하여 횡단 주행이 극히 곤란하다는 사실이 드러났다. 그 대책으로 하부 전륜 사이에 조그만 보조 전륜을 붙인 것이 위의 형이다. 그러나 그다지 효과가 없어 소수만 개조하는데 그쳤다.

대륙이나 남방에선 장기 작전 행동이 되었으므로 보급하는 트럭이 제대로 따라오지 못해 전차 후부에 생활용품을 싣고 행동했다.

🔰 프로토 타입 제 1호차

차체 후부에 앵글로 짐대를 제작해 붙여 승무원들의 소지품 도구 등을 가득 싣고 작전에 종사했다.

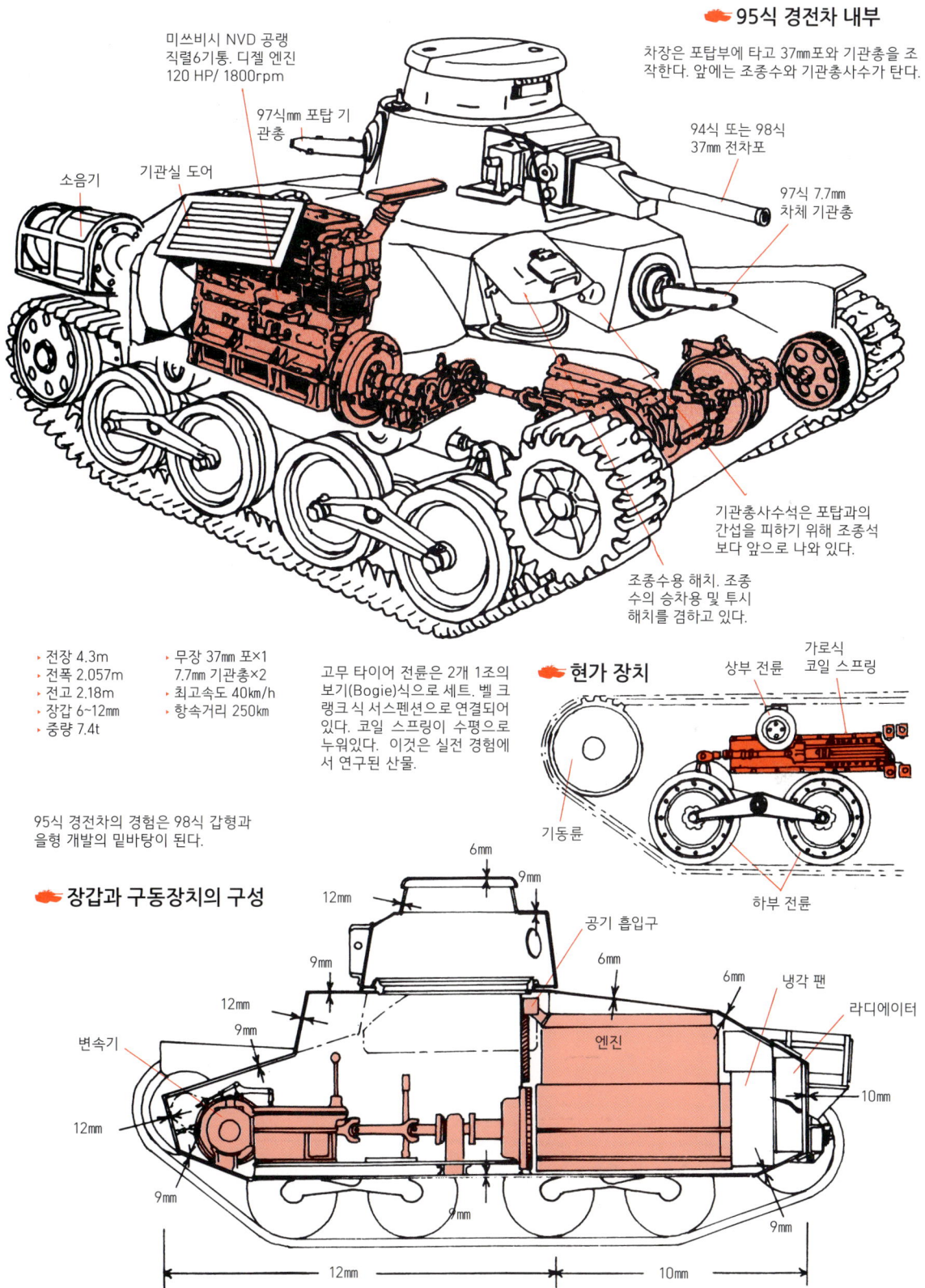

97식·1식 중형전차의 구조

97식 중형전차는 89식의 후계 주력전차로써 개발된 것으로 생산 대수 2,000대로 일본 전차 중 가장 많으며 대전이 끝날 때까지 사용된 일본의 대표적 전차다.
원래 일본의 전차는 보병지원만을 상정했으며 노몬한 전투의 교훈에서 포구 속도가 빠른 47㎜포로 교체했으나 그 후에 주포의 대구경화를 추구하지 않고 장갑도 얇은 그대로로 대전 중에 등장하는 M4 (셔먼) 등의 연합군 주력전차와는 도무지 싸울 수 없는 존재였다.
1식 중형전차는 97식 중형전차의 화력, 장갑강화 버전으로 기본적으로는 개조 97식 중형전차와 거의 같은 전차인데 리벳 접합에서 용접식 접합으로 변경했다. 어쨌든 세계의 주력 전차 수준과 너무 큰 차이로 낙후되어 있었던 것만은 확실하다.

🟥 개조 97식 중형전차 신 포탑 '치하' (1942)

97식 57㎜ 포는 적의 기관총 총좌 파괴 등, 보병지원을 목적으로 했기 때문에 대전차전투에는 역부족이었다. 그 때문에 1식 중형전차와 같은 장포신포의 47㎜ 포와 대형의 신형 포탑을 장비한 것이 이 전차다. 1식 중전차의 생산이 늦어졌기 때문에 상당수가 생산되어 오히려 생산 수는 1식 중형전차보다 많다.

■ 97식 중형전차

🟥 97식 중형전차 치하(チハ) (1937)

89식 중형전차와 비교하면 전체 높이(全高)가 상당히 낮다. 개발은 미쓰비시 중공업으로 오오사카 공창이 개발한 '치니'(チニ)'와 경쟁했으나 성능적으로 우수한 '치하(チハ)'가 채택되어 중국 대륙으로 보내져 보병지원차로 사용되었다. 그림에서는 머리띠(하치마키)식 안테나가 붙어 있으나 당시 무전기가 장비된 것은 지휘차 뿐이었다. 또 중량이 15톤으로 고정된 것은, 전지에 보내는데 철도나 선박에 태워야 하므로 크레인의 능력에 맞추어야 했기 때문이기도 하다. 이것이 중량에 관한 일본 전차의 제한이기도 했다.

🟥 97식 중형전차 구조

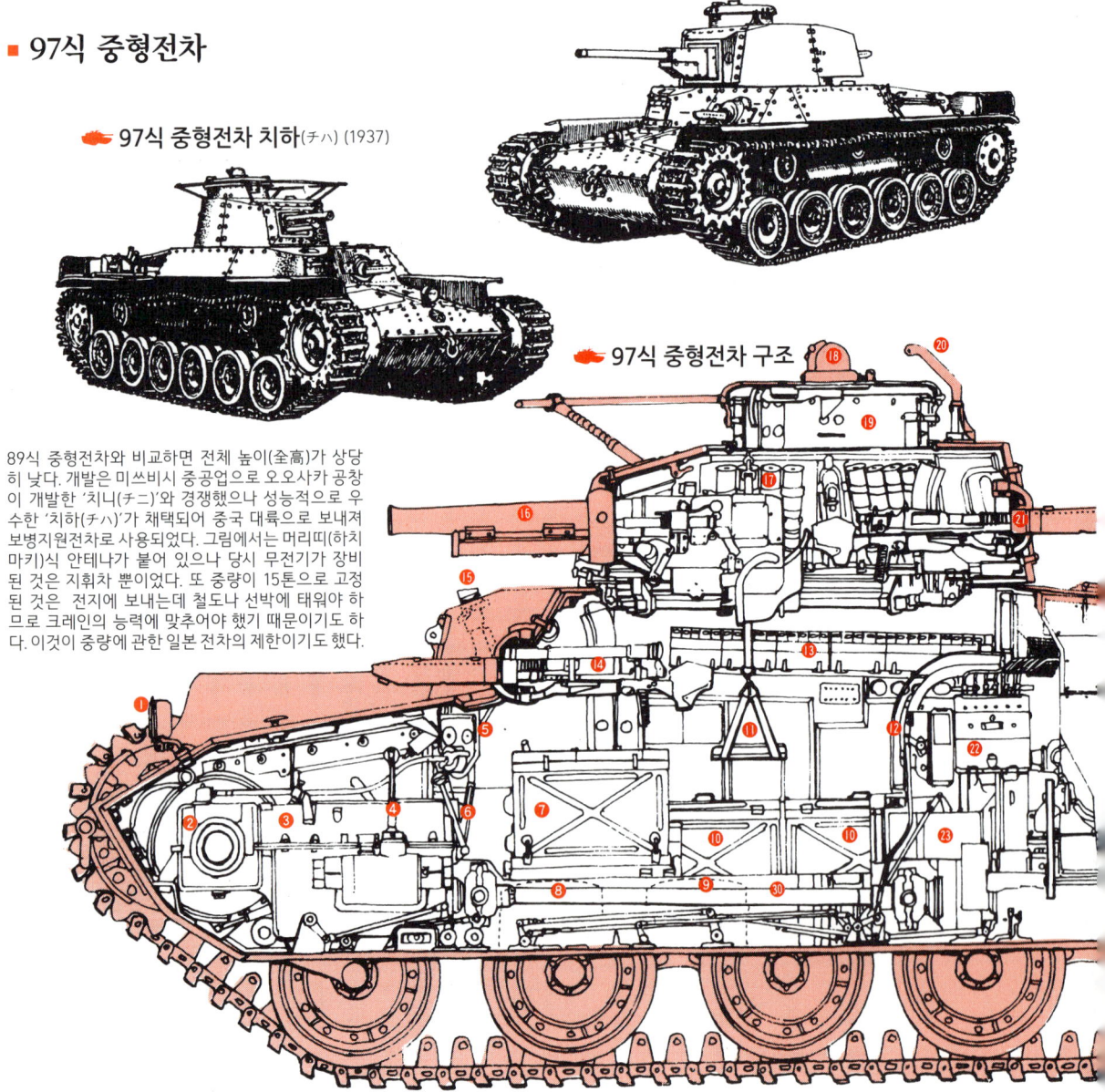

일본전차(W.W.II)

■ 1식 중형전차

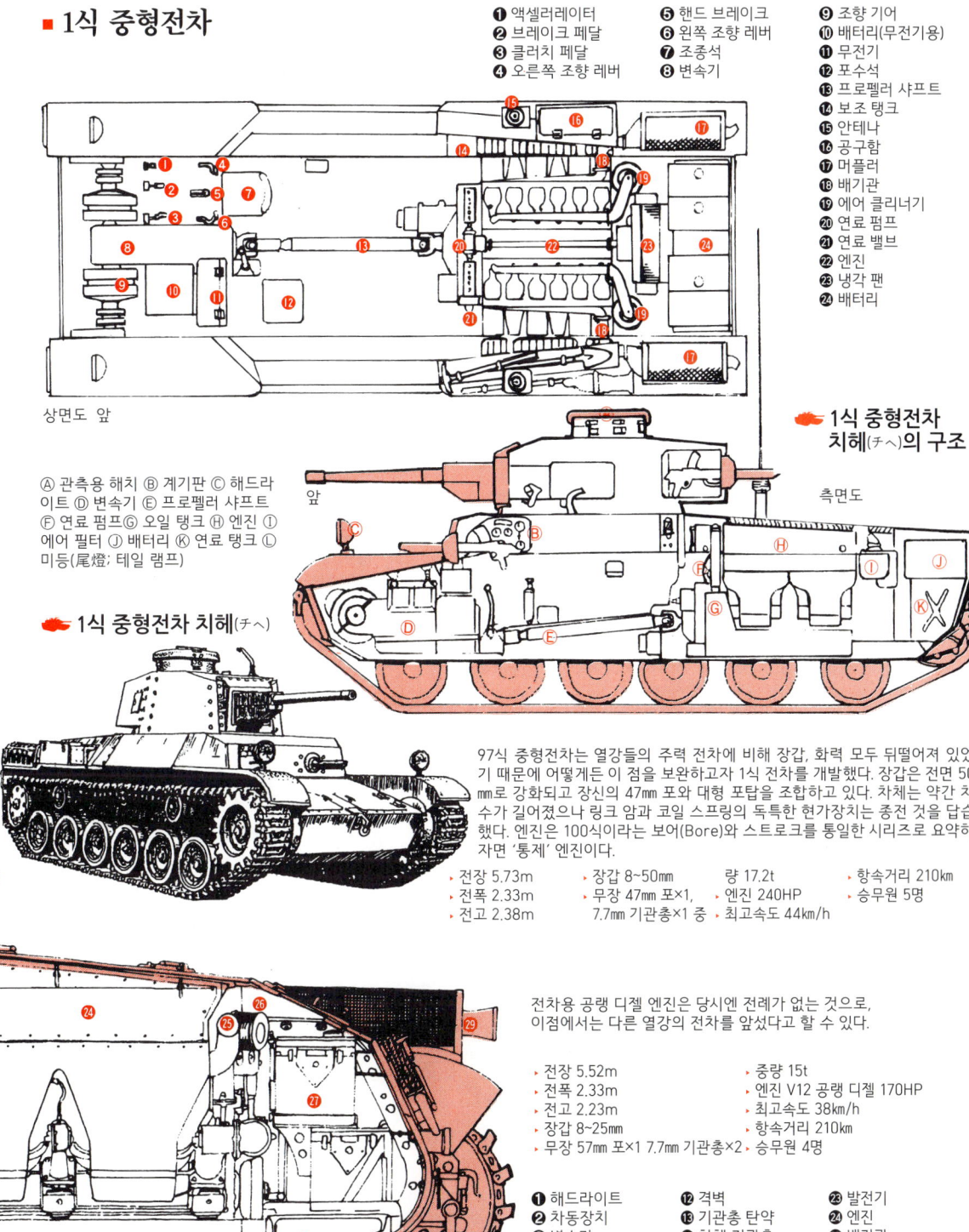

① 액셀러레이터
② 브레이크 페달
③ 클러치 페달
④ 오른쪽 조향 레버
⑤ 핸드 브레이크
⑥ 왼쪽 조향 레버
⑦ 조종석
⑧ 변속기
⑨ 조향 기어
⑩ 배터리(무전기용)
⑪ 무전기
⑫ 포수석
⑬ 프로펠러 샤프트
⑭ 보조 탱크
⑮ 안테나
⑯ 공구함
⑰ 머플러
⑱ 배기관
⑲ 에어 클리너
⑳ 연료 펌프
㉑ 연료 밸브
㉒ 엔진
㉓ 냉각 팬
㉔ 배터리

상면도 앞

Ⓐ 관측용 해치 Ⓑ 계기판 Ⓒ 헤드라이트 Ⓓ 변속기 Ⓔ 프로펠러 샤프트 Ⓕ 연료 펌프 Ⓖ 오일 탱크 Ⓗ 엔진 Ⓘ 에어 필터 Ⓙ 배터리 Ⓚ 연료 탱크 Ⓛ 미등(尾燈·테일 램프)

🚜 1식 중형전차 치헤(チヘ)

🚜 1식 중형전차 치헤(チヘ)의 구조

앞   측면도

97식 중형전차는 열강들의 주력 전차에 비해 장갑, 화력 모두 뒤떨어져 있었기 때문에 어떻게든 이 점을 보완하고자 1식 전차를 개발했다. 장갑은 전면 50mm로 강화되고 장신의 47mm 포와 대형 포탑을 조합하고 있다. 차체는 약간 치수가 길어졌으나 링크 암과 코일 스프링의 독특한 현가장치는 종전 것을 답습했다. 엔진은 100식이라는 보어(Bore)와 스트로크를 통일한 시리즈로 요약하자면 '통제' 엔진이다.

- 전장 5.73m
- 전폭 2.33m
- 전고 2.38m
- 장갑 8~50mm
- 무장 47mm 포×1, 7.7mm 기관총×1 중
- 량 17.2t
- 엔진 240HP
- 최고속도 44km/h
- 항속거리 210km
- 승무원 5명

전차용 공랭 디젤 엔진은 당시엔 전례가 없는 것으로, 이점에서는 다른 열강의 전차를 앞섰다고 할 수 있다.

- 전장 5.52m
- 전폭 2.33m
- 전고 2.23m
- 장갑 8~25mm
- 무장 57mm 포×1 7.7mm 기관총×2
- 중량 15t
- 엔진 V12 공랭 디젤 170HP
- 최고속도 38km/h
- 항속거리 210km
- 승무원 4명

① 헤드라이트
② 차동장치
③ 변속기
④ 변속 레버
⑤ 계기판
⑥ 조향 레버
⑦ 포 현가장치
⑧ 조종석
⑨ 기관총사수석
⑩ 57mm 포 포탄 상자
⑪ 포수석
⑫ 격벽
⑬ 기관총 탄약
⑭ 차체 기관총
⑮ 조종수용 잠망경
⑯ 57mm 포
⑰ 57mm 포탄 랙
⑱ 차장용 잠망경
⑲ 큐폴라
⑳ 고사기관총 총가
㉑ 포탑 기관총
㉒ 연료분사장치
㉓ 발전기
㉔ 엔진
㉕ 배기관
㉖ 에어 클리너
㉗ 배터리
㉘ 연료 탱크
㉙ 머플러
㉚ 프로펠러 샤프트

일본의 중형전차와 경전차

■ 대전 말기의 중형전차

🦀 3식 중형전차 치누 (チヌ) (1944)

여기서 취급하는 중형전차는 1943년 이후에 개발된 세계적 수준과 대등한 본격적인 것이다. 그러나 완성한 것은 1944년 이후로, 시기적으로 늦어 양산에 들어간 3식 전차도 본토 결전용으로 되어 실질적으로는 실전에 참가하지 않았다. 경전차는 95식이 걸출했기 때문에 다른 경전차의 생산은 소량으로 끝났다.

🦀 3식 중형전차의 구조

- 전장 5.73m
- 전폭 2.33m
- 전고 2.67m
- 장갑 8~50mm
- 최고속도 38.8km/h
- 중량 18.8t
- 엔진 240HP
- 승무원 5명
- 항속거리 210km

- 무장 75mm 포×1
- 7.7mm 기관총×1

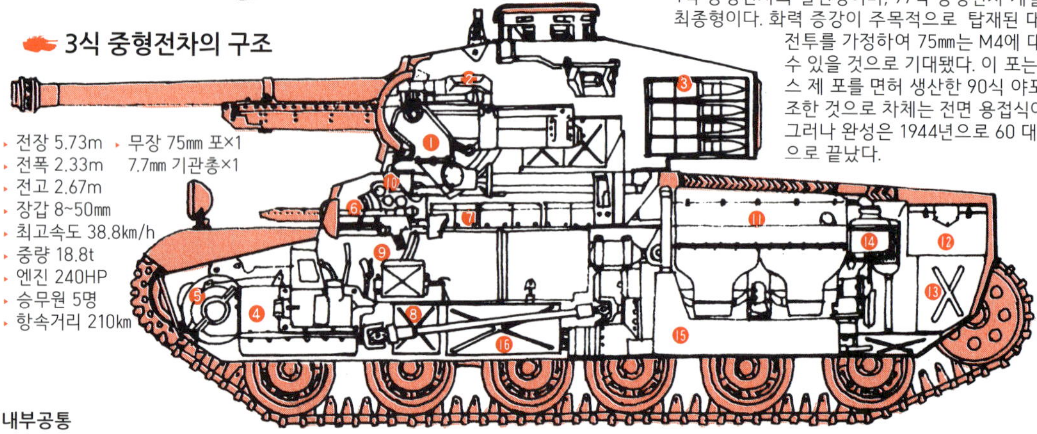

1식 중형전차의 발전형이며, 97식 중형전차 계열로는 최종형이다. 화력 증강이 주목적으로 탑재된 대전차 전투를 가정하여 75mm는 M4에 대항할 수 있을 것으로 기대됐다. 이 포는 프랑스 제 포를 면허 생산한 90식 야포를 개조한 것으로 차체는 전면 용접식이었다. 그러나 완성은 1944년으로 60 대 제작만으로 끝났다.

내부공통
❶ 포가 ❷ 폐쇄기구 ❸ 포탑내 탄약상자 ❹ 변속기 ❺ 조향 변속기 ❻ 차체 기관총 ❼ 기관총 탄약상자 ❽ 공구함 ❾ 조종석 ❿ 계기판 ⓫ 공랭 디젤 엔진 ⓬ 배터리 ⓭ 주 연료탱크 ⓮ 에어 클리너 ⓯ 오일 탱크 ⓰ 바닥 판 겸 포탄 상자

🦀 4식 중형전차 치토 (チト) (1945)

치수, 중량 모두 세계적 수준에 도달한 최초의 일본 중형전차. 처음부터 대전차전을 염두에 두고 개발했다. 주포는 고사포를 개조한 75mm 포로 M4의 전면 장갑을 1km 거리에서 관통할 수 있었다. 더우기 세계수준에 도달한 장갑과 일본 최초로 주조식 포탑을 탑재했다. 유압 조향장치의 채용으로 조향 성능도 양호했다. 패전 때까지 6대(2대 설도 있다)의 완성만으로 끝났다. 여담이지만 대전 중의 일본의 주력 97식 '치하'는 포신의 앙각이나 선회는 어깨 받이를 미는 인력 방식으로, M4처럼 기어와 핸들을 조합시킨 합리화·기계화된 포탑에게 연속 사격 스피드에는 도무지 따라갈 수가 없었다.

🦀 4식 중형전차의 구조

- 전장 6.34m
- 전폭 2.87m
- 전고 2.87m
- 장갑 12~75mm
- 무장 75mm 포×1
  7.7mm 기관총×2
- 중량 30t
- 엔진 400HP 디젤
- 최고속도 45km/h
- 항속거리 250km
- 승무원 5명

일본전차(W.W.II)

5식 중형전차 치리 (チリ) (1945)

일본이 개발한 최후의 중형전차. 4식 중형전차의 발전형이라 볼 수도 있으나 크기, 중량 모두 종래의 것과는 차원이 다를 정도로 크다. 개발에는 난관이 있었던 듯, 겨우 1대 완성했을 뿐이었다. 포탑은 평판 용접이며 모양은 티거 비슷했는데 처음엔 88mm 포를 탑재할 계획도 있었다. 37mm 포를 포탑 하단에 탑재하여 중량이 40t을 넘었기 때문에 한쪽에 전륜 8개씩을 달았다. 중량에 맞는 엔진은 공랭 디젤로는 무리여서 가솔린 엔진을 채용, 550HP의 대출력을 얻었다.

- 전장 7.3m
- 전폭 3.05m
- 전고 3.05m
- 장갑 최대 75mm
- 무장 75mm 포×1
- 37mm 포×1
- 7.7mm 기관총×2
- 엔진 550HP 가솔린
- 최고속도 45km/h
- 승무원 5명

■ 경전차

98식 경전차 케니 (ケニ) (1940)

일본의 경전차는 95식 '하(ハ)'호라는 명 전차의 존재가 오히려 새롭게 개발한 경전차의 양산을 저해하는 아이러니를 낳았다. 본 차는 95식 경전차의 후속으로 개발된 것으로 차체 높이도 낮고 소형화되어 있으며 95식보다 세련된 모양을 하고 있었다. 또한 장갑도 증강되어 성능적으로 95식을 상회했으나 좀처럼 생산에 들어가지 않다가 전쟁 돌입 후인 1942년에 생산되었다. 이미 빈약한 무장과 장갑으로 활약할 장소도 없어 113대 생산만으로 끝났다.

- 전장 4.1m
- 전폭 2.12m
- 전고 1.82m
- 장갑 6~16mm
- 무장 37mm 포×1,
- 7.7mm 기관총×1
- 엔진 130HP
- 최고속도 50km/h
- 항속거리 300km
- 승무원 3명

2식 경전차 케토 (ケト) (1942)

전황의 영향으로 경전차보다는 중형전차 생산이 주체가 되었으므로 새로 개발된 경전차는 모두 소량 생산으로 끝났으나 2식 경전차는 98식 케니의 개량형으로 초기속도가 높은 장포신의 37mm 포를 탑재, 그 때문에 포탑이 커졌다. 또한 98식과 2식 경전차는 공수(空輸)전차로 사용될 예정이었으나 실현되지는 못했다.

- 전장 4.1m
- 전폭 2.12m
- 전고 1.82m
- 장갑 6~16mm
- 무장 37mm 포×1
- 7.7mm 기관총×2
- 중량 7.2t
- 엔진 130HP
- 최고속도 50km/h
- 항속거리 300km
- 승무원 3명

4식 경전차 케누 (ケヌ) (1945)

- 전장 4.3m
- 전폭 2.07m
- 전고 불명
- 장갑 6~25mm
- 무장 57mm 포×1,
- 7.7mm 기관총×2
- 중량 8.4t
- 엔진 115HP
- 최고속도 40km/h
- 항속거리 240km
- 승무원 3명

3식 경전차 케리 (ケリ) (1944)

일선에서는 95식 경전차의 37mm 포가 너무 빈약하여 응급조치로 57mm 포를 탑재한 것이 케리와 케누이다. 3식 경전차(케리)는 95식 차체, 포탑을 그대로 쓰고 57mm 포를 장착한 것으로 실제론 단순한 파생형이다. 포탑이 너무 좁아 포의 조작이 어려워 시험제작만으로 끝났다. 한편 케누 쪽은 95식 경전차 차체에 포탑 링의 직경을 키워 97식 중전차의 포와 포탑을 그대로 탑재한 것이다. 시작차 외에 소수가 95식으로부터 개조되었지만 실전에 투입하지는 않았다. 전쟁 말기에 얼마나 초조했는지 이를 보면 알 수 있다. 97식 중전차의 포탑이므로 95식 경전차보다 키가 20㎝정도 더 높고 중량도 1t 증가했다. 3식 전차는 57mm 포로 바뀐 것 이외는 크기는 95식과 같다.

일본의 자주포와 내화정(內火艇)

■ 자주포

화력지원을 위한 자주포는 일본에서도 만들어졌으나 전선으로부터의 요구에도 불구, 소량 밖에 생산하지 않았다. 그나마도 대전이 시작되어 개발된 것은 97식 중전차 차체를 이용한 것이었다. 내화정(內火艇)이란 수륙양용전차를 말하는 것으로 육전대 (해군 소속; 우리의 해병대)의 상륙작전용으로 해군이 개발한 것이다. 유명한 것은 특(特)2식으로 180 대 이상 제조한 것으로 보이는데 다른 것은 몇 십대 정도인 것 같다.

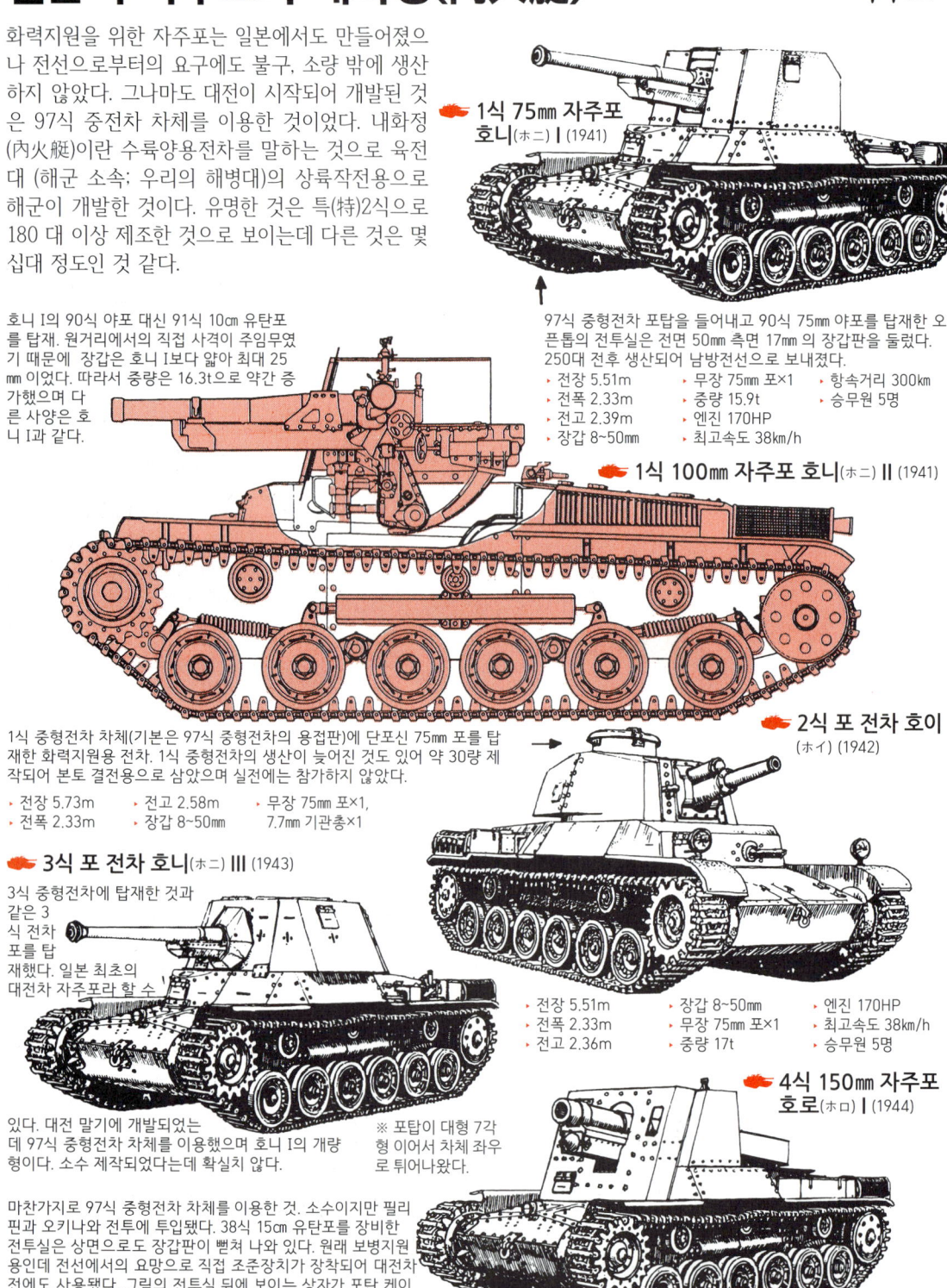

1식 75mm 자주포 호니(ホニ) I (1941)

97식 중형전차 포탑을 들어내고 90식 75mm 야포를 탑재한 오픈톱의 전투실은 전면 50mm 측면 17mm 의 장갑판을 둘렀다. 250대 전후 생산되어 남방전선으로 보내졌다.

- 전장 5.51m
- 전폭 2.33m
- 전고 2.39m
- 장갑 8~50mm
- 무장 75mm 포×1
- 중량 15.9t
- 엔진 170HP
- 항속거리 300km
- 승무원 5명
- 최고속도 38km/h

호니 I의 90식 야포 대신 91식 10cm 유탄포를 탑재. 원거리에서의 직접 사격이 주임무였기 때문에 장갑은 호니 I보다 얇아 최대 25 mm 이었다. 따라서 중량은 16.3t으로 약간 증가했으며 다른 사양은 호니 I과 같다.

1식 100mm 자주포 호니(ホニ) II (1941)

1식 중형전차 차체(기본은 97식 중형전차의 용접판)에 단포신 75mm 포를 탑재한 화력지원용 전차. 1식 중형전차의 생산이 늦어진 것도 있어 약 30량 제작되어 본토 결전용으로 삼았으며 실전에는 참가하지 않았다.

- 전장 5.73m
- 전폭 2.33m
- 전고 2.58m
- 장갑 8~50mm
- 무장 75mm 포×1, 7.7mm 기관총×1

2식 포 전차 호이 (ホイ) (1942)

3식 포 전차 호니(ホニ) III (1943)

3식 중형전차에 탑재한 것과 같은 3식 전차포를 탑재했다. 일본 최초의 대전차 자주포라 할 수 있다. 대전 말기에 개발되었는데 97식 중형전차 차체를 이용했으며 호니 I의 개량형이다. 소수 제작되었다는데 확실치 않다.

※ 포탑이 대형 7각형 이어서 차체 좌우로 튀어나왔다.

- 전장 5.51m
- 전폭 2.33m
- 전고 2.36m
- 장갑 8~50mm
- 무장 75mm 포×1
- 중량 17t
- 엔진 170HP
- 최고속도 38km/h
- 승무원 5명

4식 150mm 자주포 호로(ホロ) I (1944)

마찬가지로 97식 중형전차 차체를 이용한 것. 소수이지만 필리핀과 오키나와 전투에 투입됐다. 38식 15cm 유탄포를 장비한 전투실은 상면으로도 장갑판이 뻗쳐 나와 있다. 원래 보병지원용인데 전선에서의 요망으로 직접 조준장치가 장착되어 대전차전에도 사용됐다. 그림의 전투실 뒤에 보이는 상자가 포탄 케이스이며 포의 좌우 사각은 각각 3° 밖에 안됐다. 실제 제작수는 불명.

- 전장 5.52m
- 전폭 2.33m
- 전고 2.36m
- 장갑 8~25mm
- 무장 150mm 포×1
- 중량 16.3t
- 엔진 170HP
- 최고속도 38km/h
- 항속거리 200km
- 승무원 6명

일본전차(W.W.II)

■ 내화정

특(特)2식 내화정 가미 (カミ) (1942)

일본의 수륙양용전차로 가장 많이 제작되고 실전에도 투입되었다. 95식 경전차를 바탕으로 했는데 수상 주행을 위한 용접 구조와 해치에는 고무 실드가 부착되어 외관은 전혀 다르다. 수상에서는 앞뒤로 플로트(Float)가 붙고 2개의 스크루로 추진되며 케이블로 2개의 키를 조작했다. 플로트(浮舟)는 상륙 후 차내 조작으로 떼어낸다. 180정 이상 제작되어 남방 제도에 투입되었다.

- 전장 7.5m(플로트 장착 시)
- 전폭 2.8m
- 전고 2.3m
- 장갑 최대 12mm
- 무장 37mm 포×1, 7.7mm 기관총×1
- 중량 육상 9.15t 수상 12.5t
- 엔진 115HP
- 최고속도 37km/h 수상 9.5km/h
- 항속거리 육상 320km 수상 140km
- 승무원 6명

플로트 장착 시

특3식 내화정 가치 (カチ) (1943)

- 전장 10.3m(플로트 공통)
- 전폭 3m / 전고 3.824m
- 장갑 최대 50mm
- 무장 47mm 포×1, 7.7mm 기관총×1
- 중량 육상 26.45t 수상 28.75
- 엔진 240HP
- 최고속도 육상 32km/h 수상 10.5km/h
- 승무원 3명

가미 형보다 훨씬 크며 1식 중형전차를 바탕으로 했다. 차체는 내압구조로 하고 최대 잠수 심도 100m로, 잠수함에 의한 수송도 가능했다고 한다. 형상도 베이스 차량과는 비슷하면서도 다르다. 19대 생산되었으나 실전 투입은 없었다. 항속거리는 육상, 수상 모두 가미 형과 비슷했다.

특4식 내화정 가쓰 (カツ) (1944)

수송용 수륙양용차로 개발되어 인원은 40명, 화물은 4t 까지 적재 가능했다. 차체는 처음부터 보트 형으로 만들어져 가미 형이나 가치 형 같은 플로트가 없다. 계획상으로는 갑판에 13mm 기관총 2정이, 45cm 어뢰를 좌우 한 발씩 탑재할 예정이었으나 실험만으로 끝났다. 생산량 49대.

- 전장 11m / 전폭 3.3m
- 전고 2.8m
- 장갑 전면만 10mm
- 중량 16t
- 엔진 공랭 직렬 6기통 디젤120HP
- 최고속도 육상 20km/h 수상 8km/h
- 항속거리 육상 300km 수상 160km
- 승무원 5명

특5식 내화정 도쿠 (トク) (1945)

가치에서 무장강화와 생산성 향상을 도모한 것. 회전포탑에 25mm 기관포를 장비했다. 완성되지는 못했다.

- 전장 10.8m(플로트 장착 시)
- 전폭 3m
- 전고 3.38m
- 무장 47mm 포×1, 7.7mm 기관총×1
- 중량 육상 26.8t 수상 29.1t
- 엔진 240HP
- 최고속도 육상 32km/h 수상 10.5km/h
- 항속거리 육상 320km 수상 140km
- 승무원 7명

❶ 전부 플로트
❷ 플로트 탈착장치
❸ 47mm포
❹ 조종석
❺ 탄약상자
❻ 25mm 기관포
❼ 포탑
❽ 무전기
❾ 차방 발판
❿ 차외 신호등
⓫ 큐폴라
⓬ 조타 핸들
⓭ 7.7mm 기관총
⓮ 배기장치
⓯ 통풍탑
⓰ 풍동(風桐)
⓱ 배터리
⓲ 후부 플로트
⓳ 키

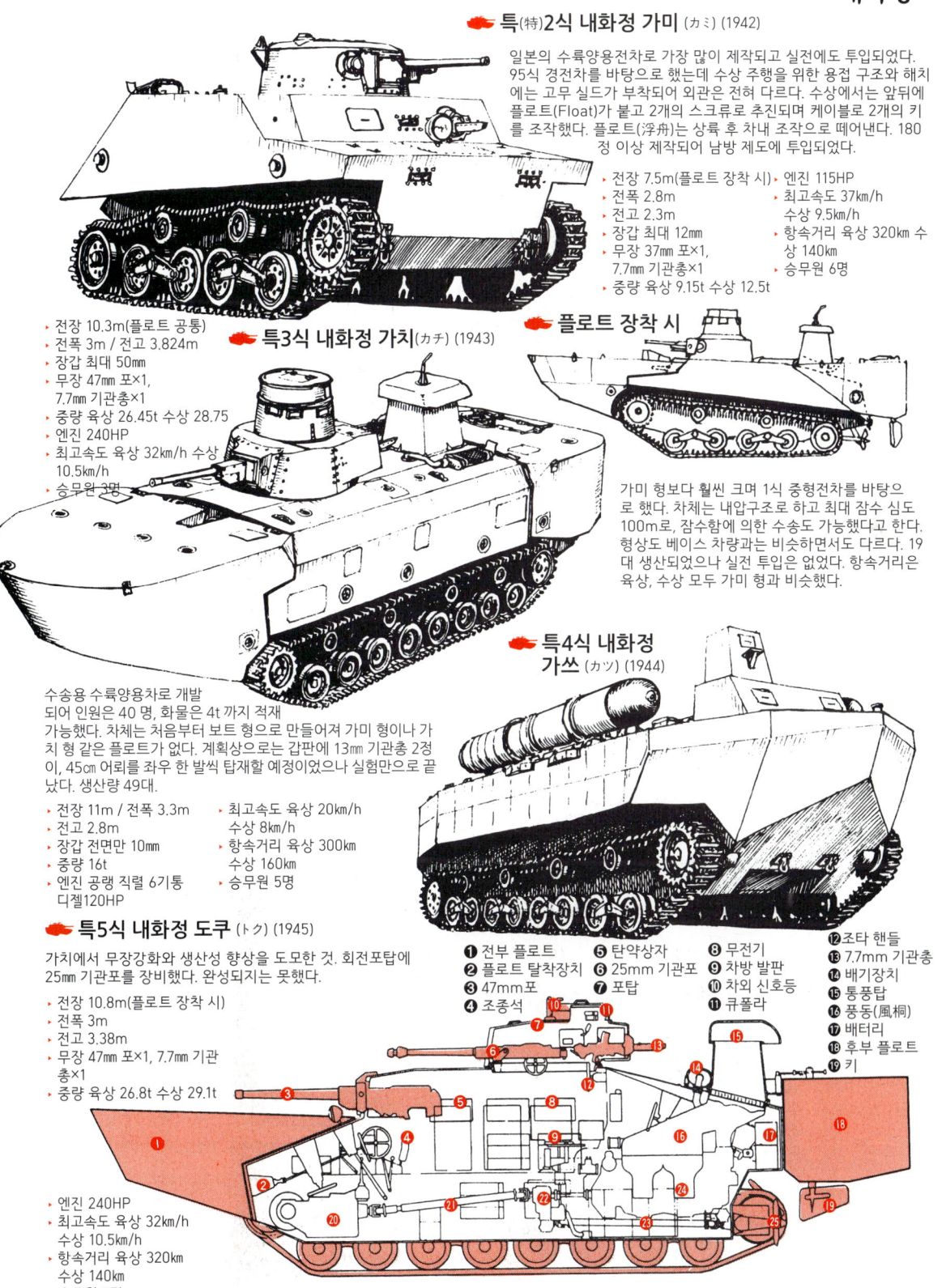

프랑스 전차 (W.W.II)

프랑스는 1차 대전 후 독일과의 국경선을 따라 대 요새지대(마지노선)를 구축, 이것을 방위전략의 요체로 하고 있었으므로 전차에 대해서는 보수적 운용으로 일관, 적극적이지 않았다. 정찰 임무의 기병용 쾌속전차나 보병지원에서의 운용이라는 사고방식으로 르노-FT를 탄생시킨 나라답게 성능적으로는 우수한 전차를 보유하고 있었다.

프랑스는 원래 뛰어난 주조 기술을 가지고 있었으며 차체나 포탑에 주조 부품을 많이 사용하는 것이 특징이었다. 개전 시 프랑스는 양적으로는 독일과 거의 같은 수의 전차를 보유하고 있었다.

호치키스(Hotchkiss) H-35 경전차 (1935)

1933년의 신형전차 계획에 르노-R35와 경쟁하여 패했으나 기계화를 추진하고 있던 기병부대의 장비차량으로 채택됐다. 엔진 출력부족이 문제가 되어 1938년에는 엔진을 바꾼 H-38도 제작됐다. 생산 수는 H-35가 625대, H-38이 1,080대이다. 차체는 3개로 분할하여 주조한 것으로 무겁고 속도도 느렸다.

- 전장 4.22m
- 전폭 1.85m
- 전고 2.14m
- 장갑 최대 45mm
- 무장 37mm 포×1
- 7.5mm 기관총×1
- 엔진 75HP
- 최고속도 28km/h
- 승무원 2명

❶ 21구경 37mm 포 ❷ 엔진 ❸ 클러치 ❹ 프로펠러 샤프트 ❺ 변속기 ❻ 기동륜 ❼ 배터리 ❽ 포탄 랙 ❾ 조종석 ❿ 차장 겸 포수석

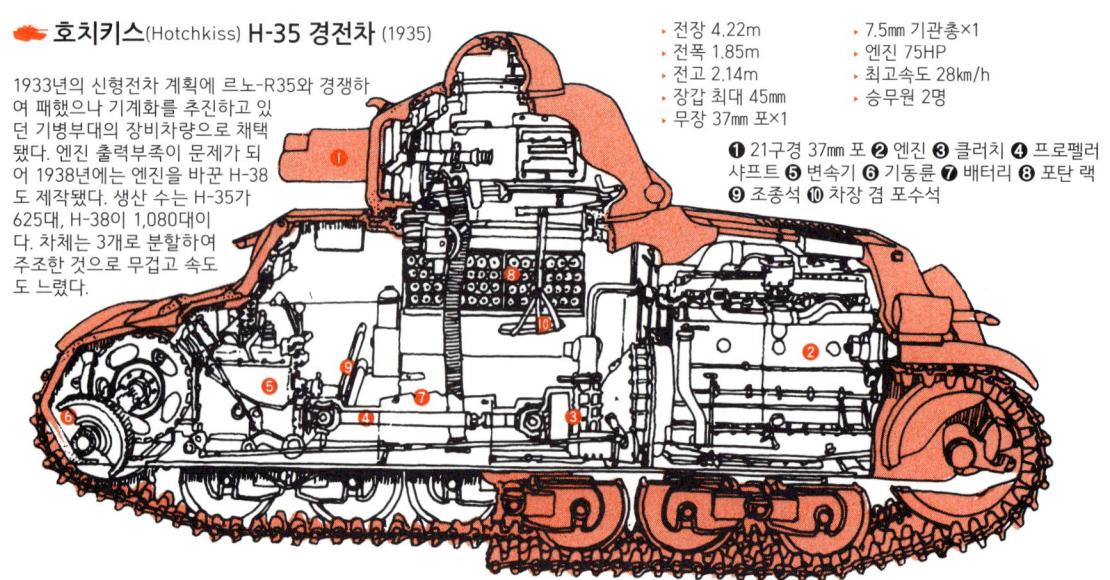

르노-R35 경전차 (1935)

르노-FT를 대신한 보병전차로써 1935년도에 제식 채용되었다. 호치키스 H-35와 마찬가지로 차체는 3등분한 주조품을 볼트로 조립하는 생산성 높은 방식을 채택했다. 반면에 볼트 부위가 피탄 되어 파괴되면 차체가 무너져 행동불능이 되는 결점이 있었다. 나중에 주포를 변경하여 완성된 1,611대는 독일군 손에 들어가 개조되어 사용되었다.

- 전장 4.02m
- 전폭 1.87m
- 전고 2.13m
- 장갑 최대 40mm
- 무장 37mm 포×1, 7.7mm 기관총×1
- 중량 10t
- 엔진 82HP
- 최고속도 20km/h
- 항속거리 138km
- 승무원 2명

FCM36 경전차 (1936)

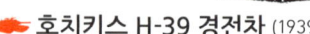

이것도 보병지원용 경전차인데 종전까지 프랑스 전차에 없었던 참신한 차량이다. 차체는 용접구조이며 프랑스 최초로 디젤엔진을 채용했다. 그러나 제조 단가가 높아 100대만 생산됐다.

- 전장 4.46m
- 전폭 2.14m
- 전고 2.2m
- 장갑 최대 40mm
- 무장 37mm 포×1 7.5mm 기관총×1
- 엔진 91HP
- 최고속도 23km/h
- 항속거리 230km
- 중량 12.35t
- 승무원 2명

호치키스 H-39 경전차 (1939)

기병용 H-35의 발전형으로 엔진을 75HP에서 120HP으로 강화한 H-38에 이어 주포를 33구경 37mm 포로 바꾼 것이다. 독일의 침공 때까지 770대가 생산되었다. 또 프랑스 경전차는 2명 승무로 차장이 포수, 탄약수를 겸하기 때문에 외부 상황파악에 어려움이 있었다.

- 전장 4.22m
- 전폭 1.95m
- 전고 2.15m
- 장갑 최대 40mm
- 무장 37mm 포×1, 7.5mm 기관총×1
- 중량 12.2t
- 엔진 120HP
- 항속거리 151km
- 승무원 2명
- 최고속도 36km/h

불란서전차(W.W.II)

🔰 D2 중형전차 (1936)

1929년에 채용된 D1의 개량형으로 스타일은 고풍스런 것이었다. 1931년에 시작차가 완성되었을 때의 엔진은 디젤이었으나 1936년 양산 때는 가솔린 엔진으로 변경했다. 포탑 옆구리에 공구상자를 장착하여 추가 장갑 효과를 꾀했다. 접합은 당시 프랑스 전차에 일반적이었던 리벳 접합. 서스펜션 보호 장갑판을 붙였다. 생산 수 50대 전후.

- 전장 5.46m
- 전폭 2.22m
- 전고 2.66m
- 장갑 최대 40mm
- 무장 47mm 포×1, 7.5mm 기관총×1
- 중량 19.75t
- 엔진 150HP
- 최고속도 23km/h
- 항속거리 90km
- 승무원 3명

🔰 소뮤아(Somua) S-35 중형전차 (1937)

- 전장 5.38m
- 전폭 2.12m
- 전고 2.63m
- 장갑 최대 40mm
- 무장 47mm 포×1, 7.5mm 기관총×1
- 중량 19.5t
- 엔진 190HP
- 최고속도 40km/h
- 항속거리 260km
- 승무원 3명

기병용 중형전차로 개발되어 전면 주조로 구성된 세계 최초의 전차로 알려져 있다. 각부를 분할하여 주조하여 볼트로 체결해 결합했으므로 제조공정을 간략화 하는 이점은 있으나 앞에서 말한 바와 같이 결점도 있었다. 성능적으로는 개전 시 독일의 III호, IV호 전차와 대등했으며 프랑스 전차 중 가장 우수한 전차라 할 수 있다. 그러나 독일군 침공 시 500대밖에 갖추지 못했다.

🔰 B1 bis 중(重)전차 (1937)

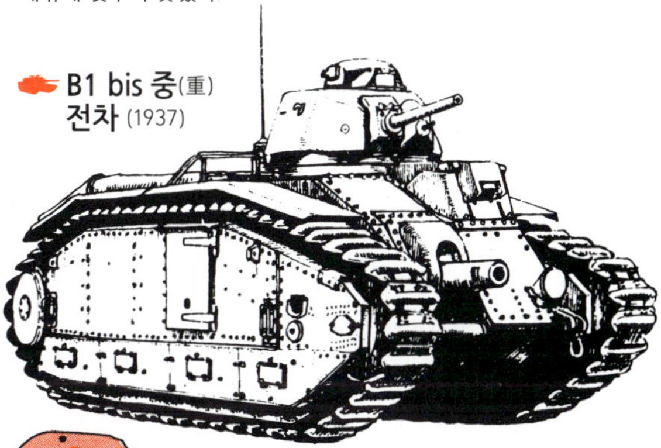

외관으로 알 수 있듯이 1차 대전 때의 참호 돌파용 콘셉트로 만들어진 전차, B(=Bataile전투의 약자)1의 개량형이다. 「샤르(Char)」라는 이름을 붙여 부르는데 샤르에는 프랑스 말로 전차라는 의미도 있다. 프랑스에서는 1차 대전 말기에 제작된 2C라는 70t 급 전차가 있으며 통상 그것을 중(重)전차라 부르고 B형은 전투전차라고 불렸다. 독일군 침공 시에도 장갑이 비교적 강력했으므로 방어력은 좋았으나 기동성이 떨어지는 것이 결점이었다. 총 500대 생산.

- 전장 6.52m
- 전폭 2.5m
- 전고 2.79m
- 장갑 20~60mm
- 무장 75mm 포×1, 47mm 포×1, 7.5mm 기관총×1
- 중량 32t
- 엔진 307HP
- 최고속도 28km/h
- 항속거리 150km
- 승무원 4명

프랑스 전차는 고장이 많은 것이 결점이며 무전기가 일부밖에 장비되어 있지 않은 것도 결점이었다.

🔰 B1 bis 의 내부

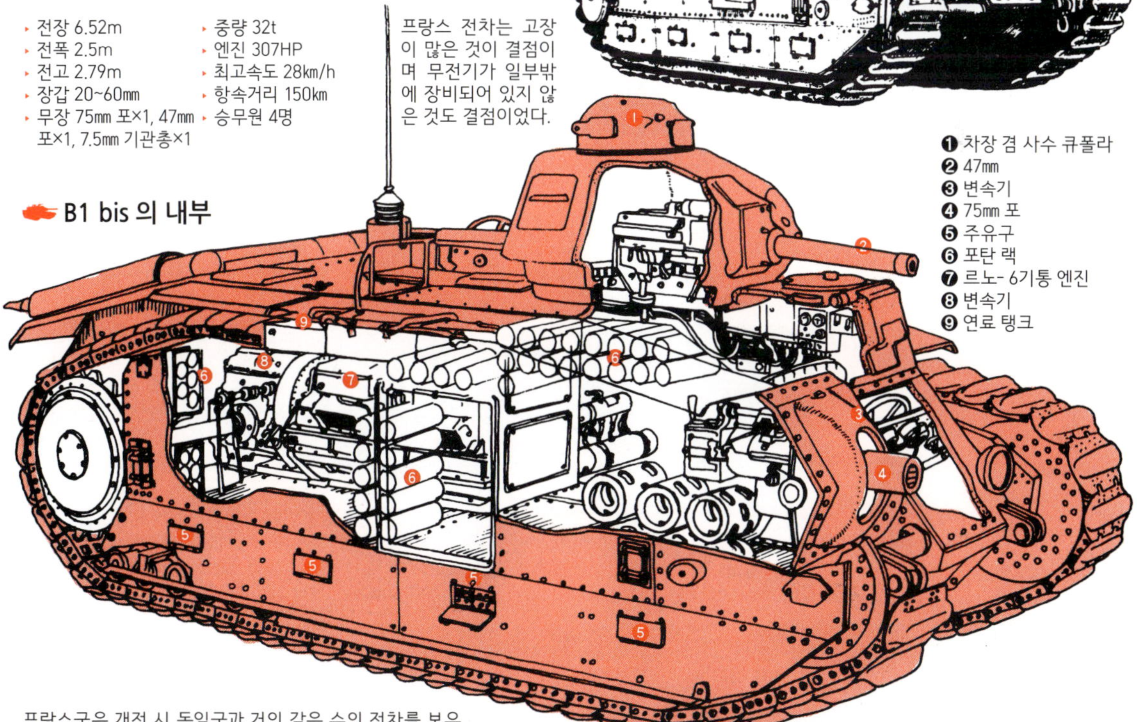

❶ 차장 겸 사수 큐폴라
❷ 47mm
❸ 변속기
❹ 75mm 포
❺ 주유구
❻ 포탄 랙
❼ 르노- 6기통 엔진
❽ 변속기
❾ 연료 탱크

프랑스군은 개전 시 독일군과 거의 같은 수의 전차를 보유했으면서도 운용 미숙 때문에 독일군의 전격전에 대패했다.

이탈리아 전차 (W.W.II)

이탈리아는 근대국가로 통일된 것이 19세기 후반이었기 때문에 공업기반이 완비되지 않아 개전 전에 장비했던 전차는 L3 같은 탱켓 정도였다. 무솔리니가 정권을 잡고 독일에서는 히틀러가 수상이 되어 정세가 긴박해진 1935년경부터 중형 전차 개발에 나섰으나 완성한 것은 개전 후였다. 주력은 M13/40 계열의 중형전차였는데 수랭 디젤 엔진이 특징적 이었을 뿐 판 스프링 이용 현가장치나 리벳 접합 등 구식인 감이 있었다. 그 후의 이탈리아 전차도 기술적으로 구태의연하고 장갑판의 질도 나빴다고 한다. 이탈리아는 연합국에 제일 먼저 항복했기도 하여 전시중 전차 생산량도 그리 많지 않았고 성능도 별로였다고 할 수 있다.

🔴 L6/40 경전차 (1939)

시작차가 완성된 것은 1939년이나 생산개시는 1941년부터이며 시작단계의 37mm 포는 초속이 빠른 브레다(Breda)제 20mm 기관포로 대치됐다. 실전에 투입하니 화력부족과 약한 장갑이 문제였다. 이탈리아 전차로써는 진기하게 리프 스프링이 아니고 토션 바 식 현가장치를 채용했다. 283대 생산으로 끝났으나 그 후 자주포나 화염방사기를 탑재한 파생형의 바탕이 되기도 했다.

- 전장 3.78m
- 전폭 1.92m
- 전고 2.03m
- 장갑 6~30mm
- 무장 20mm 기관포×1
- 중량 6.8t
- 엔진 70HP
- 최고속도 42km/h
- 항속거리 200km
- 승무원 2명

🔴 M11/39 중형전차 (1939)

이탈리아 최초의 중형전차로 개발되어 1939년 제식 채용되었다. 선회포탑에 기관총을 탑재하고 차체 전면에 37mm 주포를 탑재하는 구성으로, 그 때문에 주포의 사각이 좌우 30도로 제한되었다. 전륜 2개의 보기(Bogie) 2조를 하나의 리프 스프링으로 지지하는 서스펜션을 채용했으며 이후 이탈리아 전차의 현가장치는 모두 이를 답습하게 된다. 또, 엔진은 수랭 디젤 엔진이 처음으로 채택되어 본 차 이후의 전차에게도 출력을 증대하는 등 개량하여 사용하게 된다. 유럽전선에서의 디젤 전차는 매우 드물었다.

- 전장 4.73m
- 전폭 2.18m
- 전고 2.3m
- 장갑 6~30mm
- 무장 37mm 포×1, 8mm 기관총×1
- 중량 11t
- 엔진 105HP
- 최고속도 33.3km/h
- 항속거리 200km
- 승무원 3명

🔴 M11/39 중형전차의 내부

🔴 M13/40 중형전차 (1940)

M11/39는 개발 중에 주포의 결함이 발견되어 이를 개량한 형으로 이 전차를 곧이어 개발하게 되었다. 1940년에 제식화 되자 799대(709대 설도 있음)가 제조되어 이탈리아군 주력 전차가 되었다. 차체는 M11/39보다 조금 크지만 현가장치 등은 근본적으로 같다. 주포는 포탑에 탑재되어 사각의 문제는 없게 됐다. 선회 장치도 유압 작동식으로 되어 대형포 탑재도 가능하게 되었다. 엔진이 빈약하여 145HP으로 파워 업한 M14/41이 1941년부터 생산되었으며 M14/41은 총 1,103대가 생산되었다. 화력, 장갑, 엔진 등의 사양은 일본의 97식 전차와 거의 같다.

- 전장 4.92m
- 전폭 2.2m
- 전고 2.37m
- 장갑 14~40mm
- 무장 47mm 포×1, 8mm 4연장기관총
- 중량 14t
- 엔진 125HP
- 최고속도 31.8km/h
- 항속거리 200km
- 승무원 4명

이태리전차(W.W.II)

🔥 M15/42 중형전차 (1943)

M14/41의 개량형으로 이탈리아 최후의 제식 중형전차. 주행계통은 M13부터 공통이며 엔진의 대형화에 따라 차체도 약간 커진 것도 공통이다. 주포는 47mm 40 구경 장포신이었다. 디젤의 출력 증대는 당시의 기술로는 사이즈도 커지기 때문에 가솔린 엔진으로 바꿔 달았다. 이탈리아 항복까지 82대만 생산됐다.

- 전장 5.04m
- 전폭 2.23m
- 전고 2.39m
- 장갑 최대 50mm
- 무장 47mm 포×1, 8mm연장기관총
- 중량 15.5t
- 엔진 192HP 가솔린
- 최고속도 40km/h
- 항속거리 220km
- 승무원 4명

🔥 P40 중(重)전차 (1942)

이탈리아 최초의 중(重)전차. 1940년부터 개발하여 이탈리아가 항복한 해인 1943년 초부터 생산에 들어갔다. 계획 자체는 30년대부터 무솔리니로부터의 강한 요구를 받아왔으나, 결국 21대 생산만으로 끝났다. 26t급의 크기로 스타일은 구식, 주행 장치와 전체 구성이 M13/40을 그대로 답습, 참신함이 없다. T-34 엔진을 모방한 수랭 디젤 엔진을 개발하는 데 실패하고 가솔린 엔진을 달았다.

- 전장 5.75m
- 전폭 2.75m
- 전고 2.5m
- 장갑 최대 60mm
- 무장 47mm 포×1, 8mm 기관총×1
- 중량 26t
- 엔진 420HP
- 최고속도 40km/h
- 항속거리 275km
- 승무원 4명

🔥 세모벤테(Semovente) M40 자주포 (1941)

낮은 차체의 모양이 독일의 III호 돌격포와 닮아 아마 영향을 받은 듯 하다. 차체는 M13/40을 바탕으로 키가 낮은 전투실과 18구경 75mm 포를 탑재했으며 당시 이탈리아 군 최강의 차량이었다. 기타 M14/41의 차체를 이용한 M41, M15/42 차체를 이용한 M42가 있으며 모두 200대 전후 생산되었다.

- 전장 4.9m
- 전폭 2.2m
- 전고 1.8m
- 장갑 최대 50mm
- 무장 75mm 포×1
- 중량 14.4t
- 항속거리 250km
- 최고속도 30km/h

🔥 세모벤테 M41DA90/53 자주포 (1942)

이탈리아 최초의 본격적 자주포. 90mm 고사포를 탑재하여 독일의 88mm보다 초속도가 빠른 강력한 것이었다. M14/41 차체를 개조하여 엔진을 중앙으로 옮겼다. 생산 수는 겨우 30대로 활약다운 활약은 하지 못했다.

- 전장 5.2m
- 전폭 2.2m
- 전고 2.14m
- 장갑 10~40mm
- 무장 90mm 포×1
- 중량 17t
- 엔진 145HP
- 최고속도 35km/h

🔥 세모벤테 M41DA75/34 자주포 (1943)

M42에 34구경 75mm 포를 탑재한 것. 이탈리아 항복 직전에 생산에 들어갔기 때문에 이탈리아가 생산한 전차는 극소수이나 독일의 점령지에서는 1945년까지 생산되어 총 90대를 독일군이 사용했다. 장갑이 얇은 것이 약점이었다.

- 전장 5.69m
- 전폭 2.23m
- 전고 1.85m
- 장갑 최대 40mm
- 무장 75mm 포×1
- 중량 15t
- 엔진 192HP
- 최고속도 32km/h
- 승무원 3명

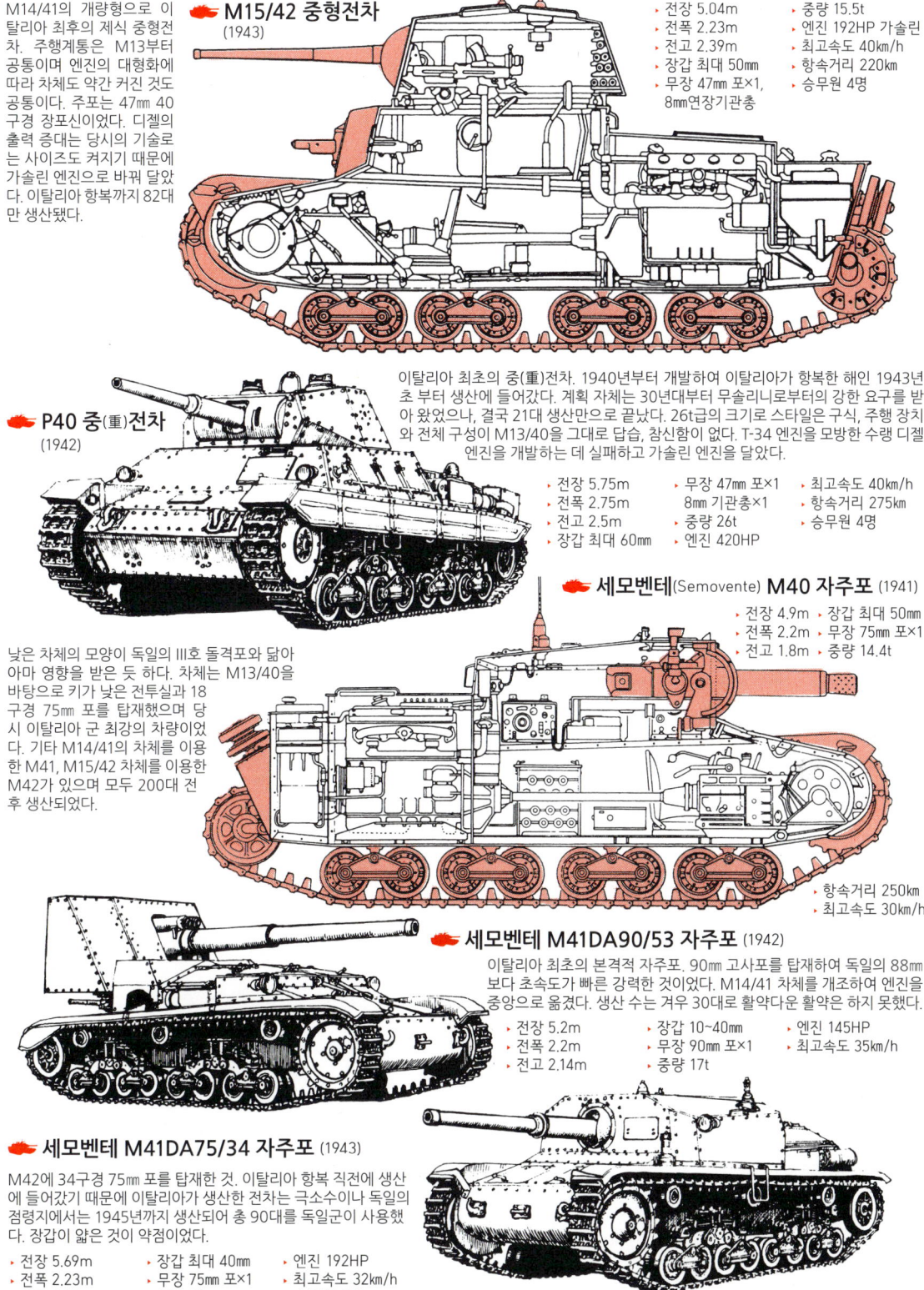

다른 여러 나라의 전차(W.W.II) ①

2차 대전에서는 세계 열강국뿐만 아니라 그 중에는 의외로 높은 기술력으로 전차를 제조한 나라도 있었다. 특히 중부유럽, 동부유럽의 체코슬로바키아, 헝가리 등은 공업기반이 정비되어 있었으며 큰 병기 회사도 있었다. 스웨덴은 이 시기부터 병기 제조에는 실력이 있었으며 주목할 만한 전차도 만들고 있다. 열강의 전차를 수입하여 바탕으로 삼은 것이 대부분이지만, 독자 개발력도 충분했고 놀라운 것도 많다.

LT35 전차 (체코슬로바키아 1935)

기병대용 경전차로 스코다 사가 개발 생산했다. 압축 공기로 조향장치 조작이나 기어 변속 조작을 보조하는 아이디어로 조종수의 짐을 덜어주었으며 특히 전투 시에 유리했다. 헝가리나 루마니아에도 수출됐다. 그러나 체코가 1939년에 독일에 병합되자, 이 전차도 독일군에 접수되어 35(t)전차로 사용됐다. LT-35는 폴란드 전투에서 소련 침공 때까지 사용됐다.

- 전장 4.45m
- 전폭 2.14m
- 전고 2.2m
- 장갑 6~16mm
- 무장 37mm 포×1 7.92mm 기관총×1
- 중량 10.5t
- 엔진 120HP
- 최고속도 40km/h
- 항속거리 190km
- 승무원 4명

LT38 전차 (체코슬로바키아 1938)

CKD/Praga사가 개발하여 체코 육군이 제식 채용했으나 생산에 들어가기 전에 체코가 독일에 병합되어 38(t)전차로 유명해진 걸작 전차이다. 1944년 일선에서 물러날 때까지 1,411대가 생산되었고 그 후에도 이 차체를 바탕으로 각종 자주포가 제조됐다. 제원은 초기 타입의 것으로 말기의 것은 150HP마력으로 최고속도 56km/h였다.

- 전장 4.9m
- 전폭 2.06m
- 전고 2.37m
- 장갑 최대 25mm
- 무장 37mm 포×1 7.92mm 기관총×1
- 중량 9.7t
- 엔진 125HP
- 최고속도 42km/h
- 항속거리 250km
- 승무원 4명

TNH 전차 (체코슬로바키아 1935)

이것은 LT38의 수출 모델로, 기본적으로는 LT38과 같다. TNH에는 각종 변형이 많은데 당시 체코 최대의 병기제작사인 CKD가 각국의 입맛에 맞게 개조했다. TNHP라는 모델이 LT38과 같은 사양이다. 고전적인 경전차지만 밸런스가 잘 잡혀 평가도 좋았다. 이란에 50대, 스위스에 26대, 페루에 24대, 스웨덴에 90대 수출되었고 스웨덴 분은 독일군에게 징발되었다. 승무원 3명의 스케일다운 모델이며 중량 8t. 나머지는 같다.

7TP 전차 (폴란드 1937)

2차 대전의 발단이 된 독일의 폴란드 침공에 가장 먼저 점령된 폴란드도 전차를 제조했다. 차체는 영국의 빅커스 6t 전차를 바탕으로 개발한 것으로 1934년에 만들어진 초기형에서는 원형과 같은 2총탑 형이었다. 1937년 이후 단독 포탑으로 되어 보포스 37mm 대전차포를 탑재하게 되었다. 더욱 이를 개량한 10TP를 생산 준비하던 중 개전이 되어 그 계획은 중지됐다.

- 전장 4.6m
- 전폭 2.41m
- 전고 2.15m
- 장갑 8~15mm
- 무장 37mm 포×1
- 중량 9.4t
- 엔진 110HP
- 최고속도 32km/h
- 승무원 3명

다른 여러나라의 전차(W.W.II)

🔥 38M 톨디(Toldi)-I 경전차 (헝가리 1938)

- 전장 4.75m
- 전폭 2.05m
- 전고 2.14m
- 장갑 6~13mm
- 무장 20mm 강선포×1, 8mm 기관총×1
- 중량 8.7t
- 엔진 155HP
- 최고속도 50km/h
- 항속거리 220km
- 승무원 3명

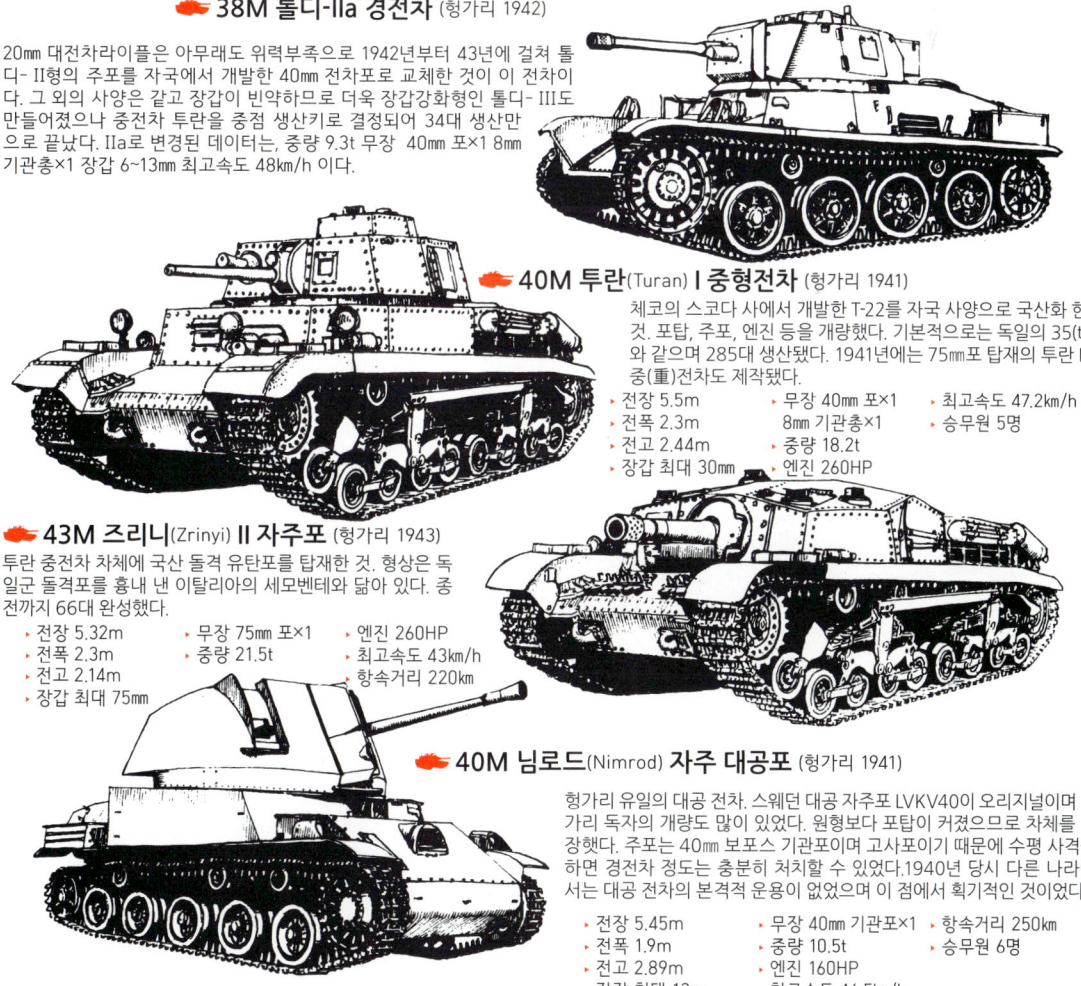

스웨덴의 란츠베르크 L60B를 국산화 한 것. 무장 이외의 사양은 기본적으로 원형과 같다. 20mm 대전차라이플과 8mm 기관총은 영국에서 면허를 얻어 국산화 한 것. 톨디는 I형과 II형이 있는데 후자부터는 전 부품을 국산화했다. 1940년부터 1년 동안 톨디-I형은 80대, II형은 110대 생산했다.

🔥 38M 톨디-IIa 경전차 (헝가리 1942)

20mm 대전차라이플은 아무래도 위력부족으로 1942년부터 43년에 걸쳐 톨디-II형의 주포를 자국에서 개발한 40mm 전차포로 교체한 것이 이 전차이다. 그 외의 사양은 같고 장갑이 빈약하므로 더욱 장갑강화형인 톨디-III도 만들어졌으나 중전차 투란을 중점 생산키로 결정되어 34대 생산만으로 끝났다. IIa로 변경된 데이터는, 중량 9.3t 무장 40mm 포×1 8mm 기관총×1 장갑 6~13mm 최고속도 48km/h 이다.

🔥 40M 투란(Turan) I 중형전차 (헝가리 1941)

체코의 스코다 사에서 개발한 T-22를 자국 사양으로 국산화 한 것. 포탑, 주포, 엔진 등을 개량했다. 기본적으로는 독일의 35(t)와 같으며 285대 생산됐다. 1941년에는 75mm포 탑재의 투란 II 중(重)전차도 제작됐다.

- 전장 5.5m
- 전폭 2.3m
- 전고 2.44m
- 장갑 최대 30mm
- 무장 40mm 포×1 8mm 기관총×1
- 중량 18.2t
- 엔진 260HP
- 최고속도 47.2km/h
- 승무원 5명

🔥 43M 즈리니(Zrinyi) II 자주포 (헝가리 1943)

투란 중전차 차체에 국산 돌격 유탄포를 탑재한 것. 형상은 독일군 돌격포를 흉내 낸 이탈리아의 세모벤테와 닮아 있다. 종전까지 66대 완성했다.

- 전장 5.32m
- 전폭 2.3m
- 전고 2.14m
- 장갑 최대 75mm
- 무장 75mm 포×1
- 중량 21.5t
- 엔진 260HP
- 최고속도 43km/h
- 항속거리 220km

🔥 40M 님로드(Nimrod) 자주 대공포 (헝가리 1941)

헝가리 유일의 대공 전차. 스웨덴 대공 자주포 LVKV40이 오리지널이며 헝가리 독자의 개량도 많이 있었다. 원형보다 포탑이 커졌으므로 차체를 연장했다. 주포는 40mm 보포스 기관포이며 고사포이기 때문에 수평 사격을 하면 경전차 정도는 충분히 처치할 수 있었다. 1940년 당시 다른 나라에서는 대공 전차의 본격적 운용이 없었으며 이 점에서 획기적인 것이었다.

- 전장 5.45m
- 전폭 1.9m
- 전고 2.89m
- 장갑 최대 13mm
- 무장 40mm 기관포×1
- 중량 10.5t
- 엔진 160HP
- 최고속도 46.5km/h
- 항속거리 250km
- 승무원 6명

다른 여러 나라의 전차(W.W.II) ②

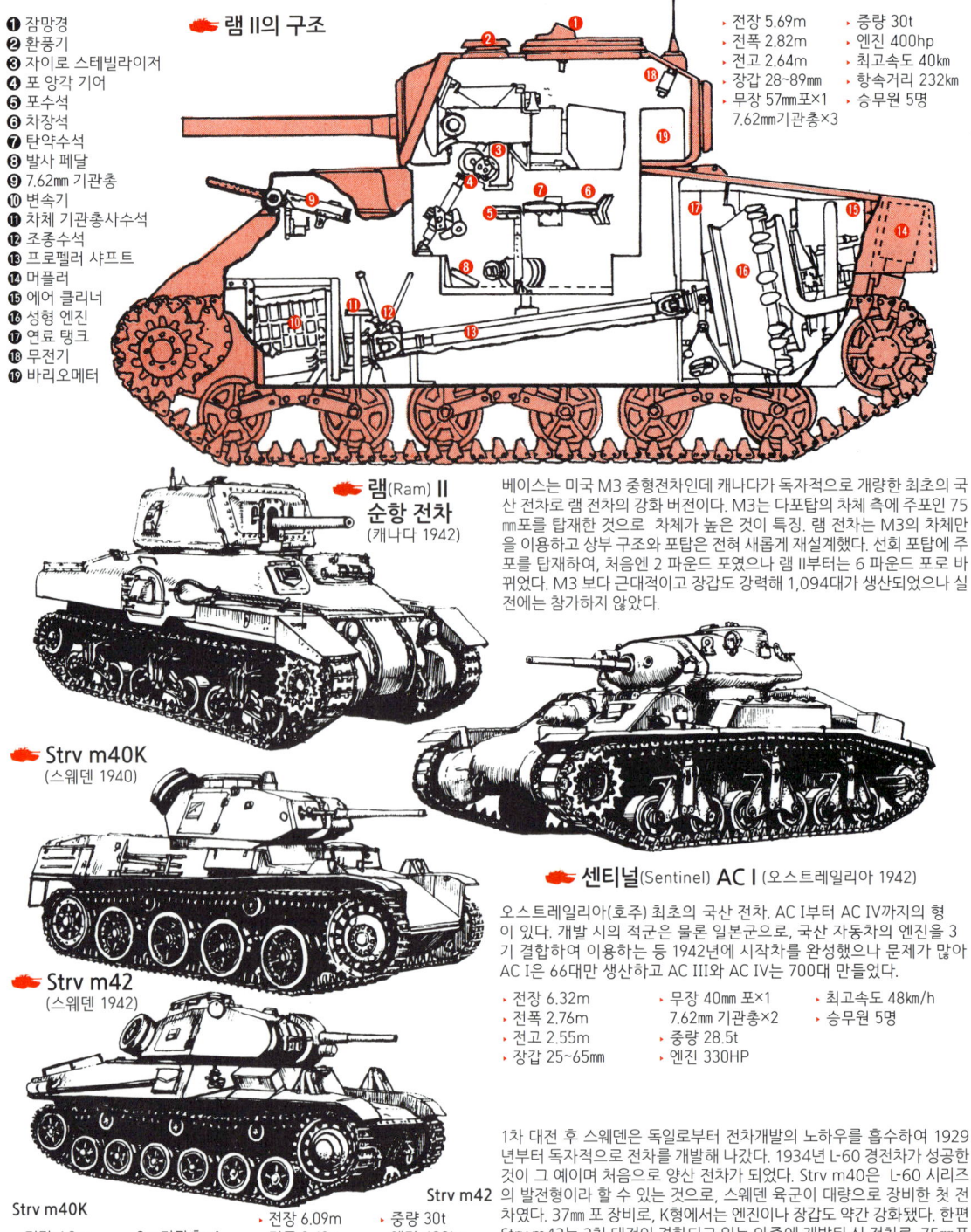

❶ 잠망경
❷ 환풍기
❸ 자이로 스테빌라이저
❹ 포 앙각 기어
❺ 포수석
❻ 차장석
❼ 탄약수석
❽ 발사 페달
❾ 7.62mm 기관총
❿ 변속기
⓫ 차체 기관총사수석
⓬ 조종수석
⓭ 프로펠러 샤프트
⓮ 머플러
⓯ 에어 클리너
⓰ 성형 엔진
⓱ 연료 탱크
⓲ 무전기
⓳ 바리오메터

램 II의 구조

- 전장 5.69m
- 전폭 2.82m
- 전고 2.64m
- 장갑 28~89mm
- 무장 57mm포×1
  7.62mm기관총×3
- 중량 30t
- 엔진 400hp
- 최고속도 40km
- 항속거리 232km
- 승무원 5명

램(Ram) II 순항 전차 (캐나다 1942)

베이스는 미국 M3 중형전차인데 캐나다가 독자적으로 개량한 최초의 국산 전차로 램 전차의 강화 버전이다. M3는 다포탑의 차체 측에 주포인 75mm포를 탑재한 것으로 차체가 높은 것이 특징. 램 전차는 M3의 차체만을 이용하고 상부 구조와 포탑은 전혀 새롭게 재설계했다. 선회 포탑에 주포를 탑재하여, 처음엔 2 파운드 포였으나 램 II부터는 6 파운드 포로 바뀌었다. M3 보다 근대적이고 장갑도 강력해 1,094대가 생산되었으나 실전에는 참가하지 않았다.

Strv m40K (스웨덴 1940)

Strv m42 (스웨덴 1942)

센티널(Sentinel) AC I (오스트레일리아 1942)

오스트레일리아(호주) 최초의 국산 전차. AC I부터 AC IV까지의 형이 있다. 개발 시의 적군은 물론 일본군으로, 국산 자동차의 엔진을 3기 결합하여 이용하는 등 1942년에 시작차를 완성했으나 문제가 많아 AC I은 66대만 생산하고 AC III와 AC IV는 700대 만들었다.

- 전장 6.32m
- 전폭 2.76m
- 전고 2.55m
- 장갑 25~65mm
- 무장 40mm 포×1
  7.62mm 기관총×2
- 중량 28.5t
- 엔진 330HP
- 최고속도 48km/h
- 승무원 5명

1차 대전 후 스웨덴은 독일로부터 전차개발의 노하우를 흡수하여 1929년부터 독자적으로 전차를 개발해 나갔다. 1934년 L-60 경전차가 성공한 것이 그 예이며 처음으로 양산 전차가 되었다. Strv m40은 L-60 시리즈의 발전형이라 할 수 있는 것으로, 스웨덴 육군이 대량으로 장비한 첫 전차였다. 37mm 포 장비로, K형에서는 엔진이나 장갑도 약간 강화됐다. 한편 Strv m42는 2차 대전이 격화되고 있는 와중에 개발된 신 전차로 75mm포 탑재의 22 톤 급이었다. 토션 바에 의한 독립 현가로 장갑, 스피드 모두 일정 수준 이상이었다. 그러나 포신이 짧은 75mm포였기 때문에 전후 장포신으로 교체하여 계속 사용했다.

Strv m40K
- 전장 4.9m
- 전폭 2.1m
- 전고 2.08m
- 장갑 최대24mm
- 무장 37mm포×1
  8mm기관총×1
- 중량 10.9t
- 최고속도 44.8 km/h
- 승무원 3명

Strv m42
- 전장 6.09m
- 전폭 2.43m
- 전고 2.59m
- 장갑 80mm
- 무장 75mm포×1
  8mm기관총×3
- 중량 30t
- 엔진 400hp
- 최고속도 40km
- 항속거리 232km
- 승무원 5명

현대의 전차
제2차 세계대전 ~ 현재

제2차 세계대전에서 드러난 두 가지 중요한 점은 압도적인 공군력의 우위성과 핵병기의 등장이다. 이것이 전차 설계에 영향을 끼친 것은 필연적이어서, 전자에 대해서는 대공 기관총이나 대공 미사일 장비를, 후자에 대해서는 방사능에 대한 방어(NBC 방어 장치)를 채용해야 했다.

한편, 전후의 국제정세도 전차의 생산이나 운용에 커다란 영향을 끼쳤다. 그것은 냉전 체제하에서의 문자 그대로의 전략적인 의미는 아니고 전후의 민족의식 고양에 따른 구 식민지의 독립과 거기에 수반되어 발생되는 수많은 지역분쟁이다. 핵병기의 등장으로 강대국의 정규군에 의한 전면전쟁은 불가능해졌기 때문에 전차가 대량으로 투입되어 활약할 무대는 국지 전쟁에 한하게 되었다.

한반도, 인도차이나, 중동, 그리고 현재의 유고와 지역분쟁에 등장하는 전차의 대부분은 미국과 소련이 공여하거나 수출한 것으로 그 생산은 수많은 관련 산업을 형성해 왔다. 한국전쟁 때까지는 2차 대전 당시 개발된 전차가 다수 사용되었다. 그 후 개발된 각국의 주력 전차(MBT : Main Battle Tank)는 전차의 3요소, 화력·방어력·기동력의 향상이 뚜렷해졌으며 이를 뒷받침한 것은 기술의 발달이다.

주포의 대구경화와 사격통제, 포의 안정, 포탄 장전 등의 자동제어, 장갑형식의 다양한 발달(현재의 전차 대부분은 복합장갑이며 이것은 전차기술상의 최고의 기밀이다), 고출력 다연료 디젤 엔진 등이 주요 특징인데, 특히 80년대에 들어와 등장한 전차들은 외관부터 종래의 전차와 확연히 달라진다.

개발생산 면에서도 전차 자체가 수출상품이므로 지역에 맞는 사양이나 공동 개발이 많아지고 일부를 제외하면 생산성도 고려되고 있다.

미국의 전차 (제2차 대전 후 ~)
전후의 신개발 전차

미국은 전후 소련과 함께 전차대국이 되어 자국군용뿐만 아니라 여러 나라에 대량의 전차를 계속 공급하게 된다. M4 등은 전후에도 오랫동안 사용되었는데 50년대에 개발된 것을 지금도 사용하고 있는 나라가 있다. 중동에서는 미제 전차끼리 싸우는 얄궂은 일이 몇 번이나 일어나기도 했다. 차량 기술적으로는 70년대까지는 전쟁 중의 전차기술의 연장이라는 면이 강하게 남아 있었다. 그러나 포 안정, 사격관제 등의 제어 기구에 진보가 있어 한국전쟁 때에 채용된 야간 작전때의 서치라이트 대신 적외선 식이 되는 등 하이테크 화도 점차 진행되어 갔다.

■ 경전차

🔥 M41 경전차 워커 불독 (Walker Bulldog) (1951)

대전 말기에 개발된 걸작 경전차 M24(채피)의 후계로써 개발된 것. 미 육군은 1949년에 대전 이후의 전차를 신 시리즈로 교체 배치하게 되었다. 경전차의 개발은 시작차인 T-37부터 시작되는데 그 발전형 T-41이 M41 리틀 불독(Little Bulldog)으로 제식 채용되었다. 이 리틀이 워커(Walker)로 변한 것은 한국전쟁에서 순직한 워커 미 8군 사령관에 기인한다. 미국은 물론 서방측에도 널리 사용되었으며 5,500대가 생산되었다.

🔥 M551 경전차 셰리던 (Sheridan) (1966)

주포의 152㎜ 포/발사기(Gun/Launcher)는 통상 포탄 외에 적외선 유도의 시레일러(Shillelagh) 미사일을 발사할 수 있다. 차체는 알루미늄 합금으로 제작되어 소형, 경량, 공수능력 등 새로운 시대를 보여주는 전차다. 장갑·정찰·공수공격차라는 이름처럼 정찰과 공수부대 용으로 개발되었고, 베트남에서 실전에도 참가하였다. 높은 평가에도 불구하고 비용의 문제로 1,700대 생산에 그쳤다.

- 전장 6.3m
- 전폭 2.82m
- 전고 2.95m
- 무장 152㎜ 건 런처,
- 포탑기관총 12.7㎜×1, 7.62㎜ 기관총×1
- 중량 15.83t
- 엔진 V6 수냉식 디젤
- 300HP
- 최고속도 70km/h
- 행동거리 600km
- 승무원 3명

🔥 M8 AGS 경전차 (1985)

80년대가 되어 미 육군은 MBT를 내세우면서 동시에 이를 경량화한 전차도 계획했으며, AMS(Armoured Gun System: 장갑포 시스템)으로 명명된 이 계획에 근거해 제작된 전차가 FMC의 M8 AGS이다. 새로운 CCVL(Close Combat Vehicle: 근접전투차량)의 프로토 타입으로 제작되었으며, 타사 차량과 경쟁을 거친 후 1992년에 최종 선정됐다. 고성능 고기동성으로 '공수 가능'이 전제였다. 포탑은 강철 보강판을 붙인 알루미늄제로 M113이나 M2의 부품을 이용하여 생산성을 높였다. 105㎜ 저(低)반동포와 자동장전, 사격통제장치는 M1 수준이다. C-130이나 141로 공중투하 할 수 있다. 그러나 냉전 종식으로 미 육군에 제식 채용되는 데까지는 이르지 못했다.

- 전장 9.37m (차체길이 6.2m)
- 전폭 2.69m
- 전고 2.78m
- 무장 105㎜ 저반동포×1 7.62㎜ 동축 기관총×1
- 전투중량 19.5t
- 엔진 디젤 552HP
- 최고속도 70km/h
- 행동거리 600km
- 승무원 3명

🔥 AGS의 자동장전기구

❶ 탄창 구동 체인 ❷ 탄창 구동 기어박스 ❸ 주포 ❹ 회전 실린더 ❺ 장전 Arm ❻ 램 트레이 부 ❼ 가이드 레일 ❽ 7.62㎜ 동축 기관총 ❾ 포수용 조준기 ❿ 포수 ⓫ CITV ⓬ 차장 ⓭ 격벽 ⓮ 준비탄 19발 자동장전탄창 ⓯ 포탑 링 ⓰ 포탑 바스켓

현대 전차 - 미국

M41은 2차 대전의 전훈을 충분히 살려 만든 전차다. 전 용접차체에 주조포탑(뚜껑은 제외)을 탑재, 크로스 드라이브(Cross Drive) 타입의 조향장치의 채용으로 Rear Engine, Rear Drive 방식이다. M41 세부가 다르고 이 밖에 A1에서 A3까지의 타입이 있다. 최종형은 연료분사식 엔진으로 되어 있다.

- 전장 8.21m (차체길이 5.82m)
- 전폭 3.2m
- 전고 3.075m
- 무장 76mm 포×1 12.7mm 기관총×2
- 전투중량 23.5t
- 엔진 500HP 가솔린
- 최고속도 72km/h
- 행동거리 161km
- 승무원 4명

❶ 76mm 포탄
❷ 포방패
❸ 포수 잠망경
❹ 자장용 큐폴라
❺ 12.7mm 동축기관총
❻ 12.7mm 기관총
❼ 환기장치
❽ 5 갤론 탱크
❾ 공구 박스
❿ 주포 지지구
⓫ 견인 고리
⓬ 크로스 드라이브 변속기
⓭ 엔진
⓮ 에어 클리너
⓯ 소화기
⓰ 차장석
⓱ 조종석
⓲ 유동륜
⓳ 조종수 잠망경

■ 중형전차

🛡 M46 중형전차 제너럴 패튼 (1950)

전후 시제 중형전차 T-42가 개발되고 있었는데 그것은 M26(퍼싱)류를 참조한 설계였다. 공교롭게 한국전쟁이 발발하자 T-42의 생산준비가 되어 있지 않아 M26의 차체에 새로운 엔진과 크로스 드라이브(Cross Drive)식 조향장치를 장착한 것이 본 전차다. M26에 비교해 출력 중량비가 우수하고 기복이 심한 한반도 지형에서의 평가는 좋았다.

크로스 드라이브식 조향장치의 채용은 선회를 기민하게 하고 기동력 향상에 기여했다. 북한군의 소련 전차에 대해서도 압도적으로 강했다. 한국전쟁에서는 야간작전용으로 포방패 위에 원통형 서치라이트를 장비했다. 이 M46은 휴전 후에도 한국에 남아 오랫동안 일선 장비로 사용되었다.

- 전장 8.47m (차체길이 6.36m)
- 전폭 3.51m
- 전고 3.18m
- 무장 90mm 포×1 12.7mm 대공기관총×1 7.62mm 기관총×2
- 장갑 최대 114mm
- 전투중량 44t
- 엔진 704HP 공냉식 가솔린
- 최고속도 48km/h
- 행동거리 128km
- 승무원 5명

🛡 M47 중형전차 제너럴 패튼 II (1951)

한국전쟁 발발로 급히 개발되었으나 결국 전쟁 투입에는 때가 늦었다. M46의 차체에 T-42포탑을 탑재했는데 포탑이 차체 앞쪽으로 쏠린 감이 있다. 주포와 연동하는 거리측정기가 장비되었는데 이것은 양산형으로서는 최초이다. 미군에의 배치는 1952년부터인데 곧 M48이 양산에 들어갔으므로 본 전차는 여러 나라에 공여됐다.

생산 수 약 9,000대. 현재 사용하는 나라도 있다.

(공통) ❶ 90mm 포 ❷ 포수석 ❸ 12.7mm 기관총 ❹ 차장용 큐폴라 ❺ 무전기 ❻ 환기장치 ❼ 엔진 ❽ 오일 냉각기 ❾ 주포 지지구 ❿ 크로스 드라이브 변속기 ⓫ 견인 고리 ⓬ 보조 전륜 ⓭ 에어 클리너 ⓮ 전륜 ⓯ 소화기 ⓰ 유동륜 ⓱ 조향장치 ⓲ 7.62mm 기관총

- 전장 8.51m(차체길이 6.36m)
- 전폭 3.51m
- 전고 3.33m
- 무장 90mm 포×1 12.7mm 대공기관총×1 7.62mm 기관총×2
- 장갑 최대 114mm
- 전투중량 46.18t
- 엔진 643HP 슈퍼 차저 장착 디젤
- 최고속도 48km/h
- 행동거리 128km
- 승무원 5명

M48 패튼 중형전차 시리즈 ①

M48 패튼(Patton)은 M46과 M47의 발전형이며 단명으로 끝난 M47과는 달리 1953년 제식채용된 이후 계속 개량되어 59년에 M60이 등장할 때까지 주력전차의 위치를 차지했다. 시리즈 총 생산량은 11,700대로, 반수 이상이 약 20여 개국에 공여, 수출됐다. 따라서 현지 사양의 것도 많고 파생형인 특수차량도 만들어졌다.

개발은 한국전쟁 때부터 이루어졌으며 미국에서는 제 3차 세계대전으로 확전되지 않을까 불안해 하던 시기였다.

따라서 신 전차의 개발을 서둘렀다. M48은 주형 차체와 주형 포탑을 채용하여 M47과 비교하면 전체적으로 넓고 낮은 디자인으로 바뀌었다. 최초형은 M47과 같은 엔진과 변속기를 탑재했고 1톤 가까운 중량증가에도 불구, 웬일인지 M48 쪽이 빨랐다. 장갑은 종래방식으로 포탑 전면은 120mm였지만 당시의 대전차병기의 능력으로 보아 충분하다고 생각됐다. 엔진은 처음엔 공냉식 가솔린이었으나 M48A3 이후 공냉식 디젤로 바뀌었다. 디젤엔진은 연비, 내구성 등, 종합적으로 보아 현재에는 전차용 엔진의 주류이다. 소련전차는 이미 디젤화 되어 있었고 또한 같은 시기에 주포는 100mm로 강화되어 있었다. 그 때문에 M48 최종형인 A5에서는 늦었지만 105mm로 바뀐다.

기본 메카니즘으로서는 2차 대전의 것에서 그리 크게 진보했다고는 할 수 없으나 사격용 컴퓨터나 적외선 투시기 등이 장비된 것도 있으며 세부적으로는 하이테크화가 시작되고 있다.

🛡 M48 제너럴 패튼 III (1953)

- 전장 8.44m (차체길이 6.7m)
- 전폭 3.63m
- 전고 3.24m
- 무장 90mm 포×1
- 12.7mm 대공기관총×1
- 7.62mm 기관총×1
- 장갑 25~120mm
- 전투중량 44.9t
- 엔진 810HP 공랭 가솔린
- 최고속도 41.8km/h
- 행동거리 113km
- 승무원 4명

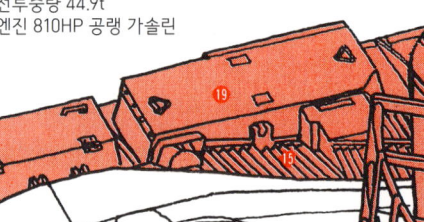

🛡 M48A3 (1964)

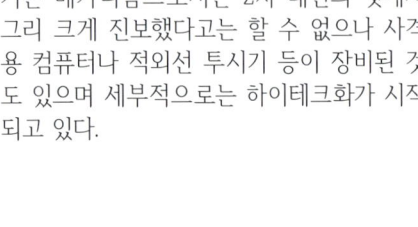

차장용 총탑은 M48A부터 탑재됐다. 엔진이 공냉식 디젤 750HP로 되어 초기의 것에 비교하면 휴행 연료가 곱절이 되어서 행동거리가 463km로 되었다. 전투중량은 2톤 증가했으나 최고속도는 공칭 48.2km/h 였다.

현대 전차 - 미국

❶ 기동륜
❷ 전륜
❸ 유도륜
❹ 쇼크 업서버(완충기)
❺ 토션 바
❻ 범프스톱
❼ 지지 롤러
❽ 전화 박스
❾ 미등
❿ 견인 고리
⓫ 걸이용 고리
⓬ 포 지지구
⓭ 수납 상자
⓮ 헤드라이트
⓯ 에어 덕트
⓰ 배기 그릴
⓱ 공냉 12기통 디젤엔진
⓲ 크로스 드라이브 트랜스미션
⓳ 에어 클리너
⓴ 냉각 팬
㉑ 90mm 포
㉒ 12.7mm 기관총
㉓ 7.62mm 기관총
㉔ 장전수 해치
㉕ 환풍장치
㉖ 레인지 파인더 헤드커버
㉗ 적외선 겸용 서치라이트
㉘ 포탑후부 바스켓
㉙ 포수석
㉚ 차장석
㉛ 장전수석
㉜ 레인지 파인더(거리측정기)
㉝ 사격 컴퓨터
㉞ 망원경
㉟ 바리스틱 드라이브
㊱ 후좌 가드 프레임
㊲ 무전기
㊳ 포탑 바스켓 바닥
㊴ 90mm 포탄
㊵ 7.62mm 기관총탄
㊶ 12.7mm 기관총탄
㊷ 차장용 콘트롤 핸들
㊸ 포탑선회 기어박스
㊹ 포미 블록
㊺ 포수 조작 패널
㊻ 포수용 콘트롤 유닛
㊼ 조종수용 잠망경
㊽ 조종석
㊾ 계기·스위치 판
㊿ 조향 핸들
51 액셀 페달
52 브레이크 페달
53 변속 레버
54 소화기

🛡 **M48A3의 내부**

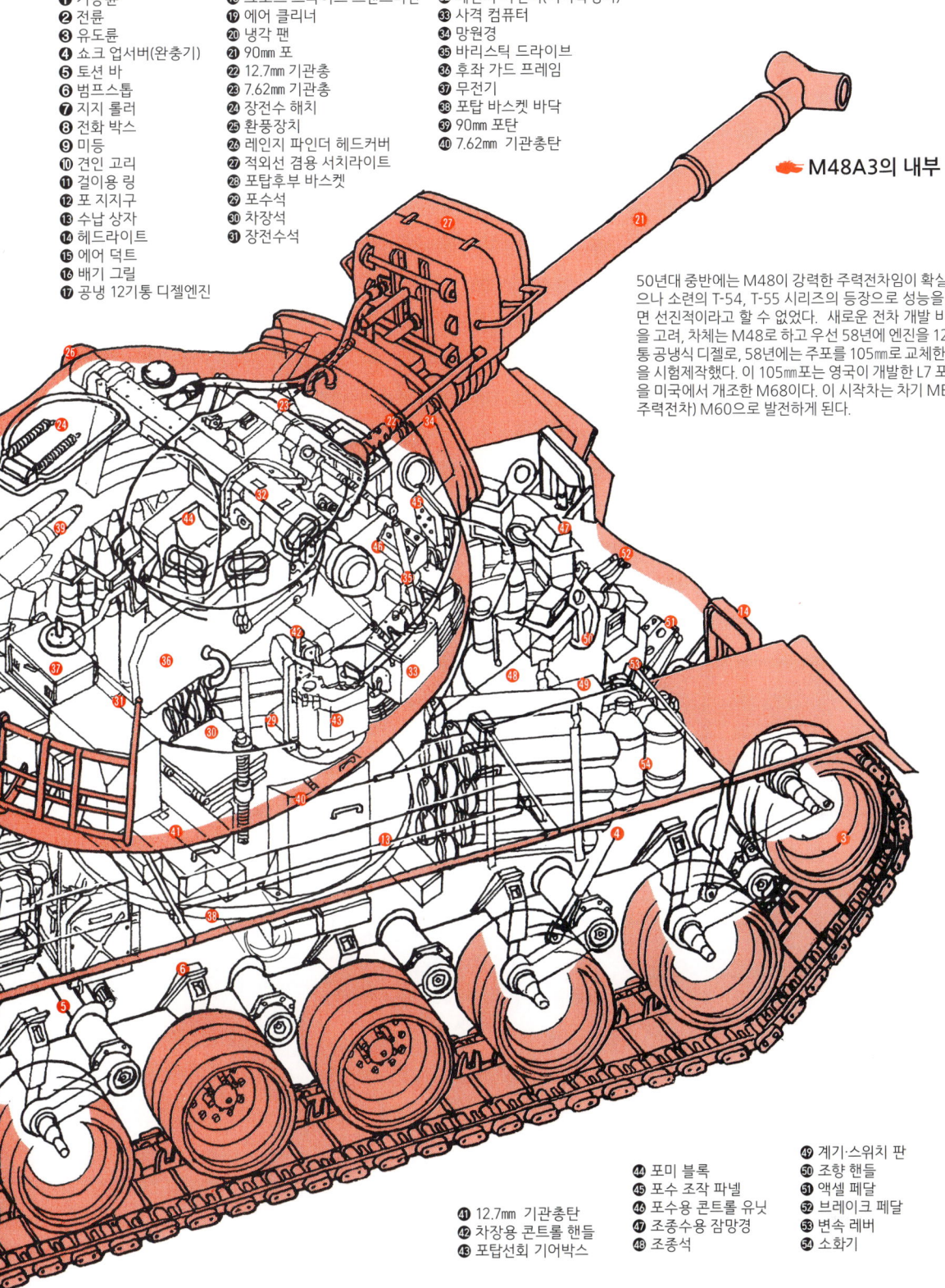

50년대 중반에는 M48이 강력한 주력전차임이 확실했으나 소련의 T-54, T-55 시리즈의 등장으로 성능을 보면 선진적이라고 할 수 없었다. 새로운 전차 개발 비용을 고려, 차체는 M48로 하고 우선 58년에 엔진을 12기통 공냉식 디젤로, 58년에는 주포를 105mm로 교체한 것을 시험제작했다. 이 105mm포는 영국이 개발한 L7 포신을 미국에서 개조한 M68이다. 이 시작차는 차기 MBT(주력전차) M60으로 발전하게 된다.

M48 중형전차 시리즈 ②

❶ 12.7mm 대공 기관총
❷ 포수용 잠망경
❸ 레인지 파인더
❹ 7.62mm 동축 기관총
❺ 무전기
❻ 90mm 포
❼ 포수석
❽ 90mm 포탄 랙(포탑)
❾ 90mm 포탄 랙(차내)
❿ 조종석
⓫ 소화기
⓬ 기관총탄 상자
⓭ 에어 클리너
⓮ 토션 바
⓯ 엔진(가솔린)
⓰ 크로스 드라이브 조향 변속기
⓱ 견인 고리
⓲ 차외 전화박스
⓳ 배기 머플러
⓴ 잠망경
㉑ 적외선 잠망경
㉒ 캬뷰레터

🔶 **M48A1 구조** (1956)

조종수용 해치를 대형화한 외에 하부 전륜의 맨 뒤의 제6 전륜과 기동륜 사이에 캐터필러 장력조정용 바퀴(긴장륜)가 부착됐다. 그 외 세부를 다시 손 본 것 외는 초기형과 큰 변화는 없다. 또 48A2형은 엔진이 연료분사형 가솔린 엔진으로 바뀌어 행동거리를 늘렸다.

🔶 **M48A5** (1975)

기존의 48A1, A2, A3을 개량한 전차. A3도 실질적으로 A2의 개수형으로 엔진을 디젤 화했고 주포를 90mm에서 105mm로 변경했다. 또 사격통제장치의 개량도 이루어졌다. 이미 주력 전차로 M60이 채택되었으나 M48은 이처럼 계속 개수하면서 장기간 사용됐다. 또 아래에 보듯 수입 또는 공여된 나라에서도 지역 특성에 맞도록 개조되고 있다. 중동에서는 이스라엘, 요르단 두 나라에 공급되었기 때문에 M48 끼리 싸우는 사태도 일어났다.

🔶 **M48A2GA2 서독** (1978)

■ **각국의 개량형들**

서독의 베크만사가 개조생산을 담당했다. 주포는 레오파르트 I과 같은 105mm포를 탑재하고 FCS(사격통제장치)의 개량도 이루어져 약 650대를 생산했다.

▸ 전장 9.4m　　7.62mm 기관총×2　　최고속도 48km/h
▸ 전폭 3.6m　　중량 47t　　　　　　행동거리 200km
▸ 전고 2.9m　　엔진 835HP 공랭　　승무원 4명
▸ 무장 105mm 포×1　V12 가솔린

🔶 **M48A5 한국군 사양** (1981)

사이드 스커트를 붙인 한국 사양차. M48은 수입이나 제공받은 나라가 많아 개수형도 많다. 스페인, 이스라엘, 그리스 등의 독자적인 개수가 대표적이며 현재도 사용하고 있다.

🔶 **M48H 용호**(勇虎) **중화민국**(대만) (1990)

중화민국(대만)에 배치된 전차인데 M48의 개조인지, M60의 개조인지 애매하다. 차체는 M60A3이며 포탑은 M48A5이다. M60 자체가 M48의 발전형이기 때문에 매우 비슷하다. 엔진이 M48A5와 같은 공랭 디젤이지만 750HP에서 M60A3에서는 900HP으로 파워 업되고 있다.

M103과 M60

대전 중에 개발된 소련전차는 많은 충격을 주었는데, 대전 말기에 개발되어 베를린의 승전 군사 퍼레이드에서 모습을 드러낸 JS III 중전차도 서방측에 충격을 주었다. 여기에 대항하여 미국이 개발한 것이 M103 전차다. 마찬가지로 영국에서도 콘커러(Conqueror)의 개발을 결정했다. 1943년의 시작차 T43을 원형으로 하고 있으며 당시 계획으로는 55톤 급으로 장갑 5인치(127mm), 120mm포를 장비하고 800HP엔진을 탑재, 시속 20마일로 달리는 것이었다. 발전형인 T43E1이 제식화, M103 전차로 되는데 화력과 장갑에 비해 기동력이 좋지 못해 일찌감치 육군에선 퇴역하고 해병대에서만 사용되었다.

- 전장 11.39m
- 전폭 3.76m
- 전고 3.56m
- 무장 120mm 포×1
  12.7mm 기관총×1
  7.62mm 기관총×1
- 장갑 12.7~178mm
- 중량 56.77t
- 엔진 810HP
- 최고속도 33.8km/h
- 행동거리 129km
- 승무원 5명

■ M103

❶ 12.7mm 대공 기관총 ❷ 포수용 잠망경 ❸ 레인지 파인더 ❹ 7.62mm 동축기관총 ❺ 무전기 ❻ 90mm 포 ❼ 포수석 ❽ 90mm 포탄 랙(포탑) ❾ 90mm 포탄 랙(차내) ❿ 조종석 ⓫ 소화기 ⓬ 기관총탄 상자 ⓭ 에어 클리너 ⓮ 토션 바 ⓯ 엔진(가솔린) ⓰ 크로스 드라이브 조향 변속기 ⓱ 견인 고리 ⓲ 차외 전화박스 ⓳ 배기 머플러 ⓴ 잠망경 ㉑ 적외선 잠망경

■ M60

M60 시리즈는 기본적으로 M48의 개량형인데 1960년 배치 이후 86년까지 계속 생산된 장수 전차다. 미국 내에도 80년대에 M1이 등장할 때까지 주력전차이며 수출된 나라도 많다. M60A2 이외의 공통 사양은 영국제 L7A1 105mm 포, 12.7mm, 7.62mm 기관총 각 1정이며 엔진은 공랭 디젤 750HP(A3는 900HP)이었다.

M60A1은 내탄 성능을 향상시키기 위해 포탑 형태를 개량한 것. A3에서는 레이저 거리측정기나 컴퓨터의 디지털화 등, 하이테크가 도입되고 있다. M60A2는 시레일러 미사일을 발사할 수 있는 152mm 포발사기 탑재가 특징이다. Ⓐ12.7mm 기관총 Ⓑ 차장용 큐폴라 Ⓒ 152mm 포발사기 Ⓓ 7.62mm 기관총 Ⓔ 포수석 Ⓕ 포탄 Ⓖ 탄약수석 Ⓗ 차장석 Ⓘ 연막탄 발사기 Ⓙ 환기 장치. 이 타입은 문제가 많아 1969년 생산 중지.

❶ 12.7mm 대공 기관총 ❷ 포수용 잠망경 ❸ 레인지 파인더 ❹ 7.62mm 동축 기관총 ❺ 무전기 ❻ 90mm 포 ❼ 포수석 ❽ 90mm 포탄 랙(포탑) ❾ 90mm 포탄 랙(차내) ❿ 조종석 ⓫ 소화기 ⓬ 기관총탄 상자 ⓭ 에어 클리너

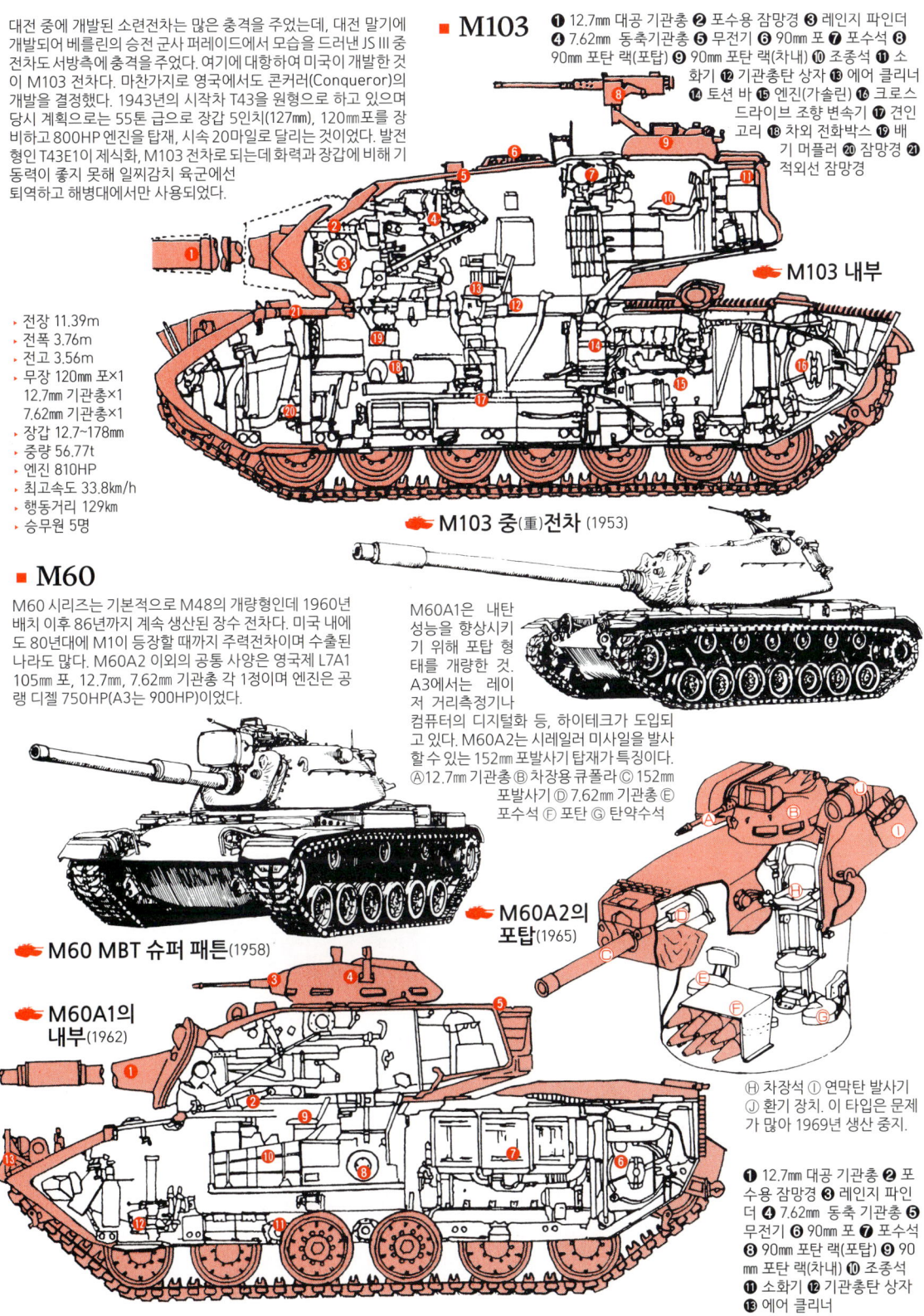

M103 내부

M103 중(重)전차 (1953)

M60 MBT 슈퍼 패튼 (1958)

M60A1의 내부 (1962)

M60A2의 포탑 (1965)

M60 주력 전차 시리즈

M60은 M48 패튼을 바탕으로 1956년에 개발계획이 스타트, 비교적 단기간 내에 탄생했다.
최초의 140대는 1959년 6월, 크라이슬러 델라웨어 공장에서 제작되었는데 후에 미국 주력 전차 공장이 된 디트로이트 공장으로 바뀌었다. 부대배치는 1960년부터이며 M1 에이브럼스가 나올 때까지 주력 전차의 지위를 차지했다 포탑은 M48과 기본적으로 같으며, 소련의 T-54에 대항하여 105㎜ 주포를 갖추었다. 방어력

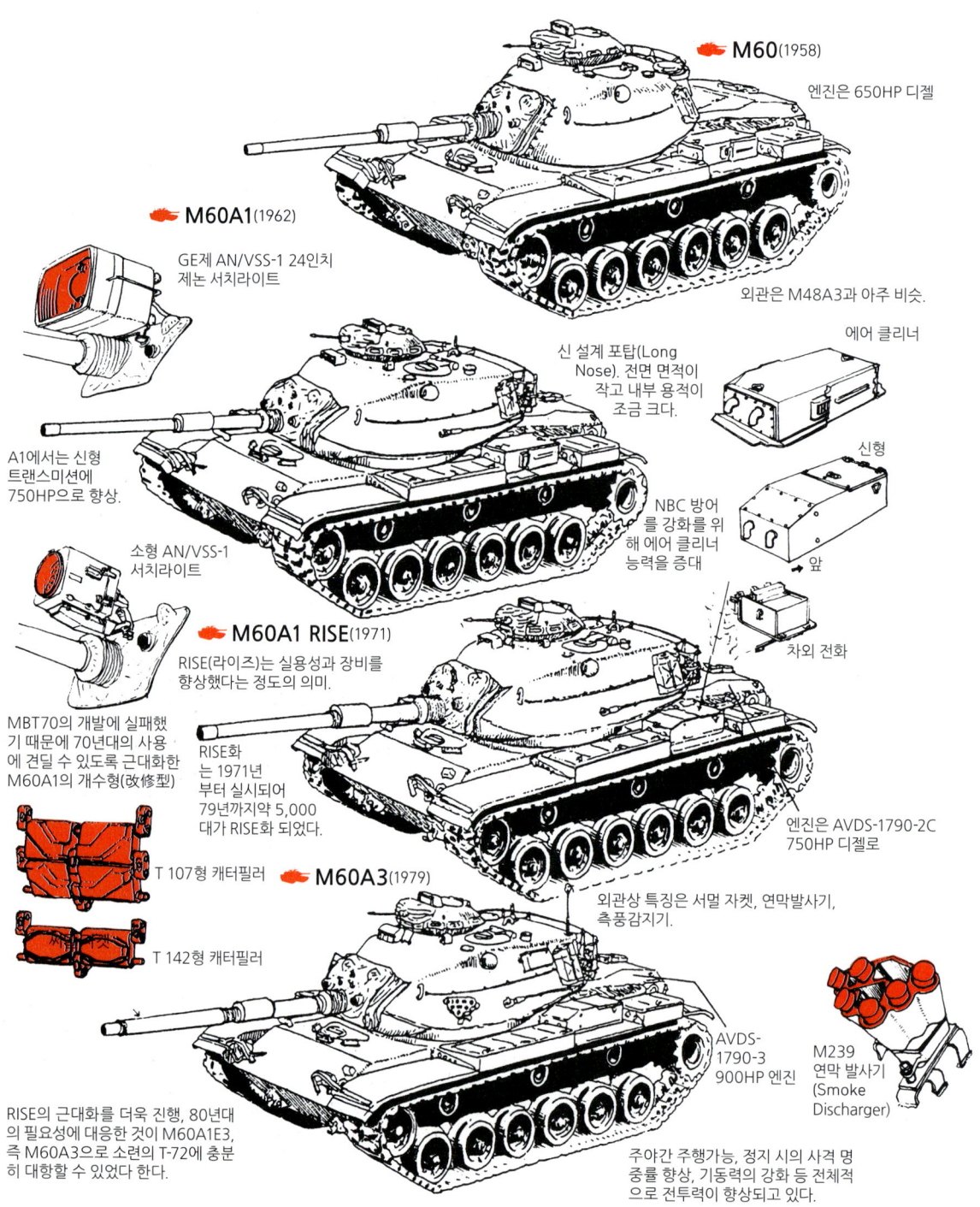

현대 전차 - 미국

부족이 확인되어 1962년에 M60A1으로 발전한다. M60A1의 사양을 보면, 전장 9.436m, 차체 길이 6.946m, 전폭 3.631m, 전고 3.27m로, 주포 105㎜ M68E1, 휴행탄수 63발, 동축기관총 7.62㎜, 12.7㎜ 기관총을 장비한다. 또 뒤로 갈수록 탑재 전자장비는 향상되어 주야 겸용 광학 조준에 더하여 레이저 레인지 파인더, 탄도계산 컴퓨터. 각종 센서가 차례로 장비됐다.

M60A2 (1965)

미사일과 포탄 양쪽을 발사할 수 있는 152㎜ 포발사기(Gun Launcher)를 장비하여 주목을 받았다. 그러나 시레일러 미사일의 잦은 고장이나 정비성이 나빠 현재는 배치되어 있지 않다. 생산 수 526대.

M60A1AVLB 가교 전차

전장 19.2m의 알루미늄제 교량을 2개 접어서 탑재. 18.3m까지의 하천이나 참호에 3분 만에 교량을 놓을 수 있다.

M728CEV 전투 공병차

M135 165㎜ 파괴포를 탑재하고 전선에서 공병 작업을 할 수 있다.

A형 프레임의 크레인, 유압 작동의 도저를 장비.

도저 플레이트

이스라엘 육군의 M60A1

4차 중동전쟁의 전훈을 받아들여 탄약수용 기관총 마운트와 근접전투용 60㎜ 박격포를 장착

포탑 내에서 조작 가능한 12.7㎜ 기관총. 평시에는 훈련용으로 사용되었으나 실전에서도 도움이 되었다.

연막탄 발사 박스

포탑부에 장착한 반응 장갑.

오른쪽 반응 장갑은 이스라엘이 개발한 폭발형 증가 장갑판.

이스라엘 M48/60용 울탄제 큐폴라

미국은 M48A5에 채용.

소련제 대전차 병기에는 이스라엘이 가장 실전 경험 풍부.

미국에서 개발한 반응 장갑을 장착한 M60A3

M60은 1960년에 배치되어 A1, A2, A3을 거쳐 근대화되면서 20년 이상 미국 주력 전차로 활약했다. 또 80년대가 되어 개량형이 개발되고 있다.

낮은 형상의 큐폴라

슈퍼 M60 (1981)

사이드 스커트

텔다인 콘티넨털 모터스사의 제너럴 프로덕트 부서에서 개발한 고성능 M60. 동사제 AVCR1790 공랭 디젤 1200HP 엔진을 탑재하여 출력이 60% 증가했다. 신형 장갑방식은 대대적으로 개조하지 않아도 적용 가능하며 기동력, 전투력, 방어력을 몇 단계 향상시키고 있다.

한때 미국이 주 방위군용으로 M60A4의 개발을 계획하면서 이 슈퍼 M60을 모체로 삼으려 한 적도 있었다. 현재는 취소.

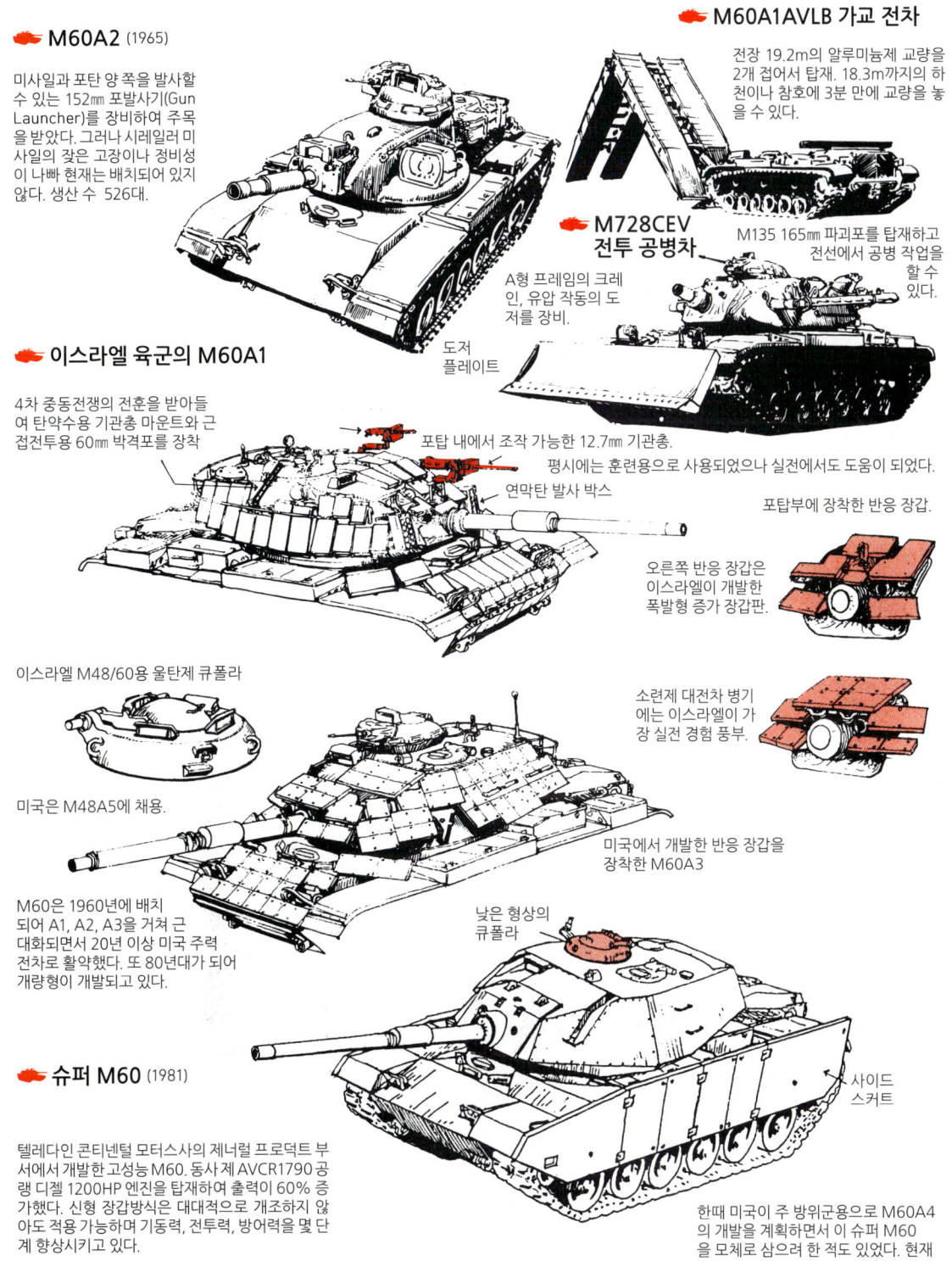

M1 에이브럼스(Abrams) 주력전차

전후의 미국의 주력전차는 M26~M60라는 기본적으로는 같은 시리즈의 발전개량형이었다. 따라서 기본 구성과 디자인 및 기간 기술은 대전 이후의 성숙한 면을 가지고 있으며, 세부적으로는 전자 기술을 도입하고 NBC(Nuclear, Biological, Chemical)방어 장비 등으로 시대에 대응했다고 해도 과언이 아니다. 이 M1은 전혀 새로운 콘셉트로 개발한 새로운 전차로 디자인적으로도 신시대를 맞았다는 느낌이 든다. 엔진은 가스터빈이다.

자동 변속기는 전진 5단, 후진2단으로 자동차와 같으며 액셀러레이터는 오토바이처럼 그립을 조작한다.

🛡 M1A2의 구성

Ⓐ 차장용 큐폴라
Ⓑ 차장차장용 독립 열영상 투시장치 Ⓒ 포수 조준경 Ⓓ 포탑용 전자장비 Ⓔ 디지털 데이터 인터페이스 Ⓕ 디지털 엔진제어장치 Ⓖ 슬립 링 Ⓗ 차체용 전자장치 Ⓘ 사격통제용 전자장치 Ⓙ 조종수용 열영상장치 Ⓚ 조종용 통합형 디스플레이 Ⓛ 포수용 제어표시 패널 Ⓜ 차장용 콘트롤 패널 Ⓝ 자기위치 표시 항법장치 Ⓞ 차장용 통합형 디스플레이 Ⓟ 포각도위치 센서

전체적인 구성은 기본에 충실한 형태인데 이는 영국의 챌린저나 레오파르트 2 등 같은 시기에 개발된 각국의 MBT를 충분히 검토한 결과로 보인다. 개발은 1971년에 결정되어 프로토 타입인 XM1이 제작됐다. 엔진은 각국의 MBT의 주류가 디젤인데 반해 가스터빈이 특징이다. 1500HP 출력으로 시속 70km/h, 야지에서 50km/h나 되는 속도를 낸다는 것은 50톤을 넘는 중량을 생각할 때 서스펜션의 성능도 양호할 터이다. 처음엔 엔진의 신뢰성에 문제가 있었기 때문에 배치가 늦어졌다. 탑재포는 서방 각국의 MBT의 표준인 L7 105㎜포이다. 각종 센서와 전자제어장비의 조합을 대대적으로 채용, 하이테크화를 강하게 지향하고 있다.

🛡 M1 에이브럼스 주력 전차(1980)

전자장비를 다수 채용한 FCS나 각종 방어 시스템도 최신으로 장비. 평면으로 구성한 낮은 몸체는 독특한 위압감을 준다. 레이저 레인지 파인더와 각종 센서는 휴즈 에어크래프트 사 제품, 사격용 컴퓨터는 캐나다제 등으로 FCS에 만도 많은 회사들이 참여했다.

■ M1A1(1985)의 구조

❶ 포구 센서
❷ 120mm 활강포
❸ 연료 탱크
❹ 파킹(Parking) 브레이크 핸들
❺ 조종수용 조작 패널
❻ 7.62mm 동축기관총
❼ 포방패
❽ 포수 사이트
❾ 12.7mm 기관총
❿ 포수 조준경
⓫ 컴퓨터 콘트롤 패널
⓬ 차장용 메인 사이트
⓭ 차장용 포 콘트롤
⓮ 차장용 해치
⓯ 탄약고 도어
⓰ 수신 안테나
⓱ 장전수 해치
⓲ 측풍감지기

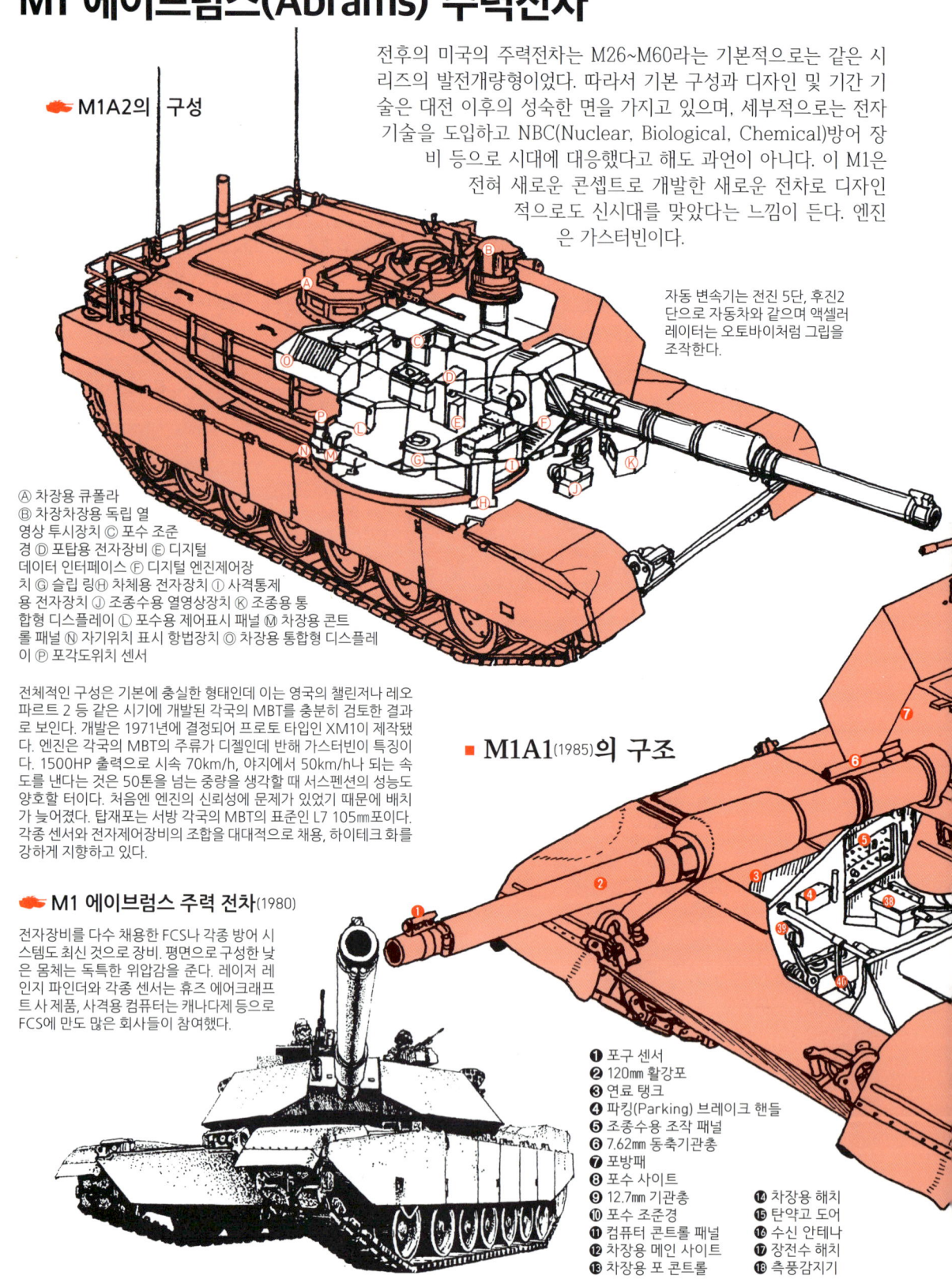

148

현대 전차 - 미국

⑲ 송신 안테나
⑳ 배기 패널
㉑ 120mm HEAT탄
㉒ 연료 주입구
㉓ 연료 탱크
㉔ 화물 케이스
㉕ 흡기구
㉖ NBC 시스템
㉗ 연막 발사기
㉘ 차장석
㉙ 기관총탄약상자
㉚ 연막탄 저장고
㉛ 성문(聲紋)안전장치
㉜ 동축기관총 탄약
㉝ 포미(砲尾)
㉞ 연료 주입구
㉟ 연료 탱크
㊱ 조종석
㊲ 조종수용 잠망경
㊳ 조향 스로틀 T 바
㊴ 브레이크 페달
㊵ 파킹 브레이크페달

M1A1의 첨단 기능을 더 향상시켰다. 특히 정보통신기능이 강화되어 있으며 자차와 타차, 또는 부대의 움직임이나 전장의 상황 등 주위 환경을 신속히 인식할 수 있게 되었다. 차장의 큐폴라도 개선되어 생존성을 높이고 있다.

🔲 M1A2 주력 전차(1994)

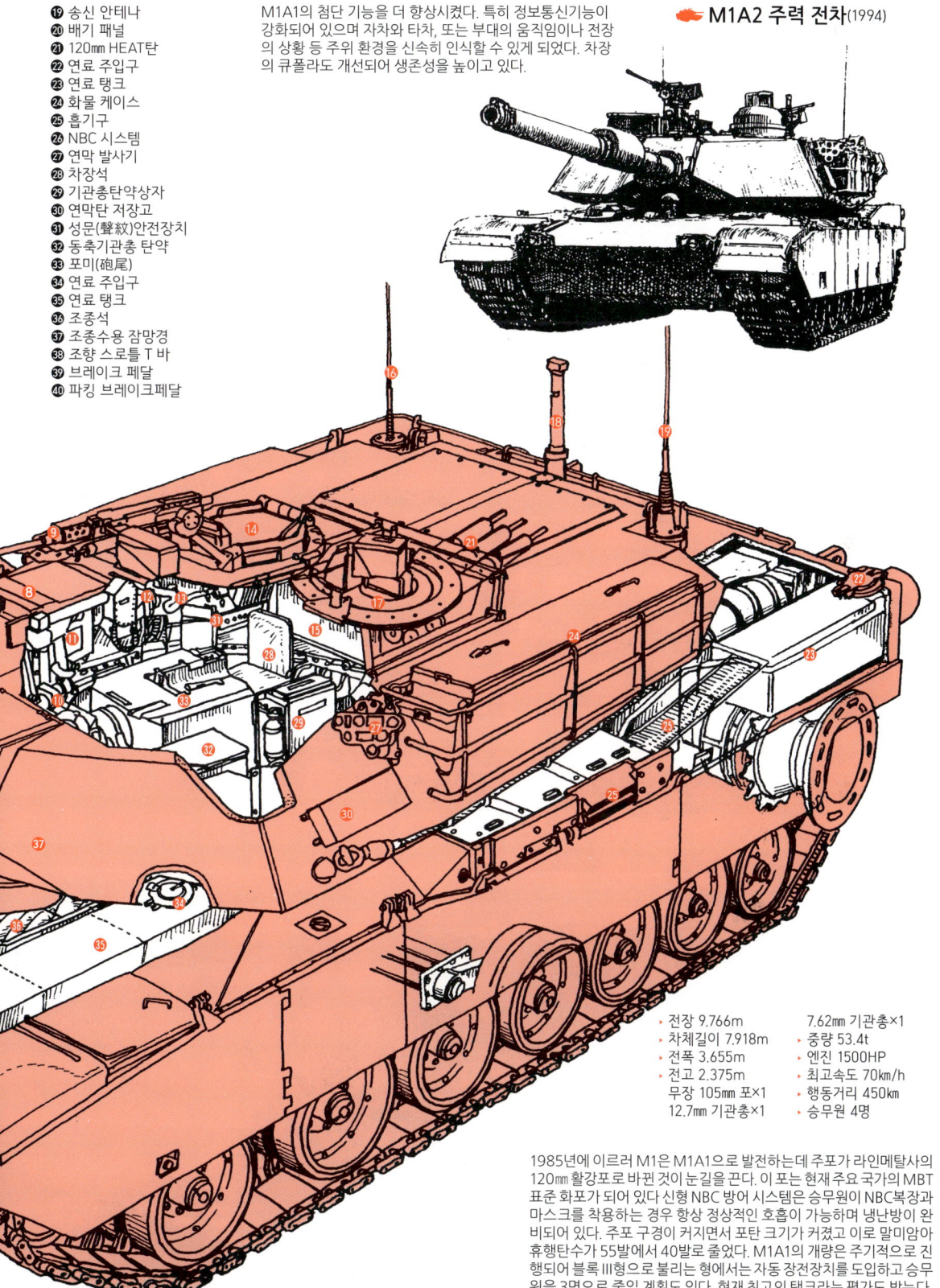

- 전장 9.766m
- 차체길이 7.918m
- 전폭 3.655m
- 전고 2.375m
- 무장 105mm 포×1
- 12.7mm 기관총×1
- 7.62mm 기관총×1
- 중량 53.4t
- 엔진 1500HP
- 최고속도 70km/h
- 행동거리 450km
- 승무원 4명

1985년에 이르러 M1은 M1A1으로 발전하는데 주포가 라인메탈사의 120mm 활강포로 바뀐 것이 눈길을 끈다. 이 포는 현재 주요 국가의 MBT 표준 화포가 되어 있다 신형 NBC 방어 시스템은 승무원이 NBC복장과 마스크를 착용하는 경우 항상 정상적인 호흡이 가능하며 냉난방이 완비되어 있다. 주포 구경이 커지면서 포탄 크기가 커졌고 이로 말미암아 휴행탄수가 55발에서 40발로 줄었다. M1A1의 개량은 주기적으로 진행되어 블록 Ⅲ형으로 불리는 형에서는 자동 장전장치를 도입하고 승무원을 3명으로 줄일 계획도 있다. 현재 최고의 탱크라는 평가도 받는다.

소련의 전차 (제2차 대전 후~)
T-62까지의 주력 전차

2차 대전 중 일약 전차대국으로 성장한 소련은 전후에 개발된 전차로도 서방국들에게 충격을 주었다. 소련전차는 반구형(半球型)의 포탑과 낮은 차체가 특징이며 같은 시기의 서방측 전차보다 항상 앞서서 대구경포를 탑재했다. 반면 내부가 좁아 거주성이 나쁘다, 또 여기서 다루는 T-54/55 시리즈부터 시작되는 소련전차의 막대한 생산량은 특기할 만하다. 동맹국이나 다른 외국에 공여, 수출하는 양도 엄청나다. 전차에 한하지 않고 소련은 미국과 나란히 최대 무기수출국이며 확실한 통계는 공표되지 않지만 무기생산이 자국의 경제에 미치는 영향도 상당했을 것이다.

T-44 (1945)

대전 말기에 등장한 T-34의 후계차. 엔진을 가로로 놓은 것이 독특하며 그 외는 고전적인 구성이다. 반구형 포탑을 포함, 전후의 소련전차의 모습을 이미 보여준다. 주포가 T-34/85와 같으므로 100㎜ 포 탑재의 발전형이 만들어졌다. 1944~1946년에 걸쳐 생산됐다.

- 전장 7.65m
- 전폭 3.1m
- 전고 2.4m
- 무장 85㎜ 포×1
- 7.62㎜ 기관총×2
- 중량 31.5t
- 엔진 500HP 수랭 디젤
- 최고속도 55km/h
- 행동거리 235km
- 승무원 4명

T-54 (1946)

왼쪽은 프로토타입으로 차체 앞부분 양 측면에 기관총을 장비했다.

1948년형

포탑을 새로 설계하고 포방패를 개량한 초기 생산형. 그러나 아직 포탑 뒷부분이 나와 있어 샷트랩이 되고 있다. 차체 장갑은 20~99㎜이며 전면에는 경사져 있으나 옆면은 수직이다. 왼쪽은 프로토 타입으로 차체 전면 양 측면에 기관총이 장비되어 있다.

T-54A (1954)

포탑은 그릇을 엎어 놓은듯하여 피탄경사가 우수한 설계로, 완전히 샷 트랩을 없애고 있다. 1950년부터 생산되었는데 차체는 소형이면서도 당시 서방측 주력전차의 주포구경(90㎜)을 상회하는 100㎜포를 탑재, 충격을 주었다. 이 포는 1000m 거리에서 150㎜의 장갑을 관통할 수 있었다. T-54A는 주포를 발전형으로 바꿔 탑재한 것이며 배연기가 붙어있다.

- 전장 9m
- 차체길이 6.45m
- 전폭 3.27m
- 전고 2.4m
- 무장 100㎜포×1
- 12.7㎜ 기관총×1
- 7.62㎜ 기관총×1
- 장갑 20~210㎜
- 중량 36t
- 엔진 570HP 디젤
- 최고속도 50km/h
- 행동거리 500km
- 승무원 4명

T-55M (1980)

T-54/55 시리즈는 생산량도 많고 변형도 많다. 이 때문에 외국에 수출된 것 중에는 후에 서방 MBT의 표준이 된 L7 105㎜포로 변경 탑재한 것도 있다. 오른쪽의 T-55M은 80년대를 대응하기 위해 개수된 타입으로 주포로 대전차 미사일 AT-10을 쏠 수 있다. 포탑주위에 증가장갑, 차체 전면에 복합장갑, 조종석 바닥에도 증가장갑을 붙여 지뢰에 대비하고 있다.

- 전장 9.2m
- 차체길이 6.3m
- 전폭 3.3m
- 전고 2.9m
- 무장 100㎜ 포×1
- 중량 37t
- 엔진 560HP 디젤
- 최고속도 45km/h
- 승무원 4명

현대 전차 - 소련

T-55는 T-54의 개량형으로 1950년 등장 이래 1981년까지 4반세기에 걸쳐 10만대가 생산되었다. 소련 외에서도 생산되었고 전후 최대로 생산된 베스트셀러 전차였다. T-54 후기형과는 차이가 거의 없고 포탑 위의 환기용 돔을 철거한 정도이다.

T-55(1955)의 구조

Ⓐ 55구경 100㎜포 Ⓑ 조준기 Ⓒ 포수용 잠망경 Ⓓ 차장석 Ⓔ 주포탄 Ⓕ 엔진 580HP(T-54는 520HP) Ⓖ 예비 연료탱크 Ⓗ 변속기 Ⓘ 탄약수 Ⓙ 포수석 Ⓚ 전방기관총을 제거하고 주포탄을 6발 탑재 Ⓛ 조종석

T-62 (1960)

T-62M (1977)

현대 전차포의 표준이 된 활강포를 가장 먼저 탑재한 것이 이 전차다. 당시에는 획기적인 것으로 50년대 중반에 막 완성한 115㎜ 활강포를 탑재했다. 차체가 넓고 낮아(Wide & Low) T-55보다 훨씬 컸으나 전체 높이는 낮다. 왼쪽의 T-62M은 T-55M과 마찬가지로 근대화 개수형이며 주포 외에는 T-62와 같은 레벨이다. 주포 위에 장착된 것은 레이저 레인지 파인더다.

T-62의 내부

- 전장 9.3m
- 차체길이 6.6m
- 전폭 3.3m
- 전고 2.4m
- 무장 115㎜ 활강포×1 7.62㎜ 동축기관총×1
- 중량 40t
- 엔진 580HP 디젤
- 최고속도 50km/h
- 행동거리 450km
- 승무원 4명

❶ 62구경 115㎜활강포
❷ L-2G 서치라이트
❸ 7.62㎜ 동축기관총
❹ 탄약수용 해치
❺ 12.7㎜ 대공 기관총
❻ 탄피 배출구
❼ 환풍장치
❽ 예비 연료탱크
❾ 디젤 엔진
❿ 엔진 루버
⓫ 증가 연료탱크
⓬ 탈출용 침목
⓭ 엔진 배기구
⓮ 보조 윤활유 탱크
⓯ 차장석
⓰ 차장용 조준 잠망경
⓱ 포수용 조준 잠망경
⓲ 포수석
⓳ 조종석
⓴ 공구 박스

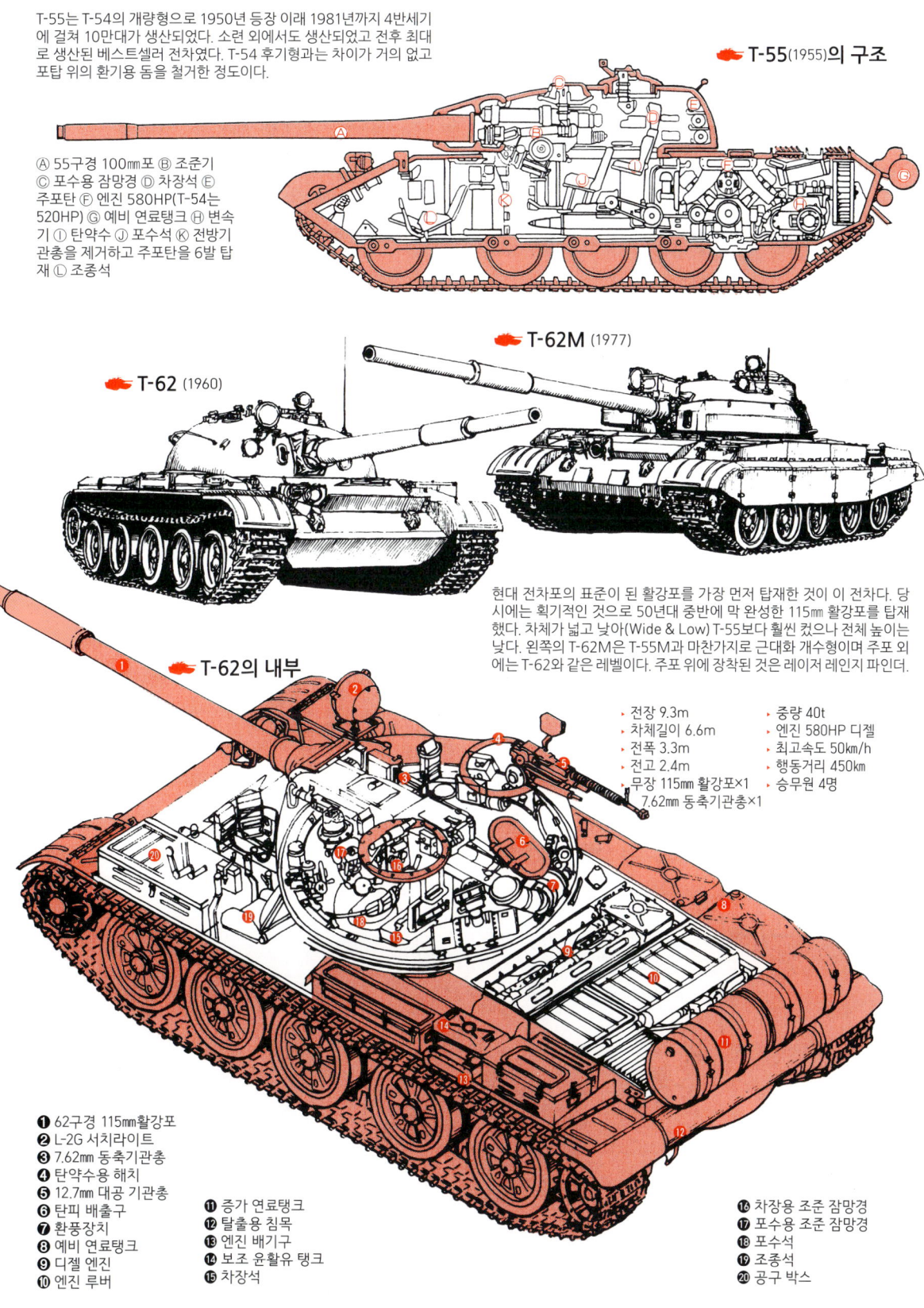

T-72 주력 전차 시리즈

1974년에 시작된 T-72는 구 소련내 4개 공장 외에 체코, 폴란드, 유고 등의 공장에서도 면허 생산되었다. T-72의 사용국은 동유럽 제국 외에 앙골라, 쿠바, 인도, 핀란드 및 중동 여러 나라까지 이르고 있다. 그 때문에 수 많은 베리에이션이 있다. T-72의 수출형은 T-72M, T-72B의 수출형은 T-72S로 부르고 있다. 동력은 T-64의 5기통 엔진 대신 V형 12기통 디젤 엔진을 탑재, 785HP의 강한 출력을 냈다. 62구경 125mm활강포에는 대전차 미사일 AT-8 발사장치가 장착되어 있지 않다. 그러나 사격통제장치도 발달했으며 자동 장전장치와의 조화도 좋다. 그래서 승무원은 3명으로 줄고 있다. 장갑은 최대 280mm, 총중량 41톤인데 V12 디젤엔진으로 80km/h로 달린다.

오른쪽에는 3종류의 포탑만 보였지만 그 외에도 사용 지역에 따라 변형이 많다. T-72는 소련군의 주 전력으로 생산지 이름을 붙여 '우랄(Ural)전차'라 부른다.

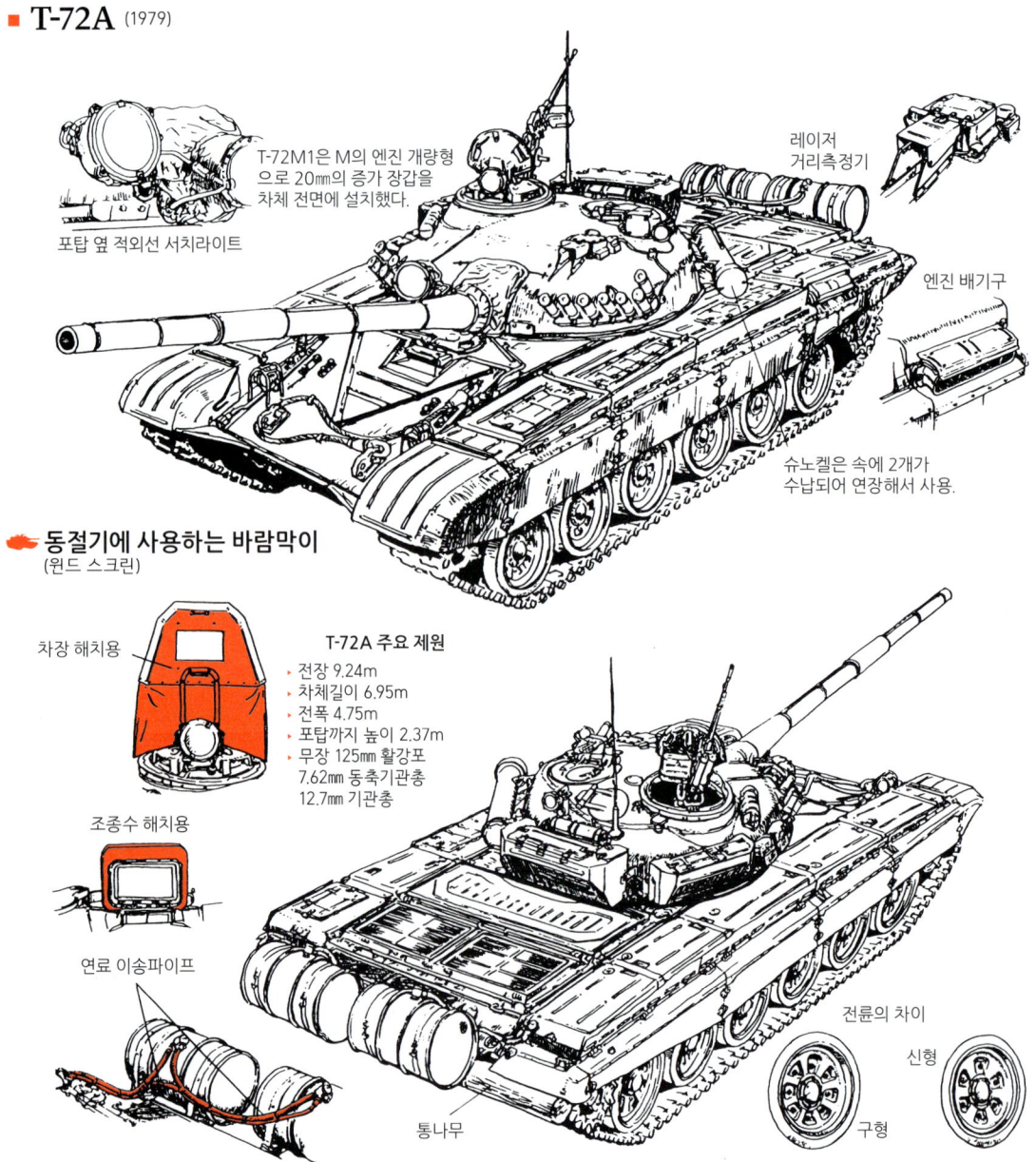

현대 전차 - 소련

■ 소련 포탑의 변천

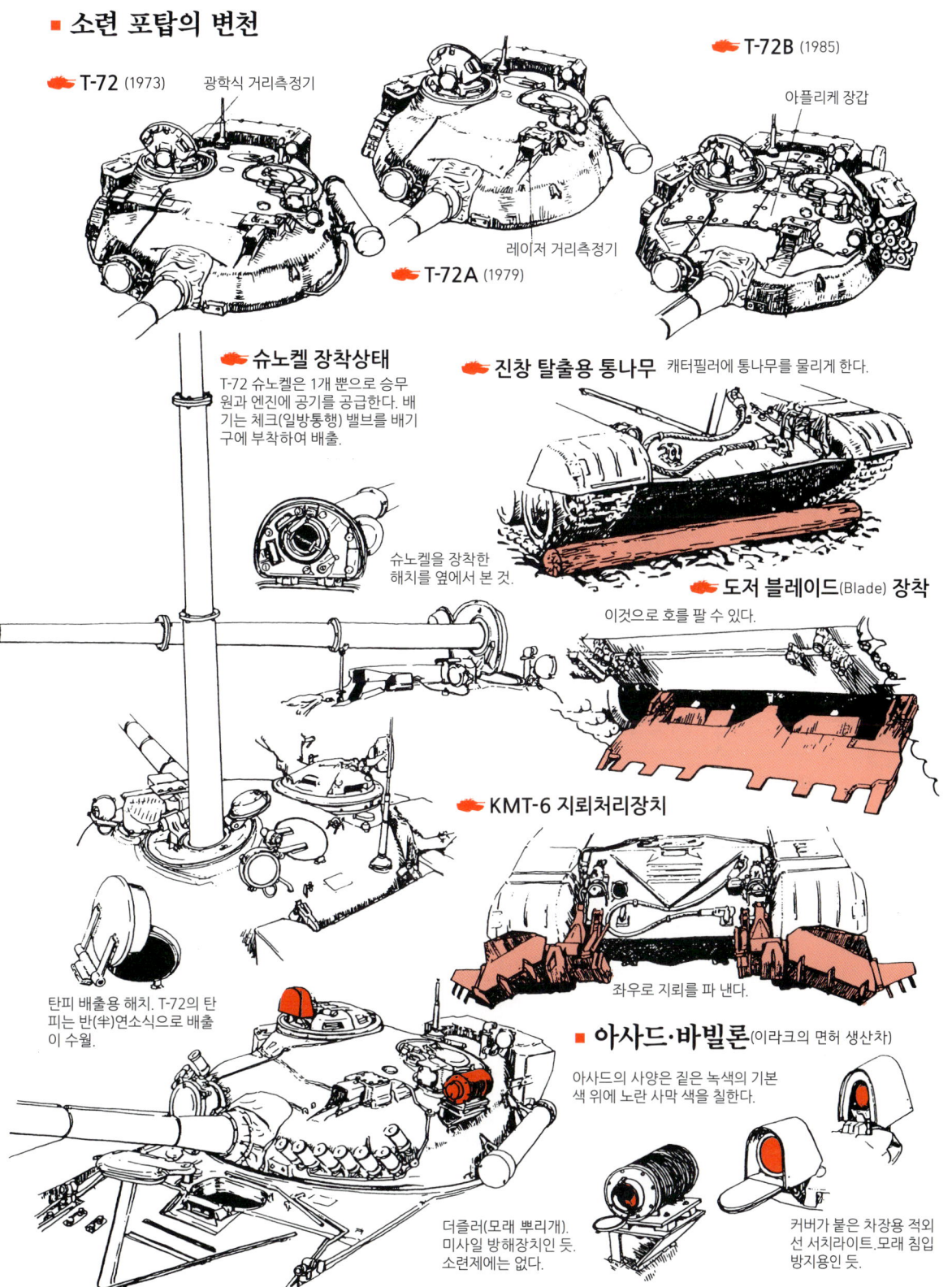

- T-72 (1973) — 광학식 거리측정기
- T-72A (1979) — 레이저 거리측정기
- T-72B (1985) — 아플리케 장갑

🔸 **슈노켈 장착상태**
T-72 슈노켈은 1개 뿐으로 승무원과 엔진에 공기를 공급한다. 배기는 체크(일방통행) 밸브를 배기구에 부착하여 배출.

슈노켈을 장착한 해치를 옆에서 본 것.

🔸 **진창 탈출용 통나무** 캐터필러에 통나무를 물리게 한다.

🔸 **도저 블레이드(Blade) 장착**
이것으로 호를 팔 수 있다.

🔸 **KMT-6 지뢰처리장치**
좌우로 지뢰를 파 낸다.

탄피 배출용 해치. T-72의 탄피는 반(半)연소식으로 배출이 수월.

■ **아사드·바빌론** (이라크의 면허 생산차)
아사드의 사양은 짙은 녹색의 기본색 위에 노란 사막 색을 칠한다.

더즐러(모래 뿌리개). 미사일 방해장치인 듯. 소련제에는 없다.

커버가 붙은 차장용 적외선 서치라이트. 모래 침입 방지용인 듯.

T-80까지의 여정

소련의 주력전차에 있어서 혁신적인 발전을 이루었던 T-62 이후의 설계 특징은 크리스티 스타일의 대형 전륜을 폐기하고 주행성능 향상을 지향한 신형 차체였다. T-64부터는 한쪽 6개의 소형 전륜을 채용하고 활강포도 125㎜로 대형화되었다. 냉전 속의 비밀주의 때문에 상세한 사항은 알기 어려우나 주행속도는 상당히 향상된 듯하다.

■ T-64 (1966)

- 자동 장전장치가 붙은 125㎜ 활강포
- T-64는 적외선 투광기가 왼쪽에 있다. 이것이 다른 점.
- 후부 배기관
- 후의 T-72보다 소형인 전륜
- 방어판
- 아플리케 장갑

T-62 후계차로 개발됐다. 서방측에 알려진 것은 1970년 초인데 그것은 본격 생산 전의 타입으로 생각된다. 승무원 3명. 전장 9.9m 차체길이 7.4m 전폭 4.64m 투광기를 제외, 높이 2.2.m

T-64의 엔진은 5기통 디젤에 대향(對向)피스톤이란 독특한 형식이다. 750HP로 42톤 차체를 75km/h로 달리게 한다. 컴퓨터 사격제어, 레이저 거리측정기 등을 장비, T-72가 등장한 후에도 개량을 거듭, 현재도 T-64B로 T-80과 함께 현역에서 활동.

■ T-72 (1973)

위는 T-70이라 불리는 시작차로 포탑은 T-62의 것. T-72는 74년경부터 배치되어 몇 개의 베리에이션이 있는데 주 생산형은 T-72M이다.

- 광학 거리측정기 (스테레오 방식)
- 연막탄 발사기
- 125㎜ 활강포
- 적외선 투광기
- 고무제 사이드 스커트
- 연막탄 발사기는 우에 5기, 좌에 7기
- 싱글 핀 방식 캐터필러
- 초기형은 접이식 보조 장갑판 장비.

T-72는 옛 동유럽 각국에서 사용된 외에 중동에도 수출. 1982년 이스라엘군에 격파된 시리아군의 T-72는 회수되어 철저히 조사됐다.

- 승무원 3명
- 전장 9.24m
- 차체길이 6.95m
- 전폭 4.75m
- 전고(투광기 제외) 2.37m
- 엔진은 통상적인 780HP 디젤로 속도 80km/h로 향상.

T-72B는 T-72의 근대화 버전으로 포탑 전부도 장갑이 두꺼워졌다. 또 125㎜ 활강포는 대전차 미사일 AT-8도 발사할 수 있다.

- 상부공격에 대항하기 위한 아플리케 장갑
- 대형 전시창(前視窓) 1개
- 차체 좌측 후부의 배기관

현대 전차 - 소련

■ T-80 (1976)

실물의 T-80은 T-72의 개량형으로 T-72B, T-64B, T-80이라는 3종류의 닮은 전차가 공존하게 되었다.

3개의 조종사용 투시창. V형 방탄판이 없다.

차체 후부 배기관

T-80은 985HP의 가스터빈 엔진을 탑재한 것으로 차체 후부에 대형 배기관이 있다. 크기는 T-64와 비슷.

이곳 차륜 간격이 좁은 것이 특징. 2개씩 3조라는 느낌.

더블 핀 방식 캐터필러

반응 장갑 패널은 T-80 한 대에 185~221매 필요.

반응 장갑은 T-72B나 T-64B에도 장착하게 된다.

125㎜ 활강포에서 발사하는 AT-8 송스터 미사일은 대전차 헬기도 쏠 수 있다. 이스라엘군이 개발한 반응 장갑을 장착.

미사일 유도장치

우측면 장비

적외선 투광기

T-80이 반응 장갑을 장착하기 시작한 것은 84년경부터이며 미군은 이를 T-80M 1984로 불러 구별하고 있다.

T-80B (1978)

현재 러시아군 주력 전차. T-64를 바탕으로 가스터빈 엔진을 탑재한 MBT. 주포는 125㎜ 활강포이며 T-64B와 마찬가지로 AT-8 미사일 발사가 가능. 차체에 벽돌처럼 붙인 것은 ERA(반응 장갑)으로, 상부공격에도 대비해 상면에도 붙이고 있다. 이 반응 장갑장착 T-64는 T-64BV라 불리며 1985년부터 등장했다.

T-80U (1985)

가스터빈 엔진으로 파워 업하고 사격통제장치나 야간암시장비도 고성능화했다. 무선 유도식이었던 AT-8 대신 레이저 빔 유도의 AT-11로 바뀌었다. 수출모델도 있는데 이 쪽은 디젤 엔진으로 T-80UD라 불리고 있다.

- 차체길이 7m
- 전폭 3.59m
- 전고 2.2m
- 중량 46t
- 무장 125㎜ 활강포×1
  12.7㎜ 기관총×1
  7.62㎜ 기관총×1
- 엔진 1250HP 가스터빈
- 최고속도 70km/h
- 행동거리 335km
- 승무원 3명
- 장갑 강(鋼)+ERA (반응장갑)

T-72와 T-90

T-72는 T-64의 발전 개량형으로 외관상 매우 닮았다. 상부지지 롤러가 1개 줄고 3개로 된 것, 적외선 서치라이트가 주포의 우측에 있는 타입이 많다는 것 등이 외관상 차이이다. 바르샤바조약 가맹국을 중심으로 많은 나라에서 사용되었다. T-90은 러시아 최신예 MBT이지만 기본적으로는 T-72계 차체에 T-80계 포탑을 조합한 것으로, T-80의 보급형이다. 현재 러시아, 인도 등에 배치되어 있다.

T-72의 구조

❶ 헤드라이트 ❷ 파킹 브레이크 ❸ 조향 레버 ❹ 변속 레버 ❺ NBC방호장치 ❻ NBC 정화장치 ❼ 주포 앙각 장치 ❽ 포수용 사이트 ❾ 포수용 야간 사이트 ❿ 서치라이트 ⓫ 포수석 ⓬ 선회 핸들 ⓭ 양탄기 ⓮ 포탄·장약 ⓯ V46 다(多)연료 엔진 ⓰ 변속기

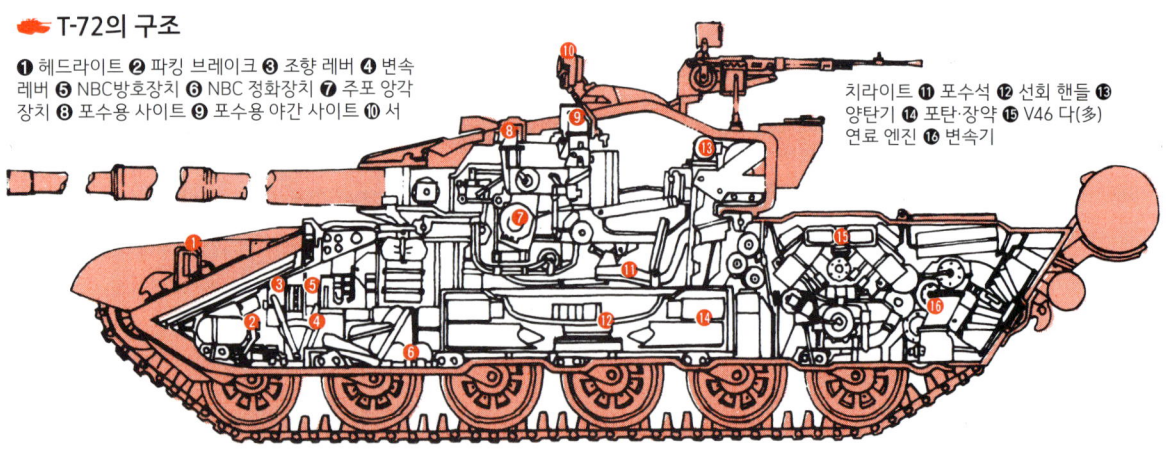

반응장갑을 장착한 T-72 개조형

장착되어 있는 것은 Explosive Reactive Armor(ERA: 폭발반응장갑)이다. 그림처럼 포탑, 차체 앞면에 장착되어 있다.

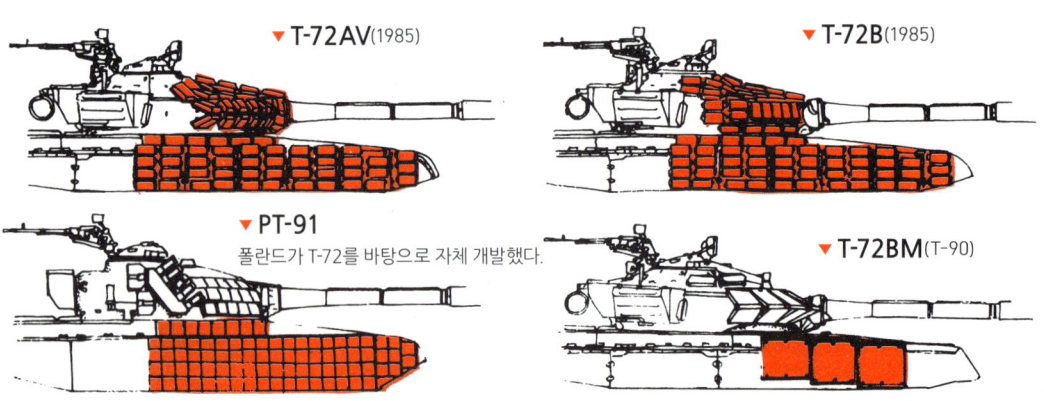

▼ T-72AV(1985)
▼ T-72B(1985)
▼ PT-91 폴란드가 T-72를 바탕으로 자체 개발했다.
▼ T-72BM(T-90)

T-72도 베리에이션이 많은데 주요 유형의 변화를 보면, 초기의 T-72, T-72K가 125㎜포·엔진 840 디젤·60km/h의 기본 사양으로 이것을 하이테크화한 T-72A, T-72AK가 1978년, 수출형인 T-72M(1980), 장갑강화의 T-72M1, ERA 장착의 T-72AV, 미사일 장비의 T-72B, BK(1985), 이 수출형 T-72S, 신형 ERA장착의 T-72BM으로 이어진다.

T-90 (1990)

1993년에 제식화된 최신형으로 T-80U와 마찬가지로 9K120 미사일을 주포로 발사할 수 있는데 차체·엔진 관계는 T-72를 바탕으로 한다. ATM방어시스템(레이저 검지의 미사일방어)를 장비한다. 수출형도 개발되어 판매를 꾀하고 있으나 현재의 러시아 정세에서 상세한 것은 불명이다. 최대의 특징은 강력한 방어력으로, 적적층식 복합장갑이라는 5겹 장갑으로 생존성을 높이고 있다. 엔진은 800HP 디젤로 최고속도 60km/h 항속거리은 470km로 되어있다. 중량은 46.5톤으로 T-80U와 대체로 같다.

소련의 특수 전차

러시아(구 소련)은 대전 전부터 육군의 기계화에 적극적이었다. 전후에도 192쪽에서 보는 BMP 시리즈처럼 보병 등의 기계화에는 선진적이다. 여기서 보는 수륙양용차나 공수부대 차량도 수없이 개발되고 있다. 이들도 많은 수가 수출, 현재 사양의 것이 생산되고 있다.

 PT-76 수륙양용전차 (1952)

정찰을 주 임무로 다목적으로 사용될 수 있는 경전차로 1950년경부터 개발에 착수, 52년에 제식화 되었다. 전차로써는 수륙양용 성능을 가진 몇 개 안되는 전차로 수상에서는 차체 측면 후부의 취수구에서 물을 빨아들여 뒤로 분출시키는 워터 제트 추진이다. 차체가 크고 장갑이 얇은 것은 부력을 얻기 위한 것이며 이것이 약점이기도 하다. 공산국가 외에 아프리카, 중동, 인도, 파키스탄, 베트남 등 분쟁지역에 많이 수출되어 실전에도 투입되었다. 중국(중공)에서는 여기에 85mm포를 탑재한 63식 경전차를 개발했다. 생산량 약 5,000대.

- 전장 7.6m
- 전폭 3.2m
- 전고 3.2m
- 무장 76.2mm포×1 7.62mm 동축 기관총×1
- 중량 16t
- 엔진 240HP
- 최고속도 도로 44km/h 수상 10km/h
- 항속거리 260km

ASU-57 공수 대전차 자주포 (1957)

낙하산으로 공중투하하려면 중량을 4톤 이하로 제한할 필요가 있어 경량화를 꾀했다. 차체 후부는 알루미늄이며 이 차량 2대를 수송기 1대에 적재하기 위한 전용 하대도 개발되었다. 이 특수 하대는 교묘한 메카니즘인데, 역 분사 로켓을 장비, 수송기에서 투하되면 착지 수초 전에 점화되어 하강속도를 줄이도록 되어 있다. 경량이고 취급이 용이해 구 소련군 공수부대에서 사용했는데 반면 무장이나 장갑이 약한 것은 어쩔 수 없는 약점이다. 이 때문에 ASU-85 개발로 이어진다.

- 전장 5m
- 전폭 2.1m
- 전고 1.2m
- 무장 57mm포×1
- 중량 3.35t
- 엔진 55HP
- 최고속도 45km/h
- 항속거리 250km
- 승무원 3명

ASU-85 공수 대전차 자주포 (1962)

ASU-57이 대전차포라고 하기에는 빈약한 무장으로 위력부족이어서 85mm포를 탑재한 것. 차체는 PT-76을 바탕으로 주포를 밀폐식 전투실에 탑재했다. 장갑도 강화했지만 중량도 증가, 수륙양용성도, 낙하산투하도 불가능하게 되었다. 따라서 공수(공중 수송) 가능한 것으로, 수송기는 비행장에 착륙해야만 한다.

- 전장 8.5m
- 전폭 2.8m
- 전고 2.1m
- 무장 85mm포×1 7.62mm 기관총×1
- 중량 14t
- 엔진 240HP
- 최고속도 44km/h
- 항속거리 260km
- 승무원 4명

 MT-LB 병력 수송차/포병 견인차 (1966)

베이스는 민간용 궤도식 트랙터 MT-L이라는 것. 여기에 장갑을 두른 것이다. 원래는 북극지방에서 사용할 목적으로 개발됐다. 이 차량을 이용해 개발된 특수차도 많다.

차체부에는 병력 11명이 탑승할 수 있다. 병력 수송 외에 각종 화포의 견인, 탄약보급 등 다용도로 사용되는 편리한 차량.

- 전장 6.5m
- 전폭 2.9m
- 전고 1.9m
- 무장 7.62mm 기관총×1
- 중량 12t
- 엔진 240HP
- 최고속도 도로 62km/h 수상 5km/h
- 항속거리 500km
- 승무원 2명+ 11명

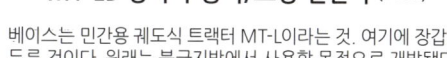

독일의 전차
레오파르트(Leopard)전차

전후 독일이 개발한 최초의 전차로 처음엔 NATO군의 표준 전차로 프랑스와 공동으로 개발했으나 나중에 단독개발하였다. 그러나 다른 유럽 여러나라 전차 보다 화력, 방어력, 기동성 모두 뛰어나 현재는 유럽 외에 터키, 캐나다, 호주 등도 사용한다. 레오파르트 1의 주요 제원은 전장 9.543m, 차체길이 7.09m, 전폭 3.37m, 전고 2.764m, 전투중량 40t, 주포는 105㎜ 강선포, 승무원 4명 등이다. 78년도에 채용된 레오파르트2에 이르러서는 120㎜ 활강포를 장비하고 중량도 55t으로 대폭 커졌으나 1500HP의 고출력 엔진으로 속도는 더 빨라졌다.

■ 레오파르트 1

🛡 레오파르트 1 원형 팀A 프로토 타입 1
스테레오 식 거리측정기

🛡 레오파르트 1 예비생산형
50대가 생산되었다.

🛡 레오파르트 1 원형 팀A 프로토 타입 2
주포가 영국제 L7 105㎜포로 된다.

🛡 레오파르트 1 후기 생산형(1A1)

🛡 레오파르트 1 초기생산형
주포의 써멀 쟈켓과 고무 스커트 설치, 포탑 장갑이 강화되었다.
1965년 9월 9일부터 군에 인도되기 시작.

🛡 1A1A1
레오파르트 1에 1A2 사양의 개수를 한 것. 포탑 추가 장갑이 특징.

🛡 1A2
1972년부터 생산된 근대형. 포 안정장치 장비

🛡 1A3
용접형 공간 장갑 포탑장착. 1973년 11대 생산.

🛡 1A4
레오파르트 1의 최종형. 사격통제장치를 개량해 야간전투능력을 강화.

레오파르트 1은 1A1~A4의 각 형을 합쳐 총2,437대를 생산, 독일육군의 주력전차로 활약하고 있다.

🛡 1A1 120㎜ 활강포 장비형
1A1A1형을 개수한 것으로 1,300대가 최신식 사격통제장치를 장비.

현대 전차 - 독일

■ MBT70 (Kpz70)

레오파르트 1의 배치가 시작될 무렵, 1970년대의 신 전차를 구 서독 육군과 미국이 공동개발하게 되었다. MBT70이라 불리는 신기술을 적용한 이 전차는 원형까지는 완성했으나 결국은 계획 자체가 취소되어 버렸다.

150㎜ 포발사기(Gun Launcher)는 시레일러 미사일을 발사할 수 있었다. 그러나 독일은 이 미사일을 그다지 높이 평가하지 않았다.

20㎜ 기관포

이 전차는 신기술을 과도하게 도입, 고장이 많고 제조비용도 너무 비쌌다.

■ 레오파르트 2 프로토 타입

🔴 시작 선행형 ET - 최초의 레오파르트 2 시작차

승무원 3명. 유기압식 현가장치로 사격자세를 자유롭게 바꿀 수 있다.

🔴 2차 시제차

🔴 2차 시제차 120㎜ 활강포 장비형

이 프로토 타입은 105㎜와 120㎜포 장비의 2대를 제작, 미국에 보내져 1976년9~12월에 걸쳐 XM-1과 비교시험을 받았다.

105㎜포 탑재형으로 포탑은 레오파르트 1A3/4형과 거의 같은 형상.

🔴 3차 시제차

4차 중동전쟁의 교훈을 살려 장갑강화를 위해 복합장갑을 채용, 지금까지의 시작차와 형상이 전혀 다르다.

■ 레오파르트 2

1970년1월에 MBT70 계획이 취소되었으나 레오파르트 전차의 개발은 병행하여 계속하게 되었다. 그래서 MBT70의 예산을 사용, 당시 유럽에서의 라이벌 전차 치프틴이나 AMX-30에 대항할 레오파르트 2 전차가 개발됐다. 1973년에 프로토타입을 완성, 1978년에 제식채용되었다. 현재 독일과 네덜란드에서 사용되고 있다.

측풍감지기

레오파르트 2 초기생산형

최근 양산 차체에서는 측풍감지기가 폐지되고 있다.

레오파르트 1 주력 전차의 구조

전후 독일에서 최초로 개발, 양산된 전차. 개발은 경쟁 제작으로 되어 포르셰사를 전체설계 총괄담당으로 한 융사와 MAK사의 A팀(그 후 루더 베르케[Luther Werke]사도 참가)과, 헨셀사와 라인슈탈·하노마크사의 B팀이 경쟁 제작했다. 1960년에 1차, 2차 시작차가 만들어져 1961년 11월에 A팀 설계가 정식으로 채택됐다. 1963년에 서독 육군이 레오파르트(Leopard)라는 공식 명칭을 부여, 주력 전차로 채용했다. 서독 육군에 2,437대, 그 외 벨기에, 네덜란드, 이탈리아, 노르웨이, 덴마크, 캐나다, 터키, 오스트레일리아 등에서 사용되어 총 생산량은 4,500대가 넘었다. 영국의 치프틴 등 동시기의 MBT와 비교하면 기동력을 중시한 제작으로 최고속도, 항속거리 모두 우세했다. 1A3부터 포탑은 완전히 신형으로 바뀌었다.

▼ 레오파르트 1 (1963)

특히 화력과 기동력에 중점을 둔 설계로 800마력의 다(多)연료엔진에 의해 크기에 비해 가벼운 차체로 65km/h의 속도를 낼 수 있었다. 주포는 NATO군 표준의 라인메탈 7A1 105㎜ 강선포(영국제) 51구경을 장비.

- 전장 9.54m (차체 7.09m)
- 전폭 3.25m
- 전고 2.62m
- 장갑 10~70㎜
- 중량 39.6t
- 무장 105㎜포×1, 7.62㎜ 기관총×2
- 엔진 830HP /2200rpm
- 최고속도 65km/h
- 항속거리 550km
- 휴행 탄수 60발
- 승무원 4명

① 적외선 조사기(照射器)
② 포방패
③ MG3형 기관총
④ 105mm 포미전(砲尾栓)
⑤ 입체식 거리측정기
⑥ 차장용 조준기
⑦ 포탑조작기
⑧ 차장용 잠망경
⑨ 무전기
⑩ 무전기전용 동조기
⑪ 무전기
⑫ 주포 탄피받이
⑬ 라이트
⑭ ABC병기용 필터
⑮ 포탄고
⑯ 105mm APDS탄
⑰ 소화기
⑱ 유압장치 서보
⑲ 유압 펌프
⑳ 전차포용 가압장치
㉑ 연료분사장치
㉒ 벤츠 MB 수랭 디젤엔진
㉓ 라디에이터(방열기)
㉔ 배기관
㉕ 오일 필터
㉖ 유체 변속기
㉗ 토션 바 스프링
㉘ 배전판
㉙ 포수석
㉚ 포탑 밑판

▼ 레오파르트 1A4 (1974)

서독 육군(Bundeswehr)이 운용한 레오파르트 1 시리즈의 최종형. 1A3과 다른 점은 사격통제장치가 개량되어 있다는 것과 탄도계산 컴퓨터를 도입하고 포수의 거리측정기는 신형 스테레오식, 차장용의 파노라마 사이트의 도입, 자동변속이 가능한 신형 변속기의 도입 등이다. 포수용 잠망경은 폐지되고 주포 휴행 탄수는 55발로 줄었다.

- 전장 9.54m
- 전폭 3.41m
- 전고 2.76m
- 장갑 10~70㎜
- 항속거리 600km
- 나머지는 레오파르트 1과 동일.

① 서치라이트
② 동축 기관총
③ 레인지 파인더(거리측정기)
④ 차장용 사이트
⑤ 잠망경
⑥ 서치라이트 수납 케이스
⑦ 포탑 롤러베어링
⑧ 탄피 통(주포)
⑨ 포탑 바스켓
⑩ 포수석
⑪ 포/포탑 구동 동력공급장치
⑫ 탄피 주머니(기관총용)
⑬ 포방패
⑭ 핸드 브레이크 레버
⑮ 기어 선택기(실렉터)
⑯ 조향 레버
⑰ 조종수용 잠망경
⑱ 엔진
⑲ 라디에이터
⑳ 공구 박스
㉑ 변압기
㉒ 조종석
㉓ 브레이크 페달
㉔ 액셀 페달

🛡 레오파르트 1

현대 전차 - 독일

🛡 레오파르트1의 구조

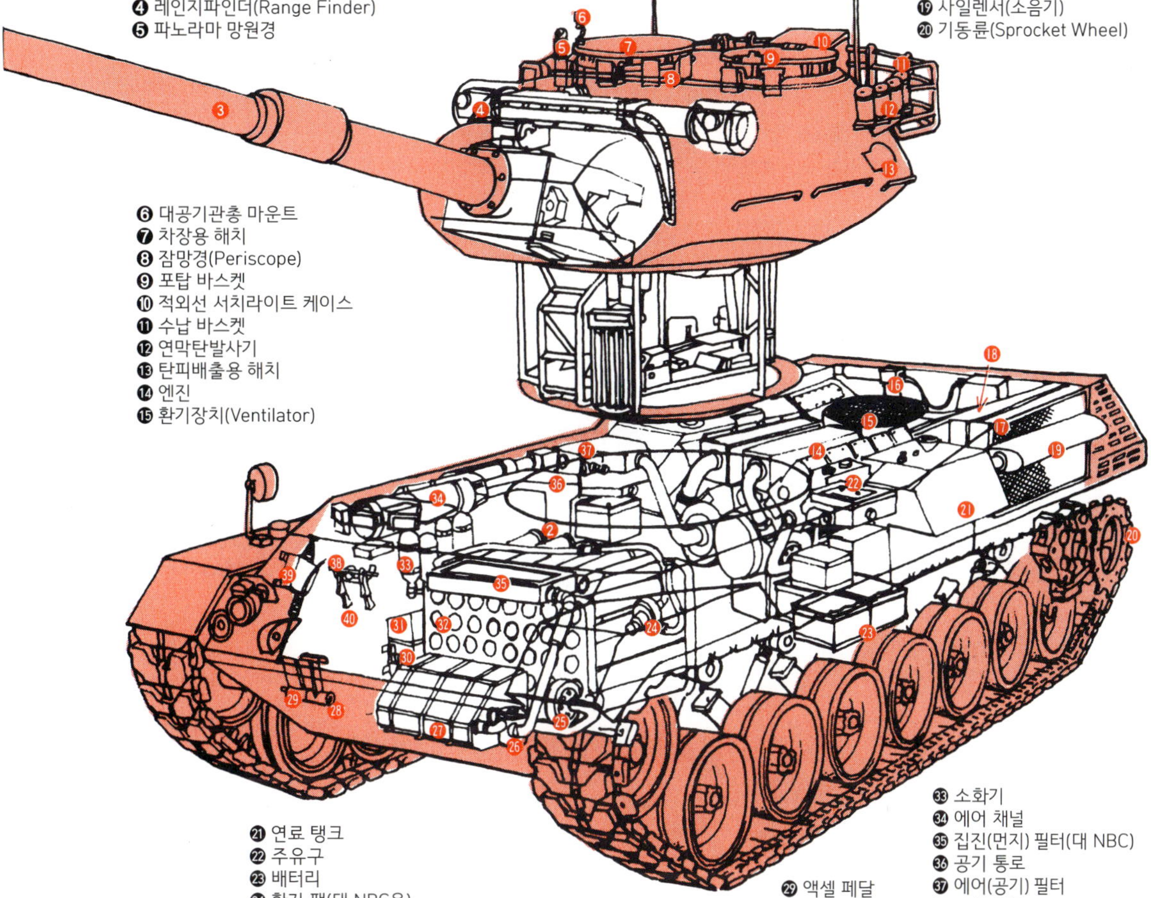

❶ 포탑(Turret)
❷ 차체(Hull)
❸ 105㎜포
❹ 레인지파인더(Range Finder)
❺ 파노라마 망원경

❻ 대공기관총 마운트
❼ 차장용 해치
❽ 잠망경(Periscope)
❾ 포탑 바스켓
❿ 적외선 서치라이트 케이스
⓫ 수납 바스켓
⓬ 연막탄발사기
⓭ 탄피배출용 해치
⓮ 엔진
⓯ 환기장치(Ventilator)

⓰ 브레이크 기구
⓱ 라디에이터
⓲ 트랜스미션
⓳ 사일렌서(소음기)
⓴ 기동륜(Sprocket Wheel)

㉑ 연료 탱크
㉒ 주유구
㉓ 배터리
㉔ 환기 팬(대 NBC용)
㉕ 메인 팬(대 NBC)
㉖ 체인지 콕(Cock) (대 NBC)
㉗ 필터(대 NBC)
㉘ 브레이크 페달

㉙ 액셀 페달
㉚ 부품 박스
㉛ 계기 패널
㉜ 히터

㉝ 소화기
㉞ 에어 채널
㉟ 집진(먼지) 필터(대 NBC)
㊱ 공기 통로
㊲ 에어(공기) 필터
㊳ 조향 핸들
㊴ 기어변속 레버
㊵ 핸드 브레이크

🛡 레오파르트 1A4

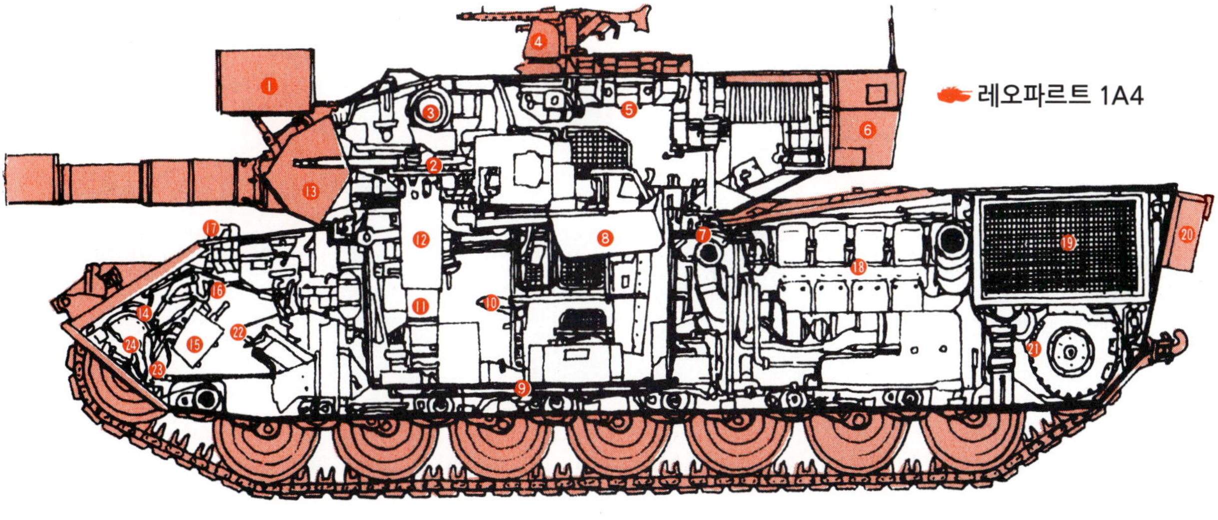

레오파르트 2의 구조

1980년대의 주력전차로써 69년부터 개발되었는데 이미 언급한 바와 같이 미·독 공동개발이었던 MBT70의 개발이 중지됨에 따라 레오파르트 1의 성능향상으로 방향을 돌렸다. 클라우스 마파이사의 설계로 74년까지 시험제작차의 실험을 거듭. 마침내 1978년 제식 채용됐다. 유럽의 전차 라이벌로는 치프틴(영국)이나 AMX-30(프랑스)이 있으나 각각 약점이 있고 레오파르트 2는 화력 기동력 방어력 모두 우수하여 획기적이라는 점에서는 옛날 소련의 T-34와 비교할 만 했다. 주포는 서방측 최초의 활강포로 120mm의 라인 메탈사 Rh-120. 기동성의 원천인 엔진은 레오파르트 1의 배에 가까운 1500 마력의 MTU MB-873 다(多)연료식 디젤로 출력 중량비는 세계 제일이었다. 더욱이 장갑은 공간 장갑으로 이것을 Multi Layer(다층)으로 구성하고 있다.

현가장치

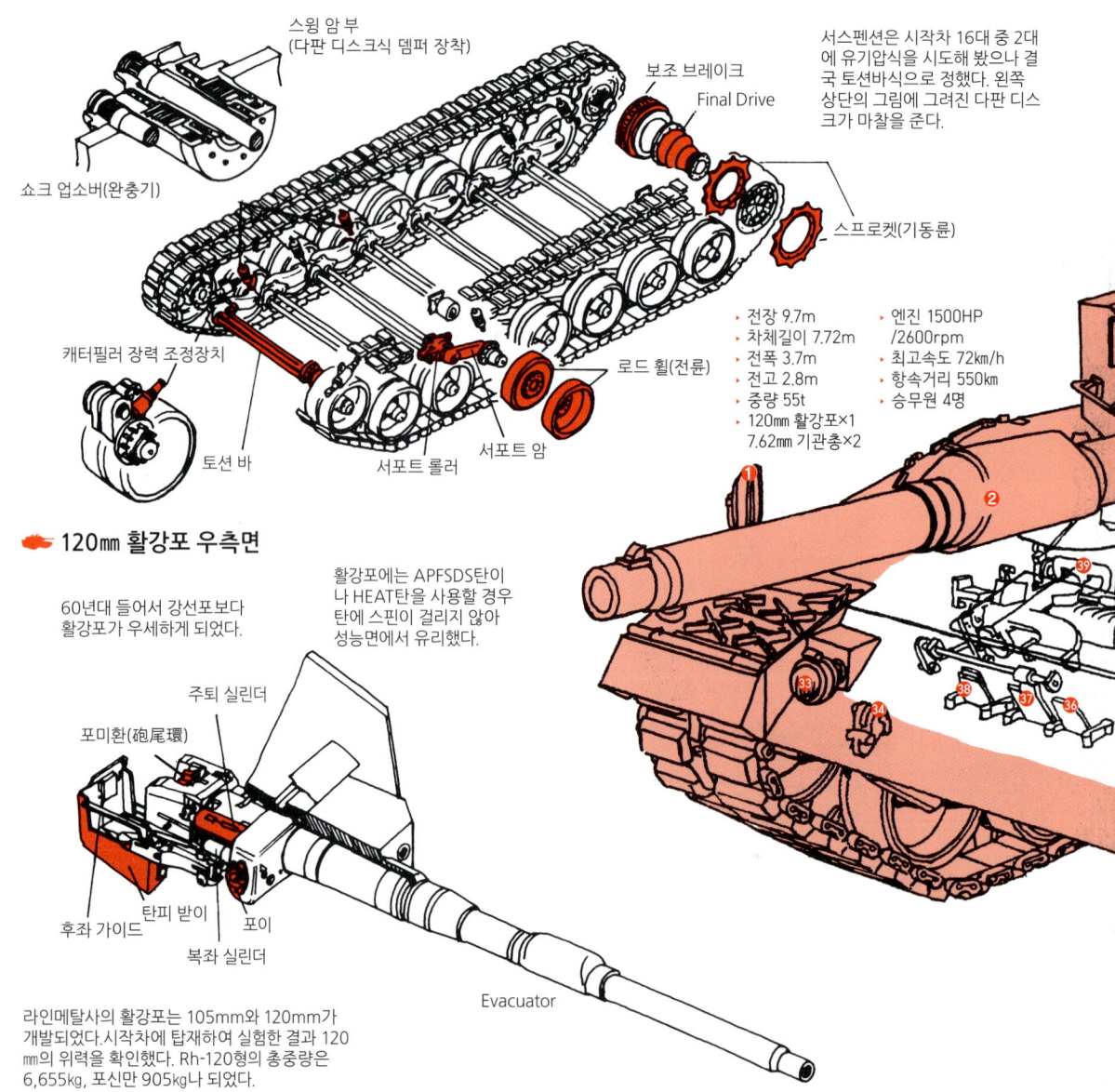

서스펜션은 시작차 16대 중 2대에 유기압식을 시도해 봤으나 결국 토션바식으로 정했다. 왼쪽 상단의 그림에 그려진 다판 디스크가 마찰을 준다.

- 전장 9.7m
- 차체길이 7.72m
- 전폭 3.7m
- 전고 2.8m
- 중량 55t
- 120mm 활강포×1
- 7.62mm 기관총×2
- 엔진 1500HP/2600rpm
- 최고속도 72km/h
- 항속거리 550km
- 승무원 4명

120mm 활강포 우측면

60년대 들어서 강선포보다 활강포가 우세하게 되었다.

활강포에는 APFSDS탄이나 HEAT탄을 사용할 경우 탄에 스핀이 걸리지 않아 성능면에서 유리했다.

라인메탈사의 활강포는 105mm와 120mm가 개발되었다. 시작차에 탑재하여 실험한 결과 120mm의 위력을 확인했다. Rh-120형의 총중량은 6,655kg, 포신만 905kg나 되었다.

현대 전차 - 독일

1. 백미러
2. 120mm 활강포
3. 포수 망원경
4. 포수 사이트
5. 동축기관총
6. 포수용 잠망경
7. 차장용 파노라마 사이트
8. 차장용 큐폴라
9. 차장석
10. 무전기
11. 대공기관총
12. 측풍감지기
13. 탄약수석
14. 탄약고 셔터
15. 120mm 포탄
16. 연막탄 발사기
17. 냉각 팬
18. 엔진
19. 엔진실 격벽
20. 포탑선회 기어
21. 탄피 배출구
22. 스프로켓
23. 배터리
24. NBC 필터
25. 서포트 롤러(지지륜)
26. 로드 휠(전륜)
27. 토션 바
28. 발판
29. 백미러
30. 120mm 포탄
31. 그로저
32. 경적
33. 헤드라이트
34. 견인 고리
35. 조종수 패널
36. 클러치 페달
37. 브레이크 페달
38. 액셀 페달
39. 핸들

🔴 **활강포 좌측면**

APFSDS탄은 19kg
HEAT탄은 23kg

🔴 **레오파르트 2의 내부**

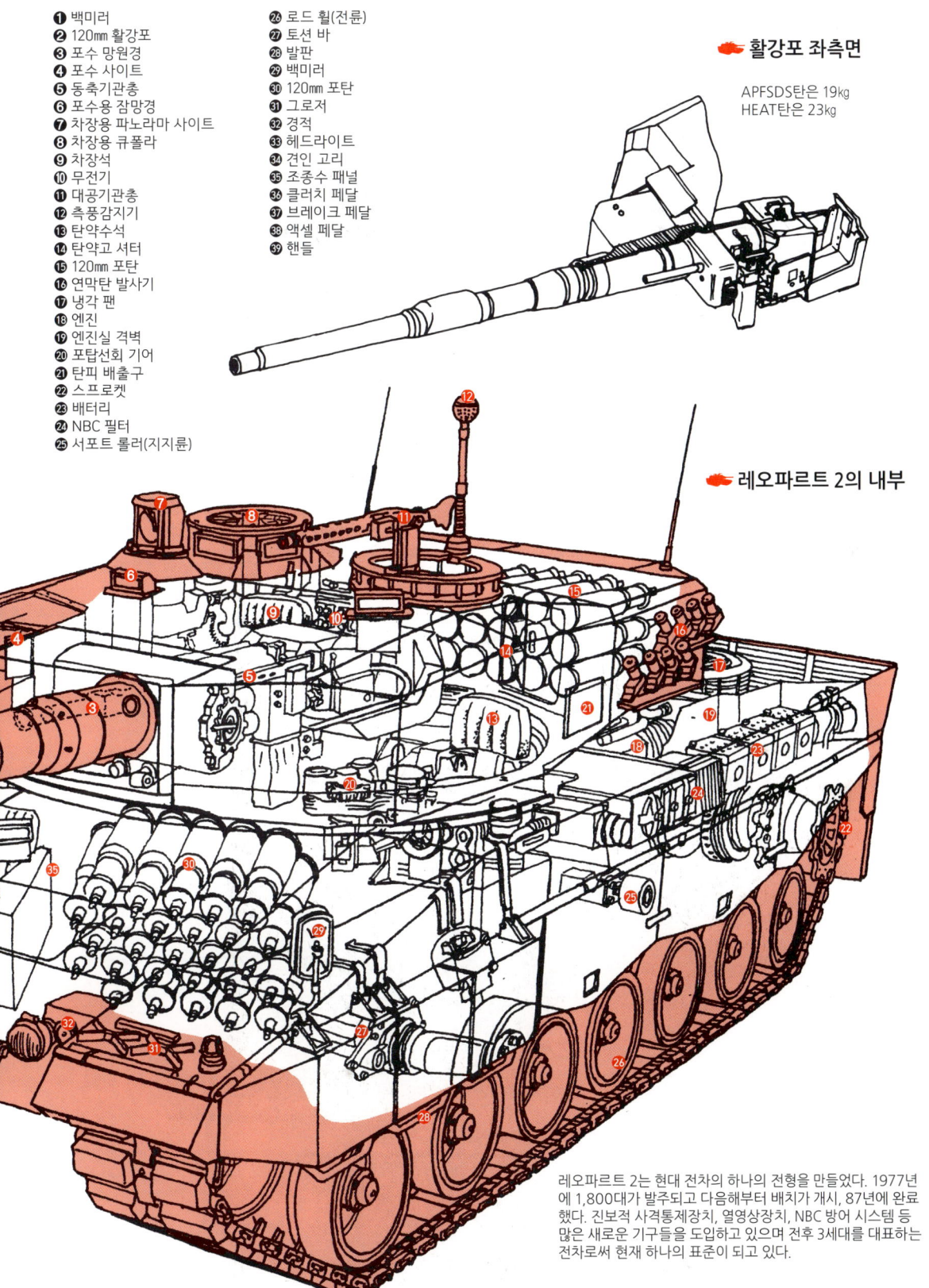

레오파르트 2는 현대 전차의 하나의 전형을 만들었다. 1977년에 1,800대가 발주되고 다음해부터 배치가 개시, 87년에 완료했다. 진보적 사격통제장치, 열영상장치, NBC 방어 시스템 등 많은 새로운 기구들을 도입하고 있으며 전후 3세대를 대표하는 전차로써 현재 하나의 표준이 되고 있다.

영국의 현대 전차 ①
센추리언(Certurion) 외

영국군은 2차 대전까지 보병전차와 순항전차라는 구분으로 전차를 개발하고 있었는데 센추리언(Centurion)에서 이를 통합하여 새로운 중(重)순항전차로써 대전말기에 완성했다. 전후 영국의 전차는 이 센추리언을 기본으로 개발되어 화력과 장갑을 중시, 메카니즘은 신식보다는 신뢰성 제일로 제조했다. 나쁘게 말하면 보수적인 설계사상인데 등장 이후 많은 전쟁에 참가하여 지금도 각국에서 사용하여 오랜 실전 경험을 자랑하는 걸작전차이다.

센추리언 Mk.5 (1953)

센추리언은 탄생 이후 반 세기 동안 개량을 거듭하며 주력 전차의 자리를 차지해온 전차이다. Mk.1부터 Mk.13까지 여러 형식이 있고, 변형도 많다. 오른쪽의 Mk.5는 Mk.3의 소개량판이다. 롤스로이스·미티어 엔진은 Mk.13까지 계속 사용되었다.

- 전장 9.83m
- 차체길이 7.557m
- 전폭 3.391m
- 전고 2.972m
- 전투중량 50.788t
- 무장 83.4mm포×1
  7.62mm 기관총×2
- 최고속도 34.6km/h

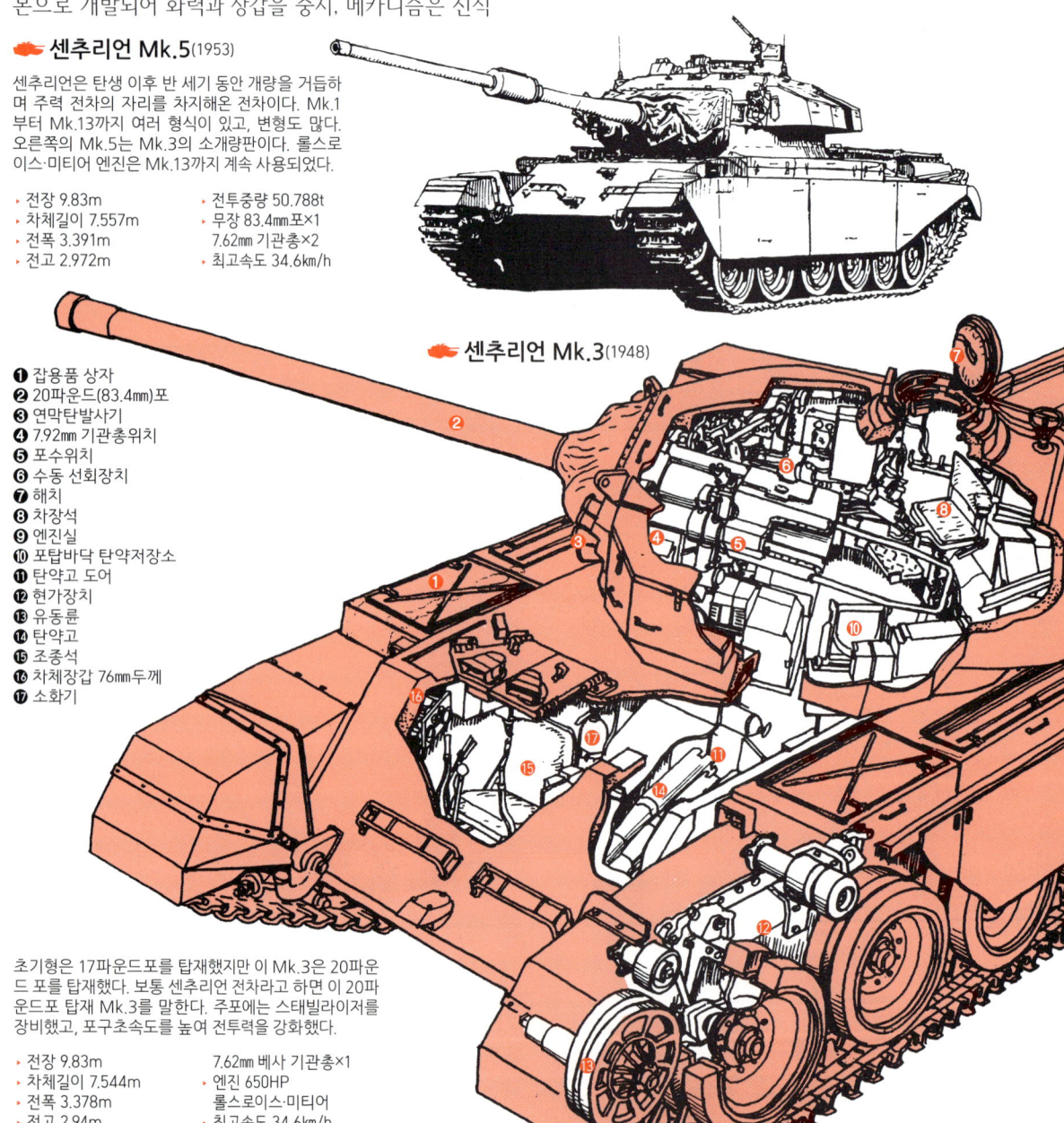

센추리언 Mk.3 (1948)

❶ 잡용품 상자
❷ 20파운드(83.4mm)포
❸ 연막탄발사기
❹ 7.92mm 기관총위치
❺ 포수위치
❻ 수동 선회장치
❼ 해치
❽ 차장석
❾ 엔진실
❿ 포탑바닥 탄약저장소
⓫ 탄약고 도어
⓬ 현가장치
⓭ 유동륜
⓮ 탄약고
⓯ 조종석
⓰ 차체장갑 76mm두께
⓱ 소화기

초기형은 17파운드포를 탑재했지만 이 Mk.3은 20파운드 포를 탑재했다. 보통 센추리언 전차라고 하면 이 20파운드포 탑재 Mk.3를 말한다. 주포에는 스태빌라이저를 장비했고, 포구초속도를 높여 전투력을 강화했다.

- 전장 9.83m
- 차체길이 7.544m
- 전폭 3.378m
- 전고 2.94m
- 전투중량 50.788t
- 무장 83.4mm포×1
- 7.62mm 베사 기관총×1
- 엔진 650HP 롤스로이스·미티어
- 최고속도 34.6km/h
- 승무원 4명

현대 전차 - 영국

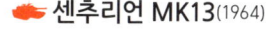
센추리언 MK13 (1964)

센추리언 최종 생산형. 주포는 Mk.7/2형에서 채용한 신형 L7A2 105mm 포로 교체되고 적외선 암시장치와 12.7mm 거리측정총도 장비했다. 또 센추리언을 바탕으로 한 많은 차량들 중에는 전차 구축용으로 120mm나 180mm 포를 탑재한 자주포도 있다. 또 외국에서 개조된 것 중에는 레이저 거리측정기, 탄도계산기 등의 하이테크를 도입하여 근대적 사격통제장치를 갖춘 것도 있다. 영국에서 제조완료 후에도 많은 나라에서 개조 사용하고 있다.

- 전장 9.82m
- 차체길이 7.8m
- 전폭 3.3m
- 전고 2.97m
- 전투중량 52t
- 승무원 4명
- 엔진 구동계는 Mk.3, Mk.5와 동일
- 무장 105mm포×1 7.62mm 기관총×2.
- 장갑은 17~152mm로 Mk.5부터 동일

센추리언의 엔진은 본국 생산 오리지널의 경우 일관되게 롤스로이스의 수랭 가솔린 엔진이다. 주포는 최초의 17파운드에서 20파운드 포, 105mm L7 강선포로 변천했다. 포신 길이를 빼면 차체 크기는 크게 변하지 않았다. 장갑은 포탑부가 두꺼워진 것 외에 최종형까지 큰 변화는 없다. 또 영국이 개발한 105mm L7 시리즈는 60년대부터 70년대의 서방측 MBT의 표준전차포의 지위를 차지하고 있다.

센추리언 이스라엘 사양 (1970)

센추리언은 고전적인 타입의 전차이지만, 그 높은 신뢰성과 방어력은 국제적으로도 평가되며 개발 후 반세기가 지나는 동안 본 차를 장비한 나라가 10개국이 넘었고, 다양한 개량이 이루졌다. 이스라엘군에서도 독자적인 개수를 하여 장기간 주력 MBT로써 사용했다.
이 이스라엘 개수형은 겉은 센추리언이라도 속은 별도의 전차라 할 정도로 개조되었다. 엔진은 원래의 가솔린에서 콘티넨털의 12기통 디젤로 변경, 750HP로 파워업하고 변속기도 앨리슨사의 신형으로 바꿔 최고속도도 43km/h로 늘어났다. 항속거리도 늘고 휴행탄수도 증가, 생존성을 높이기 위해 신형 소화기를 장비하는 등 철저하게 개조되어 있다.

컨쿼러(Conqueror) 중(重)전차 (1954)

전후에도 소련전차는 위협적이어서 이 전차의 개발도 이를 염두에 둔 것이다. 특히 중시된 것은 화력성능으로 소련의 중전차를 상대로 2000m에서 대항할 수 있는 장포신 55구경 120mm포를 장비, 여기에 차장용 큐폴라의 거리측정기와 고성능 사격통제장치를 조합시켰다. 장갑도 최대 178mm였다.

컨쿼러는 Mk.1부터 Mk.3까지의 개량형이 있는데 크고 무거운 중전차의 콘셉트는 이미 군 내부에서도 폐지되어 있어서 생산은 1956년부터 59년까지 3년간 겨우 180대만 생산되었다. 센추리언이 L7A1 전차포를 장비하여 등장하자 소수의 부대에 배치되어 있던 소수의 컨쿼러는 1963년 들어 편성표에서 제외되었다. 서독주둔 영국군에 소수 배치되었으나 66년에는 자취를 감추었다. Mk.2의 제원은 다음과 같다.

- 전장 11.58m
- 차체길이 7.72m
- 전폭 3.99m
- 전고 3.35m
- 전투중량 66t
- 승무원 4명
- 무장 120mm L11포×1 7.62mm 기관총×2
- 엔진 810HP 수랭 가솔린
- 최고속도 34km/h
- 항속거리 153km

영국의 현대 전차 ② 치프틴과 챌린저

치프틴(Chieftain)은 빅커스사와 이스라엘이 협력하여 개발한 센추리언의 후계 전차이며 오늘날의 MBT 개념를 발전시켰다. 챌린저(Challenger)는 현용 MBT로 선진적인 장갑과 고출력 엔진에 의한 기동력이 특징이다.

치프틴 개발협력의 경험을 살려 빅커스사가 자력 개발한 수출용 MBT. 마침 센추리언을 대체할 새로운 MBT를 계획하고 있던 인도정부에 의해 채용되었다. '비쟌타(Vijanta ; 승리)'라는 이름으로 면허 생산되었다. ⇨

🔺 빅커스 Mk.1 MBT의 구조

⇨ 또 쿠웨이트에도 수출되고 개량형 Mk.3는 케냐나 나이지리아에 수출되었다. 그 후 빅커스사는 1977년에 밸리언트 MBT, 86년에 Mk.3(1)을 개발했다.
Ⓐ L7A3 105㎜포 Ⓑ 포수석 Ⓒ 포수용 잠망경 Ⓓ 차장용 큐폴라 Ⓔ 차장석 Ⓕ 조종석 Ⓖ 포탄 Ⓗ 레이랜드제 L-60 디젤 엔진 Ⓘ 트랜스미션

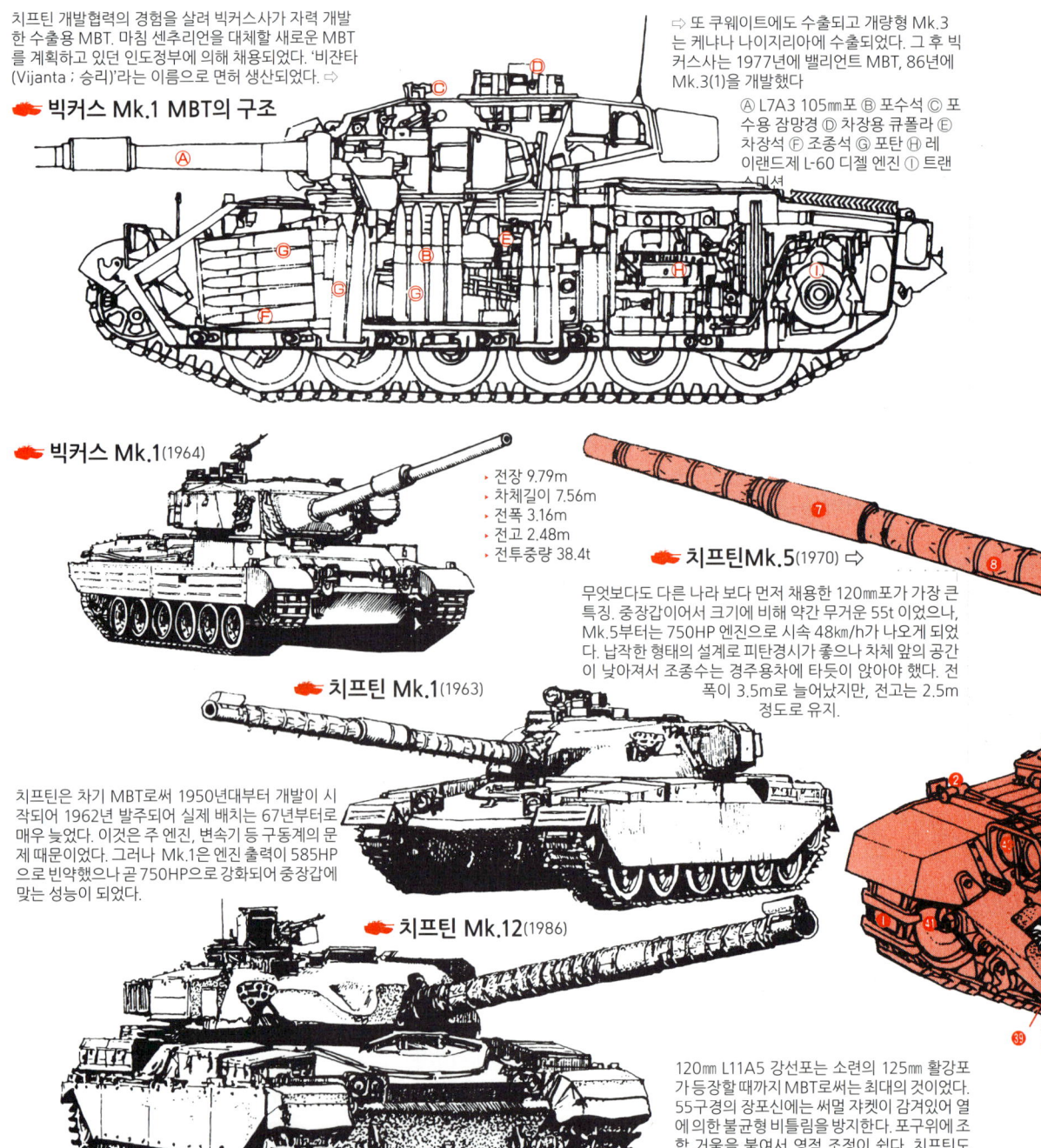

🔺 빅커스 Mk.1 (1964)

▸ 전장 9.79m
▸ 차체길이 7.56m
▸ 전폭 3.16m
▸ 전고 2.48m
▸ 전투중량 38.4t

🔺 치프틴 Mk.5 (1970) ⇨

무엇보다도 다른 나라 보다 먼저 채용한 120㎜포가 가장 큰 특징. 중장갑이어서 크기에 비해 약간 무거운 55t 이었으나, Mk.5부터는 750HP 엔진으로 시속 48㎞/h가 나오게 되었다. 납작한 형태의 설계로 피탄경시가 좋으나 차체 앞의 공간이 낮아져서 조종수는 경주용차에 타듯이 앉아야 했다. 전폭이 3.5m로 늘어났지만, 전고는 2.5m 정도로 유지.

🔺 치프틴 Mk.1 (1963)

치프틴은 차기 MBT로써 1950년대부터 개발이 시작되어 1962년 발주되어 실제 배치는 67년부터로 매우 늦었다. 이것은 주 엔진, 변속기 등 구동계의 문제 때문이었다. 그러나 Mk.1은 엔진 출력이 585HP으로 빈약했으나 곧 750HP으로 강화되어 중장갑에 맞는 성능이 되었다.

🔺 치프틴 Mk.12 (1986)

120㎜ L11A5 강선포는 소련의 125㎜ 활강포가 등장할 때까지 MBT로서는 최대의 것이었다. 55구경의 장포신에는 써멀 쟈켓이 감겨있어 열에 의한 불균형 비틀림을 방지한다. 포구위에 조합 거울을 붙여서 영점 조정이 쉽다. 치프틴도 개량을 거듭, 오랫동안 사용되었으며 영국군 장비로서는 최강이라는 평을 얻었다. Mk.12는 새로운 개수형으로 '스틸 브류(Stillbrew)'라는 복합 증가 장갑을 주요부에 장착했다. NBC 방어 장치도 효과적이었고 열선 암시시스템을 장비한 차량도 있다.

현대 전차 - 영국

챌린저-1 (1980)

NATO 각국에서는 MBT의 공동개발이 몇 번이나 시도되었으나 좌절됐다. 이 챌린저도 이란에의 수출용 전차 '샤(Shir)'가 정변으로 취소된 것과, 차기 주력전차 MBT-80의 개발이 코스트가 높아 중지된 2가지 요인이 겹쳐 급거 샤 전차를 차기 MBT 전차로 채용하게 된 것이다. 큰 특징은 독자개발의 복합장갑인 '초밤(Chobham)' 장갑이다. 치프틴의 약점이었던 기동력을 1200HP의 고출력 엔진과 유기압 서스펜션의 채용으로 대폭 개선하고 있다.

챌린저-2 (1990)

챌린저-1의 개량형으로 주로 사격통제장치와 변속기의 변경에 의해 신뢰성과 효율을 높였다. 이로써 약했던 기동력과 사격통제도 현용 제일선 MBT와 어깨를 나란히 할 수 있게 되었다. 또 캐터필러도 싱글 핀 방식에서 더블 핀 방식으로 변경됐다.

- 전장 11.55m
- 차체길이 8.39m
- 전폭 3.518m
- 전고 2.89m
- 전투중량 62t
- 승무원 4명
- 무장 120mm포×1, 7.62mm 기관총×1
- 엔진 1200HP 디젤
- 최고속도 56.3km/h

❶ 고무제 트랙 패드 ❷ 사이드 라이트 ❸ 포탄 ❹ 조종수 해치 스프링튜브 ❺ 조종수 해치 ❻ 조종수 잠망경 ❼ 배연기 ❽ 써멀 쟈켓 ❾ 7.62mm기관총 ❿ 12.7mm 동축기관총 ⓫ 망원경

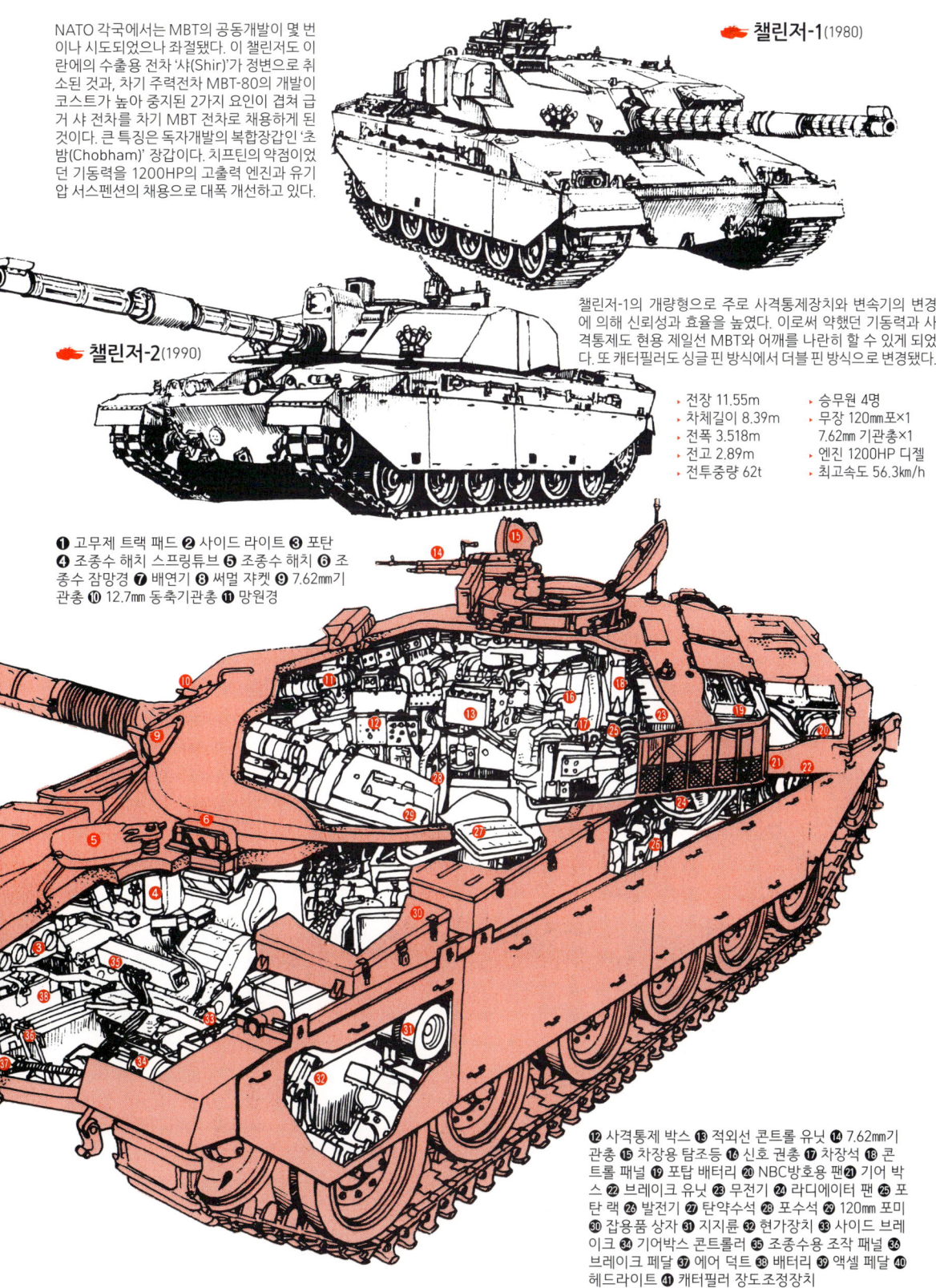

⓬ 사격통제 박스 ⓭ 적외선 콘트롤 유닛 ⓮ 7.62mm기관총 ⓯ 차장용 탐조등 ⓰ 신호 권총 ⓱ 차장석 ⓲ 콘트롤 패널 ⓳ 포탑 배터리 ⓴ NBC방호용 팬 ㉑ 기어 박스 ㉒ 브레이크 유닛 ㉓ 무전기 ㉔ 라디에이터 팬 ㉕ 포탄 랙 ㉖ 발전기 ㉗ 탄약수석 ㉘ 포수석 ㉙ 120mm 포미 ㉚ 잡용품 상자 ㉛ 지지륜 ㉜ 현가장치 ㉝ 사이드 브레이크 ㉞ 기어박스 콘트롤러 ㉟ 조종수용 조작 패널 ㊱ 브레이크 페달 ㊲ 에어 덕트 ㊳ 배터리 ㊴ 액셀 페달 ㊵ 헤드라이트 ㊶ 캐터필러 장도조정장치

프랑스의 현대 전차

프랑스군의 2차 세계대전 직후의 계획에서는 ① 100mm 포 장비의 50t급 중(重)전차, ② 공수 가능한 13t급의 경전차, ③ 동축기관총 장갑차의 3개의 개발이 이루어지게 되었다. ①의 중(重)전차는 AMX-50이 개발되는데 고전적 중(重)전차의 전술적 의미가 없어짐에 따라 시제차만으로 끝났다. ②의 계획으로 만들어진 AMX-13은 걸작 전차로써 평가가 높아 현재도 많은 나라가 사용하고 있다. 프랑스는 그 내셔널리즘 때문에 독자 개발의 사양이 많고 현역의 MBT인 AMX-30이나 최신형 르클레르(Leclerc) 등에서도 독창적 디자인과 설계로 타국과는 색다른 감이 있다. 또 각종 장치의 자동화나 하이테크의 도입에도 열심이다.

전후 세계 각지의 프랑스 식민지에서도 독립투쟁이 활발해져 거기에 대처하기 위해 공수 가능한 전차가 요구됐다. 본 차의 개발은 1948년부터 시작됐는데 독창적인 설계로 엔진을 앞에 두고 중량 13t의 차체에 61.5구경 75mm포를 탑재했다. 이것을 수납할 수 있는 독특한 요동(搖動) 포탑은 상하 두 블록으로 분할, 상부에는 포와 포가를 두고, 하부에서 이를 받치며 선회한다. 포탑 후부에는 6발들이 회전탄창에 의한 자동장전장치가 설치되어 있다.

🛡 AMX-13 경전차 (1952)

▸ 전장 6.4m　▸ 전고 2.3m　▸ 무장 75mm포×1
▸ 차체길이 4.9m　▸ 전투중량 15t　　7.62mm 기관총×2
▸ 전폭 2.5m　▸ 승무원 3명

🛡 AMX-13/90 경전차 (1968)

AMX-13/51은 최초의 양산형으로 그 후 개량이 거듭됐다. 작은 차체에 위력있는 주포를 탑재한다는 개념은 많은 나라에서 받아들여져 20개국에서 채용하게 되었다. 현재도 많은 나라에서 사용되고 있는 중이다. AMX-13/90은 75mm포의 내경을 키워 90mm 활강포로 개조한 것이다. 따라서 크기나 무게가 거의 같다.

FL-10형이라는 포탑에서 채용된 자동장전장치는 임의의 옆의 누름 발톱(E)를 급탄 레버를 당겨 벗기면 가이드레일(F)과 가이드(G)를 장전 받침대(H)에 세트시킨다. 탄창의 회전은 수동 핸들(J)을 돌리면 된다.

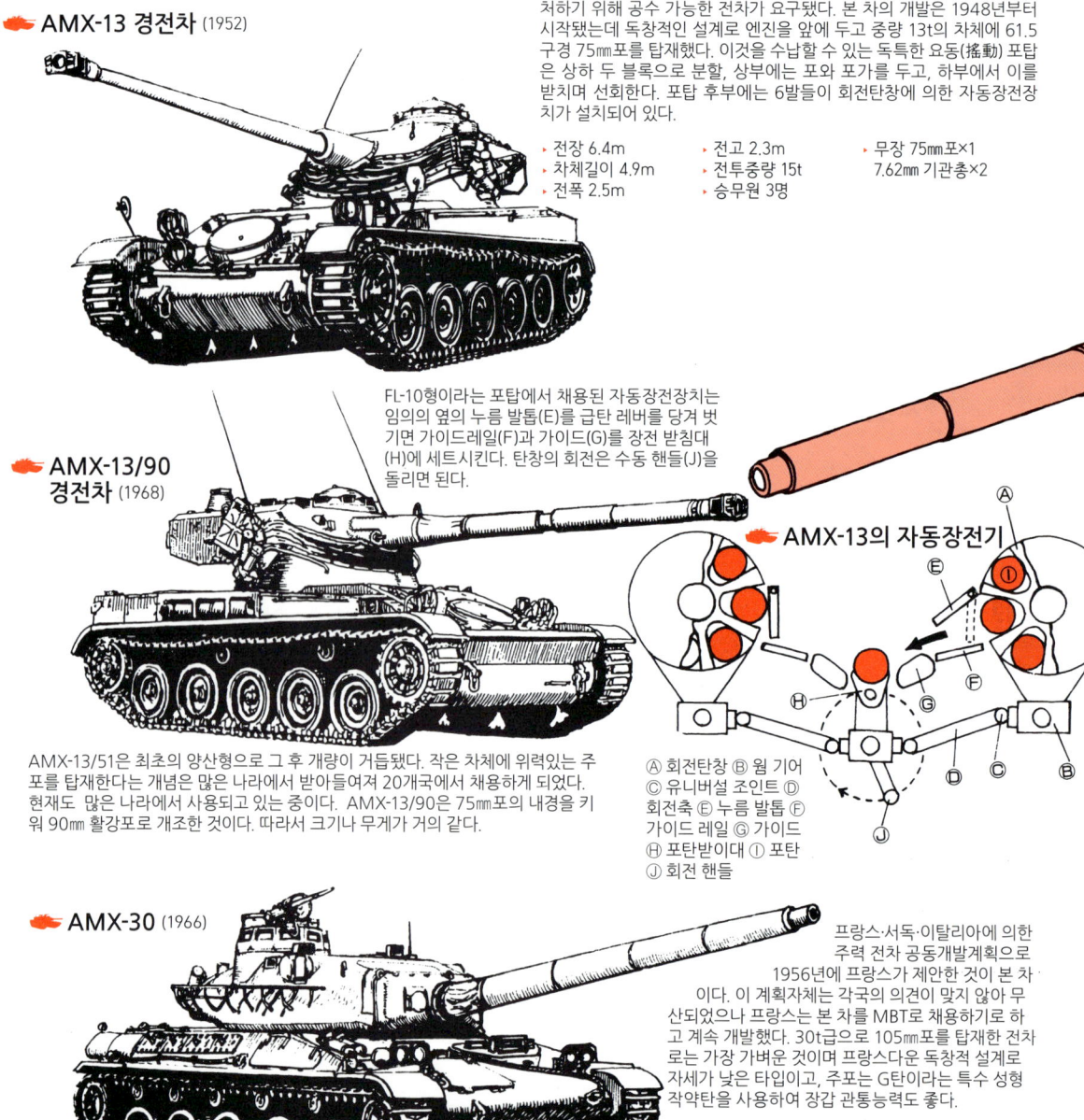

🛡 AMX-13의 자동장전기

Ⓐ 회전탄창　Ⓑ 웜 기어
Ⓒ 유니버설 조인트　Ⓓ 회전축　Ⓔ 누름 발톱　Ⓕ 가이드 레일　Ⓖ 가이드
Ⓗ 포탄받이대　Ⓘ 포탄
Ⓙ 회전 핸들

🛡 AMX-30 (1966)

프랑스·서독·이탈리아에 의한 주력 전차 공동개발계획으로 1956년에 프랑스가 제안한 것이 본 차이다. 이 계획자체는 각국의 의견이 맞지 않아 무산되었으나 프랑스는 본 차를 MBT로 채용하기로 하고 계속 개발했다. 30t급으로 105mm포를 탑재한 전차로는 가장 가벼운 것이며 프랑스다운 독창적 설계로 자세가 낮은 타입이고, 주포는 G탄이라는 특수 성형작약탄을 사용하여 장갑 관통능력도 좋다.

▸ 전장 9.48m　▸ 전투중량 36t
▸ 차체길이 6.6m　▸ 승무원 4명
▸ 전폭 3.1m　▸ 엔진 720HP 디젤
▸ 전고 2.29m　▸ 최고속도 65km/h

AMX-32 (1979)

AMX-30의 개량형으로 수출용으로 1975년부터 개발됐다. 주포는 같은 105㎜포인데 신형 사격통제장치를 장비하고 장갑도 공간 장갑을 채용하고 있다. 30형보다 화력, 방어력을 올렸음에도 결국 1대도 팔지 못했다. 1983년에는 120㎜ 활강포를 탑재한 AMX-40도 개발했으나 이것도 팔리지 않아 성공이라 볼 수 없다.
다음은 AMX-32 제원.

- 전장 9.45m
- 차체길이 6.59m
- 전폭 3.24m
- 전고 2.29m
- 전투중량 43t
- 승무원 4명
- 무장 105㎜포×1
  20㎜ 기관포×1
  7.62㎜ 기관총×1

❶ TV 카메라 ❷ (부)앙각 측정장치 ❸ 포수용 조준 망원경 ❹ 포수용 조작 패널 ❺ 포수용 TV 모니터 ❻ 포 안정용 자이로 측정장치 ❼ 차장용 TV 모니터 ❽ 차장용 조작 패널 ❾ 포탑 안정용 자이로 측정장치 ❿ 큐폴라 ⓫ 차장용 조준장치 ⓬ 무전기 ⓭ NBC 방호장치 ⓮ 환기통 ⓯ 잡용품 상자 ⓰ 라디에이터 ⓱ 기동륜 ⓲ 오일 펌프 ⓳ 에어 클리너 ⓴ 에어 필터 (사이클론형 및 여과지형) ㉑ 장전수석 ㉒ 차장석 ㉓ 자이로 박스 ㉔ 포수석 ㉕ 탄도 컴퓨터 ㉖ 조종석 ㉗ 계기판 ㉘ 조향 핸들 ㉙ 변속장치 ㉚ 20㎜ 기관포 ㉛ 105㎜ 전차포

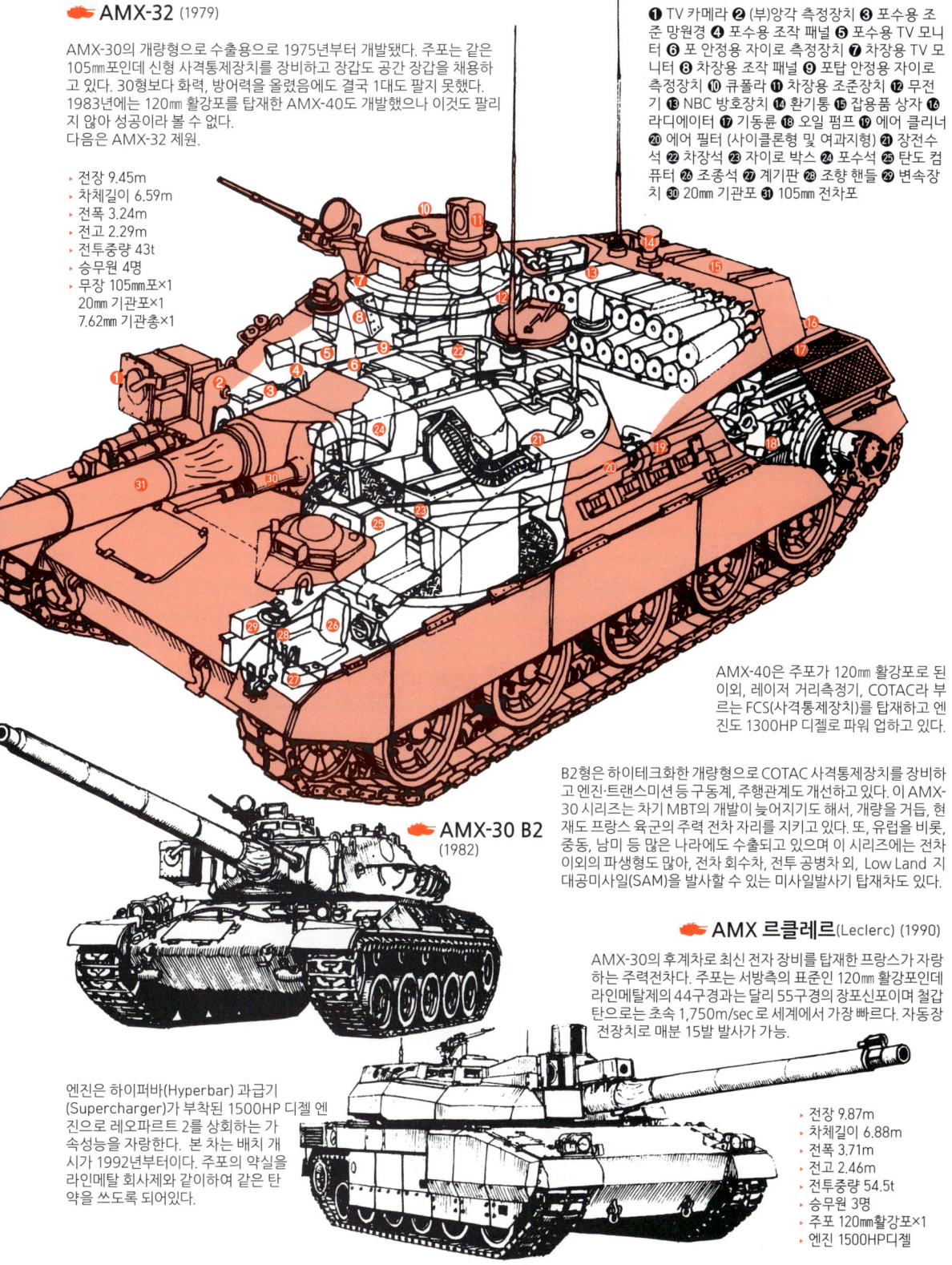

AMX-40은 주포가 120㎜ 활강포로 된 이외, 레이저 거리측정기, COTAC라 부르는 FCS(사격통제장치)를 탑재하고 엔진도 1300HP 디젤로 파워 업하고 있다.

B2형은 하이테크화한 개량형으로 COTAC 사격통제장치를 장비하고 엔진·트랜스미션 등 구동계, 주행관계도 개선하고 있다. 이 AMX-30 시리즈는 차기 MBT의 개발이 늦어지기도 해서, 개량을 거듭, 현재도 프랑스 육군의 주력 전차 자리를 지키고 있다. 또, 유럽을 비롯, 중동, 남미 등 많은 나라에도 수출되고 있으며 이 시리즈에는 전차 이외의 파생형도 많아, 전차 회수차, 전투 공병차 외, Low Land 지대공미사일(SAM)을 발사할 수 있는 미사일발사기 탑재차도 있다.

AMX-30 B2 (1982)

AMX 르클레르(Leclerc) (1990)

AMX-30의 후계차로 최신 전자 장비를 탑재한 프랑스가 자랑하는 주력전차다. 주포는 서방측의 표준인 120㎜ 활강포인데 라인메탈제의 44구경과는 달리 55구경의 장포신포이며 철갑탄으로는 초속 1,750m/sec로 세계에서 가장 빠르다. 자동장전장치로 매분 15발 발사가 가능.

엔진은 하이퍼바(Hyperbar) 과급기(Supercharger)가 부착된 1500HP 디젤 엔진으로 레오파르트 2를 회회하는 가속성능을 자랑한다. 본 차는 배치 개시가 1992년부터이다. 주포의 약실을 라인메탈 회사제와 같이하여 같은 탄약을 쓰도록 되어있다.

- 전장 9.87m
- 차체길이 6.88m
- 전폭 3.71m
- 전고 2.46m
- 전투중량 54.5t
- 승무원 3명
- 주포 120㎜활강포×1
- 엔진 1500HP디젤

일본의 전차

61식 전차는 전후 일본 최초의 전차로 1953년부터 개발이 시작되어 제1차 시제차의 하나인 STA-1은 레오파르트 1과 같이 낮은 차체를 가지고 있었으나 선정된 것은 STA-2였다. STA-1~4를 거쳐 61년에 제식화 된 61식 전차는 옛 일본육군 이래의 공랭식 디젤 엔진을 채용하고 국산인 61식 52구경 90㎜포를 장비하여 75년까지 560대가 생산됐다.

차체와 엔진은 미쓰비시중공업, 높은 초속의 90㎜포는 일본제강소제다. 90식 전차를 장비함에 따라 순차적으로 퇴역하고 있다.

61식 전차 (1961)

- 전장 8.19m
- 차체길이 6.3m
- 전폭 2.95m
- 전고 3.16m
- 중량 35t
- 무장 90㎜포×1 12.7㎜ 대공기관총×1 7.62㎜ 기관총×1
- 엔진 570HP 디젤
- 최고속도 45㎞/h

① 90㎜ 전차포
② 포수용 조준 잠망경
③ 7.62㎜ 동축 기관총
④ 동력선회 핸들
⑤ 트래블링 록
⑥ 발리스틱 드라이브
⑦ 선회 기어박스
⑧ 포 앙각 실린더
⑨ 수동선회 핸들
⑩ 90㎜ 포탄
⑪ 포수석
⑫ 동력 앙각 핸들
⑬ 차장석
⑭ 12.7㎜ 기관총 앙각 핸들
⑮ 12.7㎜ 기관총 선회 핸들
⑯ 1m 거리측정기
⑰ 잠망경
⑱ 12.7㎜ 기관총
⑲ 안테나 접이
⑳ 90㎜ 포탄
㉑ 무전기
㉒ 에어 클리너
㉓ 배기관
㉔ 엔진
㉕ 상부 연료탱크
㉖ 하부 연료탱크
㉗ 시동 모터
㉘ 발전기
㉙ 배터리
㉚ 소화 봄베
㉛ 오일 냉각기
㉜ 슬립 링
㉝ 90㎜ 포탄
㉞ 궤도 축
㉟ 에어 덕트
㊱ 토션 바
㊲ 공기 압축기
㊳ 측면 계기판
㊴ 잠망경
㊵ 전방 계기판
㊶ 보조 연료탱크 이탈 레버

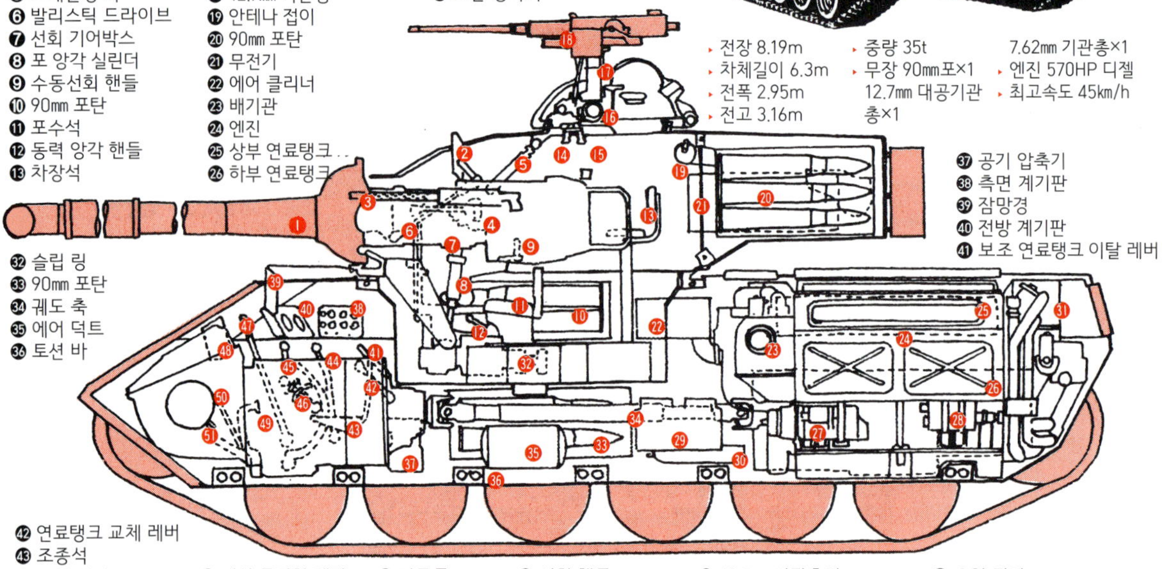

㊷ 연료탱크 교체 레버
㊸ 조종석
㊹ 감압 레버
㊺ 변속 레버
㊻ 유도륜 조정 레버
㊼ 조향 레버
㊽ 스위치 박스
㊾ 비상 클러치 페달
㊿ 액셀 페달
(51) 정상 클러치 페달
(52) 제동 차동기
(53) 변속기
(54) 기동륜
(55) 파워 실린더
(56) 최종 감속기
(57) 클러치
(58) 7.62㎜ 기관총탄
(59) 선회 핸들
(60) 90㎜ 포탄
(61) 탈출용 해치
(62) 7.62㎜ 기관총탄
(63) 선회 핸들
(64) 12.7㎜ 기관총탄
(65) 흡기관
(66) 배기 터보차저
(67) 냉각 팬
(68) 캐터필러 장력 조정장치
(69) 오일 필터
(70) 회전수 제어기
(71) 연료 필터
(72) 연료분사 펌프
(73) 연료 주입구

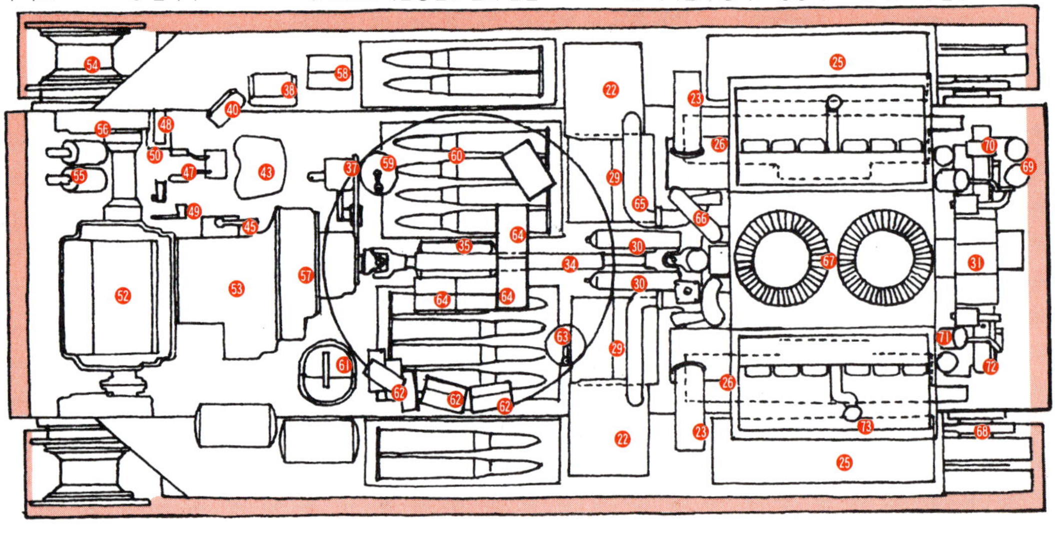

현대 전차 - 일본

🛡 74식 전차 (1974)

61식 전차의 후계로 낮은 형체의 차체에 105㎜포 탑재, 사격통제장치는 레이저 거리측정기와 탄도계산 컴퓨터의 조합이다. 유기압 현가장치로 자세 제어가 가능하게 되고 2행정 공랭 디젤 엔진을 탑재했다. 일본 독자개발의 기술을 도입한 스마트한 차체이다. 1974년에 제식화 되어 89년까지 873대가 제작됐다. 그 후 써멀 슬리브(Thrmal Sleeve) 장착 등 소규모 개량이 이루어졌다.

- 전장 9.41m
- 차체길이 6.7m
- 전폭 3.18m
- 전고 2.67m
- 전투중량 38t
- 무장 105㎜포×1 12.7㎜ 기관총×1
- 7.62㎜ 기관총×1
- 엔진 720HP 공랭 2사이클 디젤
- 최고속도 45km/h
- 행동거리 300km
- 승무원 4명

❶ 105㎜포 ❷ 포방패 ❸ 포이(砲耳) ❹ 7.62㎜ 기관총 ❺ 포수 잠망경 ❻ 12.7㎜ 기관총 ❼ 차장 잠망경 ❽ 포수 핸들 ❾ 차장핸들 ❿ 무전기 ⓫ 인버터 ⓬ 암시장치용 전원 ⓭ 잠망경 ⓮ 계기판 ⓯ 조향 핸들 ⓰ 클러치 페달 ⓱ 액셀 페달 ⓲ 유도륜 조정 레버 ⓳ 변속 레버 ⓴ 수동조절 레버 ㉑ 완충 탱크 ㉒ 7.62㎜ 탄약 ㉓ 신호 증폭기 ㉔ 사격통제기 점검구 ㉕ 레이저 전원 ㉖ 보조 장전기 ㉗ 유압 펌프 ㉘ 엔진 ㉙ 변속기 ㉚ 유압 작동유 필터 ㉛ 주 완충 탱크 ㉜ 주포탄 ㉝ 암시경 ㉞ 조종수 해치 ㉟ 전조등 ㊱ 암시등 ㊲ 공구 상자 ㊳ 방향각 지시기 ㊴ 탄도 계산기 ㊵ 수동선회 기어 ㊶ 직접 안경 ㊷ 연막탄 발사통 ㊸ 송풍기 ㊹ 차장 해치 ㊺ 주퇴복좌기 ㊻ 장전수 해치 ㊼ 선회모터-기어박스 ㊽ 주포탄 랙 ㊾ 배기관 ㊿ 연료주입구 ⑤① 배터리 ⑤② 전화기

암시용 적외선서치라이트는 백색광으로도 사용 가능. 또 105㎜포는 당시 서방측 MBT표준인 영국 개발의 L7형이다. 탄도계산기는 각종 센서에서 입수된 정보에 의해 포탑제어장치와 연동된다. 61식 전차에서는 후방 엔진이고 기동륜이 앞이었으나 74식에서는 후방 기동륜으로 되어 차내 공간이 효율화되었다.

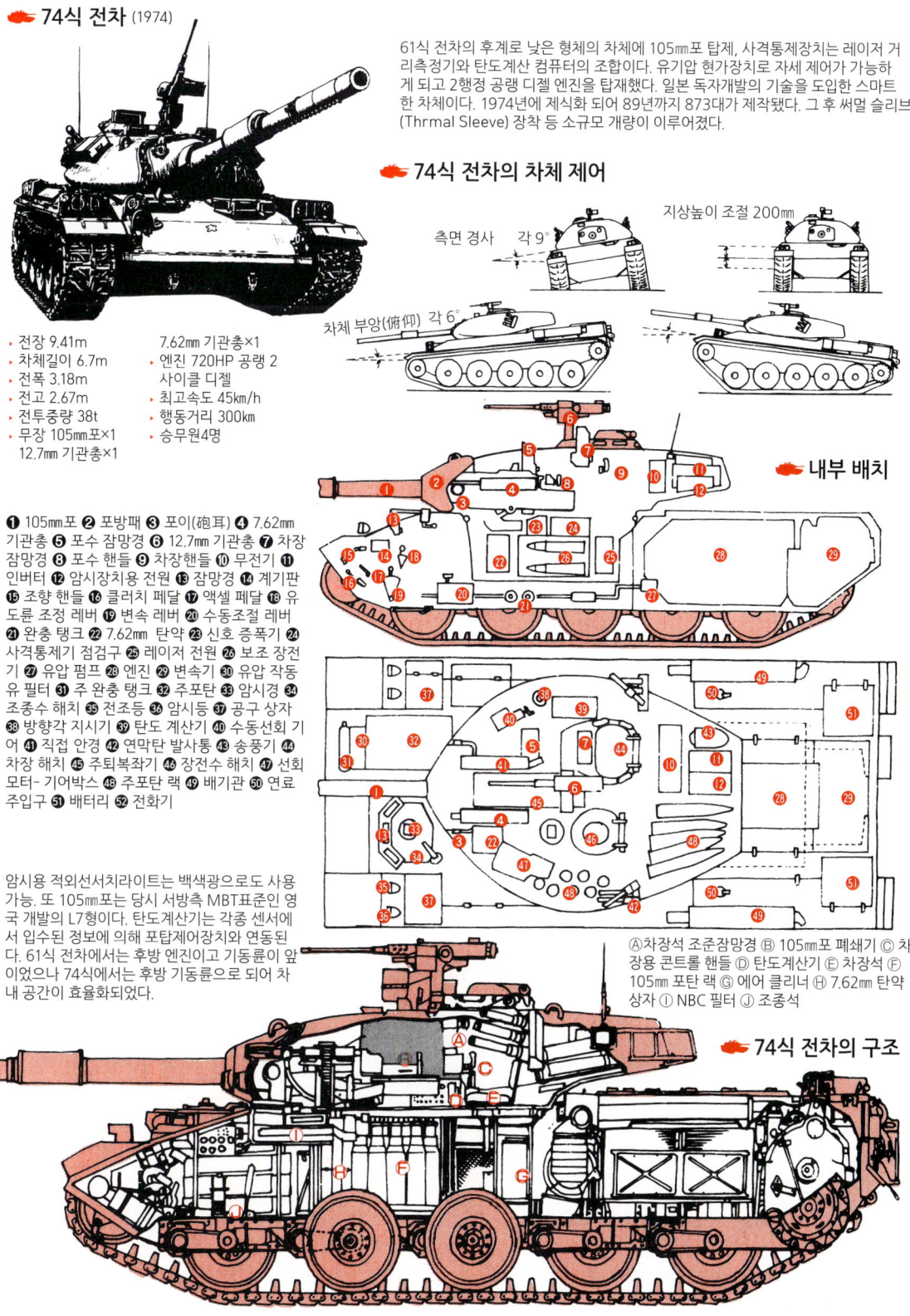

🛡 74식 전차의 차체 제어

🛡 내부 배치

Ⓐ 차장석 조준잠망경 Ⓑ 105㎜포 폐쇄기 Ⓒ 차장용 콘트롤 핸들 Ⓓ 탄도계산기 Ⓔ 차장석 Ⓕ 105㎜ 포탄 랙 Ⓖ 에어 크리너 Ⓗ 7.62㎜ 탄약 상자 Ⓘ NBC 필터 Ⓙ 조종석

🛡 74식 전차의 구조

90식 전차

74식에 이어 육상 자위대의 3세대 주력 전차(MBT)로 10년의 개발기간을 거쳐 87년 9월에 2차 시제차 2대가 납품되었다. 개발비 300억 엔 이상, 1대 11억 엔이란 규모의 프로젝트로 기술·실용실험을 거쳐 90년에 90식 전차로 제식 채용되었다. 그로부터 21세기에 걸쳐 육상 자위대의 주력 전차가 되었다. 120㎜ 활강포는 독일제지만 그 외는 일본산의 하이테크 기술을 결집한 것이다. 주포 관계에서는 대용량 컴퓨터를 사용한 사격통제장치로 명중률을 향상시키고 주행 중이라도 목표를 자동 추적하여 사격이 가능한 포 안정장치(스태빌라이저) 등, 해외에서도 주목을 받는 성능을 가졌다. 각 부분에 자동화를 실시, 승무원을 1명 감축, 3명으로 되었으나 화력·장갑 모두 한 단계 향상되고 승무원 생존율도 높도록 연구되어 있다.

🔸 **90식 시제차량**

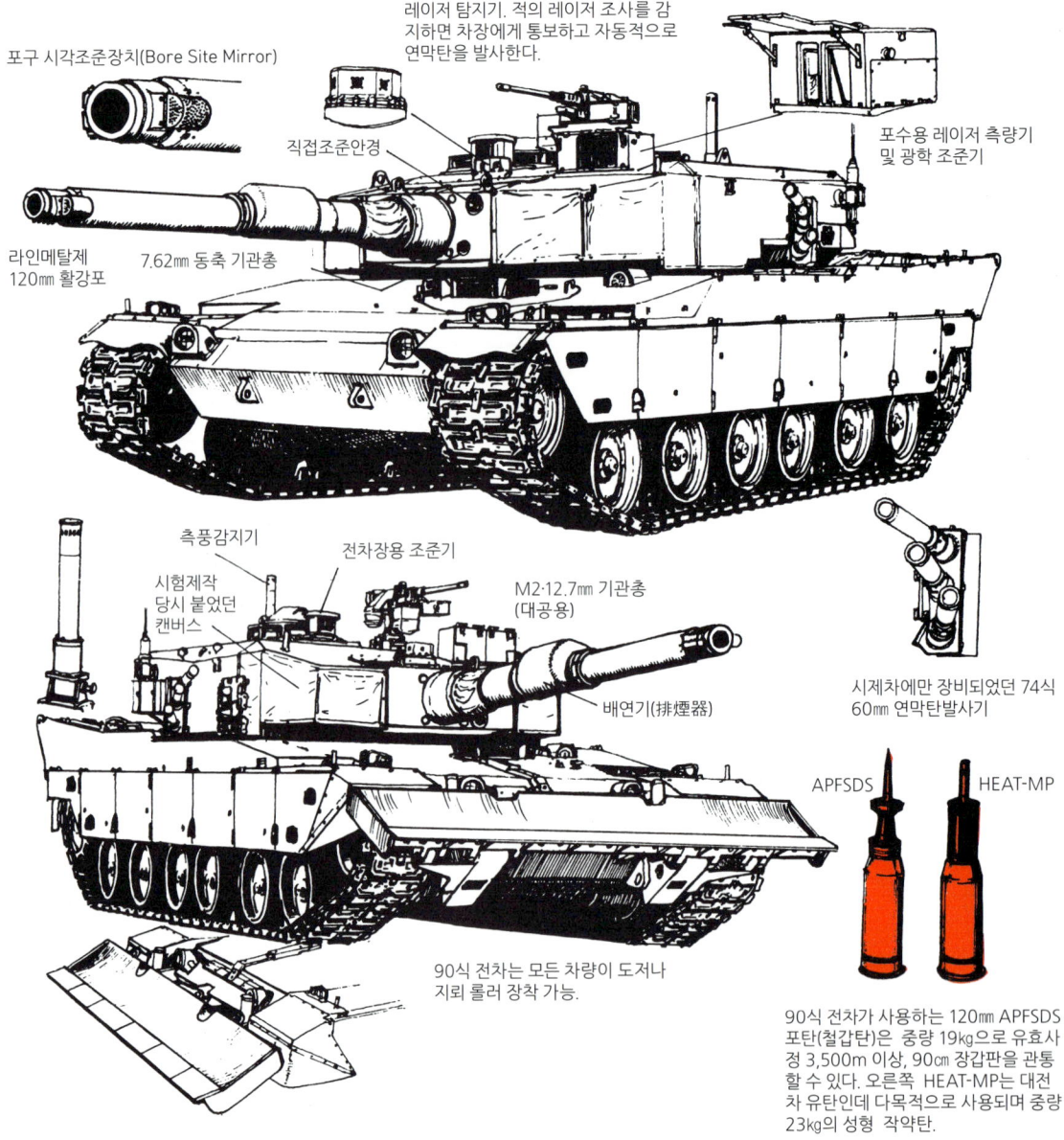

현대 전차 - 일본

🛡 각국 주력 전차 비교

미국
M1A1에이브럼스
중량 : 57t
승무원 : 4명
장비 : 120㎜ 활강포

영국
챌린저
중량 : 62t
승무원 : 4명
장비 : 120㎜ 강선포

독일
레오파르트 2
중량 : 55t
승무원 : 4명
장비 : 120㎜ 활강포

소련
T80
중량 : 42t
승무원 : 3명
장비 : 122㎜ 활강포

이스라엘
메르카바
중량 : 60t
승무원 : 4명
장비 : 105㎜ 강선포

외관상 연막탄 발사기가 신형으로 된 것 이외는 시제차와 동일. 위의 각국의 전차들과 비교해도 손색이 없는 제원(가격이 문제지만)의 최신예 전차다. 각이 진 설계지만 전체 높이는 낮다. 자동 장전장치의 채용으로 승무원은 3명이며 신예 자동변속장치와 조향장치에 의해 복잡한 지형이나 장소에서도 주행성이 좋다. 연료와 탄약고를 승무원으로부터 격리시키고 소화장치를 갖추어 안전성을 높였다. 미쓰비시 중공업 제작.

90식 전차 제원

- 전비중량 50 t
- 전장 9.8m
- 전폭 3.4m
- 전고 2.3m
- 최고속도 70km/h
- 캐터필러 폭 0.8m
- 항속거리 300km
- 등판능력 tanθ 60%
- 선회성능 초신지
- 엔진 수랭 2행정 디젤 1500 ps/2400rpm
- 무장 120㎜포×1 12.7㎜중기관총M2×1 74식 7.62㎜ 동축 기관총×1
- 승무원 3명

🛡 90식 전차 회수차

90식 전차 차체를 이용하여 제작. 포와 포탑을 제거하고 크레인과 도저 등을 장착했다. 주행계통은 90식 전차와 같다. 1990년에 제식화. 전차 등의 야외 회수 외에 정비작업에도 사용

- 견인력 50t
- 승무원 4명
- 조상력 25t 이상
- 전장 9.2m
- 전폭 3.4m
- 전고 2.7m
- 전비중량 50 t
- 무장 12.7㎜ 중기관총 M2×1

🛡 특대형 운반차

90식 전차를 운반할 수 있는 특대형 세미 트레일러.

- 최대 적재량 50t
- 전장 16.97m
- 전폭 3.49m
- 차량중량 20t
- 최고속도 60km/h
- 최고출력 535 ps/2200rpm
- 견인차 미쓰비시 중공업
- 트레일러 도큐 차량

90식 전차의 메카니즘

74식 전차의 제식화 후 세계 주력 전차의 성능은 이제 한 단계 올랐다. 주포는 120㎜급이 표준으로 되고 장갑도 초밤 등의 복합장갑이 주류가 되고 동력원도 1500HP 전후가 기본이 되어 높은 기동성을 추구하고 있다. 이러한 세계정세에 맞춰 1976년부터 시작된 차기 주력전차의 개발은 이들 신기술을 모두 도입하게 되었다. 라인메탈 사의 120㎜포를 제외하고 일본의 하이테크기술로 굳어지게 되고 컴퓨터 제어에 의한 사격통제장치, 열영상장치 등의 채용으로 야간은 물론, 안개나 눈 속에서도 사격이 가능해졌다.

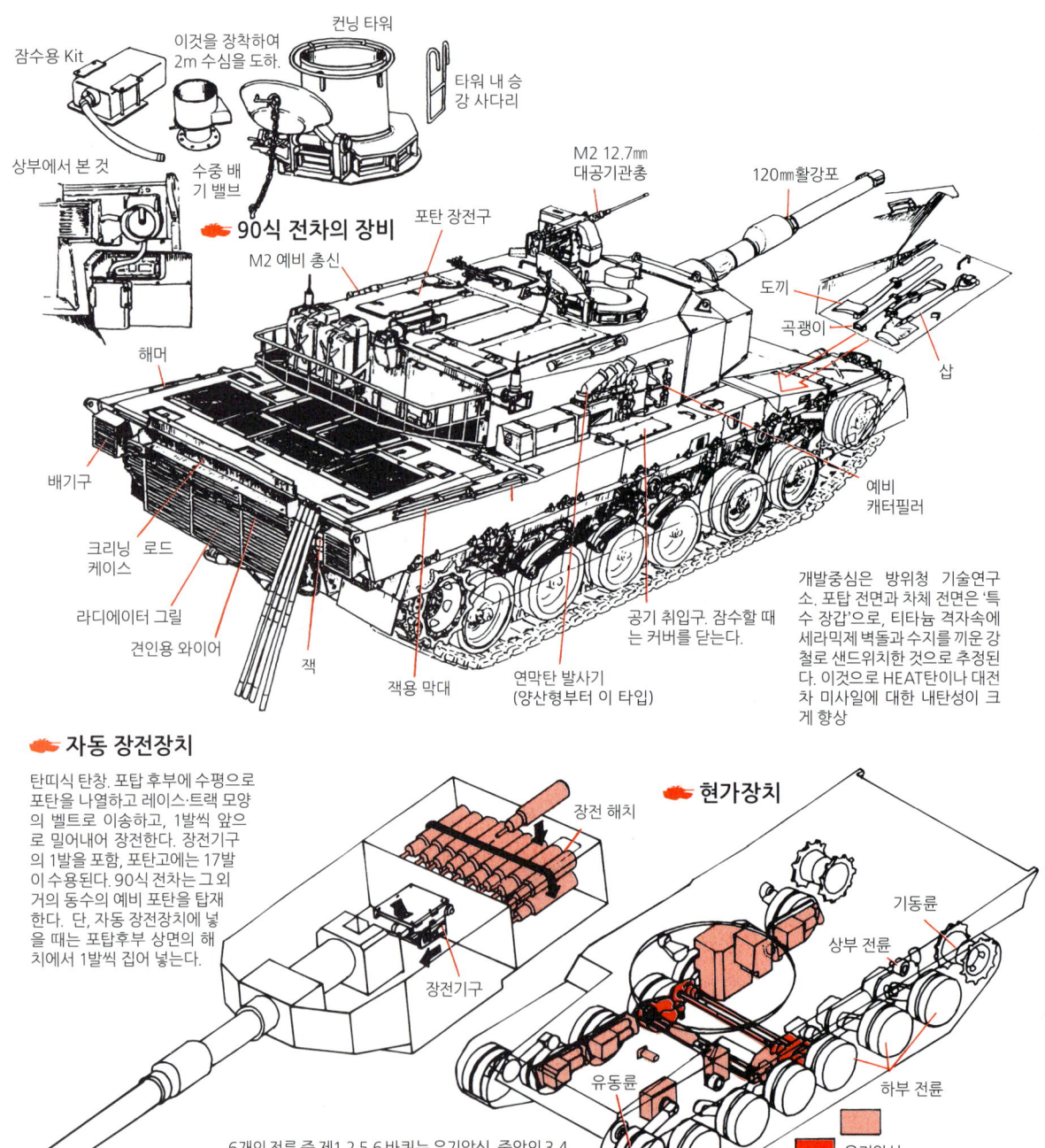

🔥 90식 전차의 장비

개발중심은 방위청 기술연구소. 포탑 전면과 차체 전면은 '특수 장갑'으로, 티타늄 격자속에 세라믹제 벽돌과 수지를 끼운 강철로 샌드위치한 것으로 추정된다. 이것으로 HEAT탄이나 대전차 미사일에 대한 내탄성이 크게 향상

🔥 자동 장전장치

탄띠식 탄창. 포탑 후부에 수평으로 포탄을 나열하고 레이스·트랙 모양의 벨트로 이송하고, 1발씩 앞으로 밀어내어 장전한다. 장전기구의 1발을 포함, 포탄고에는 17발이 수용된다. 90식 전차는 그외 거의 동수의 예비 포탄을 탑재한다. 단, 자동 장전장치에 넣을 때는 포탑후부 상면의 해치에서 1발씩 집어 넣는다.

🔥 현가장치

6개의 전륜 중 제1,2,5,6 바퀴는 유기압식, 중앙의 3,4 바퀴는 토션 바 방식으로 되어 있다. 이 때문에 서스펜션에 의한 자세 변환은 전후 방향의 ±5° 범위 내에 할 수 있다. 차체 높이 조정은 170 ~ 250㎜ 가능.

현대 전차 - 일본

차내 배치

- 주포 탄약
- FCS관련
- NBC 방호장치
- 연료 및 동력장치

포탑부의 구조

1. 포수용 잠망경
2. M2 12.7mm 대공기관총
3. 투시, 조준용 사이트
4. 차장용 열영상 모니터
5. 차장용 조준 핸들
6. 앙각 기어박스
7. 선회 기어박스
8. 레이저 파 감지기
9. 라인메탈 120mm 활강포
10. 포구조준 거울
11. 74식 7.62mm 동축 기관총
12. 포수용 직접조준경
13. 슬립 링
14. 수동 앙각 핸들
15. 수동 선회 핸들
16. 포수용 조준기 핸들
17. 열영상장치
18. 레이저 거리측정기
19. 투시, 조준용 사이
20. 포수용 조작 패널
21. 통신장치
22. 연막탄 발사기
23. 자동장전장치
24. 풍향 센서
25. 사격통제용 컴퓨터

엔진은 미쓰비시 중공업제 10ZG32WT90V10-2 스트로크 디젤

차체부의 구조

1. 엔진 순환수 냉각기
2. 10ZG 엔진
3. 상부 지지륜
4. 1차 클리너(필터)
5. 오일 탱크
6. 연료 탱크
7. 탄약 수납 랙
8. 조종장치
9. 조종석
10. 유도륜
11. 유기압식 현가장치
12. 소화기
13. 덤프 스토퍼
14. 토션 바 현가장치
15. NBC 방호장치
16. 배터리
17. 에어 클리너
18. 장갑 스커트
19. 캐터필러
20. 파이널 드라이브
21. 기동륜
22. 배기관
23. 변속 조향기
24. 급기 냉각기
25. 변속조향기용
26. 냉각팬

이 90식부터 처음으로 수랭식으로 되었다. 전자제어 연료 직접분사식으로 1500HP/2400rpm. 조향장치란 좌우 캐터필러 속도차로 차체의 방향을 바꾸는 일종의 차동장치.

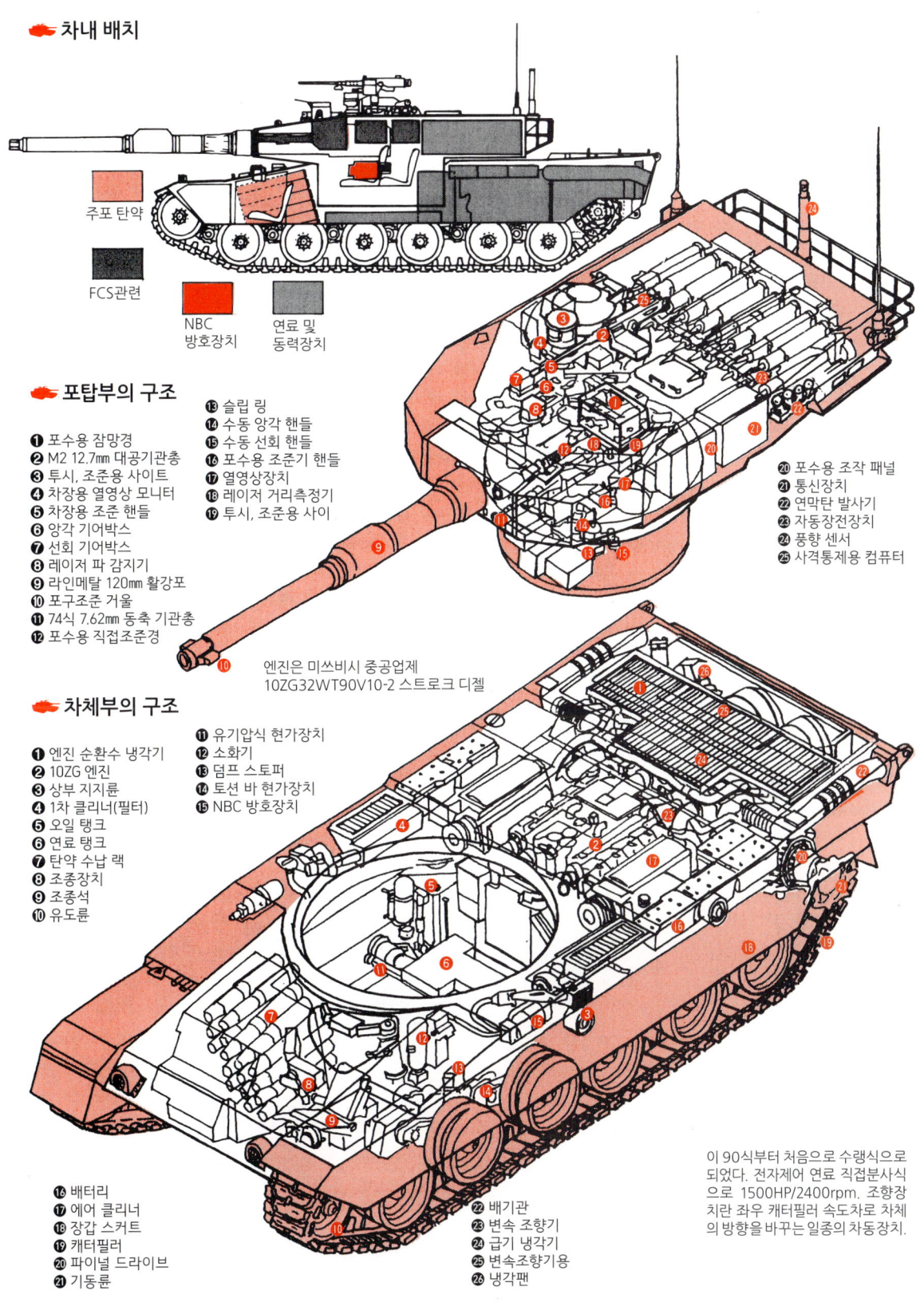

각국의 현대 전차 ①

열강국 이외에도 많은 나라들이 각국의 실정에 맞는 전차를 자주개발하고 있다. 그 중에서도 독특한 것은 국가의 역사가 거의 전쟁의 역사인 이스라엘의 메르카바(Merkava)와 독창적이고 미래적인 콘셉트의 스웨덴의 Strv103 전차이다. 이들은 다른 전차들과 매우 다른 개성을 보이는 전차이다.

메르카바(Merkava) Mk.1 (이스라엘 1974)

메르카바의 내부

메르카바의 차체 후부에는 비교적 큰 공간이 있어 T-72의 배 이상의 포탄을 휴행할 수 있다. 그리고 빈 탄피 대신 병력 10명을 태울 수도 있어 일종의 장갑병력수송차로 변신할 수도 있다. 중동 분쟁 시에 크게 효과를 보았다.

- Ⓐ 105mm 주포
- Ⓑ 7.62mm 기관총
- Ⓒ 조종수
- Ⓓ 장전수
- Ⓔ 차장
- Ⓕ 수송 병력

- 전장 8.6m
- 차체길이 7.5m
- 전폭 3.7m
- 전고 2.8m
- 승무원 4명
- 무장 105mm포×1,
- 7.62mm 기관총×3
- 전투중량 60t
- 엔진 900HP 콘티넨털 제 디젤
- 최고속도 46km/h
- 항속거리 400km

중동전쟁 중에 소련제 신예전차로 증강된 아랍 제국의 기갑 병력에 대항해 이스라엘은 치프틴의 도입을 고려했으나 영국 측에서 판매 계약을 일방적으로 파기했다. 그러자 이스라엘은 자국산 MBT를 자체개발하기로 했다. 이 전차는 독특한 개념을 추구했는데, 특히 승무원의 생존성을 높이는데 중점을 두었다. 포탑은 가능한 한 작고 얇게, 엔진을 앞에 두어 피탄 시 생존성을 높였다. 또 기동력을 희생하고 중장갑을 장비했고, 앞서 적었듯 보병 전투차로서도 사용했다. Mk.2는 증가장갑을 장착했고, Mk.3은 120mm 활강포를 탑재했다. 최신형인 Mk.4는 전자장비를 강화하였다.

메르카바 Mk.3 (이스라엘 1989)

SK105 경전차 (오스트레일리아 1965)

장갑 병력수송차4K4FA의 차체를 이용, 프랑스의 AMX13 요동 포탑을 개조한 18t의 경전차면서 105mm포를 탑재하고 있다. 또 암시장치나 써멀 파이어 콘트롤, 레이저 거리 측정기 등 A1형부터는 현재 요구되는 장비를 두루 갖추고 있다.

- 전장 7.7m
- 차체길이 5.6m
- 전폭 2.5m
- 전고 2.5m
- 중량 18t
- 승무원 3명
- 무장 105mm포×1 7.62mm 기관총×1
- 엔진 380HP
- 최고속도 70km/h

Strv103B (스웨덴 1966)

독창적인 콘셉트와 독특한 타입의 획기적 전차. 무 포탑이며 주포는 차체에 고정되어 사격목표로 차체를 선회, 부앙(俯仰)시켜 대응한다. 자세 제어는 유기압식 현가장치를 사용하므로 일반 전차의 포탑부 뒤에 있는 기구들을 절약할 수 있어 내부적으로는 극히 단순한 구조가 되었다. 또 하나의 특색은 롤스로이스의 다연료 디젤엔진 외에 보잉사의 가스터빈을 장비하여 병용하고 있는 점이다.

현대 전차 - 기타 여러나라

🔺 Strv103의 구조

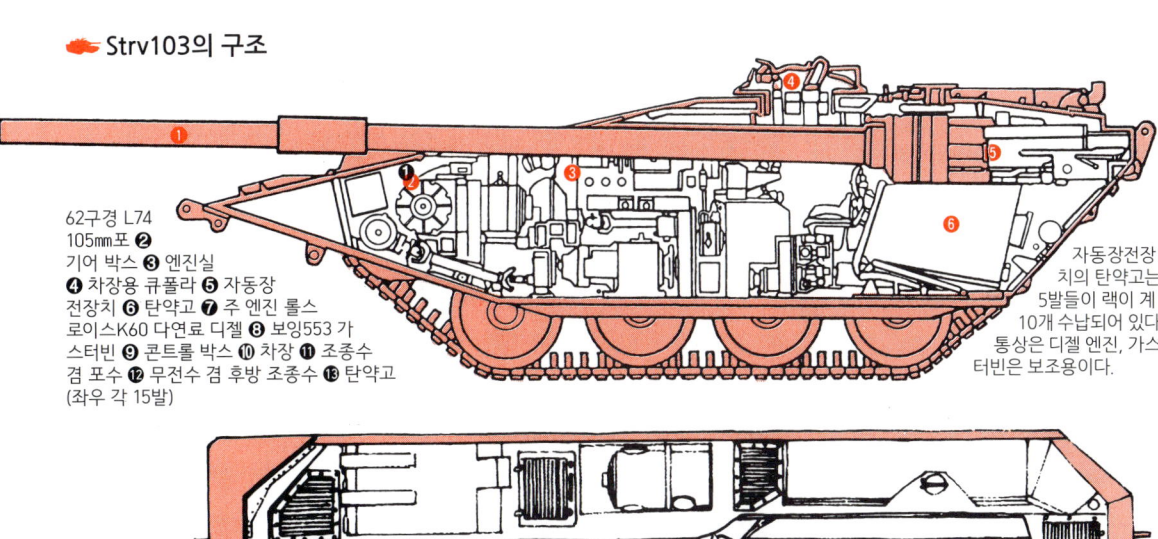

62구경 L74 105㎜포 ❷ 기어 박스 ❸ 엔진실 ❹ 차장용 큐폴라 ❺ 자동장전장치 ❻ 탄약고 ❼ 주 엔진 롤스 로이스K60 다연료 디젤 ❽ 보잉553 가스터빈 ❾ 콘트롤 박스 ❿ 차장 ⓫ 조종수 겸 포수 ⓬ 무전수 겸 후방 조종수 ⓭ 탄약고 (좌우 각 15발)

자동장전장치의 탄약고는 5발들이 랙이 계 10개 수납되어 있다. 통상은 디젤 엔진, 가스터빈은 보조용이다.

- 전장 9m
- 차체길이 7m
- 전폭 3.7m
- 전고 2.4m
- 중량 40t
- 승무원 3명
- 무장 105mm포×1 7.62mm 기관총×3
- 엔진 240HP 다연료 디젤 +490HP 가스터빈
- 최고속도 50km/h
- 항속거리 390km

연막탄 발사기는 차체 앞 좌우 2개씩 있다. 또 유기압 자세제어에 의한 포의 부앙은 오른 쪽처럼 +12도, -10도의 범위로 가능하다.

🔺 Ikv91 수륙양용 경전차
(스웨덴 1972)

국토의 대부분이 숲과 호수인 스웨덴의 지형에 맞춘 수륙양용 경전차. 90㎜포를 탑재하는데 물에 떠야 하므로 장갑은 얇아 내탄성은 APC(병력수송 장갑차)정도. 주로 정찰용이며 포의 위력은 강력하여 대전차전에도 사용할 수 있다.

- 전장 8.8m
- 차체길이 6.4m
- 전폭 3m
- 전고 2.3m
- 전투중량 16t
- 승무원 4명
- 무장 90mm포×1
- 엔진 330HP

🔺 Pz 61/68
(스위스 1961)

스위스에서는 센추리언이나 AMX13을 배치하고 있었는데 50년대에 국산 MBT를 개발하기로 했다. 처음엔 20파운드 포 탑재를 계획했으나, 이미 화력부족으로 이에 105㎜포를 탑재한 것이 Pz 61이다. Pz 68은 사격통제장치나 주행관계를 개선한 것으로 레오파르트 2가 장비되어 있는 현재까지도 사용되고 있다.

- 전장 9.5m
- 차체길이 6.9m
- 전폭 3.1m
- 전고 2.9m
- 전투중량 40t
- 무장 105mm포×1
- 7.5mm 기관총×2
- 엔진 660HP
- 최고속도 55km/h

각국의 현대 전차 ②

🛡 K1 전차 (88전차) (한국 1985)

외관은 M1 에이브럼스를 소형화한 듯한 감이 드나 한반도 지형에 맞추기 위한 것으로, 내부도 한국인 체격에 맞추고 있다. 한국이 현대에 적용할 국산 주력 전차를 지향하여 총력을 기울여 완성한 것이다. 제작사는 현대지만, 설계는 미국에서 했다. 1200HP의 강력한 엔진으로 도로외 대지 주행성도 우수하다. 기복이 심한 지형에 맞춘 것이다. 중앙부의 전륜은 통상의 토션 바, 앞 뒤 전륜에는 하이드로-뉴매틱(유기압 유닛을 부착, +3도, -7의 전후 자세제어가 가능하다.

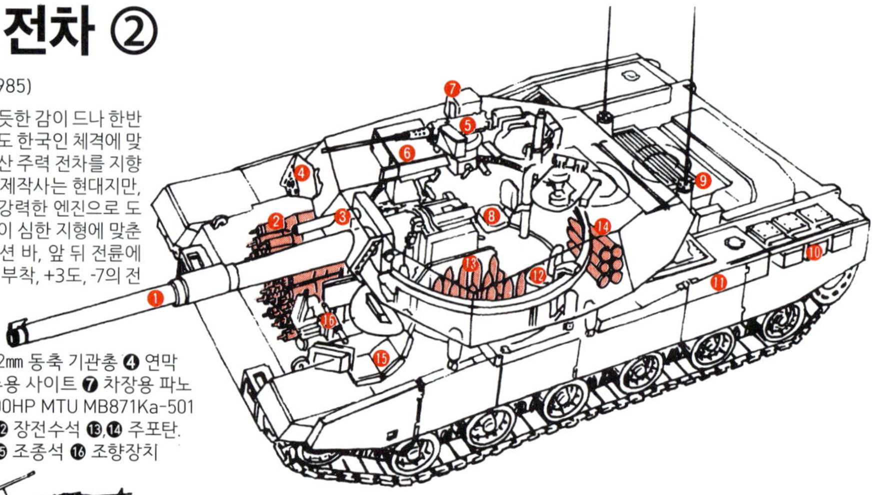

❶ 68A1 105mm포 ❷ 주포탄 ❸ 7.62mm 동축 기관총 ❹ 연막탄 발사기 ❺ 12.7mm 기관총 ❻ 포수용 사이트 ❼ 차장용 파노라마 사이트 ❽ 차장석 ❾ 엔진 1200HP MTU MB871Ka-501 수랭 디젤 ❿ 배터리 ⓫ 연료 탱크 ⓬ 장전수석 ⓭,⓮ 주포탄. K1은 모두 차체 내에 포탄을 수납 ⓯ 조종석 ⓰ 조향장치

- 전장 9.7m
- 차체길이 7.5m
- 전폭 3.6m
- 전고 2.5m
- 전투중량 51t

1950년대 초부터 중국(중공)은 소련에서 T-54를 대량으로 받아 55년부터는 이를 면허 생산하게 되었다. 이 59식은 기본적으로 T-54A의 카피 형이며 60년대에 중소 관계가 악화되어 소련에서의 기술도입이 중단되자 그 후의 신기술이 도입되지 않았다. 생산은 80년대 초까지 계속되어 여러 나라에 수출됐다.

🛡 59식 전차 (중국 1957)

🛡 62식 경전차 (중국 1962)

중국이 독자 개발한 경전차인데 외형상 59식을 그대로 축소한 듯한 모양이다. 100mm 주포를 85mm로 하고 장갑도 상당히 얇아졌다. 이 전차도 북한을 비롯, 아프리카 여러 나라에 수출되었다.

- 전장 7.9m
- 차체길이 5.5m
- 전폭 2.9m
- 전고 2.3m
- 전투중량 21t
- 승무원 4명
- 무장 85mm포×1
- 엔진 430HP
- 최고속도 60km/h

🛡 63식 수륙양용 경전차 (중국 1963)

본 차 이전의 소련제 PT76의 면허 생산형인 60식 수륙양용 전차가 있었는데 이것은 그 개수형이다. 60식의 76.2mm포 탑재 2명용 포탑을 85mm포 탑재 3명용 포탑으로 변경했다. 엔진을 파워 업하여 출력중량비도 올라 기동성도 늘어났다. 자국 사용 외에 여러 나라에 수출되고 있다.

- 전장 8.4m
- 차체길이 7.2m
- 전폭 3.2m
- 전고 3.1m
- 전투중량 19t
- 무장 85mm포×1 12.7mm 기관총×1 7.62mm 기관총×1
- 승무원 4명
- 엔진 400HP 디젤

🛡 90식 전차 (중국 1990)

중국의 주력 전차는 59식 이후 69식, 79식, 85식 등의 전차가 개발되었는데 이들은 사실상 59식이 바탕으로, 그 개량 발전의 범위를 벗어나지 못했다. 수시로 신기술을 채용하여 전투력 증강을 꾀했으나 이 90식에 이르러 처음으로 전혀 새로운 신개발 MBT가 만들어졌다. 제원으로는 현대 MBT의 수준에 달하고 있다. 기술적인 의문점은 있지만 전체적으로 러시아의 T-72 급이라고 한다.

- 전장 7m
- 전폭 3.4m
- 전고 2.4m
- 주포 125mm 강선포
- 전투중량 48t
- 엔진 1200HP 디젤

다양한 장갑차량
2차 대전 ~ 현재

지금까지는 전차를 중심으로 그 역사적 경위와 구조를 살펴봤다. 여기서는 이제까지 별로 언급하지 않았던 장갑차량을 정리해 본다.

원래 전차의 정의는 간단치 않으며, 화력과 장갑을 갖추고 캐터필러로 달리면 대부분의 장갑전투차량은 전차라 불러도 무방하다 할 수 있다. 역사적 변천도 있고 일반적으로 말할 수 없으나 현재로는 전차의 3요소, 화력·방어력·기동력을 가진 것 중 궤도식 장갑차량으로 360도 선회할 수 있는 밀폐된 포탑을 가진 것을 전차로 부르는 것이 보통이다. 그 이외의 궤도식 장갑차량을 중심으로 여기에 모아보았다.

장갑차량은 각국의 군대에 따라 사정은 다르지만 대개 기갑부대를 구성하는 것과 보병부대에 속하는 것으로 나눌 수 있다. 화포가 스스로 달리도록 만든 것이 자주포(自走砲 : Self-Propelled Artillery [Gun]) 인데, 2차 대전 중 독일에서는 앞에서 본 바와 같이 구축전차라 불리는 대전차용 자주포까지 등장했다. 그러나 현재는 미사일 등의 대전차병기의 발달로 종래대로의 유탄포(곡사포)탑재의 자주포가 주류이다. 보병의 기계화라는 면에서는 '전장의 택시' 장갑병력수송차(APC)가 등장하고 있다. 또 60년대가 되자 이들이 무장하여 병력을 실은 채 전투가 가능한 보병전투차도 등장했다.

이들 장갑차량은 수상항주능력을 가진 수륙양용차량, 낙하산 투하가 가능한 공정(空挺)차량 등 종류가 다양하다. 이들 차량들의 기능이나 편성은 각국의 군대 편성에 관련되어 본서에서는 벅차므로 전문서나 잡지를 참고하기 바란다.

2차 대전 후에는 대공병기 개발에 힘을 쏟아 이들을 탑재한 차량도 많다. 또 대전차병기도 다양화하여 미사일뿐만 아니라 포탄의 종류도 놀라울 정도로 많은 것들이 고안되고 있다.

현대의 자주포 ① 미국과 소련

지상군의 기갑화에 따라 야전포(야포, 유탄포, 캐넌포)도 자주, 장갑화가 진행됐다. 현대의 자주포는 155㎜포가 주류이다. 또한 360도 선회의 포탑을 갖추었고, 자동장전장치로 발사속도도 상당히 빨라지고 있다.

■ 미국

🛡 M44 155㎜ 자주 유탄포 (1953)

M41 경전차 차체에 엔진을 앞으로 옮기고 후부에 상부개방형의 전투실을 설치, 155㎜포를 탑재했다. 포는 좌우 30도씩 방향을 바꿀 수 있다. 대전후 대표적 중형 자주포로 미국 외에도 유럽이나 중동에 널리 사용됐다. 중량 28.35t.

🛡 M53 155㎜ 자주 유탄포 (1955)

차체는 아래의 M55와 같은 것으로 M41 부품을 다수 사용했다. 탑재한 포가 45구경 캐넌포라는 차이점이 있다. 미국 육군은 1958년까지 이 M53을 M55로 통일했는데 해병대만이 그대로 계속 사용, 베트남전쟁에서도 사용됐다. 사계(射界)는 좌우 30도씩이다. 미군은 같은 차체에 175㎜포를 탑재한 시제차인 T162까지도 만들었다.

- 전장 9.715m
- 차체길이 7.909m
- 전폭 3.581m
- 전고 3.469m
- 전투중량 45.36t
- 장갑 13~25㎜
- 최고속도 56km/h
- 휴행 탄수 20발

❶ 엔진 ❷ 머플러 ❸ 보조엔진 머플러 ❹ 캬브레터 ❺ 오일 냉각기 ❻ 변속기 ❼ 히터 ❽ 평형기 수직조정 실린더 ❾ 주 계기판 ❿ 조종석 ⓫ 반동 실린더 ⓬ 수직 평형기 실린더 ⓭ 차장석 ⓮ 포탄랙 ⓯ 수평 평형기 실린더

🛡 M55 203㎜ 자주 유탄포 (1955)

차체는 M44와 마찬가지로 M41 경전차를 개조한 것으로 전투실은 밀폐식 포탑으로 바뀌고 좌우 30도씩 회전한다. 203㎜ 유탄포를 탑재한 것인데 25구경이므로 전장은 M53보다 짧다. 전장 7,909, 중량 44,452t이며 차체길이, 전폭, 전고, 장갑, 엔진 등은 M53과 같다. 변속기는 전진 2단, 후진 1단의 오토매틱.

🛡 M992 FAASV (1983)

차내에 포탄, 장약, 신관을 각각 100발 분을 앞뒤로 적재할 수 있다. 장갑을 한 포 탄약차로서는 세계 최초의 것으로 미군이 채용했다.

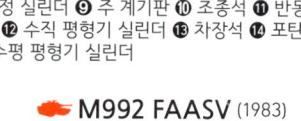

자주포와 키를 맞춰 주차하여 벨트 컨베이어로 최대 매분 6발의 포탄을 이송할 수 있다.

🛡 M109A1 155㎜ 자주포 (1970)

360도 회전의 알루미늄 포탑을 갖고 차체 뒤의 반도 알루미늄 합금으로 부항(浮航)키트를 붙이면 도하도 가능하다. A1으로 되어 장포신포인 M185 유탄포 탑재로 되어 최대사정 18.1km, 로켓보조탄으로는 24km이다. 포탑의 부앙선회장치는 개량되고 현가장치도 강화됐다.

현재는 신형 M284 캐넌포로 교체하여 사정은 더욱 길어진 A6 팔라딘(Paladin)이 배치되어 있다.

🛡 M107 175㎜ 자주포 (1961)

50년대 중반부터 미 육군은편제장비의 공수를 가능케 한다는 방침을 세웠다. 본 차는 그 때문에 개발된 것이다. 장포신포인 캐넌포를 탑재하고 있다. 최대 사정 32.7km로 사각은 좌우 30도, 중량 67kg의 포탄을 매분 1발을 쏠 수 있다. 1980년까지 약 1,000대 생산.

다양한 장갑차량 (2차대전~현재)

🔥 M109 155mm 자주 유탄포 (1963)

본 차는 1952년의 시작차 T196을 바탕으로 63년에 제식화된 이래 약 1만대가 생산되어 20개 국가에 사용되고 있다. 155mm포로 최대 사정 14.6km. 매분 1발씩 사격 가능.

1. 머즐 브레이크
2. 포미
3. 12.7mm 기관총
4. 유압식 장전 보조장치
5. 포탄
6. 포탄
7. 엔진
8. 변속기
9. 기동륜

■ 소련

🔥 152mm 자주포 SO-152 (1973)

위의 미군 M109에 대항하기 위해 제작된 소련 자주포. M109와 마찬가지로 전 방향 선회가 가능한 포탑을 갖고 탑재 152mm포는 최대사정 17.3km, 로켓보조탄으로는 24km 사정을 갖는다. 도하능력은 없으나 화력은 호각이다. 전투중량 27.5t. 시속 60km/h

🔥 203mm 자주포 SO-203 (1975)

탑재 203mm포는 포신길이 12m로 소련군에서는 가장 큰 자주포다. 최대사정 37.5km의 포는 T80의 부품을 이용하여 만들어진 차체에 실린다. 승무원실은 맨 앞에 있고 동력실 뒤에도 있다. 포신이 길어 전체 길이가 13.2m나 되며 중량도 46t이다. 맨 뒤는 포가(砲架).

🔥 152mm 자주포 2S-19 (1990)

2S3의 후계차. 주력 자주포가 되어야 했으나 소련 붕괴 후의 재정난으로 배치가 진척되고 있지 않다.

슈노켈을 이용하여 도하도 가능. 차체는 T80을 이용하고 엔진은 T72의 것이다. 포 탄약차로 사용하면 매분 6~7발의 포탄을 이송한다. 최대사정 24.7km

🔥 122mm 자주포 SO-122 (1974)

SO-152와 함께 본격적인 자주포이다. 견인차 MT-LB의 차체에 소형 포탑에 122mmD30 포를 탑재한다. 최대사정 15.2km, 로켓보조 탄으로는 21.9km이다. 소련 이름은 아카치야(Akatsiya).

1. 공기압축기
2. Traveling Lock
3. 조향 레버
4. 잠망경
5. 엔진 히터
6. 엔진
7. 탄약고
8. 조준기
9. 공기정화장치

현대의 자주포 ② 영국과 독일

■ 영국

🔥 155㎜ 자주포 AS90 (1988)

애벗의 후계로 채용된 신형 자주포로 스타일은 현대 자주포의 표준 디자인이다. 급탄 시스템은 STA라 부르는 반자동식을 장비, 토상 매분 3발 정도의 발사속도로, 최대 10초 동안 3발을 쏠 수 있다. 최대사정은 30㎞인데 영국 육군에서는 2000년 이후, 포신을 구경39에서 52로 키울 예정이며 그 경우 사정은 40㎞까지 늘어난다. AS90의 조준은 복수의 자주포에 지휘소로부터 지령 데이터가 보내져 이를 컴퓨터로 해석, 자동적으로 이루어진다. 각 포의 위치가 입력되어 일종의 시스템 제어가 되며 이를 AGLS라 부르고 있다.

- Ⓐ 전동 탄약고
- Ⓑ 반자동식 장전장치
- Ⓒ 유기압식 서스펜션
- Ⓓ L31 155㎜포

- 전장 9.7m
- 차체길이 7m
- 전폭 3.3m
- 전고 3m
- 전투중량 42t
- 승무원 5명
- 엔진 660HP
- 최고속도 55km/h

🔥 애벗(Abbot) 105㎜ 자주포 (1964)

1950년대 후반에 개발이 진행된 FV430 시리즈의 하나로 제작됐다. 밀폐식 포탑은 NBC전투를 고려한 것으로 이것은 전 방향 선회가 가능한 최초의 자주포이다. 탑재포는 L13A1 105㎜포이고 부 무장에는 7.62㎜의 브렌(Bren) 기관총도 장착이 가능하다. 포탄은 전동으로 밀려나오게 되는데 장약은 손으로 옮겨야 한다. 그대로 1.2m의 수심을 건너가며 항해 스크류를 달아 부상해 갈 수도 있다.

- 전장 5.9m
- 차체길이 5.7m
- 전폭 2.6m
- 전고 2.5m
- 전투중량 17t
- 승무원 4명
- 엔진 240HP
- 최고속도 48km/h 수상 5km/h
- 항속거리 390km

- ❶ 액셀 페달
- ❷ 변속 레버
- ❸ 조향 레버
- ❹ 조종석
- ❺ 엔진지지 프레임
- ❻ 연료 탱크
- ❼ 배터리
- ❽ 포 앙각 핸들
- ❾ 포탑선회 핸들
- ❿ 완충기
- ⓫ 범프 스톱
- ⓬ 캐터필러 장력조정장치

🔥 애벗의 내부

- ⓭ 배터리
- ⓮ 포수석
- ⓯ 차장석
- ⓰ 장전수석
- ⓱ 필터 하우징
- ⓲ 차장용 잠망경
- ⓳ 포탄
- ⓴ 잠망경형 조준기
- ㉑ 직접조준기
- ㉒ 포가
- ㉓ 연막탄 발사기
- ㉔ 배연기
- ㉕ 오일 필터
- ㉖ 냉각 팬
- ㉗ 에어 클리너
- ㉘ 계기판
- ㉙ 흡기 루버
- ㉚ 조향 유닛용 오일 탱크
- ㉛ 연료 파이프
- ㉜ L13A1 105㎜포

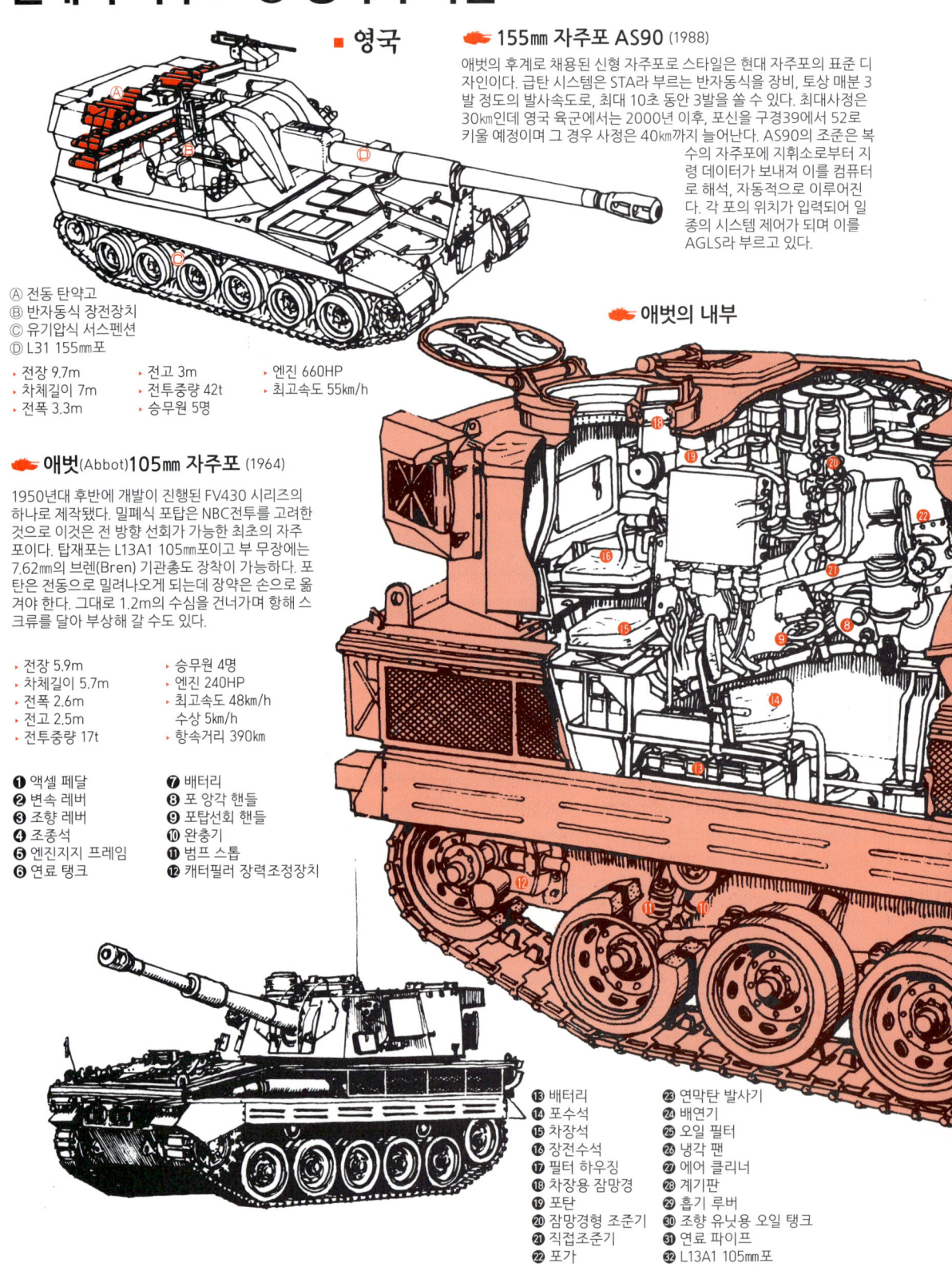

다양한 장갑차량 (2차대전~현재)

■ 독일

🔴 155mm 자주포 PzH-2000 (1994)

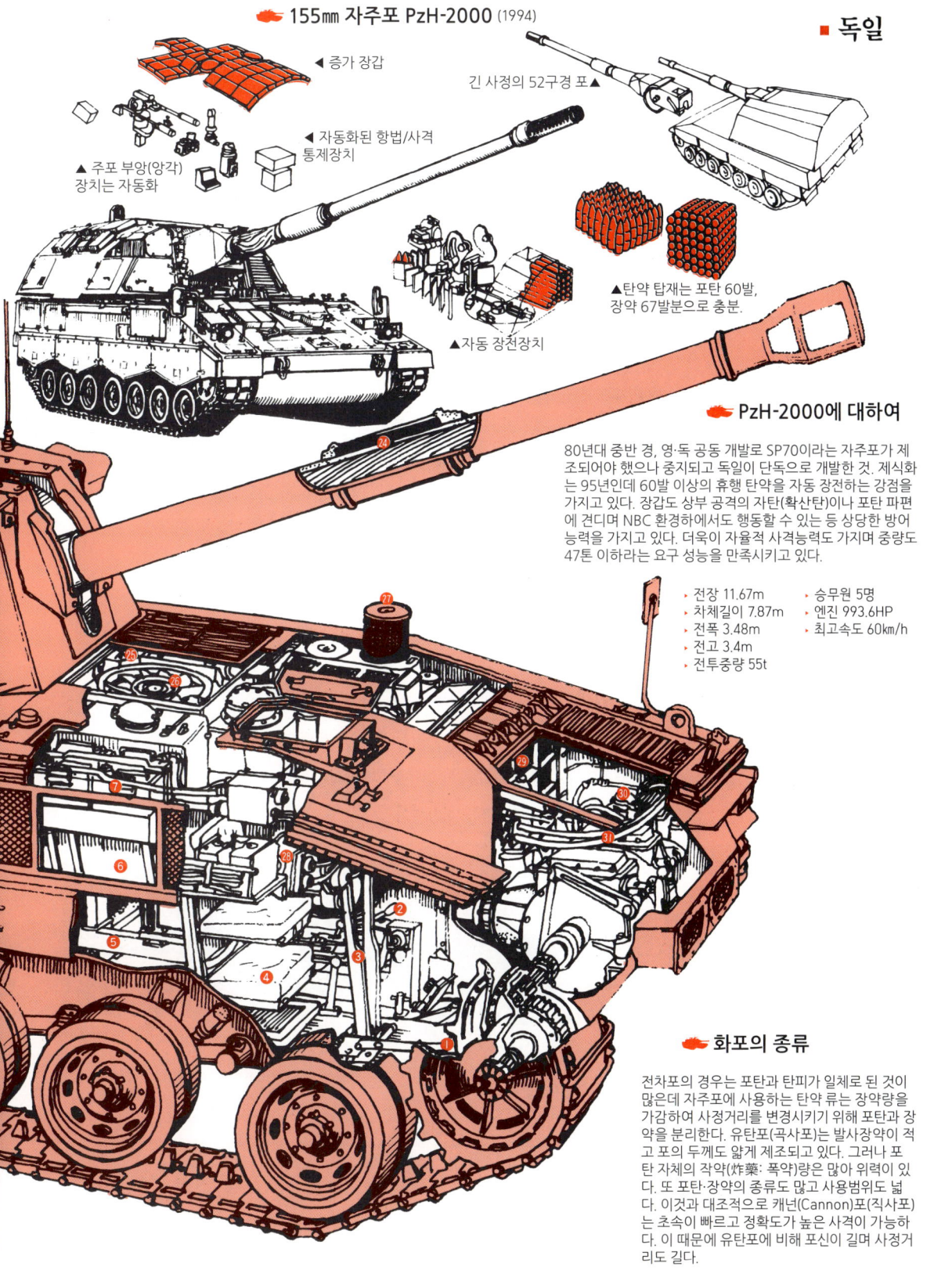

- ◀ 증가 장갑
- 긴 사정의 52구경 포 ▲
- ◀ 자동화된 항법/사격 통제장치
- ▲ 주포 부앙(앙각) 장치는 자동화
- ▲ 탄약 탑재는 포탄 60발, 장약 67발분으로 충분.
- ▼ 자동 장전장치

🔴 PzH-2000에 대하여

80년대 중반 경, 영·독 공동 개발로 SP70이라는 자주포가 제조되어야 했으나 중지되고 독일이 단독으로 개발한 것. 제식화는 95년인데 60발 이상의 휴행 탄약을 자동 장전하는 강점을 가지고 있다. 장갑도 상부 공격의 자탄(확산탄)이나 포탄 파편에 견디며 NBC 환경하에서도 행동할 수 있는 등 상당한 방어능력을 가지고 있다. 더욱이 자율적 사격능력도 가지며 중량도 47톤 이하라는 요구 성능을 만족시키고 있다.

- ▸ 전장 11.67m
- ▸ 차체길이 7.87m
- ▸ 전폭 3.48m
- ▸ 전고 3.4m
- ▸ 전투중량 55t
- ▸ 승무원 5명
- ▸ 엔진 993.6HP
- ▸ 최고속도 60km/h

🔴 화포의 종류

전차포의 경우는 포탄과 탄피가 일체로 된 것이 많은데 자주포에 사용하는 탄약 류는 장약량을 가감하여 사정거리를 변경시키기 위해 포탄과 장약을 분리한다. 유탄포(곡사포)는 발사장약이 적고 포의 두께도 얇게 제조되고 있다. 그러나 포탄 자체의 작약(炸藥: 폭약)량은 많아 위력이 있다. 또 포탄·장약의 종류도 많고 사용범위도 넓다. 이것과 대조적으로 캐넌(Cannon)포(직사포)는 초속이 빠르고 정확도가 높은 사격이 가능하다. 이 때문에 유탄포에 비해 포신이 길며 사정거리도 길다.

현대의 자주포 ③ 기타 국가

155㎜ GCT (프랑스 1977)

프랑스의 MBT인 AMX-30의 차체를 이용해 제작된 근대적 자주포. 개발의 시작은 1969년인데 부대배치는 80년대 말부터였다. 주포는 40구경의 155㎜포, 사정은 23.3㎞, 로켓보조 탄으로는 32㎞라는 충분한 사격거리를 가지고 있다. 대형 포탑에는 포탄장약 42발분을 수납하여 현대의 요구를 충족시키고 있다.

- 전장 10.3m
- 차체길이 6.7m
- 전폭 3.1m
- 전고 3.3m
- 전투중량 42t
- 승무원 4명
- 엔진 720HP
- 최고속도 60km/h
- 항속거리 450km

GCT의 포탑

포탑에 NBC 방어 시스템을 갖추고 출입은 옆면 도어로 한다. 후면에는 탄약보충용 대형 문이 있다.

- Ⓐ 장약
- Ⓑ 7.62㎜기관총
- Ⓒ 자동 급탄장치
- Ⓓ 사격통제장치
- Ⓔ 차장석
- Ⓕ 포탑
- Ⓖ 포수석
- Ⓗ 포탑 바스켓
- Ⓘ 탄환
- Ⓙ 이송(Transfer)장치

75식의 내부 (일본 1975)

❶ 왼쪽 급탄기
❷ 오른쪽 급탄기
❸ 장전기
❹ 장전용 Tray
❺ 급탄장치 용 Unit
❻ 발사가스 배출용 압축공기 봄베
❼ 포미
❽ 복좌 가드
❾ J3형 직접조준기
❿ J2형 파노라마 조준기
⓫ 사격통제장치 조작핸들
⓬ 포 콘트롤 패널
⓭ 포수석
⓮ 차장석
⓯ 장전수석
⓰ 무전수석

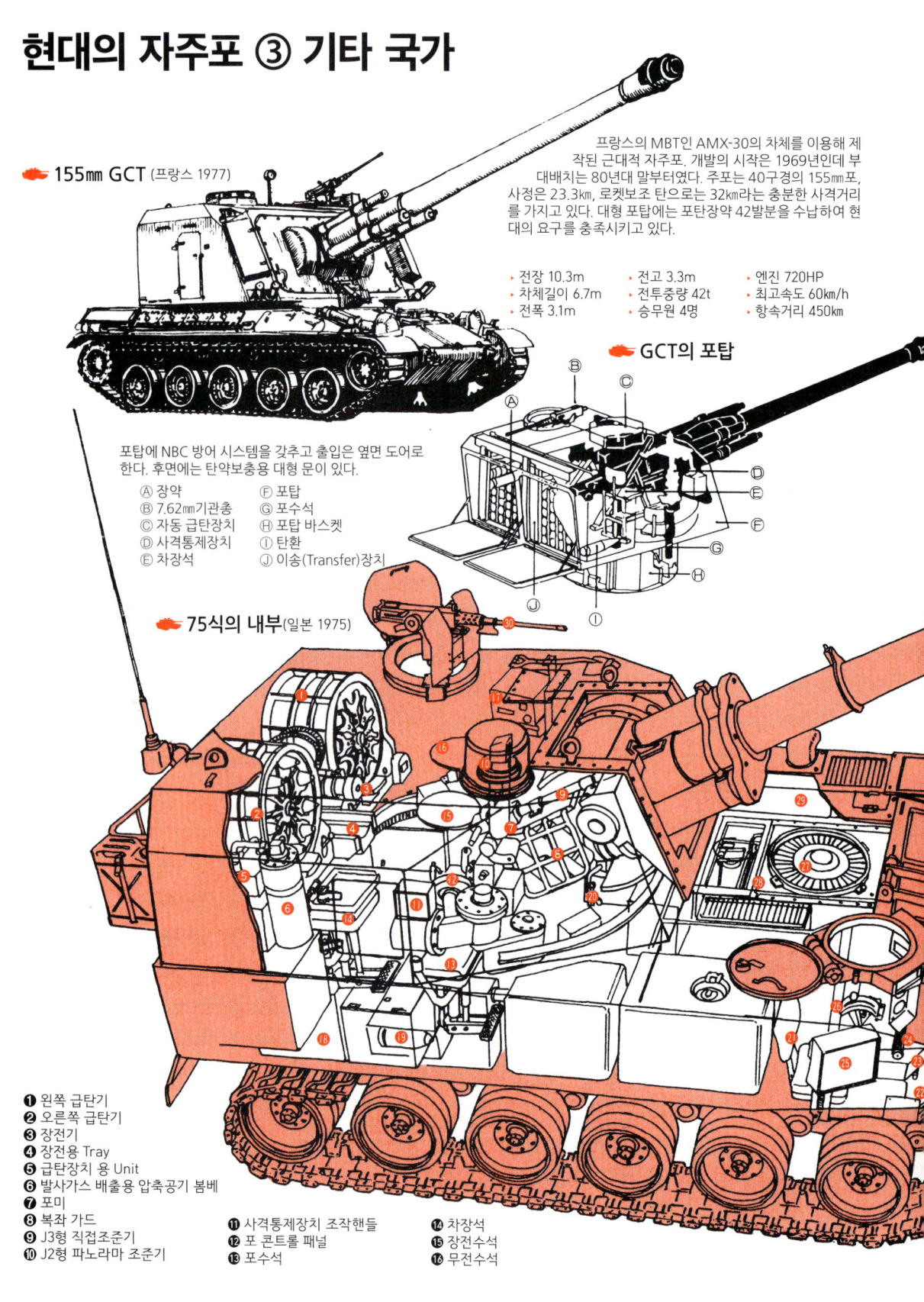

다양한 장갑차량 (2차대전~현재)

M110A1 203mm 자주포 (미국-일본 1976)

M107과 동시에 개발된 203㎜ 자주 유탄포이며 A1은 그 장포신형으로 신형 포탄을 발사할 수 있다. 일본에서는 84년부터 면허 생산하고 있다. 사정 20.6km.

M110A1
- 전장 10.73m
- 차체길이 5.72m
- 전폭 3.149m
- 전고 3.143m
- 전투중량 28.35t
- 승무원 5명
- 엔진 405HP
- 최고속도 55 km/h

75식 자주 155mm 유탄포 (일본 1975)

육상 자위대 특과(=포병과) 화력 근대화·자주화 계획에 따라 69년에 개발된 일본산 자주포. 155㎜포도 전후 최초의 순수 일본제로 30구경이다. 자동장전장치는 리볼버형 탄창 2기를 전동으로 회전시켜 3분간 18발을 사격할 수 있다. 차내에 포탄 10발, 장약 28발분, 신관 56발분을 탑재하며 최대 사정 19km.

(75식)
- 전장 7.8m
- 차체길이 6.7m
- 전폭 3.1m
- 전고 2.5m
- 전투중량 25t 승무원 6명
- 엔진 450HP
- 최고속도 47km/h
- 사정 19km

155mm 반드카논 1A (스웨덴 1966)

클립식 탄창에 14발을 수납하고 자동장전장치에 의해 첫 탄은 수동 장전하지만 그 후는 완전 자동장전으로 3초마다 발사 가능, 전 탄을 60초 내에 발사한다. 게다가 클립에 의한 재장전은 2분 내로 가능하다는 획기적 고속 사격성능을 가진 자주포였다. 그러나 제작비용이 높아 생산은 소수에 그쳤다. 장포신인 55구경 155㎜포의 좌우에 자동장전장치를 갖추고 재장전을 위해 크레인을 갖추고 있다.

- 전장 11m
- 차체길이 6.6m
- 전폭 3.4m
- 전고 3.9m
- 전투중량 53t
- 승무원 5명
- 최고속도 28km/h
- 최대 사정 25.6km

G6 155mm 자주포 (남아프리카 프랑스 1988)

남아프리카(남아 연방)의 LEW사가 개발한 차륜식 자주포로, 아프리카에서는 궤도식보다 차륜식이 기동성에 이점이 있다고 여겨졌다. 이런 클래스로는 체코슬로바키아의 DANA밖에 없다. 포탑은 360도 회전 가능하지만 사격 시에는 좌우 40도씩 제한된다. 45구경 155㎜ 캐넌 유탄포는 통상탄으로 30㎞라는 긴 사정이며 베이스 블리드탄으로는 39㎞가 된다.

- 전장 10.3m
- 차체길이 9.2m
- 전폭 3.4m
- 전고 3.8m
- 전투중량 46t
- 승무원 6명
- 엔진 525HP
- 최고속도 90km/h
- 항속거리 600km 최대

⑰ 무전기
⑱ 배터리 케이스
⑲ 바닥 포탄고
⑳ NBC 에어 클리너
㉑ 조종석
㉒ 액셀 페달
㉓ 브레이크 페달
㉔ 조향 Bar
㉕ 계기판
㉖ 변속 레버
㉗ 냉각팬
㉘ 미쓰비시 제 디젤엔진
㉙ 머플러
㉚ M2 중기관총
㉛ 30구경 155mm 유탄포

185

M2 / M3 전투차 (미국)

M2와 M3는 차체·포탑 모두 동일하며 성능도 같은데, M2가 보병용, M3이 정찰, 연락의 기병용 전투차란 목적으로 제작됐다. M1 전차 배치 후의 미군 기갑부대의 기본 장비로 되어있는 차량이다. 알루미늄 합금을 용접한 차체·포탑으로 앞 쪽에 엔진과 변속기를 배치한 Front Drive방식이다. 주행 장치 등의 핵심부는 공간장갑화하여 장갑 강화를 꾀하고 있다.

🛥 M2 / M3 브래들리 (1979)

▸ 전장 6.45m TOW미사일 발사기×1 ▸ 최고속도 66km/h
▸ 전폭 3.2m ▸ 전투중량 22.6(22.4)t ▸ 항속거리 483km
▸ 전고 2.5m ▸ 승무원 3+6(3+2)명
▸ 무장 25mm기관포×1 ▸ 엔진 506HP 터보 디젤

M2에서는 총안구가 있으며, 조준을 돕기 위한잠망경이 붙어있다. 정찰연락용의 M3에는 그것이 폐지되고 빈 공간에는 탄약을 적재하며 산악용 오토바이도 싣도록 되어 있다.

🛥 M2보병 전투차의 내부

❶ 방풍창
❷ 파넬 마커
❸ 조종수용 해치
❹ M60 예비 키트
❺ 보어사이트 키트
❻ 암시장치
❼ 연료탱크
❽ 연료탱크
❾ 구급상자
❿ 변속기
⓫ 엔진
⓬ 팬
⓭ 머플러
⓮ 차장
⓯ 포수
⓰ 소화기
⓱ 전투원
⓲ 7.62mm 탄창
⓳ 전투원
⓴ 5.56mm 탄창
㉑ 가스 마스크
㉒ 40mm 유탄발사기 부착 M16A1
㉓ 방사능 검지기
㉔ 기관총사수
㉕ 지휘관
㉖ 조종수
㉗ 총 도구
㉘ 가스 마스크
㉙ 미사일 사수
㉚ 미사일 랙
㉛ 소화기
㉜ 조명탄·지뢰 등 보관 장소
㉝ 소화기
㉞ 배전판

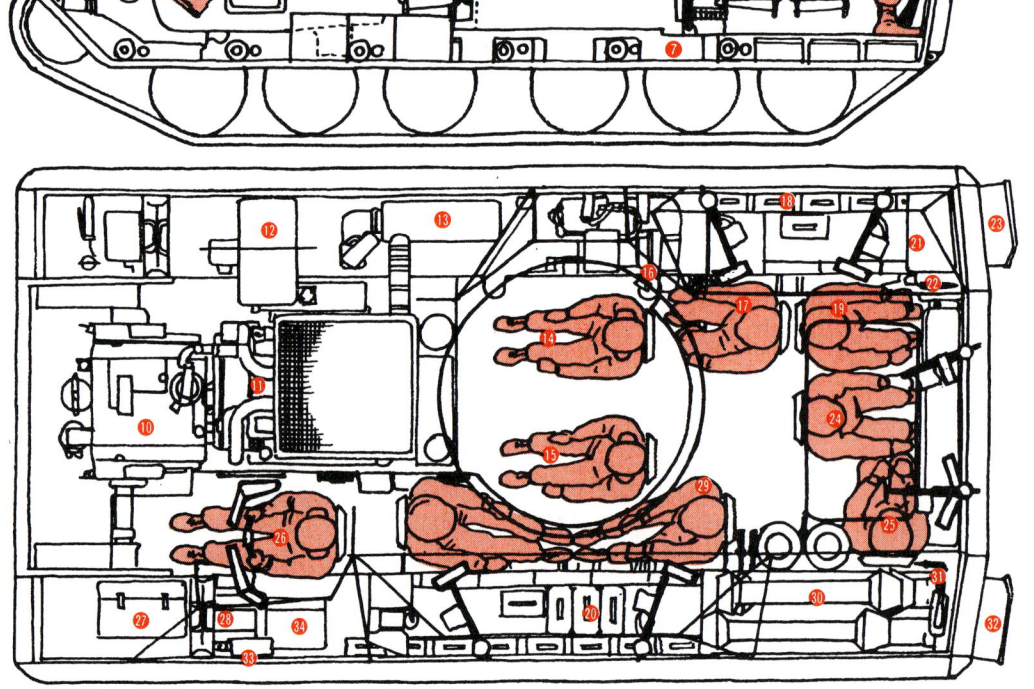

다양한 장갑차량 (2차대전~현재)

🔥 승무원 배치

M2A2

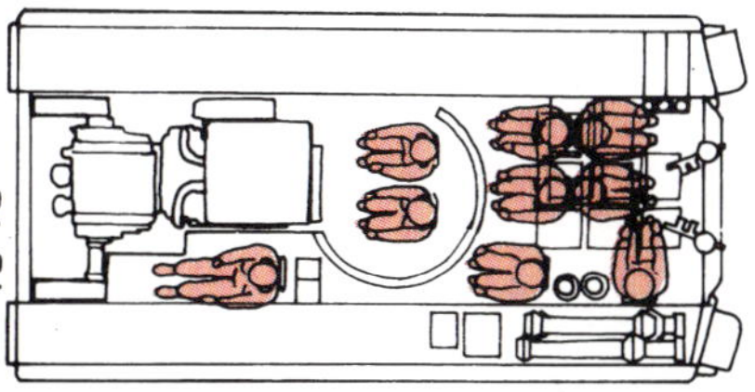

M3A2

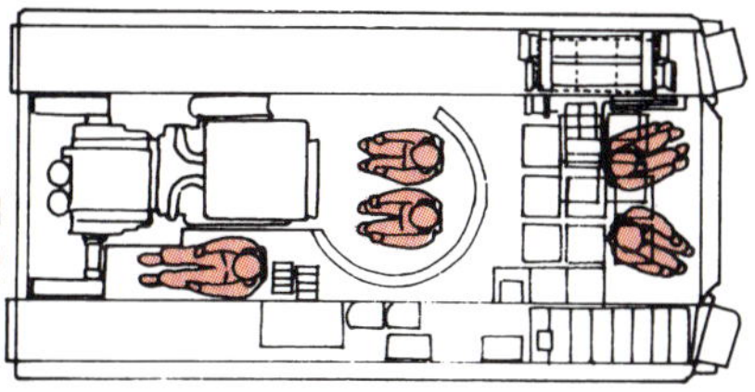

🔥 M2A2 / M3A2 (1990)

1인치 두께의 강판을 볼트로 고정하여 증가 장갑을 한 강화형. 게다가 반응 장갑도 장착 가능. 이 형식부터 M2에서도 Gun Port가 폐지됐다. 중량이 5톤 정도 늘어 기동력이 저하됐다.

🔥 M2A3 / M3A3 (1994)

M2/M3의 최종형으로 장갑이 더욱 강화됐다. 대전차용 HEAT 탄에도 견딜 수 있게 되었다. 이 전투차에서 파생된 형에는 구급차나 운반차, 정비차 등 많이 개발됐다.

① 조종수
② NBC 방호복
③ 정찰원
④ 화물용 해치
⑤ 25mm 탄창
⑥ M60 기관총
⑦ 변속기
⑧ 엔진
⑨ 팬
⑩ 머플러
⑪ 차장
⑫ 포수
⑬ 소화기
⑭ 배전기
⑮ TOW 배터리
⑯ 7.62mm 탄창
⑰ 오토바이
⑱ 필터
⑲ 조종수
⑳ 총 도구
㉑ 가스 마스크
㉒ 소화기
㉓ 배전기
㉔ 배터리
㉕ 7.62mm 탄창
㉖ 물 탱크

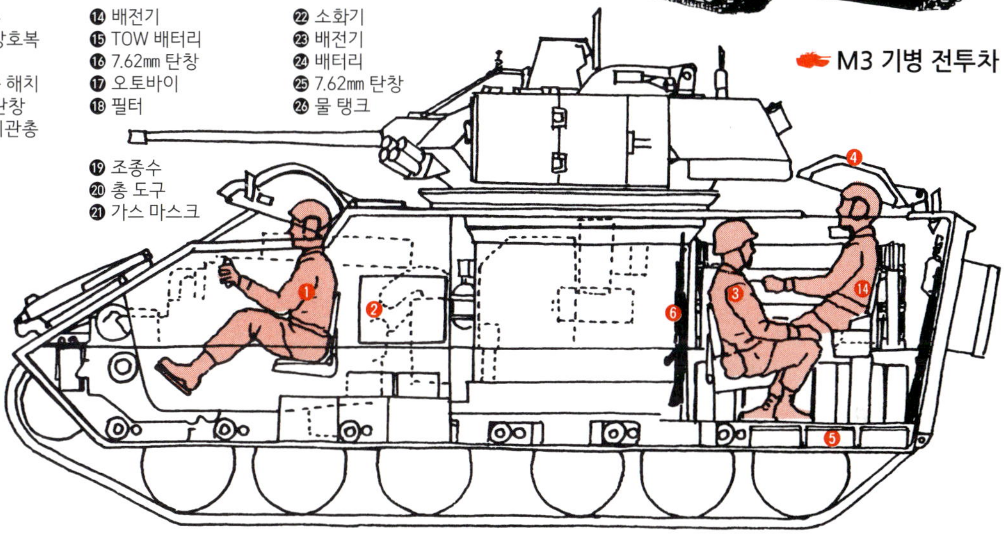

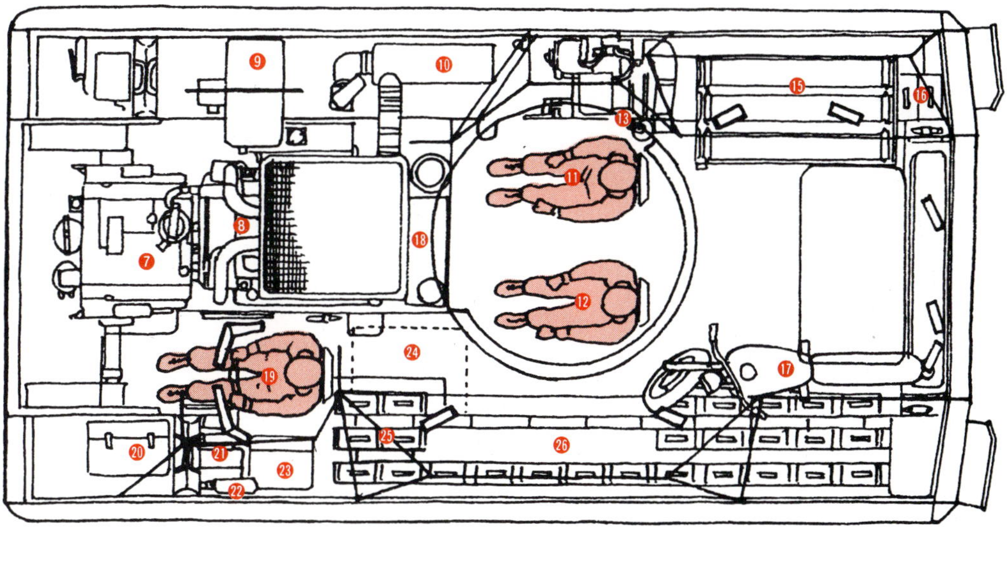

🔥 M3 기병 전투차

장갑 병력수송차 M113(미국)

전술의 근대화와 함께 전차를 주역으로한 기동력이 중시된 결과, 보병도 기계화되어 장갑 병력수송차가 탄생했다. 미 육군에서는 전술 핵(核)시대용으로 완전밀폐 장갑으로 뒷문에서 무장 탑승원이 신속히 하차할 수 있는 장갑차를 개발했는데 이것이 M113이며 1960년에 제식 채용되었다. 때마침, 베트남전쟁에서 최초로 월남군에 공여되고 후에 미 육군 외 주변국 파견군에게도 제공됐다. 1964년 9월부터 엔진이 가솔린에서 디젤로 바뀐 M113A1로 발전하였고, 이후 10개 동맹국에서 사용하고 있다. 생산 수도 7만대 이상 되는 사상 가장 성공한 APC(Armored Personnel Carrier : 장갑병력수송차)라 할 수 있다.

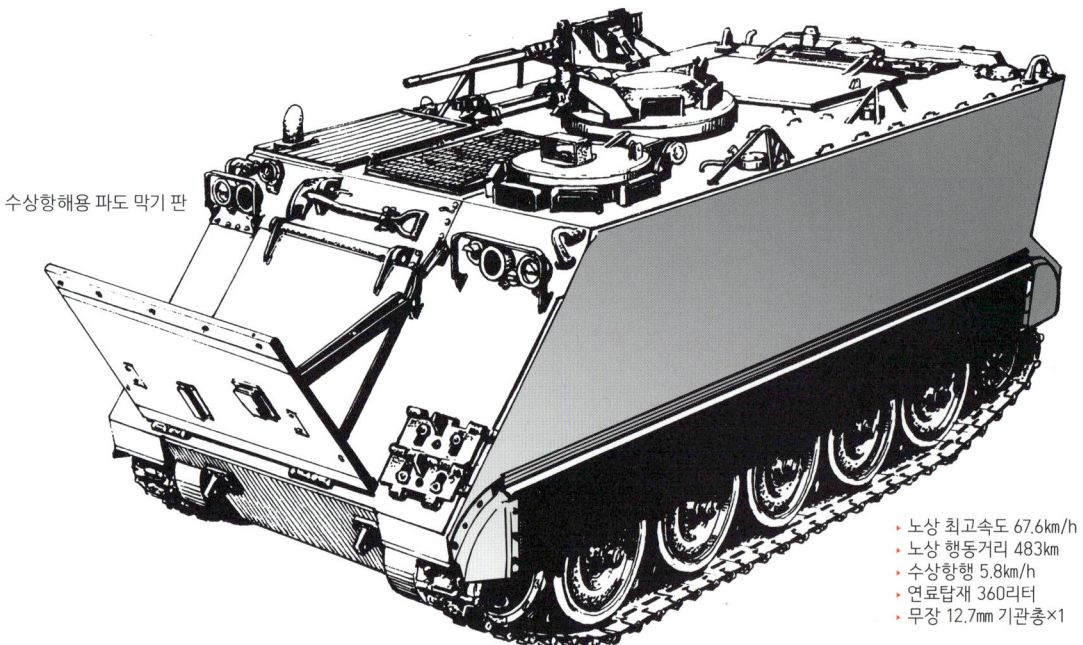

수상항해용 파도 막기 판

▸ 노상 최고속도 67.6km/h
▸ 노상 행동거리 483km
▸ 수상항행 5.8km/h
▸ 연료탑재 360리터
▸ 무장 12.7mm 기관총×1

(M113A1 데이터)
▸ 전투중량 11.6t
▸ 전장 4.863m
▸ 전폭 2.686m
▸ 전고 2.54m
▸ 최저 지상높이 0.406m

▸ 승무원 2명 병력 11명
▸ 캐터필러폭 38.1cm
▸ 엔진 디트로이트 디젤 6V53(6기통 수랭)
▸ 최대출력 215HP/2800rpm

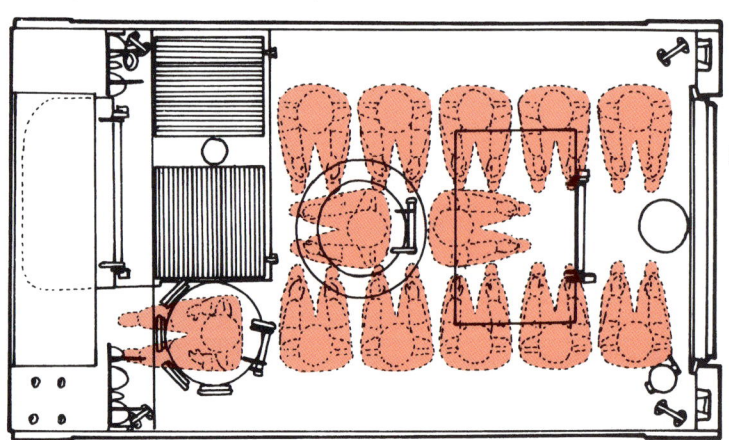

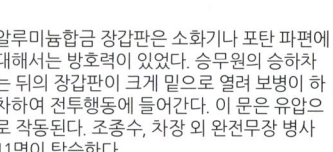

M113은 지뢰에 약해 실제로는 보병은 차체 위에 타는 경우가 많았다. 전투가 시작되면 안으로 뛰어 들어간다.

알루미늄합금 장갑판은 소화기나 포탄 파편에 대해서는 방호력이 있었다. 승무원의 승하차는 뒤의 장갑판이 크게 밑으로 열려 보병이 하차하여 전투행동에 들어간다. 이 문은 유압으로 작동된다. 조종수, 차장 외 완전무장 병사 11명이 탑승한다.

다양한 장갑차량 (2차대전~현재)

🔥 내부구조

차체 내부는 두 구획이며 앞쪽은 조종실과 동력실, 뒷부분은 탑승원실이 된다. 앞쪽 오른쪽 동력실에는 엔진, 트랜스미션 등이 배치된다. 정비를 용이하게 하기 위해 큰 동력실 도어가 있다.

■ 베리에이션과 현장의 개조

🔥 M577 지휘통신차

전선에서 지휘, 통신, 사격통제 등을 하는 외에 후부에 텐트를 쳐서 전투사령부로 할 때도 있다.

처음 방호판이 없었던 M113의 기관총은 베트남에서 기관총사수 사상자가 속출했다. 그 때문에 현장에서 급히 침몰선에서 떼어낸 연질 강판으로 방호판을 만들어 부착했다. 그러나 불충분하자 폐기차량의 장갑판을 이용했고 64년까지는 모든 M113이 개조되었다.

화력 증강을 위해 방호판 부착 M60 기관총 2정이 장착됐다.

🔥 M132A1

63년부터 베트남에서 사용된 화염방사차. 화염방사연료 탱크 4기 장비.

최대 150m까지의 화염을 최장 연속 32초간 방사한다.

🔥 M106, 107㎜ 자주 박격포

차체 후부에 107㎜ M30 박격포를 탑재. 차내에서도 발사가 가능한데, 지상으로 내려서 사용하기도 한다.

🔥 M163, 20㎜ 발칸 대공 자주포

사단 방공용으로 개발된 차량, 중고도이하에서 공격해 오는 적기를 20㎜ 발칸포로 응전.

🔥 M113의 화력증강형

M113은 각 차량마다 여러 가지로 개조됐다. 화력증강에는 왼쪽의 M75 대공 40㎜ 유탄발사기를 장비한 것이나 7.62㎜ 미니 건을 장비한 것도 있다. 기타 무반동포를 탑재한 차량도 있었다.

미국의 상륙 궤도차량

■ 2차 대전의 LVT

태평양전쟁 중 미군의 반공작전으로 섬에서 섬으로의 상륙에 불가결한 병기가 LVT였다. 로블링 앨리게이터를 해군이 개조했다. 그림처럼 캐터필러의 물갈퀴로 주행했다.

양륙함에서 발진하여 적전 상륙을 하는 차량. 수상에서는 스크류나 워터 젯으로 추진하는 것이 주류인데 종전에는 캐터필러의 물갈퀴로 저어 주행했다. 병력 수송 외에도 화포를 장비하거나 공병차량으로 개조되기도 했다. LVT는 수륙양용 궤도차, LVTP는 수륙양용궤도 병력수송차, AAV는 수륙양용 강습차(强襲車)의 약자.

🔥 로블링 앨리게이터 (1935)
로블링(Roebling)은 발명가 이름인데 살고 있던 플로리다의 습지에서 구조활동 목적으로 만든 차다. 이것이 후의 LVT의 원형이 되었다.

🔥 LVT2 '워터 버펄로' (1942)

🔥 LVT 앨리게이터 (1940)
기관총 2정을 장비. 강습 양륙함으로 사용되었다. 1940년에 채용. 승무원 2명, 적재량 2톤. 병력 16명, 과달카날에서 활약.

LVT1의 전훈에서, 상륙후의 작전사용을 고려하여 개량됐다. 육상주행을 19km/h에서 32km/h로 끌어 올렸다.
승무원 2명+병력 16명, 적재량 2.7톤. 7.62mm 기관총 2정 장비.

🔥 LVTA1 (1942)
포탑에 37mm 포를 탑재한 화력지원차로 LVT2의 개조형이다. 마셜 군도 작전에 활약. 초기 상륙부대의 보물 같은 존재였다.

🔥 LVT3 '부쉬마스터' (1945)
엔진의 배치를 바꿔 화물칸의 공간을 확대하고 뒤에 램프를 설치, 화물의 적재 및 하역을 쉽게 했다. 등장은 LVT4인데 오키나와 전투에 투입되고 전후에도 오래 사용되었다.
승무원 2명+병력 30명, 적재량 4톤. 최고속도 27km/h.

LVT3이나 LVT4는 후부 램프에 지프도 탑재할 수 있었다. 한국전쟁에서도 활약.

🔥 LVTA4 (1944)
M8 자주포인 75mm 유탄포를 탑재한 화력 지원형. LVT4의 개조형으로 포의 위력을 발휘했다. 승무원 6명 최고속도 24km/h.

🔥 LVT4 (1943)

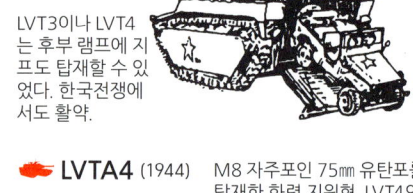

LVT3과 마찬가지로 엔진을 앞으로 옮기고 뒤에 램프를 설치했다. LVT 중 가장 많이 생산했고 사이판전투에 투입된 이래 LVT의 주력이 되었다. 승무원 2~7명+병력 30명, 적재량 3.9톤. 최고속도 육상 24km/h, 수상 12km/h

🔥 LVTH6 (1954)

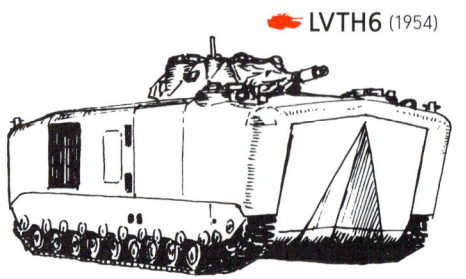

🔥 LVT5 '암 트랙' (1954)
한국전쟁 후 표준이 된 LVT. 오른쪽 LVTH6의 차체와 기본설계는 같다. 수송용이므로 기관총탑을 탑재했다.
승무원 2명+병력 30명, 긴급 시 45명까지 가능. 최고속도 48.3km/h.

해병대의 상륙작전에 사용되는 화력지원 LVT. 병력수송용 LVTP와 함께 사용. 105mm포를 탑재. 최고속도 44km/h

다양한 장갑차량 (2차대전~현재)

■ 현대의 수륙양용 장갑차

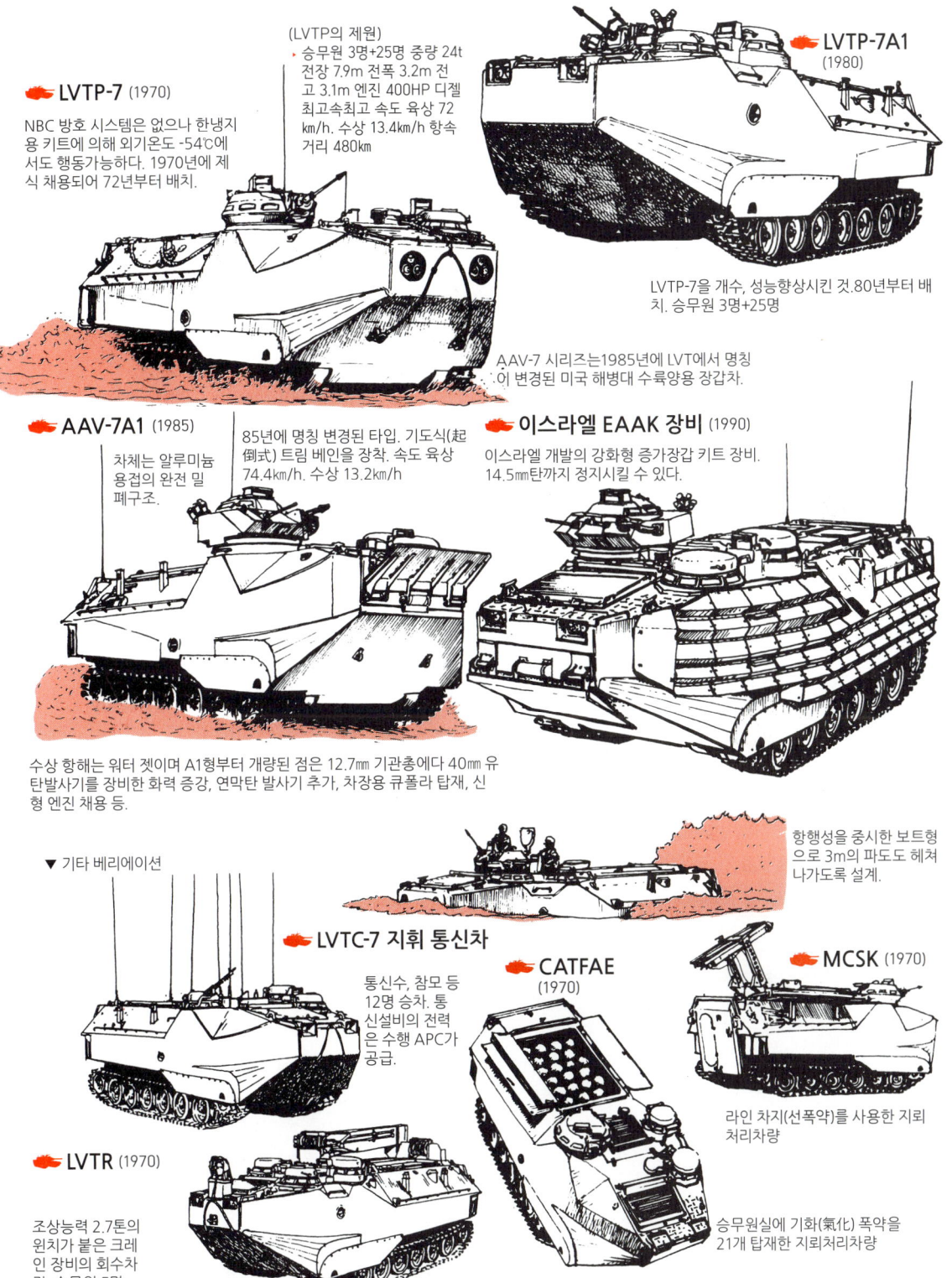

LVTP-7 (1970)
NBC 방호 시스템은 없으나 한랭지용 키트에 의해 외기온도 -54°C에서도 행동가능하다. 1970년에 제식 채용되어 72년부터 배치.

(LVTP의 제원)
승무원 3명+25명 중량 24t 전장 7.9m 전폭 3.2m 전고 3.1m 엔진 400HP 디젤 최고속최고 속도 육상 72km/h. 수상 13.4km/h 항속거리 480km

LVTP-7A1 (1980)
LVTP-7을 개수, 성능향상시킨 것. 80년부터 배치. 승무원 3명+25명

AAV-7 시리즈는 1985년에 LVT에서 명칭이 변경된 미국 해병대 수륙양용 장갑차.

AAV-7A1 (1985)
차체는 알루미늄 용접의 완전 밀폐구조.

85년에 명칭 변경된 타입. 기도식(起倒式) 트림 베인을 장착. 속도 육상 74.4km/h. 수상 13.2km/h

이스라엘 EAAK 장비 (1990)
이스라엘 개발의 강화형 증가장갑 키트 장비. 14.5㎜탄까지 정지시킬 수 있다.

수상 항해는 워터 젯이며 A1형부터 개량된 점은 12.7㎜ 기관총에다 40㎜ 유탄발사기를 장비한 화력 증강, 연막탄 발사기 추가, 차장용 큐폴라 탑재, 신형 엔진 채용 등.

▼ 기타 베리에이션

항행성을 중시한 보트형으로 3m의 파도도 헤쳐 나가도록 설계.

LVTC-7 지휘 통신차
통신수, 참모 등 12명 승차. 통신설비의 전력은 수행 APC가 공급.

CATFAE (1970)
라인 차지(선폭약)를 사용한 지뢰 처리차량

MCSK (1970)
승무원실에 기화(氣化) 폭약을 21개 탑재한 지뢰처리차량

LVTR (1970)
조상능력 2.7톤의 윈치가 붙은 크레인 장비의 회수차량. 승무원 5명.

소련의 장갑차량

베이스는 PT-76 수륙양용 정찰전차로 전 궤도식 병력수송차로는 소련 최초의 것이다. 초기 양산형의 P형은 상부개방형이었는데 이 K형부터는 밀폐식 차체로 바뀌었다. 이 차종도 다량 생산되었으며 동유럽을 비롯, 아랍 제국에 수출하기 위해 많은 베리에이션이 있다. 무장은 기관총 1정뿐이며 20명을 태울 수 있다. 주요 제원은 아래와 같다.

BTR-50K 수륙양용 병력수송차 (1957)

- 전장 7.08m
- 전폭 3.14m
- 전고 1.97m
- 중량 14.2t
- 승무원 2+20명
- 장갑 10~14mm
- 무장 7.62mm 기관총×1
- 엔진 240HP 수랭 디젤
- 최고속도 44km/h
- 수상 11km/h
- 항속거리 260km

❶ 계기판
❷ 조향 핸들
❸ 조종석
❹ 차장석
❺ TKH 쌍안 사이트
❻ '새거(Sagger)' 예비 미사일
❼ 양탄기
❽ 포수석
❾ 73mm 활강포 2A28
❿ 후부 하차보병석
⓫ Pkm 기관총
⓬ Akm 돌격총
⓭ AT-3 '새거(Sagger)' 대전차 유도미사일
⓮ 저격병용 잠망경
⓯ AKM 돌격소총
⓰ 파도막기 판
⓱ 엔진실
⓲ 연료 탱크 (좌우 병사 칸 사이)
⓳ 후부 문 (아래 반은 연료 탱크)

BMP 보병 전투차 시리즈

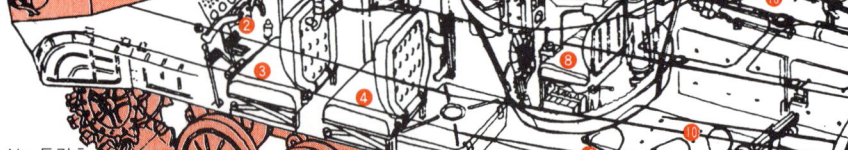

BMP-1 보병 전투차 (1966)

2차 대전 후, 소련은 늦어지고 있던 보병의 기계화에 착수했다. 시작은 장갑 병력수송차 BTR 시리즈를 개발하여 주력 장비로 했다. 다음으로 위의 BTR-50의 후계로서 BMP 시리즈가 개발됐다. 그러나 이 BMP-1은 종전과 다른 혁명적 콘셉트를 가진 선구적인 보병 전투차였다. 차체에 총안(銃眼)을 설치하여 승차 보병이 차내에서 전투가 가능하게 되고 탑재무기나 차량의 메카니즘도 대폭 강화됐다. BMP-1은 82년까지 생산이 계속되어 동유럽, 중동, 아프리카 등에 널리 사용됐다.

- 전장 6.74m
- 전폭 2.94m
- 전고 2.15m
- 중량 3.5t
- 승무원 3+8명
- 무장 73mm 활강포×1
- 7.62mm 기관총×1
- 대전차미사일 발사통×1
- 엔진 300HP 수랭 디젤
- 최고속도 80km/h
- 수상 7km/h
- 항속거리 500km

BMP-2 보병 전투차 (1982)

BMP-1의 개량형으로 새로 설계한 대형 포탑을 탑재했다. 이 때문에 탑승인원이 1명 줄었다. 탑재포는 포신이 긴 30mm 기관포로 되었다. 이 포는 장갑 관통력이 활강포보다 우수했다. 장비한 대전차 미사일은 AT-5이다.

- 전장 6.73m
- 전폭 3.15m
- 전고 2.45m
- 중량 14.3t
- 승무원 3+7명
- 무장 30mm 기관포×1
- 7.62mm 기관총×1
- 대전차미사일 발사기×1
- 엔진 300HP 수랭 디젤
- 최고속도 65km/h
- 수상 7km/h
- 항속거리 550~600km

BMP-3 보병 전투차 (1990)

BMP 시리즈의 최종형인데 약간 차체가 크고 내부 배치도 다르며 단순한 발전형은 아니다. 무장은 전차라 해도 좋을 만큼 강력하여 100mm 미사일 발사 겸용 활강포를 탑재하고 동축에 30mm 기관포, 게다가 차체 전면 좌우에 기관총을 추가하여 세계제일의 중무장 보병전투차였다.

- 전장 6.72m
- 전폭 3.3m
- 전고 2.45m
- 중량 18.7t
- 승무원 3+7명
- 무장 100mm 미사일발사 겸용 활강포 30mm 기관포×1 7.62mm 기관총×3
- 엔진 450~600HP
- 최고속도 70km/h
- 수상 10km/h
- 항속거리 600km

다양한 장갑차량 (2차대전~현재)

■ BMD 보병 전투차 시리즈

이 BMD 시리즈는 소련군 공수부대용 전투차이다. 소련의 공수부대는 착륙 후 즉시 본격적 전투행위로 들어가도록 장갑기계화와 대전차 전투능력을 주게 하려고 이 BMD을 개발한 것이다. 당연히 공수와 낙하산 강하가 조건이며 또한 항해성도 갖추고 있다. 차체는 소형 경량, NBC 방어력과 대전차능력이 있는 장갑방어력을 갖췄다. 항해 추진력은 워터 젯(Water Jet)방식이다. 승무원은 차량전단 2명과 전투병 5명의 계7명으로 이들이 공수부대 1개 분대를 구성한다. 유기압식 현가장치로 차체 높이를 조정할 수 있다. 아래 그림은 착륙 직후의 BMD-1이며 전륜을 완전히 끌어올려 차체 바닥부분을 설치하도록 했다.

BMP 시리즈의 승무원 배치

BMP-1 / BMP-2 / BMP-3

❶ 조종수 ❷ 차장 ❸ 포수 ❹ 차체 앞 기관총사수(보병)

BMP-2: 좌석을 줄이고 병사 칸을 분리했다.
BMP-3: 전면장갑을 두껍게 하고자 엔진을 뒤로.

BMD-1 공수전투차

❶ 파도 막기 판
❷ 대전차 미사일
❸ 기관사 겸 조종수 해치
❹ 주포 앙각장치
❺ 주포 조준기
❻ 조준수 해치
❼ 포탄
❽ 병사 해치
❾ 투시장치
❿ 워터 젯 추진 장치
⓫ 엔진
⓬ 에어 클리너
⓭ 조준수석
⓮ 캐터필러 늘림 장치
⓯ 기관사 겸 조종수석
⓰ 캐터필러 연장 장치

- 전장 5.4m
- 전폭 1.97m
- 전고 2.63m
- 중량 7.5t
- 승무원 3+4명
- 무장 73mm 활강포×1, 7.62mm 기관총×3
- 엔진 240HP
- 최고속도 70km/h, 수상 10km/h

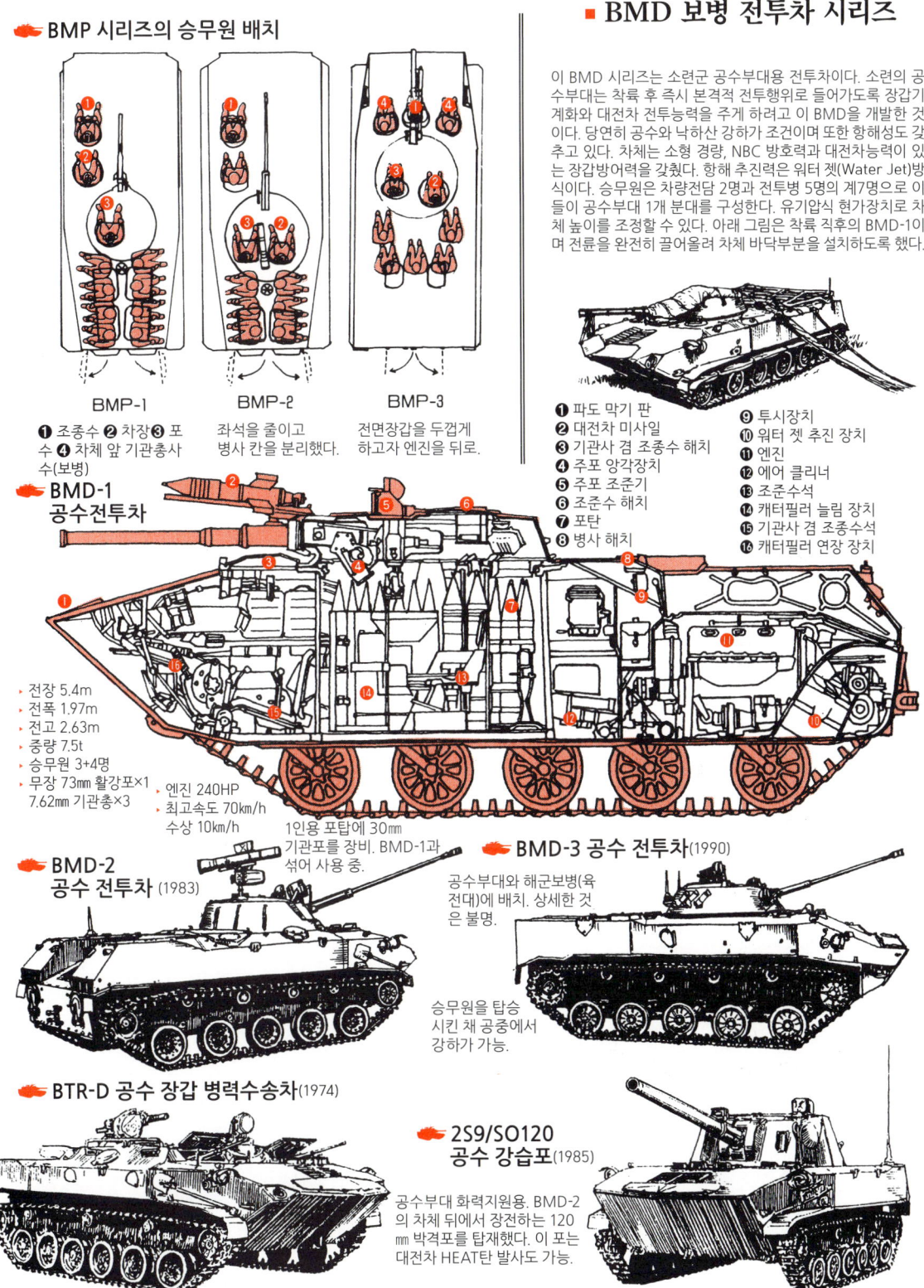

BMD-2 공수 전투차 (1983)

1인용 포탑에 30mm 기관포를 장비. BMD-1과 섞어 사용 중.

BMD-3 공수 전투차 (1990)

공수부대와 해군보병(육전대)에 배치. 상세한 것은 불명.

승무원을 탑승시킨 채 공중에서 강하가 가능.

BTR-D 공수 장갑 병력수송차 (1974)

BMD-1의 병사 칸을 확대한 병력 수송 전용형. 승무원은 3+11명. 고정무장은 없으나 총안이 있어 전투는 가능.

2S9/SO120 공수 강습포 (1985)

공수부대 화력지원용. BMD-2의 차체 뒤에서 장전하는 120mm 박격포를 탑재했다. 이 포는 대전차 HEAT탄 발사도 가능.

독일의 보병용 전투차량

원래 보병이란 문자 그대로 걷는 것인데, 기갑부대의 등장으로 기계화되어 장갑병력수송차(APC)로 이동하게 되었다. 이 APC에 화력을 갖춘 것이 보병 전투차(MICV)며 옛 서독에서는 MICV의 선진국으로 많은 나라에 영향을 주고 있다. 오늘날에는 걸프전쟁과 같은 정규군이 대규모로 정면충돌하는 일이 별로 없고 국지분쟁이나 게릴라 상대이기 때문에 MBT의 중화력이 유효하다고는 말할 수 없다. 오히려 각종 장갑전투차(AFV)를 대량으로 갖추는 것이 효과적이라는 주장도 있다.

SPZ12-3 보병전투차 (1960)

서독 육군이 개발한 전후 최초의 차량. 베이스는 스위스의 이스파노 수이자 사의 대공자주포이다. 보병 전투차 개념으로는 세계 최초. 그러나 승하차는 천정 해치뿐으로 사격할 때는 밖으로 몸을 내밀어야하는 등 불편한 점이 많았다.

- 승무원 3+5명
- 전장 6.31m
- 전폭 2.54m
- 전고 1.85m
- 중량 14.6t
- 무장 20mm 기관포×1 7.62mm 기관총×1
- 최고속도 58km/h

마더(marder)-1의 구조 (1967)

SPZ 12-3은 NBC 방호력이 없고 등장한 레오파르트 전차를 따라갈 기동력이 없어 마더를 개발하게 되었다. SPZ 12-3의 결점을 개량한 본격적 전투차로 측면에는 총안을 배치, 원격조작의 7.62㎜ 기관총탑을 장착했다. 포탑은 2인용의 트라니언마운트 방식으로 20㎜ 기관포와 동축으로 7.62㎜ 기관총을 탑재했다. 같은 급의 전투차와 비교하면 장갑도 강하나 그 대신 도하능력은 없다. 사용이 편리해 각종 개조차량도 제작됐다. 1975년까지 2,136대가 생산됐다.

- 전장 6.79m
- 전폭 3.24m
- 전고 2.95m
- 전투중량 28.2
- 승무원 4+6명
- 무장 20mm 기관포×1 7.62mm 기관총×2
- 엔진 600HP 디젤
- 최고속도 75km/h
- 항속거리 520km

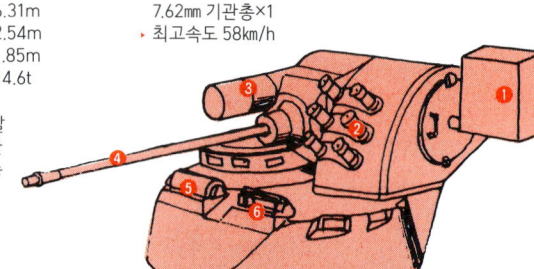

❶ 적외선·백색광 투사기
❷ 연막탄 발사기
❸ 7.62mm 기관총
❹ 20mm 기관포
❺ 차장용 잠망경
❻ 포수용 잠망경
❼ CBR 방호장치
❽ 탄약상자
❾ 디젤 엔진
❿ 에어 필터
⓫ 변속기
⓬ 디스크 브레이크
⓭ 조향 핸들
⓮ 액셀 페달
⓯ 브레이크 페달

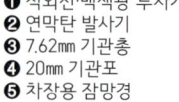
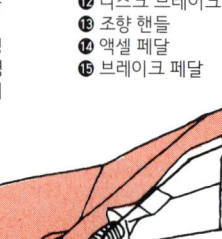

⓰ 선회 레버
⓱ 조종석
⓲ 관측수석
⓳ 계기판
⓴ 연료탱크
㉑ 무전기
㉒ 배터리
㉓ 사격 포트
㉔ 연료탱크
㉕ 냉각 팬
㉖ 병사석
㉗ 라디에이터
㉘ 에어 덕트
㉙ 난방장치
㉚ 원격조작 총탑

다양한 장갑차량 (2차대전~현재)

🔸 마더-1A2 보병 전투차 (1984)

마더는 A1부터 A3까지의 개수형이 있으며 외국 사양의 수출형도 생산됐다. 따라서 무장이나 장갑도 다양하다. 현재 독일에서 생산되고 있는 것은 밀란(Milan) 대전차미사일 발사기를 탑재한 것, 공간 장갑인 것 등이 있으며 또 NBC방어 시스템을 강화한 것도 있다. 파생형으로는 포탑을 제거하고 레이더를 탑재한 것, 롤란트(Roland) 지대공 미사일을 탑재한 것도 개발되고 있다.

🔸 마더-2 보병 전투차 (1991)

본 차는 마더-1의 후계로 개발된 것인데 독일 통일, 소련의 붕괴 등 국내외 정세의 급격한 변화와 통일 후의 재정난으로 계획이 재검토되고 있다. 현재는 마더-1A3의 개수계획 쪽으로 진행되고 있는 듯하다.

🔸 비젤(Wiesel) 공수장갑차 (1989)

일본의 경자동차들과 같은 초소형 장갑차. 서독 공수부대용으로 개발됐다. 각종 파생형이 계획되고 있으며 TOW 대전차 미사일을 장비할 TOWA1, 20㎜ 기관포를 장비할 정찰형 Mk20A1 등이 있다. 수송기 C-160으로 4대, C-130으로 3대, CH-53 헬리콥터라면 2대의 적재가 가능하다. TOW나 롤란트 등의 장비 병기의 국제적 공통화나 공동개발은 현재의 특징 중의 하나이다.

(TOWA1 제원)
- 전장 3.265m
- 전폭 1.82m
- 전고 1.875m
- 전투중량 2.75t
- 승무원 3명
- 엔진 87HP 5기통 터보 디젤
- 최고속도 80km/h
- 항속거리 200km

🔸 비젤 공수장갑차의 내부

- Ⓐ 엔진(5기통 디젤)
- Ⓑ 댐퍼
- Ⓒ 기동륜
- Ⓓ 자동변속기
- Ⓔ 브레이크 시스템
- Ⓕ 난방·환기장치
- Ⓖ 조향장치
- Ⓗ 계기판
- Ⓘ 조종수용 해치
- Ⓙ 냉각장치
- Ⓚ 외부장착 연료탱크
- Ⓛ 유도륜

영국의 장갑 전투차 스콜피온

1964년경부터 개발이 시작된 소형 궤도식 전투차. 군의 요구가 다양해, 주야간의 넓은 시야, 고배율의 투시력을 갖으며 고속의 주행성에 뛰어난 항해성을 가진다는 기동력 있는 고성능정찰차를 요구했다. 게다가 보병부대의 화력지원이나 대전차 전투성능을 가진 경전차의 성격도 요구했다. 제식화는 1970년이 되어서였는데 여기서부터도 많은 파생형도 생겨나, 하나의 계열(family)을 형성했다. 정찰차, 회수차, 병력수송차, 대전차미사일 탑재차 등도 개발되었고 수출형의 사양도 다양하다. 중량은 모두 8톤대로 그중에는 7톤급도 있으며 경량이다.

스콜피온(Scorpion) 경전차 (1970)

장갑판을 알루미늄 합금제로 하여 경량화하여 C-130으로 2대를 실을 수 있다. 대형 헬기에 매달아 공수할 수도 있다. 경량이지만 소구경의 직격탄이나 파편 정도는 견디게끔 되어있다. 차체 주위에 부양 스크린을 붙이면 수상 항해도 가능하다. 제조는 알비스(Alvis)사이며 명칭은 모두 머리글자가 S로 시작되는 단어로 했다.

- 전장 4.572m
- 전폭 2.235m
- 전고 2.102m
- 전투중량 7.983t
- 무장 76㎜포×1 7.62㎜기관총×1
- 엔진 190HP

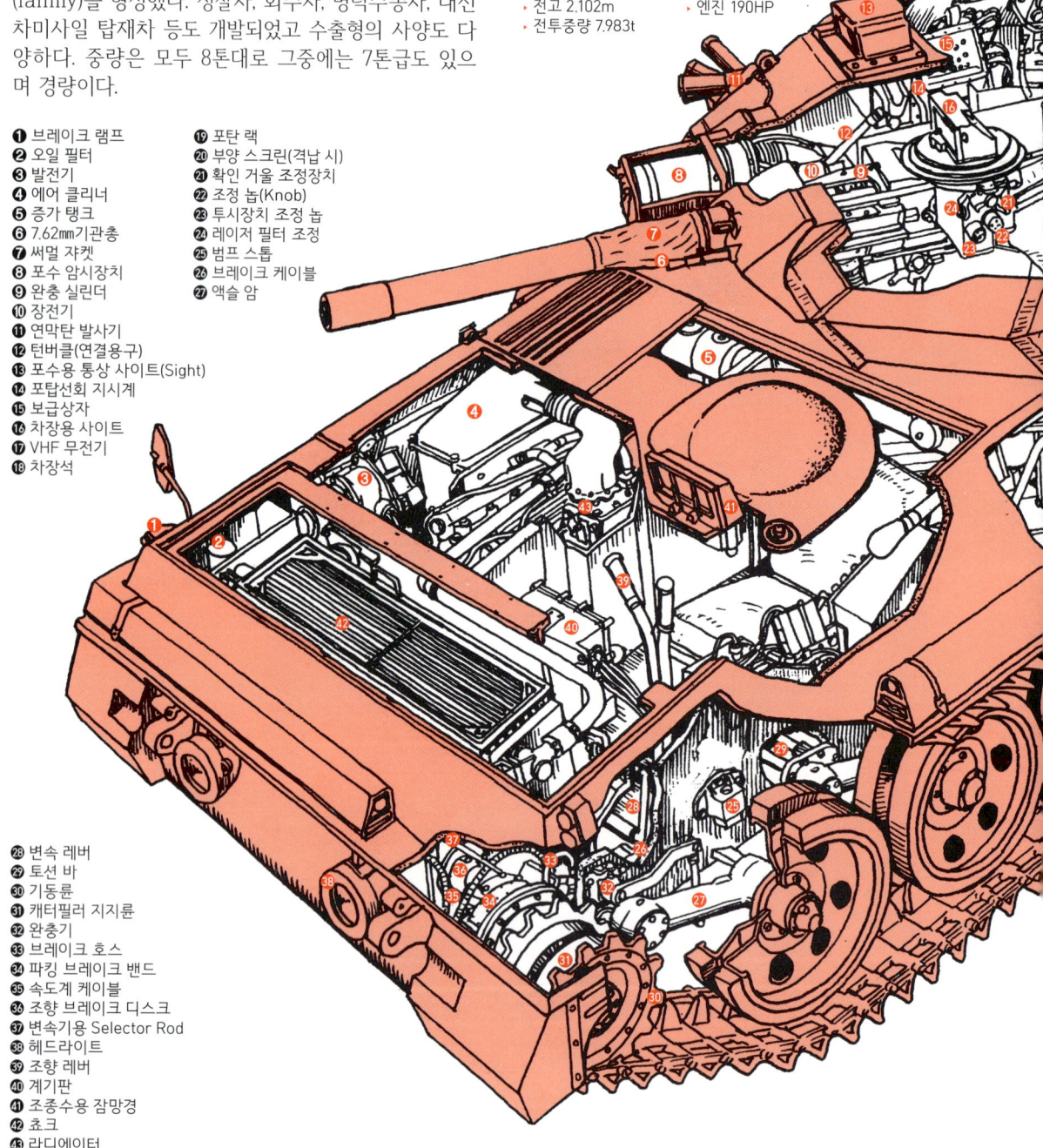

1. 브레이크 램프
2. 오일 필터
3. 발전기
4. 에어 클리너
5. 증가 탱크
6. 7.62㎜기관총
7. 써멀 쟈켓
8. 포수 암시장치
9. 완충 실린더
10. 장전기
11. 연막탄 발사기
12. 턴버클(연결용구)
13. 포수용 통상 사이트(Sight)
14. 포탑선회 지시계
15. 보급상자
16. 차장용 사이트
17. VHF 무전기
18. 차장석
19. 포탄 랙
20. 부양 스크린(격납 시)
21. 확인 거울 조정장치
22. 조정 놉(Knob)
23. 투시장치 조정 놉
24. 레이저 필터 조정
25. 범프 스톱
26. 브레이크 케이블
27. 액슬 암
28. 변속 레버
29. 토션 바
30. 기동륜
31. 캐터필러 지지륜
32. 완충기
33. 브레이크 호스
34. 파킹 브레이크 밴드
35. 속도계 케이블
36. 조향 브레이크 디스크
37. 변속기용 Selector Rod
38. 헤드라이트
39. 조향 레버
40. 계기판
41. 조종수용 잠망경
42. 쵸크
43. 라디에이터

다양한 장갑차량 (2차대전~현재)

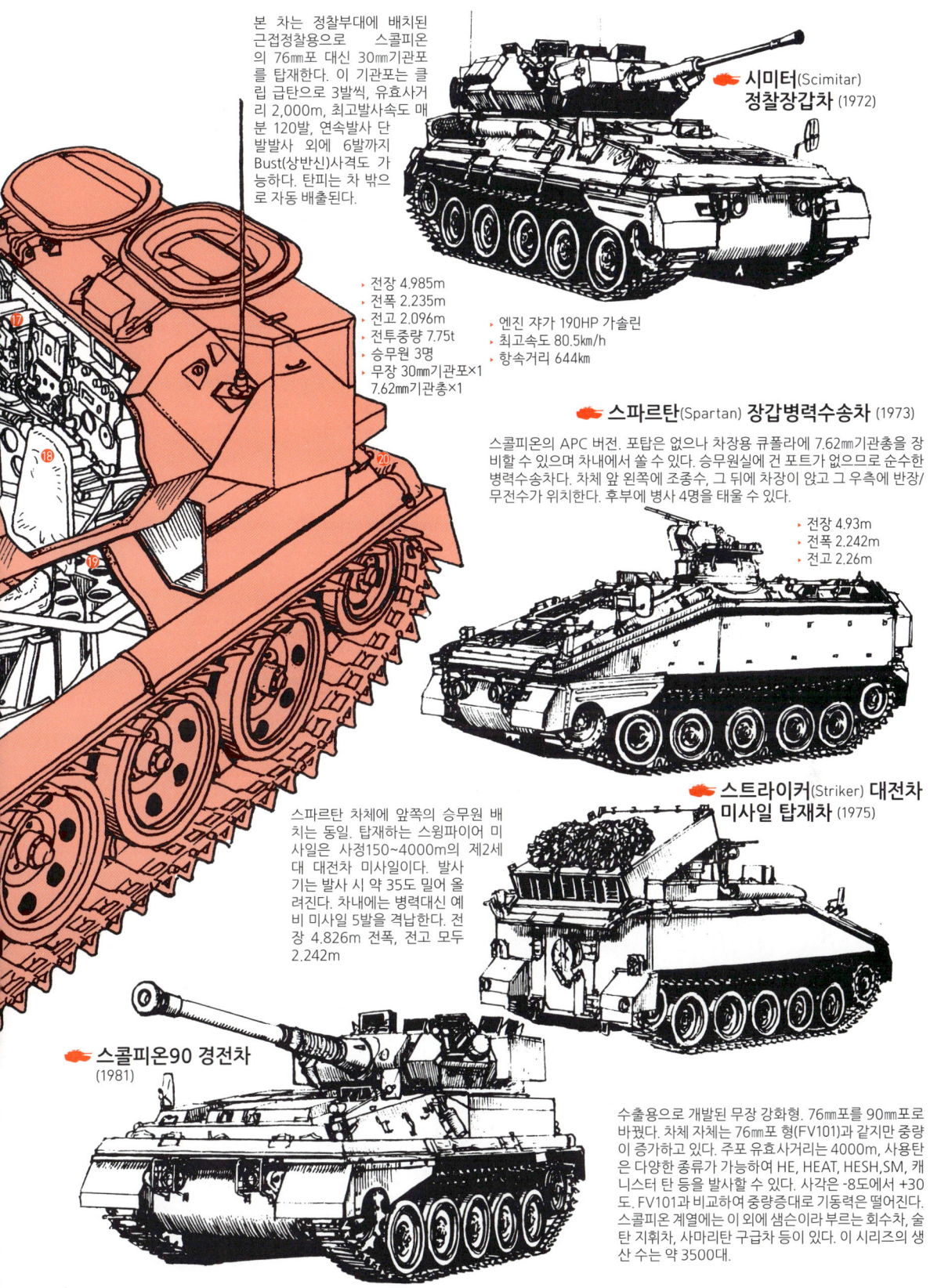

본 차는 정찰부대에 배치된 근접정찰용으로 스콜피온의 76mm포 대신 30mm기관포를 탑재한다. 이 기관포는 클립 급탄으로 3발씩, 유효사거리 2,000m, 최고발사속도 매분 120발, 연속발사 단발발사 외에 6발까지 Bust(상반신)사격도 가능하다. 탄피는 차 밖으로 자동 배출된다.

시미터(Scimitar) 정찰장갑차 (1972)

- 전장 4.985m
- 전폭 2.235m
- 전고 2.096m
- 전투중량 7.75t
- 승무원 3명
- 무장 30mm기관포×1 7.62mm기관총×1
- 엔진 쟈가 190HP 가솔린
- 최고속도 80.5km/h
- 항속거리 644km

스파르탄(Spartan) 장갑병력수송차 (1973)

스콜피온의 APC 버전. 포탑은 없으나 차장용 큐폴라에 7.62mm기관총을 장비할 수 있으며 차내에서 쏠 수 있다. 승무원실에 건 포트가 없으므로 순수한 병력수송차다. 차체 앞 왼쪽에 조종수, 그 뒤에 차장이 앉고 그 우측에 반장/무전수가 위치한다. 후부에 병사 4명을 태울 수 있다.

- 전장 4.93m
- 전폭 2.242m
- 전고 2.26m

스트라이커(Striker) 대전차 미사일 탑재차 (1975)

스파르탄 차체에 앞쪽의 승무원 배치는 동일. 탑재하는 스윙파이어 미사일은 사정150~4000m의 제2세대 대전차 미사일이다. 발사기는 발사 시 약 35도 밀어 올려진다. 차내에는 병력대신 예비 미사일 5발을 격납한다. 전장 4.826m 전폭, 전고 모두 2.242m

스콜피온90 경전차 (1981)

수출용으로 개발된 무장 강화형. 76mm포를 90mm포로 바꿨다. 차체 자체는 76mm포 형(FV101)과 같지만 중량이 증가하고 있다. 주포 유효사거리는 4000m, 사용탄은 다양한 종류가 가능하여 HE, HEAT, HESH,SM, 캐니스터 탄 등을 발사할 수 있다. 사각은 -8도에서 +30도. FV101과 비교하여 중량증대로 기동력은 떨어진다. 스콜피온 계열에는 이 외에 샘슨이라 부르는 회수차, 술탄 지휘차, 사마리탄 구급차 등이 있다. 이 시리즈의 생산 수는 약 3500대.

일본의 장갑차량

일본 육상 자위대의 차량은 전차나 자주포와 같은 전투차량 외에 트럭 등의 일반 차량, 불도저, 크레인차 등 시설차량이 있다. 전투차량에는 화력만 아니라 기동력이나 자동화에 중점을 둔 것이 최근의 특징이다.
그 때문에 경량화와 고출력화가 진행되고 있다. 또, 자위대의 일반차량이라면 미쓰비시제 지프의 이미지가 강한데, 근년에 노면 외 황지를 주행할 수 있는 우수한 10인승 고기동차가 신규 조달되어 주목을 받고 있다. 또 화포로는 203mm라는 육상자위대로써는 최대의 자주 유탄포가 도입되고 있다.

87식 자주 35mm 고사기관포 (1987)
탐색 레이더, 추적 레이더, 사격통제장치가 일체화되어 제어하는 스위스제 오리콘KDA 35mm 고사기관포.

- 전장 7.99m
- 전폭 3.18m
- 전고 4.4m
- 전투중량 38t
- 승무원 3명
- 속도 53km/h

89식 장갑 전투차 (1989)
79식 중(重)MAT의 발사
오리콘KDA 35mm기관포
7.62mm 동축 기관총
레이저 검지기
대전차용 중(重) MAT×2
건 포트

- 전장 6.8m
- 전폭 3.2m
- 전고 2.5m
- 전투중량 26.5t
- 최고속도 70km/h
- 승무원 10명

차장, 포수, 조종수 외 전투원 7명으로 각각의 총안이 있다. 프론트 엔진이며 차내는 넓다.

M15A1 자주 고사기관포 (1943)
2차 대전 때 미국이 개발한 차량으로 일본에 공여한 것. 37mm기관포 양 옆에 12.7mm 기관총 장비. 베이스인 하노 트럭은 대전 중부터 많은 베리에이션이 있다.

73식 장갑차 (1973)
60식 장갑차 후계차로 개발되어 73년에 제식화, 다음 해부터 장비됐다. 병력수송의 경우 12명 승차 가능. Off Road(노면 외 황지)에서도 주행성이 우수하다. 차내 사격이 가능하고 항해성도 있다.

- 전장 5.8m
- 전폭 2.9m
- 전고 2.21m
- 중량 13.3t
- 최고속도 육상 60km/h 수상 6km/h

화학 방호차 (1989)
유독가스나 방사능에 의한 오염지역 내에서 행동 가능한 장갑차. 82식 지휘통신차를 개조한 것으로 차내에 공기정화장치에 의해 가스 마스크 없이 시료채취, 가스 검지 등을 할 수 있다. 승무원 4명. 화학부대에 배치.

87식 정찰경계차 (1989)
정찰부대 배속의 6륜 장갑차. 최고속도 80.5km/h 승무원 3명. 25mm 기관포 탑재.

다양한 장갑차량 (2차대전~현재)

60식 105mm 자주 무반동포 (1960)
1955년에 개발, 60년에 제식 채용된 역사 있는 자위대 오리지널 차량. 소형전차에 2연장 무반동포를 탑재했다.

전고는 1.38m로 낮아 매복 기습 전법에 특화되어 있고, 일본 지형에도 맞는 차량.

12.7mm M2기관총 장비. 그 외에 7.62mm기관총을 장비하기도 했다.

60식 107mm 자주 박격포 (1960)
이것도 60년 이후 기계화 보병부대의 중심 적 화력. 60식 장갑차 차체 내부를 개조, 사격 명중률이 좋은 107mm박격포를 탑재. 이외, 12.7mm M2 중기관총 장비.

60식 장갑차 (1960)
육상 자위대의 일본산 장갑차량으로서 가장 먼저 개발된 차량의 하나. 차체 후부의 전투원실에 6명을 태울 수 있다. 72년에 생산이 중단되고 후계 73식 장갑차가 등장했는데 비싸기 때문에 이 차량이 당분간 사용되었다.

▸ 전장 4.85m   ▸ 전투중량 11.8t
▸ 전폭 2.4m   ▸ 최속속도 45km/h
▸ 전고 1.89m   ▸ 승무원 4+6명

82식 지휘 통신차 (1982)
6륜의 전투용 타이어를 장착한 자위대 최초의 전체 바퀴식 장갑차. 북해도에 우선 배치되었다. 8인승, 시속 100km/h

87식 탄약차 (1987)
203mm 유탄포와 동행하며 탄약을 보급한다. 적재탄수 50발. 73식 견인차를 개조한 것. 승무원 8명.

한번에 10발을 들어올리는 1톤 크레인이 있다.

고기동차 (1993)
장갑차는 아니나 미군의 험머와 닮은 고속 기동차. 최저 지상고가 높고 타이어 공기압을 조정할 수 있다. 승무원 10명으로 짚차와 중형 트럭의 성격을 겸비한 다목적 일반차량.

신 다연장 로켓 시스템 MLRS (1992부터 도입)
미군의 MLRS를 채용, 로켓탄은 전장 3.9m, 최고 사정 30,000m. 전폭 3m 전고 2.6m에 승무원 3명.

88식 지대함 유도탄 (1988)
74식 특대형 트럭에 6기의 발사대를 탑재. 사정 110km 이상. 전장 3.9m 동체 직경 35cm의 순항 미사일로 고체 로켓과 소형 제트를 병용, 처음엔 관성유도이지만 나중에는 액티브 레이더 호밍방식.

각국의 보병전투차와 장갑 병력수송차

🔻 FV432 장갑 병력수송차 (영국 1963)

영국 육군은 2차 대전 후에 주로 차륜식 장갑 병력수송차(APC)를 사용했으므로 궤도식 APC 개발은 늦었다. 본 차는 1963년에 기갑대대의 표준 APC로써 채용되어 71년까지 약 3000대가 생산됐다. 무장은 상부 기관총만으로 병력수송차의 표준적 구성이다. 수송병력 10명 + 승무원 2명. 이 차량을 바탕으로 많은 베리에이션이 만들어졌다.

- 전장 5.3m
- 전폭 2.8m
- 전고 2.3m
- 전투중량 15t
- 승무원 3명
- 엔진 240HP
- 최고속도 60km/h

🔻 워리어(Warrior) (영국 1980)

MCV80이라는 이름으로 90년에 채용되어 5년간이나 테스트를 거쳐 워리어라 명명되어 양산됐다. 방어력은 FV432보다 대폭 강화되어 상부에는 30㎜ 기관포를 갖춘 보병 전투차가 되었다.

- 수송병력 7명+ 승무원 3명
- 전장 6.3m
- 전폭 3m
- 전고 2.8m
- 전투중량 25t
- 엔진 550HP
- 최고속도 60km/h
- 항속거리 660km

🔻 AMX/VC1 보병 전투차 (프랑스 1957)

AMX-VC1의 후계차로 알루미늄 합금 차체는 후부 양측의 워터 젯으로 수상 주행이 가능하다. 상부의 20㎜ 기관포는 2중 급탄 방식으로 하여 철갑탄과 고폭탄을 나누어 쏠 수 있다. 프랑스 외 중동 국가나 인도네시아 등 각국에 수출됐다.

- 수송병력 8명+ 승무원 3명
- 전장 5.8m
- 전폭 2.8m
- 전고 2.6m
- 엔진 300HP

🔻 AMX-10P 보병 전투차 (프랑스 1972)

차체 베이스는 AMX-13 경전차로, 후부에 10명의 보병을 태운다. 기관실과 조종석을 앞에 배치, 상부 작은 포탑에는 당초 7.62㎜ 기관총 뿐이었으나 후에 12.7㎜ 나 7.62㎜ 기관총을 링 마운트에 탑재하게 되었다.

- 전장 5.7m
- 전폭 2.7m
- 전고 2.4m
- 엔진 280HP

🔻 Pbv302 장갑 병력수송차 (스웨덴 1963)

측면 상반부를 이중 구조로 한 공간 장갑인데 이 때문에 방탄장갑판의 차체이면서 수상 주행이 가능하게 되었다. 또 HEAT탄에 대해서도 방어효과가 있다. 이 차체를 바탕으로 구축전차, 가교차, 회수차 등도 만들어졌다.

- 수송병력 10명 + 승무원 2명
- 전장 5.4m
- 전폭 2.9m
- 전고 2.5m
- 전투중량 14t
- 엔진 280HP

🔻 CV90 보병 전투차 (스웨덴 1991)

Pbv302 후계차로 실전배치 중. 탑재된 보포스 40㎜ 기관포는 정평 있는 초속도가 높은 것으로 대공사격도 가능하다. 항해성은 없으나 엔진 출력을 배가하여 중량증가에도 불구, 속도는 빠르다.

- 수송병력 8명 +승무원 3명
- 전장 6.4m
- 전폭 3.1m
- 전고 2.5m
- 전투중량 20t
- 엔진 500HP
- 최고속도 70km/h
- 항속거리 300km

다양한 장갑차량 (2차대전~현재)

🔺 VCC-80 보병 전투차
(이탈리아 1987)

이탈리아군 최초의 본격적인 보병 전투차. 표준적 구성인데 방탄 알루미늄제 차체 / 포탑의 주요부에 방탄 강판의 증가장갑을 실시했다. 무장은 20㎜ 기관포. 전투병력 6명 + 승무원 3명이 탑승한다.

- 전장 6.7m
- 전폭 3m
- 전고 2.6m
- 전투중량 19t
- 엔진 480HP
- 최고속도 70km/h
- 항속거리 600km

🔺 AIFV 보병 전투차
(미국 1970)

🔺 4K3F-G2 보병 전투차 (호주 1960)

원래는 1967년에 FMC사가 미 육군의 요구에 따라 개발한 M113 APC의 개조형 XM765 이다. 결국 미군에 채용되지 않았으나 여기에 눈독을 들인 네덜란드군의 요청으로 개발이 계속됐다. 네덜란드군은 75년에 YPR765로 채용하고 그 후 필리핀, 벨기에 등도 채용했다. M113에 20㎜ 기관포를 탑재한 포탑을 붙인 차체를 개조하여 항해성도 갖게 했다.

- 전투병 7명 + 승무원 3명
- 전장 5.2m
- 전폭 2.8m
- 전고 2.8m
- 전투중량 13.7t
- 엔진 264HP
- 최고속도 61.2km/h
- 수상 6.3km/h
- 항속거리 490km

호주 독자개발의 궤도식 장갑차 4K4FA의 파생형. 차장용 큐폴라에 20㎜ 기관포를 탑재했다. 수출 버전도 있으며 나이지리아, 그리스 등에서도 사용.

- 전투병 8명+승무원 2명
- 전장 5.4m
- 전폭 2.5m
- 전고 2.1m
- 전투중량 15t
- 엔진 250HP

🔺 YW531 장갑 병력수송차 (중국 1960)

중국이 최초로 본격적으로 개발한 장갑 병력수송차. 베리에이션도 많아 지휘차량, 자주포 등이 이 차체를 바탕으로 만들어졌다. 값이 싸서 이를 수입하는 나라도 많다. 태국, 이라크, 알바니아, 탄자니아, 베트남, 북한 등에서 사용되고 있다.

- 병력 10명+ 승무원 4명
- 전장 5.45m
- 전폭 2.96m
- 전고 2.61m
- 전투중량 12.5t
- 엔진 181HP
- 항속거리 400km
- 무장 12.7㎜기관총×1

🔺 YW309 보병 전투차 (중국 1984)

YW531의 후계차인데 그 개량형 YW531H에 소련 BMP-1의 복제 포탑을 탑재한 것. 무장은 73mm 포와 동축기관총이며, 또한 새거 대전차미사일을 탑재한다. 또 경제개방정책에 따라 서방측 기술도 도입하고 있다. 병력 10명+ 승무원 4명 승차로 전투중량 15t, 차체는 YW531보다 조금 큰 정도. 엔진 출력은 높였다.

🔺 KIFV 보병 전투차 (한국 1985)

미국 FMC의 AIFV를 바탕으로 한국형 사양을 적용하여 자주생산, 배치한 것. 승차 전투병은 9명으로 늘었다. 그러나 무장은 25㎜ 기관포에서 12.7㎜ 기관총으로 줄였다. 말레이시아 등에도 수출되고 있다.

- 전장 5.5m
- 전폭 2.8m
- 전고 2.5m
- 엔진 280HP
- 최고속도 74km/h
- 항속거리 480km

대공(對空)전차 (W.W.II)

근대 전차가 첫 등장한 것은 제1차 대전이었는데 비행기가 출현한 것도 그 때였다. 처음에는 정찰이나 탄착 관측정도였으나 폭격, 지상공격, 그리고 비행기끼리의 전투로 병기로써 점점 발달되어 갔다. 이 단계에서 비행기는 전차와 함께 다음 전쟁의 주력 병기로 될 것임은 확실했다.

2차 대전 이후, 전쟁의 승리(극히 일부분의 예외를 제외하고는)는 제공권 장악에 달려있게 되었다. 독일 전격전도 육상-공중 일체의 것으로 되었는데 여기에 대항하여 각국 모두 대공병기를 장비하게 되었다.

이런 종류의 병기의 필요성은 당연히 제공권을 잃은 측이 시급한 것으로, 대전 초기, 독일공군에 철저하게 공습당한 영국에서 일찍부터 개발됐다.

생각에 따라서는 대공포에 기동력과 방어력을 함께 갖춘 것은 결국 장갑 차량에 대공포를 탑재한다는 것으로 대공 전차가 탄생했다.

고사포를 트럭에 실었던 것은 1차 대전 때부터였으나 장갑이 없었으므로 피해가 크고, 또 바퀴차나 반 궤도차 (하프 트랙차)에 대공포를 탑재하는 것보다 전차 차체에 탑재하는 편이 기동력, 방어력 모두 높은 것이다.

경전차 Mk V AAMk II (1942)

주로 북아프리카전선에서 사용됐다.
7.92mm 베사 기관총 4정 장비.

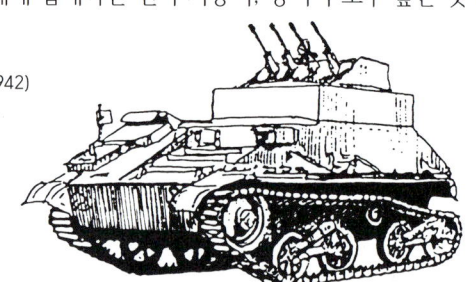

■ 영국

대전 초기, 독일공군의 공습을 받았던 영국은 일찍부터 대공전차를 개발했다.

크루세이더 Mk III AAMk II (1944)

밀폐 포탑에 오리콘 20mm 기관포 2문을 탑재. 이들 크루세이더 전차는 D-Day후에는 연합군이 절대적으로 제공권을 장악했으므로, 그다지 필요 없게 되었다.

크루세이더 Mk III AAMk I (1944)

매분 10~90발의 발사속도를 갖는 보포스 40mm 기관포를 탑재. 이 포는 대표적 대공포였다.

M19 (1944)

M24경전차를 개조.
40mm 기관포 2문 탑재

■ 미국

미국은 강대한 제공력을 가지고 있었으므로 그다지 대공 전차의 필요성을 느끼지 않았던 듯 대전 후부터 제조했다.

T77E1 (1945)

12.7mm 기관총 6정을 장비했다. 4연장 차량의 별명이 '고기 써는 부엌칼'이었으나 실전에 투입되지 않아 '기계로 저민 고기 써는 칼'이라 불렸을지도.

다양한 장갑차량 (2차대전~현재)

■ 독일

1943년부터는 독일은 제공권을 빼앗겨 연일 연합군의 공습에 노출됐다. 이에 대항해 독일군은 보유의 대공화기를 총동원, 차량에 탑재했다. 대공 전차로서는 4호 전차 차체가 가장 많이 사용됐다.

🔴 38t 대공 전차 (1943)

체코의 38t 전차의 차체에 20㎜ 기관포를 장비했다. 대공 전투능력 부족으로 곧 4호 전차 개조형으로 대체됐다.

🔴 뫼벨바겐(Möbelwagen) (1944)

37㎜ 고사포 탑재. 상자모양으로 장갑판을 둘렀지만, 사격할 때는 장갑판을 젖혀 놓아야 했으므로, 전투시의 방어력은 전혀 없었다. 독일군의 초기 대공전차로, 이후 오픈톱 포탑의 오스트빈트로 이어진다. 이하의 독일 대공전차는 4호 전차를 개조하여 만들었다.

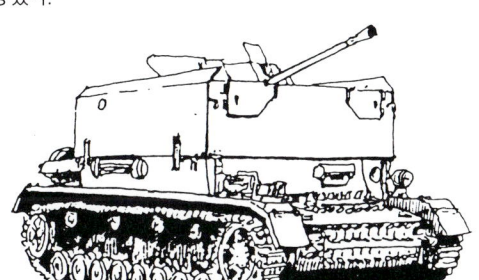

🔴 비르벨빈트(Wirbelwind) (1944)

4연장 20㎜ 고사기관포를 탑재했다. 이 전차의 대공 포화는 저공으로 들어오는 항공기에 대해서는 상당한 위력을 발휘했다.

🔴 쿠겔블리츠(Kugelblitz) (1945)

4호 전차 개조형의 최종형. 시작차 5대 제조로 끝났다. 밀폐 포탑에 30㎜ 기관포 2문을 장비.

■ 일본

🔴 시험제작 2연장 20㎜포 장비 대공 전차 (1943)

독일과 마찬가지로 제공권을 잃은 일본은 상황이 더욱 비참, 뚝 떨어진 병기 생산력은 특공 병기 쪽으로 옮겨갔다. 이 때문에 대공용 화포는 수도 적고 계획만으로 끝난 것도 있다. 그림은 상하 모두 98식 경전차 차체를 사용하여 20㎜ 기관포를 탑재했다. 그 외 37㎜ 고사포를 1식 중형전차에 탑재할 계획도 있었다.

■ 소련

양과 질의 우수함으로 독일군의 맹공을 견디어 낸 소련 전차대에도 대공 전차는 있었다. T70 경전차에 37㎜ 고사포를 탑재한 것.

🔴 시험제작 20㎜포 장비 대공 전차I (1943)   🔴 SU-37 대공 전차 (1943)

현대의 대공 전차

2차 대전 이후 항공기는 제트화하여 초음속으로 날고 전략 핵병기의 등장으로 전쟁의 이미지가 일신했다. 지역분쟁 외에는 세계 전쟁은 일어날 수가 없게 됐다.

미국은 제공권에 절대적 자신을 가지고 있어, 방공은 공군만으로 충분하다고 여겨 대공 미사일 외에는 지상의 대공병기에는 그다지 열의를 보이지 않았다.

한편, 소련은 공군의 약점을 보완하려고 대공병기의 충실에 힘을 쏟았다. 2차 대전 후 끊임없이 일어난 전쟁은 대부분 지역 분쟁이어서 그 전훈에 따라 대공 자주포의 중요성이 다시 부각됐다. 특히 베트남전쟁이나 중동 분쟁에서의 소련제 대공 자주포의 전과가 확인되고 있다.

오늘날 대공 자주포(전차)는 주력 전차와 동등한 차체에 레이더와 컴퓨터에 연동되는 기관포를 장비하고 있다. 이 사격통제(Fire Control) 시스템이 오늘날 대공병기의 큰 특징이다.

미 육군의 최신 DIVAD(사단 방공)용으로 개발된 M247 요크 대공 전차. M48의 차체에 40㎜ 보포스 포를 장비. 전천후형.

🔸 M247 요크 대공 전차 (미국 1981)

기갑사단의 방위작전을 담당할 목적으로 1981년에 채용되었는데 83년 군 예산 삭감 대상으로 되어 1호차 완성만으로 끝난 환상의 전차다.

현대에서는 대공 화기의 위력은 화포 자체보다도 FCS(Fire Control System)에 좌우된다 할 수 있다. 이 M247도 수색 레이더와 추적조준 레이더를 갖추고 있고 오사(誤射)를 피하기 위한 피아(彼我) 식별장치(IFF)가 같이 있다. 따라서 비용이 상당히 들게 된다.

다양한 장갑차량 (2차대전~현재)

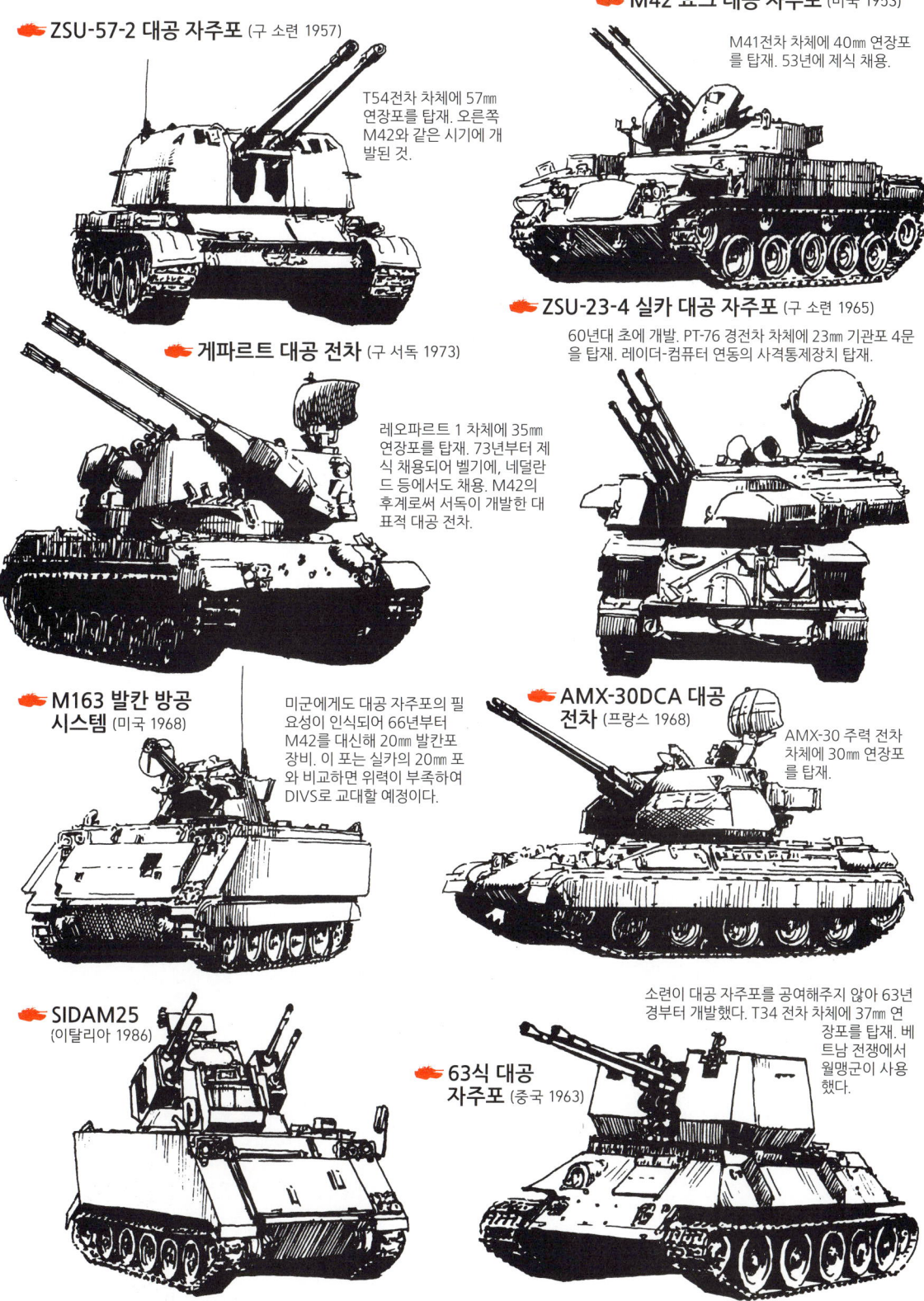

🔥 **ZSU-57-2 대공 자주포** (구 소련 1957)

T54전차 차체에 57mm 연장포를 탑재. 오른쪽 M42와 같은 시기에 개발된 것.

🔥 **M42 요크 대공 자주포** (미국 1953)

M41전차 차체에 40mm 연장포를 탑재. 53년에 제식 채용.

🔥 **게파르트 대공 전차** (구 서독 1973)

레오파르트 1 차체에 35mm 연장포를 탑재. 73년부터 제식 채용되어 벨기에, 네덜란드 등에서도 채용. M42의 후계로써 서독이 개발한 대표적 대공 전차.

🔥 **ZSU-23-4 실카 대공 자주포** (구 소련 1965)

60년대 초에 개발. PT-76 경전차 차체에 23mm 기관포 4문을 탑재. 레이더-컴퓨터 연동의 사격통제장치 탑재.

🔥 **M163 발칸 방공 시스템** (미국 1968)

미군에게도 대공 자주포의 필요성이 인식되어 66년부터 M42를 대신해 20mm 발칸포 장비. 이 포는 실카의 20mm 포와 비교하면 위력이 부족하여 DIVS로 교대할 예정이다.

🔥 **AMX-30DCA 대공 전차** (프랑스 1968)

AMX-30 주력 전차 차체에 30mm 연장포를 탑재.

🔥 **SIDAM25** (이탈리아 1986)

🔥 **63식 대공 자주포** (중국 1963)

소련이 대공 자주포를 공여해주지 않아 63년 경부터 개발했다. T34 전차 차체에 37mm 연장포를 탑재. 베트남 전쟁에서 월맹군이 사용했다.

미제 M113 차체를 이용, 오리콘 사의 25mm 4연장포를 탑재. 이탈리아 육군의 요구로 제작됐다.

게파르트(Gepard) 자주 대공포(독일)

기갑부대의 직접 방공을 목적으로 개발된 대공 전차. 레오파르트 1 전차 차체를 사용하여 65년부터 개발이 시작되어 75년부터 양산됐다. 장포신인 오리콘사의 35㎜ 연장포를 사격통제장치로 제어하는 전형적인 현대 대공 전차. 톱 클래스의 방공능력을 가지며 서독 외에, 벨기에, 네덜란드 등에서도 채용됐다. 네덜란드형에서는 레이더 등이 다른 타입이며 명칭을 CA1 치타라 부르고 있다.

- 전장 7.7m
- 전폭 3.4m
- 전고 4m
- 장갑 10~70mm
- 중량 47t
- 무장 35mm기관포×2
- 엔진 830HP
- 최고속도 65km/h
- 항속거리 550km
- 승무원 3명

■ 전체의 구성

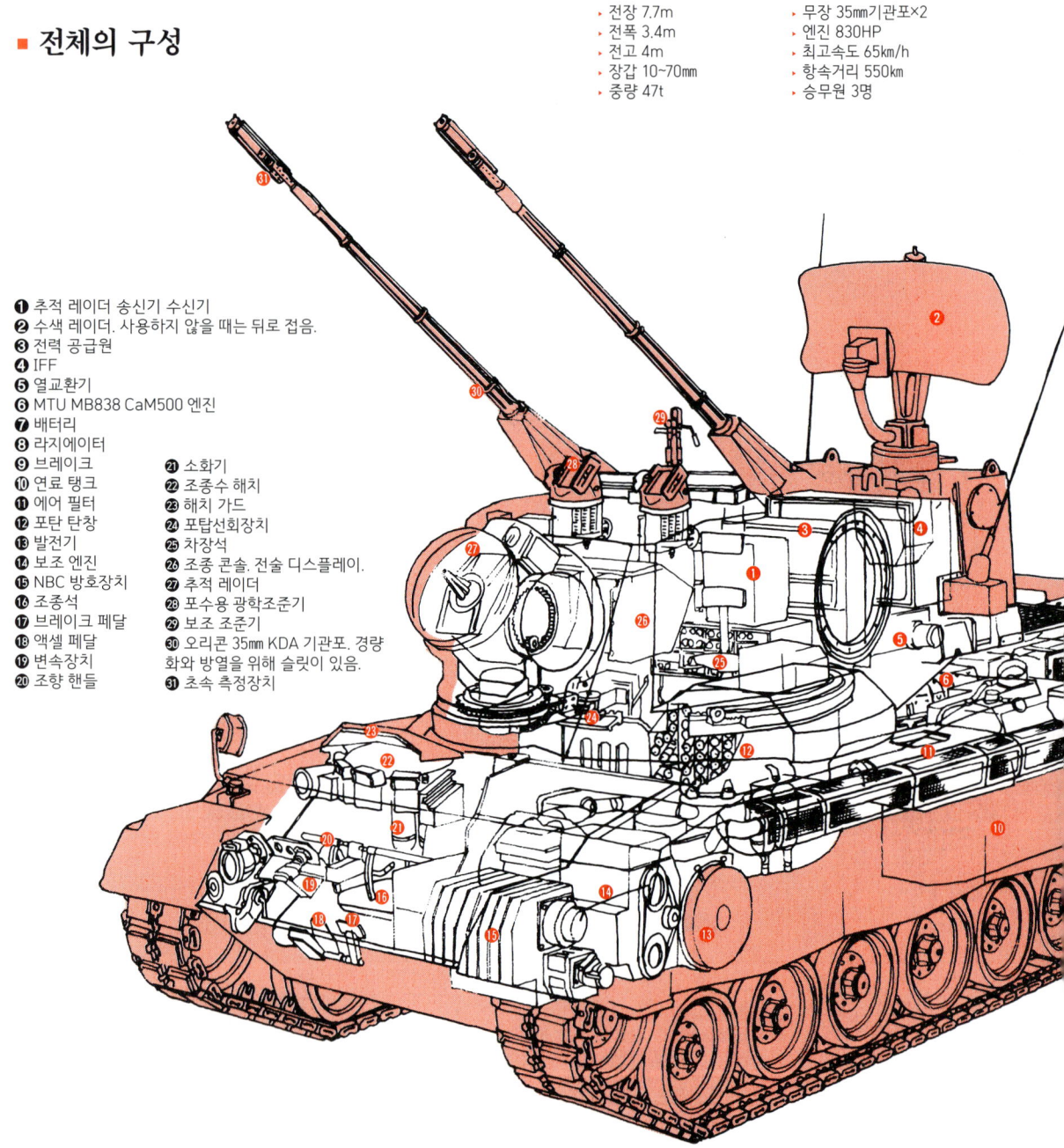

❶ 추적 레이더 송신기 수신기
❷ 수색 레이더. 사용하지 않을 때는 뒤로 접음.
❸ 전력 공급원
❹ IFF
❺ 열교환기
❻ MTU MB838 CaM500 엔진
❼ 배터리
❽ 라지에이터
❾ 브레이크
❿ 연료 탱크
⓫ 에어 필터
⓬ 포탄 탄창
⓭ 발전기
⓮ 보조 엔진
⓯ NBC 방호장치
⓰ 조종석
⓱ 브레이크 페달
⓲ 액셀 페달
⓳ 변속장치
⓴ 조향 핸들
㉑ 소화기
㉒ 조종수 해치
㉓ 해치 가드
㉔ 포탑선회장치
㉕ 차장석
㉖ 조종 콘솔. 전술 디스플레이.
㉗ 추적 레이더
㉘ 포수용 광학조준기
㉙ 보조 조준기
㉚ 오리콘 35mm KDA 기관포. 경량화와 방열을 위해 슬릿이 있음.
㉛ 초속 측정장치

■ 게파르트의 사격통제 기구

아날로그 컴퓨터를 중심으로 구성된 사격통제장치는 수색 레이더가 목표를 포착하면 추적 레이더에 자동적으로 정보가 보내져 적기 꼬리를 추적하기 시작한다. 그 사이 컴퓨터가 탄도를 계산, 목표가 3,000~4,000m 로 접근하면 사격을 개시하도록 되어 있다.

수색 레이더 (공역 감시·목표 포착) → PPI (위협도 평가·목표 선정) → 추적 레이더 (고도측정·로크 온) / 광학조준기 (고도측정·록 온) → 컴퓨터 (탄도계산·미래위치 계산) → 조작판 (사격명령) → 포 (사격 개시)

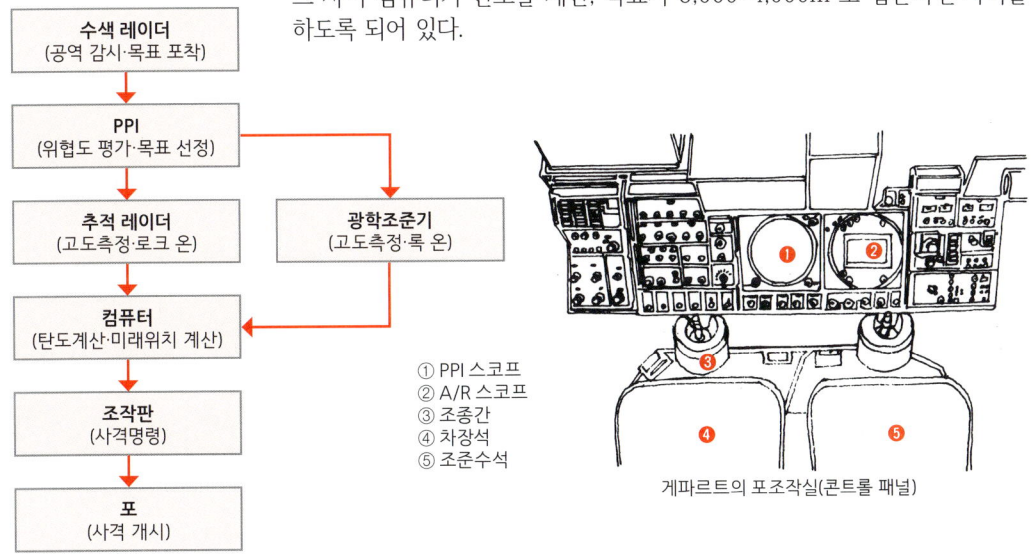

① PPI 스코프
② A/R 스코프
③ 조종간
④ 차장석
⑤ 조준수석

게파르트의 포조작실(콘트롤 패널)

■ 급탄 시스템

90구경이라는 장포신인 35mm 기관포는 스위스의 오리콘사 제품. 기관부를 장갑으로 방호하고 있으며 대공용 포탄 310발을 포탑 바스켓 주위에 격납한다. 또 장갑 덮개 내에 대지(對地)목표용 포탄 20발이 격납된다. 포탄을 대지용으로도 사용할 수 있는 셈이다. 발사속도는 550발/분(1문 당), 유효 사거리는 3,500m. 포의 부앙각은 -10 ~ +85도, 최대 선회 속도는 매초 95도. 최대 앙부각 속도는 매초 45도.

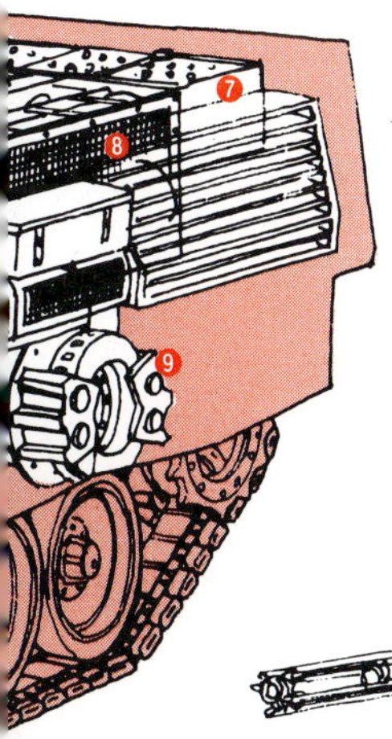

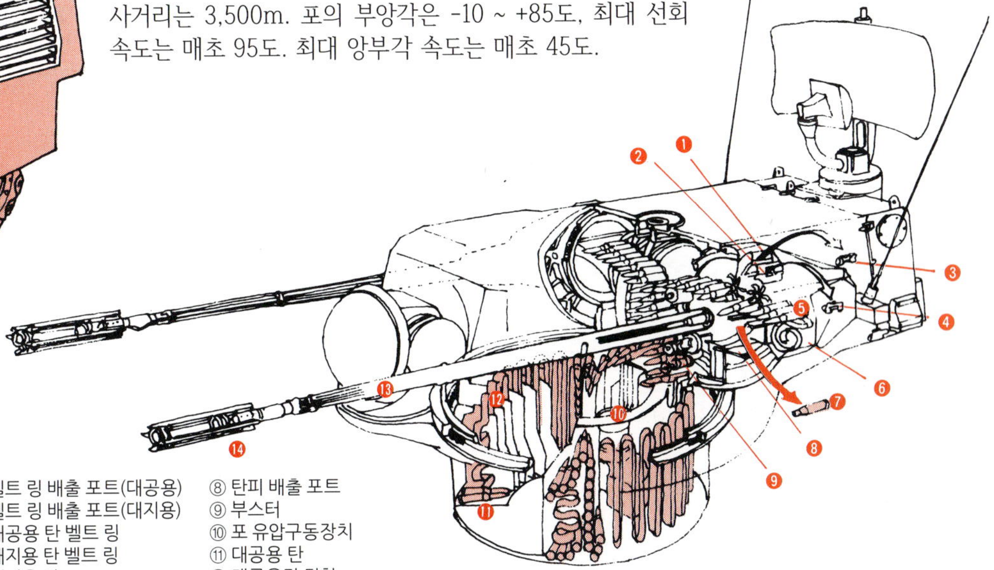

① 벨트 링 배출 포트(대공용)
② 벨트 링 배출 포트(대지용)
③ 대공용 탄 벨트 링
④ 대지용 탄 벨트 링
⑤ 대지용 탄
⑥ 대지용탄 탄창
⑦ 탄피
⑧ 탄피 배출 포트
⑨ 부스터
⑩ 포 유압구동장치
⑪ 대공용 탄
⑫ 대공용탄 탄창
⑬ 총열
⑭ 초속도 측정센서

서유럽의 자주 대공 미사일 시스템

냉전시대의 대공병기의 주력은 미사일로 되고 더욱이 기동력을 더하기 위해 스스로 달리게 되었다. 전장에서의 미사일의 주안점은 대지공격 헬기나 지상공격기 등에 대한 저고도 방공능력이었다. NATO군도 1960년대부터 이런 종류의 대공 미사일 시스템을 구상하고 개발해 왔다.

크로탈(Crotale) (프랑스 1971)

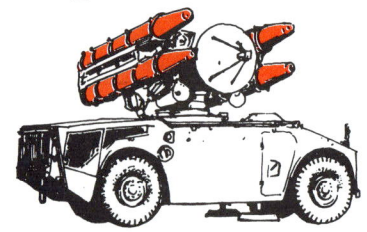

1964년 남아공의 의뢰로 개발된 대공 미사일 시스템. 71년에 완성했는데 그 후 78년에 프랑스군도 채용했다. 미사일 마트라사의 R440으로, 최고속도 마하2~3, 유효사정 10,000m, 유효 사격고도(사고)는 4,000m이다. 시스템은 통상사격 유닛(Unit) 차 2~3대와 수색 유닛차 1대로 구성되어 1개 소대가 된다.

샤히네 (프랑스 1975)

75년에 사우디아라비아의 주문으로 개발되었다. AMX-30 전차 차체를 이용하여 마트라사의 R460 미사일을 탑재한다.
유효사정 11,500m, 유효 사고는 6,800m이다. 크로탈처럼 수색포착 유닛과 사격 유닛으로 시스템을 구성한다.

M48 채퍼럴 (Chaparral) (미국 1969)

개발 목적은 발칸 시스템이 도달할수 없는 고도를 커버하는 것이었으며 통상 항공기에 장비하는 사이드와인더 공대공 적외선유도 미사일을 지대공으로 개조한 것을 탑재한다. 차체는 M548 장갑 화물수송차로 69년에 미군에 납품됐다. 유효사정 6,000m, 유효 사고는 3,000m이다.

자주 레이피어(Rapier) (영국 1981)

팔레비 국왕 치하의 1974년 이란의 주문으로 개발된 것인데 79년 이란혁명으로 취소될 운명이었으나 81년에 영국군이 채용, 이듬 해 포클랜드 분쟁에서 사용됐다. 자주포 차체는 M548의 개조차량. 탑재 미사일의 유효사정 6,850m, 유효사고 3,000m.

ADATS* (스위스 1981)

대공/대전차 미사일을 싣고 탑재 컴퓨터는 최대 10개까지의 목표를 동시에 포착이 가능, 공중·지상 양 목표에 유효한 스위스다운 하이테크 병기. 86년에 캐나다군이 M113에 이 ADATS 시스템을 탑재하고 저고도 방공용으로 채용했다. 유효사정 10,000m, 유효 사고 6,000m.
*ADATS : 방공·대전차 시스템.

롤란트 대공 미사일 시스템 (국제공동 1977)

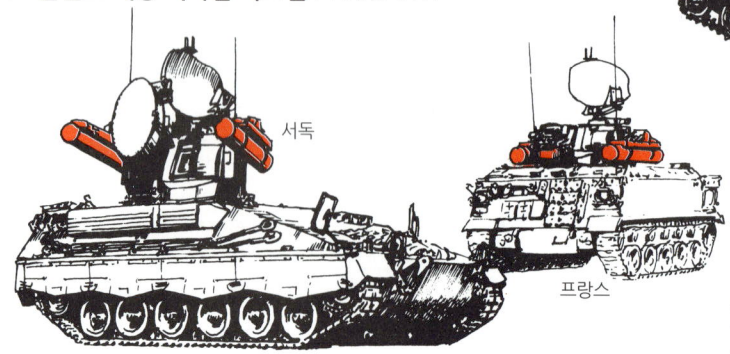

서독

프랑스

1964년부터 프랑스의 아에로스파시알사와 서독의 MBB사가 공동 개발한 저고도 방공용 SAM(지대공) 시스템. 서독군은 마더 전투차에 탑재하고 프랑스군은 AMX-30 차체를 이용하고 있다.

■ 롤란트(Roland)대공 시스템의 구조

롤란트 시스템은 발사장치, 조준·유도장치, 다음 탄 장전장치 등을 일체로 한 모듈(Module)화가 되어 있다. 360 회전의 포탑에 발사 장치와 레이더·조준장치가 격납되어 있어, 포탑 양측의 컨테이너 발사대에 발사 미사일이 탑재된다. 다음번 발사 미사일은 원통형 탄창에 7발이 수납되어 10초마다 재장전을 할 수 있다. 미사일 그 자체는 2단식으로 최대속도 마하 1.6, 사정 500~6,300m, 유효 사고 20~5,000m 이다. 신형 롤란트 3 미사일에서는 최대속도가 마하 2로 되고 사정도 8,500m으로 늘어났다.

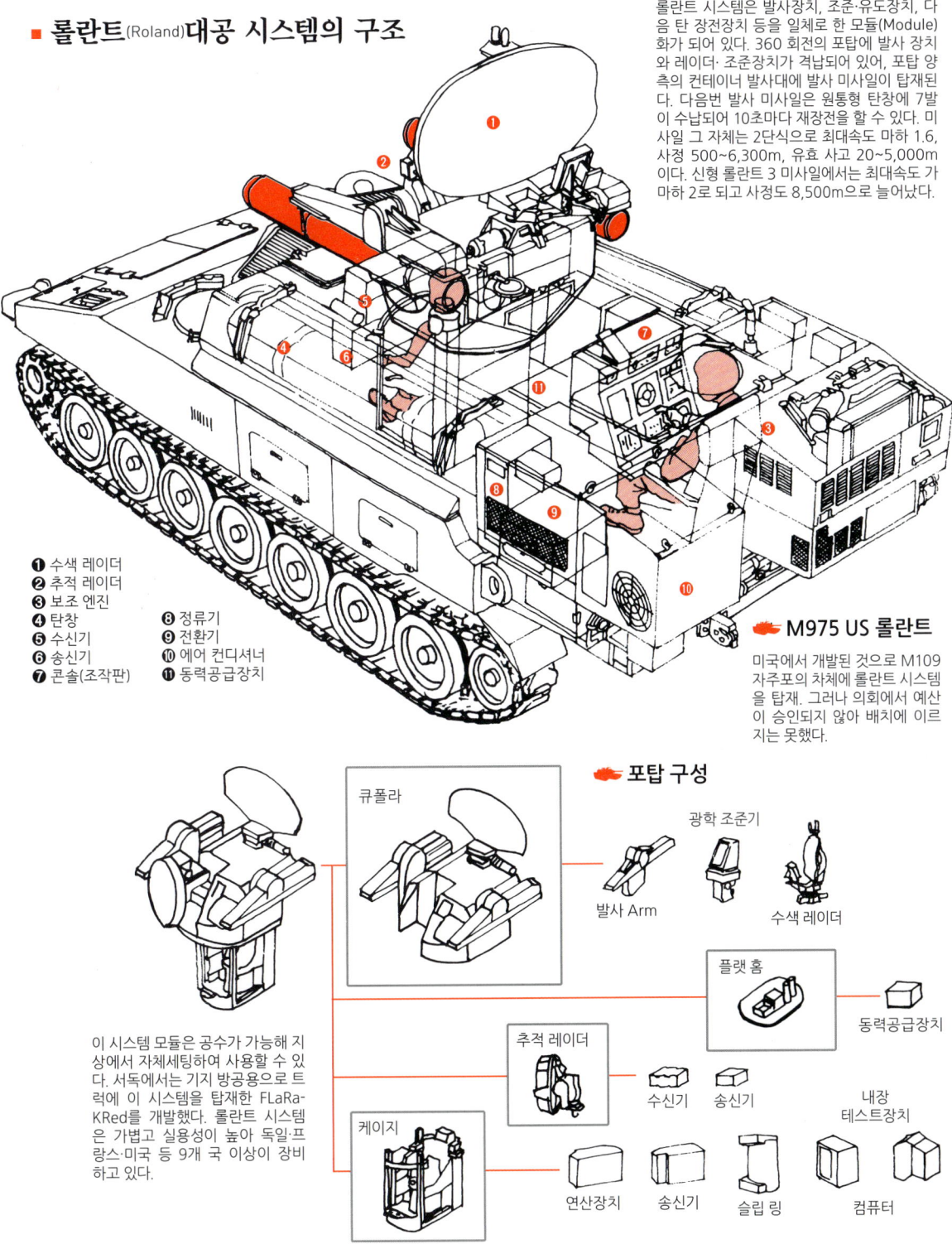

❶ 수색 레이더
❷ 추적 레이더
❸ 보조 엔진
❹ 탄창
❺ 수신기
❻ 송신기
❼ 콘솔(조작판)
❽ 정류기
❾ 전환기
❿ 에어 컨디셔너
⓫ 동력공급장치

🔸 M975 US 롤란트

미국에서 개발된 것으로 M109 자주포의 차체에 롤란트 시스템을 탑재. 그러나 의회에서 예산이 승인되지 않아 배치에 이르지는 못했다.

🔸 포탑 구성

이 시스템 모듈은 공수가 가능해 지상에서 자체세팅하여 사용할 수 있다. 서독에서는 기지 방공용으로 트럭에 이 시스템을 탑재한 FLaRa-KRed를 개발했다. 롤란트 시스템은 가볍고 실용성이 높아 독일·프랑스·미국 등 9개 국 이상이 장비하고 있다.

- 큐폴라
  - 발사 Arm
  - 광학 조준기
  - 수색 레이더
- 추적 레이더
  - 수신기
  - 송신기
- 플랫 홈
  - 동력공급장치
  - 내장 테스트장치
- 케이지
  - 연산장치
  - 송신기
  - 슬립 링
  - 컴퓨터

러시아의 대공 병기

러시아(구 소련)는 2차 대전의 경험을 살려 야전 방공 병기의 개발에는 미국보다 열심이었다. 현재의 중심은 물론, 대공 미사일 시스템인데, 항상 신기술을 도입하여 세대교체를 꾀하고 있으며 차례로 고성능 대공 병기를 등장시켜왔다. (명칭은 서방측 코드 명)

■ 자주 대공포

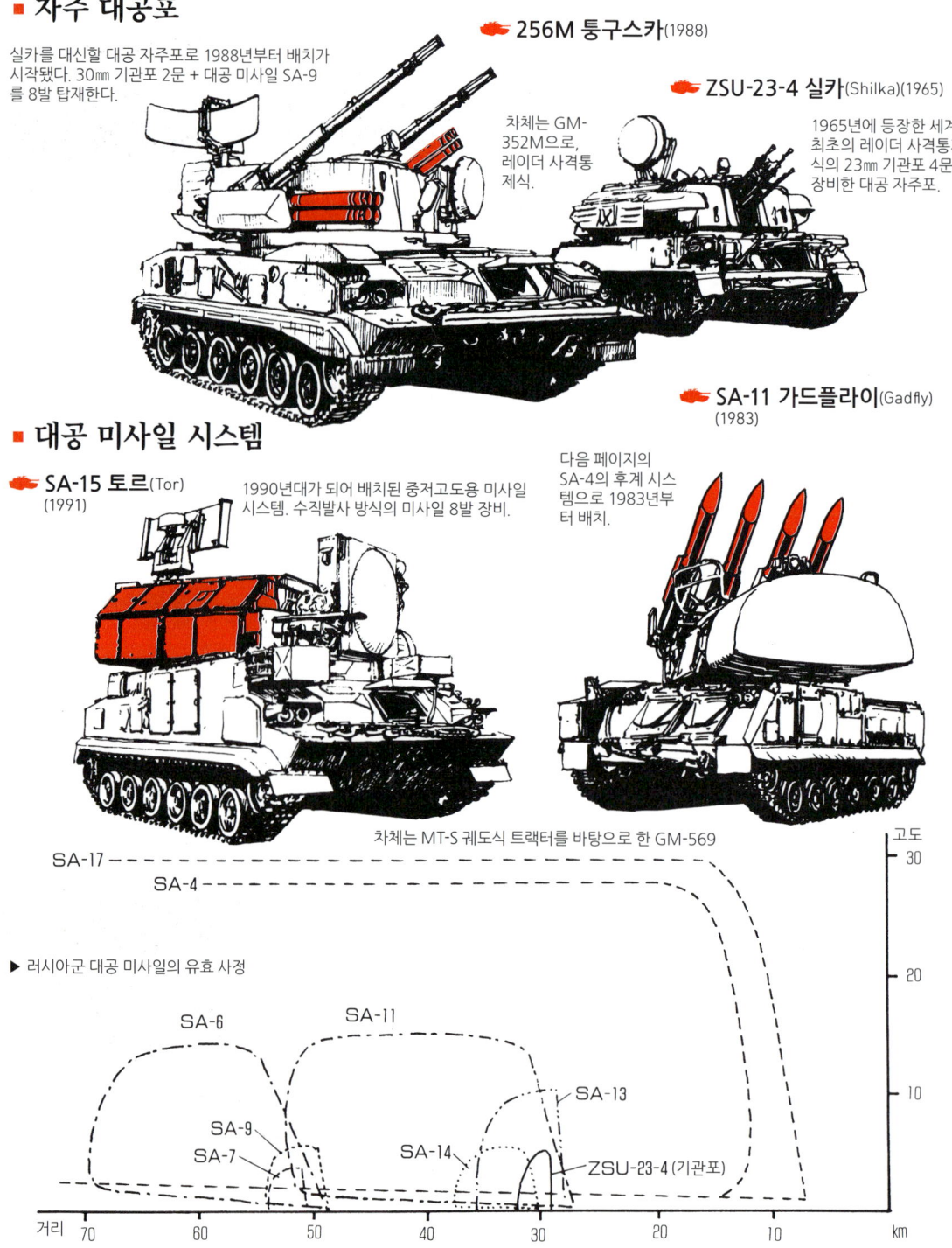

256M 퉁구스카(1988)
실카를 대신할 대공 자주포로 1988년부터 배치가 시작됐다. 30㎜ 기관포 2문 + 대공 미사일 SA-9를 8발 탑재한다.

차체는 GM-352M으로, 레이더 사격통제식.

ZSU-23-4 실카(Shilka)(1965)
1965년에 등장한 세계 최초의 레이더 사격통제식의 23㎜ 기관포 4문을 장비한 대공 자주포.

■ 대공 미사일 시스템

SA-15 토르(Tor)(1991)
1990년대가 되어 배치된 중저고도용 미사일 시스템. 수직발사 방식의 미사일 8발 장비.

SA-11 가드플라이(Gadfly)(1983)
다음 페이지의 SA-4의 후계 시스템으로 1983년부터 배치

차체는 MT-S 궤도식 트랙터를 바탕으로 한 GM-569

▶ 러시아군 대공 미사일의 유효 사정

다양한 장갑차량 (2차대전~현재)

🔻 SA-4 가네프 (Ganef)(1964)

중-고고도용 대공 미사일 시스템으로 60년대 중반에 등장. 차체는 시스템용으로 새로 개발한 것으로 후에 152㎜ 자주포 253에 이용됐다.

🔻 SA-6 게인풀 (Gainful)(1970)

70년에 배치된 저중고도용 미사일 시스템. 4차 중동전쟁에서 아랍군이 사용, 이스라엘 공군을 상대로 활약했다. 차체는 실카와 마찬가지로 ASU-85 공정전차의 것을 이용한 것.

🔻 SA-13 고퍼 (Gopher)(1977)

77년에 배치된 SA-9의 후계 시스템인데 현재 26M으로 대체는 중이다. 차체는 MT-LB 장갑차를 개조한 것

🔻 SA-8 게코 (Gecko)(1974)

74년에 배치된 전천후 저고도 미사일 시스템. 차체는 6륜의 BZ-5937.

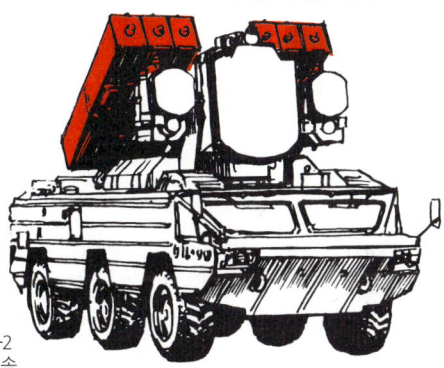

🔻 SA-9 가스킨 (Gaskin)(1988)

저고도 목표용 미사일 시스템. 실카와 같은 방공중대에 68년부터 배치.

차체는 BRD-2 장갑차의 부속을 사용했다.

🔻 SA-17 그리즐리 (Grizzly)(1994)

탄도 미사일도 요격 가능한 광역 미사일. 대영으로 사정, 사고, 모두 발군이다.

구 소련에서는 방공임무 전문의 군종으로써 국토 방공군이란 것을 1948년에 창설했다. 그 후 여기에 지상군 방공부대도 편입하여 1981년에 방공군(防空軍)이 되었다. 현재 방공군의 주력 병기는 대공 미사일이지만 종류도 저, 중, 고고도용이 있으며 더욱이, 근거리용, 원거리용과 각종 미사일을 개발, 장비하고 있다. 전차연대나 자동차화 연대에 배치된 방공부대에는 높은 기동력이 요구되므로 자주 차체는 지상군과 같은 차체가 이용되고 있다.

211

2차 대전의 대전차 병기

1차 대전에서 전차가 등장하여 활약하자, 2차 대전에서는 주력 병기로써 대량으로 전장에 나타났다. 여기에 대항하여 전차의 진격을 저지할 방책이나 병기들을 다방면으로 생각하게 되었다.
가장 간단한 방법은 전차를 못 움직이게 하기도 하고 이것이 통하지 않자 호를 파서 바리게이트를 만들기도 했다. 이것으로 일단은 전차의 진격을 저지할 수는 있었다. 그러나 확실한 전차 격파법은 대포나 지뢰 등으로 그 장갑을 부수는 것이며 전차의 장갑이 두꺼워지자 대전차 병기도 다양하게 연구하게 되었다.

■ W.W.II의 각종 대전차 병기

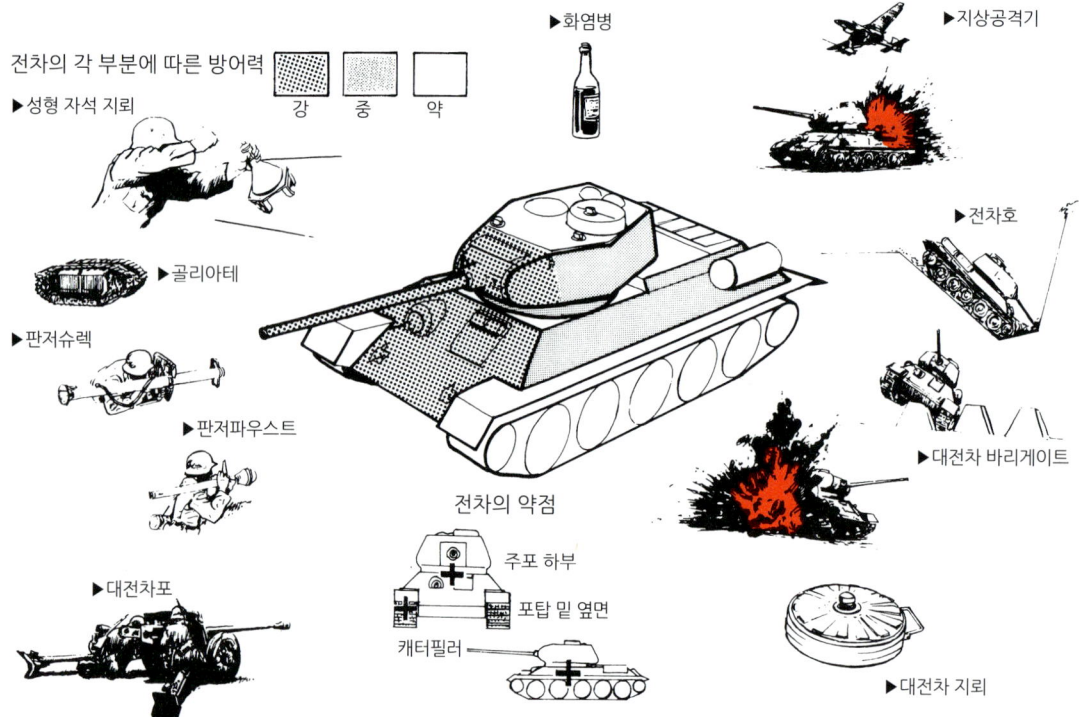

🔥 화염병
가장 싸고 단순한 대전차병기. 가솔린이나 특수 가연성 액체를 병에 담아 전차 기관부의 엔진의 열로 달아있는 부분에 투척한다. 스페인내전에서 사용한 것이 최초.

🔥 골리아테(Goliath)
지뢰밭 폭파용으로 만들어진 원격조종 미니 전차. 폭약을 실어 대전차병기로도 사용.

🔥 대전차 지뢰
땅속에 매설하여 전차 캐터필러를 파괴하여 못 움직이게 한다. 대전차 지뢰는 전차처럼 상당한 중량이 걸리지 않으면 터지지 않도록 되어있다.

🔥 대전차 호(壕)와 바리게이트
호는 전차를 빠뜨려서 못 움직이게 한다. 게릴라전에서는 위장조치 등으로 현대에도 유효하다 바리게이트는 전차의 낮은 부분을 들어 올려 캐터필러를 헛돌게 한다. 움직이지 못하면 포나 로켓으로 노리기 쉽다.

🔥 성형 폭약(작약)
독일군이 사용한 것으로는 아래 왼쪽 그림의 자석지뢰와 오른쪽 그림의 대전차 투척탄이 있다. 모든 개인용. 성형 자석지뢰는 자석으로 전차에 흡착시키고 안전 캡을 빼면 4.5초 후에 폭발한다. 대전차 투척탄은 성형폭약 밑에 날리면 펴지는 날개가 붙어 있어 탄도를 안정시킨다. 중량 1.35kg로 상당히 무겁다.

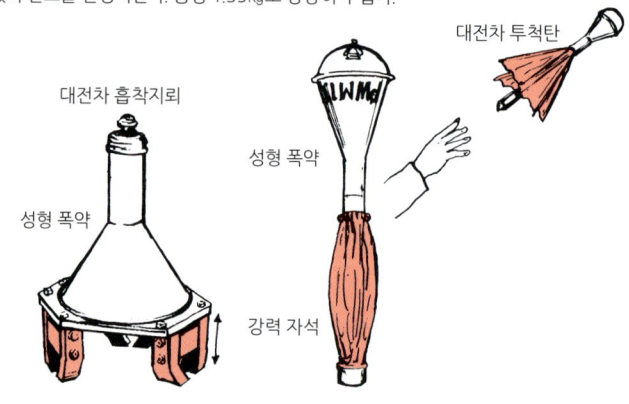

다양한 장갑차량 (2차대전~현재)

🔥 대전차 로켓포

위의 판저파우스트(Panzerfaust)는 사용하고 버리는 병기의 원조이며 아래의 판처슈렉처럼 짧은 사정거리가 결점. 발사 시 가스가 굉장하지만 사정은 150m. 중량 6kg, 장갑관통력은 200mm

아래는 소위 바주카포라 불리는 2.36인치 대전차로켓M1. 1942년 북아프리카 전선에서 실전에 사용. 구경 60mm의 로켓탄을 발사하는 포신은 전장 152.5cm, 중량 6.5kg, 로켓탄은 중량 1.7kg, 유효사정 270m, 장갑관통력은 150mm였다.

왼쪽의 판저슈렉(Panzerschreck)은 88mm의 로켓탄을 발사한다. 발사 시 가스로부터 얼굴을 보호하는 판이 붙어 있다. 유효사정 100m로 판저파우스트보다 더 짧다. 장갑관통력은 100mm로, 미군은 이에 대항하려고 비슷한 바주카포를 만들었다.

🔥 대전차포

88mm고사포 FLAK36

6파운드 대전차포 — 영국군의 주력 대전차포. 북아프리카 전선에서 사용했던 취급이 쉽고 고장이 적은 실용적인 포. 구경 57mm, 장갑관통력은 500m에서 80mm

초속이 빠른 고사포를 대전차포로도 널리 사용했다. 철갑탄을 사용하여 거리 1km에서 장갑관통력은 100mm, 최대 사정 14,800m.

75mm Pak40 대전차포 — 소련 전차의 중장갑에 대항하기 위해 개발. 1942년부터 사용된 주력 대전차포.

76mm 야전 캐넌포 M1942 — 소련의 대표적 야전포로 대전차포로도 위력을 발휘했다. 형식번호는 1942년에 완성된 데서 유래. 포 길이 319.2cm, 장갑관통력은 500m에서 90mm. 독소전쟁에서 대활약.

🔥 지상공격기

융커스 Ju87G-1

전격전에서 대활약했던 기종이었는데 폭격기로써는 속도가 느려 대전차공격기로 개조됐다. 37mm Flak18 포를 떼고 폭탄을 탑재할 수도 있다.

호커 타이푼 1B — 주익 아래에 8발의 로켓탄을 장비. 대지공격에 위력이 있었다. 20mm 기관포×4, 로켓탄×8, 또는 454kg 폭탄×2

37mm Flak18 포를 떼고 폭탄을 탑재할 수도 있다.

헨셀 HS129B-1 — 처음부터 지상공격기로 개발됐다. 30mm, 20mm, 13mm의 3종의 기관포를 장비했다.

리퍼블릭 P-47 선더볼트 — 전투기인데 P-51(무스탕)이 등장하자 지상공격에 전념. 1톤 전후의 폭탄 탑재량은 중형 폭격기 급이다. 로켓탄×10, 454kg 폭탄×8

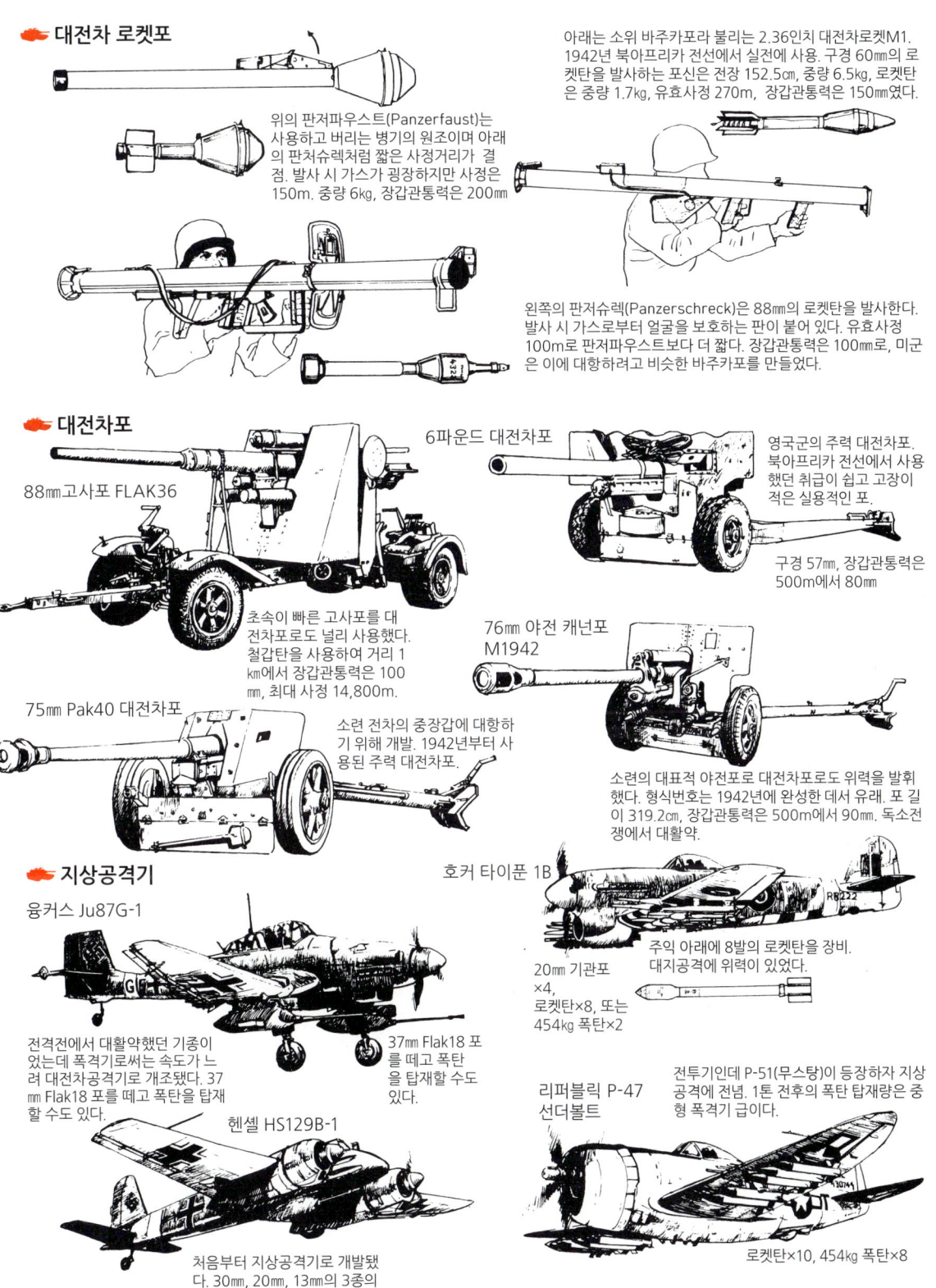

213

대전차 차량 ① 독일

2차 대전에서는 전차에 대항할 수단으로써 구축(驅逐)전차가 투입되게 되는데 이것은 대단히 유효한 작전이어서 대전 후에도 이러한 차량들의 개발이 이루어졌다. 그러나 전용 구축전차의 수는 그리 많지 않다. 전후 서독 육군은 주력 전차를 보조할 장갑 전투차(Armored Fighting Vehicle : AFC)를 장비했음에도 대전차 미사일의 등장으로 캐넌포 탑재 구축 전차의 존재 의의가 없게 됐다. 입수하기 쉬운 차량에 대전차 미사일을 탑재하면 그로써 충분히 전차에 대항할 수 있게 되었기 때문이다. 따라서 여기서 취급하는 대전차 차량은 미사일을 장비하고 있는 것과 그 이전의 포 장비 차량인데 미사일의 성능진보가 전투방식이나 차량의 모습을 크게 변하게 했음은 말할 나위도 없다.

🔻 KJPZ-4-5 대전차 포차 (1965)

2차 대전 당시부터의 독일 구축전차의 전통을 잇는 것 같은 차량으로, 마더 계열의 차체를 가지고 있다. 40.4 구경의 90㎜포를 갖추고 전고 2.1m라는 아주 낮은 차체이므로 매복 공격에 아주 좋은 차량이었다. 65~67년에 걸쳐 750대라는 비교적 많은 숫자가 생산됐는데 이 무렵부터 미사일을 장비한 차량이 등장하게 되어 모습을 감출 운명이 되었다.

🔻 RJPZ-2 자주 대전차 미사일 (1967)

독일의 대전차병기의 미사일화에 따라 개발된 차량. 프랑스의 아에로스파시알사에서 개발된 SS11을 14발 장비하고 있다. SS11은 1세대 대전차 미사일탄으로 사정 500~3,000m이다. 물론, 적 주력 전차에 명중하면 일격에 격파할 수 있다. 그러나 미사일 유도병은 차체 상부의 잠망경으로 명중할 때까지 계속 미사일을 유도해야 했으며 또, 그 동안 차량을 이동시키면 안 되었다. 생산량 370대.

🔻 RJPZ-4 야구어(Jaguar) (1982)

야구어 1(오른쪽 그림)을 개조하여 TOW 미사일을 탑재한 차량. 차체 중앙에 TOW 발사대를 장비하고 있고 미사일 유도병은 차 밖으로 몸을 내밀고 조작해야만 한다. TOW 미사일의 탑재수는 12발. HOT와 비교하면 사정은 3750m로 약간 짧지만 비행속도가 빠르고 값이 싸다. 전투실 전면과 측면이 RJPZ-2부터 증가 장갑으로 되어 있는데 이것은 기본 장갑판 위에 고무 완충재를 끼우고 볼트로 고정한 것.

RJPZ-2부터 316대가 HOT미사일로 바꿔 탑재하기 위해 개조되고 또 JPZ-4-5도 TOW 미사일 탑재의 야구어 2로 162대가 개조되었다. HOT미사일은 서독/프랑스 공동개발의 2세대 미사일이며 명중률이 높고 사정이 4000m로 늘었다. 이 차량에서는 자동장전 시스템의 채용으로 매분 3발의 미사일을 발사할 수 있다.

■ 미국의 대전차포차

🔸 M56 90mm 자주포 '스콜피온(Scorpion)' (1955)

공수부대용 대전차 자주포로 개발된 차량. 차체는 비 장갑, 알루미늄제이다. 고무 타이어식 전륜이 특징.

- 중량 7.05t (경량)
- 엔진 200HP
- 승무원 4명
- 무장 90mm포
- 최고속도 45km/h
- 항속거리 224km
- 전장 4.56m
- 전폭 2.58m
- 전고 2.06m

🔸 M50 '온토스(Ontos)' (1957)

6문의 106mm 무반동포가 눈에 띈다. 발사 후 재장전에 시간이 걸리는 문제를 해결하기 위해 6문으로 구성했다. 50구경의 스포팅 라이플로 조준하여 2,000m 이내에서 초탄 명중률을 높이고 있다. 베트남전쟁에서 사용되었다.

- 승무원 3명
- 중량 8.64t
- 최고속도 48km/h
- 항속거리 240km

🔸 RJPZ-3 '야구어' 1 (1978)

- 승무원 4명
- 중량 23t
- 전장 6.61m
- 전폭 3.12m
- 전고 2.54m
- 엔진 다임러벤츠 MB837 수랭 8기통 500HP
- 무장 HOT발사대×1 7.62mm MG3×2
- 휴행탄수 미사일 20발 기관총탄 3200발

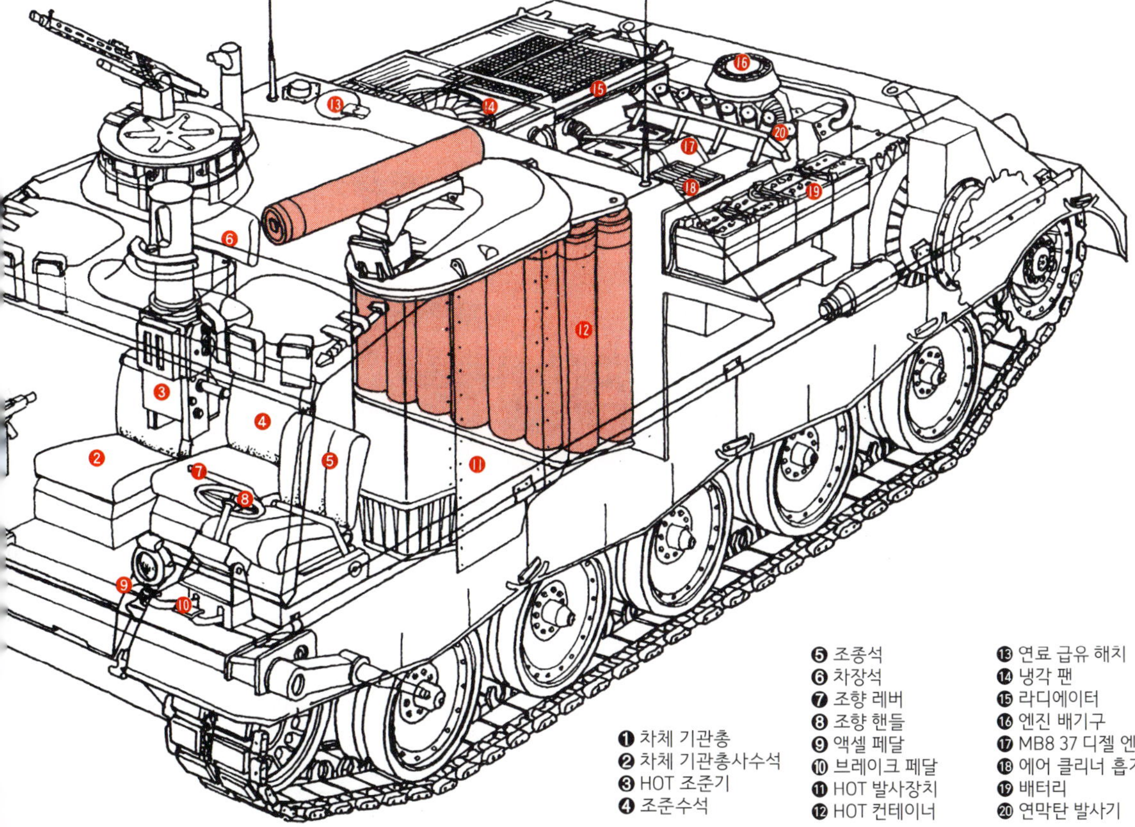

① 차체 기관총
② 차체 기관총사수석
③ HOT 조준기
④ 조준수석
⑤ 조종석
⑥ 차장석
⑦ 조향 레버
⑧ 조향 핸들
⑨ 액셀 페달
⑩ 브레이크 페달
⑪ HOT 발사장치
⑫ HOT 컨테이너
⑬ 연료 급유 해치
⑭ 냉각 팬
⑮ 라디에이터
⑯ 엔진 배기구
⑰ MB8 37 디젤 엔진
⑱ 에어 클리너 흡기구
⑲ 배터리
⑳ 연막탄 발사기

대전차 차량 ②

M901 ITV TOW 자주 발사기형 (미국 1979)

M113 시리즈의 베리에이션으로 원격조작으로 신축식 TOW 발사기(오른쪽 그림)를 장비. 미사일은 발사기에 2발, 차내에 10발을 탑재한다. 발사기는 차체 상면으로 높이 44cm올릴 수 있으며 360도 발사가 가능하다. 2세대 대표적 미사일 TOW는 당초 사정 3000m로 장갑관통력은 600mm였다. 현재는 이 개량형인 TOW2의 사정이 3500m로 늘었으며 서방측 주력 대전차 미사일이다.

ITV 발사기

❶ TOW 조준기
❷ 발사관
❸ 목표포착용 조준기
❹ 장갑 발사기
❺ 영상 전달장치
❻ M27 전망탑
❼ 유압구동기구
❽ 수동 조정기
❾ 조작원석
❿ 조작 패널
⓫ 미사일 유도장치
⓬ 배터리 팩

LOSAT 전차 구축차 (미국 1997)

LOSAT란 '직접조준방식 대전차병기'란 의미로, 현재 개발 중인 신형 미사일을 M2 브래들리 전투차의 차체에 탑재한 것이다. 여기서 신형 미사일이란 종래의 성형작약 탄두가 아니고 철갑탄과 같은 고밀도 탄심(彈芯)의 탄두를 미사일에 장착한 것으로 이것을 고속으로 목표에 명중시켜 그 운동 에너지에 의해 적의 차량 등을 격파할 수 있다.

▸ 승무원 3명
▸ 전투중량 30.9t
▸ 전장 7.08m
▸ 전폭 2.97m
▸ 전고 2.24m
▸ 엔진 커밍사 제 디젤 750HP
▸ 최고속도 61km/h
▸ 항속거리 427km

AMX13 모델 ATGM 탑재차 (프랑스 1956)

AMX13 경전차의 대전차 전투능력을 향상시키기 위해 SS11 대전차 미사일을 포탑 전면에 4발 장비. 최대 사정 3000m를 23초 만에 도달하는 미사일은 전차 안에서 유도하며, 구경 61.5 75mm 주포도 AP탄을 사용하여 1000m에서 170mm, 2000m에서 140mm의 장갑관통력을 갖는다. 최고속도 60km/h, 항속거리 400km, 승무원 3명, 중량 15t

BRDM-2 PTURS (소련 1971)

소련은 차륜식 장갑차를 다양하게 사용하고 있는데 1962년에 BRDM-1에 AT-1 스내퍼(Snapper) 3발을 탑재한 모델을 등장시켰다. 매복하여 히트 앤드 런 전법에는 이런 종류의 차량이 적합하다 할 수 있다. 왼쪽은 BRDM-2 정찰차에 AT-3 사거(Sagger) 미사일을 6발 탑재한 차량. 사거는 1세대 미사일로, 사정 500~3000m, 장갑관통력은 400mm, 차내에 예비 미사일 8발 탑재. 승무원 4명, 최고속도 100km/h, 항속거리 750km

다양한 장갑차량 (2차대전~현재)

■ 대전차 미사일의 발달

대전차 미사일이 실용화된 것은 1950년대 중반이며 차례로 개량되었다. 사정거리도 늘리면서 사수의 기량에 좌우되지 않고 명중률을 높이는 방향이었다. 당연히 대전차포보다 긴 유효사정거리를 갖고, 발사 시의 반동이 없다는 것이 최대의 장점이며 명중률도 높아져 즉시 대전차 병기의 핵심이 되었다.

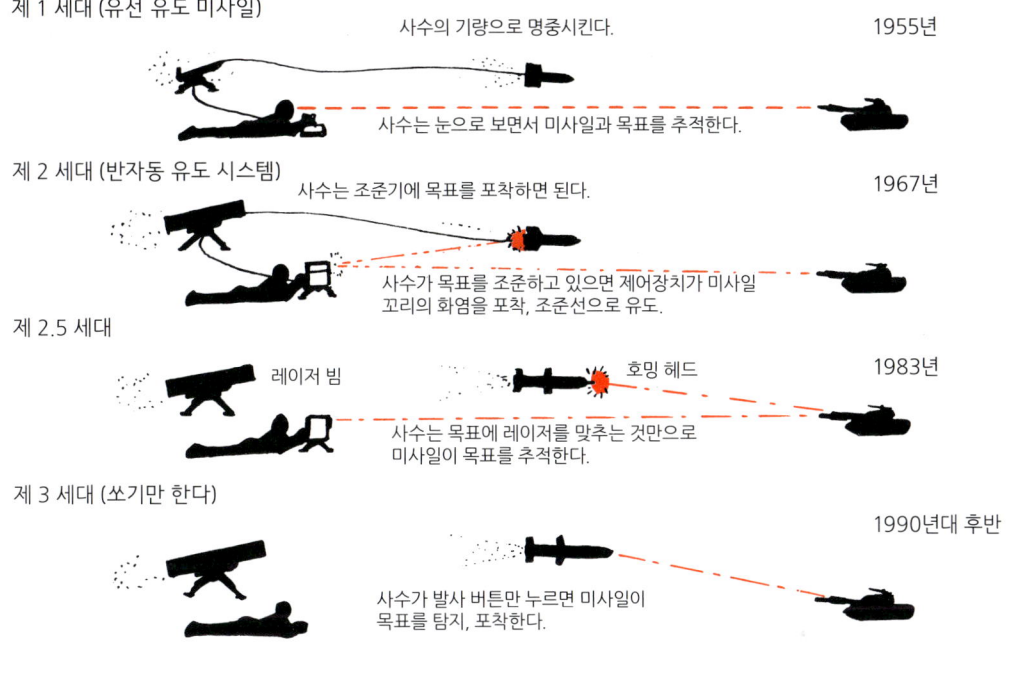

■ LOSAT*의 미사일 유도방식

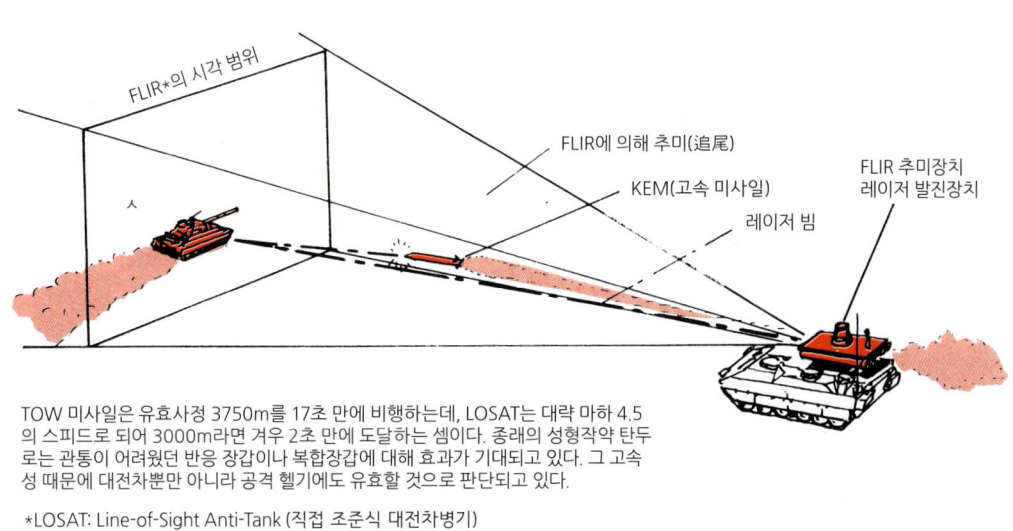

TOW 미사일은 유효사정 3750m를 17초 만에 비행하는데, LOSAT는 대략 마하 4.5의 스피드로 되어 3000m라면 겨우 2초 만에 도달하는 셈이다. 종래의 성형작약 탄두로는 관통이 어려웠던 반응 장갑이나 복합장갑에 대해 효과가 기대되고 있다. 그 고속성 때문에 대전차뿐만 아니라 공격 헬기에도 유효할 것으로 판단되고 있다.

*LOSAT: Line-of-Sight Anti-Tank (직접 조준식 대전차병기)
*FLIR : Forward Looking Infra-Red (적외선 전방 감시장치)

대전차 병기의 종류

대전차 병기는 지뢰처럼 매설하는 것과 포탄, 폭탄, 미사일과 같은 비행도구가 있으나 모두 최근 들어 하이테크화가 진행되고 있다. 특히 센서 기술은 격세지감으로 여러 가지 연구가 집중되고 있다. 또한 포탄, 폭탄도 유도되는 타입이 증가하고, 이를 위한 유도기술도 진보되고 있다.

■ 지뢰

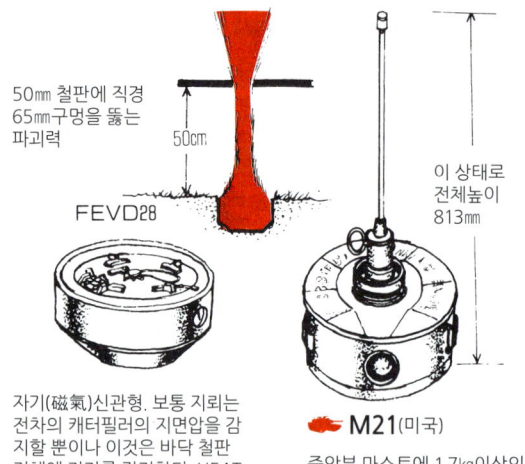

50mm 철판에 직경 65mm구멍을 뚫는 파괴력

FEVD28

자기(磁氣)신관형. 보통 지뢰는 전차의 캐터필러의 지면압을 감지할 뿐이나 이것은 바닥 철판 전체에 자기를 감지한다. HEAT 성형작약에 의해 관통한다.

이 상태로 전체높이 813mm

🔥 M21(미국)

중앙부 마스트에 1.7kg이상의 힘이 작용하면 기울어져 각도가 20도가 되면 폭발. EFP와 마찬가지로 지뢰 상면이 압력파로 자기 단조탄으로 되어 전차의 바닥철판을 뚫는다.

지뢰는 예부터의 병기인데 전차에게도 우발성이 높아 오늘날도 유효하다. 최근에는 비자성화 시켜 탐지를 어렵게 하는 등 신관의 센서에 연구가 집중되고 있다.

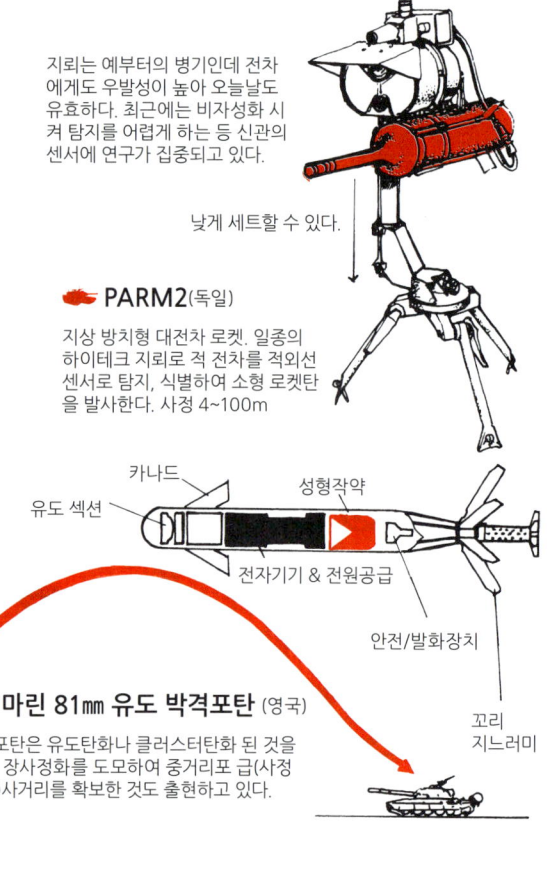

낮게 세트할 수 있다.

🔥 PARM2(독일)

지상 방치형 대전차 로켓. 일종의 하이테크 지뢰로 적 전차를 적외선 센서로 탐지, 식별하여 소형 로켓탄을 발사한다. 사정 4~100m

■ 박격포

이것도 종래의 병기로, 보병 화력 지원이 널리 쓰였다. 박격포도 하이테크화되어 오른쪽처럼 유도폭탄이나 클러스터(Cluster)탄이 개발되고 있다. 또 그 곡사 탄도특성을 살려 대 장갑 상면 공격병기로 중시되고 있다.

카나드
유도 섹션
성형작약
전자기기 & 전원공급
안전/발화장치
꼬리 지느러미

🔥 마린 81mm 유도 박격포탄 (영국)

박격포탄은 유도탄화나 클러스터탄화 된 것을 비롯, 장사정화를 도모하여 중거리포 급(사정 17km)사거리를 확보한 것도 출현하고 있다.

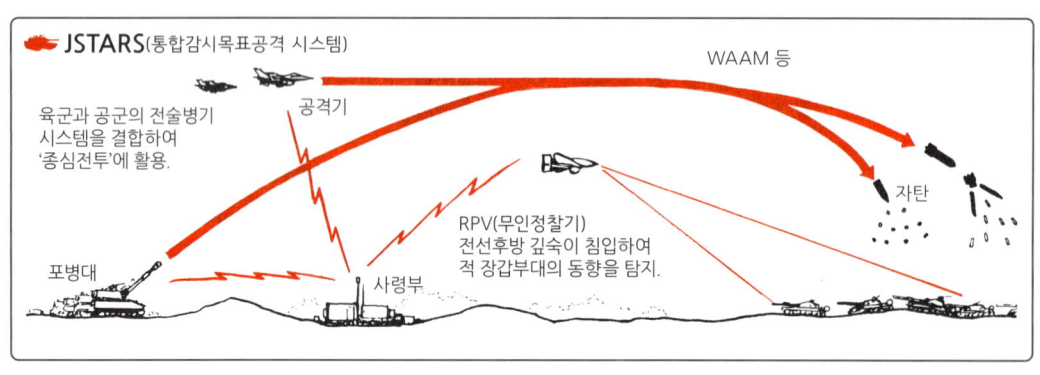

🔥 JSTARS(통합감시목표공격 시스템)

육군과 공군의 전술병기 시스템을 결합하여 '종심전투'에 활용.

WAAM 등
공격기
자탄
RPV(무인정찰기) 전선후방 깊숙이 침입하여 적 장갑부대의 동향을 탐지.
포병대
사령부

다양한 장갑차량 (2차대전~현재)

■ 초 저공 수직폭탄

낙하산이 붙은 전술폭탄. 초 저공으로 투하해도 수직으로 떨어진다. 폭발은 상하 2단으로 되어 파편이 사방으로 흩어진다.

수송부대 등의 대부대를 초 저공으로 습격하는데 사용. 실전의 경험에서 만들어진 초 저공폭탄.

파괴력, 범위가 크다.

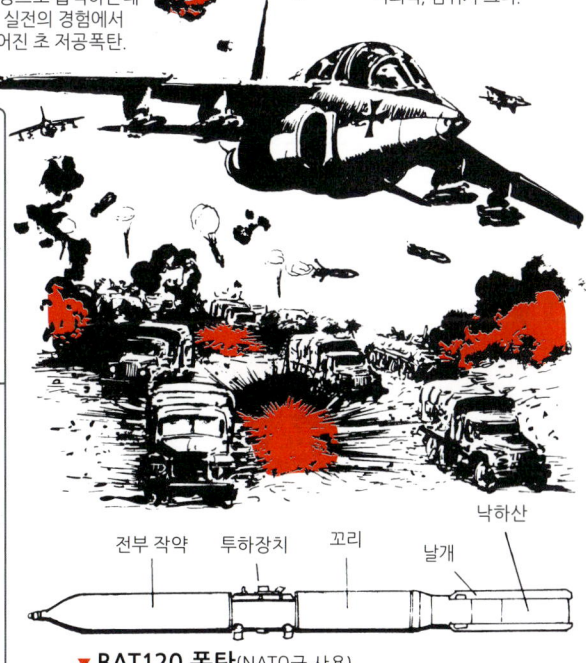

최 저공으로 통상 폭탄을 투하하면 비행중의 관성과 중량관계로 지표면에 25도 정도의 낮은 각도로 된다. 이 때문에 폭발 압력은 위 방향으로 퍼져버려 지상 파괴효과가 떨어진다.

BAT120의 경우

장갑 관통력

대장갑차형 7mm / 대차량형 4mm

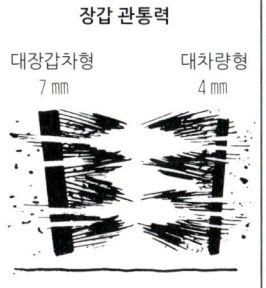

전부 작약 / 투하장치 / 꼬리 / 날개 / 낙하산

▼ **BAT120 폭탄** (NATO군 사용)

중량 34kg로 가벼우나 중량당 파괴효과가 크다. 대 차량형은 4g의 파편이 2600개로 비산하여 20m 거리에서 4mm 강판을 관통한다. 대 장갑차형은 12.5g의 파편이 800개로 비산하여 같은 거리에서 7mm 강판을 관통한다.

■ 유도포탄 코퍼헤드

자주포에서 발사되어 지상의 유도병이 헬기에서 적 전차에 쏜 레이저의 반사파로 유도된다.

레이저 광선 / 휴대형 레이저 목표지시기

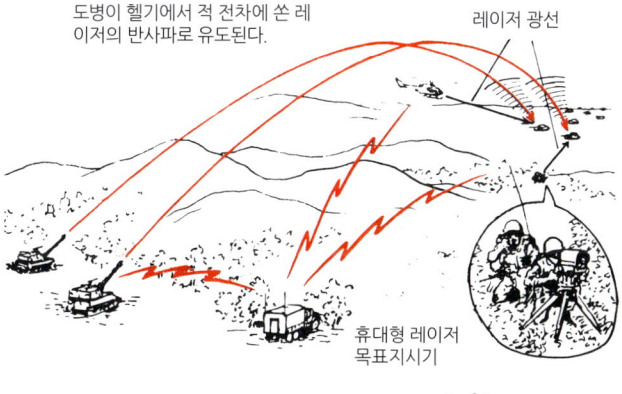

레이저 Seeker / 자이로 / 전자장치 / 성형 작약 / 제어 날개 / 핀

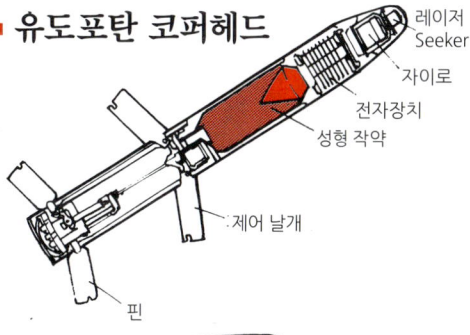

날개달린 포탄이므로 활공단계가 길고 그만큼 착탄거리도 길어진다.

개발 당시에는 획기적 포탄으로 기대되었으나 제조비용이 높고 목표 명중 때까지 레이저를 계속 쏘아야 하는 결점으로 그 후 속속 개발된 신형포탄에 뒤떨어진 성능으로 되어 버렸다.

■ AIFS (노든 사 개발)

유도장치
전체 길이2.44m
램 제트부
공기 취입구
탄두
연료
핀
노즐

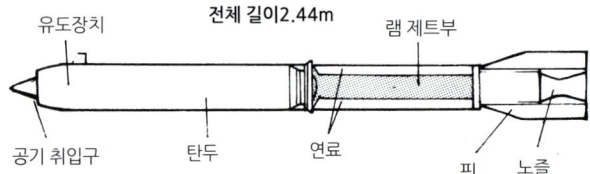

이것도 유도폭탄의 일종인데 코퍼헤드와 달리 자력으로 목표를 탐지한다. 센서를 장비, 램 제트로 자력추진하며 사정도 70,000m로 늘어나 있다. 소위 'Fire and forget'(쏘고 잊어버리는) 병기로써 코퍼헤드의 후계로 개발 중이다. 아래 그림 SADARM탄을 포함, 이런 종류의 포탄은 다양하게 개발되고 있는데 값이 비싼 것이 공통적이 장애요소이다.

■ SADARM탄 (대 장갑탐지 파괴탄)

통상의 유탄포 등에서는 전차 1대 파괴하는데 1,000발 이상 필요하다는 것은 드문 일도 아니다. 직접 조준하지 않고 많이 쏴서 맞추는 정도의 명중률이기 때문이다. 유도 폭탄은 최근 여러 종류가 개발되어 고가이기는 하지만 그래도 미사일보다는 싸다. 또한 유탄포나 MLRS(다음 페이지 참조)로부터 발사할 수 있다.

SADARM탄은 NATO군이 개발한 'Fire and forget' 시스템의 정수로, 5발의 자기단조탄을 MLRS탄에 집어 넣거나 아래 그림처럼 155㎜ 유탄포로 발사할 수 있는 것으로 개발됐다. 최종 조준은 탄두 자신이 결정하는 지능 무기로 상하 양면에서 공격할 수 있는 효율 좋은 유도탄이다.

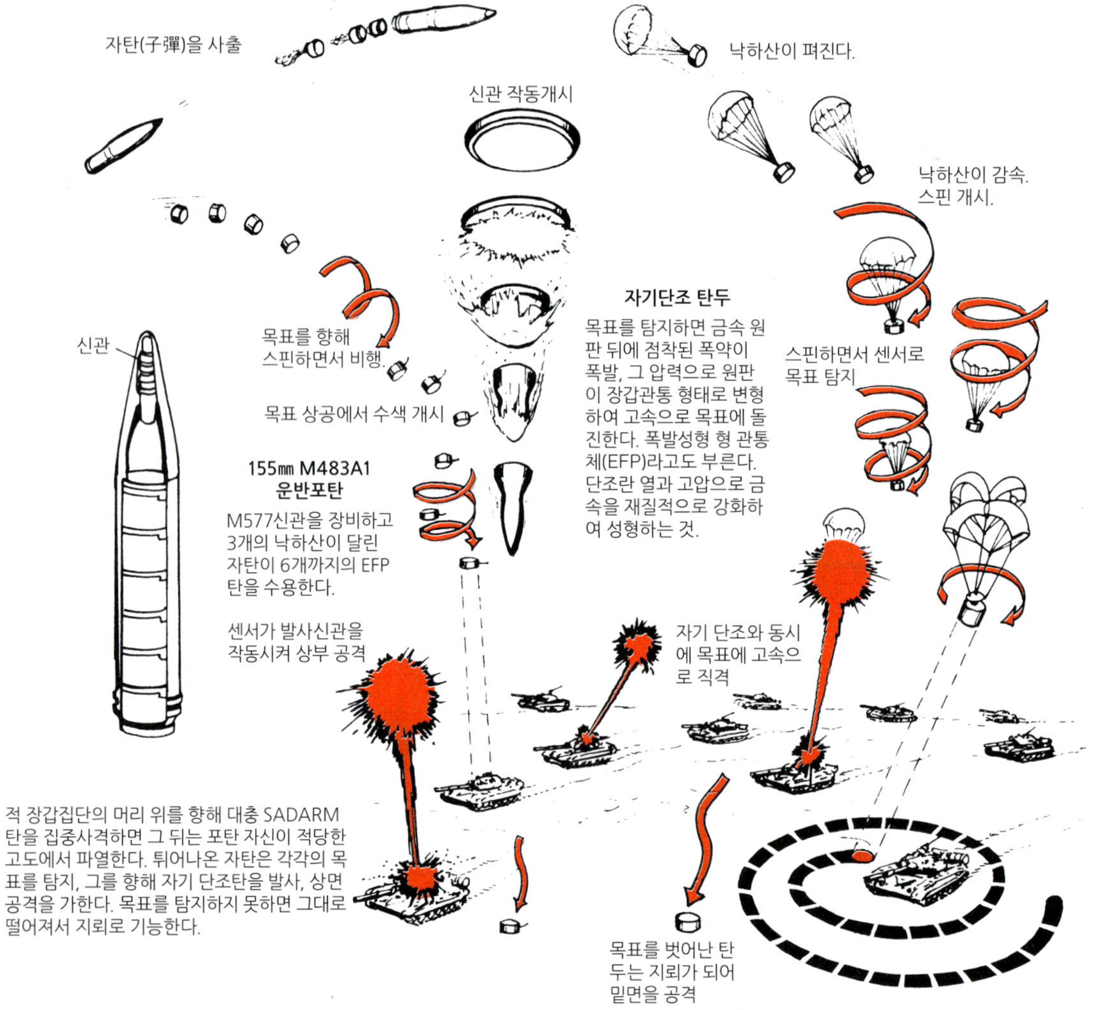

자탄(子彈)을 사출
낙하산이 펴진다.
신관 작동개시
낙하산이 감속.
스핀 개시.
자기단조 탄두
목표를 탐지하면 금속 원판 뒤에 점착된 폭약이 폭발, 그 압력으로 원판이 장갑관통 형태로 변형하여 고속으로 목표에 돌진한다. 폭발성형 형 관통체(EFP)라고도 부른다. 단조란 열과 고압으로 금속을 재질적으로 강화하여 성형하는 것.
신관
목표를 향해
스핀하면서 비행.
스핀하면서 센서로
목표 탐지
목표 상공에서 수색 개시
155㎜ M483A1
운반포탄
M577신관을 장비하고 3개의 낙하산이 달린 자탄이 6개까지의 EFP 탄을 수용한다.
센서가 발사신관을
작동시켜 상부 공격
자기 단조와 동시
에 목표에 고속으
로 직격
적 장갑집단의 머리 위를 향해 대충 SADARM탄을 집중사격하면 그 뒤는 포탄 자신이 적당한 고도에서 파열한다. 튀어나온 자탄은 각각의 목표를 탐지, 그를 향해 자기 단조탄을 발사, 상면 공격을 가한다. 목표를 탐지하지 못하면 그대로 떨어져서 지뢰로 기능한다.
목표를 벗어난 탄
두는 지뢰가 되어
밑면을 공격

다양한 장갑차량 (2차대전~현재)

■ MLRS (다연장 로켓 시스템)

소련 붕괴 전까지 서방측 정보는 공산측 기갑부대가 수량면에서 8배의 전차 전력을 가지고 있다고 추산했다. 이런 양적 우세에 대항하기 위해 개발된 무기가 다연장 로켓 시스템(Multiple Launch Rocket System :MLRS)이다.

이것만으로 전력차를 완전히 극복할 수는 없겠지만, 적어도 MLRS의 기동성, 사정거리 일제사격능력은 세계 최고 수준이다. 227㎜의 로켓 12발을 사정 30㎞ 이상으로 1분 이내에 일제 사격한다. 탄의 장전은 컨테이너 별로 하며 3분 안에 재장전이 가능하고 일제사격 간격도 8분이다. 탑재차량은 M2 브래들리를 대폭 개조한 것으로 후부에 12연장 로켓 발사기를 싣는다. 단발, 연발 모두 가능한데 가장 중요한 탄두는 장갑탐지 파괴탄이다. 편성은 자주 발사대 1대에 급탄 트레일러 2대가 붙는 방식이다. 미국 육군이 1983년에 도입했고, NATO 각국, 한국과 일본도 도입했다. 총 생산량은 2003년까지 1,300여대.

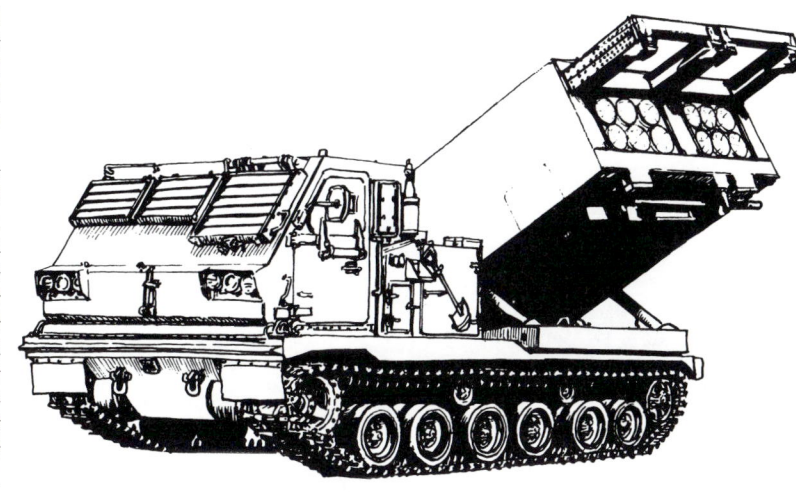

🔸 MLRS의 구성

- ▸ 자주 발사기(SPLL)
- ▸ 최고속도 64km/h
- ▸ 승무원3명
- ▸ 항속거리 485km
- ▸ 전비중량 24.5t

LP/C 발사 포트컨테이너
로켓탄 6발 격납. 일제사격은 차내에서 한다. 재장전도 3명으로 가능.

LLM 발사 로터모듈

관제실내에 사격통제장치.

엔진 및 서스펜션은 M2 보병전투차의 것을 이용.

보급지원차량 (RSV)

LP/C 4기   LP/C 4기

M985 HEMTT 트레일러와 HEMAT 기동탄약 트레일러와 컨테이너적재 트레일러. MLRS의 전술단위는 SPLL 1대와 RSV 2대로 편성되어 로켓탄은 전부 108발을 휴행하게끔 되어 있다.

🔸 MLRS 로켓

로켓탄 직경은 227㎜, 전장 3.94m, 발사 중량은 페이즈1의 경우 308㎏.

▶ **페이즈 1 탄두 (탄두직경 227㎜)**
탄두중량 159㎏로 최대사정 32㎞, 64발의 M77 소형탄을 내장.

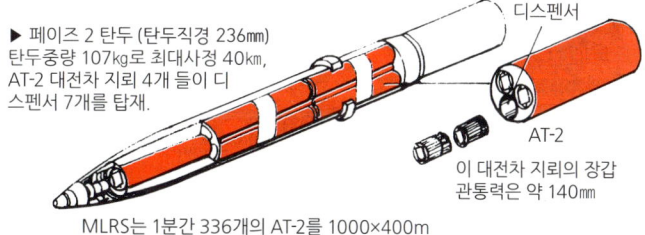

- 접기식 핀
- 고체연료 로켓 모터
- 사보(4개)
- M77 소형탄. 중량230g. 대인·대장갑목표에 사용. 장갑관통력은 약 40㎜
- 신관
- 폴리우레탄 발사 지지대

▶ **페이즈 2 탄두 (탄두직경 236㎜)**
탄두중량 107㎏로 최대사정 40㎞, AT-2 대전차 지뢰 4개 들이 디스펜서 7개를 탑재.

- 디스펜서
- AT-2
- 이 대전차 지뢰의 장갑 관통력은 약 140㎜

MLRS는 1분간 336개의 AT-2를 1000×400m의 범위로 살포한다. 광역제압용 병기.

▶ **페이즈 3 탄두 (최대사정 45㎞)**
이동 중의 전차를 스스로 탐지, 정확하고 정밀하게 목표를 선정, 공격한다. 종말유도 대전차 소폭탄을 탑재.

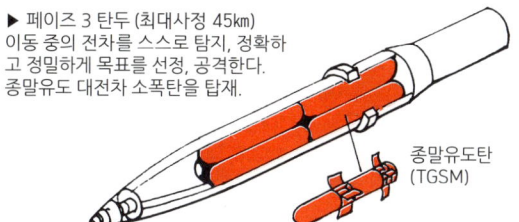

종말유도탄 (TGSM)

위의 페이즈 1, 2가 광역 제압용인데 반해, 장갑차량을 1대씩 노리는 정밀공격병기가 페이즈 3이다.

최신예 대전차공격 시스템

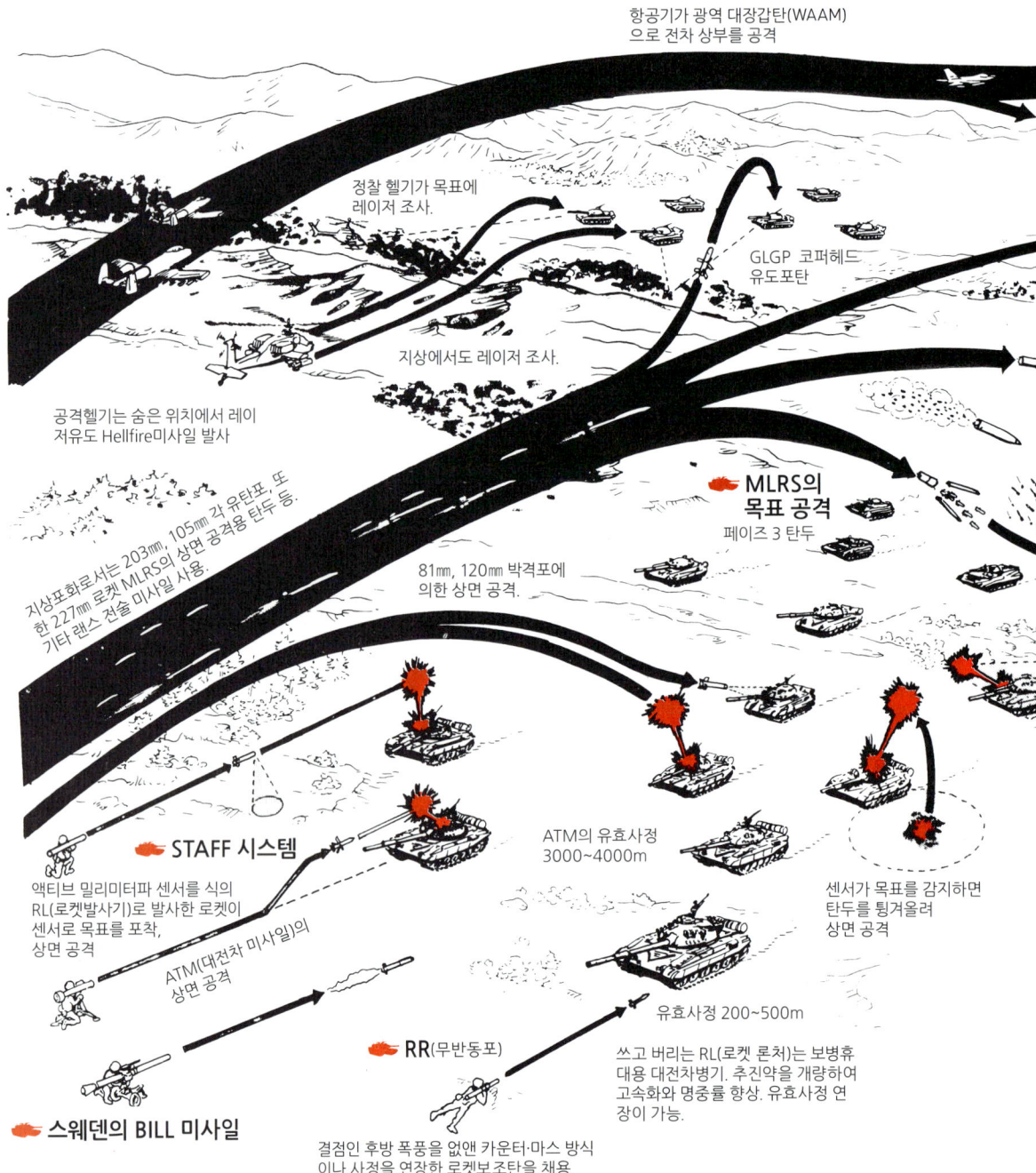

현대전에서 가정하는 대규모 전장에서는 전차가 단독으로 행동할 수가 없다. 지상에서는 자주포부대와 장갑병력 수송차에 탄 보병을 동반하고 방공 시스템에 보호되어 행동한다. 하늘로부터는 전투기나 공격기, 전투공격헬기 등의 지원이 가세되고 후방에서는 장거리포, 정찰정보 시스템이 지원한다.

통상 전차의 장갑은 정면이 가장 두껍고 상면이 약하다. 거기에 종래의 무반동포나 로켓 발사기에 가세하여 전차의 상면을 노리는 대전차 미사일 등, 상면공격(Top Attack)을 가하는 대전차병기가 다수 개발되고 있다.

다양한 장갑차량 (2차대전~현재)

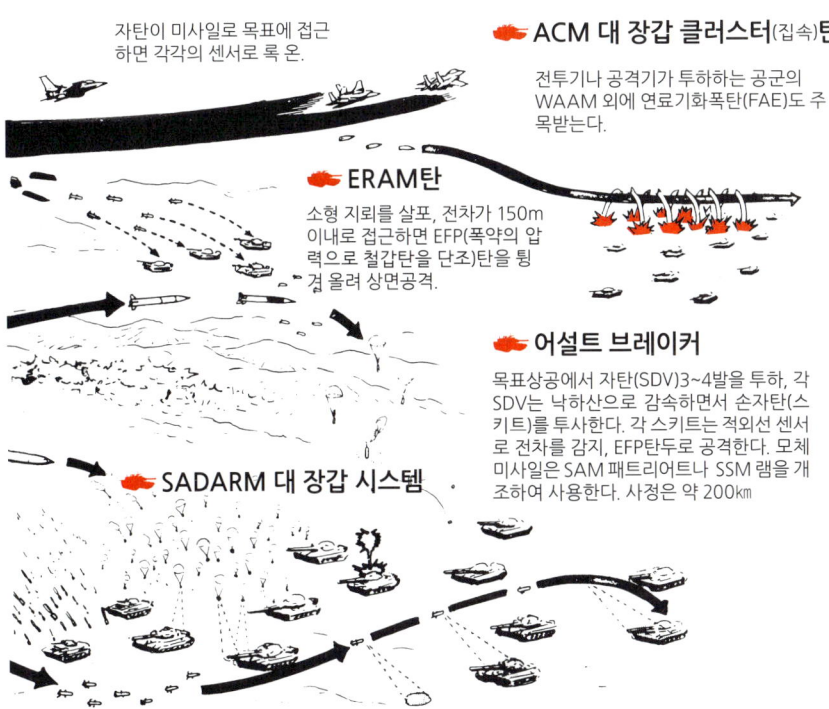

🔴 WASP 광역 특수탄
자탄이 미사일로 목표에 접근하면 각각의 센서로 록 온.

🔴 ACM 대 장갑 클러스터(집속)탄
전투기나 공격기가 투하하는 공군의 WAAM 외에 연료기화폭탄(FAE)도 주목받는다.

🔴 ERAM탄
소형 지뢰를 살포, 전차가 150m 이내로 접근하면 EFP(폭약의 압력으로 철갑탄을 단조)탄을 튕겨 올려 상면공격.

🔴 어설트 브레이커
목표상공에서 자탄(SDV)3~4발을 투하, 각 SDV는 낙하산으로 감속하면서 손자탄(스키트)를 투사한다. 각 스키트는 적외선 센서로 전차를 감지, EFP탄두로 공격한다. 모체 미사일은 SAM 패트리어트나 SSM 램을 개조하여 사용한다. 사정은 약 200km.

🔴 SADARM 대 장갑 시스템

항공기가 대전차 공격을 할 때는 통상의 무유도 대장갑폭탄, 유도(스마트)폭탄, 공대지 대전차 미사일 등을 사용한다. 탄환에도 ERAM탄처럼 소형 지뢰를 살포하여 센서로 전차를 포착하면 탄두를 튕겨 올려 상면공격을 하는 종류가 있다.

또, 광역 특수탄에는 자탄이 자유 낙하하지 않고 목표 가까이서 센서로 조준공격하는 WASP탄도 있다. 의연히 무유도 로켓은 다수이지만 기상 또는 지상에서 유도하는 것도 있다. 자탄의 유도는 지대지 전술 미사일로도 행한다. 보병이 발사하는 대전차 미사일중에는 센서로 상면공격을 하는 것도 있다. 아래 그림은 TV보도로 일약 전쟁 쇼의 모양으로 된 걸프 전쟁에서 다국적군에 의한 대 이라크군 공격이다. 이라크군은 압도적 물량 앞에 전의를 거의 잃어, 스커드 미사일 공격 외에는 저항다운 저항이 없었다.

1년 후의 미 국방성의 종합보고서에서는 미군 사상자의 많은 수가 자국군 끼리 오인 사격의 결과였다는 이야기가 있을 정도였다.

걸프 전쟁의 경우

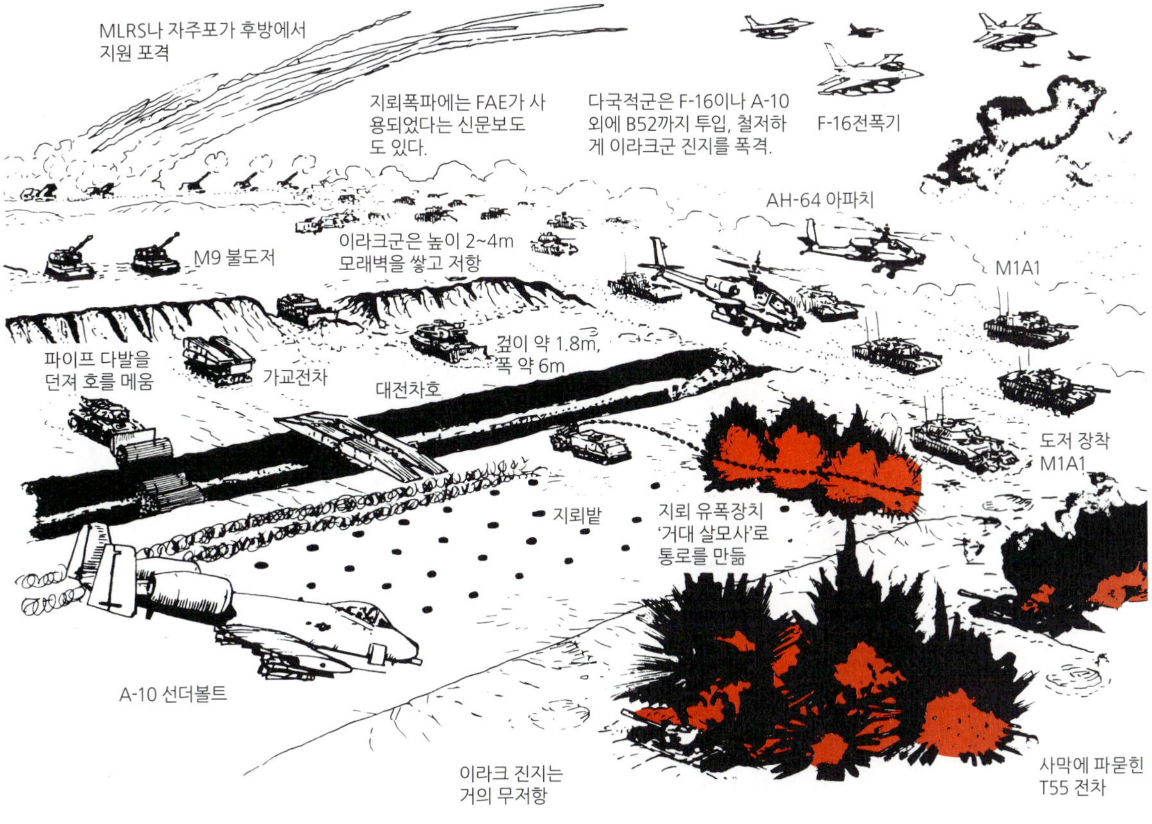

- MLRS나 자주포가 후방에서 지원 포격
- 지뢰폭파에는 FAE가 사용되었다는 신문보도도 있다.
- 다국적군은 F-16이나 A-10 외에 B52까지 투입, 철저하게 이라크군 진지를 폭격.
- F-16전폭기
- AH-64 아파치
- M1A1
- M9 불도저
- 이라크군은 높이 2~4m 모래벽을 쌓고 저항
- 깊이 약 1.8m, 폭 약 6m
- 파이프 다발을 던져 호를 메움
- 가교전차
- 대전차호
- 지뢰밭
- 지뢰 유폭장치 '거대 살모사'로 통로를 만듦
- 도저 장착 M1A1
- A-10 선더볼트
- 이라크 진지는 거의 무저항
- 사막에 파묻힌 T55 전차

W.W.II의 각국 전차의 장갑과 전차포 비교

■ 1940년 북아프리카 전선

🔶 마크 II 마틸다 III
- 중량 27t
- 엔진 95HP×2
- 최고속도 24km/h
- 장갑 A78mm B25mm
- C75mm D75mm
- 무장 40mm 포×1 기관총×2

🔶 3호 F형
- 중량 20.3t
- 엔진 300HP
- 최고속도 40km/h
- 장갑 A30mm B30mm
- C30+30mm D30mm
- 무장 50mm 포×1 기관총×2

■ 1941년 소련 침공(바르바로사)

🔶 T34/76
- 중량 27t
- 엔진 500HP
- 최고속도 51km/h
- 장갑 A45mm B40mm C45+45mm D45mm
- 무장 76.2mm 포×1 기관총×2

🔶 4호 D형
- 중량 20t
- 엔진 300HP
- 최고속도 40km/h
- 장갑 A30mm B20mm C30+35mm D20mm
- 무장 75mm 포×1 기관총×2

■ 1942년 북아프리카 (엘 알라메인→튀니지아)

🔶 M4A1 셔먼
- 중량 32t
- 엔진 400HP
- 최고속도 38.6km/h
- 장갑 A51mm B38mm C76+76mm D51mm
- 무장 75mm 포×1 기관총×2

🔶 4호 F2형
- 중량 25t
- 엔진 300HP
- 최고속도 35km/h
- 장갑 A50mm B50mm C50+50mm D30mm
- 무장 75mm 포×1 기관총×2

연합군

	국명	포탄 명칭	포명/구경장	전차명	포탄중량(kg)	초속(m/s)	장갑관통력(mm)	거리(m)
①	미국	37mm 철갑탄	M6/53	M3	0.87	792	51	1,000
②	영국	40mm 철갑탄	2파운드 OQF/52	M3 스튜어트	0.92	853	44	〃
③	영국	57mm 철갑탄	6파운드 OQF/52	마틸다 II		890	82	〃
④	소련	57mm 철갑탄	1941/	크루세이더-III			140	500
⑤	영국	57mmAPDS탄	6파운드 OQF/52	크롬웰			120	1,000
⑥	소련	76.2mm 철갑탄	M1940/41.2	M34/76	6.3	662	61	〃
⑦	영국	77mm 철갑탄	77mmOQF/50	코밋				
⑧	미국	75mm 철갑탄	M3/40	M4 셔먼	6.79	619	86	〃
⑨	영국	76.2mm 철갑탄	17파운드OQF/58.4	셔먼 파이어플라이	7.7	908	140	〃
⑩	소련	85mm 철갑탄	M1944/51.1	T34/85	9.2	792	102	〃
⑪	미국	90mm 철갑탄	M3/50	M36	10.94	853	147	〃

장갑두께
- A : 차체 앞면
- B : 차체 측면
- C : 포탑 앞면(+방호방패)
- D : 포탑 옆면

■ 최고의 대전차 병기는 전차

대전차병기는 여러 종류가 개발되었으나 2차 대전처럼 대규모 기동부대가 전면에 나오면 기동력 있는 전차의 적은 역시 전차라 할 수 있다. 전차는 독일의 전격전의 주역이었으나 그 무렵 주력인 3호 전차는 초기에는 37mm 포를 탑재했고, 장갑 관통력도 1000m 거리에서 28mm로 빈약했다. 그림과 표를 비교하면 알기 쉬운데, 3호 전차의 탑재포는 점점 위력을 증대해 간다. 이에 대해 연합군을 보면, 북 아프리

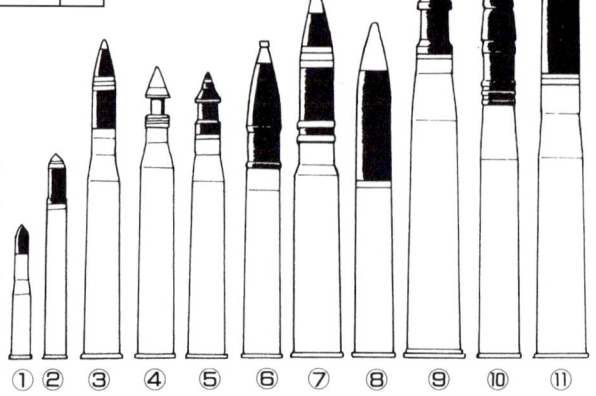

① ② ③ ④ ⑤ ⑥ ⑦ ⑧ ⑨ ⑩ ⑪

다양한 장갑차량 (2차대전~현재)

■ 1943년 동부 전선

T34/85
- 중량 31t
- 엔진 500HP
- 최고속도 51km/h
- 장갑 A75mm B45mm C90+45mm D75mm
- 무장 85mm 포×1 기관총×2

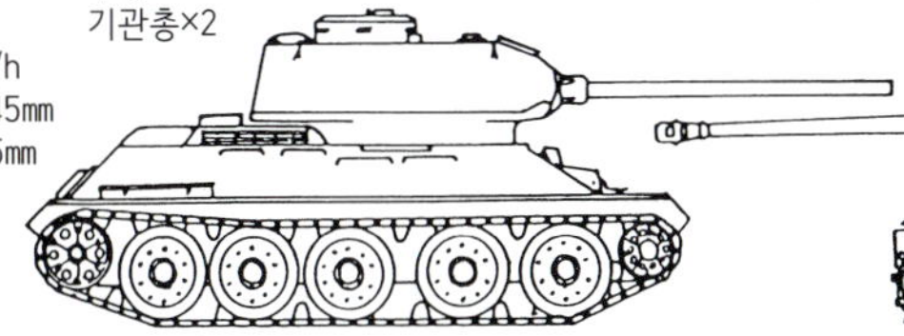

5호 판터
- 중량 44.8t
- 엔진 700HP
- 최고속도 48km/h
- 장갑 A80mm B40mm C110+100mm D45mm
- 무장 75mm 포×1 기관총×2

■ 1944년 노르망디 전선

셔먼 파이어플라이
- 중량 31t
- 엔진 445HP
- 최고속도 40km/h
- 장갑 A51mm B38mm C76+76mm D51mm
- 무장 17파운드 (76.62)mm 포×1 기관총×2

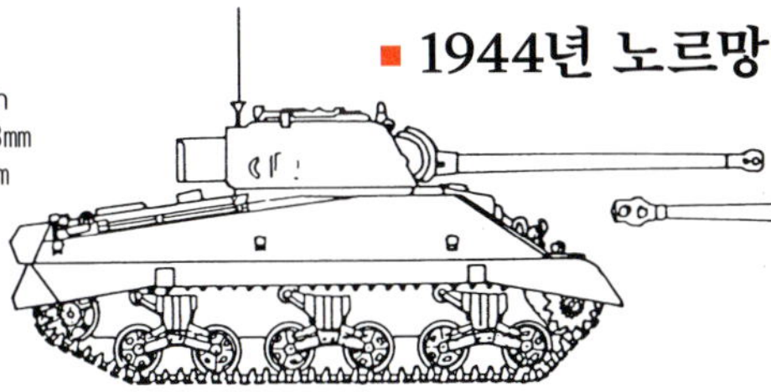

6호 티거-1
- 중량 55t
- 엔진 700HP
- 최고속도 38km/h
- 장갑 A100mm B80mm C100+100mm D80mm
- 무장 88mm 포×1 기관총×2

■ 1943년 동부 전선

이오시프 스탈린 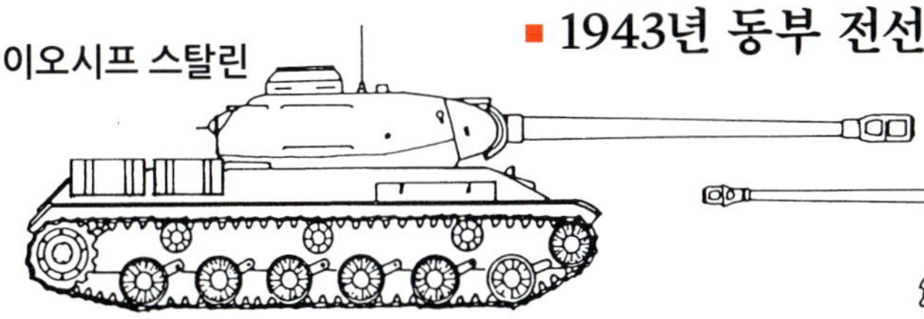
- 중량 46t
- 엔진 520HP
- 최고속도 37km/h
- 장갑 A120mm B90mm C160mm D90mm
- 무장 122mm 포×1 기관총×3

6호 티거-II
- 중량 68t
- 엔진 700HP
- 최고속도 42km/h
- 장갑 A150mm B80mm C180+100mm D80mm
- 무장 88mm 포×1 기관총×2

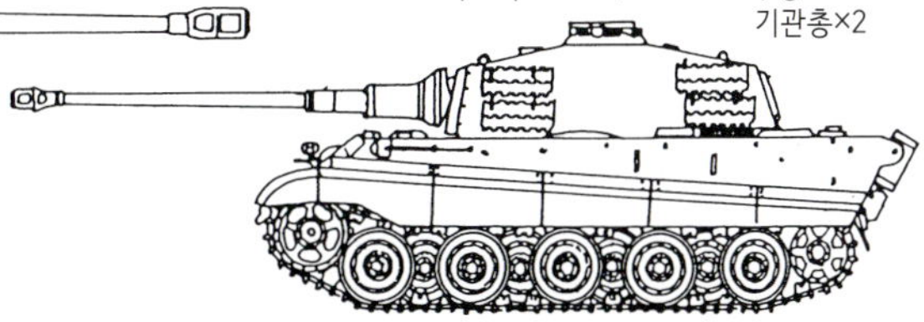

독일군

	포탄 명칭	포명/구경장	전차명	포탄중량 (kg)	초속 (m/s)	장갑관통력 (mm)	거리 (m)
⑫	37mm 철갑탄	KwK36/45	3호전차	0.685	745	28	1,000
⑬	50mm 철갑탄	KwK/42	3호전차E~H	2.06	685	48	〃
⑭	50mm 철갑탄	KwK/60	3호전차	2.06	835	59	〃
⑮	75mm 철갑탄	KwK37/24	4호전차	6.8	385	49	〃
⑯	75mm 철갑탄	KwK40/48	4호전차	6.8	790	117	〃
⑰	75mm 철갑탄	KwK42/70	판터	6.8	935	135	〃
⑱	88mm 철갑탄	KwK36/56	티거-I	10	810	122	〃
⑲	88mm 철갑탄	PaK43/71	티거-II	10.4	1,000	186	〃
⑳	128mm 철갑탄	PaK44/45	야크트티거	28	920	202	〃

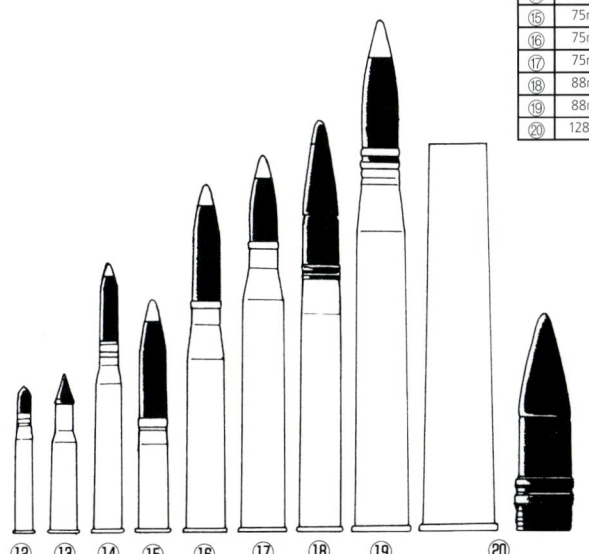

카전선의 처칠III형 전차 등은 장갑은 두꺼우나 무겁고 속도가 늦어 기동력이 결핍되어 있음을 알 수 있다. 이 시기에 압도적으로 우수한 것은 소련의 T34이다. 독일군이 러시아 전선에서 고전하여 신형 전차의 개발을 서둘렀던 것이 이해가 간다. 연합군과 독일군의 화포와 장갑의 경쟁은 시소게임처럼 종전까지 계속됐다. 포탄은 거의가 철갑탄이었으나 구경이 커지면서 점점 거대해져, 휴행성 측면에서 제약이 생기게 된다.

현대 전차포탄의 종류

2차 대전이 끝났어도 냉전 구조 속에 전차의 화포와 방어력의 시소 게임은 계속됐다. 장갑 쪽은 반응 장갑이나 복합장갑 등 단순한 장갑의 두께뿐만 아닌 연구가 집중되고 있다.

전차의 장갑을 파괴하기 위해서는 포탄의 운동 에너지로 관통하는 것과, 열 에너지에 의해 장갑을 관통, 또는 충격파로 내부를 파괴하는 것이 있다. 밑의 표에 정리했듯이 전자의 운동에너지탄은 강체인 철갑탄으로써 여러 연구가 되어 있다. 열 에너지탄은 탄환속에 작약 등을 채워 폭발 가스나 용융된 금속의 고속 유체의 에너지로 전차를 파괴한다. 운동에너지탄은 같은 중량이라면 초속이 빠를수록 위력이 있으며 열 에너지탄에서는 강선포(강선포)의 회전이 가해지면 효과가 떨어지는 결점이 있다.

▼ 골란 고원의 이스라엘군 vs 시리아군의 전차전 (1967년 3차 중동전쟁)

지역분쟁으로서는 예외적으로 대규모 전차전이었는데 시리아령 골란고원을 점령한 이스라엘군과 시리아군의 충돌로 이때 소련제 시리아군 전차는 일방적으로 패했다.

이스라엘군은 지형을 이용한 작전을 썼다.

구조로 본 포탄의 분류

- 불활성탄 (주로 운동에너지탄에 사용)
  - 철갑탄 — AP — Armour Piercing
  - 고속철갑탄 — HVAP — High Velocity AP
  - 장탄통식 철갑탄 — APDS — AP Discarding Sabot
  - 날개안정 장탄통식 철갑탄 — APFSDS — APDS Fin Stabilized
  - 산탄 — Canister
  - 훈련탄 — TP — Training Projectile

- 충전탄 (주로 열에너지탄에 사용)
  - 유탄 — HE — Heigh Explosive
  - 대전차고폭탄 — HEAT — HE Anti Tank
  - 안정익 장착 대전차고폭탄 — HEATFS — HEAT Fin Stabilized
  - 점착탄 — HEP(HESH) — HE Plastic(HE squash)
  - 연막탄 — WP — White Phosphorus Projectile

통상의 포탄은 강선에서 회전을 얻어 탄도 안정을 취하지만 날개를 붙이면 회전시킬 필요가 없다. 그 때문에 활강포(무강선포)로도 사용할 수 있다. 또 활강포 중에는 로켓탄 발사 가능한 것도 있다.

▼ 포탄의 종류에 의한 장갑의 파괴

· HEAT탄 (대전차 고폭탄)

장갑에 맞으면 폭발 가스가 초속 수 천m의 고속으로 관통, 내부로 고온의 가스와 용융된 금속이 침투한다.

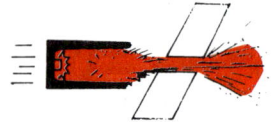

· HESH탄 (점착유탄)

신관이 바닥에 있어 명중하면 포탄 앞부분이 찌부러지면서 장갑에 늘어 붙는다. 충격파로 내부를 넓게 파괴한다.

· APDS탄 (장탄통식 철갑탄)

텅스텐 카바이드로 만든 탄심을 장탄통에 넣고 발사. 직후에 장탄통은 공기저항으로 날아가 버린다.

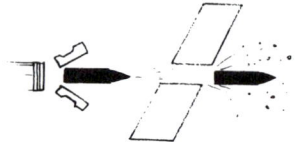

다양한 장갑차량 (2차대전~현재)

- **HEP(HESH)탄**

HE탄과 달리 전방에 신관이 없고 비교적 부드럽게 만들어져 있다. 명중하면 장갑판 표면에 점착하여 폭발한다. 이때의 충격으로 장갑판 표면이 떨어져나가 폭넓게 비산한다. 이를 홉킨스 효과라 한다. 관통력은 적으나 많은 파편이 비산하므로 승무원에대한 살상력이 크다. HE탄은 전차포만 아니라 각종 화포에도 쓰이는 일반적인 것. 탄환 내부의 작약이 폭발하여 바깥 껍질이 비산한다. 단, 전차의 장갑판에는 크게 유효하지는 않다.

- **HEATFS탄**

안정익(날개)를 장착한 HEAT탄으로 활강포로 발사한다. HEAT탄에서 설명했지만, 강선포 경우의 회전운동에 의한 먼로 효과의 감소가 없어 관통력이 증대한다.

- **APFSDS탄**

철갑탄으로 장탄통식 철갑탄(APDS)에 날개를 붙인 것. 발사 후 비산하는 장탄통을 '사보'라 부르는데 이것은 네덜란드의 나무구두(샌달)에서 유래한 이름이다.
100㎜ 이상의 활강포에서 사용하며 APDS보다 고속이며 관통력이 높다. APFSDS, APDS, HVAP 모두 탄심은 단단한 텅스텐·카바이드강을 쓰고 있다. 이것은 비중이 높아 같은 구경, 같은 포신길이라면 무겁기 때문에 속도가 떨어져 버리므로 사보를 장착해 발사하고 그 직후에 불필요한 사보를 떼어 버리는 것이다. 종래의 철갑탄(AP)은 이들의 출현으로 75㎜ 이상의 포에는 사용하지 않게 되었다.
AP탄의 경우, 구경이 큰 것은 탄심부에 작약을 충전하여 장갑판 관통직후 내부에서 폭발하게 되어 있다.

- **HEAT탄**

은 19세기에 이미 원리가 발견되어 있으며 미국의 먼로가 철판 위의 화약 폭발가스가 관통력을 발휘한다는 것을 발견했다. 이것이 '먼로 효과'이며 그 후 1920년 독일의 노이만이 원추형(콘)의 금속을 작약의 안쪽에 점착시키면 관통력이 더욱 커진다는 것을 발견했다. 이를 '노이만 효과'라 한다. 그 파괴력은 통상의 철갑탄과 달리 탄환속도와 무관하다. 금속의 콘으로는 주로 구리가 사용되며 폭발에 의한 초고속 제트 분출류의 관통력이 탄환 직경의 5~6배나 된다고 한다. 관통된 구멍이 길이에 비해 직경이 작은 것이 특징이다. 탄두부에는 전기 신관을 장착해 탄 껍질이 사방으로 비산하므로 유탄 대신으로도 사용된다. 이 HEAT탄의 경우, 강선(라이플)이 주는 회전이 먼로 효과를 감소시키므로 초속이 높은 포에는 사용할 수 없다. 그래서 탄대(탄띠)가 없어 강선 홈에 맞 씹히지 않는 활강포용과 같은 모양의 안정익을 부착한 것이 개발되고 있다.

- **캐니스터탄**

캐니스터 탄은 산탄의 전차포 버전으로 주로 대인 살상용으로 사용된다. 포구를 나오면 작은 탄자가 비산하므로 근거리 대인용이다.

- **TP탄**

훈련용으로 개발된 것으로 APDS나 APFSDS 같은 것은 비싸면서 고속으로 먼 거리까지 날아가므로 훈련에 적합하지 않기 때문이다. 2~3㎞까지는 실탄과 마찬가지로 날아가며 그 이상이 되면 급격히 속도가 떨어져 탄착한다. 물론 파열하지도 않는다. WP는 발연(연막)탄으로 통상 황린의 발연제를 충전하여 연막을 친다. 장착하는 신관의 종류로 지상 발연인가 공중 발연인가 선택할 수 있다.

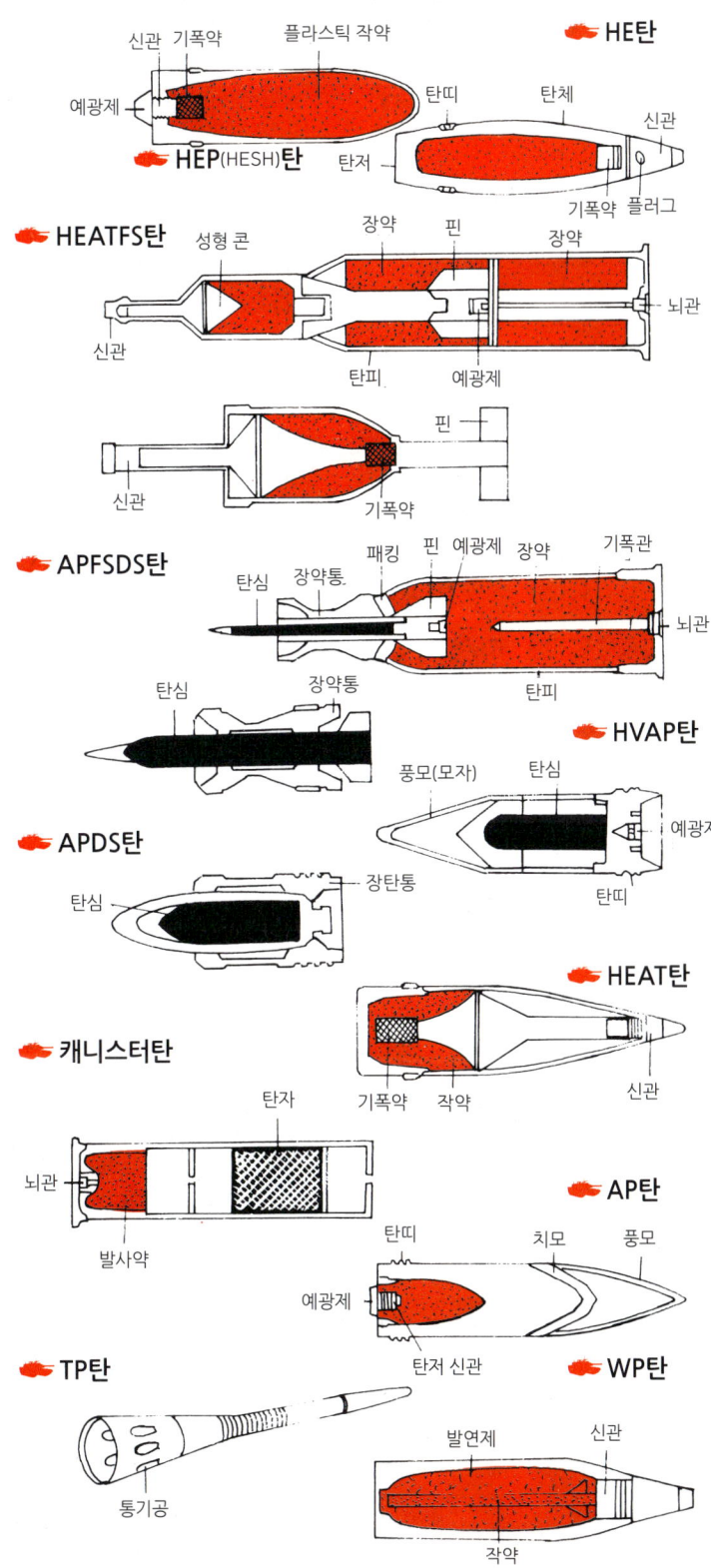

227

중동전쟁에서 전차대의 전법

1973년의 제 4차 중동전쟁은 이스라엘군이 미·영, 서방 제 전차, 시리아를 중심으로 한 아랍측은 소련제 전차로 싸웠다. 국지전이었으므로 전차의 성능, 무장이 승패를 좌우했다. 여기서는 이스라엘군의 대 소련전차의 전법을 보기로 한다.

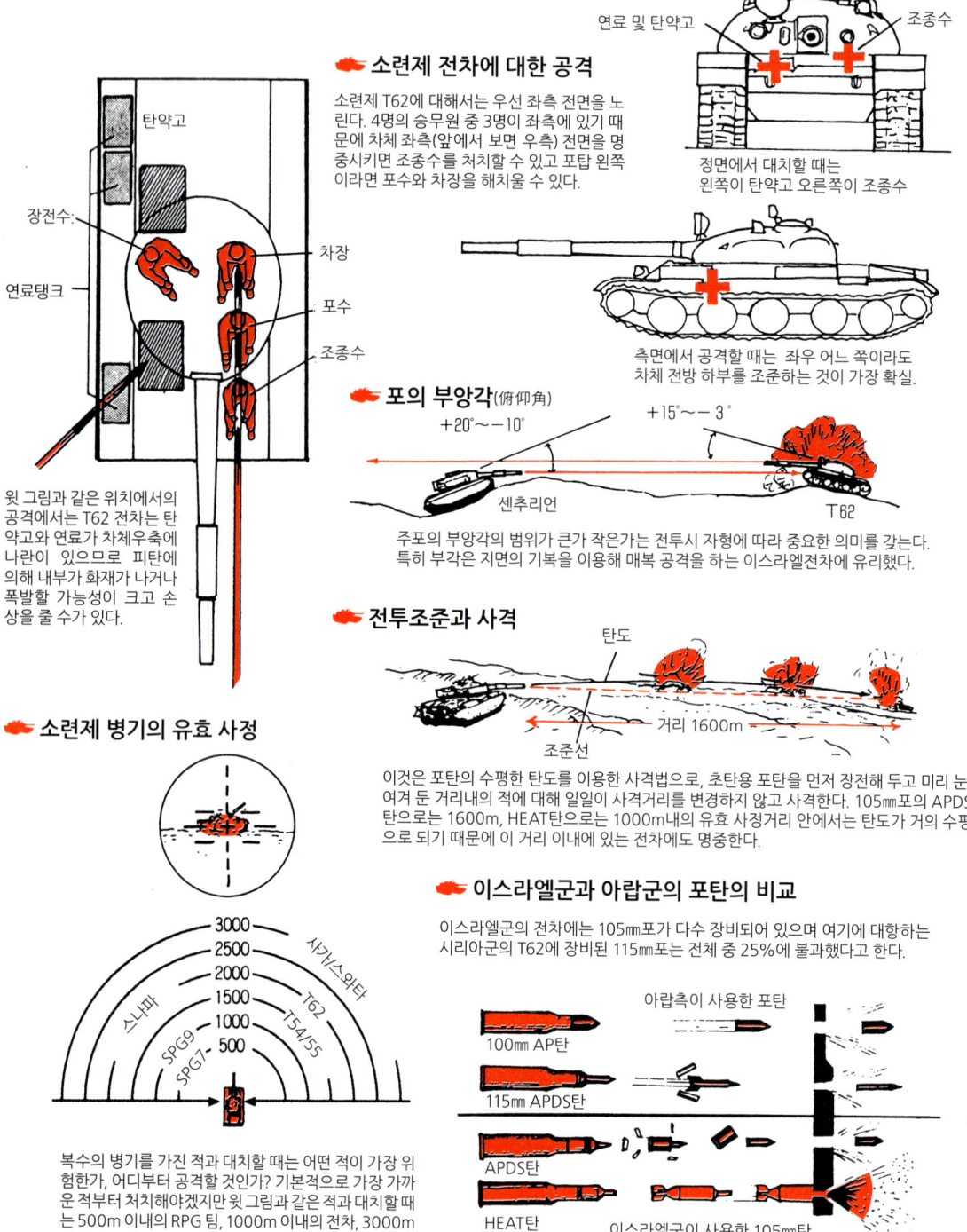

다른 특수전차들
2차 세계대전 ~ 현재

전차의 등장이 지상의 전투형태를 크게 바꾼 것은 말할 나위도 없다. 전차 자체도 새로운 기술이 차례로 도입되어 진화되어 갔다.

처음에는 공격용 전차만 활약했으나 마침내 전차의 능력을 최대로 발휘하기 위해 각종 장갑차량을 모아 기갑부대를 편성하게 되었다. 그 장비에는 막대한 비용이 들었으나 기갑부대의 공격력은 보병부대와는 비교할 수 없었기 때문에 강대국 육군에서는 기계화가 진척된 기갑부대가 불수불가결하게 되었다.

물론 그 중심은 주력 전차이지만 사단으로서 행동하려면 직접 전투에 참가할 차량뿐만 아니라 여러 상황에서 기동력을 발휘할 지원차량도 필요하게 되었다. 이래서 공병용 특수 작업차가 제작되어 활약하게 되는 것은 2차 대전부터인데, 그 후 이러한 지원차량의 중요성이 점점 커지게 되어 수없이 만들어지게 된다. 이러한 특수 작업차에는 각종 토목공사나 지뢰 제거 같은 공병 전차나 전투에서 손상되거나 고장 난 전차의 수리나 회수를 담당하는 회수 전차가 있다.

이러한 특수 전차로 유명한 것이 영국 육군의 처칠 AVRE이다. 또, 도하를 위해 사용되는 가교 전차도 이러한 특수 작업차량이다. 더욱이 여기에는 미군의 지뢰 제거에 대해 작업용은 아니나 특수한 공격용 전차인 화염방사전차도 만들어지고 있다.

공병용 전차

전장에서는 습지나 정글부터 황무지까지 지형이 다양하여 장갑 기동부대라 해도 그대로 진격하기는 쉽지않다. 또 적을 공격할 때 전차호나 토치카, 지뢰와 맞딱뜨릴 수 있으며 강이나 계곡도 있으므로 진격은 쉽지 않다. 또한 전쟁은 진격할 뿐만 아니라 후퇴할 수도 있으며 그 경우 호를 파거나 지뢰를 매설하기도 한다.
거기에 더해, 보급로도 퇴로도 없는 군대는 때와 똥오줌과 피비린내를 풍기는 것이 전쟁의 실상이다. 따라서 공격에 견디는 장갑을 두르고 토목작업이나 지뢰 제거 등을 하는 작업차량이 필요해 진다. 이런 종류의 특수차량은 주력 전차나 APC를 개조한 파생형도 많지만, 처음부터 공병용 전차(ARV)로 만들어 진 것도 있다. 도저를 장비한 것, 다리를 놓는 것 등 특수 지형에 대응하려는 것도 있다.

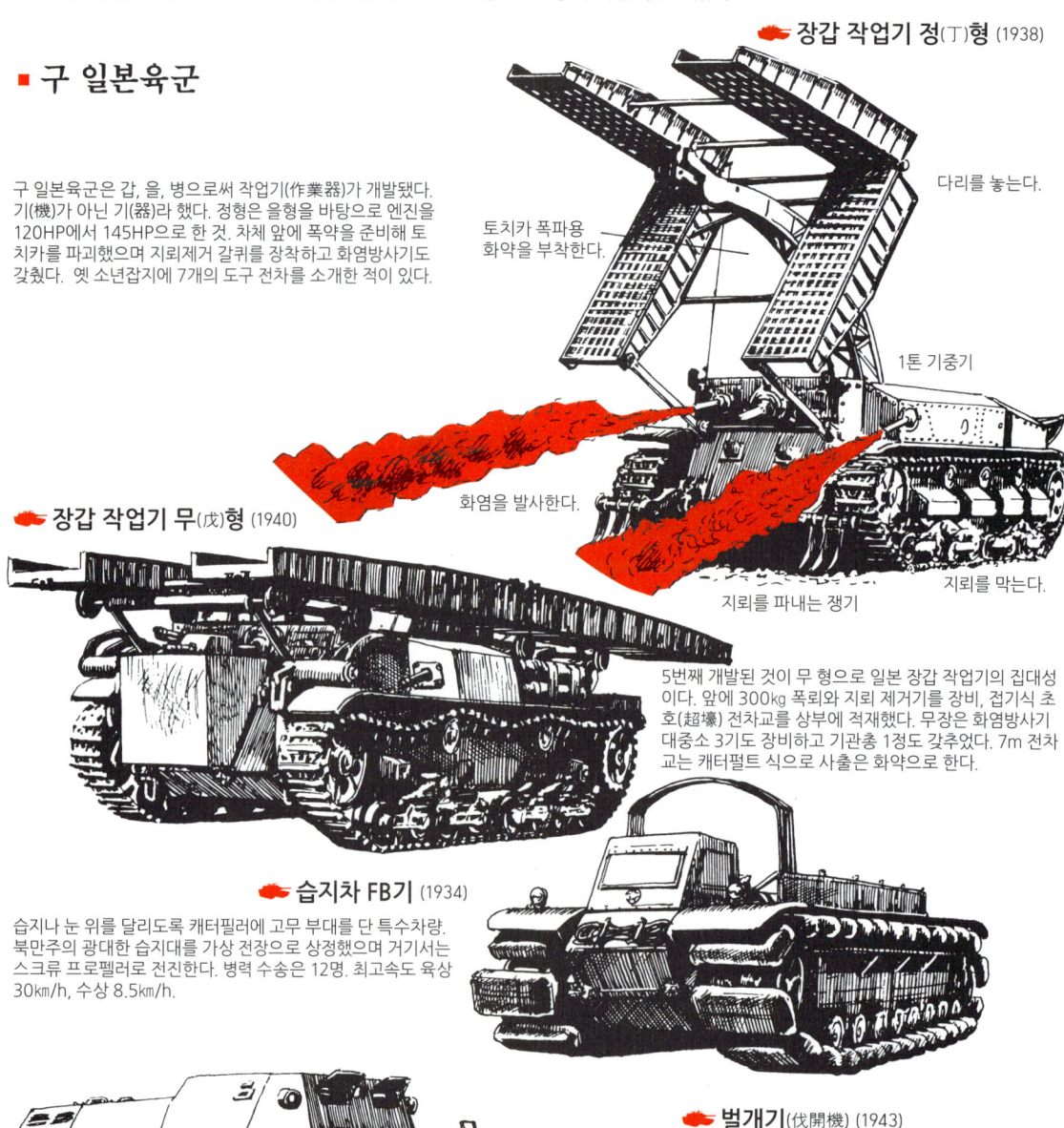

🔺 장갑 작업기 정(丁)형 (1938)

- 다리를 놓는다.
- 토치카 폭파용 화약을 부착한다.
- 1톤 기중기
- 화염을 발사한다.
- 지뢰를 막는다.
- 지뢰를 파내는 쟁기

■ 구 일본육군

구 일본육군은 갑, 을, 병으로써 작업기(作業器)가 개발됐다. 기(機)가 아닌 기(器)라 했다. 정형은 을형을 바탕으로 엔진을 120HP에서 145HP으로 한 것. 차체 앞에 폭약을 준비해 토치카를 파괴했으며 지뢰제거 갈퀴를 장착하고 화염방사기도 갖췄다. 옛 소년잡지에 7개의 도구 전차를 소개한 적이 있다.

🔺 장갑 작업기 무(戊)형 (1940)

5번째 개발된 것이 무 형으로 일본 장갑 작업기의 집대성이다. 앞에 300kg 폭뢰와 지뢰 제거기를 장비, 접기식 초호(超壕) 전차교를 상부에 적재했다. 무장은 화염방사기 대중소 3기도 장비하고 기관총 1정도 갖추었다. 7m 전차교는 캐터펄트 식으로 사출은 화약으로 한다.

🔺 습지차 FB기 (1934)

습지나 눈 위를 달리도록 캐터필러에 고무 부대를 단 특수차량. 북만주의 광대한 습지대를 가상 전장으로 상정했으며 거기서는 스크루 프로펠러로 전진한다. 병력 수송은 12명. 최고속도 육상 30km/h, 수상 8.5km/h.

🔺 벌개기(伐開機) (1943)

앞에 붙인 쇠 뿔 같은 것은 정글의 나무를 쓰러뜨리기 위한 것. 그러나 남방의 정글이 아니고 시베리아의 삼림을 가상한 모양이다.

다른 특수전차들 (2차대전~현재)

■ 일본 육상 자위대

🔻 75식 장갑 도저 (1975)

육상자위대가 일선부대의 기동지원에 사용하기 위해 소총 내탄구조로 개발한 것. 장비는 도저뿐으로 전선 입구의 장애물 제거를 목적으로 하나의 기능에 철저하도록 한 것이다. 장갑 승무원실은 떼어 낼 수도 있다.

도저 방향의 시야가 좋지 않으므로 평소에는 후진주행했다.

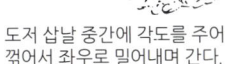

도저 삽날 중간에 각도를 주어 꺾어서 좌우로 밀어내며 간다.

■ 미국

🔻 M9 장갑 전투 도저 (1985)

미국은 공병 작업차에 그다지 열의를 보이지 않았으나 1985년부터 사용된 이 장갑 도저는 걸프 전쟁에서 그 실용성이 증명되었다. 차체는 알루미늄으로 부항성(浮航性)이 있다. 날 자체는 움직이지 않고 유기압식 현가장치로 차체 앞을 상하로 움직여 작업한다. 후부에는 1톤 윈치를 장비하고 조종실은 NBC 방호장치를 갖추었다.

🔻 LVTE1A1 (1954)

미 해병대 차량으로 상륙작전시 해안에 매설된 지뢰제거용. 별명이 '감자 캐기꾼'이다. 앞의 쇠 시랑으로 지뢰를 파올리는 것 외에 로켓으로 Line Charge(화약 와이어)를 날릴 수 있다. 이것은 길이 100m의 플라스틱 와이어를 로켓으로 사출하여 이것이 땅에 떨어지면 폭발시켜 지뢰를 유폭시킨다. 베트남 전쟁에서 사용되었으며 차체는 LCT였던 LCP5를 사용.

■ 영국

처음부터 ARV로 개발된 차량. 기동성이 높아 수륙양용이라는 것, 방탄이며 NBC 방호장치와 통신설비도 완비하는 것에 주안점을 두고 설계, 개발되었다. 버킷은 구멍파기 외에도 불도저 용으로도 사용하며 매시 300 입방미터의 흙을 치울 수 있다. 윈치를 갖추고 앵커(갈고리)를 로켓으로 사출하여 언덕이나 연약지반 돌파에 사용한다.

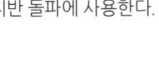

🔻 전투 공작트랙터 CET (1977)

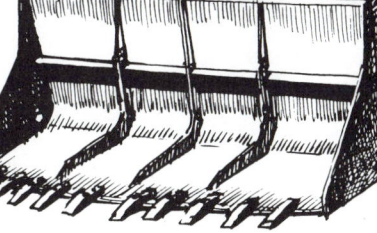

처칠 AVRE

처칠 특수 작업 전차는 보병 전차의 차체에 각종 공격지원 장비를 갖춘 것이며 아래에 보듯 많은 종류가 있다. 이는 서유럽 상륙과 반격 대비해 영국군이 고안한 것으로, 1942년의 디에프 상륙작전 때 공병대가 큰 피해를 보았던 전훈에서 비롯됐다. 그 기본은 1940년에 개발된 처칠 보병 전차로 초기에는 40㎜ 포에 350HP의 트럭 엔진을 탑재한 정도의 빈약한 것이었으나 용도에 따라 점점 업그레이드되어 42년부터 52년까지 오랫동안 영국군이 사용했다. AVRE는 Armored Vehicle Royal Engineer의 약어로 '공병 전차' 정도의 의미.

처칠 보병전차
처칠 보병전차는 장갑이 두꺼워 AVRE에 적당한 차체였다.

290㎜ 구포(터砲)
통상적으로 장착되었던 290㎜ 구포. 대구경 박격포라는 것으로 '하늘을 나는 쓰레기통'이란 별명이 붙었다. 아래의 작약탄은 40파운드(약 18kg)이다. 사정은 짧아도 강력하여 토치카나 장애물 등을 날려버렸다.

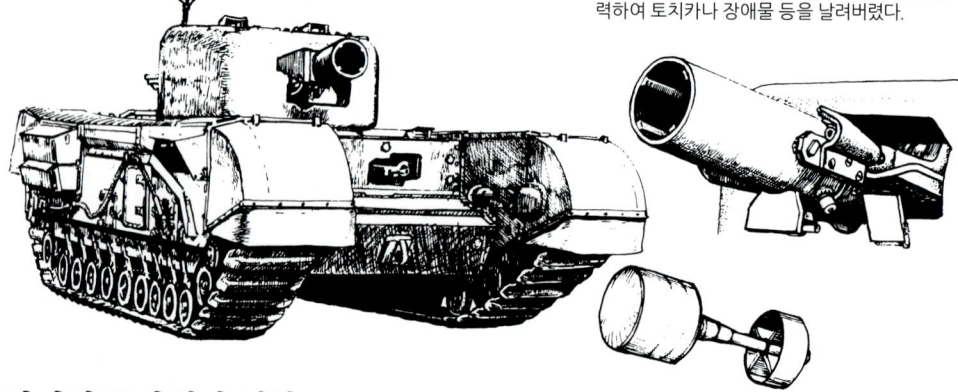

상륙작전에 등장했던 처칠 AVRE

1944년 6월6일의 노르망디 상륙작전은 정밀하고 전술에 맞게 고안된 여러 가지 특수전차가 활약했다. 처칠 AVRE는 M4셔먼의 개조차와 함께 그 중심이었다. 255페이지의 그림처럼 부대의 진로는 돌격공병 팀을 선두로 지뢰제거차가 나서서 지뢰의 제거와 폭파로 돌격로를 개척했다. 또, 전차의 진로를 방해하는 대전차호나 크레이터, 연약한 지반용에 연구된 특수전차도 개발되어 지상부대의 진격을 도왔다. 이 '사상 최대의 작전'도 이와 같은 공격지원병기의 힘도 커다란 도움이 되었던 것이다.

처칠 '콩거'
유니버설·캐리어에 의해 로켓으로 호스를 발사하고 그 호스 속에 니트로글리세린을 쑤셔 넣어 지뢰를 폭파했다.

처칠 '스네이크' (1977)
파이프 폭탄을 장비하여 그 파이프를 연결하여 지뢰밭을 폭파했다.

처칠 '불스 혼(Bull's Horn)'

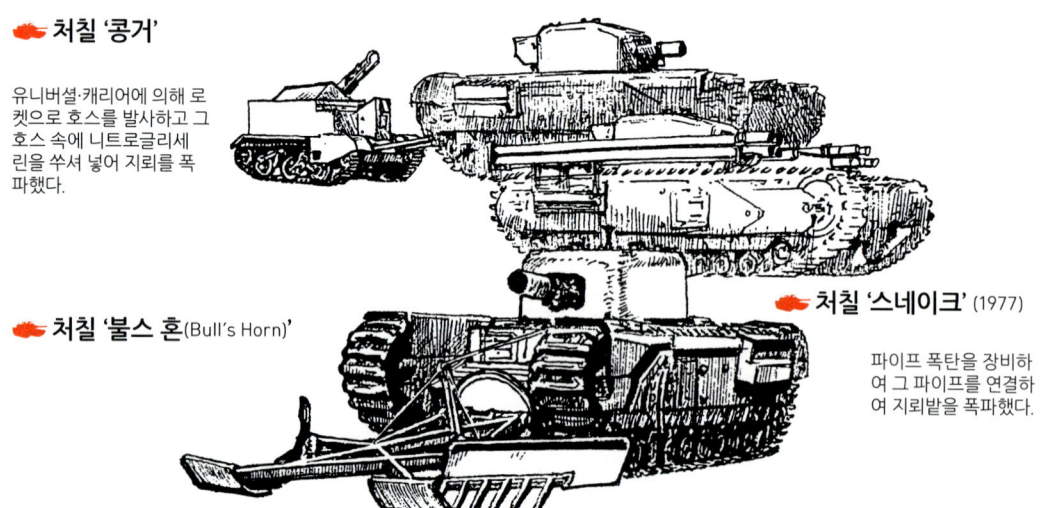

지레제거용 쟁기를 장비하여 지뢰를 좌우로 밀어냈다. 실전에서는 셔먼 '크랩(Crab)'이 효과가 있었다 한다. 실제 상륙작전에서는 먼저 셔먼 DD전차(부항 스크류를 장착)가 먼저 상륙, 지뢰제거전차를 엄호하여 지뢰원을 돌파, 돌격 브리지를 놓아 타고 넘어가는 작전이었다.

다른 특수전차들 (2차대전~현재)

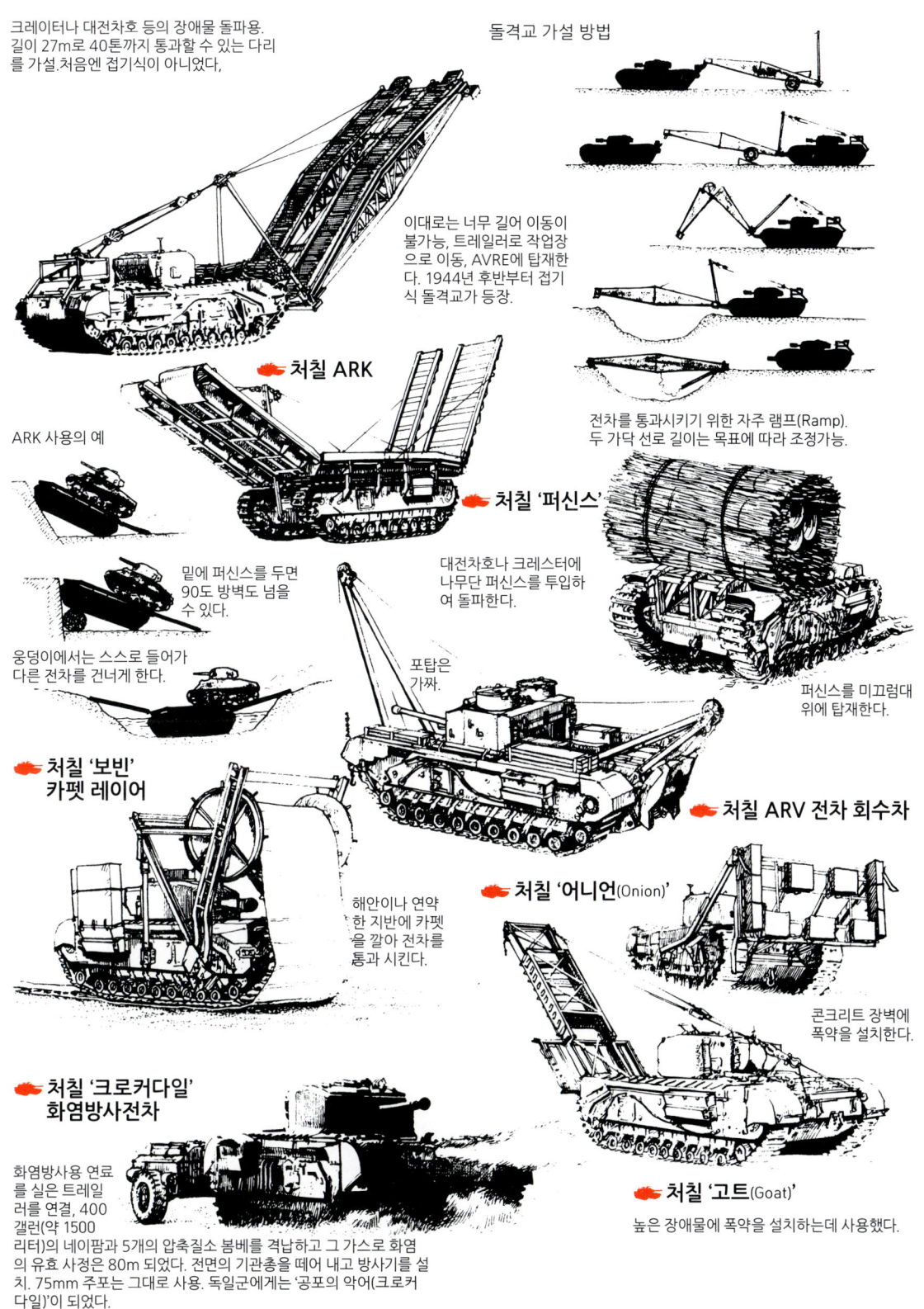

🔥 처칠 SBG 돌격교(突擊橋) (가교전차)

크레이터나 대전차호 등의 장애물 돌파용. 길이 27m로 40톤까지 통과할 수 있는 다리를 가설.처음엔 접기식이 아니었다.

돌격교 가설 방법

이대로는 너무 길어 이동이 불가능. 트레일러로 작업장으로 이동, AVRE에 탑재한다. 1944년 후반부터 접기식 돌격교가 등장.

🔥 처칠 ARK

ARK 사용의 예

전차를 통과시키기 위한 자주 램프(Ramp). 두 가닥 선로 길이는 목표에 따라 조정가능.

🔥 처칠 '퍼신스'

밑에 퍼신스를 두면 90도 방벽도 넘을 수 있다.

대전차호나 크레스터에 나무단 퍼신스를 투입하여 돌파한다.

웅덩이에서는 스스로 들어가 다른 전차를 건너게 한다.

포탑은 가짜.

퍼신스를 미끄럼대 위에 탑재한다.

🔥 처칠 '보빈' 카펫 레이어

해안이나 연약한 지반에 카펫을 깔아 전차를 통과시킨다.

🔥 처칠 ARV 전차 회수차

🔥 처칠 '어니언'(Onion)

콘크리트 장벽에 폭약을 설치한다.

🔥 처칠 '크로커다일' 화염방사전차

화염방사용 연료를 실은 트레일러를 연결, 400갤런(약 1500리터)의 네이팜과 5개의 압축질소 봄베를 격납하고 그 가스로 화염의 유효 사정은 80m 되었다. 전면의 기관총을 떼어 내고 방사기를 설치. 75mm 주포는 그대로 사용. 독일군에게는 '공포의 악어(크로커다일)'이 되었다.

🔥 처칠 '고트'(Goat)

높은 장애물에 폭약을 설치하는데 사용했다.

233

전차 회수차

전장에서 고장 나거나 손상을 입은 전차를 회수 또는 수리하는 차량. 이 때문에 윈치나 크레인, 다목적 도저 블레이드 등을 장비하고 있다. 통상 같이 보유한 주력 전차와 같은 차대를 이용해 제작한다.
각종 공구를 가득 실어 '움직이는 수리공장'이라 할 정도인데 장비 때문에 중량이 늘어나므로 고출력 엔진을 탑재한 것도 있다.

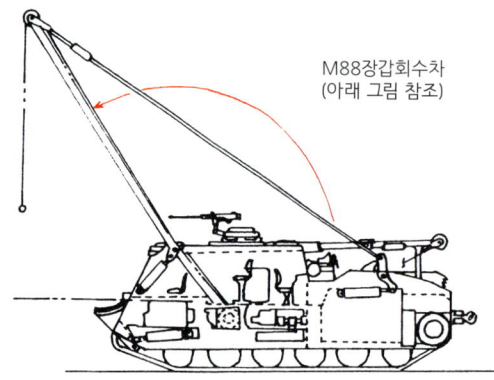

M88장갑회수차 (아래 그림 참조)

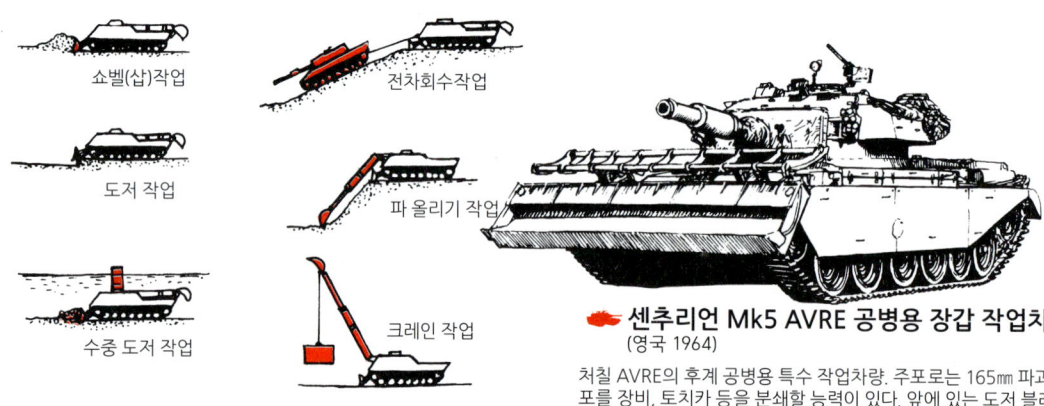

- 쇼벨(삽)작업
- 전차회수작업
- 도저 작업
- 파 올리기 작업
- 수중 도저 작업
- 크레인 작업

🔴 **닥스(Dachs)의 작업활동**

🔴 **센추리언 Mk5 AVRE 공병용 장갑 작업차** (영국 1964)

처칠 AVRE의 후계 공병용 특수 작업차량. 주포로는 165mm 파괴포를 장비, 토치카 등을 분쇄할 능력이 있다. 앞에 있는 도저 블레이드는 유압으로 조작된다.

- 승무원 5명
- 엔진 635HP
- 전장 8.69m
- 최고속도 35km/h
- 전폭 3.96m
- 항속거리 102km
- 전고 3.0m

M4A3을 바탕으로 했던 M74 회수차의 후계로 탄생한 차로 M48A2 중전차를 바탕으로 개발, 중량증가로 엔진을 디젤 1020HP으로 변경하고 차체의 A 프레임과 주 윈치로 25톤까지 들 수 있다.

- 중량 50t
- 전고 3.2m
- 전장 8.3m
- 7.7mm기관총 장비
- 전폭 3.4m

🔴 **M88 장갑 회수차** (미국 1961)

1. 조종석
2. 차장석
3. 정비원석
4. 보조동력장치 에어클리너
5. 무전기 랙
6. 조상 프레임
7. 디젤 엔진
8. 트랜스미션
9. 기계식 트랜스미션
10. 붐 윈치(23톤)
11. 주 윈치(41톤)
12. 도저 블레이드 작동 암
13. 도저 블레이드

다른 특수전차들 (2차대전~현재)

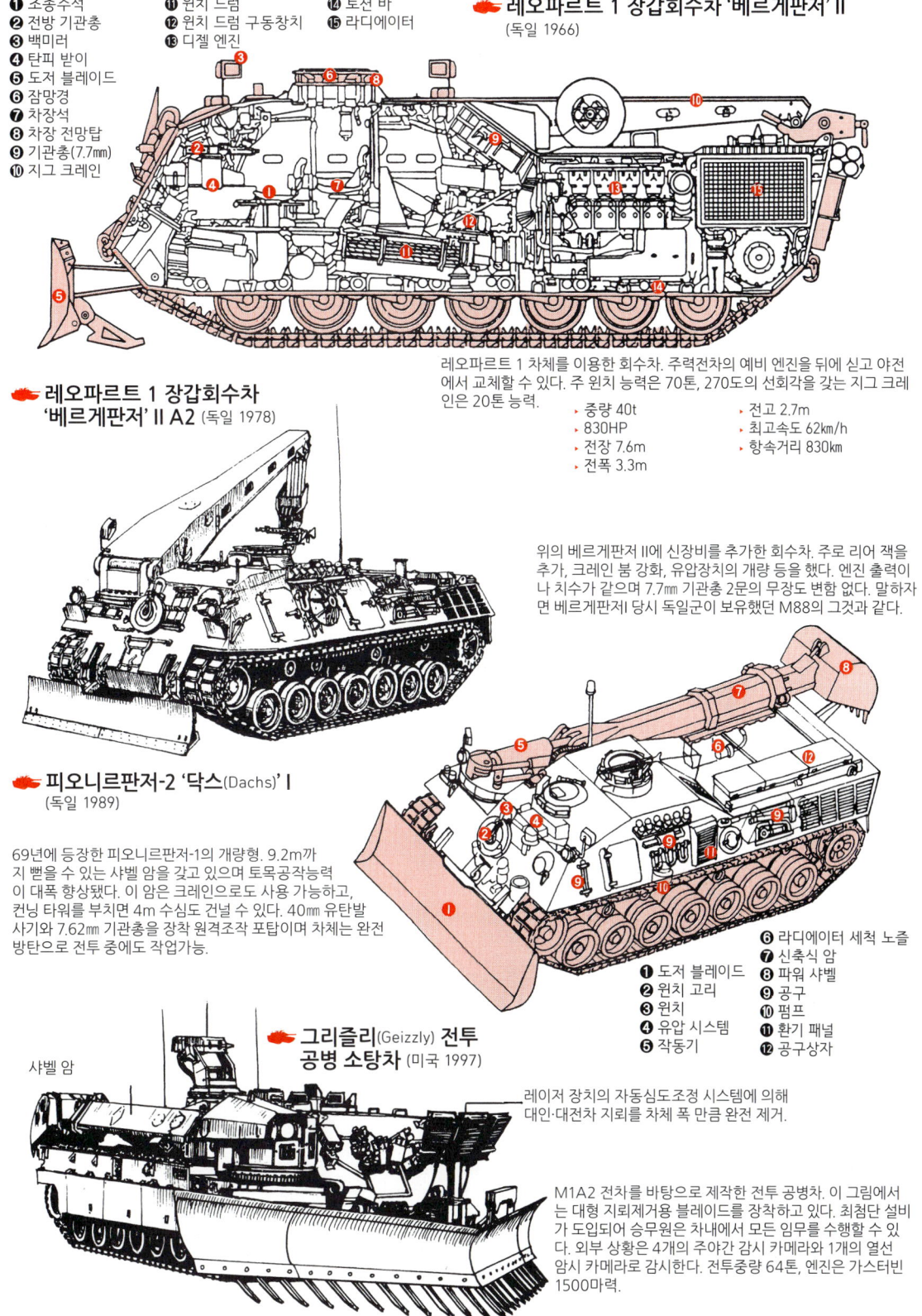

레오파르트 1 장갑회수차 '베르게판저' II (독일 1966)

1. 조종수석
2. 전방 기관총
3. 백미러
4. 탄피 받이
5. 도저 블레이드
6. 잠망경
7. 차장석
8. 차장 전망탑
9. 기관총 (7.7㎜)
10. 지그 크레인
11. 윈치 드럼
12. 윈치 드럼 구동장치
13. 디젤 엔진
14. 토션 바
15. 라디에이터

레오파르트 1 차체를 이용한 회수차. 주력전차의 예비 엔진을 뒤에 싣고 야전에서 교체할 수 있다. 주 윈치 능력은 70톤, 270도의 선회각을 갖는 지그 크레인은 20톤 능력.

- 중량 40t
- 830HP
- 전장 7.6m
- 전폭 3.3m
- 전고 2.7m
- 최고속도 62km/h
- 항속거리 830km

레오파르트 1 장갑회수차 '베르게판저' II A2 (독일 1978)

위의 베르게판저 II에 신장비를 추가한 회수차. 주로 리어 잭을 추가, 크레인 붐 강화, 유압장치의 개량 등을 했다. 엔진 출력이나 치수가 같으며 7.7㎜ 기관총 2문의 무장도 변함 없다. 말하자면 베르게판저I 당시 독일군이 보유했던 M88의 그것과 같다.

피오니르판저-2 '닥스(Dachs)' I (독일 1989)

69년에 등장한 피오니르판저-1의 개량형. 9.2m까지 뻗을 수 있는 샤벨 암을 갖고 있으며 토목공작능력이 대폭 향상됐다. 이 암은 크레인으로도 사용 가능하고, 컨닝 타워를 부치면 4m 수심도 건널 수 있다. 40㎜ 유탄발사기와 7.62㎜ 기관총을 장착 원격조작 포탑이며 차체는 완전 방탄으로 전투 중에도 작업가능.

1. 도저 블레이드
2. 윈치 고리
3. 윈치
4. 유압 시스템
5. 작동기
6. 라디에이터 세척 노즐
7. 신축식 암
8. 파워 샤벨
9. 공구
10. 펌프
11. 환기 패널
12. 공구상자

그리즐리(Geizzly) 전투 공병 소탕차 (미국 1997)

샤벨 암

레이저 장치의 자동심도조정 시스템에 의해 대인·대전차 지뢰를 차체 폭 만큼 완전 제거.

M1A2 전차를 바탕으로 제작한 전투 공병차. 이 그림에서는 대형 지뢰제거용 블레이드를 장착하고 있다. 최첨단 설비가 도입되어 승무원은 차내에서 모든 임무를 수행할 수 있다. 외부 상황은 4개의 주야간 감시 카메라와 1개의 열선 암시 카메라로 감시한다. 전투중량 64톤, 엔진은 가스터빈 1500마력.

235

가교(架橋) 전차

원래, 전차는 길 없는 길을 가는 것을 전제로 만들어졌으나, 아무래도 하천 따위에 막혀 전진하기 어려운 처지가 되곤 한다. 그 때문에 기갑사단이나 기계화 보병사단은 가교 전차를 장비하게 되었다. 특히 초기 작전에서는 가교전차가 필요하므로 주요 국가의 장갑부대에서는 불가결한 차량이 되었다.

20m내외 폭의 하천에서는 몇 분 내에 가교를 완료, 20~30t의 중량을 견딜 수 있는 가교 전차가 일반적이다. 가교 방식은 여러 가지 타입이 있는데 모두 차체의 유압장치를 이용하며 악천후나 야전 중에도 작업이 가능하도록 되어 있다. 주요국의 육군에는 가교 소대가 편성되어 있는 기갑부대가 있을 정도다.

센추리언 가교전차 Mk5 (영국 1959)

고전적이 시저스(가위)방식으로, 엔진 구동의 유압장치로 다리를 놓는다. 장비된 다리는 알루미늄 합금제 16.3m의 다리를 수직으로 세운 상태에서 3~5분 사이에 설치가 가능하고 철거(수납)는 10분 안에 완료한다.

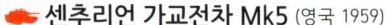

센추리언 ARK Mk5 (영국 1963)

차체 본체도 다리의 일부로써 하천 중심부에 배치하여 가교하는 타입으로 일반적인 가교전차와는 다른 방식이다. 길이 22.9m의 교량을 세울 수 있는데 구조가 복잡해진다. 2차 대전 중의 처칠 ARK의 아이디어를 그대로 채택한 것인데 평판이 그리 좋지 않아 거의 모습을 감추었다.

T54 MTU (소련 1960년대)

2차 대전 직후에 등장한 소형이면서 소련의 주력전차였던 T54 차체를 사용한 것으로, 중량 34t, 승무원 2명, 교량 길이는 12.3m로 비교적 짧다. 가설 시간은 2~3분이며 가이드 레일을 따라 전방으로 나가 설치한다. 작업 중 높이가 2.9m 이상이 되지 않아 적에게 발견되기 어려우나 다리 길이가 짧은 것이 흠.

시저스 방식

60년대까지의 가교전차의 대표적 가교방식. 아래 그림은 일본의 67식 전차교(1971)인데 길이 12m의 다리를 둘로 접어 교량을 전개하면서 연결, 설치한다. 이 타입의 최대의 것은 영국의 치프틴 AVLB(1974)로 전장 25m, 가교 5분, 수납 10분이다.

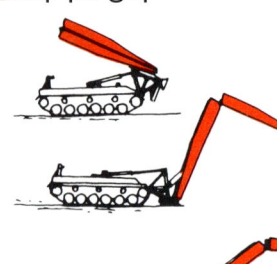

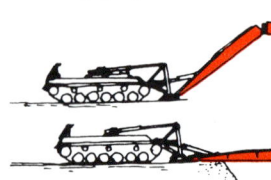

앞뒤로 1m는 설치에 필요하므로 교량 유효길이는 2m가 줄어든다.

3단 접기 슬라이드식

이 방식으로 하면 가교 스팬(Span)을 가장 길게 할 수 있다. 그 때문에 목하 연구 중이며 30m 이상의 길이도 가능해진다. 이 방식의 가교전차로는 소련의 T66 MTU(1967)가 있는데, 교량 길이가 20m로 다른 타입과 큰 차이가 없는 정도이며 50t 차량 통행이 가능하다.

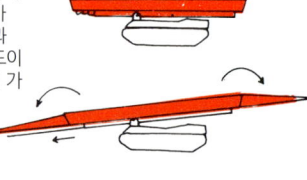

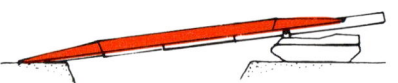

다른 특수전차들 (2차대전~현재)

소련의 주력전차였던 T55는 동유럽 제국 널리 사용되었는데 이것도 그 차체를 이용한 체코군 가교전차다. T55형의 것에는 슬라이드 식이나 3단 접기 슬라이드 등이 있는데 이것은 고전적인 시저스식이다.

- 교량길이 18m
- 승무원 2명
- 중량 37톤
- 가교 2~3분
- 최고속도 50km/h
- 항속거리 500km

MT55 (체코슬로바키아)

91식 전차교(戰車橋) (일본 1991)

74식 전차 차체를 사용한 것으로 91년에 제식 채용됐다. 슬라이드 식으로 교량길이 20m l유효길이 18m),

- 유효 폭 3.9m.
- 전장 10.9m
- 전폭 4.0m
- 전고 3.8m
- 중량 41.8t
- 승무원 2명
- 가교 시간 5분

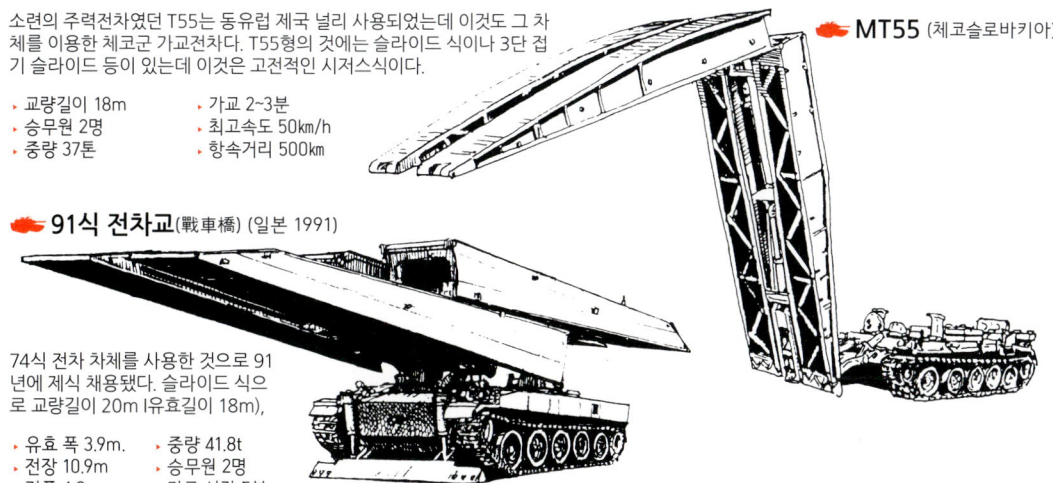

AMX30HS 가교차 (프랑스1969)

AMX30 차체에 시저스식의 전투교를 탑재, 전장 22m, 폭 3.1m 중량 6t의 다리는 50t까지의 중량을 지지하는 독일의 비버와 같으나 가교에는 10분 걸리며, 또 프랑스 가교전차는 뒤를 향해 있어 차체 후부에서 교량을 내리는 방식이다.

Brovb941 가교차 (스웨덴 1973)

- 승무원 4명
- 차체중량 28.4t (이중 교량은 7t)
- 최고속도 56km/h (수상 8km/h)
- 항속거리 400km

스위스 BruPz68과 닮은 방식으로 경합금제의 17m 일체식 교량을 수평으로 이동시켜 2~3분에 가교한다. 수납도 비슷하게 걸리며 차체가 수륙양용이므로 가볍고 수상에 떠서 교량을 후방에서 견인하여 수상 항해할 수 있는 것이 특징이다. 호수와 늪이 많은 스웨덴 풍의 차량이다.

슬라이드 식

가이드 레일에 의해 다리가 슬라이드하여 가교하는 방식으로 가교시간이 짧은 것이 특징. 아래 그림은 스위스의 BruPz68(1971)인데, 60t 하중에 견디는 18.2m의 교량을 싣고 있다. 2분 안에 가교, 5분에 회수하는 속도인데 결점은 교량 부분을 접지 않아 주행 시에는 길이가 20.1m나 되는 것이다.

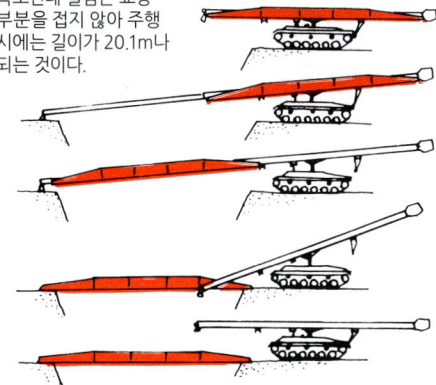

캔틸레버(외팔보) 식

현재는 이 방식이 주류가 되고 있다. 독일의 레오파르트 1전차를 개조한 비버(Biber) 가교전차(1973)가 대표 격으로, 알루미늄 합금제의 교량을 상하로 분할하여 싣고 있다가 사용 시에는 아래에 있는 부분을 전방으로 미끌어 전개, 자동연결 후 전체를 밀어 내어 설치한다. 다리 길이 22m, 폭 4m로, 50t 하중을 견딘다. 이 타입의 최신형은 미국의 M1 AVLB(1994)이다. 전장은 24m.

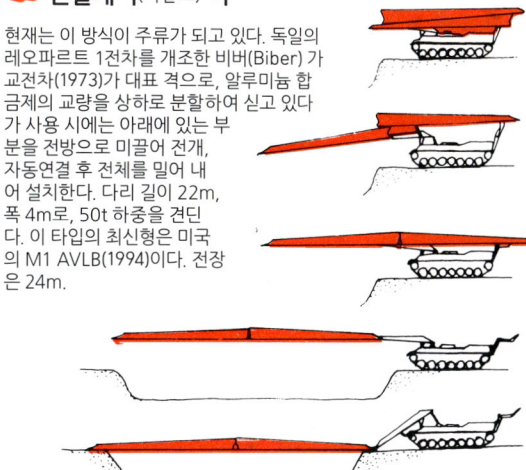

미군의 지뢰처리법

🔻 M1A1을 선두로 한 지뢰원 돌파 기동부대

지뢰는 고전적인 무기지만 전차에게는 오늘날도 유효하다. 가장 최근의 대규모 전쟁은 쿠웨이트를 침공한 이라크군과 미국 주도의 다국적군과의 싸움이다. 거기서 지뢰원(지뢰밭)의 돌파는 주요 포인트였다. 이라크군은 침공 이후 5개월에 걸쳐 강력한 방어진지를 구축했다. 지뢰원의 배치는 오른쪽 그림과 같은데, 대전차호나 모래벽을 조합한 강력하고 광대한 것이었다. 그 돌파의 선두로 나선 것이 롤러나 블레이드의 지뢰처리기를 장착한 M1A1전차로, 이를 주력으로 지뢰돌파 기동부대가 편성됐다.

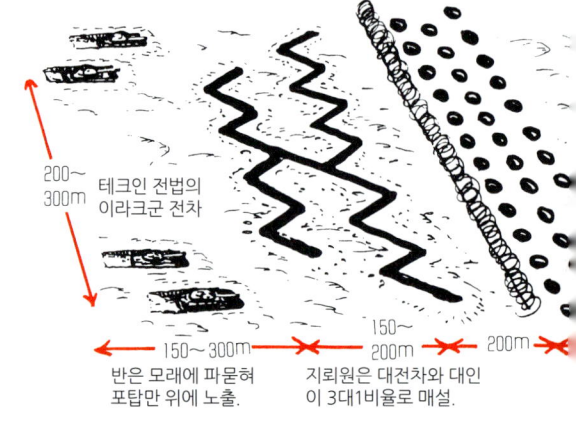

테크인 전법의 이라크군 전차
200~300m
반은 모래에 파묻혀 포탑만 위에 노출.
150~300m
지뢰원은 대전차와 대인이 3대1비율로 매설.
150~200m
200m

🔻 최신 지뢰의 경향

지뢰의 구조는 기본적으로 옛날과 다르지 않다. 금속 박스에 폭약을 채우고 상부로 튀어나온 돌출신관에 압력이 걸리면 폭발한다. 그러나 근년에 변화가 일어났다. 지뢰탐지기의 센서 대책으로 비금속이 사용되기 시작하고 신관에도 각종 전자 센서가 도입되어 센서에는 자기, 음향, 진동 등에 반응하며 종류도 다양하다.

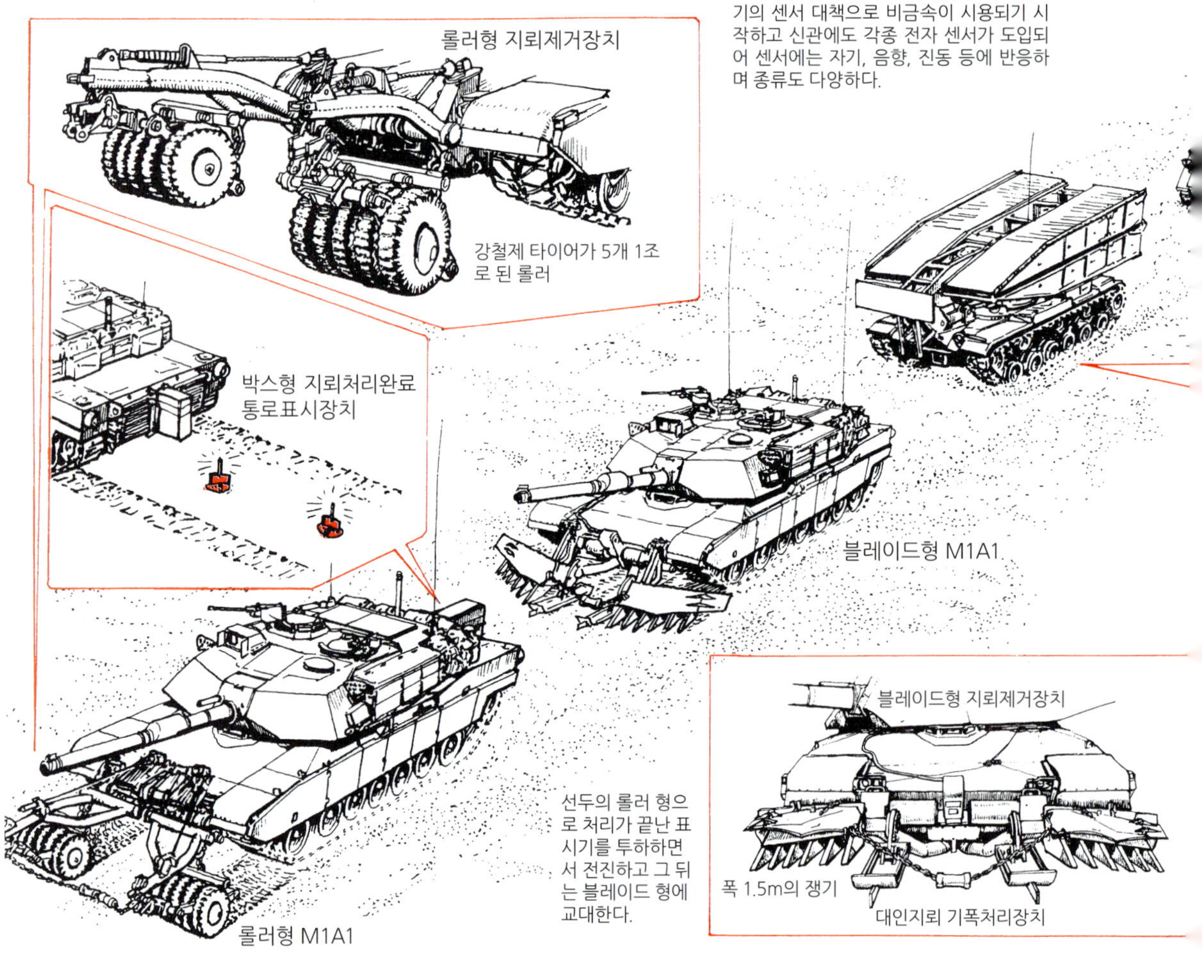

롤러형 지뢰제거장치

강철제 타이어가 5개 1조로 된 롤러

박스형 지뢰처리완료 통로표시장치

블레이드형 M1A1

선두의 롤러 형으로 처리가 끝난 표시기를 투하하면서 전진하고 그 뒤는 블레이드 형에 교대한다.

롤러형 M1A1

블레이드형 지뢰제거장치

폭 1.5m의 쟁기

대인지뢰 기폭처리장치

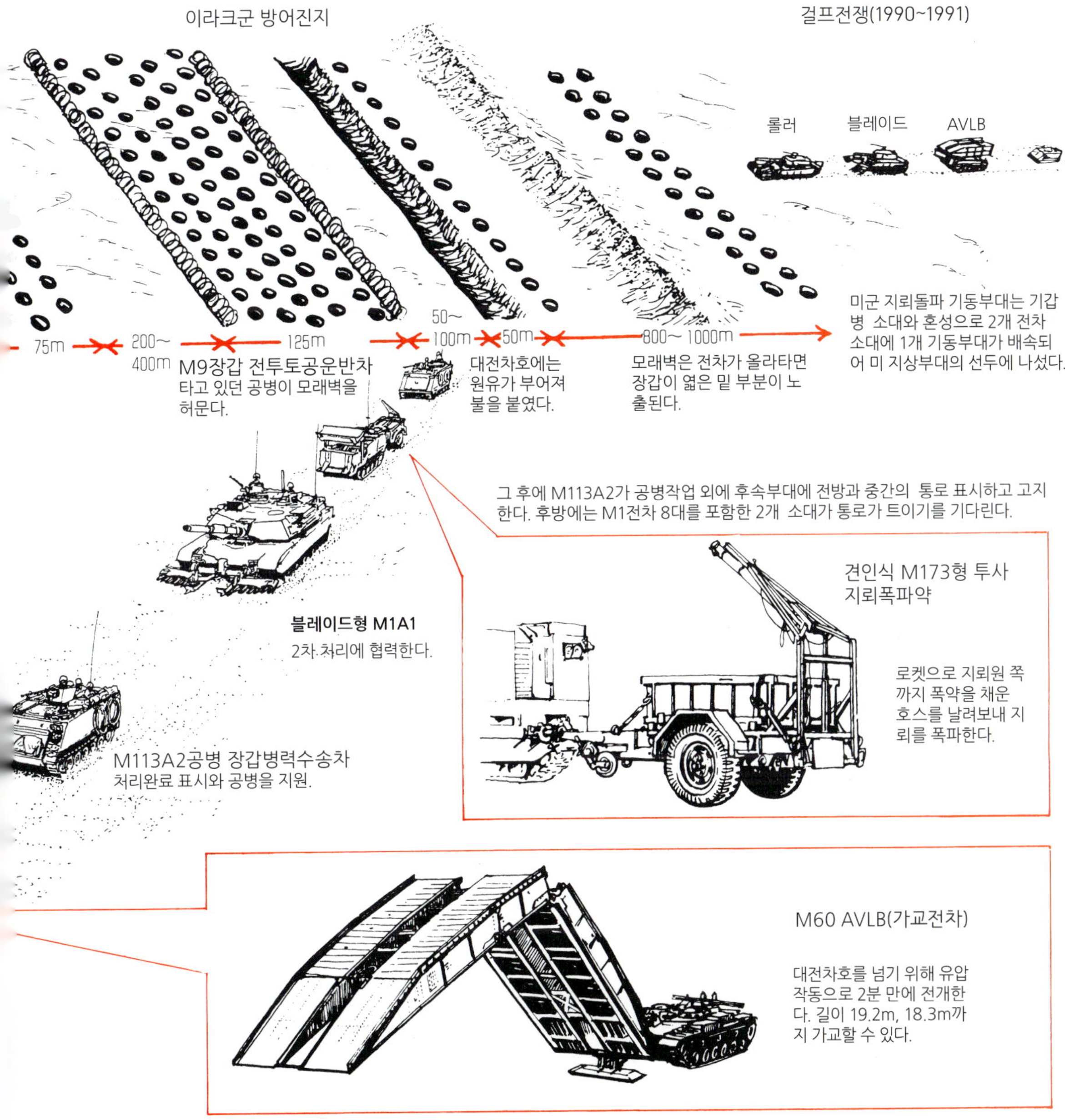

다른 특수전차들 (2차대전~현재)

이라크군 방어진지 / 걸프전쟁(1990~1991)

롤러 / 블레이드 / AVLB

- 75m
- 200~400m
- 125m
- 50~100m
- 50m
- 800~1000m

M9장갑 전투토공운반차
타고 있던 공병이 모래벽을 허문다.

대전차호에는 원유가 부어져 불을 붙였다.

모래벽은 전차가 올라타면 장갑이 얇은 밑 부분이 노출된다.

미군 지뢰돌파 기동부대는 기갑병 소대와 혼성으로 2개 전차 소대에 1개 기동부대가 배속되어 미 지상부대의 선두에 나섰다.

블레이드형 M1A1
2차 처리에 협력한다.

M113A2 공병 장갑병력수송차
처리완료 표시와 공병을 지원.

그 후에 M113A2가 공병작업 외에 후속부대에 전방과 중간의 통로 표시하고 고지한다. 후방에는 M1전차 8대를 포함한 2개 소대가 통로가 트이기를 기다린다.

견인식 M173형 투사 지뢰폭파약
로켓으로 지뢰원 쪽까지 폭약을 채운 호스를 날려보내 지뢰를 폭파한다.

M60 AVLB(가교전차)
대전차호를 넘기 위해 유압 작동으로 2분 만에 전개한다. 길이 19.2m, 18.3m까지 가교할 수 있다.

지뢰 제거 방법

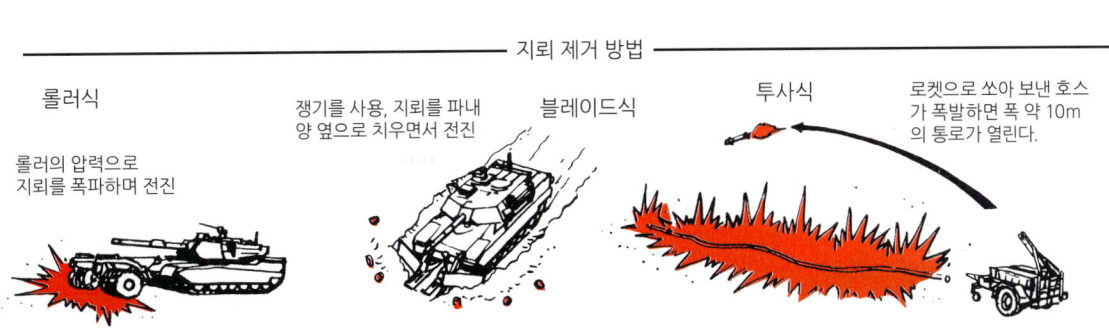

롤러식
롤러의 압력으로 지뢰를 폭파하며 전진

쟁기를 사용, 지뢰를 파내 양 옆으로 치우면서 전진

블레이드식

투사식
로켓으로 쏘아 보낸 호스가 폭발하면 폭 약 10m의 통로가 열린다.

화염방사 전차(Flame Tank)

화염방사기를 실은 공병용 전차는 2차 대전에서 위력을 보였으나 신 병기가 등장한 오늘 날 모습을 감추었다. 대전 중에는 독일이 3호 전차, 소련이 T26이나 T34, 미국이 M3나 M4 전차 등을 화염방사 전차로 개조했다. 화염방사기를 전차에 탑재하면, 보병이 사용하는 것보다 위력이 크며 영국의 처칠 AVRE의 활약은 특히 잘 알려져 있다. 말 할 것도 없지만, 화염에는 탑재하고 있는 연료를 사용하므로 트레일러로 연료를 계속 공급하면 장시간 방사가 가능하다.

Sdkfz 261/16 (독일 1942)

2차 대전에 활약한 것으로 하프 트랙의 병사실 좌우에 각 1기의 화염방사기를 장비. 연료는 720 ℓ 를 탑재하고 2초씩 80회 화염방사할 수 있는 성능이었으나 유효거리는 겨우 35m.

M4 화염방사전차 (미국 1944)

태평양 전쟁에 투입된 것으로 처음엔 M3 경전차를 개조해 사용했으나 장갑이 부족해 본 차가 주력이 되었다. 연료 탱크관계로 포탑 선회는 260도 까지 이며 방사 사정은 55~73m였다. 일본군의 육박전술에 대비, 보조 장갑판으로 캐터필러를 방호했다.

M132 화염방사전차 (미국 1963)

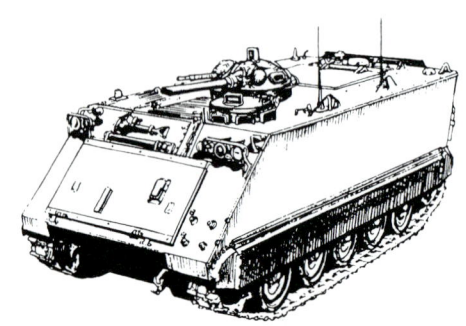

병력수송차 M113 차체를 개조. 베트남 전쟁 등에 투입했다. M10-8 화염방사기 외 기관총도 1정 정비했다. 방사 사정은 150m로 32초에 걸쳐 화염을 방사한다.

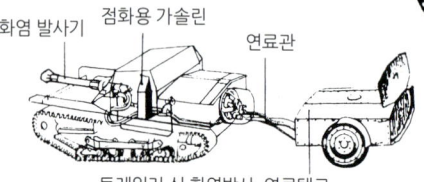

화염 발사기 / 점화용 가솔린 / 연료관 / 트레일러 식 화염방사 연료탱크

CV33 (이탈리아 1935)

화염 방사에 사용하기 위해서는 소형차로는 연료를 대량으로 실을 수 없다. 그래서 등장한 것이 트레일러가 붙은 화염방사전차다. 이것은 이탈리아의 경장갑차 L3/33을 개조한 것으로 탑재연료는 520 ℓ로 많다고는 할 수 없으나 당시로서는 매우 위력적이었다. 이탈리아는 각종 화염방사 전차를 제작했다.

화염 방사기의 구조

터빈 펌프 또는 압축공기에 의해 압력이 가해진 연료는 노즐부근의 벤츄리에서 유속이 빨라져 방사된다. 별도로 분사되는 가솔린에 의해 점화되어 화염으로 되는 구조이다.

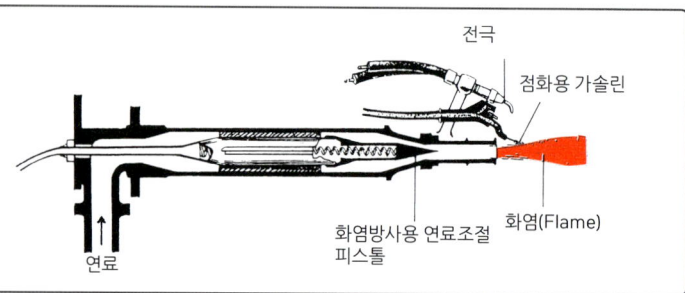

전극 / 점화용 가솔린 / 연료 / 화염방사용 연료조절 피스톨 / 화염(Flame)

1차 세계대전의 전차

■ 탱크 첫 등장

영국군이 교착상태의 참호전을 돌파하고자 고안한 신병기 '육상함(Landship)' 계획이 탱크 탄생 계기가 되었다.

● 리틀 윌리

전차로써 최초의 실험차. 전차의 '어머니'라 할 수 있다.

● 마크 I (영국)

기념할 만한 세계 최초의 실용 전차

고장은 수시로 나고 소음에 열기 때문에 다들 미치기 일보 직전이었지.

탄환을 튕겨내고 참호를 넘어오는 엄청난 병기였다.

1916년 9월 15일 솜므 전선에 처음 등장, 독일군을 공황상태로 몰았다. 뒤에 붙은 바퀴는 참호나 장애물 통과용

영국의 마름모꼴 전차는 수컷과 암컷이 있었다. 수컷은 대포와 기관총, 암컷은 기관총만 장비, 팀을 이루어 행동.

● 암컷형

● 마크-IV (수컷 형)

장갑을 강화하여, 대전 중 주력이 되었다.

■ 전차의 통신

처음엔 전서구를 이용하려 했으나 실패, 일찌감치 무전기 사용을 생각하게 된다.

차내에서 비둘기가 완전히 헤롱헤롱. 날아갈 생각도 못했다.

나무막대 신호는 현장에서 알아보기 어려웠다.

진창에 빠지면 나무 가로대를 캐터필러에 붙이고 참호를 넘을 때는 섶나무 다발을 떨어뜨려 돌파

● 마크-V

종래 3명이 조종했으나 1명이 조종할 수 있도록 개량.

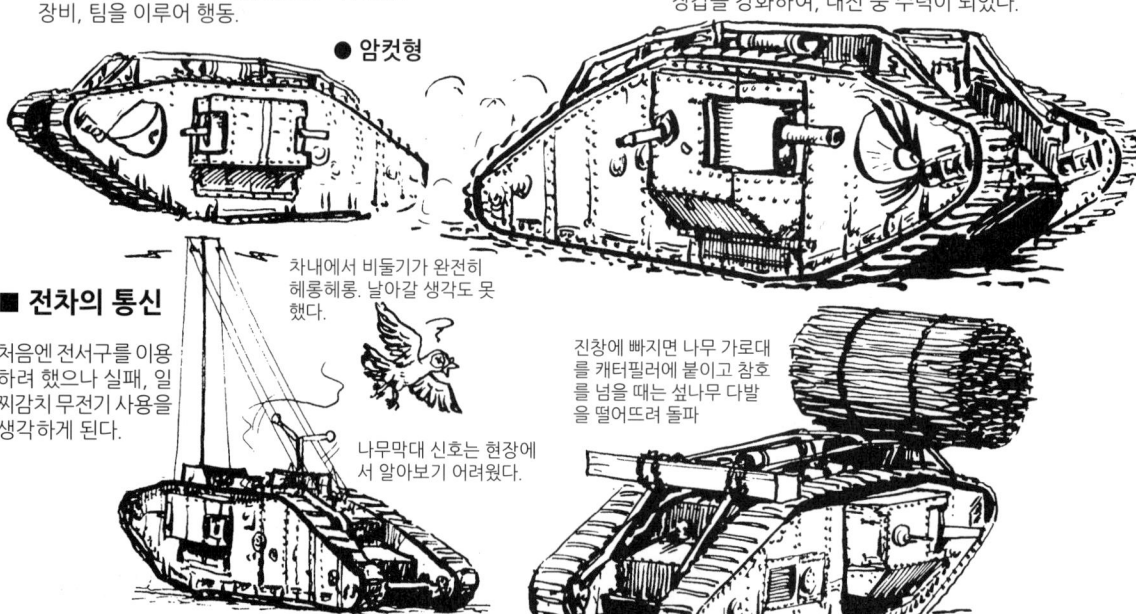

● 슈나이더-M18 (프랑스)

프랑스 최초의 전차. 1917년 4월, 실전에 투입되었으나 참호통과성능이 나빠 큰 피해를 본다.

탱크란 이름은 신병기 개발을 숨기려고 물통(Tank)이라고 이름을 지었던 게 그대로 굳어진 거지.

● 생샤몽 전차

두 전차 모두 실패작

● A형 중전차 휘펫 (영국)

경량으로 속력을 중시했으며, 적진 돌파 후 전과 확대를 노렸다.

● 르노-FT 경전차 (프랑스)

최초의 360도 회전포탑 전차. 소형이고 선회 반경이 작은 획기적인 전차로 프랑스 전차의 명예를 일시에 만회.

■ 세계 최초의 전차전

1918년 4월 24일에 영국과 독일 전차가 벌인 전투. 옆으로 돌아 포격을 한 마크-IV가 승리.

● A7V (독일)

마크-IV의 갑절이 되는 장갑과 대포, 6정의 기관총을 가진 중(重)전차. 차체가 너무 커서 조종이 어려웠다.

1차 대전 후에도 많은 나라가 전차를 장비했다. 차체가 작으므로 차체 뒤에 꼬리를 달아서 참호통과 능력을 키우고 있다.

● 르노-M1917 (미국)

르노-FT에 반한 미국이 국내에서 생산

처음엔 깜짝 놀랐지만, 움직임이 느려터져서 침착하게 대포로 갈겨 버리면 전차 따위 별 것 아니라는 걸 알게 됐지.

전간기(戰間期)의 전차

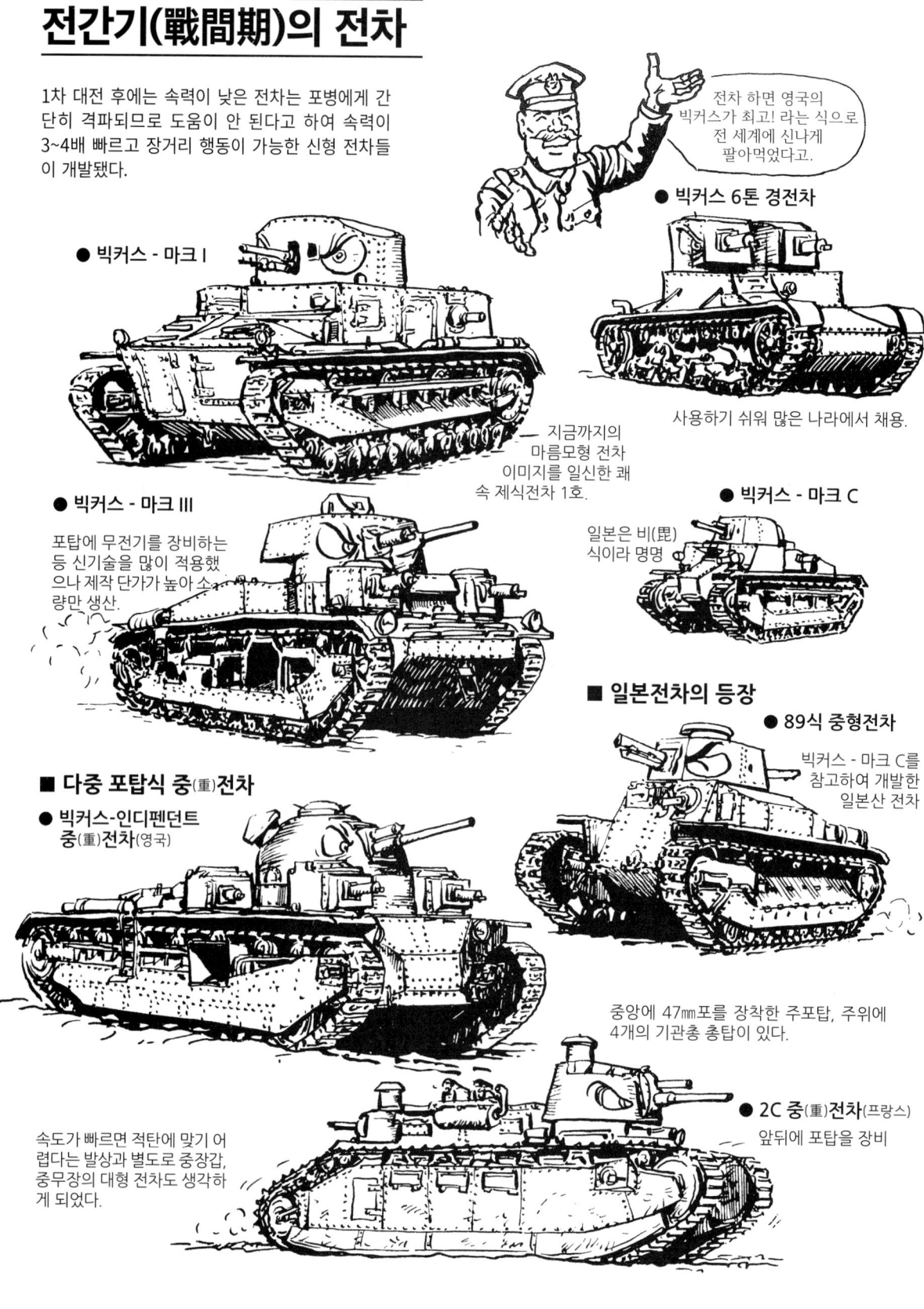

1차 대전 후에는 속력이 낮은 전차는 포병에게 간단히 격파되므로 도움이 안 된다고 하여 속력이 3~4배 빠르고 장거리 행동이 가능한 신형 전차들이 개발됐다.

전차 하면 영국의 빅커스가 최고! 라는 식으로 전 세계에 신나게 팔아먹었다고.

● 빅커스 - 마크 I

● 빅커스 6톤 경전차

지금까지의 마름모형 전차 이미지를 일신한 쾌속 제식전차 1호.

사용하기 쉬워 많은 나라에서 채용.

● 빅커스 - 마크 III

포탑에 무전기를 장비하는 등 신기술을 많이 적용했으나 제작 단가가 높아 소량만 생산.

● 빅커스 - 마크 C

일본은 비(毘)식이라 명명

■ 일본전차의 등장

● 89식 중형전차

빅커스 - 마크 C를 참고하여 개발한 일본산 전차

■ 다중 포탑식 중(重)전차

● 빅커스-인디펜던트 중(重)전차(영국)

중앙에 47㎜포를 장착한 주포탑, 주위에 4개의 기관총 총탑이 있다.

● 2C 중(重)전차(프랑스)
앞뒤에 포탑을 장비

속도가 빠르면 적탄에 맞기 어렵다는 발상과 별도로 중장갑, 중무장의 대형 전차도 생각하게 되었다.

군축 재정 때문에 각국은 값싼 소형 (꼬마)전차를 다수 장비하려 했다.

■ 꼬마 전차(Tankette)의 유행

● T-27 소형 전차 (소련)

● 카든·로이드 마크 V (영국)

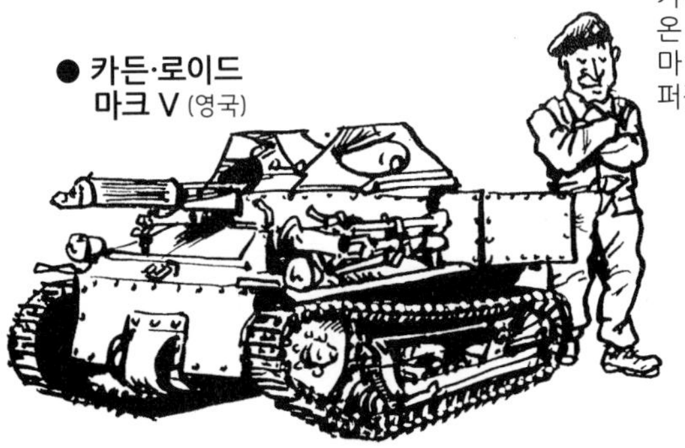

카든·로이드형이 나온 1928년 이후 꼬마 전차는 전 세계에 퍼졌다.

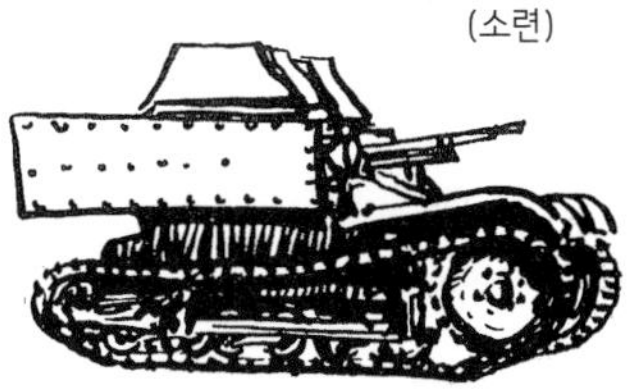

● TK-3 소형 전차 (폴란드)

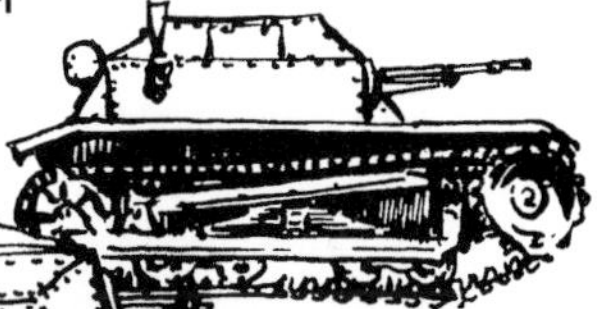

카든 대위와 로이드씨가 제작한 화기 운반차로 각국에 수출되어 꼬마 전차의 원형이 되었다.

● 스코다 MU-4 소형 전차 (체코슬로바키아)

● 르노-U 소형 전차(프랑스)

● 94식 장갑차(일본)

● L3/33 경전차(이탈리아)

■ 크리스티 전차

미국의 월터 크리스티는 고속 전차에 매료되어 뛰어난 전차를 차례로 발표했다.

● M1919

크리스티가 자비로 개발한 제1호차

● M1931

T형으로써 미군이 채용.

● M1928

크리스티 전차는 도로를 주행할 때는 캐터필러를 떼어 속력을 높인다.

M1928은 시험 주행에서 캐터필러로 68.5km/h, 바퀴 장착으로 111.4km/h의 최고 속도를 냈다.

● M1932 비행 전차

● 수륙양용 자주포

미군은 크리스티의 아이디어에 무신경, 이 획기적 전차를 단 7대 구매했을 뿐이었다.

기발한 아이디어를 차례로 냈건만…

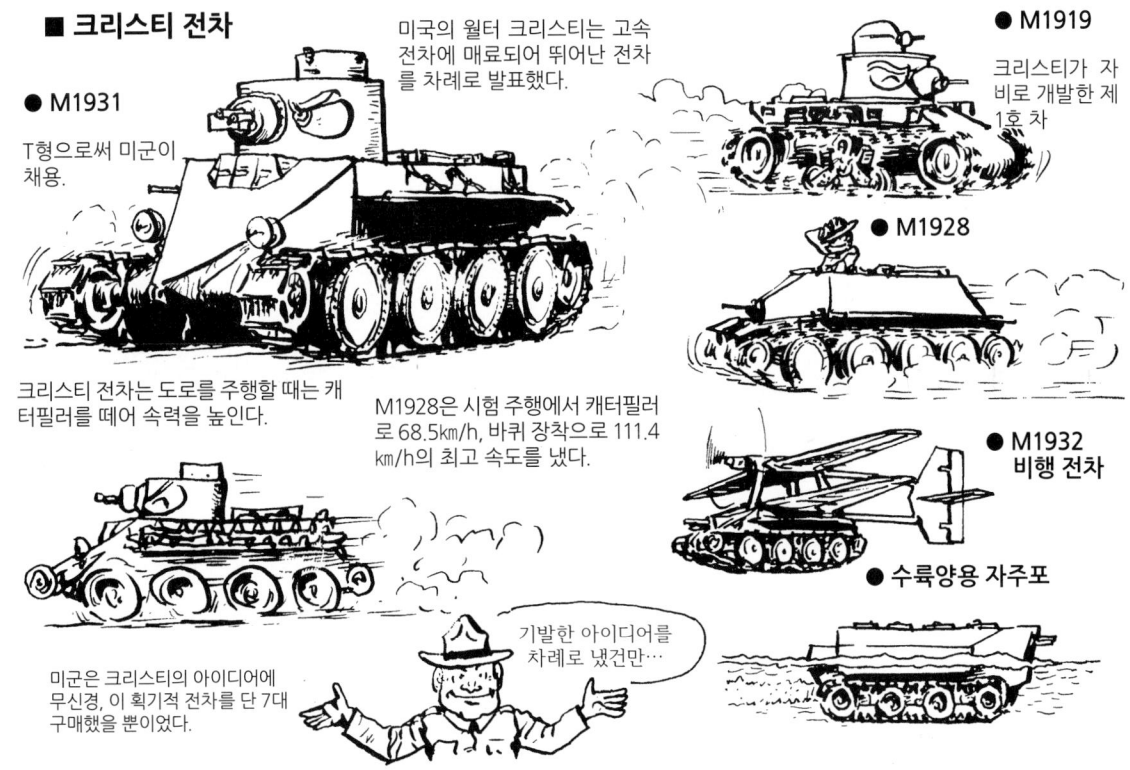

제2차세계대전
W.W.II ①

1939년 독일은 폴란드를 침공, 전격전으로 겨우 1개월 만에 항복시켰다. 독일 기갑사단의 화려한 데뷔였다. 첫째 기동력, 둘째 화력, 셋째 통신장비, 이것이 독일 전차의 기본 개념이었다.

■ 독일군 전차

● 2호 전차

폴란드 전투에서 이 전차가 주역이었다.

● 1호 지휘 전차

독일 전차대 지휘관은 전선에서 임기응변의 대응이 가능했다.

● 3호 전차

개전 당시의 주력전차

● 4호 전차

75mm 포를 가진 지원전차로써 개발

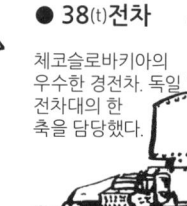

● 38(t)전차

체코슬로바키아의 우수한 경전차. 독일 전차대의 한 축을 담당했다.

주력전차인 3호와 4호가 제대로 생산되기 전에 전쟁이 일어나 버렸지만, 전술면에서 적보다 우위에 있었다.

체코슬로바키아는 1938년 3월에 독일에 병합됐다. t는 체코의 머리글자.

■ 당시 각국의 전차

● 7TP(폴란드)

빅커스 6톤 전차를 모델로 한 경전차

● BT-7(소련)

크리스티 전차를 모델로 개량 발전시킨 쾌속전차

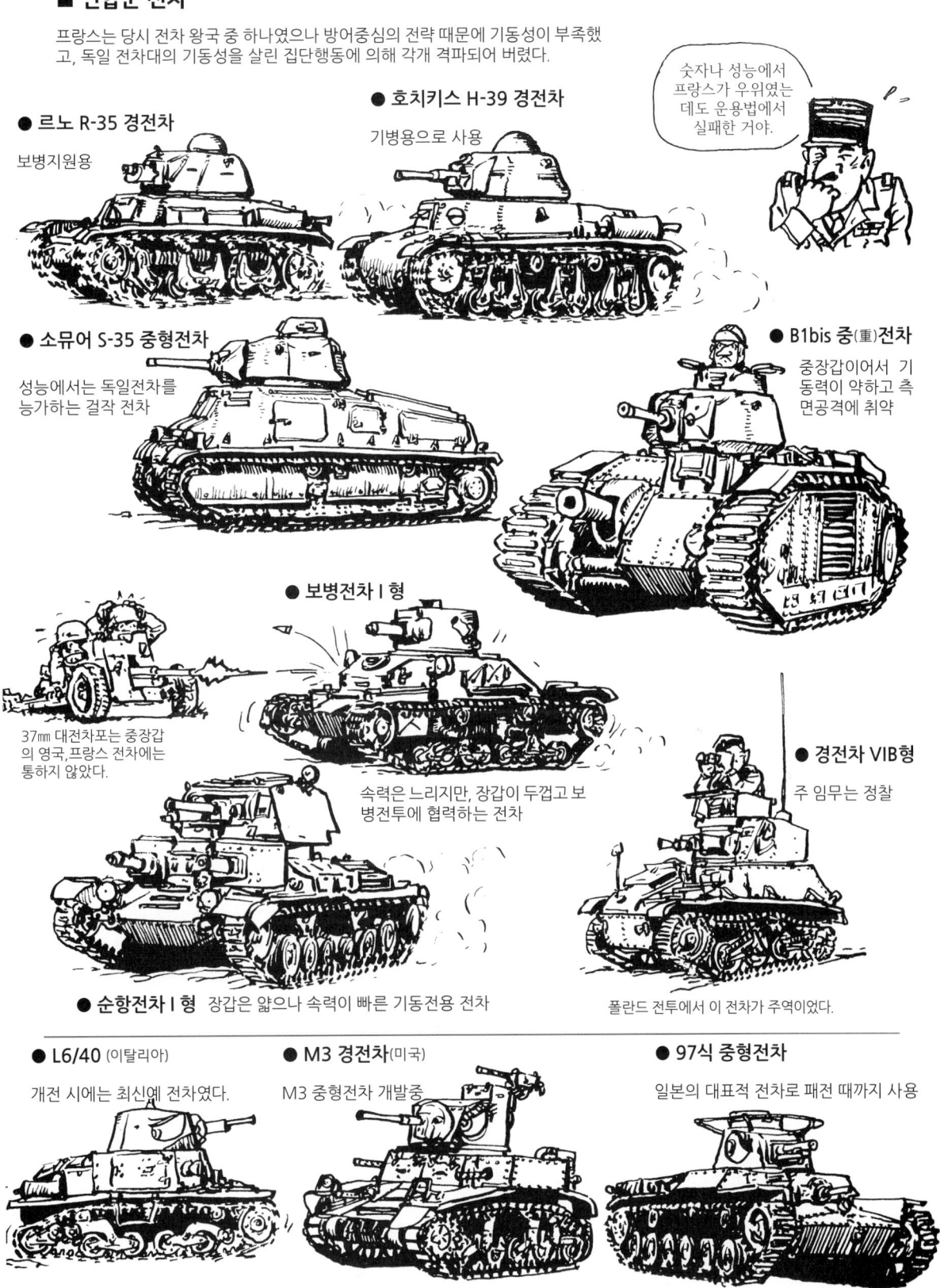

W.W.II ② 북아프리카 전선
사막의 여우를 쫓아서

1940~12년, 북아프리카 사막을 무대로 벌어진 롬멜과 영국군의 전차전은 이탈리아군도 뒤엉켜 일진일퇴하는 대격전이었다.

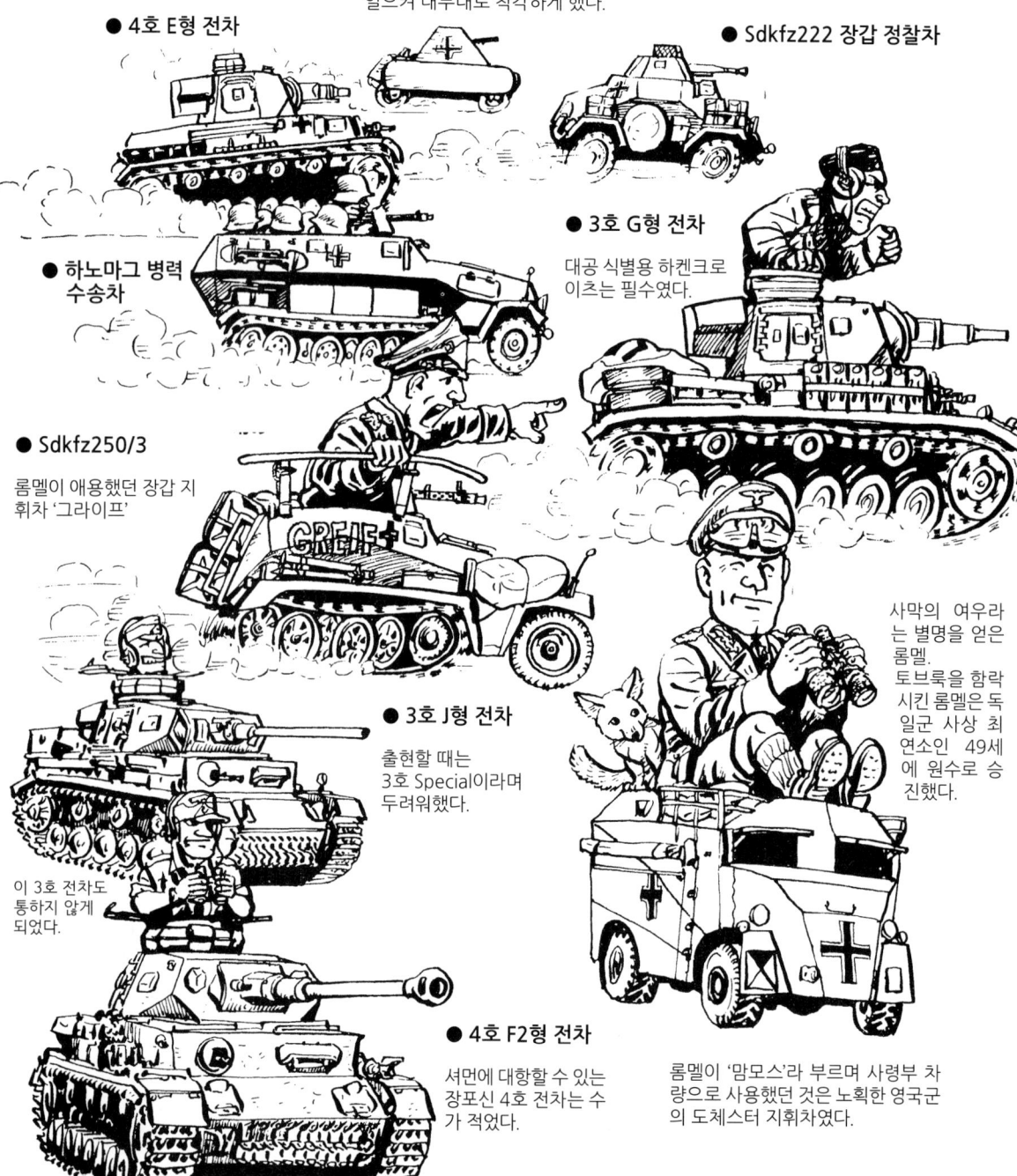

● 큐벨바겐을 개조한 가짜 전차
가짜 전차도 같이 달리게 해 모래먼지를 일으켜 대부대로 착각하게 했다.

● 4호 E형 전차

● Sdkfz222 장갑 정찰차

● 하노마그 병력 수송차

● 3호 G형 전차
대공 식별용 하켄크로이츠는 필수였다.

● Sdkfz250/3
롬멜이 애용했던 장갑 지휘차 '그라이프'

● 3호 J형 전차
출현할 때는 3호 Special이라며 두려워했다.

이 3호 전차도 통하지 않게 되었다.

사막의 여우라는 별명을 얻은 롬멜. 토브룩을 함락시킨 롬멜은 독일군 사상 최연소인 49세에 원수로 승진했다.

● 4호 F2형 전차
셔먼에 대항할 수 있는 장포신 4호 전차는 수가 적었다.

롬멜이 '맘모스'라 부르며 사령부 차량으로 사용했던 것은 노획한 영국군의 도체스터 지휘차였다.

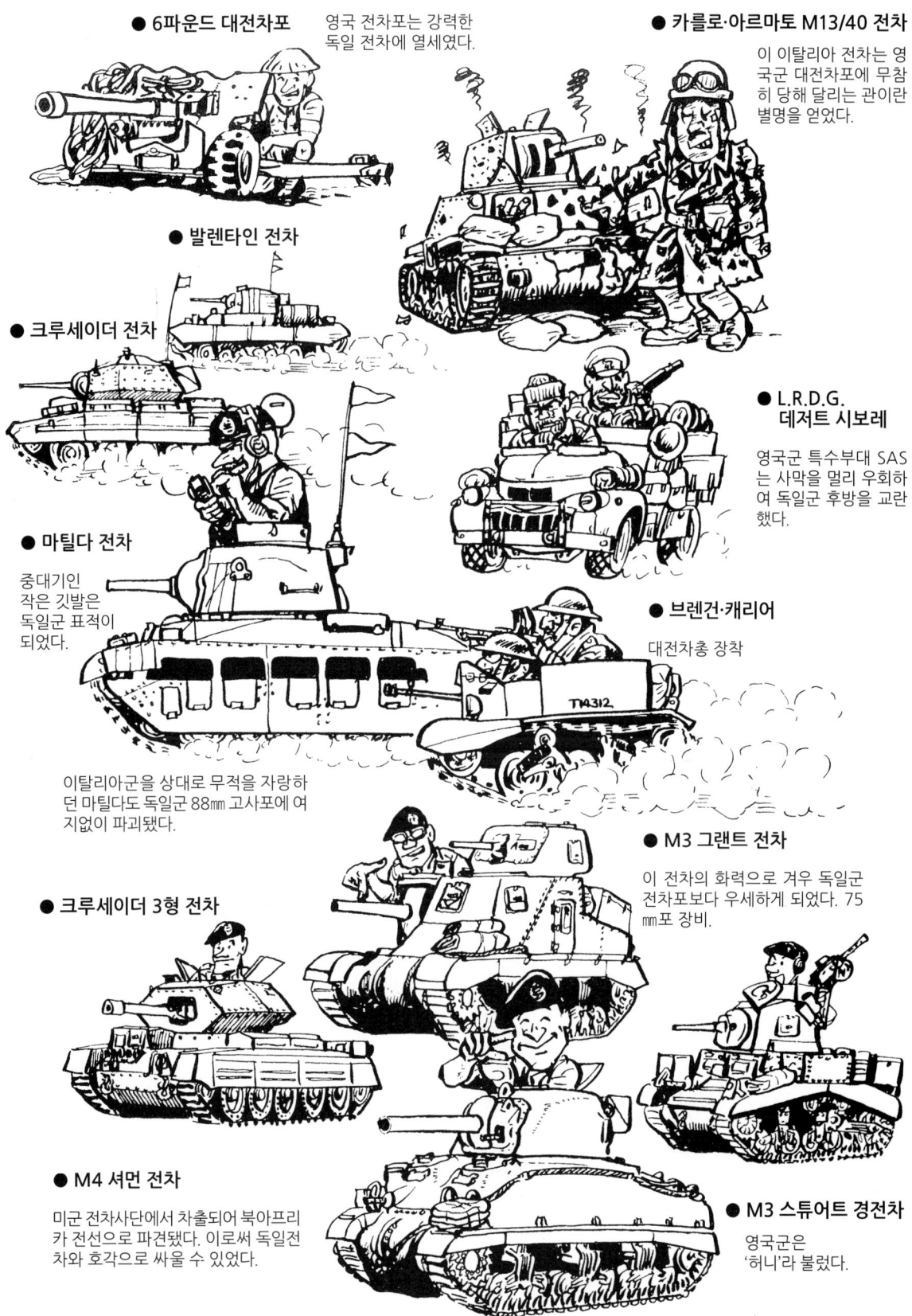

W.W.II ③ 바르바로사 작전
독소전 시작

소련에 침공한 독일군 전차는 3,200대. 여기에 대해 소련군은 24,000대. 숫자상으로는 소련군이 압도적이었다. 그러나 폴란드 전격침공의 재연을 노린 기습공격으로 바르바로사 작전은 대성공을 거두고 히틀러는 그 기세를 타고 우크라이나로 침입했다.

러시아의 험한 도로에는 하프트랙이 견인차로 대활약하여 없어서는 안 될 존재가 되었다.

● 하노마그 병력수송차

도망치다 뒤로 쳐진 적병이 후방 부대를 습격하는 것을 경계할 필요가 있었다.

독일 전차부대의 힘의 원천이 되는 수송 트럭부대. 근대전은 이들 없이는 불가능했다.

● 2호 F형 전차

● 38 (t) 전차

이 두 경전차는 히틀러가 두 배로 늘린 전차사단에 정규 전차가 부족해 보충 분으로 배치됐다.

● 3호 돌격포

원래는 보병 화력지원용인데 점차 대전차 공격에 투입되게 된다.

■ 강력한 소련 전차의 등장

● KV-1 중(重)전차

37mm PAK(대전차포)가 전혀 통하지 않고 88mm포로도 격파가 쉽지 않았다.

● T-34 중형전차

T-34는 개전 시에 아직 1,000대밖에 배치되지 않았으나, 바탕이 좋고 무장도 76mm포여서 독일군의 3호, 4호 전차를 크게 압도했다.

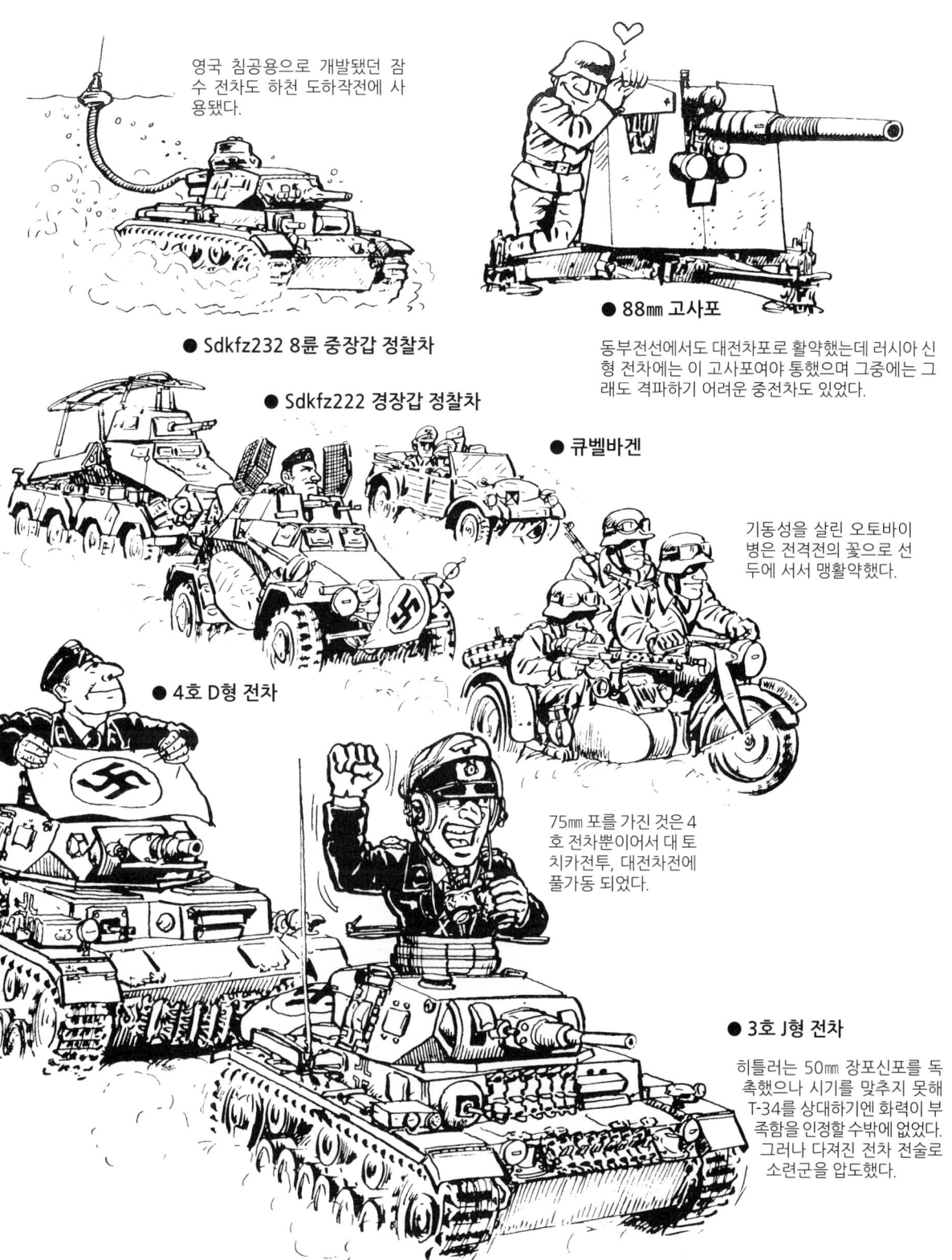

W.W.II ④ 쿠르스크 전차전
최대의 격전

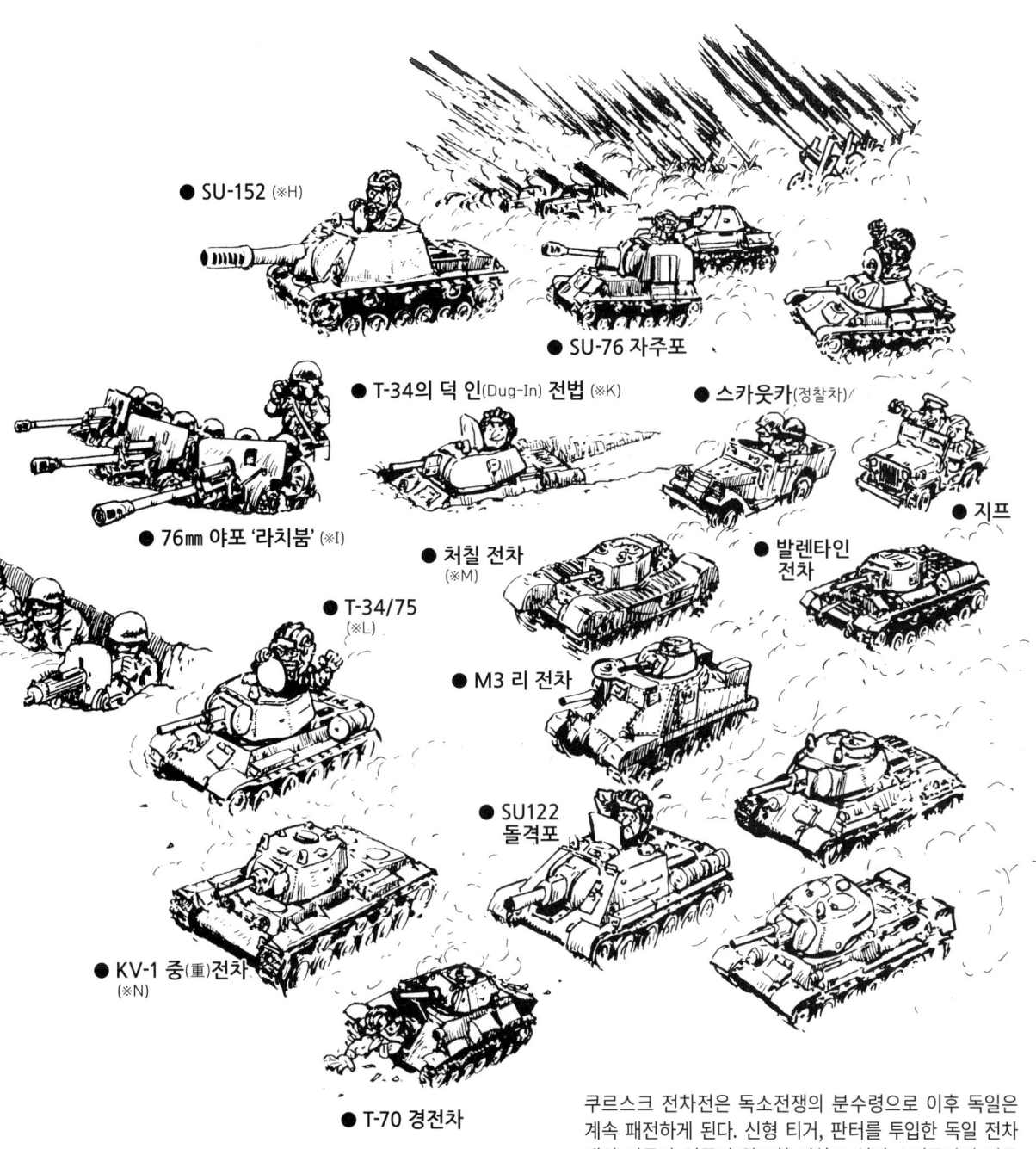

쿠르스크 전차전은 독소전쟁의 분수령으로 이후 독일은 계속 패전하게 된다. 신형 티거, 판터를 투입한 독일 전차대와 미국과 영국이 원조한 전차도 섞인 소련군과의 전투는 장렬을 극했다.

※A - 지뢰원이나 토치카용 신병기
※B - 앞면 200㎜ 옆면 100㎜의 중장갑으로 적진을 돌파하지만, 캐터필러가 약점으로 차체 기관총이 없어 근접 공격하는 보병에게 당해 버렸다.
※C - 128㎜포를 가진 대전차 자주포. 2대만 제조되어 T-34 22대를 격파했다.
※D - 3호, 4호의 구식 전차로는 도저히 소련 전차에 역부족.
※E - 프로호로프카 전투에 참가한 SS군단의 티거는 겨우 12대라 한다.
※F - 신형 전차 판터는 쿠르스크 전투에서는 고장이 잦아 절반 정도만 출격할 수 있었으며, 출격한 전차도 지뢰지대에 막혀 제대로 활약하지 못했다.
※G - 상공에서의 일류신의 공격에도 신경을 써야 했다.
※H - 이 152㎜ 유탄포는 정면에서도 티거를 격파할 수 있어 독일군은 '맹수 사냥꾼'이라 고 두려워했다.
※I - 소련군 주력 화포로 3호나 4호 전차라면 1,000m 이상에서도 격파할 수 있었다.
※J - 소련군 대전차 방어법의 요체는 1명의 지휘관이 10문의 대전차포를 지휘하고 1대의 목표에 화력을 집중하는 것이다.
※K - 포탑만 나와서 사격하므로 적에게 발견되기도, 적탄에 맞기도 어렵다.
※L - 근접전에서는 포탑 선회가 둔한 티거에 대해 T-34가 유리했다.
※M - 미국과 영국이 보낸 지원 장비도 많았다.
※N - 소련의 기갑군은 장비도 T-34와 KV로 통일되고 작전도 노련했다.

W.W.II ⑤ 노르망디 상륙작전
역사를 결정지은 대작전

연합군은 마침내 유럽 대륙에의 대 반격작전을 개시했다. 1944년 6월6일, 병력 18만 5천, 전차·장갑차 2만대 등의 제1파가 노르망디 해안에 쇄도했다. 한편, 독일군은 연합군의 상륙을 칼레 해안이라 굳게 믿어 대응이 늦었다. 그 때문에 롬멜이 말한 '가장 긴 하루(The Longest Day)'는 연합군의 승리로 끝났다.

▲ 아이젠하워 대장

D 데이를 결정하는데 무척 고민했다. 일기예보 결과 6월 6일로 정했으나 결심하기까지는 무척 힘들었다.

● 셔먼 DD (수륙양용) 전차

스크린을 내리면 일반 전차가 된다.

● 패튼제 포대 토치카

두근두근 연합군이 오기를 기다린다.

상륙용 흡기 배기 덕트를 붙인 셔먼

▲ 롬멜 원수

해안의 토치카는 함포사격과 공습으로 전멸

● 골리앗 리모콘 전차

출동은 했으나 한 대도 목표에 도달하지 못했다.

● 처칠 자주 ARK 램프

● 지뢰 붙이

롬멜 부재중에 연합군이 상륙하여 해안 격멸작전은 실패

● 전차 포탑 토치카

● 롬멜의 아스파라거스

방어력 강화는 오마하 해변뿐이었다.

대서양 장벽이라 했지만, 장비는 2류품.

썰물(간조)때 상륙한 연합군에게 이들은 방패 역할을 했다.

자재 부족으로 노르망디 지구는 방어가 늦어졌다.

대형 포대는 칼레 방면에만 있었고 노르망디에는 없었다.

W.W.II ⑥ 유럽전선
연합군 전차대 독일 중(重)전차에 고전하다

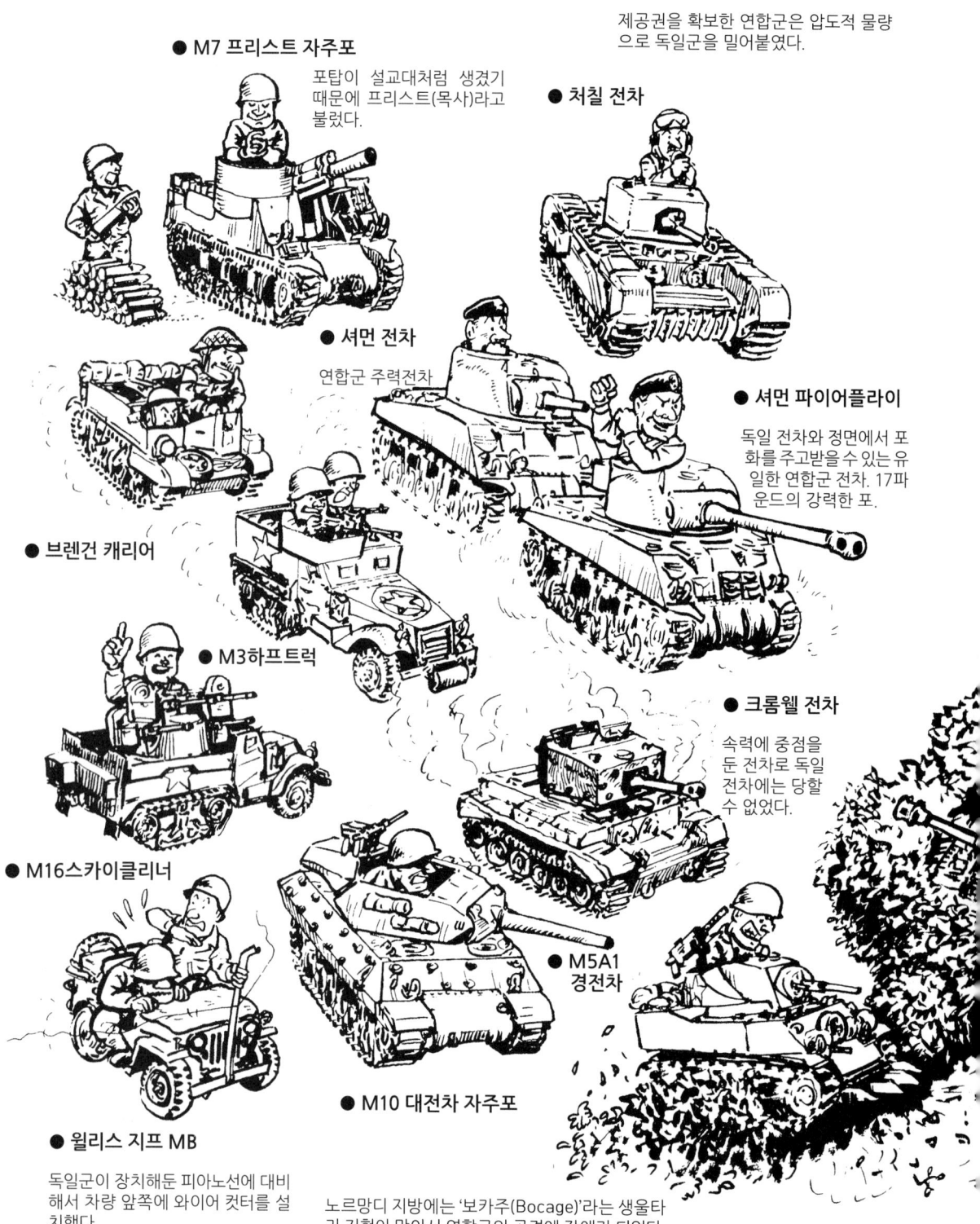

제공권을 확보한 연합군은 압도적 물량으로 독일군을 밀어붙였다.

● M7 프리스트 자주포
포탑이 설교대처럼 생겼기 때문에 프리스트(목사)라고 불렀다.

● 처칠 전차

● 셔먼 전차
연합군 주력전차

● 셔먼 파이어플라이
독일 전차와 정면에서 포화를 주고받을수 있는 유일한 연합군 전차. 17파운드의 강력한 포.

● 브렌건 캐리어

● M3 하프트럭

● 크롬웰 전차
속력에 중점을 둔 전차로 독일 전차에는 당할 수 없었다.

● M16 스카이클리너

● M5A1 경전차

● 윌리스 지프 MB
독일군이 장치해둔 피아노선에 대비해서 차량 앞쪽에 와이어 컷터를 설치했다.

● M10 대전차 자주포

노르망디 지방에는 '보카주(Bocage)'라는 생울타리 지형이 많아서 연합군의 공격에 장애가 되었다.

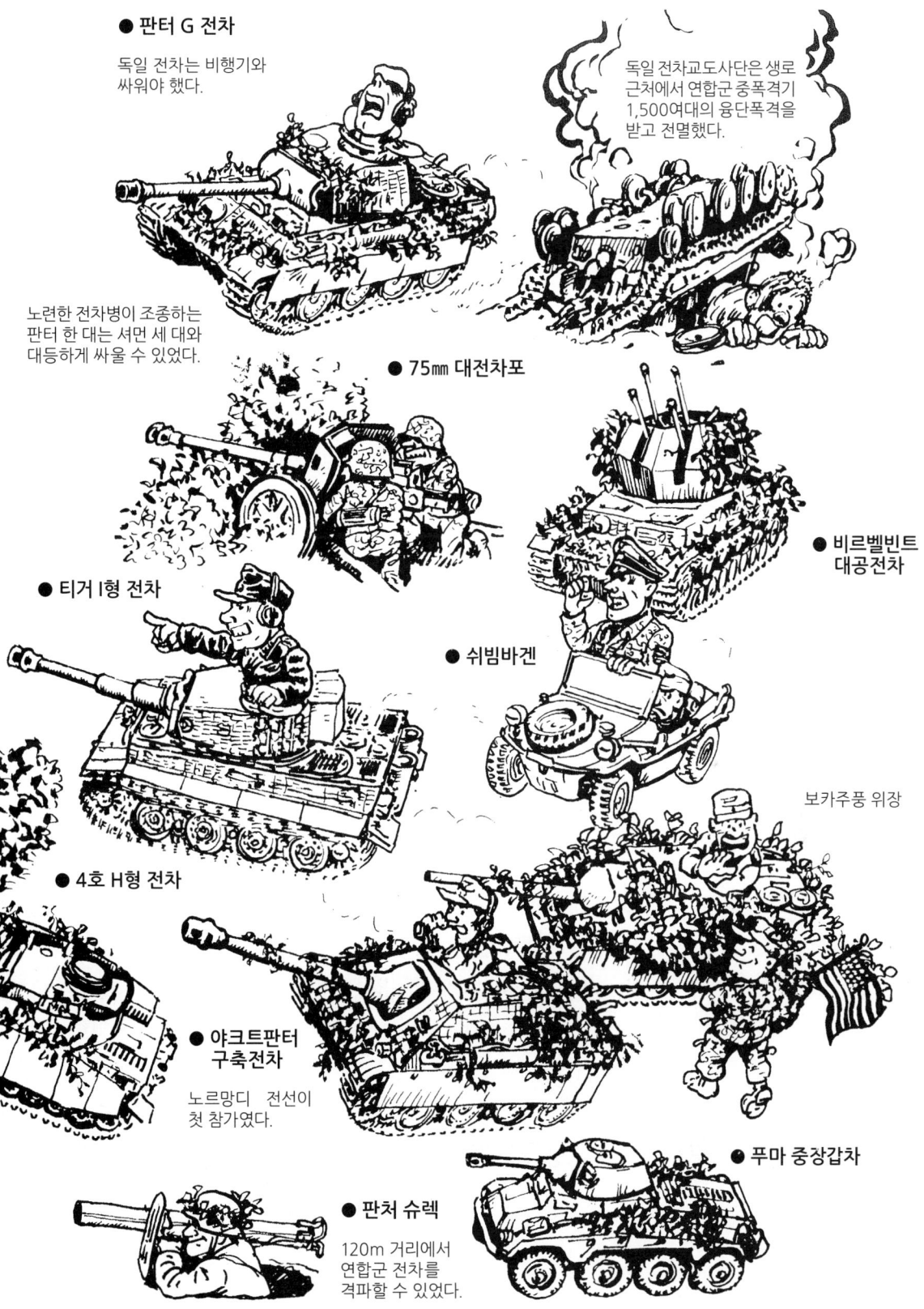

W.W.II ⑦ 연합군 전차 vs 독일 전차
라이벌 비교

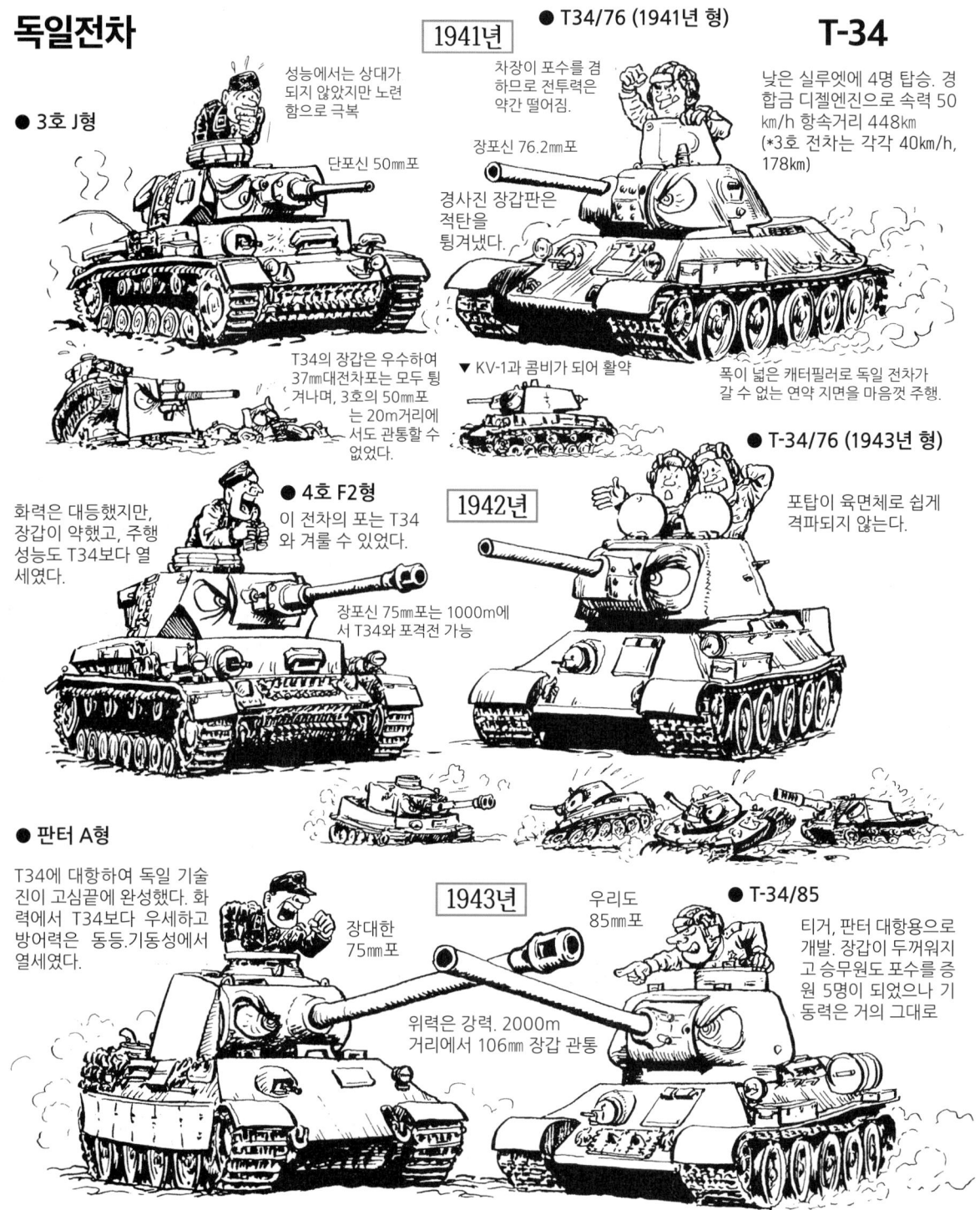

영국과 미국 전차   독일전차

1944년

● M4 셔먼

질보다 양을 택한 미국이 대량 생산

독일4호 전차와 호각이나 판터에게는 역부족.

주포의 위력에도 차이가 있지만, 동부전선에서 단련된 승무원 질의 차도 컸다.

● 판터G형

같은 75mm포라도 위력에는 큰 차이가 있었다.

영국에도 공여되어 좋은 실용성으로 연합군 주력 전차가 됨

양에서는 연합군이 압도했으나 질에서는 독일 전차가 항상 위였다.

● 셔먼 파이어플라이

M4에 영국제 17파운드 포를 탑재

무장은 강화되었으나, 방어력은 같아 전차전에서 불리.

티거나 판터를 정면에서 관통할 수 있는 포

미·영전차는 두렵지 않았으나 야보에는 신경이 쓰였다.

● 티거 I형

중장갑과 88mm포는 미·영 전차에 공포의 대상이었다.

장포신 76.2mm 포를 장비한 M4

90mm 포를 장비한 M36

대전차자주포

야보(전투폭격기)가 지원

● 티거 II 형

1대가 4~5대의 셔먼을 상대할 수 있다고 하지만 역시 양에는 견딜 수 없다.

1945년

● M26퍼싱

90mm 포를 장비하여 드디어 독일 전차와 호각의 전투 가능.

대전중 출현한 최강의 전차로 기대를 받았다.

전선의 요구로 완성되어 1945년 1월부터 투입된 중(重)전차. 티거와 정면대결 할 수 있는 전차였다.

무적의 전차라도 생산 수가 적고 탄약, 연료가 부족하여 제대로 위력을 발휘할 수 없었다.

W.W.II ⑧ 태평양 전선의 전차들

일본군은 노몬한 전투의 교훈을 살리지 못하고 대전차전을 그다지 중시하지 않았다.

○ **중국전선에서는 무적**

항상 보병부대의 선두에서 활약, 전차의 위력을 발휘했다.

● **89식 중형전차**

● **97식 장갑차**

○ **말레이 반도에서의 쾌속진격**

세계에서 가장 먼저 개발, 채용한 디젤 엔진이 최대의 특징.

기동성이 우수함을 증명

말레이 전선에는 연합군 전차가 없었다.

● **97식 중형전차 개**(改) (신 포탑 치하)

97식 57mm포탑을 신설계 47mm 포탑으로 변경했다. 구경은 줄었으나 포신이 길어 대전차사격 시 관통력이 증대한다.

47mm 장포신포도 M4에는 전혀 통하지 않았다.

● **1식 7cm 반자주포** (호니1)

97식 중형전차 차체에 개량 90식 야포 탑재

● **3식 중형전차** (치누)

야포를 개량한 75mm 포를 탑재. 본토 결전용 주력 전차였으나 결국 활약할 기회는 없었다.

● **4식 중형전차** (치토)

대전차전 목적으로 설계된 일본군 최강의 전차. 시기는 이미 늦어 자재부족으로 양산할 수 없었다. 주포 75mm 포는 고사포를 개조한 것으로, 위력은 충분했다. 이 전차로 겨우 M4와 호각으로 싸울 수 있게 된 셈이다.

■ 경전차

같은 경전차라도 M3가 장갑도 두껍고 같은 구경의 35㎜ 포도 위력이 더 있었다.

● 95식 경전차 (하고)
일본의 대표적 경전차로 패전 때까지 사용

● M3 경전차
대전 말기, 필리핀이나 미얀마에서 포획한 M3을 일본군이 사용한 적도 있다.

독일 전차에는 고전했으나, 일본 전차는 식은 죽 먹기였다.

● M4A3 중형전차
미군의 대표적 중형전차. 일본전차와는 성능차이가 커서 어린애와 프로 복서의 싸움과 같은 상황이었다.

○ 일본전차의 고육지책 '약점(弱点) 사격'

지형 등을 이용, 어떻게든 근거리에서 포구, 총안(銃眼), 잠망경, 캐터필러 등 약한 곳을 노려 사격한다.

■ 수륙양용전차

태평양전쟁에서는 미·일 양군 모두 상륙작전용 전차를 개발했다.

● 특(特)2식 내화정 (가미)
해군이 개발. 널리 실전에 사용.
스크루 주행으로 수상 시속 9.5㎞

● LVT(A)1
미국 해병대가 사용한 수륙양용차의 무장형
캐터필러가 물갈퀴가 되어 수상 시속 10.5㎞

상륙 후 앞뒤의 플로트를 떼어 내고 행동

상륙한 그대로 전진

W.W.II ⑨ 대전중 전차 No.1

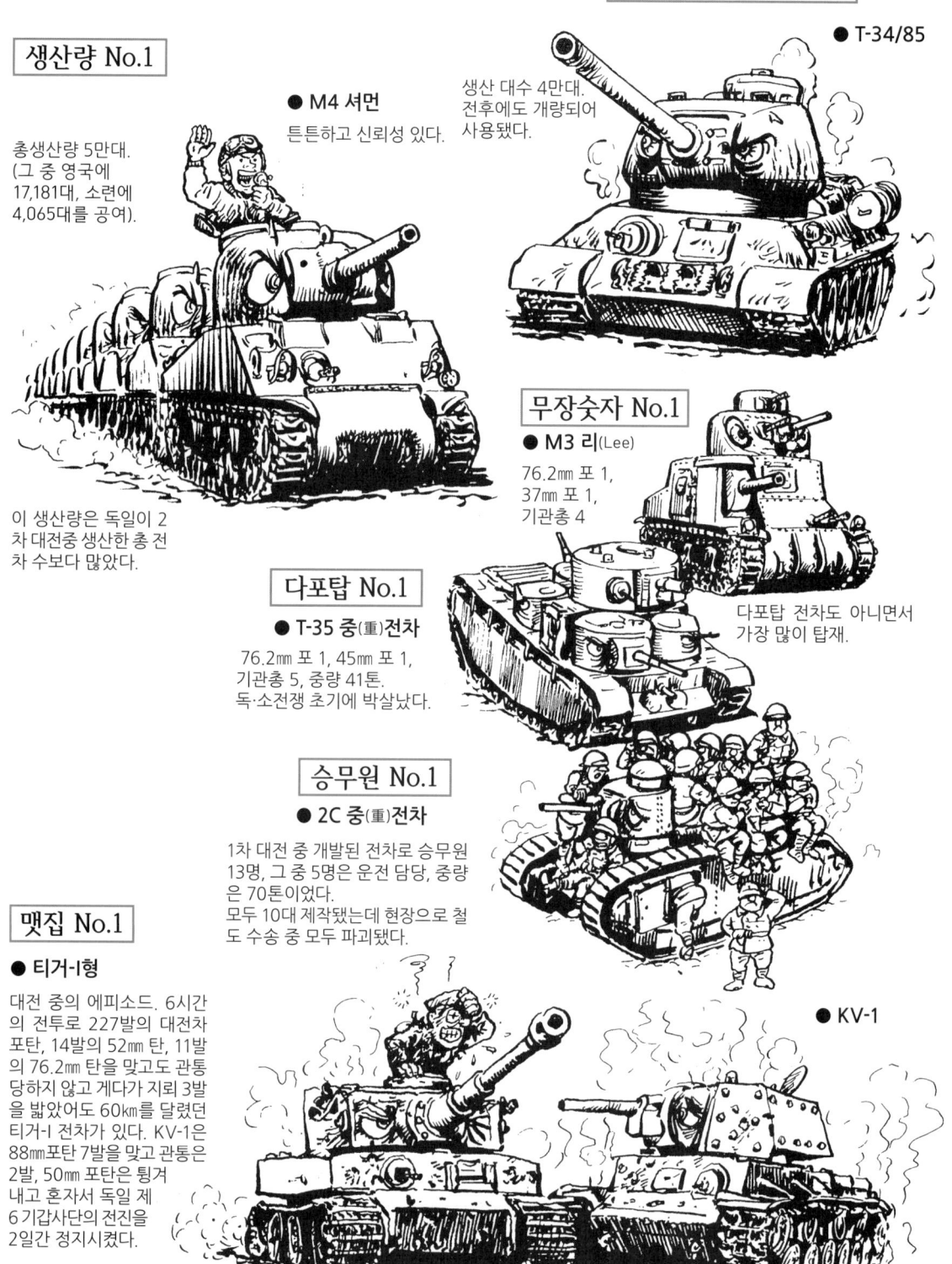

생산량 No.1
● M4 셔먼
튼튼하고 신뢰성 있다.

총생산량 5만대.
(그 중 영국에 17,181대, 소련에 4,065대를 공여).

이 생산량은 독일이 2차 대전중 생산한 총 전차 수보다 많았다.

공·수·주의 균형 No.1
● T-34/85
생산 대수 4만대. 전후에도 개량되어 사용됐다.

무장숫자 No.1
● M3 리(Lee)
76.2mm 포 1, 37mm 포 1, 기관총 4

다포탑 전차도 아니면서 가장 많이 탑재.

다포탑 No.1
● T-35 중(重)전차
76.2mm 포 1, 45mm 포 1, 기관총 5, 중량 41톤. 독·소전쟁 초기에 박살났다.

승무원 No.1
● 2C 중(重)전차
1차 대전 중 개발된 전차로 승무원 13명, 그 중 5명은 운전 담당, 중량은 70톤이었다.
모두 10대 제작됐는데 현장으로 철도 수송 중 모두 파괴됐다.

맷집 No.1
● 티거-I형

대전 중의 에피소드. 6시간의 전투로 227발의 대전차 포탄, 14발의 52mm 탄, 11발의 76.2mm 탄을 맞고도 관통당하지 않고 게다가 지뢰 3발을 밟았어도 60km를 달렸던 티거-I 전차가 있다. KV-1은 88mm포탄 7발을 맞고 관통은 2발, 50mm 포탄은 튕겨내고 혼자서 독일 제6기갑사단의 전진을 2일간 정지시켰다.

● KV-1

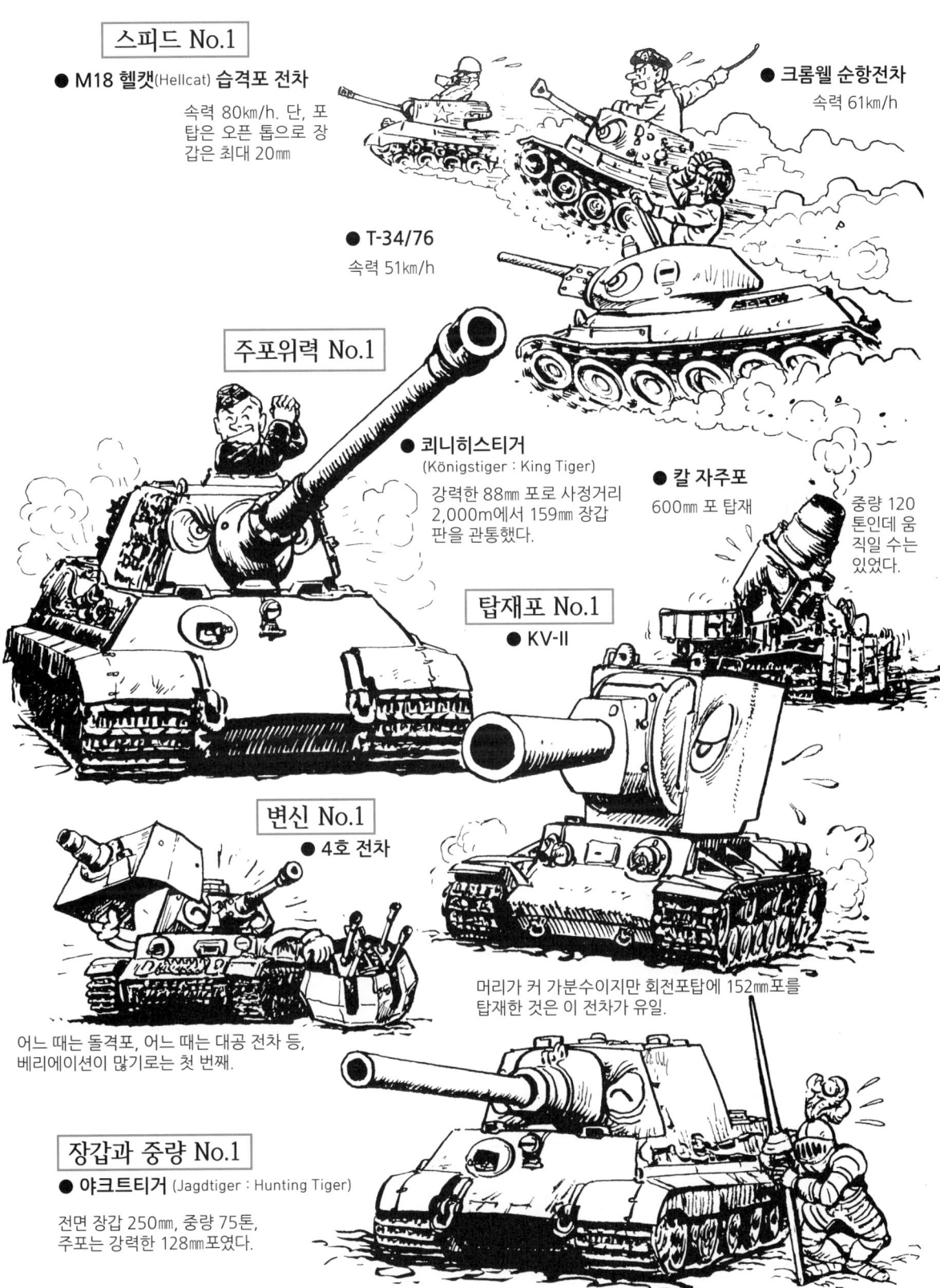

전후 전차의 발달 ①
미국과 소련 전차의 첫 대결

한국전쟁

2차 대전 후, 세계정세는 미국과 소련이 주도권을 다투며 대립하게 되었다. 그리고 핵병기의 위력이나 공군의 파괴력이 승리의 관건이라 여겨져 전차무용론까지 나왔다. 그러나 1950년 6월25일에 발발한 한국전쟁의 교훈에 의해 각국에서는 전차나 통상 무기의 개량 및 개발이 시작되었다.

소련의 T34/85와 JS-III 콤비에 대항하고자 미 육군도 새로운 전차를 계획 중이었다.

북한군이나 중국군은 호랑이를 무서워한다 해서 전차에 호랑이 입을 그렸다.

● **M4A3E8**
셔먼 전차의 최종형 '이지 에이트'(Easy Eight)

※ T34와 비교하면 역시 열세.

● **M46 패튼**
M4 셔먼으로는 T34/85를 이길 수 없자 M46을 투입했다.

● **M26 퍼싱**
엔진과 트랜스미션을 바꾼 M46의 변신. 게다가 호랑이 마크도. 독일의 호랑이(타이거)를 퇴치하려 만든 M26도 한국에서는 호랑이 마크를 하여 타이거가 되었다.

센추리언은 고대 로마의 백인대장을 뜻한다.

한국전쟁에서의 활약으로 각국에서 주문했다.

● **센추리온**
영국이 티거에 대항하기 위해 개발한 전차. 당시 선구적인 스태빌라이저(조준안정장치)를 채용, 화력, 신뢰성 모두 M46을 능가했다.

> 미군에게 받은 대전차병기가 통하지 않아 한국군은 전차 패닉 상태로.

● T-34/85

전차왕국 독일을 때려 부순 T-34는 역시 한국에서도 강했다.

경전차 M24의 75㎜ 포로는 T34를 해치울 수가 없었다.

미군은 이 2.36인치(60㎜) 바주카포라면 어떤 전차라도 격파할 것으로 생각했으나 T34에는 전혀 무력했다.

57㎜ 대전차포도 T34에는 통하지 않았다.

2차 대전의 걸작 전차 T34는 그 후에도 각지에서 사용됐다.

> M46으로 T34를 Knock-out(K.O)

M46 90㎜ 포의 펀치력은 막강했다.

5㎜라도 위력 차는 컸다.

급히 미 본토에서 보내온 3.5인치(89㎜) M20 바주카의 위력은 과연 대단했고 T34를 때려잡았다.

최초의 로켓탄 발사기는 백·로저스 건이란 별명을 가졌는데 당시의 코미디언 밥 번스(Bob Burns)가 사용하던 수제 트럼본과 비슷하다고 해서 바주카(Bazooka)로 부르게 되었다.

전훈으로써 M20 바주카라면 보병으로도 소련 전차에 대항할 수 있음을 알았다.

이 때문에 소련도 신형 전차 개발을 서둘렀다.

■ 스태빌라이저(Stabilizer)

전차가 달리면서 목표를 정확히 조준할 수 있는 장치. 팽이를 고속으로 돌리면 쓰러지지 않고 회전축이 변하는 성질이 있다. 이를 응용해 개발됐다.

전후 전차의 발달 ②
미-소 전차 경쟁의 시작

1944년~1963년

양국 전차가 한국전쟁에서 처음 대결한 결과 일단 90㎜포 탑재의 미국 전차가 85㎜포의 소련 전차보다 우위에 섰다. 소련도 일단 T44를 포기, 100㎜포 탑재의 T54를 개발하여 공세에 나섰다.

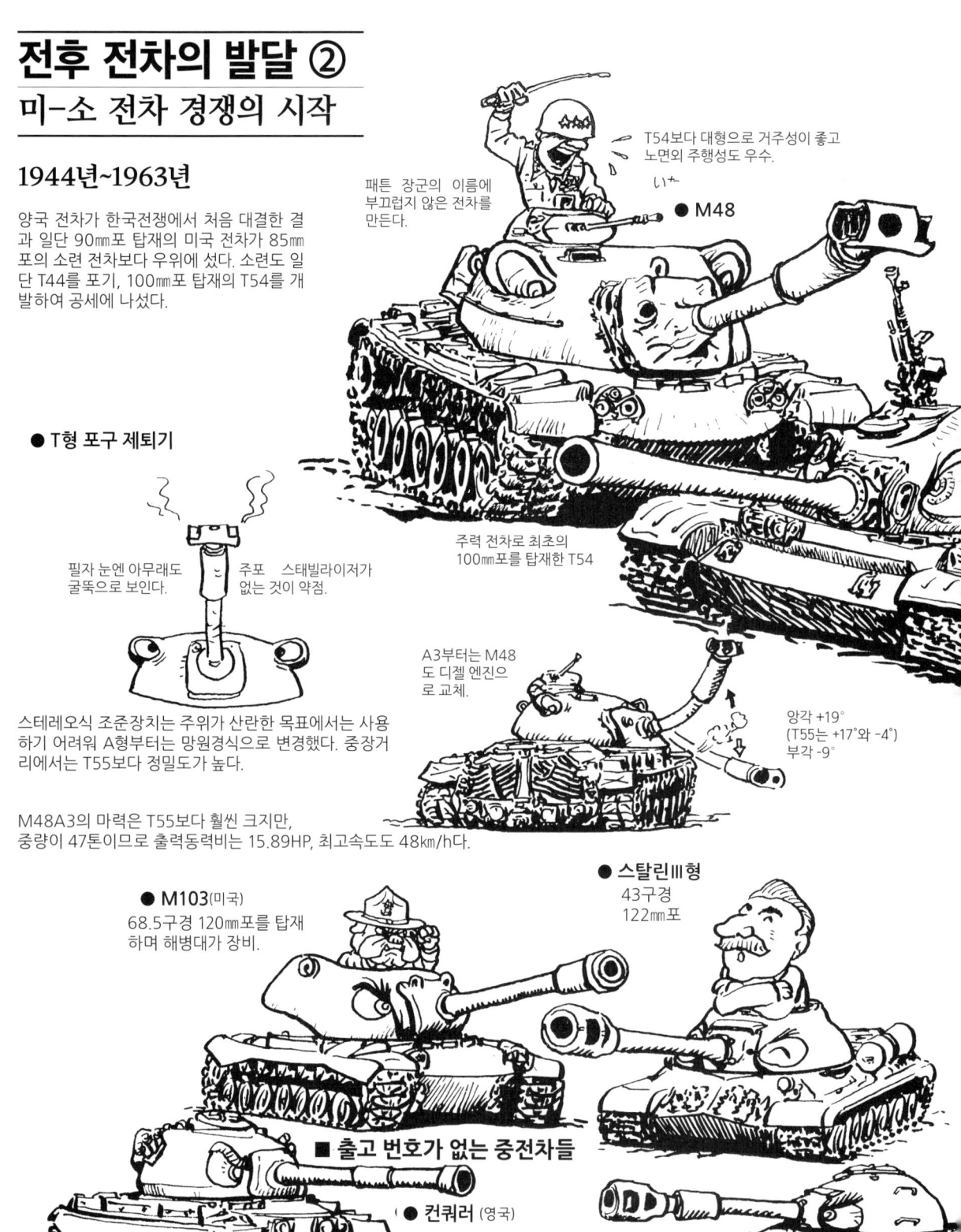

● T형 포구 제퇴기
- 필자 눈엔 아무래도 굴뚝으로 보인다.
- 주포 스태빌라이저가 없는 것이 약점.

패튼 장군의 이름에 부끄럽지 않은 전차를 만든다.

T54보다 대형으로 거주성이 좋고 노면외 주행성도 우수.
● M48

주력 전차로 최초의 100㎜포를 탑재한 T54

A3부터는 M48도 디젤 엔진으로 교체.

앙각 +19°
(T55는 +17°와 -4°)
부각 -9°

스테레오식 조준장치는 주위가 산란한 목표에서는 사용하기 어려워 A형부터는 망원경식으로 변경했다. 중장거리에서는 T55보다 정밀도가 높다.

M48A3의 마력은 T55보다 훨씬 크지만, 중량이 47톤이므로 출력동력비는 15.89HP, 최고속도도 48km/h다.

● M103 (미국)
68.5구경 120㎜포를 탑재하며 해병대가 장비.

● 스탈린Ⅲ형
43구경 122㎜포

■ 출고 번호가 없는 중전차들

● 컨쿼러 (영국)
중량 65톤으로 당시 최대의 전차 55구경 120㎜포

● T10 (소련)
45구경 122㎜포

한국전쟁에서 실증된 레인지 파인더를 장비. ● M47

● T34/85

85mm포로는 M47의 90mm포에 불리하여 물러서야 했다. ● T44

M48은 적외선/ 백색광 서치라이트를 장비.

한쪽 T54는 암시, 투광장치에 주력하고 있으며 적외선 서치라이트를 장비, 야간 전투에 능했다.

● T54

작은 차체에 거대한 포. 소련 전차 신화의 시작이다.

디젤 엔진은 연비가 좋아 연료 960ℓ로 500km 주행.

54구경 100mm포 장비는 당시에는 세계 최강의 위력. 더구나 주행사격이 가능한 스태빌라이저를 장비.

같은 디젤이라도 M48A3는 연료 1420ℓ로 460km 주행.

차체가 낮고 멋진 스타일로 피탄경로가 좋고 차고는 겨우 2.4m.

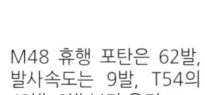

M48 휴행 포탄은 62발, 발사속도는 9발, T54의 43발, 9발 보다 유리.

T54는 포탑이 좁아 포수가 우측에 있으므로 왼손잡이가 아니면 장탄 하기 어려운 것이 결점.

■ 출력중량비

이것은 전차 중량 1톤을 움직이는데 몇 마력이 드는가의 척도로 최고속도나 돌진성, 운동성에 관계된다.

● T55

T55는 T54의 기동력 강화형으로 520HP에서 580HP으로 파워 업, 출력중량 비는 16.11HP로 되고 최고속도는 51km/h로 되었다.

T55 이후부터 배연기와 2축의 스태빌라이저(수직, 수평)를 장비, 장갑관통력은 HVAP탄으로 1000m 거리에서 170mm 관통.

좌우간 키가 낮아 겨냥하기 어렵다.

■ 샷 트랩

샷 트랩이 있는 전차는 튕겨나간 포탄이 차체와 포탑 사이의 틈으로 끼어 들어오기 쉽고 재수 없으면 포탑 내부까지 들어온다.

T54에는 샷 트랩이 없다.

전후 전차의 발달 ③
1960년대의 주력전차

● 61식 전차 (일본)
M47을 참고로 전체적으로 콤팩트하게 구성.

외국 전차를 수입했던 스위스가 자체 생산한 전차.

● Pz 61 주력전차 (스위스)

이 무렵이 되자 각국 모두 핵전쟁하의 전투를 상정하고 로켓탄·미사일의 공격에 대한 기동력을 중시했다. 서방측은 T54에 대항하여 105㎜포를 표준 장비로 하고 있다.

국내 실정에 맞춰 차체 폭이 좁고 등판력은 35°로 우수.

● 치프틴 주력전차 (영국)
역시 전차는 방어력과 화력이 강해야 한다는 방침으로 개발된 전차

현재도 최강으로 알려져 있다. 120㎜포 장비.

★소련 전차는 대전 중부터 타국보다 한 발 앞서 큰 주포를 탑재해 오는 전통이 있다.

슈노켈은 모든 전차에 장비

서방측 화력 증강에 소련도 대항.

● T54/55 주력 전차 (소련)

● T62 주력 전차 (소련)

소련의 T54는 그 개량형 T55와 함께 6만대 이상 생산되어 공산 진영에서 널리 사용되었다.

T55의 무장 강화형으로 세계 최초로 115㎜ 활강포를 장비.

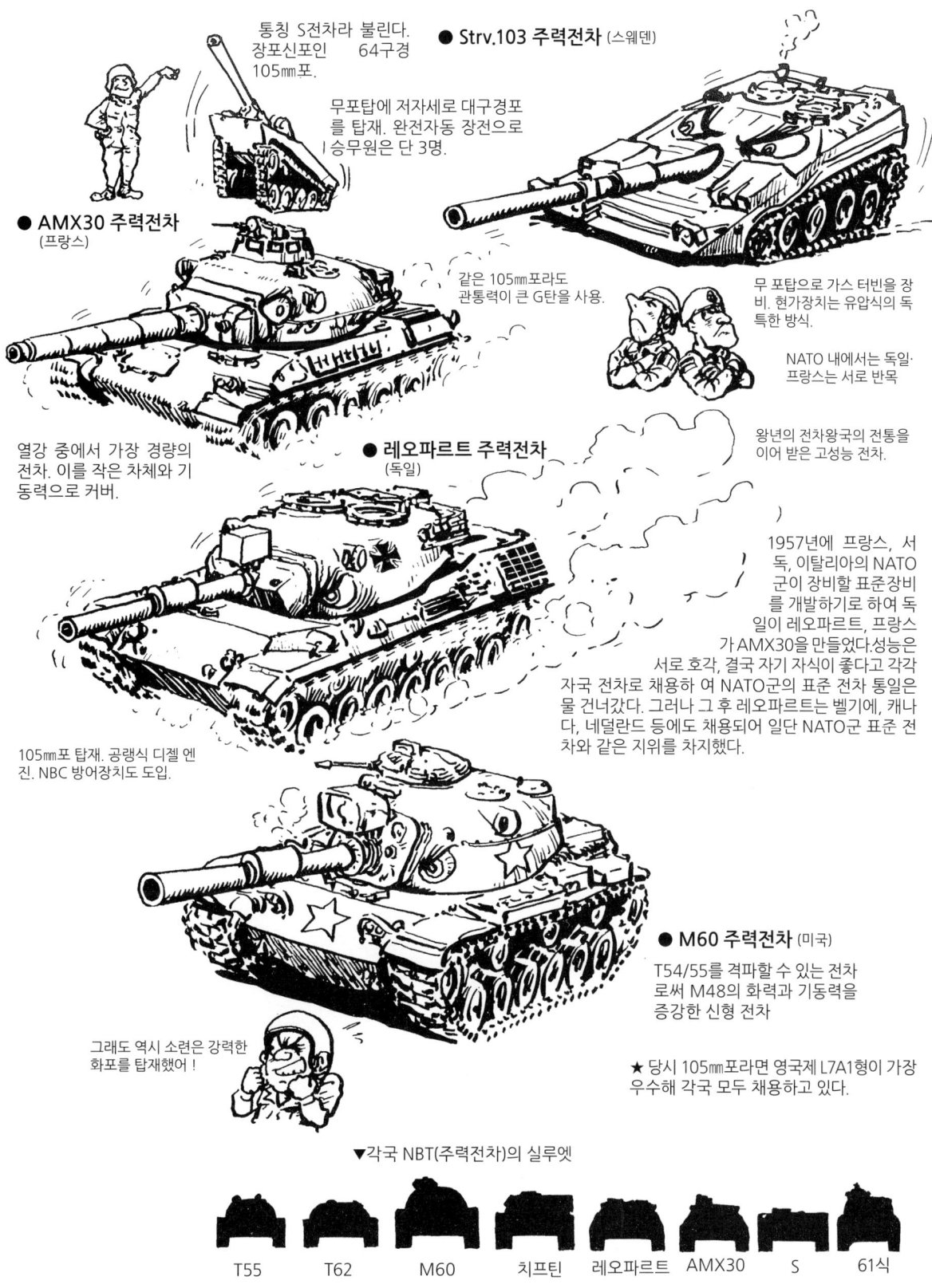

통칭 S전차라 불린다. 장포신포인 64구경 105㎜포.

● Strv.103 주력전차 (스웨덴)

무포탑에 저자세로 대구경포를 탑재. 완전자동 장전으로 승무원은 단 3명.

● AMX30 주력전차 (프랑스)

같은 105㎜포라도 관통력이 큰 G탄을 사용.

무 포탑으로 가스 터빈을 장비. 현가장치는 유압식의 독특한 방식.

NATO 내에서는 독일·프랑스는 서로 반목

열강 중에서 가장 경량의 전차. 이를 작은 차체와 기동력으로 커버.

● 레오파르트 주력전차 (독일)

왕년의 전차왕국의 전통을 이어 받은 고성능 전차.

1957년에 프랑스, 서독, 이탈리아의 NATO군이 장비할 표준장비를 개발하기로 하여 독일이 레오파르트, 프랑스가 AMX30을 만들었다. 성능은 서로 호각, 결국 자기 자신이 좋다고 각각 자국 전차로 채용하여 NATO군의 표준 전차 통일은 물 건너갔다. 그러나 그 후 레오파르트는 벨기에, 캐나다, 네덜란드 등에도 채용되어 일단 NATO군 표준 전차와 같은 지위를 차지했다.

105㎜포 탑재. 공랭식 디젤 엔진. NBC 방어장치도 도입.

● M60 주력전차 (미국)

T54/55를 격파할 수 있는 전차로써 M48의 화력과 기동력을 증강한 신형 전차

그래도 역시 소련은 강력한 화포를 탑재했어 !

★ 당시 105㎜포라면 영국제 L7A1형이 가장 우수해 각국 모두 채용하고 있다.

▼각국 NBT(주력전차)의 실루엣

T55 | T62 | M60 | 치프틴 | 레오파르트 | AMX30 | S | 61식

전후 전차의 발달 ④
베트남 전쟁

정글의 게릴라 전

● M113

미 지상군은 1965년 들어 베트남 전쟁에 개입했다.
당시 베트남에서는 정글과 습지와 고원지대에서의 전차 사용은 곤란한 것으로 알려졌으나 그런 통설은 실전 경험으로 무너지고 60년대 말에는 쌍방 간에 전차, APC를 대량 투입하게 된다.

1962년에 월남군에 제공되고 미군도 사용한 주력 전투차량으로 대표적 APC이다. UH-1 수송 헬리콥터(헬기)와 더불어 필수불가결한 병기로, 전훈에 따라 개조를 거듭해 간다.

● M114 지휘 정찰차

소형 경량이고 기동성을 중시해 개발된 것인데 베트남의 거친 땅에서는 이것이 오히려 흠이 되어 나쁜 도로에 약했다.

● M551 셰리던 공수 전차

베트남 기후에 민감한 기구로 현지에 맞지 않았다.

저격당하기 쉬운 차장용 큐폴라에 방호판을 붙이고 화력 증강에는 7.62㎜ 기관총을 좌우 1정씩 부착했다. 또 화재 위험을 줄이기 위해 M113A부터는 디젤 엔진으로 바꿨다. 그러나 장갑은 그대로여서 지뢰에 약해 병사들은 안에 타기 보다는 위에 타고 싶어 했다.

● M50 온토스 106㎜ 다연장 무반동 자주포

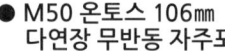

● LVTP-5 수륙양용차량

원래는 대전차용 자주포인데 6연장 106㎜ 포는 강력하여 보병지원에 위력을 발휘했다. 특히 시가전에서 활약했다.

별명이 「호수의 쥐」로 해병대용 상륙용 장갑병차. 연못(호수)가 많은 베트남에서 순찰용으로도 사용되어 유효성이 실증됐다. 그 결과가 LVTP-7 개발로 연결된다.

● 중국제 63식 수륙양용 경전차
PT-76을 개량한 85㎜ 포가 설치된 구형 포탑을 장비했다. 그 외에 T54의 국산화인 59식 전차도 베트남에 투입되었다.

북베트남군 전차
소련의 지원을 받은 북베트남군도 초기부터 전차를 보유하고 있었다. 실전 참가는 1968년 2월 6일의 랑베이 공략전이 처음이었다

● PT-76 수륙양용 경전차
정찰을 주임무로 하는 소련제 다목적 수륙양용전차. 북베트남군의 전차로서 처음 실전에 참가하였다. 이 전차를 처음 발견한 남베트남 병사는 패닉에 빠졌다.

● T54/55
북베트남군의 주력전차로 1972년 춘계공세 때 공격의 선두에서 전투를 이끌었다.

● M48A3

그 외에 북베트남군은 T34/85와 ZSU 57-2 대공전차도 보유했다.

미해병대가 다낭에 진주할 때 상륙시켰던 1개 대대분의 M48. 처음엔 전차가 필요 없을 거라고 이야기했지만, 이후 전투를 통해 베트남에서도 전차가 유용함을 입증했다.

유일한 미군과 북베트남군의 전차전은 벤 헷 캠프 야습에서 PT-76과 M41이 맞붙은 전투였다. 그 결과 PT-76 2대와 M41 1대가 격파되었고, 미군이 북베트남군을 격퇴했다.

● 대전차 로켓 런처
(로켓탄 발사기)

미군 전차와 APC에 대항하여 소련으로부터 제공 받아 대전차병이 사용한 병기. 사수가 어깨에 대고 발사하면 APC의 장갑판을 뚫을 수 있었으므로, 게릴라전에서 애용되었다.

성형작약탄
거리에 관계없이 고열의 분류가 관통력을 발휘한다.

작약 신관

명중하면 탄 뒤쪽의 신관이 폭발하고, 강력한 고열의 분류를 전방으로 분출하여 장갑판에 구멍을 낸다.

RPG-2

전후 전차의 발달 ⑤
사막의 최강 전차

1948년 강대국 간의 고집과 거래 결과, 이스라엘이 건국됐다. 그러나 주위는 이슬람국가들에게 포위되어 높아져가는 알력 속에 이스라엘은 세계에서 무기를 구입하여 군사력 강화에 나섰다.

이스라엘의 전쟁 전차들

■ 이스라엘의 M4 셔먼 파생형

전차 재생기술은 세계제일로, 4차 중동전쟁에서는 M50/51 셔먼이 T55나 T62를 격파했다.

이스라엘은 입수하기 쉬운 M4를 세계 각국에서 구입, 국방의 핵인 전차부대를 편성했다.

● M4A2 셔먼

이스라엘 최초의 전차는 영국군에게 훔친 M4A2 셔먼이었다.

● M50 아이 셔먼

초속이 빠른 프랑스제 75mm포를 장비, T54를 격파할 수 있었다.

● M51 슈퍼 셔먼

프랑스제 AMX30와 같은 주포를 가진 개조형. 105mm포를 탑재한 셔먼 베리에이션 중에서 가장 강력한 형이며 엔진도 강력한 커밍스사의 디젤 엔진으로 바꿔 기동력도 키웠다.

● 계속 현역으로 복귀하는 셔먼의 패밀리들

● 160mm 자주박격포

● 155mm 자주포 M50

● 솔탐 155mm 자주포 M68

3차 중동전쟁에서 여러대의 T54/55를 노획했다.

● TI-67 포획한 T54/55의 이스라엘 사양

포를 105mm로 바꾸고 사격장치도 교체.

■ 셔먼 이후의 재생 전차들

● 센추리온
오리지널은 가솔린 엔진.

● M48 패튼
이스라엘 사양은 엔진을 디젤로 환장(換裝), 105㎜포를 탑재했다. 이것은 이스라엘군이 최초였다.

Low Profile 큐폴라 장착.

● 개조형 센추리온
4차 중동전쟁에서도 T62나 M60보다 성능 밸런스가 좋았다고 평가됐다.

주로 동력계통을 개수, M48과 같은 디젤 엔진 탑재.

● M60A3
리액티브 아머를 장착, 기관총도 증설하고 60㎜ 박격포도 장비했다.

● 개조형 센추리온
리액티브 아머 장착 상태. 무장은 M60과 같아 마치 움직이는 요새였다.

● 마가크 Mk7
M60A3을 바탕으로 이스라엘이 독자 개조 했다. 증가장갑때문에 도무지 M60으로 보이지 않는다.

수많은 실전경험을 바탕으로 설계된 전차지.

● 메르카바 Mk1
이스라엘 최초의 국산 전차

전후 전차의 발달 ⑥
중동전쟁

마침내 대결! T62 vs M60A1

T62와 M60은 1960년 전후에 개발된 미·소의 주력 전차로 쌍방 모두 걸작전차로써 다수가 지금도 현역이다. 1973년 4차 중동전쟁에서 실제로 두 전차가 대결, 성능을 비교할 수 있었다. 그 결과, 의외로 T62에 결점이 많이 있음이 밝혀졌다.

주포탄 휴행탄수 40발로 분당 3발밖에 쏠 수 없다. 탄피 배출장치는 포가 최대 앙각 위치에 있을 때만 이용할 수 없었다.

차체는 낮으나 부각(俯角)이 작아 지형에 따라서는 불리하게 된다.

차체가 둥그렇게 보일 때도 있다.

초기 생산형에는 장착되어 있지 않았으나 서방측의 야보(전투폭격기)가 두려워 장착한 기관총.

● T-62

후부 탱크는 행동거리(620km)를 늘리기 위해 사용하며 전투 직전에 떼어 낸다.

■ 소련 전차의 은신술

불 속 숨기

배기가스를 이용해 연막을 친다. 당한 것처럼 속이는 것이다.

T-62의 캐터필러는 취급이 용이한 싱글 핀 방식인데 최대 속력 시 이탈되기 쉬웠다.

T-62의 115mm 활강포는 날개부착 안정탄을 사용, 1000m 이내라면 어떤 서방 전차라도 격파가 가능.

보통은 키가 작은 게 유리하다. 2.18m

물 속 숨기

슈노켈을 사용, 5.5m까지 잠수 가능.

■ 활강포

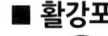

강선 홈의 저항이 없어 포구의 초속이 빠르다. 직진성은 꼬리 날개로 얻는다.

■ 강선포 (강선포)

종래의 포는 포강 내에 나선형 홈(강선; 라이플)이 파져 있다.

장거리에서 명중률이 급격히 떨어지는 결점.

활강포는 제작이 용이하고 포신 수명이 길며 가볍고 높은 초기 속도, 그리고 발사 반동이 적다는 장점이 있다.

바람의 영향을 받기 쉽다.

포탄은 라이플에 의해 스핀이 걸려 탄도가 안정된다.

차체 외부에 탱크가 있다.

T62는 승무원 중 3명이 좌측에 나란히 있으므로 재수 없이 맞으면 한 발로 전투력을 잃는다. 또한 거주성이 나빠 승무원의 피로도 크다.

전후 전차의 발달 ⑦
Strv103 vs MBT70

무적의 전차를 지향하여

○ 스웨덴의 S전차
1960년에 시작차를 완성, 1964년 주력전차로 채용. 그 특이한 스타일은 각국의 주목을 받았다. 무포탑, 승무원 3명. 자동장전장치 등 일반적으로 크게 다른 특이한 전차다.

스크린을 펼쳐서 수상 주행을 할 수 있다. 속도는 시속 6km.

스크린 장착 소요 시간은 20분.

포탑이 없으므로 포의 조준은 차체의 선회나 부앙(俯仰 : 올리거나 내림)으로!

앙각 +12°
부각 -10°

디젤 엔진과 가스터빈을 병렬 탑재, 가속성과 선회성은 발군이었다.

7.62mm 기관총
전차장
조종수 겸 포수

도저를 달아 즉시 엄체호도 구축 가능.

무전수. 후진할때는 포수가 된다.

좌우간 숨기 쉽다.

자동 장전장치로 발사속도도 빠르고 구경도 62로 장포신의 105mm포 탑재.

유기압 현가장치로 자세제어를 한다.

S전차와 MBT70 전차를 보면 낮은 차체, 유기압 현가장치에 의한 자세 제어, 주포 자동 장전장치화로 승무원 3명제 이며, MBT70의 ABC 방호장비에 의한 핵전쟁 아래서의 전투 가능, 대전차 미사일의 채용 등, 당시의 미래 전차에의 요구가 나오고 있다.

■ 경전차의 활약

2차 대전 후 중(重)전차의 모습은 사라지고 저비용의 기동성 좋은 경전차가 보조역 또는 주역으로 활약하고 있다.

● M41 워커 불독 (미국)

M24를 대체한 경전차. 서방국에 다량 제공. 76mm포, 시속 64km. 5,500대 생산.

● PT-76 정찰전차 (소련)

완전한 선체형 차체로 수상을 시속 64km, 지상을 64km 달린다. 76.2mm포, 5,000대 생산하여 공산국가에서 사용했다.

○ MBT70 전차

70년대의 주력전차(MBT)로써 1967년 시제차 완성, 70년대 중에는 타의 추종을 불허하는 우수한 전투능력을 가졌다.

● 미국과 서독이 공동개발

접기식
원격조작의 20mm 대공기관포

조종석은 포탑 속에 있으며 항상 차체 정면을 한한다.

포와 미사일을 놓고 장비에 의견차가 있었다.

152mm 포 발사기. 시레일러 미사일 발사 가능.

대핵(核),대탄(彈) 방호능력 양호. 포탑 내에 승무원 3명 최고속도 70km/h, 주행 중에 차체 높이를 46cm 변화시킬 수 있다.

MBT70의 뛰어난 성능을 비밀로 했으나 시스템이 복잡하게 되고 코스트가 높아 예상의 8배 가격이 되어 개발계획은 중지됐다.

MBT70의 간략화 XM803도 계획중지.

XM1 계획이 된다.

서독에서는 레오파르트 II로

● 60년대초기에 구상됐던 미래 전차

연결 전차. 뒤는 교환 가능.

캐터필러를 두 개로 나누어 주행성 향상

자동장전형 주포

낮은 차체의 소형대전차 미사일전차

● M551셰리던 (미국)

알루미늄 합금 차체로 공수, 공중투하가 가능한 정찰차. 152mm 포 발사기. 최고속도 70km/h (수상에서 5.8km/h) 생산량은 1,700대.

스포츠 카 엔진에 알루미늄 장갑의 정찰전차. 최고속도 87km/h나 낸다. 생산량은 파생형을 포함, 3,000대. 76mm 포 탑재.

● 스콜피온 (영국)

● AMX-13 (프랑스)

자동 급탄식 90mm포를 가지고 있고 대전차 미사일 4발도 장비 가능. 구축전차로 개발됐으나 각국에 수출되어 주력전차로 사용되었던 베스트셀러 전차. 생산량은 약 3,000대.

전후 전차의 발달 ⑧
대결 M1 vs T80

○ M1

M1의 승무원은 차장, 포수, 장전수, 조종수 등 4명

● M68 105㎜ 전차포 (휴행탄수 50발)

M240 7.62㎜ 기관총. 중동전쟁 전훈으로 장전수용으로 장비.

장비된 브로닝 M2 12.7㎜ 대공기관총은 차내에서 리모콘 사격이 가능했다. 또 M240 동축 기관총은 벨기에-FN사 설계로 지금까지의 브로닝제 7.62㎜ 보다 유효사정 등이 우세했다.

연막탄 발사기

M1 포탑과 차체의 틈은 브렛 트랩 이라 하는 결점으로 여기에 피탄되면 포탑이 선회불능이 되기도 하고 파괴되기도 한다.

M1은 소련에게서 얻은 아이디어로 배기가스에 연료를 분사시켜 매연(연막)을 일으킨다.

■ 무장

이 그림에서는 105㎜포지만 MIE1부터는 120㎜ 활강포로 된다. 고도의 FCS(사격관제장치)로 30㎞/h이상의 고속 주행 중이라도 초탄 명중률이 뛰어났다. 또 열영상식 암시(暗視)장치는 적외선식과는 달리 이쪽에서는 일체 빛을 내지 않는다. 또 T80은 자동 장전장치로 매분 8발의 발사속도라 하는데 M1은 매분 6~7발로 불리하다. 그러나 실전에서의 자동 장전장치의 유효성은 검정되지 않고 있다.

미군이 개발한 105㎜ 포탄은 탄심에 텅스텐 합금이나 열화 우라늄을 사용하여 T80의 장갑에 대처하고 있다.

극비의 신형장갑판은 강한 방어력.

■ M1은 안전한 전차

중동전쟁의 전훈을 충분히 반영, 생존성 향상과 전투거리의 증대를 고려하고 있다. 차체를 구획(컴파트먼트) 화 해 승무원의 거주구와 연료와 포탄이 있는 곳과 분리하고 있다. 억세스 도어에 의해 탄약이 유폭해도 승무원은 무사.

화재탐지기와 자동소화기를 조합하여 화재가 일어나면 단숨에 소화.

가스터빈은 기계적으로 단순해 부품 수도 적고 정비도 편하다는 장점이 있다. 그러나 연료 소비량이 많은 것이 흠. 출력중량 비는 28HP/t으로 높아 기동력은 M60의 2배.

가속력은 0~32㎞/h에 6.2초로 민첩하다. 기동력은 넘버 원!

도로주행속도는 64~72㎞/h 들판에서는 40~56㎞/h 연료 적재량은 1999ℓ로 행동거리 400㎞.

● 125㎜ 활강포

포신 길이 5.3m. 써멀 자켓이 있다. 휴행탄수 40발.

승무원은 차장, 포수, 조종수 3명. 자동 장전장치로 탄약수 불필요.

동축 기관총 PKT 7.62㎜. 차장이 장탄한다.

좌우간, 좁다.

■ 활강포의 장점

포신의 제조가 용이하고 중량이 가볍다. 포구 초속도가 크며 포의 수명도 길고 반동력도 적어 주퇴기가 소형이라 그 만큼 포탑이 작아도 된다. 이 때문에 T80은 대구경포임에도 포탑이 작다.

이 125㎜ 포탄의 위력은 강력하며 연소 탄피이므로 탄피 배출은 필요없다.

■ T80의 잠수 도섭(渡涉) 능력은 5.5m

M1은 2.63m. 가스 터빈이므로 이 이상은 무리. 그러나 T62의 잠수준비는 5시간 이상 걸린다.

소형이므로 거주성이 나빠 장신의 전차병에게는 무리.

출력 중량비는 17HP/t 이며 도로주행속도는 70㎞/h, 들판에서는 25~30㎞/h이며 이 속도로 소련전차로써는 처음으로 주행 사격이 가능하게 되었다.

연료 적재량은 1000ℓ로 행동거리 450㎞.

○ T80

T72 개량형을 미 국방성은 T80으로 호칭한다.

M1과 마찬가지로 12.7㎜ 대공기관총은 해치를 닫고 차내에서 원격 조작 가능.

■ 무장

125㎜ 포는 현재 세계 주력 전차 중 최대 구경. 포탄 초속은 1800m/s으로 사정거리 1500~1800m까지는 탄도가 똑 바르다고 한다. 그러나 포탑의 소형화로 부앙각이 작고 기복지에서의 전투에서는 왼쪽 그림처럼 차체까지 나와 사격하게 되므로 이 점은 낮은 차체로 피탄 경사가 좋다는 소련 전차의 장점을 깎아 먹음. 또 낮은 차체로 러시아 전차병은 키가 160㎝이하여야 한다는 험담을 듣게 된다.

■ M1과 T80의 차체 비교

M1 전투중량 54.5톤 (120㎜포형은 55.9톤) T80 41톤

T80은 중량 밸런스가 좋고 포탑이 차체 중앙에 있으며 이동 중에도 포를 전방으로 향한 채 고정할 수 있다. (서방측 전차는 이동 주행 중에는 포탑을 뒤로 돌려서 Lock한다)

90년대를 전후한 각국의 전차

■ 일본

● 74식 전차

일본 전차치고는 상당히 폼 나는 전차

● 전차 가격 (1995년 기준)

90식 전차 : 130억 원
르클레르 전차 : 100억 원
M1A1 전차 : 60억 원
레오파르트 2 전차 : 70억 원
T-80U : 30억 원
74식 전차 : 60억 원

* 일본 전차는 군수산업의 특이한 위치관계 때문에 획득 가격이 높다는 결점이 있다.

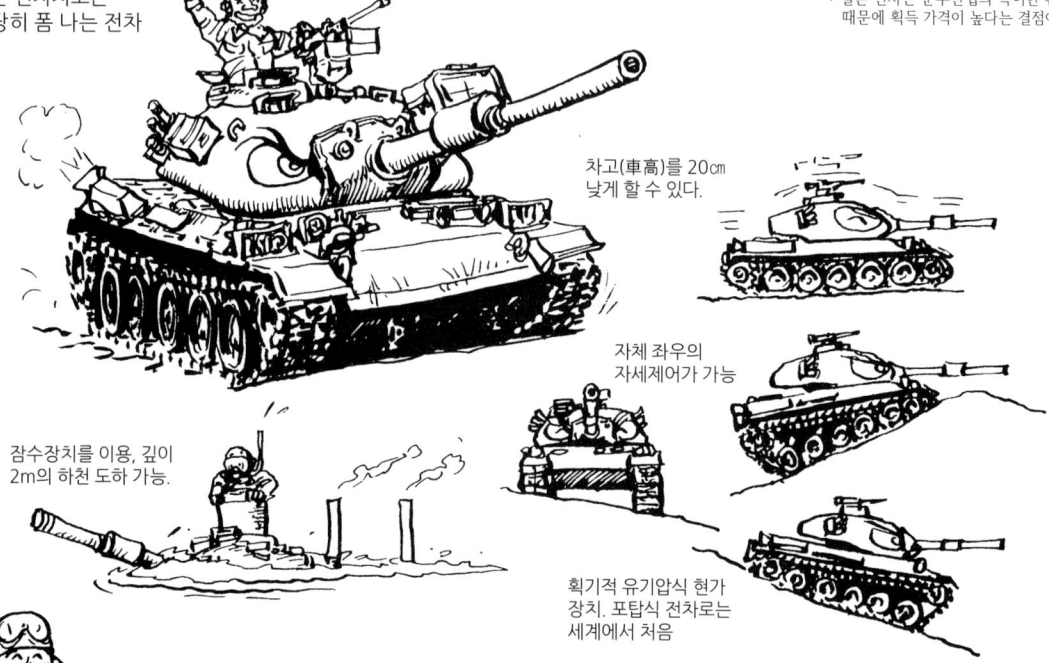

105mm포를 장비하고 사격통제장치, 현가장치 등 최신기술을 집대성한 세계 수준의 전차.

차고(車高)를 20cm 낮게 할 수 있다.

자체 좌우의 자세제어가 가능

잠수장치를 이용, 깊이 2m의 하천 도하 가능.

획기적 유기압식 현가장치. 포탑식 전차로는 세계에서 처음

● 90식 전차

74식 전차를 대체하는 신예전차

자동 장전장치 채용으로 승무원 3명

잘 보면 포탑은 레오파르트 2, 차체는 M1 에이브럼스, 복합장갑은 챌린저를 참고했다는 인상이 짙다.

120mm 활강포, 복합장갑, 1200~1500HP라는 제3세대 전차의 조건을 갖추고 있다.

포탑의 전자장비는 최고수준.

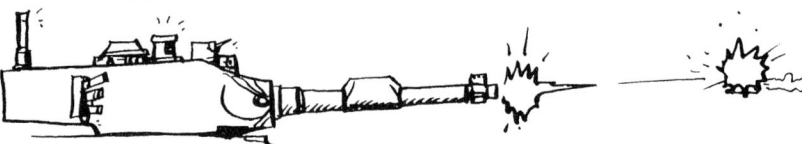

최신 사격통제장치로 현용 장갑차량 대부분을 2km 거리에서 격파 가능

■ 중국

1950년대 소련에서 대량으로 T54를 들여온 후 그것을 바탕으로 생산했다. 지금은 전차 수출국으로 올라섰다.

● 59식 전차

● 62식 경전차

● 80식 전차

T54의 중국판으로 1960년 중·소 관계가 악화한 후부터 신기술 유입이 없어 포 안정장치나 NBC 방어 시스템도 없다.

59식을 소형화 한 것으로 주포는 85㎜.

59식 전차의 발전형으로 70년대 후반부터 서방 기술을 도입하여 완성. 주포도 L7계의 105㎜포를 장비.

■ 남아프리카

● 오리판트 MK1B

센추리온의 궁극적인 개조형. 105㎜포

■ 한국

● K1 전차 (88전차)

한국이 미국의 M1를 모델로 개발한 전차. 105㎜포를 장비했고, 한반도 지형이나 한국인 체형에 맞게 설계했다.

■ 아르헨티나

● TAM 중형전차

독일이 아르헨티나 주문으로 제작

105㎜포

■ 이집트 ● 람세스 II

T54의 개수형이나 병장, 동력계는 일신했다.

105㎜포

■ 브라질

● EE-T1 전차

주포 부품은 수입품이나 브라질 국산의 120㎜포 장비

■ 이탈리아

● C1 아리에테

레오파르트 1의 면허 생산 경험을 살려 개발. 120㎜포

1990년대의 최강 전차는?

모였다. 제3세대 MBT

걸프전에서 M1A1은 T72에 압승했다.

120㎜포 장비, 쾌속, 하이테크 전차는 전천후로 싸울 수 있다.

● 챌린저 (영국)
치프틴의 후속기종이며 세계 최초로 '초밤'장갑을 채용. 주포는 120㎜ 강선(라이플)포

● 레오파르트 2 (독일)

2차 대전 후의 서방측 MBT(주력 전차)의 개발은 시기에 따라 몇 세대로 분류할 수 있다. 이를 주포 구경 면에 보면,
제1 세대　85～90㎜포
제2 세대　105㎜포
제3 세대　120㎜포가 된다.

최근까지 세계 최강이라 알려졌다.

■ 업그레이드로 세계 최강을 지향

● 챌린저 2 (영국)

● 레오파르트 2 개량 (독일)
장갑강화를 중심으로 각 부를 강화

챌린저의 사격통제장치와 기동력을 개선

■ 최신형 전차

● AMX르클레르 (프랑스)
제3 세대 후기의 대표주자로 일본의 90식과 나란히 자동장전장치를 채용, 제트 전투기 못지않은 일렉트로닉스(전자)화가 되어 있다. 주포인 120㎜ 활강포도 52구경의 장포신 형.

사격장비에서 한 발 뒤쳐진 러시아 전차는 장거리 포격전에 약했다.

● T80 (러시아)

주포는 120㎜ 활강포. 변함없이 서방측 전차보다 대구경포를 장비했다.

● M1A1 에이브럼스 (미국)

120㎜ 활강포를 탑재. 제3 세대 전차 중 실전경험이 풍부하다.

■ 최근의 장갑판

● M1A2 (미국)

M1A1에서 전자장비를 강화하고, 32개 항목에 이르는 개량을 실시.

● 메르카바 Mk3 (이스라엘)

120mm 활강포 탑재. 신 장갑방식으로 방어를 강화

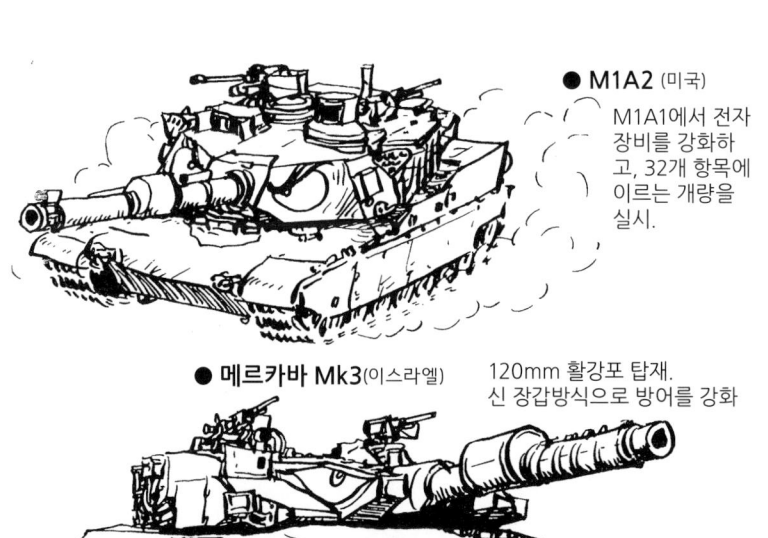

● Chobham Armor
(초밤 장갑)

장갑판 사이에 세라믹 재료를 충전한 것.

주 장갑판 | 보조 장갑판
세라믹 재료

● Spaced Armor
(공간 장갑)

장갑판 사이에 공간을 두어 HEAT탄(대전차 고성능 포탄)의 위력을 감소시킨다.

공간

● Reactive Armor
(반응 장갑)

표면 폭발재로 포탄을 폭발시켜 주 장갑판의 피해를 줄인다.

폭발재

라이너(Liner)

이들 장갑은 HEAT탄에 강하며 이제부터의 전차의 적은 철갑탄이 될 것으로 예상된다.

미래에 등장할 전차

■ 옛날에 꿈꿨던 환상의 전차들

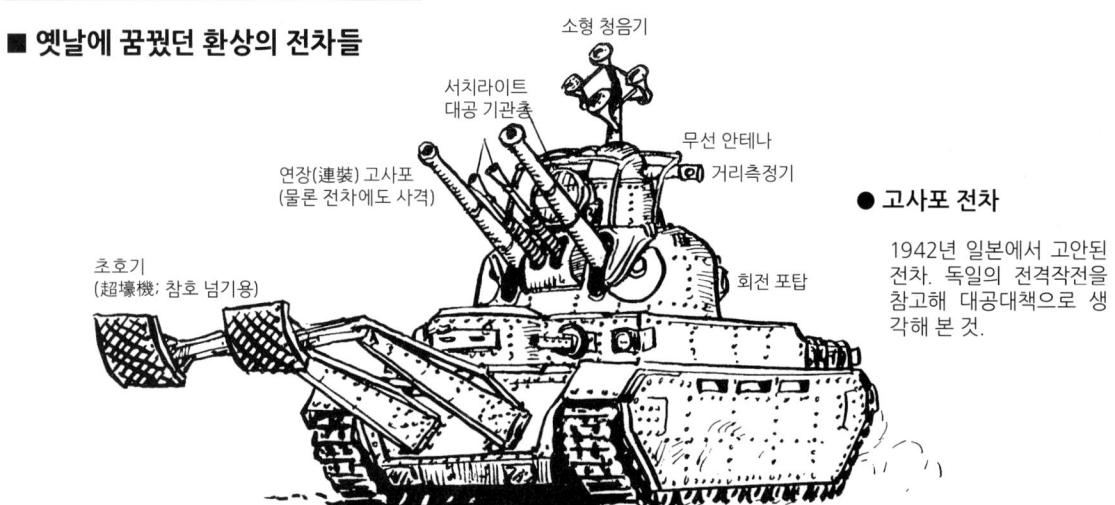

● 고사포 전차

1942년 일본에서 고안된 전차. 독일의 전격작전을 참고해 대공대책으로 생각해 본 것.

● 미사일 전차

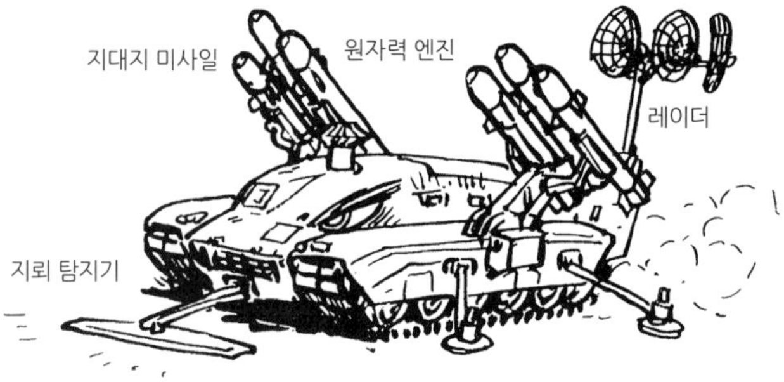

1960년 경, 미래는 원자력 시대라 해서 미사일을 장비한 원자력 전차를 개발하려는 시도도 있었다.

● 공중 미사일 전차

장애물을 뛰어 넘어 공격하는 전차를 여러 가지로 생각해 봤던 모양.

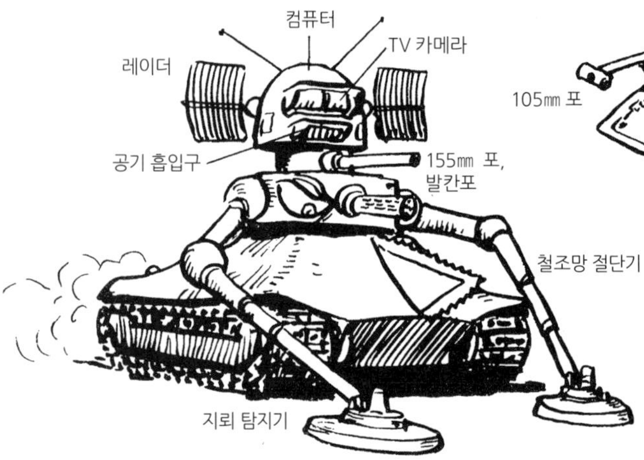

● 로봇 전차

미래는 무인시대라 해서 로봇 전차가 SF에 대거 등장했다.

최신 로봇 전차는 콤팩트하고 자기 판단으로 행동하는 정찰 선제공격 로봇 형으로 레이저 병기가 주 무기다.

옛날 소년잡지에는 이런 미래 병기가 가득 소개되었지.

■ 21세기의 전차
현재 주목하여 개발하는 전차

● RDF/LT(미국)

긴급 파견군용에 공중수송성을 중시, 경량, 고 기동성, 소구경 집중사격이란 콘셉트가 생겨났다.

● VT-1-1/2(독일)

무포탑형으로 120mm포 2문을 장비

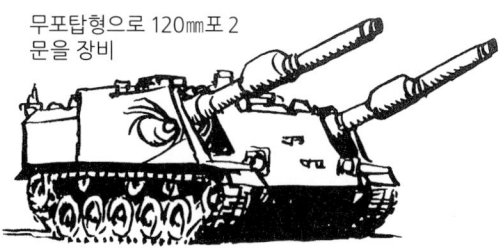

● UDESXX20 (스웨덴)

120mm포

● 판터 구축전차(독일)

대전차 미사일

높이 21m의 승강식 플랫폼

2중 차체 연결방식으로 획기적인 기동성을 가진 구축 전차. 뒤의 차체가 동력장치이며 승무원 3명은 앞 차에 탄다.

■ 제4 세대 전차의 설계는 이렇게 된다
전자포(電磁砲)나 액체화약 발사포 등이 개발되든가 140~150mm 대구경포를 탑재하게 된다.

● 케이스메이트 (Casemate) 형

공격 헬리콥터에 대비, 레이저 유도식 대헬리콥터 포탄도 개발 중이다.

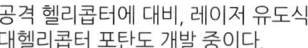

● 오버헤드 형

중량 절감에는 이 방식이 최고라 한다.

● 콤팩트 포탑형

자동 장전장치로 포탑을 소형화하고 승무원 3명은 자체 앞쪽에 옆으로 나란히 위치한다. 이것이 가장 현실성이 있다고 보여진다.

전차병의 제복

전투 시 복장으로 승차. 방탄용 철모와 보호 마스크를 착용. 위에는 가죽 재킷을 착용

전차용 가죽 헬멧을 쓰고 전투 시에는 안면보호 마스크를 쓴다. 가스 마스크는 차내 배기 가스용으로도 사용했다.

이 회색 가죽 상하 일체복은 군복 밖으로 착용한다.

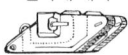
전차대 배지

전차대 모장

전차병 부대 배지

영국 (1918년)
세계 최초로 전차를 등장시켰던 영국군이지만 전차병 복장은 일반 병사와 같았다. 전차 내 통풍이 나쁘고 엔진 열기와 소음이 지독하여 승무원들은 얇은 옷을 좋아했다.

프랑스 (1918년)
영국에 이어 전차를 실전에 사용한 프랑스군도 전차병 복장은 일반 병사와 같았다. 그러나 헬멧에 전차대를 표시하는 모장을 붙였고 가죽제 더블 코트가 지급됐다.

독일 (1918년)
전차 개발에 뒤쳐진 독일도 1917년에 A7V 중전차를 완성했다. 승무원은 18명으로 포수는 포병, 기관총사수는 보병, 조종은 기술병에서 오는 등 각 병과에서 선발되어 전차병이 되었다.

전차대 배지

전차대 모장

제510 전차연대 모장

폴란드 (1938년)
폴란드 전차여단은 독일군에 초반에 격멸되었으며 그 후에는 영국군과 소련군에 의해 각각 별도로 재편성되었다. 따라서 복장도 각각의 전차병 복장이었다.

이탈리아 (1940년)
이탈리아 전차모는 검은 가죽제품으로 쿠션용 테를 둘렀고 더블브레스트 형 가죽 코트를 착용했다. 기타 상하 일체복도 흔히 착용했던 모양이다.

프랑스 (1940년)
기계화 부대의 철모는 앞부분에 쿠션이 붙었고 가죽 코트를 착용. 독일군에 패한 이후의 자유 프랑스군은 미군식 복장을 입는데 헬멧만은 위 그림 같은 것을 썼다.

전차병 칼라장 배지

독일 (1941년)

독일 전차병은 엘리트부대로써 독특한 디자인의 검은색 제복이 지급됐다. 대전 초기에는 베레모를 썼으나 이 무렵에는 폐지되어 작업모(略帽)를 썼다.

왕립 스코틀랜드 그레이 연대 휘장

영국 (1941년)

북아프리카 전선에서 입은 복장. 일반병사와 같은데 전차대는 베레모의 색이 검은색이다. 좁은 차내에서 재빨리 권총을 뺄 수 있도록 권총집에 신경을 쓰고 있다.

전차병의 군화는 징이 없고 고무바닥이다.

전차사격 하사관 휘장

일본육군 (1941년)

일본 전차병 복장은 전차모와 고글(보호안경)외에는 보병과 같으나, 차량부대용 상하 일체 작업복을 주로 입었다. 그림은 완전 장비 차림으로, 권총, 총검, 수통, 잡낭은 뒤로 차고 있다.

기갑사단 마크

미국 (1943년)

골판지를 프레스 한 크래시 헬멧과 기갑부대 병사에게 지급된 전차병 재킷을 착용했다. 피스톨 벨트에는 콜트권총을 찬다.

전차병 중위 휘장 (1943년 까지)

소련 (1943년)

좁은 차내에서 머리를 보호하기 위해 패드(Pad)가 들어간 전차모를 착용. 전차모 속에는 리시버가 끼워져 있다. 제복 위에 상하 일체복을 입는다.

브리티시 콜롬비아 용 기병 연대 모장

캐나다 (1943년)

영 연방의 일원인 캐나다는 장비가 영국군 형이고 전차복도 영국군 전차병과 같다. 베레모는 흑색이며 1937년부터 전투복을 착용. 어깨의 휘장에 캐나다라 쓰여 있다.

제11기갑기병연대 견장

미국 (1966년)

베트남 전쟁 때의 미군 전차병. 일반병 처럼 열대용 전투복을 착용. 헬멧은 글라스파이버(유리섬유)로 헤드폰과 마이크가 내장되어 있다. 작전시에는 방탄 재킷을 입는다.

베레모는 검정색

RTR 모장

영국 (1970년)

흑색 전차병 상하 일체복을 착용한 RTR (Royal Tank Regiment) 하사 복장. 다른 연대는 카키색 상하 일체복도 착용한다.

전차병 모장

이스라엘 (1973년)

아랍 제국과 사투를 반복해 온 이스라엘 전차대는 1967년의 6일 전쟁 후로는 미국에서 무기를 입수하게 되어 장비품도 미제가 많아졌다. 손에 쥔 것은 이스라엘제 우지 기관단총.

친위부대 배지

소련 (1975년)

세계 최대의 전차 왕국이었던 소련 전차병의 복장은 전신 짙은 회색이며 패드가 들어간 전차모를 썼다. 탑승복은 뒤에 견장(계급장)이 붙는다.

제7사단 부대마크

일본 (1975년)

육상자위대 전차병 복장은 항공복이나 전투복과 함께 특수복이라 하는데 미군 것을 많이 참고했고 같은 계열 장비도 다수 사용한다. 가슴에 있는 것은 인터컴 콘트롤러로, 스위치를 젖혀 차내 통화를 할 수 있다.

베레모는 카키색

전차병 모장

서독 (1978년)

2차 대전 후에는 일본과 마찬가지로 미국식 장비로 되었으나, 1965년에 국산 레오파르트 전차를 취역시키고 전차병도 베레모를 채택했으며 상하 일체복을 착용하게 되었다. 휴대 화기는 이스라엘제 우지 SMG(기관단총).

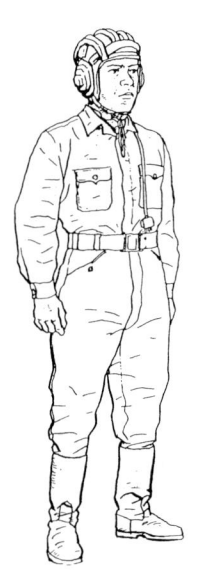

중국 (1988년)
중국의 전차복은 단추가 숨겨지게 돼 있고 작업복으로도 사용한다. 전차모는 소련식의 커다란 쿠션이 붙었다. 고무바닥 부츠를 신는다. 참고로 중국은 소련, 미국에 이은 세계 3위의 전차보유국이다.

러시아 (1988년)
구 소련군의 전차병으로 현재도 같은 복장이다. 전차모에 붙은 것은 나이트 고글(야간 투시경). 짙은 회색의 상하 일체복이며 가슴에 전차대 휘장을 붙인다. 아프카니스탄 전선에서는 일반 병사처럼 열대복이나 방탄재킷을 착용했다.

이스라엘 (1982년)
인구가 적은 이스라엘은 병사가 귀중하며 전차병도 여러 가지 생존성을 고려한 장비를 지급받는다. 노멕스 제의 탑승복, 방탄재킷을 착용하며 휴대화기로 가릴 돌격총을 가지고 있다.

미국 (1990년)
최신 미군 전차병. CVC(전투차량 승무원) 헬멧과 피탄 시의 화상을 방지하기 위해 노멕스제의 CVC 상하 일체복을 착용. 이 옷에는 부상 시 신속히 차 밖으로 끌어내기 쉽도록 등에 스트랩이 있다.

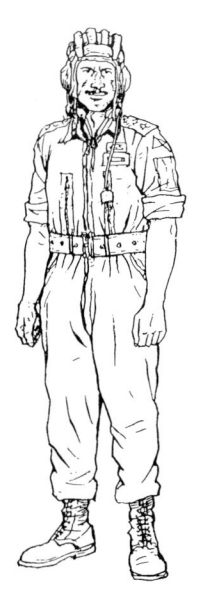

이라크 (1990년)
걸프 전쟁 때 중동 제1의 전차 보유국이었던 이라크군. 전차병은 다른 아랍제국처럼 소련식 장비로, 탑승복은 카키색 상하 일체복이다. 패전 후 시리아가 중동 제일의 전차 보유국이 됐다.

독일 (1991년)
통일된 독일도 유럽에서는 소련 다음의 전차 보유국이 되었다. 상하 일체복도 개량되어 있으며 베레모 대신 패드 부착 전차모가 채용되었다. 세계 다른 나라에서도 이런 형식의 전차모가 많아지고 있다.

참고문헌

(신 전사 시리즈) 전차대 전차 - 아사히 소노라마
전차와 기갑전 - 아사히 소노라마
전차 마니아의 기초지식 - 이카로스 출판
최첨단병기 ④ 기갑부대 - 요미우리신문
일본의 전차 - 광문사
(평범사 컬러 신서) 세계의 전차 - 평범사
(학연 X도감) 전차·도해전차·장갑차 - 학습연구사
만유 가이드 시리즈 ⑰ 전차 - 소학관
전차 명감 1939~1945 - 광영
밀리터리 일러스트레이티드 -세계의 전차 / 광문사
M1A1전차 대도해 - 그린 애로
대도해 최신병기 전투 매뉴얼 - 그린 애로
도감 세계의 전차 - 강담사
(예문 북스) 전차 - 예문사
메카닉 북스 ⑭ 레오파르트 전차 - 원서방
오류 투성이 자위대 병기 카탈로그 - 삼수사
셔먼 탱크들 - 대일본회화
세계의 전차 1915~1945 - 대일본회화
M48/M60 패튼 - 모델 아트
최신 소련의 장갑전투차량 - 다이나믹 셀러즈
도해 독일 장갑사단 - 나미키서방
프로파일 슈퍼 머신 도해 ⑤ 세계의 명전차 - 강담사
육전의 꽃 전차 - 소학관
영 코믹스 전차 대도감 - 소년화보사
소년 블로그 골든북스 - 광문사
컴뱃 코믹 - 일본출판사
「PANZER」지 - 선데이 아트사
「전차 매거진」 - 델타출판
「그랜드 파워」지 - 델타출판
「군사연구」지 - 재팬 밀리터리 리뷰
「마루」지 - 조서방
「모델 아트」지 - 모델 아트
「자위대 장비연감」 - 아사구모신문
주간·소년 선데이 도해백과특집 - 소학관
주간·소년 매거진 도해특집 - 강담사
주간·소년 킹 도해특집 - 소년화보사
「타미야 뉴스」지 - 타미야 모형
Tanks Illustrated Series, ARMS&ARMOUR
New Vanguard Series, OSPREY
Aero ARMOR SERIES, AERO PUBLISHERS
ARMOR IN ACTION Series, SQUADRON
Motorbuch Militarfährzeuge Series, MOTOBRUSH
PROFILE AFV WEAPON'S Series, PROFILE PUBLICATIONS
BELLONA Military Vehicle PRINTS Series, BELONA PUBLICATIONS
SHERMAN, PRESIDIO
United States Tanks of World War II by Geoge Forty, BLANDFORD
BRITISH & AMERICAN TANKS of WWII, ARMS & ARMOUR
THE GREAT TANKS BY Peter Chamberlain, HAMLYN
Modern Land Combat, SALAMANDER
TANKS AND ARMORED VEHICLES 1900~1945, WE.INC.PUBLISHERS
Tanks and Armoured Fighting Vehicles of the World, NEW ORCHARD EDITIONS
Armoured Fighting Vehicles by John F. Milsom, HAMLYN

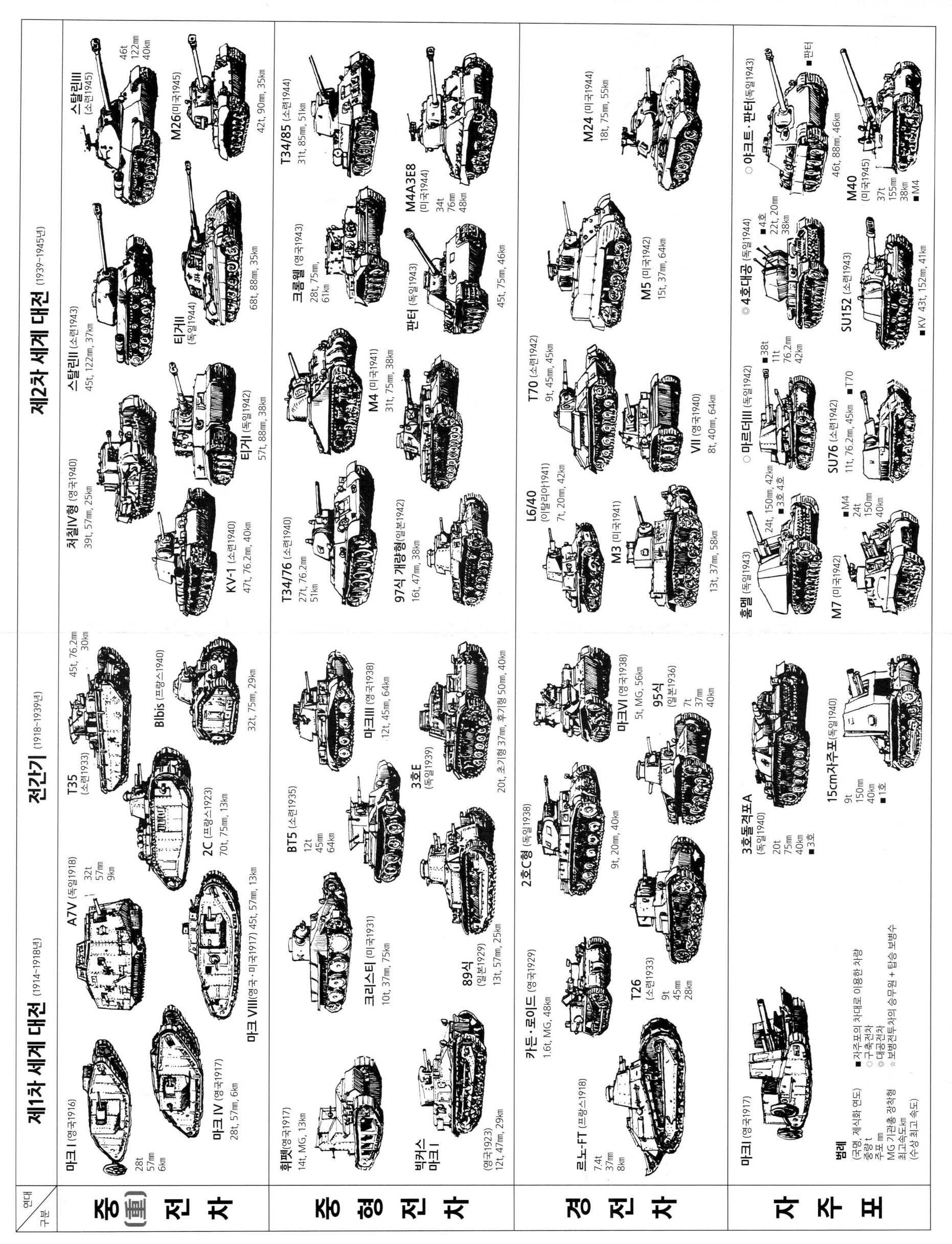

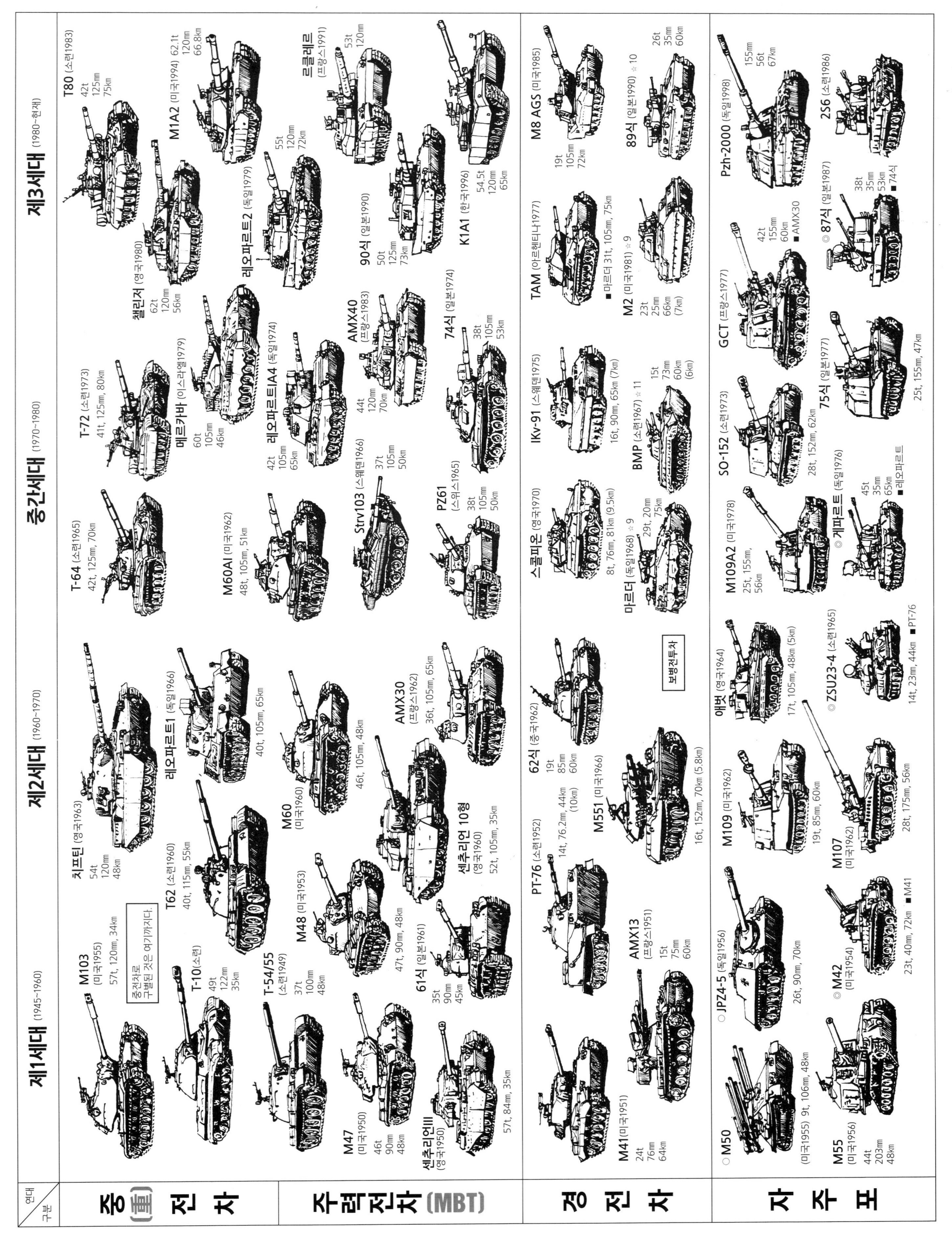